人工智能出版工程
国家出版基金项目

人工智能

语音识别理解与实践

俞栋 邓力 俞凯 钱彦旻 著

電子工業出版社
Publishing House of Electronics Industry
北京·BEIJING

内容简介

本书是全面且深入介绍语音识别及理解相关技术细节的专著。与我们在2014年出版的《解析深度学习：语音识别实践》相比，本书在它的基础上做了大量改写，并对内容有大幅补充，详细总结了最新的语音识别算法及应用技术以及在口语对话系统研究中基于深度学习的自然语言处理技术。

全书首先概要介绍语音识别、口语理解和人机对话的基本概念与理论；接着全面深入地依次详述传统声学模型、深层神经网络在语音识别中的应用及分析、先进深度学习模型在语音识别中的应用、高级语音识别方法、复杂场景下的语音识别、以及口语理解及对话系统的深度学习实践。书中涉及的所有算法及技术细节都有详尽的参考文献，提供了深度学习在语音识别和口语对话理解中的应用全景。

本书适合有一定机器学习或语音识别基础的学生、研究者或从业者阅读。

图书在版编目（CIP）数据

人工智能．语音识别理解与实践 / 俞栋等著．— 北京 ：电子工业出版社，2020.11
人工智能出版工程
ISBN 978-7-121-38143-0

Ⅰ．①人… Ⅱ．①俞… Ⅲ．①人工智能－应用－语音识别 Ⅳ．①TP18 ②TN912.34

中国版本图书馆CIP数据核字（2019）第267178号

责任编辑：刘 皎
印　　刷：北京盛通印刷股份有限公司
装　　订：北京盛通印刷股份有限公司
出版发行：电子工业出版社
　　　　　北京市海淀区万寿路173信箱　　邮编：100036
开　　本：787×1092　1/16　　印张：34.75　字数：633.6千字
版　　次：2020年11月第1版
印　　次：2020年11月第1次印刷
定　　价：159.00元

凡所购买电子工业出版社图书有缺损问题，请向购买书店调换。若书店售缺，请与本社发行部联系，联系及邮购电话：（010）88254888，88258888。

质量投诉请发邮件至zlts@phei.com.cn，盗版侵权举报请发邮件至dbqq@phei.com.cn。

本书咨询联系方式：010-51260888-819，faq@phei.com.cn。

人工智能出版工程

丛书编委会

献给我的妻子和父母。

——俞栋（Dong Yu）

献给我的家庭和一起工作的同事们。

——邓力（Li Deng）

推 荐 序

本书专门讲述如何将深度学习方法，特别是深层神经网络（DNN）技术应用于自动语音识别（ASR）领域。在过去的几年中，深层神经网络技术在语音识别领域的应用取得了前所未有的成功。这使得本书成为在深层神经网络技术的发展历程中一个重要的里程碑。作者继其前一本书 *Deep Learning: Methods and Applications*（《深度学习 · 方法与应用》）之后，在语音识别技术和应用上进行了更深入的钻研，得成此作。与上一本书不同，本书并没有对深度学习的各个应用领域都进行探讨，而将重点放在语音识别技术及其应用上，并就此进行更深入、更专一的讨论。难能可贵的是，本书提供许多语音识别技术背景知识，以及深层神经网络的技术细节，比如严谨的数学描述和软件实现也都包含其中。这些对语音识别领域的专家和有一定基础的读者来说都将是极其珍贵的资料。

本书的独特之处还在于，它的内容并没有局限在目前常应用于语音识别技术的深层神经网络上，还兼顾了深度学习中的生成模型，这种模型可以很自然地嵌入先验的领域知识和问题约束。作者在背景材料中充分证实了自 20 世纪 90 年代早期起，语音识别领域研究者提出的深度动态生成模型（dynamic generative models）的丰富性，同时将其与最近快速发展的深度鉴别性模型在统一的框架下进行了比较。书中以循环神经网络和隐动态模型为例，对这两种截然不同的深度模型进行了全方位有见地的优劣比较。这为语音识别中的深度学习发展和其他信号及信息处理领域开启了一个新的激动人心的方向。该书还满怀历史情怀地对四代语音识别技术进行分析。当然，以深度学习为主要内容的第四代技术是本书所详细阐述的，特别是 DNN 和深度生成模型的无缝结合，将使得知识扩展可以在一种最自然的方式下完成。

总的来说，本书可能成为语音识别领域工作者在第四代语音识别技术时代的重要参考书。全书不但巧妙地涵盖了一些基本概念，使读者能够理解语音识别全貌，还对近两年兴盛起来的强大的深度学习方法进行了深入地介绍。读完本书，读者将可以看清前沿的语音识别是如何构建在深层神经网络技术上的，可以满怀自信地去搭建识别能力达到甚至超越人类的语音识别系统。

Sadaoki Furui

芝加哥丰田技术研究所所长，东京理工学院教授

前　言

以自然语言人机交互为主要目标的智能语音和语言处理是人工智能的核心领域之一，近几十年来一直是研究的热点。尤其是近十年，深度学习的迅速发展使得智能语音及语言处理的研究热情被极大地点燃，学术界和工业界都热忱地参与进来，产生了一系列重大进展。这一系列新的技术是智能语音及语言处理研究历史上的重要里程碑，很有必要被系统地总结。

我们在 2014 年出版的《解析深度学习：语音识别实践》一书中，比较全面地介绍了 2014 年之前深度学习在“隐马尔可夫模型 $+n$ 元词组语言模型”经典语音识别框架下的应用技术细节。以深度学习的初始经典模型——深层神经网络（Deep Neural Network，DNN）为基础，讲述了深度学习的基本方法，及其在语音识别的声学建模中的各类技术细节，并介绍了循环神经网络（Recurrent Neural Network，RNN）和长短时记忆（Long Short Term Memory，LSTM）网络的基础应用。

2014—2019 年，随着工业界对自然口语交互系统的应用热情空前高涨，以及研究界在基于深度学习的语音和语言处理技术上的大幅进步，一系列新的甚至颠覆性的理论、技术、算法应用产生了，这使得语音识别系统在经典大词汇连续语音识别任务上的错误率大幅下降，甚至逼近了人类水平。同时，基于深度学习的自然语言处理技术也取得了长足进展，尤其是任务型口语对话系统的各个模块都广泛采用了深度学习技术并有了提升。因此，我们决定在《解析深度学习：语音识别实践》一书的基础上，改写并补充大量内容，详细总结新的语音识别算法及应用技术，以及口语对话系统中基于深度学习的自然语言处理技术。

首先，在语音识别理论的进展方面，从深度学习理论及其应用的角度，增加了经典语音识别框架下的先进深度学习模型的扩充介绍，主要是卷积神经网络、循环神经网络的新技术及深度学习在语音端点检测、唤醒、语言模型中的技术应用细节。其次，从语音识别框架和方法论的角度，重新组织了篇章结构，集中介绍了先进的语音识别方法，包括自适应、鉴别性训练和端到端模型。尤其扩充介绍了声学模型的序列鉴别性训练，这是近年来使深度学习声学模型性能继续大幅提升的关键高级技术。而端到端模型作为不同于经典的“隐马尔可夫模型 $+n$ 元词组语言模型”语音识别框架的颠覆性建模技术，已经在工业界得到广泛应用，成为替代原有框架的崭新技术方向。本书还从场景角度介绍了复杂语音识别场景下的深度学习技术应用，尤其是从抗噪语音识别角度介绍了单通道语音增强和信号分离技术，以及远场语音识别的前端技术。

本书的另一个重要部分是深度学习在口语理解及对话系统中的应用技术介绍。虽然人类的语音感知与语言认知天然地作为一个完整系统在工作，但我们仍然经常听到一种被广泛传播的错误理解：语音识别与自然语言处理是两个独立的技术体系。本书从完整的口语对话系统角度，梳理了语音识别与自然语言理解的相互关系，介绍了口语对话系统的基本概念、自然语言理解与口语理解的异同，以及对话状态跟踪与语义理解的异同等。对于深度学习在理解和对话中的应用，不仅介绍了基于纯文本的理解和对话交互的深度学习技术，还介绍了如何在带有错误的语音识别结果上做更好的语言理解和对话管理的相关处理框架与应用技术。这些深度学习技术是未来构建认知型口语交互系统的关键。

我们相信，本书对语音识别、语言理解和口语对话给出了一个更为完整的技术图谱，它将促进真实世界的人机智能口语交互系统的技术发展，也将有益于机器学习、智能语音及语言处理领域的研究者和实践者。我们希望，本书能够持续激发更多的创新想法和工业应用，推动口语对话式人工智能的发展。

本书是由俞栋和邓力提供部分材料，俞凯和钱彦旻撰写完成的。在撰写过程中，上海交通大学智能语音实验室的常烜恺、曹瑞升、陈露、陈哲怀、陈志、杜晨鹏、胡虎、李豪、潘亦晟、石开宇、王帅、谢凯歌、张王优、周瑛、朱苏等同学提供了大量的支持和帮助，再次表示感谢。同时感谢电子工业出版社的编辑，他们的帮助是本书能够顺利出版的重要支撑。

俞 栋　邓 力　俞 凯　钱彦旻

2020 年 9 月

符　　号

常用数学操作符列表

符号	含义
$\boldsymbol{x}$	向量（vector）
x_i	$\boldsymbol{x}$ 的第 i 个元素
$\lvert x\rvert$	x 的绝对值（absolute value）
$\lVert\boldsymbol{x}\rVert$	向量 $\boldsymbol{x}$ 的范数（norm）
$\boldsymbol{x}^{\mathrm{T}}$	向量 $\boldsymbol{x}$ 的转置（transpose）
$\boldsymbol{a}^{\mathrm{T}}\boldsymbol{b}$	向量 $\boldsymbol{a}$ 和 $\boldsymbol{b}$ 的内积（inner product）
$\boldsymbol{a}\boldsymbol{b}^{\mathrm{T}}$	向量 $\boldsymbol{a}$ 和 $\boldsymbol{b}$ 的外积（outer product）
$\boldsymbol{a}\bullet\boldsymbol{b}$	向量 $\boldsymbol{a}$ 和 $\boldsymbol{b}$ 的逐点相乘（element-wise product）
$\boldsymbol{a}\otimes\boldsymbol{b}$	向量 $\boldsymbol{a}$ 和 $\boldsymbol{b}$ 的叉乘（cross product）
$\boldsymbol{A}$	矩阵（matrix）
$\boldsymbol{A}_{ij}$	矩阵 $\boldsymbol{A}$ 的第 i 行第 j 列的元素值
$\mathrm{tr}(\boldsymbol{A})$	矩阵 $\boldsymbol{A}$ 的迹（trace）
$\boldsymbol{A}\otimes\boldsymbol{B}$	矩阵 $\boldsymbol{A}$ 和 $\boldsymbol{B}$ 的 Khatri-Rao 积
$\boldsymbol{A}\oslash\boldsymbol{B}$	$\boldsymbol{A}$ 和 $\boldsymbol{B}$ 的逐点相除（element-wise division）
$\boldsymbol{A}\circ\boldsymbol{B}$	矩阵 $\boldsymbol{A}$ 和 $\boldsymbol{B}$ 逐列的内积（column-wise inner product）
$\boldsymbol{A}\circledcirc\boldsymbol{B}$	矩阵 $\boldsymbol{A}$ 和 $\boldsymbol{B}$ 逐行的内积（row-wise inner product）
$\boldsymbol{A}^{-1}$	矩阵 $\boldsymbol{A}$ 的逆（inverse）
$\boldsymbol{A}^{\dagger}$	矩阵 $\boldsymbol{A}$ 的伪逆（pseudoinverse）

$\boldsymbol{A}^{\alpha}$	矩阵 $\boldsymbol{A}$ 的逐点乘方
$\mathrm{vec}\,(\boldsymbol{A})$	由矩阵 $\boldsymbol{A}$ 的各列顺序接成的向量
$\boldsymbol{I}_n$	$n \times n$ 单位矩阵（identity matrix）
$\mathbf{1}_{m,n}$	$m \times n$ 全部元素为 1 的矩阵（matrix with all 1's）
$\mathbb{E}$	统计期望算子（statistical expectation operator）
$\mathbb{V}$	统计协方差算子（statistical covariance operator）
$\langle \boldsymbol{x} \rangle$	向量 $\boldsymbol{x}$ 的平均值
$\odot$	卷积算子（convolution operator）
$\boldsymbol{H}$	Hessian 矩阵或海森矩阵
$\boldsymbol{J}$	Jacobian 矩阵或雅克比矩阵
$p(\boldsymbol{x})$	随机向量 $\boldsymbol{x}$ 的概率密度函数
$P\,(x)$	x 的概率
$\boldsymbol{\nabla}$	梯度算子（gradient operator）
$\boldsymbol{w}^{\star}$	最优的 $\boldsymbol{w}$
$\hat{\boldsymbol{w}}$	$\boldsymbol{w}$ 的估计值
$\boldsymbol{R}$	相关矩阵（correlation matrix）
Z	配分函数（partition function）
$\boldsymbol{v}$	网络中的可见单元（visible units in a network）
$\boldsymbol{h}$	网络中的隐藏单元（hidden units in a network）
$\boldsymbol{o}$	观察（特征）向量
$\boldsymbol{y}$	输出预测向量
ϵ	学习率
θ	阈值
λ	正则化参数（regularization parameter）
$\mathscr{N}\,(;\boldsymbol{\mu},\boldsymbol{\Sigma})$	随机向量 $\boldsymbol{x}$ 服从均值向量为 $\boldsymbol{\mu}$、协方差矩阵为 $\boldsymbol{\Sigma}$ 的高斯分布

μ_i 均值向量 $\boldsymbol{\mu}$ 的第 i 个元素

σ_i^2 第 i 个方差元素

c_m 混合高斯模型中第 m 个高斯组分的权重

$a_{i,j}$ 隐马尔可夫模型（HMM）中从状态 i 到状态 j 的转移概率

$b_i(\boldsymbol{o})$ 隐马尔可夫模型（HMM）中观察向量 $\boldsymbol{o}$ 在状态 i 上的发射概率

Λ 完整的模型参数集合

$\boldsymbol{q}$ 隐马尔可夫模型（HMM）状态序列

π 隐马尔可夫模型（HMM）状态的初始概率

目　录

第Ⅱ部分 深层神经网络在语音识别中的应用及分析

第 IV 部分 高级语音识别方法

第 V 部分　复杂场景下的语音识别

第 VI 部分　口语理解及对话系统的深度学习实践

第 1 章

简介

摘要 智能语音及语言处理是人工智能的重要分支，以口语交互为主要特征的对话式人工智能是智能硬件物联网时代的核心技术。作为人机智能交互的关键技术，语音识别也是本书的核心内容。本章是全书的序篇，将首先重点介绍自动语音识别（Automatic Speech Recognition，ASR）系统的主要应用场景，并简述其基本设计；然后介绍口语理解和完整的口语对话系统的相关概念；最后介绍全书结构。

1.1 自动语音识别：更好的沟通之桥

自动语音识别这项技术已经活跃了五十多年，一直以来都被当作使人与人、人与机器更顺畅交流的桥梁。然而，语音在过去并没有真正成为一种重要的人机交流形式，这一方面是因为过去技术落后，语音技术在大多数用户实际使用场景下还不大可用；另一方面是因为在很多情况下，使用键盘、鼠标这样的形式交流比使用语音更有效、准确，约束更少。

语音技术在近年来渐渐改变我们的生活和工作方式。对某些设备来说，语音成了人与之交流的主要方式。这种趋势的出现和下面提到的几个关键领域的进步是分不开的。首先，摩尔定律持续有效。有了多核处理器、通用图形处理单元（General Purpose Graphical Processing Unit，GPGPU）、CPU/GPU 集群这样的技术，现在可用的计算力仅仅相比十几年前就高了几个量级，使得训练更加强大而复杂的模型成为可能。正是这些更消耗计算能力的模型（同时是本书的主题），显著地降低了语音识别系统的错误率。其次，借助越来越先进的互联网技术和云计算技术，我们得到了比先前多得多的数据资源。使用从真实使用场景下收集的大数据进行模型训练，会省去之前的很多模型假设，使得系统更加鲁棒。最后，移动设备、可穿戴设备、智能家居设备、车载信息娱乐系统正变得越来越流行，在这些设备和系统上进行以往鼠标、键盘这样形式的交互不再像在电脑上一样便捷了，而语音作为人类之间自然的交流形式，在这些设备和系统上成为更受欢迎的交流形式。

在近几年，自动语音识别技术成为很多应用中的重要角色。这些应用可促进人类之间的交流和帮助人机交流。

1.1.1 人类之间的交流

语音技术可以用来消除人与人之间的交流壁垒。在过去，人们如果想要与不同语言的使用者进行沟通，则需要另一个人作为翻译才行。这极大地限制了人们的可选交流对象，减少了交流机会。例如，如果一个人不会中文，那么他（她）独自到中国旅游通常会遇到很多麻烦。而语音到语音（Speech-to-Speech，S2S）翻译系统其实是可以用来消除这些交流壁垒的。微软研究院最近就做过这样一个示例，可以在文献 [1] 中找到。除了可以应用于旅行，S2S 翻译系统也可以整合到像 Skype 这样的交流工具中。这样，语言不通的人也可以自由地进行远程交流。图 1–1 列举了一个典型的 S2S 翻译系统的核心组成模块，可以看到，语音识别是整个流水线中的第一环。

图 1–1　典型的 S2S 翻译系统的核心组成模块

除此之外，语音技术还有其他形式可以帮助人与人之间的交流。例如，在统一消息系统（Unified Messaging System）中，消息发送者（Caller）的语音消息可以通过语音转写子系统转换为文本消息，文本消息继而通过电子邮件、即时消息或短信的方式被轻松发送给接收者来方便地阅读。再如，给朋友发短信时，利用语音识别技术进行输入可以更便捷。语音识别技术还可以用来对演讲和课程的内容进行识别和索引，使用户能够更轻松地找到自己感兴趣的信息。

1.1.2 人机交流

语音技术可以极大地提升人机交流的能力，其中流行应用包括语音搜索、个人数字助理、游戏、起居室交互系统和车载信息娱乐系统。

- 语音搜索（Voice Search，VS）[2–4] 使用户可以直接通过语音来搜索餐馆、行驶路线和商品评价的信息。这极大地简化了用户输入搜索请求的方式。语音搜索类应用在 iPhone、Windows Phone 和 Android 手机上已经非常流行。
- 个人数字助理（Personal Digital Assistance，PDA）已经作为原型产品出现了十年，而一直到苹果公司发布了用于 iPhone 的 Siri 系统才变得流行起来。自那以后，很多公司发布了类似的产品。PDA 知晓用户在移动设备上的信息，了解一些常识，并记录了用户与系统的交互历史。有了这些信息后，PDA 可以更好地服务用户。比如，可以完成拨打电话号码、安排会议、回答问题和音乐搜索等工作。而用户只需要直接向系统发出语音指令即可。
- 在融合语音技术之后，游戏的体验将得到很大提升。例如，在一些微软 XBox 的游戏中，玩家可以和卡通角色对话以询问信息或发出指令。
- 起居室交互系统和车载信息娱乐系统[5] 在功能上十分相似。这样的系统允许用户使用语音与之交互，用户通过它们来播放音乐、询问信息或者控制系统。当然，由于这些系统的使用条件不同，在设计这样的系统时会遇到不同的挑战。

在本节中，所有的应用场景和系统讨论的都是口语系统（Spoken Language System）[6] 的例子。我们将在 1.3 节中对口语理解和对话系统的组成进行更详细的介绍。口语对话系统通常包括语音识别、语义理解、对话管理、自然语言生成、语音合成等多个组成部分的一个或多个，所有组成部分对建立一个成功的口语对话系统都是很关键的。在本书中，我们将重点关注语音识别部分，同时在最后几章中，对口语理解和对话管理相关的核心深度学习技术进行介绍，以便读者能够全面了解口语对话系统所涉及的技术全貌。

1.2 语音识别系统的基本结构

图 1–2 中展示的是语音识别系统的基本结构，语音识别系统主要由 4 部分组成：信号处理和特征提取、声学模型（AM）、语言模型（LM）和解码搜索。

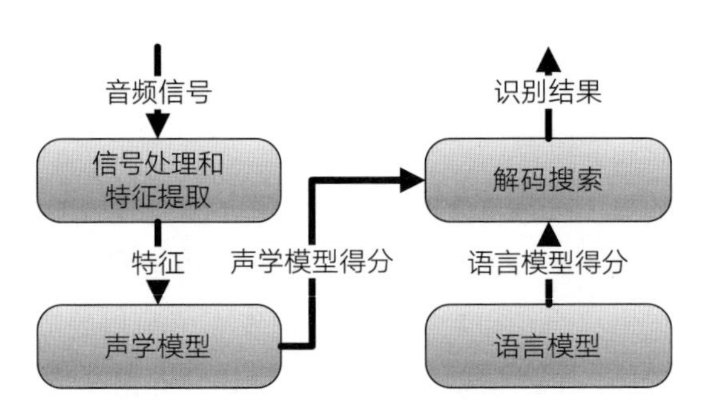

图 1–2 语音识别系统的基本架构

信号处理和特征提取部分以音频信号为输入，通过消除噪声和信道失真对语音进行增强，将信号从时域转化到频域，并为后面的声学模型提取合适的有代表性的特征向量。声学模型将声学和发音学（Phonetics）的知识进行整合，以特征提取部分生成的特征为输入，并为可变长特征序列生成声学模型分数。语言模型估计通过训练语料（通常是文本形式）学习词之间的相互关系，来估计假设词序列的可能性，又叫语言模型分数。如果了解领域或任务相关的先验知识，则语言模型分数通常可以估计得更准确。解码搜索对给定的特征向量序列和若干假设词序列计算声学模型分数和语言模型分数，将总体输出分数最高的词序列作为识别结果。本书将集中讨论语音识别中的声学模型技术，并在第 13 章中对深度学习语言模型进行介绍。

关于声学模型，有两个主要问题，分别是特征向量序列的可变长和音频信号的丰富变化性。可变长特征向量序列的问题在学术上通常由动态时间规整（Dynamic Time Warping，DTW）方法和将在第 3 章描述的隐马尔可夫模型（HMM）[7] 方法来解决。音频信号的丰富变化性（variable）是由说话人的各种复杂的特性（如性别、健康状况或紧张程度）交织引起的，或是由说话风格与速度、环境噪声、周围人声（Side Talk）、信道扭曲（Channel Distortion）（如麦克风间的差异）、方言差异、非母语口音（Non-native Accent）引起的。一个成功的语音识别系统必须能够应付所有这类声音的变化因素。

像我们在 1.1 节中讨论的那样，从特定领域任务向真实应用转变时，会遇到一些困难。如图 1–3 所示，一个时下实际的语音识别系统需要处理大词汇量（数百万）、自由式对话、带噪声的远场自发语音和多语言混合的问题。

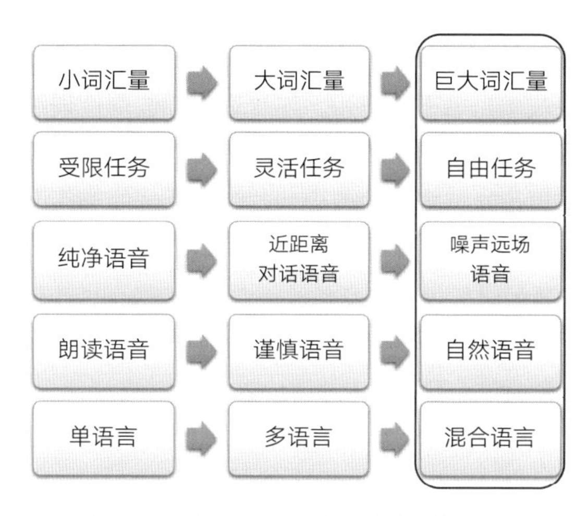

图 1–3 从特定领域向真实应用的转变

在过去，最流行的语音识别系统通常使用梅尔倒谱系数（Mel-Frequency Cepstral Coefficient，MFCC）[8] 或者相对频谱变换–感知线性预测（Perceptual Linear Prediction，PLP）[9] 作为特征向量，使用混合高斯模型–隐马尔可夫模型（Gaussian mixture model-HMM，GMM-HMM）作为声学模型。20 世纪 90 年代，最大似然准则（Maximum Likelihood，ML）被用来训练这些 GMM-HMM 声学模型。到了 21 世纪，序列鉴别性训练算法（Sequence Discriminative Training Algorithm）如最小分类错误（Minimum Classification Error，MCE）[10] 和最小音素错误（Minimum Phone Error，MPE）[11] 等准则被提了出来，并进一步提高了语音识别的准确率。

近些年，分层鉴别性模型（Discriminative Hierarchical Model）如深层神经网络（Deep Neural Network，DNN）[12] 依靠不断增长的计算力、大规模数据集的出现和人们对模型本身更好的理解，变得可行起来，它们显著地减小了错误率。举例来说，上下文相关的深层神经网络–隐马尔可夫模型（Context-Dependent DNN-HMM，CD-DNN-HMM）与传统的使用序列鉴别准则（Sequence Discriminative Criteria）[13] 训练的 GMM-HMM 系统相比，在 Switchboard 对话任务上错误率降低了三分之一。

在本书中，我们将介绍这些分层鉴别性模型的最新研究进展，包括深层神经网络、卷积神经网络（Convolutional Neural Network，CNN）和循环神经网络（Recurrent Neural Network，RNN）。同时，对于深度学习在先进的语音识别技术框架下的应用，如自适应、鉴别性训练等，以及复杂场景下的语音识别技术，如多语种、环境噪声、远场识别等，也会给予详细介绍。我们将讨论这些模型的理论基础和使系统能够正常工作的实践技巧。由于我们对自己所做的工作比较熟悉，本书主要着眼于我们自己的工作，当然，在需要的时候也会涉及其他研究者的相关研究。

1.3 口语理解与人机对话系统

本书介绍的对话系统主要是任务型口语对话系统，如图 1–4 所示，该类型的口语对话系统主要由 5 个模块和 1 个任务相关的知识库组成，5 个模块分别是：自动语音识别（Automatic Speech Recognition，ASR）、口语理解（Spoken Language Understanding，SLU）、对话管理（Dialog Management，DM）、自然语言生成（Nature Language Generator，NLG）和语音合成（Test-to-Speech，TTS）。知识库往往与系统要完成的具体对话任务相关，比如订餐馆的任务，知识库就是可查询的所有餐馆信息，每个餐馆都对应知识库中的一个实体。5 个模块中的自动语音识别（ASR）模块将用户的声音转换为文字；口语理解（SLU）模块完成语义理解任务，但与一般自然语言处理中的语义理解略有不同的是，它的输入是语音识别模块的一个或多个文字序列输出，并将这些识别结果转换为系统能够识别的对话动作；在对话管理（DM）模块中，对话状态跟踪（Dialogue State Tracking，DST）模块负责根据口语理解部分输出的对话动作更新对话状态，对话决策（Dialogue

Policy）根据系统的对话状态生成语义级的系统反馈动作，自然语言生成（NLG）模块将系统生成的反馈动作转换为自然文本语言，语音合成（TTS）模块将自然文本合成语音播放给用户。本书主要介绍口语理解、对话管理和自然语言生成 3 个模块。

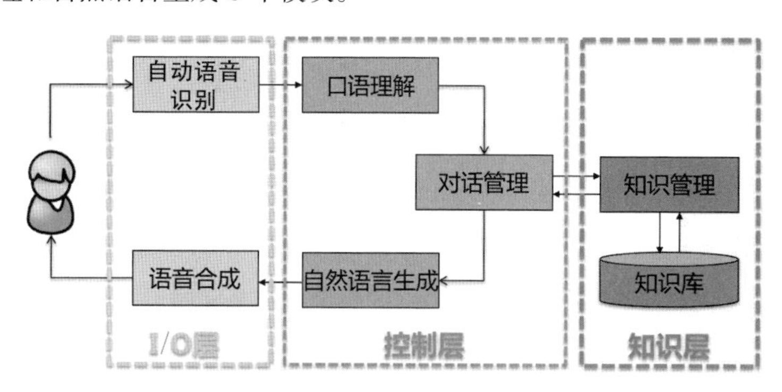

图 1–4 任务型对话系统架构图

语音识别将用户的音频输入转换为文字信息，原始的文字信息只是被计算机记录，还没有被计算机理解，因此需要有一个理解模块能够让计算机理解用户所说的话。口语理解模块将用户输入的文字信息转换成结构化的语义槽（Semantic slot）信息。比如，用户说了一句“帮我查询明天下午从上海到北京的机票”，其中包含了 3 个关键的语义信息：“出发时间 = 明天下午”“出发地 = 上海”“到达地 = 北京”。早期的语义解析方法往往基于规则，例如商业对话系统 VoiceXML 和 Phoenix Parser。开发人员可以根据要应用的对话领域，设计与之对应的语言规则，来识别由语音识别模块产生的输入文本。在基于规则的系统（有时也被称为基于知识的系统）中[14–16]，开发人员会写一些句法/语义的规则语法，并用这个规则来分析输入的文本以获取语义信息。这类方法最大的好处是不需要大量的训练数据，但是需要大量的人力资源来完善语义解析规则，随着规则的增加，规则之间的冲突检查又成为一项复杂的工作。基于统计学习的口语语义理解方法则解决了很多基于规则的方法问题，它可以从句子样例及相应的语义标注上自动学习。与手工书写规则相比，数据标注需要的特定专业知识要少很多。而且统计方法通过一些半监督、无监督学习等方法，可以向新数据自适应。近十年来，深度学习技术在人工智能各个领域都取得了突破性进展，包括语音处理、图像处理、自然语言处理等领域。在口语语义理解领域，循环神经网络[17–19]、卷积神经网络[20, 21] 及与传统模型（条件随机场）的结合方法[20, 22, 23] 都取得了很好的结果。深度学习方法在口语语义理解任务上的应用，在之后的章节中会被详细介绍。

口语理解模块将在每一轮对话中得到的文字信息都解析为计算机能够理解的结构化语义信息，对话管理模块中的对话状态跟踪模块的任务是通过分析结构化语义信息来更新当前对话系统的对话状态。对话状态可以被简单地理解为所有对话历史的语义信息的累计结果加上数据库中实体可能被提及的分布情况。早期的对话状态跟踪模块也是基于规则的方法，随着深度学习方法的突破，全连接前馈网络[24] 和循环神经网络[25] 也被用到基于语义信息的对话状态跟踪系统中。近年来，学术界研究热点逐渐趋向于端到端的对话状态跟踪[26, 27]。端到端的对话状态跟踪系统将传统的语义解析任务和状态跟踪任务视为一个整体，从自然语言直接得到对话状态，跳过了语义解析过程。对话管理中的另一个模块“对话决策”就是基于当前的对话状态选择一个合理的系统回复来完成用户目标的。Young 等人[28] 将对话动作决策过程形式化为一个序列决策过程，并且使用部分可观察马尔可夫决策过程对对话过程进行建模，提供了可用强化学习方法来优化对话决策过程的理论依据。随着深度强化学习（Deep Reinforcement Learnng, DRL）方法在游戏[29]、围棋[30] 和机器人[31] 等领域被成功应用，DRL 在对话策略优化中也很快取得了进展[32–38]。

口语系统中的自然语言生成模块将便于计算机理解的结构化对话动作转化为人类能够理解的自然语言。早期的口语对话系统一般使用基于模板的方法将结构化的对话动作转化为自然语言，这样的方法回复的自然语言形式一般比较单一。随着深度学习方法的发展，基于深层神经网络的方法[39, 40] 被应用到自然语言生成模块，相较于基于模板的方法，各项指标也取得了比较明显的提升。

1.4 全书结构

本书从结构上可分为 7 个部分。在第 I 部分中，我们主要介绍传统的 GMM-HMM 系统和相关的数学模型及其变体。内容主要提取自一些成品书[41–43] 和来自文献 [44, 45] 的教学材料。第 Ⅱ 部分介绍经典的全连接前馈型深层神经网络，包括深层神经网络基础理论、DNN 与 HMM 的融合技术、深度特征角度的理论分析及系统融合，以及深度学习在语音端点检测和唤醒任务上的应用。第 Ⅲ 部分讨论若干先进的深度学习模型在语音识别中的应用，主要包括基于卷积神经网络和循环神经网络的声学模型，同时介绍深度学习在语言模型中的应用。第 Ⅳ 部分从建模框架角度，介绍一系列不同于前述经典语音识别建模框架的高级语音识别技术，包括自适应、序列级鉴别性训练及端到端模型。第 V 部分则从应用场景出发，介绍复杂声学场景下的声学建模技术，主要包括单通道语音增强和分离技术、麦克风阵列信号处理及远场语音识别。在详细介绍语音识别的深度学习实践之后，第 Ⅵ 部分对深度学习在口语理解、对话状态跟踪、自然语言生成及数据驱动的对话策略学习中的应用进行综合介绍。作为第 Ⅶ 部分，我们在第 23 章总结整本书，概述基于深度学习的语音识别和对话系统发展中的一些关键里程碑，并给出我们对未来研究方向的思考。

第 I 部分：传统声学模型

第 2 章和第 3 章介绍传统的混合高斯模型–隐马尔可夫声学模型的基本理论。这两章将有助于读者理解后面介绍的深度学习声学模型。

第 2 章讨论混合高斯模型、最大似然准则和期望最大化算法[46]。第 3 章介绍在现代语音识别系统中有最杰出贡献的隐马尔可夫模型（Hidden Markov Model，HMM）。我们将介绍 HMM 是如何处理可变长度信号序列的，并描述前向后向算法（forward-backward algorithm）和维特比解码（viterbi decoding）算法。在本书着重讲述的上下文相关的深层神经网络–隐马尔可夫模型（CD-DNN-HMM）系统流行起来以前，GMM-HMM

构成了现代语音识别系统的基础。

第 Ⅱ 部分：深层神经网络在语音识别中的应用及分析

第 Ⅱ 部分详细介绍经典的深层神经网络是如何应用于语音识别之中的，对相关深度学习技术的基本概念，在不同语音识别任务中的具体应用方式及与传统声学模型的结合都进行详细介绍，其中还特别从特征表示学习的角度，对深层神经网络在语音识别中的成功原因进行分析。

第 4 章和第 5 章详细介绍深层神经网络的基本理论。重点介绍在构建真实系统时被证明有效的技术，并从理论和实践的角度解释这些技术为什么工作和如何工作。第 4 章介绍深层神经网络、著名的反向传播（Back Propagation）算法[47, 48] 和迅速有效训练一个 DNN 的各种实践技巧。第 5 章讨论高级的 DNN 初始化技术，包括生成性预训练和鉴别性预训练[49]。主要讨论受限玻尔兹曼机[50]（Restricted Boltzmann Machine，RBM）和带噪自动编码器（Noisy Auto-encoder）[51]，以及它们两个之间的关系。

从第 6 章到第 10 章讨论在语音识别中如何有效地将 DNN 和 HMM 融合起来。第 6 章描述 DNN-HMM 混合系统[12]，其中，HMM 被用来对声音信号的序列属性建模，DNN 被用来对 HMM 中的发射概率（Emission Probability）建模。第 7 章讨论在实践中提高 DNN-HMM 系统训练、解码速度的技巧。

第 8 章从联合特征学习和模型优化的角度讨论 DNN。我们认为 DNN 可以在任意隐层被分开，其下面的所有层都可以被认为是特征变换，其上的所有层都可以被认为是分类模型。本章也是对 DNN 在语音识别中成功超越传统模型的理论分析。基于深度特征变换的解释，第 9 章介绍 tandem 结构和瓶颈特征，DNN 在其中充当一个单独的特征提取器，为传统的 GMM-HMM 提供特征。

继 DNN 在连续语音识别中获得成功之后，它在与语音识别相关的其他一些声学建模任务上也得到了成功应用。第 10 章进一步介绍深层神经网络在语音活动端点检测（Voice Activity Detection，VAD）及语音唤醒任务中的应用方法。

第 Ⅲ 部分：先进深度学习模型在语音识别中的应用

第 Ⅱ 部分介绍的深层神经网络主要指深度全连接前馈型网络，在第 Ⅲ 部分中，我们将介绍其他的先进深度学习模型在语音识别中的应用。

第 11 章介绍深度卷积神经网络及其在语音识别的声学建模中的应用。第 12 章介绍循环神经网络，尤其是长短时记忆（Long Short Term Memory，LSTM）单元神经网络及其变体，以及它们在声学模型中的应用。以之前章节为基础，第 13 章综合介绍各类深度学习模型在语音识别的语言模型中的应用，并讨论对建模单元的选择。

第 Ⅳ 部分：高级语音识别方法

第 Ⅳ 部分介绍一系列不同于前述经典语音识别建模框架的高级语音识别方法，以及深度学习在这些高级语音识别方法中的具体实现。

自适应技术是语音识别中的迁移学习技术，是在数据不充分的情况下快速构建语音识别系统的有效方法。第 14 章介绍针对深度学习声学模型的自适应技术。

前面章节所讨论的深度学习模型的优化都是在帧级别进行的，而在第 15 章中将讨论采用序列级别的准则进行深度学习模型的优化，这种序列鉴别性训练算法（Sequence-discriminative Training Algorithm）可以进一步显著提高深度学习语音识别系统的识别准确率。

经典语音识别的框架将声学模型和语言模型分成两个部分分别优化，近年来基于深度序列模型，产生了一系列直接将声学特征序列映射为词序列的“端到端模型”，在第 16 章中将集中讨论若干序列级的端到端深度学习模型及其在语音识别中的应用。

第 Ⅴ 部分：复杂场景下的语音识别

在前 4 部分中，语音识别的应用场景主要被假定为单一语种且相对安静的环境。在第 Ⅴ 部分中将针对不同的复杂场景，介绍相关的特定语音识别方法，以及深度学习在其中的应用实现。

第 17 章描述基于 DNN 的多任务和迁移学习，其中，特征表示在相关的任务中是被共享的，并可以被跨任务迁移使用。这些技术使得在多语言和跨语言情况下的语音识别性能显著提升。

针对复杂声学环境下的语音识别，第 18 章介绍基于深度学习的单通道语音增强和语音分离技术，尤其是针对多人单通道的复杂场景，介绍排列不变性训练的相关算法。第 19 章则综合介绍远场语音识别的前端处理链路，尤其是在麦克风阵列条件下的信号处理技术及深度学习在其中的应用。

第 Ⅵ 部分：口语理解及对话系统的深度学习实践

在对语音识别系统中的深度学习实践进行详细的介绍后，在第 Ⅵ 部分中将对语言理解和口语对话系统中的对话管理部分进行讨论，并介绍深度学习方法在其中的应用。

第 20 章介绍面向语义信息槽的口语理解框架，从序列标注的角度进行建模，介绍深度学习在其中的具体应用方式。同时讨论不确定性建模、上下文建模和领域自适应等关键技术。

第 21 章完整介绍多轮任务型口语对话系统的理论框架，并针对其中的序列映射问题、对话状态跟踪和自然语言生成进行详细介绍。第 22 章针对多轮对话管理中的对话策略学习的核心问题，介绍基于强化学习的数据驱动的对话策略优化框架和数据驱动方法所面临的冷启动问题，并深入讨论深度学习技术在其中的应用。

第 Ⅶ 部分：总结及展望

作为全书的尾篇，第 23 章对语音识别、口语理解和对话管理的技术路线图进行总结，并展望未来的技术发展方向。

第 I 部分

传统声学模型

第 2 章

混合高斯模型

摘要 本章首先介绍随机变量和概率分布的基本概念。然后这些概念会被应用在高斯随机变量和混合高斯随机变量中。我们将讨论标量和向量形式的随机变量，以及它们的概率密度函数。当将混合高斯随机变量的分布用于匹配真实世界的数据（如语音特征）时，就形成了混合高斯模型（GMM）。GMM 作为描述基于傅里叶频谱语音特征的统计模型，在传统语音识别系统的声学建模中发挥了重要作用。我们将讨论 GMM 在声学模型中的关键优势，这些优势使得期望最大化（EM）算法可以被有效地用来训练模型，以匹配语音特征。我们将详细描述最大似然准则和 EM 算法，这些仍然是目前在语音识别中被广泛使用的方法。最后将讨论 GMM 在语音识别的声学模型中的一个严重缺点，并由此引出本书主要介绍的新模型和方法。

2.1 随机变量

随机变量是概率论和统计学中最基本的概念。随机标量变量是一个基于随机实验结果的实数函数或实数变量。随机向量变量是彼此相关或独立的随机标量变量的一个集合。因为实验是随机的，所以随机变量的取值也是随机的。随机变量可以被理解为从随机实验到变量的一个映射。根据实验和映射的性质，随机变量可以是离散值、连续值或离散值与连续值的混合。因此有离散型随机变量、连续型随机变量及混合型随机变量。随机变量的所有可能取值都被称为它的域（Domain）。在本章及后面的一些章节，我们使用文献 [42] 中的标记来描述随机变量和相关的概念。

连续型随机变量 x 的基本特性是它的分布或概率密度函数（Probability

density function，PDF），通常记为 $p(x)$。连续型随机变量在 $x=a$ 处的概率密度函数定义为

$$p(a) \approx \lim_{\Delta a \to 0} \frac{P(a-\Delta a < x \leqslant a)}{\Delta a} \geqslant 0 \tag{2.1}$$

其中，$P(\cdot)$ 表示事件的概率。

连续型随机变量 x 在 $x=a$ 处的累积分布函数（Cumulative distribution function）定义为

$$P(a) \approx P(x \leqslant a) = \int_{-\infty}^{a} p(x)\mathrm{d}x \tag{2.2}$$

概率密度函数需要满足归一化性质，即

$$P(x \leqslant \infty) = \int_{-\infty}^{\infty} p(x)\mathrm{d}x = 1 \tag{2.3}$$

如果没有满足归一化性质，则我们称这个概率密度函数是一个不当密度或非归一化分布。

对一个连续随机向量 $\boldsymbol{x}=(x_1,x_2,\ldots,x_D)^{\mathrm{T}} \in \mathscr{R}^D$，我们可以简单地定义它们的联合概率密度为 $p(x_1,x_2,\ldots,x_D)$。进一步，对每一个在随机向量 $\boldsymbol{x}$ 中的随机变量 x_i，边缘概率密度函数（Marginal PDF）定义为

$$p(x_i) \approx \int\int_{\text{all } x_j:\ x_j \neq x_i} \cdots \int p(x_1,\ldots,x_D)\mathrm{d}x_1 \ldots \mathrm{d}x_{i-1}\mathrm{d}x_{i+1} \ldots \mathrm{d}x_D \tag{2.4}$$

它和标量随机变量的概率密度函数具有相同的性质。

2.2 高斯分布和混合高斯随机变量

如果连续型标量随机变量 x 的概率密度函数是

$$p(x) = \frac{1}{(2\pi)^{1/2}\sigma} \exp\left[-\frac{1}{2}\left(\frac{x-\mu}{\sigma}\right)^2\right] \approx \mathcal{N}(x;\mu,\sigma^2),$$
$$(-\infty < x < \infty; \sigma > 0) \tag{2.5}$$

那么它是服从正态分布或高斯分布的。上式的一个等价标记是

$$x \sim \mathcal{N}(\mu,\sigma^2)$$

表示随机变量 x 服从均值为 μ、方差为 σ^2 的正态分布。使用精度参数（精度是方差的倒数）代替方差后，高斯分布的概率密度函数也可以写为

$$p(x)=\sqrt{\frac{r}{2\pi}}\exp\left[-\frac{r}{2}(x-\mu)^2\right] \tag{2.6}$$

很容易证明，对一个高斯随机变量x，期望和方差分别满足 $E(x)=\mu$，$\mathrm{var}(x)=\sigma^2=r^{-1}$。

由下面的联合概率密度函数定义的正态随机变量 $\boldsymbol{x}=(x_1,x_2,\ldots,x_D)^{\mathrm{T}}$ 也称多元或向量值高斯随机变量：

$$p(\boldsymbol{x})=\frac{1}{(2\pi)^{D/2}|\boldsymbol{\Sigma}|^{1/2}}\exp\left[-\frac{1}{2}(\boldsymbol{x}-\boldsymbol{\mu})^{\mathrm{T}}\boldsymbol{\Sigma}^{-1}(\boldsymbol{x}-\boldsymbol{\mu})\right]\approx\mathcal{N}(\boldsymbol{x};\boldsymbol{\mu},\boldsymbol{\Sigma}) \tag{2.7}$$

与其等价的表示是 $\boldsymbol{x}\sim\mathcal{N}(\boldsymbol{\mu}\in\mathscr{R}^D,\boldsymbol{\Sigma}\in\mathscr{R}^{D\times D})$。对于多元高斯随机变量，其均值和协方差矩阵可由 $E(\boldsymbol{x})=\boldsymbol{\mu}$; $E[(\boldsymbol{x}-\overline{\boldsymbol{x}})(\boldsymbol{x}-\overline{\boldsymbol{x}})^{\mathrm{T}}]=\boldsymbol{\Sigma}$ 给出。

高斯分布被广泛应用于包括语音识别在内的很多工程和科学学科中。它的流行不仅来自其具有令人满意的计算特性，而且来自大数定理带来的可以近似很多自然出现的实际问题的能力。

现在我们来讨论一种服从混合高斯模型（Gaussian Mixture Model，GMM）的混合高斯随机变量。一个标量连续随机变量 x 服从混合高斯分布，如果它的概率密度函数为

$$\begin{aligned}p(x)&=\sum_{m=1}^{M}\frac{c_m}{(2\pi)^{1/2}\sigma_m}\exp\left[-\frac{1}{2}\left(\frac{x-\mu_m}{\sigma_m}\right)^2\right]\\&=\sum_{m=1}^{M}c_m\mathcal{N}(x;\mu_m,\sigma_m^2)\qquad(-\infty<x<\infty;\sigma_m>0;\ c_m>0)\end{aligned} \tag{2.8}$$

其中混合权重为正实数，则其和为 1：$\sum_{m=1}^{M}c_m=1$。

混合高斯分布最明显的性质是它的多模态性质（$M>1$ 在公式 (2.8) 中）不同于高斯分布的单模态性质（$M=1$）。这使得混合高斯模型足以描述很多显示出多模态性质的物理数据（包括语音数据），单高斯分布则不适合。数据中的多模态性质可能来自多种潜在因素，每个因素都决定分布中一个特定的混合成分。如果因素被识别出来，那么混合分布就可以被分解成由多个因素独立分布组成的集合。

很容易证明，服从混合高斯概率密度函数（公式 (2.8)）的随机变量 x 的均值是 $E(x) = \sum_{m=1}^{M} c_m \mu_m$。不同于单模态的高斯分布，这个简单的统计量并不具有什么信息，除非混合高斯分布中所有成分的均值 μ_m（$m = 1, \ldots, M$）都很接近。

推广到多变量的多元混合高斯分布，其联合概率密度函数可写为

$$
\begin{aligned}
p(\boldsymbol{x}) &= \sum_{m=1}^{M} \frac{c_m}{(2\pi)^{D/2}|\boldsymbol{\Sigma}_m|^{1/2}} \exp\left[-\frac{1}{2}(\boldsymbol{x}-\boldsymbol{\mu}_m)^{\mathrm{T}}\boldsymbol{\Sigma}_m^{-1}(\boldsymbol{x}-\boldsymbol{\mu}_m)\right] \\
&= \sum_{m=1}^{M} c_m \mathcal{N}(\boldsymbol{x}; \boldsymbol{\mu}_m, \boldsymbol{\Sigma}_m), \qquad (c_m > 0)
\end{aligned}
\tag{2.9}
$$

多元混合高斯分布的应用是提升语音识别系统性能的一个关键因素（在深度学习出现之前）[6, 44, 52, 53]。在多数应用中，根据问题的本质，混合成分的数量 M 被选择为一个先验值。虽然有多种方法尝试去回避这个寻找“正确”值的困难问题，如文献 [54]，但主流仍然是直接选取先验值。

在多元混合高斯分布公式 (2.8) 中，如果变量 x 的维度 D 很大（比如 40，对于语音识别问题），那么使用全协方差矩阵（非对角）（$\boldsymbol{\Sigma}_m$）将引入大量参数（大约为 $M \times D^2$ 个）。为了减少这个数量，可以使用对角协方差矩阵$\boldsymbol{\Sigma}_m$。当 M 很大时，也可以限制所有的协方差矩阵为相同矩阵，对所有的混合成分 m，将参数 $\boldsymbol{\Sigma}_m$ 绑定在一起。另一个使用对角协方差矩阵的优势是极大地降低了混合高斯分布所需的计算量。将全协方差矩阵近似为对角协方差矩阵看似对数据向量使用了各个维度不相关的假设，但其实是一种误导。因为混合高斯模型具有多个高斯成分，虽然每个成分都使用了对角协方差矩阵，但总体上至少可以有效地描述由一个使用全协方差矩阵的单高斯模型所描述的向量维度相关性。

2.3　参数估计

前文讨论的混合高斯分布包含了一系列参数变量。对于多元混合高斯分布的公式 (2.8)，参数变量包含了 $\boldsymbol{\Theta} = \{c_m, \boldsymbol{\mu}_m, \boldsymbol{\Sigma}_m\}$。参数估计问题又被称为学习问题，目标是根据符合混合高斯分布的数据来确定模型参数的取值。

通常来说，混合高斯模型及其相关的参数变量估计是一个不完整数据的参数估计问题。为了进一步说明这个问题，可假设每个数据点与混合高斯分布中的某个单高斯成分具有一种“所属关系”。一开始，这种所属关系是未知的。那么参数变量估计的任务就是通过“学习”得到这些“所属关系”，进而通过具有所属关系的数据点来估计每个高斯成分的参数。

下面将主要讨论混合高斯分布的参数变量估计问题中的最大似然准则估计方法，而期望最大化（Expectation Maximization，EM）算法就是这一类方法的一个典型代表。EM 算法是在给定确定数量的混合分布成分的情况下，估计各个分布参数的最通用的方法。它是一个两阶段的迭代算法：期望计算阶段（E 步骤）和最大化阶段（M 步骤）。我们将在第 3 章中基于文献 [55] 来讨论针对更通用的统计模型的 EM 算法公式，本节将针对混合高斯分布进行讨论。在此情况下，EM 算法得到的参数估计公式为[1]

$$c_m^{(j+1)} = \frac{1}{N}\sum_{t=1}^{N} h_m^{(j)}(t) \tag{2.10}$$

$$\boldsymbol{\mu}_m^{(j+1)} = \frac{\sum_{t=1}^{N} h_m^{(j)}(t)\boldsymbol{x}^{(t)}}{\sum_{t=1}^{N} h_m^{(j)}(t)} \tag{2.11}$$

$$\boldsymbol{\Sigma}_m^{(j+1)} = \frac{\sum_{t=1}^{N} h_m^{(j)}(t)[\boldsymbol{x}^{(t)} - \boldsymbol{\mu}_m^{(j)}][\boldsymbol{x}^{(t)} - \boldsymbol{\mu}_m^{(j)}]^{\mathrm{T}}}{\sum_{t=1}^{N} h_m^{(j)}(t)} \tag{2.12}$$

从 E 步骤中计算得到的后验概率（又称所属关系可信程度）如下：

$$h_m^{(j)}(t) = \frac{c_m^{(j)}\mathcal{N}(\boldsymbol{x}^{(t)}; \boldsymbol{\mu}_m^{(j)}, \boldsymbol{\Sigma}_m^{(j)})}{\sum_{i=1}^{n} c_i^{(j)}\mathcal{N}(\boldsymbol{x}^{(t)}; \boldsymbol{\mu}_i^{(j)}, \boldsymbol{\Sigma}_i^{(j)})} \tag{2.13}$$

这是基于当前迭代轮数（由公式 (2.13) 中的上标 j 表示)，针对某个高斯成分 m，用给定的观察值 $\boldsymbol{x}^{(t)}$ 计算得到的后验概率，$t = 1, \ldots, N$（这里 N 是采样率）。给定这些后验概率值后，每个高斯成分的先验概率、均值和协方差都可以根据公式 (2.13) 计算，这些公式本质上是整个采样数据的加权平均的均值和协方差。

通过推导可以得出，每个 EM 迭代并不会减少似然度，而这是其他大部分梯度迭代最大化方法所不具备的属性。其次，EM 算法天然地引入了

1　本文忽略了公式更详细的推导，具体可以参见文献 [56]。针对更通用模型的公式推导，可以参见文献 [57–61]。

对概率向量的限制条件，以便应对足够大的采样数下的协方差定义和迭代。这是一个重要的优点，因为采用显式条件限制方法将引入额外的计算消耗，用于检查和维持合适的数值，EM 算法则不需要。从理论上说，EM 算法是一种一阶迭代算法，会缓慢地收敛到固定的解。虽然针对参数值的收敛本身并不快，但是似然度的收敛还是非常快的。而 EM 算法的另一个缺点是它每次都会达到局部最大值，而且它对参数的初始值很敏感。虽然这些问题可以通过在多个初始值下评估 EM 算法来解决，但是这将引入额外的计算消耗。另一种比较流行的方法是通过单高斯成分来做初始估计，在每次迭代完成后都将一个高斯成分分割成多份，得到混合高斯模型。

除了前面讨论的优化最大似然准则的 EM 算法，其他旨在优化鉴别性估计准则的方法也被提出来估计高斯或混合高斯模型的参数。这些方法也可以被用于更一般的统计模型，如高斯隐马尔可夫模型（Gaussian HMM）等[62–65]。

2.4 采用混合高斯分布对语音特征建模

原始语音数据经过短时傅里叶变换形式或者取倒谱后会成为特征序列，在忽略时序信息的条件下，前文讨论的混合高斯分布就非常适合拟合这样的语音特征。也就是说，可以以帧（frame）为单位，用混合高斯模型（GMM）对语音特征进行建模。在本书中，遵从文献 [66] 中的规范，模型或可计算模型通常指对真实物理过程的数学抽象形式（例如人类语音处理）。为了方便数学上的计算，这些模型往往有一些必要的简化与近似。为了将这种数学抽象和算法应用于计算机及实际的工程应用（例如语音分析与识别）中，这种计算上的易处理性是非常重要的。

不仅仅在语音识别领域，GMM 还被广泛用于对其他领域的数据建模并进行统计分类。GMM 因其拟合任意复杂的、多种形式的分布能力而广为人知。基于 GMM 的分类方法被广泛应用于说话人识别、语音特征降噪与语音识别中。在说话人识别中，可以用 GMM 直接对所有说话人的语音特征分布建模，得到通用背景模型（Universal Background Model，UBM）[67~70]。在语音特征降噪或噪声跟踪中，可以采用类似的做法，用

GMM 拟合一个先验分布[71–76]。在语音识别中，GMM 被整合在 HMM 中，用来拟合基于状态的输出分布，这部分将在第 3 章更详细地讨论。

如果把语音顺序信息考虑进去，GMM 便不再是一个好模型，因为它不包含任何顺序信息。我们将在第 3 章讨论一类名叫隐马尔可夫模型（Hidden Markov Model，HMM）的更加通用的模型，它可以对时序信息进行建模。然而，当给定 HMM 的一个状态后，若要对属于该状态的语音特征向量的概率分布进行建模，则 GMM 仍不失为一个好的模型。

使用 GMM 对 HMM 每个状态的语音特征分布进行建模，有许多明显的优势。只要混合的高斯分布数量足够多，GMM 就可以拟合任意精度的概率分布，并且可以通过 EM 算法很容易地拟合数据。还有很多关于限制 GMM 复杂度的研究，一方面为了加快 GMM 的计算速度，另一方面希望能够找到模型复杂度与训练数据量间的最佳权衡，其中包括参数绑定、半绑定 GMM 与子空间 GMM。

通过 EM 算法的优化，可以使 GMM 参数在训练数据上生成语音观察特征的概率最大化。在此基础上，若通过鉴别性训练，则基于 GMM-HMM 的语音识别系统的识别准确率可以得到显著提升。当所使用的鉴别性训练目标函数与音素错误率、字错误率或句子错误率密切相关时，这种提升更加显著。此外，通过在输入语音特征中加入由神经网络生成的联合特征或瓶颈特征，语音识别率同样可以得到提升，我们将在后面的章节讨论这个话题。在过去的很多年间，在语音特征的建模和语音识别中的声学模型的建模中，GMM 一直有非常成功的应用（直到 2010 年至 2011 年间，深层神经网络取得了更加准确的识别效果）。

尽管 GMM 有着众多优势，但它也有一个严重的不足。那就是 GMM 不能有效地对呈非线性或近似非线性的数据进行建模。举例来说，对一系列呈球面的点阵建模，如果选择合适的模型，则只需要很少的参数，但对 GMM 来讲，却需要非常多的对角高斯分布或相当多的全协方差高斯分布。众所周知，语音是由调节动态系统中相对少的参数来产生的[77–82]，这意味着隐藏在语音特征下的真正结构的复杂度，比直接描述现有特征（一个短时傅里叶窗就包含数百个系数）的模型要小得多。因而，我们期待有其他更好的模型，能够更好地捕获语音特性，使其作为语音声学模型的能力比

GMM 更好。特别是，比起 GMM，这种模型要能更加有效地挖掘隐藏在长窗宽语音帧中的信息。

第3章

隐马尔可夫模型及其变体

摘要 本章建立在对第 2 章关于概率理论与统计理论的综述的基础上，包括随机变量与混合高斯模型，并延伸至马尔可夫链与隐马尔可夫序列或者模型（Hidden Markov Model，HMM）。HMM 的核心是状态这个概念，状态本身是一个随机变量，通常取离散值。从马尔可夫链延伸至隐马尔可夫模型（HMM），涉及在马尔可夫链的每一个状态上增加不确定性或统计分布。因此，一个 HMM 是一个马尔可夫链的双随机过程（Doubly-stochastic Process）或者概率函数。当马尔可夫序列或者 HMM 的状态被限定为离散的，且 HMM 状态的各分布间没有重叠时，它便成为一个马尔可夫链。本章首先讨论 HMM 的一些关键点，包括它的参数特征；通过离散随机数生成器对它的仿真、参数的最大似然估计，尤其是期望最大化（EM）算法；以及通过维特比（Viterbi）算法对它进行状态解码。接着讨论 HMM 作为一种生成模型如何产生语音特征序列，以及它如何被用作语音识别的基础模型。最后讨论 HMM 的局限性，引出它的各种延伸变体，在延伸变体里，每个状态与一个动态系统或者一个隐时变轨迹相关联，而不是与时序独立的稳态分布（如混合高斯分布）相关联。HMM 的这些变体是用状态空间公式描述的基于状态的动态系统，它们的基本概念与在第 12 章详细介绍的循环神经网络是一致的。

3.1 介绍

在前一章中，我们回顾了概率理论和统计的知识，其中介绍了随机变量的概念和概率分布的相关概念。接着讨论了高斯和混合高斯的随机变量及它们的向量数值化或多元版本。所有这些概念和例子都是静态的，意味着它们没有使随机变量的长度或维度随着时间序列的长度而改变的时间维度。对语音信号的静态部分来说，幅度谱（如倒谱）特征能很好地用混合高斯的多元分布表示。这就产生了适用于短时或静态语音模式的语音特征的混合高斯模型（GMM）。

在本章中，我们将把随机变量的概念延伸到（离散时间）随机序列，随机序列是使用可变长度的齐次间隔离散时间来索引的随机变量的集合。对随机序列的一般统计特性，参见文献 [42] 的第 3 章，但在本章中我们只摘取马尔可夫序列的部分作为一般随机序列的最常用类别。状态对马尔可夫序列来说是基本概念。当马尔可夫序列的状态被限定为离散时，我们就得到了马尔可夫链，在马尔可夫链中由离散状态变量表示的所有可能的值都构成了（离散）状态空间，这些将在3.2节中详述。

当每一个离散状态的值被一般化为一个新的随机变量（离散或者连续）时，马尔可夫链便被一般化为（离散或连续）隐马尔可夫序列，或者当它用于表征或接近真实世界数据序列的统计特性时便被一般化为隐马尔可夫模型（Hidden Markov Model，HMM）。在3.3节中，我们定义 HMM 中的参数，包括隐含马尔可夫链的转移概率和在给定状态下概率密度函数中的分布参数。接着展示怎样通过概率采样来模拟一个 HMM。我们将详细介绍给定观察序列时，HMM 的似然度的有效计算方法，这是将 HMM 应用到语音识别和其他实际问题中的重要基础。

接着，在3.4节中首先介绍在包含隐含随机变量的一般性统计模型中，应用于参数的最大似然估计的 EM 算法的背景知识。然后将 EM 算法应用于解决 HMM（同样适用于 GMM，因为 GMM 可被视作 HMM 的特殊情况）的学习或者参数估计问题。HMM 学习的实际算法是著名的 Baum-Welch 算法，它被广泛用于语音识别和其他涉及 HMM 的应用中。本章将给出 Baum-Welch 算法中 E 步骤的详细推导，核心是求出给定输入训练数据时，HMM 中每个状态的后验概率。估计马尔可夫链的转移概率、高斯 HMM 的均值向量和方差矩阵的 M 步骤的详细推导随后给出。

我们将在3.5节中介绍著名的用于给定输入序列状态解码 HMM 状态的维特比（Viterbi）算法。同时将介绍动态规划的技巧，即 Viterbi 算法的本质优化准则。

最后，在3.6节中将 HMM 作为统计模型应用于实际的语音问题中。先讨论如文献 [83–86] 中所描述的，HMM 作为一种优秀的生成性模型被用于语音特征序列建模的能力。通过贝叶斯准则的使用，HMM 与语音数据的良好匹配使得这个生成性模型能被用于语音识别的分类任务中[87, 88]。从对 HMM 作为语音中生成性模型缺点的分析延伸到它的一些变体，在其变体中，每一个 HMM 状态条件下语音数据分布的时序独立和稳态特性被更加实际、非固定、暂相关、使用潜在或隐含结构[78, 79, 81, 82, 89, 90] 的动态系统所代替。这些解释在数学形式上，为基于状态空间模型的动态系统与循环神经网络架起了桥梁，相关内容将在本书第 12 章中介绍。

3.2 马尔可夫链

马尔可夫链是一种离散状态的马尔可夫序列，也是一般性马尔可夫序列的特殊形式。马尔可夫链的状态空间具有离散和有限性：$q_t \in \{s^{(j)}, j = 1, 2, \cdots, N\}$。每一个离散值都与马尔可夫链中的一个状态相关。因为状态 $s^{(j)}$ 与它的索引 j 一一对应，我们通常可交替使用这两者。

一个马尔可夫链 $\boldsymbol{q}_1^T = q_1, q_2, \cdots, q_T$ 可被转移概率完全表示，定义为

$$P(q_t = s^{(j)} | q_{t-1} = s^{(i)}) \approx a_{ij}(t), \qquad i, j = 1, 2, \cdots, N \tag{3.1}$$

以及初始状态分布概率。如果这些转移概率与时间 t 无关，则得到齐次马尔可夫链。

（齐次）马尔可夫链的转移概率通常能被方便地表示为矩阵形式

$$\boldsymbol{A} = [a_{ij}], \qquad \text{其中，} a_{ij} \geqslant 0 \quad \forall i, j; \quad \sum_{j=1}^{N} a_{ij} = 1 \quad \forall i \tag{3.2}$$

$\boldsymbol{A}$ 被称为马尔可夫链的转移矩阵。给定马尔可夫链的转移概率，则状态输出概率

$$p_j(t) \approx P[q_t = s^{(j)}]$$

很容易计算得到。根据下式可知该计算是递归的：

$$p_i(t+1) = \sum_{j=1}^{N} a_{ji} p_j(t), \quad \forall i \tag{3.3}$$

如果马尔可夫链的状态占有分布渐进收敛：$p_i(t) \rightarrow \pi(q^{(i)})$，则当 $t \rightarrow \infty$ 时，我们称 $p(s^{(i)})$ 为马尔可夫链的一个稳态分布。对有稳态分布的马尔可夫链来说，它的转移概率a_{ij} 必须满足

$$\bar{\pi}(s^{(i)}) = \sum_{j=1}^{N} a_{ji}\bar{\pi}(s^{(j)}), \quad \forall i \tag{3.4}$$

马尔可夫链的稳态分布在一类被统称为马尔可夫链蒙特卡罗（MCMC）方法的强大的统计方法中起着重要作用。这些方法用来模拟（即采样）任意复杂的分布函数，使其能执行很多复杂的统计推断和学习任务，否则这些任务运算困难。MCMC 方法的理论基础是马尔可夫链到它的稳态分布 $\bar{\pi}(s^{(i)})$ 的渐进收敛。也就是说，无论初始分布如何，马尔可夫链之于 $\bar{\pi}(s^{(i)})$ 都是渐进无偏的。因此，为了从任意的复合分布 $p(s)$ 中采样，都可以通过设计合适的转移概率 a_{ij} 构造一个马尔可夫链，使它的稳态分布为 $\bar{\pi}(s) = p(s)$。

3 种其他有趣且有用的马尔可夫链的性质也容易被得到。首先，马尔可夫链的状态时长是一个指数或者几何级分布：$p_i(d) = C\ (a_{ii})^{d-1}$，其中归一化常数为 $C = 1 - a_{ii}$。其次，平均状态时长为

$$\bar{d}_i = \sum_{d=1}^{\infty} d p_i(d) = \sum_{d=1}^{\infty}(1 - a_{ii})(a_{ii})^{d-1} = \frac{1}{1 - a_{ii}} \tag{3.5}$$

最后，对任意一个服从马尔可夫链的观察序列，若它对应有限长度状态序列 $\boldsymbol{q}_1^T$，则其概率很容易计算，是所有马尔可夫链的转移概率的乘积：

$$P(\boldsymbol{q}_1^T) = \bar{\pi}_{q_1} \prod_{t=1}^{T-1} a_{q_t q_{t+1}}$$

其中，$\bar{\pi}_{s_1}$ 是当 $t = 1$ 时的初始状态输出概率。

3.3　序列与模型

我们可以将前文讨论的马尔可夫链看作一段能够生成可观察输出的序列。因为它的输出和每一个状态都一一对应，所以又被称为可观察马尔可夫

序列。其中，每一个给定的状态都唯一对应一种观察值或事件，没有任何随机性。正是由于马尔可夫链缺乏这种随机性，所以用它来描述很多真实世界的信息显得过于局限。

作为马尔可夫链的一种扩展，隐马尔可夫序列在各个状态中都引入了一种随机性。隐马尔可夫序列在马尔可夫链的基础上，用一个观察的概率分布与每一个状态对应，而不是用一个确定的观察值或事件。这样的马尔可夫序列引入了双重随机性，使得马尔可夫链不再能被直接观察。隐藏在隐马尔可夫序列下的马尔可夫链只能通过一个单独的观察概率分布函数简捷表露出来。

要注意的是，如果各个状态的观察概率分布都没有任何重叠，那么这样的序列便不是一个隐马尔可夫序列。这是因为，尽管在状态中有了随机性，但对一个特定状态而言，由于概率分布没有重叠，某个固定范围内的观察值总能找到唯一的状态与之对应。在这种情况下，隐马尔可夫序列退化成了马尔可夫序列。在文献 [7, 45] 中有更多详尽的阐述，讨论马尔可夫链和其概率函数或隐马尔可夫序列的关系。

当隐马尔可夫序列被用来描述现实信息时，比如拟合这种信息的统计特征，我们称之为隐马尔可夫模型。HMM 非常成功地被应用于语音处理领域，其中包括语音识别、语音合成与语音增强[44, 45, 60, 72, 91~103]。在这些应用中，HMM 是一种强大的模型，它能够描述语音信号中不平稳但有规律可学习的空间变量。HMM 之所以成为关键的语音声学模型，是由于它具有顺序排列的马尔可夫状态，这使得 HMM 能够分段地处理短时平稳的语音特征，并以此来逼近全局非平稳的语音特征序列。我们将在3.6节中讨论一些非常有效率的算法，来优化局部短时平稳结构的边界。

3.3.1 隐马尔可夫模型的性质

现在，我们将从隐马尔可夫模型（HMM）的基本组成和参数等方面，给出 HMM 的性质。

1. 齐次马尔可夫链的转移概率矩阵 $\boldsymbol{A} = [a_{ij}], i, j = 1, 2, ..., N$，其中共

有 N 个状态

$$a_{ij} = P(q_t = j | q_{t-1} = i), \qquad i, j = 1, 2, \cdots, N \tag{3.6}$$

2. 马尔可夫链的初始概率：$\pi = [\pi_i]$, $i = 1, 2, \cdots, N$，其中，$\pi_i = P(q_1 = i)$。

3. 观察概率分布为 $P(\boldsymbol{o}_t | s^{(i)}), i = 1, 2, ..., N$。若 $\boldsymbol{o}_t$ 是离散的，那么每个状态对应的概率分布都用来描述 $\{\boldsymbol{v}_1, \boldsymbol{v}_2, \cdots, \boldsymbol{v}_K\}$ 的观察概率：

$$b_i(k) = P(\boldsymbol{o}_t = \boldsymbol{v}_k | q_t = i), \qquad i = 1, 2, \cdots, N \tag{3.7}$$

若观察概率分布是连续的，那么概率密度函数（Probability Density Function，PDF）中的参数 Λ_i 即可代表 HMM 中状态 i 的特性。在语音处理问题中，我们用 HMM 下的 PDF 来描述连续观察向量（$\boldsymbol{o}_t \in \mathscr{R}^D$）的概率分布，其中多元混合高斯分布是最成功、应用最广泛的 PDF：

$$b_i(\boldsymbol{o}_t) = \sum_{m=1}^{M} \frac{c_{i,m}}{(2\pi)^{D/2} |\boldsymbol{\Sigma}_{i,m}|^{1/2}} \exp\left[-\frac{1}{2}(\boldsymbol{o}_t - \boldsymbol{\mu}_{i,m})^{\mathrm{T}} \boldsymbol{\Sigma}_{i,m}^{-1} (\boldsymbol{o}_t - \boldsymbol{\mu}_{i,m})\right] \tag{3.8}$$

在混合高斯 HMM 中，参数集 Λ_i 包括混合成分的权重 $c_{i,m}$，高斯分布的均值向量 $\boldsymbol{\mu}_{i,m} \in \mathscr{R}^D$，高斯分布协方差矩阵 $\boldsymbol{\Sigma}_{i,m} \in \mathscr{R}^{D \times D}$。

当混合成分数降至 $M = 1$ 时，该状态下的输出概率分布便退化成高斯分布

$$b_i(\boldsymbol{o}_t) = \frac{1}{(2\pi)^{D/2} |\boldsymbol{\Sigma}_i|^{1/2}} \exp\left[-\frac{1}{2}(\boldsymbol{o}_t - \boldsymbol{\mu}_i)^{\mathrm{T}} \boldsymbol{\Sigma}_i^{-1} (\boldsymbol{o}_t - \boldsymbol{\mu}_i)\right] \tag{3.9}$$

且对应的 HMM 通常叫作单高斯（连续密度）HMM。

有了模型参数后，高斯 HMM 可以被看作一个观察值序列 $\boldsymbol{o}_t, t = 1, 2, ..., T$ 的生成器。这样，在 t 时刻，数据根据公式

$$\boldsymbol{o}_t = \boldsymbol{\mu}_i + \boldsymbol{r}_t(\boldsymbol{\Sigma}_i) \tag{3.10}$$

生成，其中时刻 t 的状态 i 取决于马尔可夫链的演变，受 a_{ij} 影响，且

$$\boldsymbol{r}_t(\boldsymbol{\Sigma}_i) = \mathscr{N}(0, \boldsymbol{\Sigma}_i) \tag{3.11}$$

是均值为 0，依赖序号 i 的 IID（独立同分布）的高斯剩余序列。因为剩余序列 $\boldsymbol{r}_t(\boldsymbol{\Sigma}_i)$ 是独立同分布的，并且 $\boldsymbol{\mu}_i$ 在给定 i 时是常量（即不随时间变化而变化），所以它们二者的和（也就是观察值 $\boldsymbol{o}_t$）也是独立同分布的。因而，上面讨论的 HMM 会生成一个局部或者分段平稳的序列。由于我们所关注的时间局部性来源于 HMM 中的状态，我们有时会用“平稳状态 HMM”这一名称来明确描述这种性质。

有一个对平稳状态的 HMM 的简单扩展，可以使其观察序列不再是状态限制下的 IID。我们可以修改公式 (3.10) 中的常量 $\boldsymbol{\mu}_i$，使其随时间而变化：

$$\boldsymbol{o}_t = \boldsymbol{g}_t(\Lambda_i) + \boldsymbol{r}_t(\boldsymbol{\Sigma}_i) \tag{3.12}$$

其中，在马尔可夫链的状态 i 下，确定性的时间变化轨迹函数 $\boldsymbol{g}_t(\Lambda_i)$ 中的参数 Λ_i 是独立的，这便是（高斯）趋势 HMM（trended HMM）[57, 59, 98, 103–110]。这是一种特殊的非平稳状态的 HMM，其中一阶统计量（均值）是随时间变化的，这样便不再符合平稳性的基本条件。

3.3.2 隐马尔可夫模型的仿真

当按照公式 (3.10) 用隐马尔可夫模型对信息源建模时，我们可以用它来生成数据样本，这就是给定 HMM 模型参数下的仿真问题。我们用 $\{A, \pi, B\}$ 表示离散 HMM 的模型参数，用 $\{A, \pi, \Lambda\}$ 表示连续 HMM 的参数。仿真的结果就是按照 HMM 的统计规律生成观察序列，$\boldsymbol{o}_1^T = \boldsymbol{o}_1, \boldsymbol{o}_2, \cdots, \boldsymbol{o}_T$。算法 3.1 描述了这个仿真过程。

3.3.3 隐马尔可夫模型似然度的计算

似然度（Likelihood）的计算在语音处理应用中是一项基本任务，用隐马尔可夫序列估计语音特征向量的 HMM 也不例外。

设 $\boldsymbol{q}_1^T = (q_1, \ldots, q_T)$ 是 GMM-HMM 中的一个有限长度状态序列，$P(\boldsymbol{o}_1^T, \boldsymbol{q}_1^T)$ 是观察序列 $\boldsymbol{o}_1^T = (\boldsymbol{o}_1, \ldots, \boldsymbol{o}_T)$ 和状态序列 $\boldsymbol{q}_1^T$ 的联合概率。令 $P(\boldsymbol{o}_1^T|\boldsymbol{q}_1^T)$ 表示在状态序列 $\boldsymbol{q}_1^T$ 的条件下生成观察序列 $\boldsymbol{o}_1^T$ 的概率。

算法 3.1 基于 HMM 生成样本

1: **procedure** 基于 HMM 生成样本 (A, π, $P(\boldsymbol{o}_t|s^{(i)})$)
▷ A 为转移概率矩阵
▷ π 为初始概率
▷ $P(\boldsymbol{o}_t|s^{(i)})$ 为给定状态的观察概率（若离散，则为公式 (3.7)；若连续，则为公式 (3.8)）
2: 基于离散分布 π 生成初始状态 $q_1 = s^{(i)}$
3: **for** $t \leftarrow 1; t \leqslant T; t \leftarrow t+1$ **do**
4: 基于 $P(\boldsymbol{o}_t|s^{(i)})$ 生成一个观察值 $\boldsymbol{o}_t$
5: 根据马尔可夫链的转移概率 a_{ij}，从状态 $q_t = s^{(i)}$ 跳转到新状态 $q_{t+1} = s^{(j)}$，并且 $i \leftarrow j$
6: **end for**
7: **end procedure**

在 GMM-HMM 中，条件概率 $P(\boldsymbol{o}_1^T|\boldsymbol{q}_1^T)$ 应表示如下：

$$P(\boldsymbol{o}_1^T|\boldsymbol{q}_1^T) = \prod_{t=1}^{T} b_i(\boldsymbol{o}_t) = \prod_{t=1}^{T}\sum_{m=1}^{M} \frac{c_{i,m}}{(2\pi)^{D/2}|\boldsymbol{\Sigma}_{i,m}|^{1/2}} \cdot \exp\left[-\frac{1}{2}(\boldsymbol{o}_t - \boldsymbol{\mu}_{i,m})^{\mathrm{T}}\boldsymbol{\Sigma}_{i,m}^{-1}(\boldsymbol{o}_t - \boldsymbol{\mu}_{i,m})\right] \tag{3.13}$$

状态序列 $\boldsymbol{q}_1^T$ 的概率为转移概率的乘积，即

$$P(\boldsymbol{q}_1^T) = \pi_{q_1}\prod_{t=1}^{T-1} a_{q_t q_{t+1}} \tag{3.14}$$

在本章中，为了记号上的简便，我们考虑初始状态分布的概率为 1，即 $\pi_{q_1} = 1$。

注意到联合概率 $P(\boldsymbol{o}_1^T, \boldsymbol{q}_1^T)$，可以通过公式 (3.13) 和公式 (3.14) 之乘积得到：

$$P(\boldsymbol{o}_1^T, \boldsymbol{q}_1^T) = P(\boldsymbol{o}_1^T|\boldsymbol{q}_1^T)P(\boldsymbol{q}_1^T) \tag{3.15}$$

原则上，可以通过累加所有可能的状态序列 $\boldsymbol{q}_1^T$ 下的联合概率公式 (3.15)，来计算总体的观察序列似然度，即

$$P(\boldsymbol{o}_1^T) = \sum_{\boldsymbol{q}_1^T} P(\boldsymbol{o}_1^T, \boldsymbol{q}_1^T) \tag{3.16}$$

然而，这个运算在长度为 T 的观察序列下是指数级的运算复杂度，因而直接计算 $P(\boldsymbol{o}_1^T)$ 是不可行的。在下一节，我们将描述前向算法[111]，该算法计算的 HMM 中 $P(\boldsymbol{o}_1^T)$ 的复杂度与 T 是线性的。

3.3.4 计算似然度的高效算法

为了描述这个算法，我们先定义马尔可夫链每个状态 i 下的前向概率

$$\alpha_t(i) = P(q_t = i, \boldsymbol{o}_1^t), \quad t = 1, \ldots, T \tag{3.17}$$

与后向概率

$$\beta_t(i) = P(\boldsymbol{o}_{t+1}^T | q_t = i), \quad t = 1, \ldots, T-1 \tag{3.18}$$

前向概率和后向概率可以递归地按如下方法计算：

$$\alpha_t(j) = \sum_{i=1}^{N} \alpha_{t-1}(i) a_{ij} b_j(\boldsymbol{o}_t), \quad t = 2, 3, ..., T; \qquad j = 1, 2, ..., N \tag{3.19}$$

$$\beta_t(i) = \sum_{j=1}^{N} \beta_{t+1}(j) a_{ij} b_j(\boldsymbol{o}_{t+1}), \quad t = T-1, T-2, ..., 1; \qquad i = 1, 2, ..., N \tag{3.20}$$

这两个递归公式的证明将在后面给出。根据公式 (3.17) 的定义，α 递归式的初值为

$$\alpha_1(i) = P(q_1 = i, \boldsymbol{o}_1) = P(q_1 = i) P(\boldsymbol{o}_1 | q_1) = \pi_i b_i(\boldsymbol{o}_1), \qquad i = 1, 2, ..., N \tag{3.21}$$

且为了可以根据公式 (3.18) 正确地计算 β_{T-1}，β 递归式的初值设为

$$\beta_T(i) = 1, \qquad i = 1, 2, ..., N \tag{3.22}$$

为了计算公式 (3.16) 中的 $P(\boldsymbol{o}_1^T)$，我们利用公式 (3.17) 和公式 (3.18)，对于每个状态 i 与 $t = 1, 2, ..., T$，先计算

$$\begin{aligned} P(q_t = i, \boldsymbol{o}_1^T) &= P(q_t = i, \boldsymbol{o}_1^t, \boldsymbol{o}_{t+1}^T) \\ &= P(q_t = i, \boldsymbol{o}_1^t) P(\boldsymbol{o}_{t+1}^T | \boldsymbol{o}_1^t, q_t = i) \\ &= P(q_t = i, \boldsymbol{o}_1^t) P(\boldsymbol{o}_{t+1}^T | q_t = i) \\ &= \alpha_t(i) \beta_t(i) \end{aligned} \tag{3.23}$$

注意到 $P(\boldsymbol{o}_{t+1}^T|\boldsymbol{o}_1^t, q_t=i) = P(\boldsymbol{o}_{t+1}^T|q_t=i)$ 是因为观察值在给定 HMM 状态下是独立同分布的。这样，$P(\boldsymbol{o}_1^T)$ 可以按照公式

$$P(\boldsymbol{o}_1^T) = \sum_{i=1}^{N} P(q_t=i, \boldsymbol{o}_1^T) = \sum_{i=1}^{N} \alpha_t(i)\beta_t(i) \tag{3.24}$$

来计算。将 $t=T$ 代入公式 (3.24)，并结合公式 (3.22)，可以得出

$$P(\boldsymbol{o}_1^T) = \sum_{i=1}^{N} \alpha_T(i) \tag{3.25}$$

因此，严格地说，β 的递归计算对前向计算 HMM 得分并不是必需的，因而这个算法常叫作前向算法。然而，β 的计算是估计模型参数的必要步骤，这将在下一节介绍。

3.3.5　前向与后向递归式的证明

这里给出了公式 (3.19) 与公式 (3.20) 递归式的证明。用到了概率论、贝叶斯公式、马尔可夫性质及 HMM 的条件独立的性质。

对前向概率递归，有

$$\begin{aligned}
\alpha_t(j) &= P(q_t=j, \boldsymbol{o}_1^t) \\
&= \sum_{i=1}^{N} P(q_{t-1}=i,\ q_t=j, \boldsymbol{o}_1^{t-1}, \boldsymbol{o}_t) \\
&= \sum_{i=1}^{N} P(q_t=j, \boldsymbol{o}_t|q_{t-1}=i, \boldsymbol{o}_1^{t-1}) P(q_{t-1}=i, \boldsymbol{o}_1^{t-1}) \\
&= \sum_{i=1}^{N} P(q_t=j, \boldsymbol{o}_t|q_{t-1}=i)\alpha_{t-1}(i) \\
&= \sum_{i=1}^{N} P(\boldsymbol{o}_t|q_t=j,\ q_{t-1}=i) P(q_t=j|q_{t-1}=i)\alpha_{t-1}(i) \\
&= \sum_{i=1}^{N} b_j(\boldsymbol{o}_t) a_{ij} \alpha_{t-1}(i)
\end{aligned} \tag{3.26}$$

对后向概率递归，则有

$$
\begin{aligned}
\beta_t(i) &= P(\boldsymbol{o}_{t+1}^T|q_t = i) \\
&= \frac{P(\boldsymbol{o}_{t+1}^T, q_t = i)}{P(q_t = i)} \\
&= \frac{\sum_{j=1}^N P(\boldsymbol{o}_{t+1}^T, q_t = i,\ q_{t+1} = j)}{P(q_t = i)} \\
&= \frac{\sum_{j=1}^N P(\boldsymbol{o}_{t+1}^T|q_t = i, q_{t+1} = j)P(q_t = i, q_{t+1} = j)}{P(q_t = i)} \\
&= \sum_{j=1}^N P(\boldsymbol{o}_{t+1}^T|q_{t+1} = j)\frac{P(q_t = i,\ q_{t+1} = j)}{P(q_t = i)} \\
&= \sum_{j=1}^N P(\boldsymbol{o}_{t+2}^T, \boldsymbol{o}_{t+1}|q_{t+1} = j)a_{ij} \\
&= \sum_{j=1}^N P(\boldsymbol{o}_{t+2}^T|q_{t+1} = j)P(\boldsymbol{o}_{t+1}|q_{t+1} = j)a_{ij} \\
&= \sum_{j=1}^N \beta_{t+1}(j)b_j(\boldsymbol{o}_{t+1})a_{ij}
\end{aligned} \tag{3.27}
$$

3.4 期望最大化算法及其在学习HMM参数中的应用

3.4.1 期望最大化算法介绍

尽管采用 HMM 作为声学特征序列的模型有一些不符合实际的假设，但它仍被广泛应用于语音识别。其中最重要的一个原因就是 Baum-Welch 算法在 20 世纪 60 年代被发明[111]。该算法也是通用的期望最大化（Expectation-Maximization，EM）算法[55] 的一个著名实例，用于高效地从数据中训练得到 HMM 参数。在该节中，我们将首先讨论 EM 算法的一些基本点。然后讨论它在 HMM 参数变量估计问题中的应用，这种特殊形式的 EM 算法就被称为 Baum-Welch 算法。对于更详细的 EM 算法及其应用的学习材料，可参见文献 [46, 56, 58, 60, 93]。

当统计模型中含有潜在或隐藏的随机变量时，最大化似然度估计就会变得比较困难，EM 算法则显得更具有效率。我们定义“完整数据”为

$\boldsymbol{y}=\{\boldsymbol{o}, \boldsymbol{h}\}$，其中 $\boldsymbol{o}$ 是观察值（例如，语音特征序列值），$\boldsymbol{h}$ 是隐藏随机变量（例如，非观察的 HMM 状态序列）。这里我们要解决的问题是对未知的 HMM 模型参数 θ 的估计，而这就需要最大化对数似然度，即 $\lg p(\boldsymbol{o};\theta)$。但是，这个问题的对数似然度要么最大化过程太困难，要么很难找到 PDF 自身的表达式。在这种情况下，如果能找到完整数据 $\boldsymbol{y}$ 的一种 PDF 近似表达式，这种表达式就可以比较容易地被优化并且具有闭合解析解，可以用迭代的方法来逐步解决观察数据似然度的优化问题。通常，我们可以很容易找到一个从完整数据到不完整数据的映射：$\boldsymbol{o}=g(\boldsymbol{y})$。但具体映射并不显而易见，除非我们能够对完整数据集给出一个确切的定义。不幸的是，完整数据的集合组成的定义常常是和问题相关的，并且通常需要与算法的某些独特的设计相关。

EM 算法出现的一个重要原因是我们希望避免直接优化观察数据 $\boldsymbol{o}$ 的 PDF，因为直接计算太困难。为了实现 EM 算法的目标，我们为观测数据 $\boldsymbol{o}$ 补充了一些假想的缺失数据（也称隐藏数据）$\boldsymbol{h}$，它们共同组成了完整数据 $\boldsymbol{y}$。这样做的目的是通过引入合理的隐藏数据 $\boldsymbol{h}$，我们可以针对完整数据 $\boldsymbol{y}$ 来进行优化，而不是直接使用原始的观察数据 $\boldsymbol{o}$，这会比优化 $\boldsymbol{o}$ 的对数似然度的问题更易于解决。

一旦我们定义了完整数据 $\boldsymbol{y}$，针对 $\lg p(\boldsymbol{y};\theta)$ 的表达式就能够被比较简单地推导出来。但我们不能够直接去最大化 $\lg p(\boldsymbol{y};\theta)$ 中的 θ，因为毕竟真正的 $\boldsymbol{y}$ 并不能被直接观察，我们只能观察到 $\boldsymbol{o}$。但如果我们能够获得一个针对 θ 的较好的估计值，就可以计算得到在该估计值和观察数据条件下的 $\lg p(\boldsymbol{y};\theta)$ 的期望，如公式 (3.28) 所示：

$$Q(\theta|\theta_0)=E_{\boldsymbol{h}|\boldsymbol{o}}[\lg p(\boldsymbol{y};\theta)|\boldsymbol{o};\theta_0]=E[\lg p(\boldsymbol{o},\boldsymbol{h};\theta)|\boldsymbol{o};\theta_0] \tag{3.28}$$

进而可以最大化该期望值，而不是最大化原始的似然度估计值，以便得到下一个最佳的 θ 估计值。注意，这个估计值来自之前得到的 θ_0 估计值。

使用公式 (3.28) 来计算连续隐藏向量 $\boldsymbol{h}$ 情况下的条件期望值，我们可以得到

$$Q(\theta|\theta_0)=\int p(\boldsymbol{h}|\boldsymbol{o};\theta_0)\lg p(\boldsymbol{y};\theta)\mathrm{d}\boldsymbol{h} \tag{3.29}$$

当隐藏向量 $\boldsymbol{h}$ 取值离散时，公式 (3.28) 变为

$$Q(\theta|\theta_0) = \sum_{\boldsymbol{h}} P(\boldsymbol{h}|\boldsymbol{o};\theta_0) \lg p(\boldsymbol{y};\theta) \tag{3.30}$$

这里的 $P(\boldsymbol{h}|\boldsymbol{o};\theta_0)$ 是一个给定初始参数估计 θ_0 后的条件分布，同时求和是针对所有可能的 $\boldsymbol{h}$ 向量来做的。

给定初始参数 θ_0，EM 算法在 E 步骤上做迭代和参数替换，以便通过计算找到针对条件期望值和充分统计量的适当表达式，M 步骤则用来求取使得 E 步骤得到的条件期望值最大时对应的参数。E 和 M 步骤反复迭代，直到算法收敛，或者满足条件。

EM 算法（在较松弛的条件下）可以被证明是收敛的，因为针对完整数据的平均对数似然度在每次迭代中必然不会减少，也即满足

$$Q(\theta|\theta_{k+1}) \geqslant Q(\theta|\theta_k)$$

上式中，在 θ_k 已经是一个最大似然度的估计值时取等号。

所以 EM 算法最主要的特性如下所述。

- 它提供的仅是一个局部而非全局的针对局部观察值的似然度最优化结果。
- 算法需要提供针对未知变量的初始化值，同时对大部分迭代过程来说，一个好的初始化值能够带来更好的收敛和最大化似然度估计结果。
- 对完整数据集的选择是需要根据实际情况来进行变更的。
- 即使 $\lg p(\boldsymbol{y};\theta)$ 能够被简单地表达为近似形式，通常寻找一个针对期望值的近似表达式也是困难的。

3.4.2 使用 EM 算法来学习 HMM 参数——Baum-Welch 算法

下面将讨论最大似然参数估计，特别是 EM 算法，应用于解决 HMM 参数的学习问题。由上文的介绍可知，EM 算法是一种通用的用于解决最大化似然度估计的迭代方法，而当隐藏变量存在时，将得到一组局部最优解。当隐藏变量符合马尔可夫链的形式时，EM 算法即可被推导为 Baum-Welch

算法。下面将使用一个高斯分布 HMM来描述推导 E 步骤和 M 步骤的过程，而针对通常情况下 EM 算法的完整数据包含了观察序列和隐马尔可夫链状态序列，例如，$\boldsymbol{y}=[\boldsymbol{o}_1^T,\boldsymbol{q}_1^T]$。

每一轮针对不完整数据问题（也包括下面讨论的 HMM 参数估计问题）的 EM 算法迭代都包含两个步骤。在 Baum-Welch 算法中需要在 E 步骤中计算得到下面的条件期望值，或称之为辅助函数 $Q(\theta|\theta_0)$：

$$Q(\theta|\theta_0)=E[\lg P(\boldsymbol{o}_1^T,\boldsymbol{q}_1^T|\theta)|\boldsymbol{o}_1^T,\theta_0] \tag{3.31}$$

这里的期望值通过隐藏状态序列 $\boldsymbol{q}_1^T$ 来确定得到。为了使 EM 算法有效，$Q(\theta|\theta_0)$ 需要足够简化。而模型参数的估计在 M 步骤中通过最大化 $Q(\theta|\theta_0)$ 来完成，这相对于直接最大化 $P(\boldsymbol{o}_1^T|\theta)$ 来说，进行了极大的简化。

通过对上述两个步骤的迭代，将得到模型参数的最大似然度估计，而这个过程将通过优化 $P(\boldsymbol{o}_1^T|\theta)$ 来实现。这个表达式是 Baum 不等式[111] 直接推导得到的结果，其推导如下：

$$\lg\left(\frac{P(\boldsymbol{o}_1^T|\theta)}{P(\boldsymbol{o}_1^T|\theta_0)}\right)\geqslant Q(\theta|\theta_0)-Q(\theta_0|\theta_0)=0$$

下面将给出高斯 HMM在 EM 算法中 E 和 M 步骤的形式，以及其详细推导。

E 步骤

E 步骤的目的是简化条件期望值 $Q(\theta|\theta_0)$，使其成为适合直接做最大化的形式，以便用于 M 步骤。下面先明确写出基于状态序列 $\boldsymbol{q}_1^T$ 的加权求和的期望值 $Q(\theta|\theta_0)$ 的表达式：

$$\begin{aligned}Q(\theta|\theta_0)&=E[\lg P(\boldsymbol{o}_1^T,\boldsymbol{q}_1^T|\theta)|\boldsymbol{o}_1^T,\theta_0]\\&=\sum_{\boldsymbol{q}_1^T}P(\boldsymbol{q}_1^T|\boldsymbol{o}_1^T,\theta_0)\lg P(\boldsymbol{o}_1^T,\boldsymbol{q}_1^T|\theta)\end{aligned} \tag{3.32}$$

这里的 θ 和 θ_0 分别表示当前及前一轮 EM 迭代中的 HMM 参数。为了简化书写

$$-\frac{D}{2}\lg(2)-\frac{1}{2}\lg|\boldsymbol{\Sigma}_i|-\frac{1}{2}(\boldsymbol{o}_t-\boldsymbol{\mu}_i)^{\mathrm{T}}\boldsymbol{\Sigma}_i^{-1}(\boldsymbol{o}_t-\boldsymbol{\mu}_i)$$

这就是状态 i 的对数高斯 PDF。

由于 $P(\boldsymbol{q}_1^T) = \prod_{t=1}^{T-1} a_{q_t q_{t+1}}$ 和 $P(\boldsymbol{o}_1^T, \boldsymbol{q}_1^T) = P(\boldsymbol{o}_1^T|\boldsymbol{q}_1^T)P(\boldsymbol{q}_1^T)$，所以

$$\lg P(\boldsymbol{o}_1^T, \boldsymbol{q}_1^T|\theta) = \sum_{t=1}^{T} N_t(q_t) + \sum_{t=1}^{T-1} \lg a_{q_t q_{t+1}}$$

于是公式 (3.32) 中的条件期望值可以被重新写为

$$Q(\theta|\theta_0) = \sum_{\boldsymbol{q}_1^T} P(\boldsymbol{q}_1^T|\boldsymbol{o}_1^T, \theta_0) \sum_{t=1}^{T} N_t(q_t) + \sum_{\boldsymbol{q}_1^T} P(\boldsymbol{q}_1^T|\boldsymbol{o}_1^T, \theta_0) \sum_{t=1}^{T-1} \lg a_{q_t q_{t+1}} \tag{3.33}$$

为了简化 $Q(\theta|\theta_0)$，我们将公式 (3.33) 的第 1 部分写为

$$Q_1(\theta|\theta_0) = \sum_{i=1}^{N} \left\{ \sum_{\boldsymbol{q}_1^T} P(\boldsymbol{q}_1^T|\boldsymbol{o}_1^T, \theta_0) \sum_{t=1}^{T} N_t(q_t) \right\} \delta_{q_t,i} \tag{3.34}$$

第 2 部分写为

$$Q_2(\theta|\theta_0) = \sum_{i=1}^{N} \sum_{j=1}^{N} \left\{ \sum_{\boldsymbol{q}_1^T} P(\boldsymbol{q}_1^T|\boldsymbol{o}_1^T, \theta_0) \sum_{t=1}^{T-1} \lg a_{q_t q_{t+1}} \right\} \delta_{q_t,i} \delta_{q_{t+1},j} \tag{3.35}$$

这里的 δ 表示克罗内克函数（Kronecker Delta Function）。现在先看公式 (3.34)。通过代换求和及使用如下显而易见的条件

$$\sum_{\boldsymbol{q}_1^T} P(\boldsymbol{q}_1^T|\boldsymbol{o}_1^T, \theta_0)\delta_{q_t,i} = P(q_t = i|\boldsymbol{o}_1^T, \theta_0)$$

能够将 Q_1 简化为

$$Q_1(\theta|\theta_0) = \sum_{i=1}^{N} \sum_{t=1}^{T} P(q_t = i|\boldsymbol{o}_1^T, \theta_0) N_t(i) \tag{3.36}$$

通过对公式 (3.35) 中的 $Q_2(\theta|\theta_0)$ 做相似的简化，可以得到下面的结果：

$$Q_2(\theta|\theta_0) = \sum_{i=1}^{N} \sum_{j=1}^{N} \sum_{t=1}^{T-1} P(q_t = i,\ q_{t+1} = j|\boldsymbol{o}_1^T, \theta_0) \lg a_{ij} \tag{3.37}$$

我们注意到，在最大化 $Q(\theta|\theta_0) = Q_1(\theta|\theta_0) + Q_2(\theta|\theta_0)$ 时，这两个式子可以分别被最大化。$Q_1(\theta|\theta_0)$ 只包含高斯参数，而 $Q_2(\theta|\theta_0)$ 仅包含马尔可

夫链的参数。也就是说，在最大化 $Q(\theta|\theta_0)$ 时，公式 (3.36) 和公式 (3.37) 中的权重，或者说 $\gamma_t(i) = P(q_t = i|\boldsymbol{o}_1^T, \theta_0)$ 和 $\xi_t(i,j) = P(q_t = i,\ q_{t+1} = j|\boldsymbol{o}_1^T, \theta_0)$，可以分别被认为是对方的已知常数，这是由于参数 θ_0 的特定条件。因此，它们可以用预先计算好的前后向概率来高效地得到。高斯HMM中的后验状态转移概率为

$$\xi_t(i,j) = \frac{\alpha_t(i)\beta_{t+1}(j)a_{ij}\exp(N_{t+1}(j))}{P(\boldsymbol{o}_1^T|\theta_0)} \tag{3.38}$$

对 $t = 1, 2, ..., T-1$（注意到 $\xi_T(i,j)$ 并没有定义），后验状态占用概率（Posterior State Occupancy Probability）可以通过对 $\xi_t(i,j)$ 在所有的终点状态 j 上求和而得到：

$$\gamma_t(i) = \sum_{j=1}^{N} \xi_t(i,j) \tag{3.39}$$

对 $t = 1, 2, ..., T-1$，$\gamma_T(i)$ 则可以通过它的特定定义得到：

$$\gamma_T(i) = P(q_T = i|\boldsymbol{o}_1^T, \theta_0) = \frac{P(q_T = i, \boldsymbol{o}_1^T|\theta_0)}{P(\boldsymbol{o}_1^T|\theta_0)} = \frac{\alpha_T(i)}{P(\boldsymbol{o}_1^T|\theta_0)} \tag{3.40}$$

注意到对从左到右传播的 HMM，在 $i = N$ 时，$\gamma_T(i)$ 只有一个值为 1，而其余值为 0。

进一步，我们注意到在公式 (3.36) 和公式 (3.37) 中的求和是在状态 i 或状态对 (i,j) 上进行的，这相比在状态序列 $\boldsymbol{q}_1^T$ 上得到了极大的简化（相比 $Q_1(\theta|\theta_0)$ 和 $Q_2(\theta|\theta_0)$ 在公式 (3.33) 中未简化的形式）。公式 (3.36) 和公式 (3.37) 都是简化后的辅助目标函数，并可以用于在 M 步骤中做最大化，我们将在下面详细讨论。

M 步骤

高斯 HMM 马尔可夫链转移概率的重估计公式可以通过令 $\frac{\partial Q_2}{\partial a_{ij}} = 0$ 得到，对于公式 (3.37) 中的 Q_2 及对于 $i, j = 1, 2, ..., N$，使其服从 $\sum_{j=1}^{N} a_{ij} = 1$ 的约束条件。标准的拉格朗日乘子方法将使重估计公式变为

$$\hat{a}_{ij} = \frac{\sum_{t=1}^{T-1} \xi_t(i,j)}{\sum_{t=1}^{T-1} \gamma_t(i)} \tag{3.41}$$

其中，$\xi_t(i,j)$ 和 $\gamma_t(i)$ 根据公式 (3.38) 和公式 (3.39) 计算得到。

为了推导状态相关的高斯分布参数的重估计公式，我们首先去掉公式 (3.36) 的 Q_1 中与优化过程无关的式子和因子。之后就得到了一个等价的优化目标函数

$$Q_1(\boldsymbol{\mu}_i,\boldsymbol{\Sigma}_i)=\sum_{i=1}^{N}\sum_{t=1}^{\mathrm{Tr}}\gamma_t(i)\left(\boldsymbol{o}_t-\boldsymbol{\mu}_i\right)^{\mathrm{T}}\boldsymbol{\Sigma}_i^{-1}\left(\boldsymbol{o}_t-\boldsymbol{\mu}_i\right)-\frac{1}{2}\lg|\boldsymbol{\Sigma}_i| \tag{3.42}$$

协方差矩阵的重估计公式就可以通过解下面的方程来得到：

$$\frac{\partial Q_1}{\partial\boldsymbol{\Sigma}_i}=0 \tag{3.43}$$

这里 $i=1,2,...,N$。

为了解这个方程，我们采用了变量转换的技巧：令 $\boldsymbol{K}=\boldsymbol{\Sigma}^{-1}$（为了简化，我们忽略了状态角标 i），之后可将 Q_1 视为 $\boldsymbol{K}$ 的一个方程。已知 $\lg|\boldsymbol{K}|$（公式 (3.36) 中的一项）针对 $\boldsymbol{K}$ 的第 lm 项系数求导，其结果是方差矩阵 $\boldsymbol{\Sigma}$ 的第 lm 项系数，也即 σ_{lm}，那么现在就可以将 $\frac{\partial Q_1}{\partial k_{lm}}=0$ 化简为

$$\sum_{t=1}^{T}\gamma_t(i)\left\{\frac{1}{2}\sigma_{lm}-\frac{1}{2}(\boldsymbol{o}_t-\boldsymbol{\mu}_i)_l(\boldsymbol{o}_t-\boldsymbol{\mu}_i)_m\right\}=0 \tag{3.44}$$

对每一个 $l,m=1,2,...,D$，我们将结果写为矩阵形式，就会得到紧凑形式的对状态 i 的协方差准则的重估计公式如下：

$$\hat{\boldsymbol{\Sigma}}_i=\frac{\sum_{t=1}^{T}\gamma_t(i)(\boldsymbol{o}_t-\hat{\boldsymbol{\mu}}_i)(\boldsymbol{o}_t-\hat{\boldsymbol{\mu}}_i)^{\mathrm{T}}}{\sum_{t=1}^{T}\gamma_t(i)} \tag{3.45}$$

对每个状态 $i=1,2,...,N$，这里的 $\hat{\boldsymbol{\mu}}_i$ 是高斯 HMM的均值向量在状态 i 上的重估计，其中重估计公式可以直接被推导为下面的简单形式：

$$\hat{\boldsymbol{\mu}}_i=\frac{\sum_{t=1}^{T}\gamma_t(i)\boldsymbol{o}_t}{\sum_{t=1}^{T}\gamma_t(i)} \tag{3.46}$$

上面的推导都是针对单高斯 HMM 的情况。针对 GMM-HMM 的 EM 算法，通过认为每一帧中每一状态上的高斯成分是一个隐藏变量，也能够简单推导得到。在第 6 章将详细描述深层神经网络（DNN）与 HMM 的融合系统，这其中的观察概率是通过一个 DNN 来估计得到的。

3.5 用于解码 HMM 状态序列的维特比算法

3.5.1 动态规划和维特比算法

动态规划（DP）是一种分而治之地解决复杂问题的方法，它通过将复杂问题分成一些更简单的问题来实现目标[112, 113]。这个算法最开始由 R. Bellman 在 20 世纪 50 年代发明[112]。DP 算法的基本依据是 Bellman 最优化准则。该准则保证："在关于数个阶段之间互不关联的优化问题中，不管初始状态或者初始决策是什么，剩余的决策都应该包含一个最优的方法用于选择从第一个选择得到的状态中去得到剩余的决策。"

作为一个例子，我们将讨论马尔可夫决策过程中的优化准则，马尔可夫决策过程由两部分参数决定。第 1 部分参数是转移概率

$$P_{ij}^k(n) = P(\text{state}_j, \text{stage}_{n+1} | \text{state}_i, \text{stage}_n, \text{decision}_k)$$

其中，系统的当前状态只依赖于系统的前一阶段所处的状态及在那个状态上所采取的决策（符合马尔可夫特性）。第 2 部分参数提供了决策收益，其定义如下：

$R_i^k(n) =$ 在 n 阶段和状态 i 上，采用决策 k 时得到的收益。

下面定义 $F(n,i)$ 作为阶段 n 和状态 i 上最优决策被采取时的平均总收益。这可以通过 DP 算法遵循下面的优化准则而递归得到：

$$F(n,i) = \max_k \left\{ R_i^k(n) + \sum_j P_{ij}^k(n) F(n+1,j) \right\} \tag{3.47}$$

特别地，当 $n = N$（即最后阶段）时，状态 i 的总收益为

$$F(N,i) = \max_k R_i^k(N) \tag{3.48}$$

最优决策序列可以在最后一轮递归计算之后进行回溯。

从上面的分析可以得到，在运用 DP 算法时，优化过程的不同阶段（例如，上例中的阶段 $1, 2, ..., n, ..., N$）需要被区分定义。我们需要在每个阶段

上做最优化决策。系统中针对每个阶段都有许多不同的状态（在上例中以 i 为标识）。对给定阶段所采取的决策（以 k 为标识）使问题依据状态转移概率 $P_{ij}^{k}(n)$，从当前阶段 n 转变到下一阶段 $n+1$。

如果应用 DP 算法来寻找最优路径，则 Bellman 优化准则将转化为下面的形式："从 A 到 C 且经过节点 B 的最优路径必须包含从 A 到 B 的最优路径，以及从 B 到 C 的最优路径。" 这个优化准则的推论是很有意义的。也就是说，为了找到从节点 A 通过一个"前提"的节点 B 到 C 的最优路径，并没有必要去重新考虑所有可能的从 A 到 B 的局部路径。相比于穷尽式的搜索方法，显著地减少了路径搜索消耗。当不能确认前提节点 B 是否在最优路径上时，许多候选的节点将被一一衡量，由此通过 DP 算法的回溯步骤能够最终决定。Bellman 优化准则是下面将讨论的这种用于 HMM 语音处理上非常流行的优化算法的基本点。

3.5.2 用于解码 HMM 状态的动态规划算法

关于前面讨论的 HMM，需要解决的一个基本运算问题就是，在给定一组观察序列 $\boldsymbol{o}_1^T = \boldsymbol{o}_1, \boldsymbol{o}_2, \cdots, \boldsymbol{o}_T$ 的情况下，如何高效地找到最优的 HMM 状态序列。这是一个复杂的 T 阶路径寻找优化问题，并直接适合于使用 DP 算法来求解。DP 算法应用于这样的求解目标时，也被称为维特比算法，该算法一开始是用来解决数字通信中的信道最优卷积编码问题的。

为了说明作为一种最优路径搜索技术的维特比算法，我们可以使用二维梯度（或称为格子图）来刻画一个从左向右传播的 HMM。图中的横轴表示时间为第 t 帧，纵轴表示第 i 个 HMM 状态。

对一个状态转移概率 a_{ij} 给定的 HMM，设状态输出概率分布为 $b_i(\boldsymbol{o}_t)$，令 $\delta_i(t)$ 表示部分观察序列 $\boldsymbol{o}_1^t$ 的到达时间 t，同时相应的 HMM 状态序列在该时间处在状态 i 时的联合似然度的最大值为

$$\delta_i(t) = \max_{q_1, q_2, \cdots, q_{t-1}} P(\boldsymbol{o}_1^t,\, q_1^{t-1},\, q_t = i) \tag{3.49}$$

注意到每一个给定的 $\delta_i(t)$ 都对应格子图中的一个节点。每一个新增的时间都对应在 DP 算法中去向一个新的阶段。在最终的阶段 $t=T$，我们有最优函数 $\delta_i(T)$ ，这个最优函数通过计算所有 $t \leqslant T-1$ 的阶段来得到。基于

DP 最优准则，对公式 (3.50) 在当前处理的 $t+1$ 阶段的局部最优似然度，可以使用下面的函数等式来递归得到：

$$\delta_j(t+1) = \max_i \delta_i(t) a_{ij} b_j(\boldsymbol{o}_{t+1}) \tag{3.50}$$

对每一个状态 j，每一个正在处理阶段的状态都是一个以在全局最优路径中的假设为先导的节点。所有这样的节点在经过回溯操作之后，除最终的一个外，都将被淘汰。这里使用的 DP 算法的基本点是，作为一个在格子图中的独立节点，我们只需要计算 $\delta_j(t+1)$ 的大小，这样就避免了保存大量从初始阶段到当前 $t+1$ 阶段的局部路径的需求，也就避免了这些额外的搜索消耗。使用 DP 优化准则能够在线性计算复杂度的情况下保证其最优化结果，而避免了随着观察数据序列长度 T 增长而带来的大量计算量增加。

除了公式 (3.50) 中的最主要递归流程，完整的维特比算法要求额外的递归初始化、递归终止条件和路线回溯。完整的算法在算法 3.2 中给出，其中初始状态概率为 π_i。维特比算法的结果包含最大联合似然度观察和状态序列 P^*，以及相应的状态转移路径 $q^*(t)$。

算法 3.2 HMM 状态序列解码的维特比算法

1: **procedure** 维特比解码算法 ($\boldsymbol{A} = [a_{ij}]$, π, $b_j(\boldsymbol{o}_t)$)
  ▷ $\boldsymbol{A}$ 是转移概率矩阵
  ▷ π 是状态初始概率
  ▷ $b_j(\boldsymbol{o}_t)$ 是给定 HMM 状态 j 和观察数据 $\boldsymbol{o}_t$ 的似然度
2: $\delta_i(1) \leftarrow \pi_i b_i(\boldsymbol{o}_1)$ ▷ $t=1$ 时的初始化
3: $\psi_i(1) \leftarrow 0$ ▷ $t=1$ 时的初始化
4: **for** $t \leftarrow 2; t \leqslant T; t \leftarrow t+1$ **do** ▷ 前向递归
5: $\delta_j(t) \leftarrow \max_i \delta_i(t-1) a_{ij} b_j(\boldsymbol{o}_t)$
6: $\psi_j(t) \leftarrow \arg\ \max_{1\leqslant i\leqslant N} \delta_i(t-1) a_{ij}$
7: **end for**
8: $P^* \leftarrow \max_{1\leqslant i\leqslant N}[\delta_i(T)]$
9: $q(T) \leftarrow \max_{1\leqslant i\leqslant N}[\delta_i(T)]$ ▷ 初始化反向回溯
10: **for** $t \leftarrow T-1; t \geqslant 1; t \leftarrow t-1$ **do** ▷ 反向状态回溯
11: $q^*(t) \leftarrow \psi_{q^*(t+1)}(t+1)$
12: **end for**
  返回最优的 HMM 状态路径 $q^*(t)$，$1 \leqslant t \leqslant T$
13: **end procedure**

上面使用维特比算法找到的针对一个从左到右传播的 HMM的最佳状态转移路径，等价于确定最优 HMM 状态分割所需要的信息。状态分割的概念在语音建模和识别中最常用于从左到右传播的 HMM，其中每个 HMM 状态通常都与较大数量的连续帧数的观察向量序列相对应。这是因为观察值不能被简单地对应回早先的状态，同时因为从左向右传播的限制，而且在从左到右的 HMM中，最后一帧需要对应最右边的状态。

注意，相同的维特比算法也可以被应用到单高斯 HMM，有关 GMM-HMM 和 DNN-HMM 的情况，我们将在第 6 章中详细讨论。

3.6 隐马尔可夫模型和生成语音识别模型的变体

隐马尔可夫模型在语音识别中的流行来自其作为语音声学特征的生成序列模型的能力。参看 HMM 用于语音建模和识别应用的若干非常好的综述文章[7, 41, 45, 83, 85, 86]。在语音建模和相关语音识别应用中一个最有趣且特别的问题就是声学特征序列的长度可变性。语音的这个独特性质首先取决于它的时序相关性，即语音特征的实际值与时间维度的伸缩性相关。因此，即使两个单词序列相同，语音特征的声学数据也通常有不同的长度。例如，由于语音的产生方式及说话的速度不同，对应相同句子内容的不同声学特征通常在时间维度上是不同的。进一步讲，语音中不同类别的鉴别线索通常分散在一个相当长的时间跨度上，它经常跨越相邻的语音单元。语音还有一个特殊方面是声学线索与发音单元的类别相关。这些声学线索通常在多种时间跨度上，语音分析中不同长度的分析窗和特征提取就是为了反映这种性质。

传统观点认为，图像和视频是高维信号，相比之下，语音是一维时间信号。这种观点过于简单，并且没有抓住语音识别问题的本质和困难。语音其实应被视为二维信号，其中空间（即频率或音位）和时间维度有很不一样的性质，相比之下图像的两个空间维度性质相似。语音中的“空间”维度与频率分布和特征提取的数学变换相联系，它包含多重声学上的变化属性，例如，来自环境的因素、说话人、口音、说话方式和速率等。环境因素包括麦克风特性、语音传输信道、环境噪声和室内混响，后几种因素则包括空间和时间维度的相关性。

语音的时间维度，尤其是它与语音的空间或频域的相关性构成了语音识别中一个独特的挑战。隐马尔可夫模型在有限程度上解决了这个挑战。本节作为各种隐马尔可夫模型的扩展，将介绍一些高级生成模型。其中贝叶斯方法将用于提供时序方面的约束，以反映人类语音产生的物理过程的先验知识。

3.6.1 用于语音识别的 GMM-HMM 模型

在语音识别中，最通用的算法是基于混合高斯模型的隐马尔可夫模型或 GMM-HMM[41, 45, 52, 53, 60]。正如前面讨论的，GMM-HMM 是一个统计模型，它描述了两个相互依赖的随机过程，一个是可观察的过程，另一个是隐藏的马尔可夫过程。观察序列假设是由每一个隐藏状态根据混合高斯分布生成的。一个 GMM-HMM 模型的参数集合由一个状态先验概率向量、一个状态转移概率矩阵和一个状态相关的混合高斯模型参数组成。在语音建模中，GMM-HMM 中的一个状态通常与语音中一个音素的子段关联。在隐马尔可夫模型应用于语音识别的历史上，一个重要创新是引入“上下文依赖状态”[6, 114]，其主要目的是希望每个状态的语音特征向量的统计特性更相似，这个思想也是“细节性”生成模型的普遍策略。使用上下文依赖的一个结果是隐马尔可夫模型的状态空间变得非常巨大，幸运的是，可以用正则化方法（如状态捆绑、控制等）来控制复杂度。上下文依赖在本书后面将讨论的语音识别的鉴别性深度学习[13, 115–118] 中也会发挥重要作用。

20 世纪 70 年代中期，如文献 [83, 84] 中所讨论和分析的，在语音识别领域引入隐马尔可夫模型和相关统计模型[85, 86] 被视为这个领域中最重要的范式转变。一个早期成功的主要原因是 EM 算法[111] 的高效性，我们在本章前面已经讨论过。这种最大似然方式被称为 Baum-Welch 算法，它已经成为 2002 年以前最重要的训练隐马尔可夫模型的语音识别系统的方法，而且它现在仍然是训练这些系统时的主要步骤。有趣的是，作为一个成功范例，Baum-Welch 算法激发了更一般的 EM 算法[55] 在后续研究中被使用。最大似然准则或 EM 算法在训练 GMM-HMM 语音识别系统中的目标是最小化联合概率意义下的经验风险，这涉及语言标签序列和通常在帧级别提取的语音声学特征序列。在大词汇语音识别系统中，通常给出词级别的标签，而非状态级别的标签。在训练基于 GMM-HMM 的语音识别系统时，参数绑定通常被当作一种标准化的手段使用。例如，三音素中相似的声学状态可以共享相同的混合高斯模型。

采用 HMM 作为生成模型描述（分段平稳的）动态语音模式，以及使用 EM 算法训练绑定的 HMM 参数，构成了语音识别中生成学习算法应用的一个成功范例。事实上，HMM 不仅已经在语音识别领域，也在机器学习及其相关领域（如生物信息学和自然语言处理）中成了标准工具。对很多机器学习和语音识别的研究者来说，因为 HMM 在描述语音动态特性时有众所周知的弱点，它在语音识别中的成功有一点令人吃惊。后面将介绍用于语音建模和识别的更多的高级动态生成模型。

3.6.2 基于轨迹和隐藏动态模型的语音建模和识别

尽管 GMM-HMM 在语音建模和识别中取得了巨大成功，但它们的弱点在语音建模和识别的应用中众所周知，比如条件独立和分段平稳假设[57, 89, 101, 104, 106, 119–121]。在 20 世纪 90 年代早期，语音识别领域的研究者开始开发可以捕捉更多现实的语音在时域中的动态属性的统计模型。这类扩展的 HMM 模型有各种名称，例如随机分段模型（Stochastic Segment Model）[119, 120]、趋势或非平稳状态隐马尔可夫模型（Trended or Monstationary-state HMM）[57, 106, 108]、轨迹分段模型（Trajectory Segmental Model）[107, 120]、轨迹隐马尔可夫模型（Trajectory HMM）[97, 98]、随机轨迹模型（Stochastic Trajectory Model）[105]、隐藏动态模型（Hidden Dynamic Model）[66, 81, 89, 90, 122–126]、掩埋马尔可夫模型（Buried Markov Model）[127–129]、结构化语音模型（Structured Speech Model）和隐藏轨迹模型（Hidden Trajectory Model）[66, 99, 109, 121, 130–132]，它们依赖于对语音时序相关结构不同的“先验知识”简化假设。所有这些 HMM 模型变体的共同之处在于模型中都包含了时间的动态结构。根据这种结构的特点，我们可以把这些模型分为两类。第 1 类模型关注“表层”声学级别的时间相关结构。第 2 类由较深的隐藏的动态结构组成，其中底层的语音产生机制被当作一种先验知识来表示可观察的语音模式的时间结构。当从隐藏动态层到可见层的映射被限制为线性和确定的时，第 2 种类型中的生成性隐藏动态模型则退化为第 1 种类型。

在上面提到的很多生成性动态/轨迹模型中，时间跨度通常由一系列语言标签决定，它们将整句从左到右地分成多段，因此是分段模型。

一般而言，轨迹和隐藏动态的分段模型都利用了状态空间转换的思想，文献 [80, 133–138] 中有很好的研究。这些模型利用时间的递归来定义隐藏动态特性 $\boldsymbol{z}(k)$，它可能对应人类语音产生过程中的发音动作。这些动态特性的每个离散的区域或分段 s 由与 s 相关的参数集合 $\boldsymbol{\Lambda}_s$ 描述，其中“状态噪声”被标记为 $\boldsymbol{w}_s(k)$。无记忆的非线性映射函数用于描述隐藏动态向量 $\boldsymbol{z}(k)$ 和观察到的声学特征向量 $\boldsymbol{o}(k)$ 之间的关系，其中“观察噪声”被标记为 $\boldsymbol{v}_s(k)$。下面这部分“状态等式”和“观察等式”组成了一个一般的基于状态空间转换的非线性动态系统模型：

$$\boldsymbol{z}(k) = q_k[\boldsymbol{z}(k-1), \boldsymbol{\Lambda}_s] + \boldsymbol{w}_s(k-1) \tag{3.51}$$

$$\boldsymbol{o}(k') = r_{k'}[\boldsymbol{z}(k'), \boldsymbol{\Omega}_{s'}] + \boldsymbol{v}_{s'}(k') \tag{3.52}$$

其中，角标 k 和 k' 表示函数 $q[.]$ 和 $r[.]$ 是随时间变化的，并且可能彼此异步。同时，s 或 s' 表示离散的与语言学类别相关的动态区域，这些离散语言区域要么对应音位变体（就像在标准的 GMM-HMM 系统[6, 45, 114] 中一样），要么对应基于发音动作的音韵学特征的基本单元[78, 100, 102, 139–141]。

语音识别文献已经报告了很多开关式非线性状态空间模型的研究，有理论的，也有实验的。函数 $q_k[\boldsymbol{z}(k-1), \boldsymbol{\Lambda}_s]$ 和 $r_{k'}[\boldsymbol{z}(k'), \boldsymbol{\Omega}_{s'}]$ 的具体形式及它们的参数是由语音时序方面的先验知识决定的。特别地，状态等式(3.51) 考虑了自发语音的时间伸缩性和在隐藏语音动态（如发音位置或声道共振频率）中的“空间”属性的相关性。例如，这些隐藏变量不会在音素边界时间区域中振荡，并且观察公式 (3.52) 中包含了从发音到声学的非线性映射知识，这是一个在语音产生和语音分析研究中被密切关注的研究主题[142–145]。

当非线性函数 $q_k[\boldsymbol{z}(k-1), \boldsymbol{\Lambda}_s]$ 和 $r_{k'}[\boldsymbol{z}(k'), \boldsymbol{\Omega}_{s'}]$ 退化为线性函数时（并且当这两个等式的同步性被消除后），开关式非线性动态系统模型退化为它的线性等价物，即开关式线性动态系统。这种简化系统可以被看作标准

HMM 和线性动态系统的综合体，它关联每一个 HMM 状态。其一般数学表述写为

$$\boldsymbol{z}(k) = \boldsymbol{A}_s\boldsymbol{z}(k-1) + \boldsymbol{B}_s\boldsymbol{w}_s(k) \tag{3.53}$$

$$\boldsymbol{o}(k) = \boldsymbol{C}_s\boldsymbol{z}(k) + \boldsymbol{v}_s(k) \tag{3.54}$$

其中，角标 s 表示从左到右的 HMM状态或在线性动态中转换状态的区域。在语音识别中有一系列关于开关式线性动态系统的有趣工作。早期的研究[119, 120] 是对生成语音建模和语音识别的应用。更多最近的研究[136, 138] 在噪声鲁棒语音识别上应用开关式线性动态系统，并且探索了几种近似推理的技术。在文献 [137] 中，应用了另一种近似推理技术（一种特殊的吉布斯采样方法）解决语音识别问题。

3.6.3 使用生成模型 HMM 及其变体解决语音识别问题

在本章的结尾，让我们来关注生成模型相关的讨论，比如使用标准的隐马尔可夫模型和刚刚介绍的它的扩展版本，去解决鉴别分类问题（如语音识别）。更多关于这个重要话题的细节讨论可以在文献 [87, 88, 146] 中找到。特别是在本章中忽略了 HMM 生成模型的鉴别性学习的话题，这是在基于 GMM-HMM 和相关结构的自动语音识别系统的开发中非常重要的部分。相关的大量话题可以在文献 [10, 11, 65, 72, 92, 93, 108, 147–165] 中找到。本章省略的另一个重要话题是在自动语音识别中使用生成性的基于 GMM-HMM 的模型做各类噪声模型的整合。完成多种模型整合的能力自然是 GMM 和 HMM 这类统计生成模型的强项之一，关于这个话题，我们也留了大量综述文章给读者阅读[71–76, 91, 94, 95, 136, 166–174]。

输入数据和它们对应标签的联合概率是生成性统计模型的特征，联合概率可以被分解为标签（如语音类别标签）的先验概率和数据（如语音的声学特征）的条件概率。通过贝叶斯定理，给定观察数据后，类别标签的后验概率可以很容易得到，并且成为分类决策的基础。这种生成模型的方法在分类任务中成功的一个关键因素是模型对数据真实分布估计的好坏。HMM 被证明是一种相当好的可以估计语音声学序列数据的统计学分布的模型，尤其是声学数据的时间特征。因此，从 20 世纪 80 年代中期开始，HMM 在语音识别领域中已经成为一种流行的模型。

但是，作为语音的生成模型，标准 HMM 有几个缺点已经众所周知，例如，每个 HMM 状态上的语音数据的时间独立性假设，缺少声学特征和语音产生方式（如说话速度和风格）之间的严格相关等。这些缺点促进了 HMM 的多种扩展模型的研究，本节讨论了其中一些。这些扩展的主线是用更真实的、时间相关的动态系统或非平稳的轨迹模型替代每个 HMM 状态上的独立同分布的高斯或类高斯，所有的方法都引入了基于隐藏的连续值域的动态结构。

在开发这些用于语音识别的隐藏轨迹和隐藏动态模型时，很多机器学习技术，尤其是近似变分推理和学习技术[133, 135, 175, 176]，被改进后采用，以适应特定的语音属性和语音识别应用。但是，在多数情况下，只有小型任务能够获得成功。将这些生成模型成功地应用于大规模语音识别的困难（和新机会）有 4 个主要方面。第一，关于可能的发声语音动态和它更深层次的发声控制机制的精确本质的科学知识还很不完整。由于语音识别应用对训练和解码时高效计算的需求，这类知识被强制再次简化，导致模型的能力和精确性进一步降低。第二，这个领域的多数工作采用生成学习方法，由于上下文依赖和协同发音，这些方法的目标往往是使用少量（小的参数集合）的语音变量。相反，本书的重点（深度学习）是将生成性和鉴别性学习统一在一起，并且可以采用大量参数，而不是少量参数。这也使得协同研究有了很大的可能性，尤其是变分推理的最新进展，有望提升深度生成模型和学习的质量[177–181]。第三，多数隐藏轨迹或隐藏动态模型仅仅关注人类发声机制深层的语音动态特性的某些孤立方面，并且使用相对简单和标准的动态系统，特别是在推理阶段，没有足够的结构和有效的学习方法避免未知的近似错误。第四，缺乏刚才讨论过的改进的变分学习方法。

从功能上说，语音识别是一个从序列的声学数据到单词或另一种语言标签序列的转换过程。从技术上说，这个转换过程需要很多子过程，包括使用离散时间戳（通常被称为帧）来特征化语音波形或声学数据、使用分类的标签（如单词、音素等）来索引声学数据序列。语音识别中的基本问题在于这些标签和数据的本质。清楚地了解语音识别的独特属性非常重要，就输入数据和输出标签而言，从输出的视角看，自动语音识别产生包含个数不定的单词的句子。因此，至少在原则上，分类的可能类别（句子）的数量非常大，以至于不可能不使用一定的结构化模型来描述完整句子。从输入的视角看，声学数据也是一个变长的序列，输入数据的长度通常不同于输出标签的长度，这引起了分段或对齐的特殊问题，是机器学习中的“静态”分类问题没有遇到的。综合输入和输出的视角，我们认为，语音识别的基本问题是一个结构化的序列分类任务，其中一个（相对长的）声学数据序列被用于推断另一个（相对短的）语言单元序列，如单词序列。对于这类结构化的模式识别，标准的 HMM 和本章讨论的它的变体都可以捕捉到一些语音问题的主要属性，尤其是在时间建模方面，它们在实际的语音识别中有一定程度的成功。但是，这个问题的其他关键属性难以被本章讨论的多种类型的模型所捕捉。本书剩余章节将致力于解决这个不足。

本节，我们将生成性统计模型 HMM 与实际的语音问题建立了联系，讨论了它的建模和分类/识别之间的关系。我们指出了标准 HMM 的缺点，它促进了 HMM 的各种扩展变体的产生，每个 HMM 状态上的语音数据的时间独立性被使用了隐藏结构的、更真实的、时间相关的动态系统所替代。非线性动态系统模型的状态空间思想提供了一个有趣的架构，与循环神经网络产生了联系，我们将在第 12 章详细讨论循环神经网络。

第 II 部分

深层神经网络在语音识别中的应用及分析

第 4 章

全连接深层神经网络

摘要 本章介绍深层神经网络（Deep Neural Network，DNN）——多隐层的多层感知器。DNN 在现代语音识别系统中扮演着重要的角色，并且是本书的重点。我们将描述 DNN 的框架、常用的激活函数和训练准则，以及著名的 DNN 模型参数训练的误差反向传播算法，并且介绍使得训练过程鲁棒的一些实践技巧。

4.1 全连接深层神经网络框架

深层神经网络（DNN）[1]是一个有很多（超过两个）隐层的传统多层感知器（MLP）。文献 [361] 给出了 DNN 在语音识别系统中作为声学模型使用的一个综述。图 4–1 绘制了一个共五层的 DNN，包括输入层、隐层和输出层。为了简化符号，对一个 $L+1$ 层的 DNN，我们将输入层写作层 0，将输出层写作层 L。

在开始的 L 层中：

$$\boldsymbol{v}^{\ell} = f\left(\boldsymbol{z}^{\ell}\right) = f\left(\boldsymbol{W}^{\ell}\boldsymbol{v}^{\ell-1} + \boldsymbol{b}^{\ell}\right),\quad 0 < \ell < L \tag{4.1}$$

其中，$\boldsymbol{z}^{\ell} = \boldsymbol{W}^{\ell}\boldsymbol{v}^{\ell-1} + \boldsymbol{b}^{\ell} \in \mathbb{R}^{N_{\ell}\times 1}$，$\boldsymbol{v}^{\ell} \in \mathbb{R}^{N_{\ell}\times 1}$，$\boldsymbol{W}^{\ell} \in \mathbb{R}^{N_{\ell}\times N_{\ell-1}}$，$\boldsymbol{b}^{\ell} \in \mathbb{R}^{N_{\ell}\times 1}$，$N_{\ell} \in \mathbb{R}$，分别是激励向量、激活向量、权重矩阵、偏差系数矩阵和 ℓ 层的神经元个数。$\boldsymbol{v}^{0} = \boldsymbol{o} \in \mathbb{R}^{N_0\times 1}$ 是输入特征向量，$N_0 = D$ 是特征的维

1 深层神经网络这个术语首次在语音识别中出现是在文献 [13] 中。在文献 [12] 中，早期使用的术语“深度置信网络”（Deep Belief Network）被更加合适的术语“深层神经网络”（Deep Neural Network）所代替。深层神经网络这个术语最开始用来指代多隐层感知器，然后被延伸成有深层结构的任意神经网络。

数，接着 $f(\cdot):\mathbb{R}^{N_\ell\times 1}\to\mathbb{R}^{N_\ell\times 1}$ 是对激励向量进行元素级计算的激活函数。在大多数情况下，sigmoid 函数

$$\sigma(z)=\frac{1}{1+\mathrm{e}^{-z}} \tag{4.2}$$

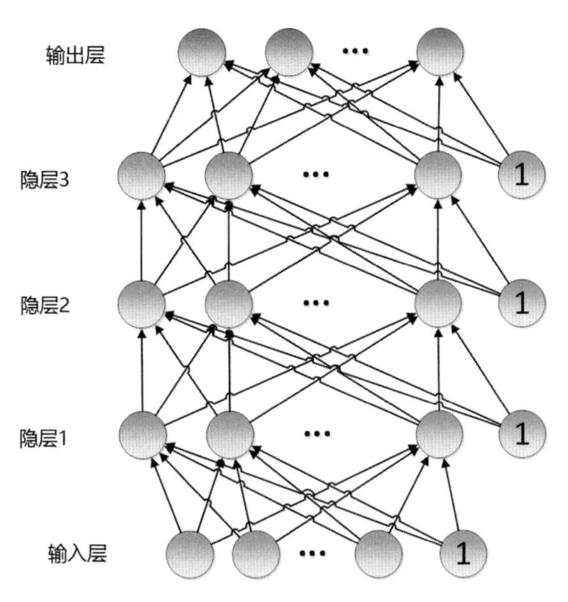

图 4–1　有一个输入层、三个隐层、一个输出层的深层神经网络示例

或者双曲正切函数

$$\tanh(z)=\frac{\mathrm{e}^{z}-\mathrm{e}^{-z}}{\mathrm{e}^{z}+\mathrm{e}^{-z}} \tag{4.3}$$

会被用作激活函数。因为 $\tanh(z)$ 函数是 sigmoid 函数一个调节过的版本，这两个激活函数有相同的建模能力。$\sigma(z)$ 的输出范围是 $(0,1)$，这有助于得到稀疏化的表达，却使激活值具有不对称性。$\tanh(z)$ 的输出范围是 $(-1,+1)$，因此是对称的，这会对训练有帮助[48]。另外一个被广泛使用的激活函数是整流线性单元（ReLU）

$$\mathrm{ReLU}(z)=\max(0,z) \tag{4.4}$$

它强制了具有稀疏性质的激活值1 [182]，而且有简单导数（在4.2节讨论）。由于 sigmoid 函数在从业者中被应用得最广泛，在下面的讨论中除非另外标明，我们假定都使用了 sigmoid 函数。

1　sigmoid 函数的输出可以非常接近 0，但达不到 0，ReLU 函数的输出可以是 0。

输出层根据任务选定。对于回归的任务，一个线性层

$$\boldsymbol{v}^L = \boldsymbol{z}^L = \boldsymbol{W}^L \boldsymbol{v}^{L-1} + \boldsymbol{b}^L \tag{4.5}$$

用来产生输出向量 $\boldsymbol{v}^L \in \mathbb{R}^{N_L}$，其中 N_L 是输出的维度。

对于多分类的任务，每个输出层神经元代表一类 $i \in \{1, \cdots, C\}$，其中 $C = N_L$ 是类的个数。第 i 个输出神经元的值 v_i^L 代表特征向量 $\boldsymbol{o}$ 属于类 i 的概率 $P_{\text{dnn}}(i|\boldsymbol{o})$。因为是一个多项式分布，输出向量 $\boldsymbol{v}^L$ 需要满足 $v_i^L \geqslant 0$ 和 $\sum_{i=1}^{C} v_i^L = 1$。我们用一个 softmax 函数来归一化：

$$v_i^L = P_{\text{dnn}}(i|\boldsymbol{o}) = \text{softmax}_i\left(\boldsymbol{z}^L\right) = \frac{\mathrm{e}^{z_i^L}}{\sum_{j=1}^{C} \mathrm{e}^{z_j^L}} \tag{4.6}$$

其中，z_i^L 是激励向量 $\boldsymbol{z}^L$ 的第 i 个元素。

给定一个特征向量 $\boldsymbol{o}$，DNN 的输出由模型系数 $\{\boldsymbol{W}, \boldsymbol{b}\} = \{\boldsymbol{W}^\ell, \boldsymbol{b}^\ell | 0 < \ell \leqslant L\}$ 决定，用公式 (4.1) 计算从第 1 层到第 $L-1$ 层的激活向量，接着使用公式 (4.5)（回归）或者公式 (4.6)（分类）计算 DNN 的输出。这个过程往往被称为前向计算，在算法 4.1 中被总结出来。

算法 4.1 DNN 前向计算

```
1:  procedure 前向计算 (O)                      ▷ O 的每一列是一个观察向量
2:      V^0 ← O
3:      for ℓ ← 1; ℓ < L; ℓ ← ℓ + 1 do            ▷ L 是总层数
4:          Z^ℓ ← W^ℓ V^{ℓ-1} + B^ℓ               ▷ B^ℓ 的每一列是 b^ℓ
5:          V^ℓ ← f(Z^ℓ)      ▷ f(.) 可以是 sigmoid、tanh、ReLU 或者其他函数
6:      end for
7:      Z^L ← W^L V^{L-1} + B^L
8:      if 回归 then                              ▷ 回归任务
9:          V^L ← Z^L
10:     else                                     ▷ 分类任务
11:         V^L ← softmax(Z^L)     ▷ 对每个元素进行 softmax 函数计算
12:     end if
13:     Return V^L
14: end procedure
```

4.2 使用误差反向传播进行参数训练

从 20 世纪 80 年代开始，人们知道了有着足够大隐层的多层感知器（Multi-Layer Perceptron，MLP）是一个通用的近似算子（Universal Approximator）[183]。换句话说，有足够大隐层的 MLP 可以近似任意一个从输入空间 $\mathbb{R}^D$ 到输出空间 $\mathbb{R}^C$ 的映射 $g:\mathbb{R}^D\rightarrow\mathbb{R}^C$。显然，既然 DNN 是多隐层的 MLP，那么它自然可以作为一个通用近似算子。

DNN 的模型参数 $\{\boldsymbol{W},\boldsymbol{b}\}$ 需要通过每个任务的训练样本 $\mathbb{S}=\{(\boldsymbol{o}^m,\boldsymbol{y}^m)\mid 0\leqslant m<M\}$ 来训练得到，其中 M 是训练样本个数，$\boldsymbol{o}^m$ 是第 m 个观察向量，$\boldsymbol{y}^m$ 是对应的输出向量。这个过程被称为训练过程或者参数估计过程，需要给定一个训练准则和学习算法。

4.2.1 训练准则

训练准则应该能够被简单地计算，并且与任务有很高的相关性，准则上的提升最后应该能体现到任务的完成水准上。在理想情况下，模型参数的训练应该最小化期望损失函数

$$J_{\mathrm{EL}}=\mathbb{E}\left(J\left(\boldsymbol{W},\boldsymbol{b};\boldsymbol{o},\boldsymbol{y}\right)\right)=\int_{\boldsymbol{o}} J\left(\boldsymbol{W},\boldsymbol{b};\boldsymbol{o},\boldsymbol{y}\right)p\left(\boldsymbol{o}\right)d\left(\boldsymbol{o}\right) \tag{4.7}$$

其中，$J\left(\boldsymbol{W},\boldsymbol{b};\boldsymbol{o},\boldsymbol{y}\right)$ 是损失函数，$\{\boldsymbol{W},\boldsymbol{b}\}$ 是模型参数，$\boldsymbol{o}$ 是观察向量，$\boldsymbol{y}$ 是相应的输出向量，$p\left(\boldsymbol{o}\right)$ 是概率密度函数。不幸的是，$p\left(\boldsymbol{o}\right)$ 需要从训练集中估计，对训练集中没有出现的样本 $J\left(\boldsymbol{W},\boldsymbol{b};\boldsymbol{o},\boldsymbol{y}\right)$ 也没有被很好地定义（集外样本的标注是未知的）。因此，DNN 往往采用经验性准则来训练。

在 DNN 训练中有两个常用的训练准则。对于回归任务，均方误差（Mean Square Error，MSE）准则

$$J_{\mathrm{MSE}}\left(\boldsymbol{W},\boldsymbol{b};\mathbb{S}\right)=\frac{1}{M}\sum_{m=1}^{M}J_{\mathrm{MSE}}\left(\boldsymbol{W},\boldsymbol{b};\boldsymbol{o}^m,\boldsymbol{y}^m\right) \tag{4.8}$$

经常被使用，其中

$$J_{\mathrm{MSE}}\left(\boldsymbol{W},\boldsymbol{b};\boldsymbol{o},\boldsymbol{y}\right)=\frac{1}{2}\left\|\boldsymbol{v}^L-\boldsymbol{y}\right\|^2=\frac{1}{2}\left(\boldsymbol{v}^L-\boldsymbol{y}\right)^{\mathrm{T}}\left(\boldsymbol{v}^L-\boldsymbol{y}\right) \tag{4.9}$$

对分类任务，设 $\boldsymbol{y}$ 是一个概率分布，那么交叉熵（Cross Entropy，CE）准则

$$J_{\mathrm{CE}}(\boldsymbol{W}, \boldsymbol{b}; \mathbb{S}) = \frac{1}{M} \sum_{m=1}^{M} J_{\mathrm{CE}}(\boldsymbol{W}, \boldsymbol{b}; \boldsymbol{o}^m, \boldsymbol{y}^m) \tag{4.10}$$

经常被使用，其中

$$J_{\mathrm{CE}}(\boldsymbol{W}, \boldsymbol{b}; \boldsymbol{o}, \boldsymbol{y}) = -\sum_{i=1}^{C} y_i \lg v_i^L \tag{4.11}$$

$y_i = P_{\mathrm{emp}}(i|\boldsymbol{o})$ 是观察 $\boldsymbol{o}$ 属于类 i 的经验概率分布（从训练数据的标注中来），$v_i^L = P_{\mathrm{dnn}}(i|\boldsymbol{o})$ 是采用 DNN 估计的概率。最小化交叉熵准则等价于最小化经验分布和 DNN 估计分布的 KL 距离（Kullback-Leibler Divergence，KLD）。一般来说，人们通常使用硬标注来描述经验概率分布，即 $y_i = \mathbb{I}(c = i)$，其中

$$\mathbb{I}(x) = \begin{cases} 1, & \text{如果}x\text{为真} \\ 0, & \text{其他} \end{cases} \tag{4.12}$$

是指示函数，c 是训练集对于观察 $\boldsymbol{o}$ 的标注类别。在大部分情况下，公式 (4.11) 下的 CE 准则退化为负的对数似然准则（Negative Log-likelihood，NLL）

$$J_{\mathrm{NLL}}(\boldsymbol{W}, \boldsymbol{b}; \boldsymbol{o}, \boldsymbol{y}) = -\lg v_c^L \tag{4.13}$$

4.2.2 训练算法

给定训练准则，模型参数 $\{\boldsymbol{W}, \boldsymbol{b}\}$ 可以使用著名的误差反向传播（Backpropagation，BP）算法[47] 来学习，可以使用链式法则来推导。[1]

在其最简单的形式下，模型参数使用一阶导数信息按照如下公式来优化：

$$\boldsymbol{W}_{t+1}^{\ell} \leftarrow \boldsymbol{W}_{\mathrm{t}}^{\ell} - \varepsilon \triangle \boldsymbol{W}_t^{\ell} \tag{4.14}$$

$$\boldsymbol{b}_{t+1}^{\ell} \leftarrow \boldsymbol{b}_{\mathrm{t}}^{\ell} - \varepsilon \triangle \boldsymbol{b}_t^{\ell} \tag{4.15}$$

1 虽然反向传播这个术语是在 1986 年的文献 [47] 中才被确定的，但是作为一个多阶段动态系统最优化方法，这个算法的产生其实可以追溯到 1969 年的文献 [184]。

其中，$\boldsymbol{W}_t^\ell$ 和 $\boldsymbol{b}_t^\ell$ 分别是在第 t 次迭代更新之后 ℓ 层的权重矩阵（Weight Matrix）和偏置向量（Bias Vector）。

$$\triangle \boldsymbol{W}_t^\ell = \frac{1}{M_b} \sum_{m=1}^{M_b} \nabla_{\boldsymbol{W}_t^\ell} J\left(\boldsymbol{W}, \boldsymbol{b}; \boldsymbol{o}^m, \boldsymbol{y}^m\right) \tag{4.16}$$

$$\triangle \boldsymbol{b}_t^\ell = \frac{1}{M_b} \sum_{m=1}^{M_b} \nabla_{\boldsymbol{b}_t^\ell} J\left(\boldsymbol{W}, \boldsymbol{b}; \boldsymbol{o}^m, \boldsymbol{y}^m\right) \tag{4.17}$$

以上分别是在第 t 次迭代时得到的平均权重矩阵梯度和平均偏置向量梯度，这些是使用 M_b 个训练样本得到的，ε 是学习率，$\nabla_{\boldsymbol{x}} J$ 是 J 相对 $\boldsymbol{x}$ 的梯度。

顶层权重矩阵相对于训练准则的梯度取决于训练准则。对于回归问题，当 MSE 训练准则（公式 (4.9)）和线性输出层（公式 (4.5)）被使用时，输出层权重矩阵的梯度是

$$\begin{aligned}
\nabla_{\boldsymbol{W}_t^L} J_{\text{MSE}}\left(\boldsymbol{W}, \boldsymbol{b}; \boldsymbol{o}, \boldsymbol{y}\right) &= \nabla_{\boldsymbol{z}_t^L} J_{\text{MSE}}\left(\boldsymbol{W}, \boldsymbol{b}; \boldsymbol{o}, \boldsymbol{y}\right) \frac{\partial \boldsymbol{z}_t^L}{\partial \boldsymbol{W}_t^L} \\
&= \boldsymbol{e}_t^L \frac{\partial\left(\boldsymbol{W}_t^L \boldsymbol{v}_t^{L-1} + \boldsymbol{b}_t^L\right)}{\partial \boldsymbol{W}_t^L} \\
&= \boldsymbol{e}_t^L \left(\boldsymbol{v}_t^{L-1}\right)^{\mathrm{T}} \\
&= \left(\boldsymbol{v}_t^L - \boldsymbol{y}\right)\left(\boldsymbol{v}_t^{L-1}\right)^{\mathrm{T}}
\end{aligned} \tag{4.18}$$

我们定义输出层的误差信号为

$$\begin{aligned}
\boldsymbol{e}_t^L &\triangleq \nabla_{\boldsymbol{z}_t^L} J_{\text{MSE}}\left(\boldsymbol{W}, \boldsymbol{b}; \boldsymbol{o}, \boldsymbol{y}\right) \\
&= \frac{1}{2} \frac{\partial\left(\boldsymbol{z}_t^L - \boldsymbol{y}\right)^{\mathrm{T}}\left(\boldsymbol{z}_t^L - \boldsymbol{y}\right)}{\partial \boldsymbol{z}_t^L} \\
&= \left(\boldsymbol{v}_t^L - \boldsymbol{y}\right)
\end{aligned} \tag{4.19}$$

类似地，

$$\nabla_{\boldsymbol{b}_t^L} J_{\text{MSE}}\left(\boldsymbol{W}, \boldsymbol{b}; \boldsymbol{o}, \boldsymbol{y}\right) = \left(\boldsymbol{v}_t^L - \boldsymbol{y}\right) \tag{4.20}$$

对于分类任务，CE 训练准则（公式 (4.11)）和 softmax 输出层（公式

(4.6)) 被使用，输出层权重矩阵的梯度为

$$\begin{aligned}
\nabla_{\boldsymbol{W}_t^L} J_{\mathrm{CE}}(\boldsymbol{W},\boldsymbol{b};\boldsymbol{o},\boldsymbol{y}) &= \nabla_{\boldsymbol{z}_t^L} J_{\mathrm{CE}}(\boldsymbol{W},\boldsymbol{b};\boldsymbol{o},\boldsymbol{y}) \frac{\partial \boldsymbol{z}_t^L}{\partial \boldsymbol{W}_t^L} \\
&= \boldsymbol{e}_t^L \frac{\partial\left(\boldsymbol{W}_t^L \boldsymbol{v}_t^{L-1} + \boldsymbol{b}_t^L\right)}{\partial \boldsymbol{W}_t^L} \\
&= \boldsymbol{e}_t^L \left(\boldsymbol{v}_t^{L-1}\right)^{\mathrm{T}} \\
&= \left(\boldsymbol{v}_t^L - \boldsymbol{y}\right)\left(\boldsymbol{v}_t^{L-1}\right)^{\mathrm{T}}
\end{aligned} \tag{4.21}$$

类似地，我们定义输出层的误差信号为

$$\begin{aligned}
\boldsymbol{e}_t^L &\triangleq \nabla_{\boldsymbol{z}_t^L} J_{\mathrm{CE}}(\boldsymbol{W},\boldsymbol{b};\boldsymbol{o},\boldsymbol{y}) \\
&= -\frac{\partial \sum_{i=1}^{C} y_i \lg\ \mathrm{softmax}_i\left(\boldsymbol{z}_t^L\right)}{\partial \boldsymbol{z}_t^L} \\
&= \frac{\partial \sum_{i=1}^{C} y_i \lg \sum_{j=1}^{C} e^{z_j^L}}{\partial \boldsymbol{z}_t^L} - \frac{\partial \sum_{i=1}^{C} y_i \lg e^{z_i^L}}{\partial \boldsymbol{z}_t^L} \\
&= \frac{\partial \lg \sum_{j=1}^{C} e^{z_j^L}}{\partial \boldsymbol{z}_t^L} - \frac{\partial \sum_{i=1}^{C} y_i z_i^L}{\partial \boldsymbol{z}_t^L} \\
&= \begin{bmatrix} \frac{e^{z_1^L}}{\sum_{j=1}^{C} e^{z_j^L}} \\ \vdots \\ \frac{e^{z_i^L}}{\sum_{j=1}^{C} e^{z_j^L}} \\ \vdots \\ \frac{e^{z_C^L}}{\sum_{j=1}^{C} e^{z_j^L}} \end{bmatrix} - \begin{bmatrix} y_1 \\ \vdots \\ y_i \\ \vdots \\ y_C \end{bmatrix} \\
&= \left(\boldsymbol{v}_t^L - \boldsymbol{y}\right)
\end{aligned}$$

类似地，

$$\nabla_{\boldsymbol{b}_t^L} J_{\mathrm{CE}}(\boldsymbol{W},\boldsymbol{b};\boldsymbol{o},\boldsymbol{y}) = \left(\boldsymbol{v}_t^L - \boldsymbol{y}\right) \tag{4.22}$$

注意，$\nabla_{\boldsymbol{W}_t^L} J_{\mathrm{CE}}(\boldsymbol{W},\boldsymbol{b};\boldsymbol{o},\boldsymbol{y})$（公式 (4.21) ）看上去与 $\nabla_{\boldsymbol{W}_t^L} J_{\mathrm{MSE}}(\boldsymbol{W},\boldsymbol{b};\boldsymbol{o},\boldsymbol{y})$ 有相同的形式（公式 (4.18) ）。不过，因为做回归时 $\boldsymbol{v}_t^L = \boldsymbol{z}_t^L$，而做分类时 $\boldsymbol{v}_t^L = \mathrm{softmax}\left(\boldsymbol{z}_t^L\right)$，所以它们其实是不同的。

对于 $0 < \ell < L$，则有

$$\begin{aligned}
\nabla_{\boldsymbol{W}_t^\ell} J(\boldsymbol{W}, \boldsymbol{b}; \boldsymbol{o}, \boldsymbol{y}) &= \nabla_{\boldsymbol{v}_t^\ell} J(\boldsymbol{W}, \boldsymbol{b}; \boldsymbol{o}, \boldsymbol{y}) \frac{\partial \boldsymbol{v}_t^\ell}{\partial \boldsymbol{W}_t^\ell} \\
&= \operatorname{diag}\left(f^{'}\left(\boldsymbol{z}_t^\ell\right)\right) \boldsymbol{e}_t^\ell \frac{\partial\left(\boldsymbol{W}_t^\ell \boldsymbol{v}_t^{\ell-1} + \boldsymbol{b}_t^\ell\right)}{\partial \boldsymbol{W}_t^\ell} \\
&= \operatorname{diag}\left(f^{'}\left(\boldsymbol{z}_t^\ell\right)\right) \boldsymbol{e}_t^\ell \left(\boldsymbol{v}_t^{\ell-1}\right)^{\mathrm{T}} \\
&= \left[f^{'}\left(\boldsymbol{z}_t^\ell\right) \bullet \boldsymbol{e}_t^\ell\right] \left(\boldsymbol{v}_t^{\ell-1}\right)^{\mathrm{T}}
\end{aligned} \tag{4.23}$$

$$\begin{aligned}
\nabla_{\boldsymbol{b}_t^\ell} J(\boldsymbol{W}, \boldsymbol{b}; \boldsymbol{o}, \boldsymbol{y}) &= \nabla_{\boldsymbol{v}_t^\ell} J(\boldsymbol{W}, \boldsymbol{b}; \boldsymbol{o}, \boldsymbol{y}) \frac{\partial \boldsymbol{v}_t^\ell}{\partial \boldsymbol{b}_t^\ell} \\
&= \operatorname{diag}\left(f^{'}\left(\boldsymbol{z}_t^\ell\right)\right) \boldsymbol{e}_t^\ell \frac{\partial\left(\boldsymbol{W}_t^\ell \boldsymbol{v}_t^{\ell-1} + \boldsymbol{b}_t^\ell\right)}{\partial \boldsymbol{b}_t^\ell} \\
&= \operatorname{diag}\left(f^{'}\left(\boldsymbol{z}_t^\ell\right)\right) \boldsymbol{e}_t^\ell \\
&= f^{'}\left(\boldsymbol{z}_t^\ell\right) \bullet \boldsymbol{e}_t^\ell
\end{aligned} \tag{4.24}$$

其中，$\boldsymbol{e}_t^\ell \triangleq \nabla_{\boldsymbol{v}_t^\ell} J(\boldsymbol{W}, \boldsymbol{b}; \boldsymbol{o}, \boldsymbol{y})$ 是层 ℓ 的误差信号，$\bullet$ 是元素级相乘，$\operatorname{diag}(\boldsymbol{x})$ 是一个对角线为 x 的方矩形，$f^{'}\left(\boldsymbol{z}_t^\ell\right)$ 是激活函数的元素级导数。对于 sigmoid激活函数来说，则有

$$\sigma^{'}\left(\boldsymbol{z}_t^\ell\right) = \left(1 - \sigma\left(\boldsymbol{z}_t^\ell\right)\right) \bullet \sigma\left(\boldsymbol{z}_t^\ell\right) = \left(1 - \boldsymbol{v}_t^\ell\right) \bullet \boldsymbol{v}_t^\ell \tag{4.25}$$

类似地，tanh激活函数的导数为

$$\tanh^{'}\left(\boldsymbol{z}_{t,i}^\ell\right) = 1 - \left[\tanh\left(\boldsymbol{z}_{t,i}^\ell\right)\right]^2 = 1 - \left[\mathrm{v}_{t,i}^\ell\right]^2 \tag{4.26}$$

或者

$$\tanh^{'}\left(\boldsymbol{z}_t^\ell\right) = 1 - \boldsymbol{v}_t^\ell \bullet \boldsymbol{v}_t^\ell \tag{4.27}$$

ReLU激活函数的导数为

$$\operatorname{ReLU}^{'}\left(\boldsymbol{z}_{t,i}^\ell\right) = \begin{cases} 1, & \boldsymbol{z}_{t,i}^\ell > 0 \\ 0, & \text{其他} \end{cases} \tag{4.28}$$

或者

$$\operatorname{ReLU}^{'}\left(\boldsymbol{z}_t^\ell\right) = \max\left(0, \operatorname{sgn}\left(\boldsymbol{z}_t^\ell\right)\right) \tag{4.29}$$

其中，$\operatorname{sgn}\left(\boldsymbol{z}_t^\ell\right)$ 是 $\boldsymbol{z}_t^\ell$ 每个元素的符号函数。误差信号能从顶层向下反向传播

$$\begin{aligned}
\boldsymbol{e}_t^{L-1} &= \nabla_{\boldsymbol{v}_t^{L-1}} J\left(\boldsymbol{W}, \boldsymbol{b}; \boldsymbol{o}, \boldsymbol{y}\right) \\
&= \frac{\partial \boldsymbol{z}_t^L}{\partial \boldsymbol{v}_t^{L-1}} \nabla_{\boldsymbol{z}_t^L} J\left(\boldsymbol{W}, \boldsymbol{b}; \boldsymbol{o}, \boldsymbol{y}\right) \\
&= \frac{\partial\left(\boldsymbol{W}_t^L \boldsymbol{v}_t^{L-1} + \boldsymbol{b}_t^L\right)}{\partial \boldsymbol{v}_t^{L-1}} \boldsymbol{e}_t^L \\
&= \left(\boldsymbol{W}_t^L\right)^{\mathrm{T}} \boldsymbol{e}_t^L
\end{aligned} \tag{4.30}$$

对于 $\ell < L$，则有

$$\begin{aligned}
\boldsymbol{e}_t^{\ell-1} &= \nabla_{\boldsymbol{v}_t^{\ell-1}} J\left(\boldsymbol{W}, \boldsymbol{b}; \boldsymbol{o}, \boldsymbol{y}\right) \\
&= \frac{\partial \boldsymbol{v}_t^\ell}{\partial \boldsymbol{v}_t^{\ell-1}} \nabla_{\boldsymbol{v}_t^\ell} J\left(\boldsymbol{W}, \boldsymbol{b}; \boldsymbol{o}, \boldsymbol{y}\right) \\
&= \frac{\partial\left(\boldsymbol{W}_t^\ell \boldsymbol{v}_t^{\ell-1} + \boldsymbol{b}_t^\ell\right)}{\partial \boldsymbol{v}_t^{\ell-1}} \operatorname{diag}\left(f^{'}\left(\boldsymbol{z}_t^\ell\right)\right) \boldsymbol{e}_t^\ell \\
&= \left(\boldsymbol{W}_t^\ell\right)^{\mathrm{T}} \left[f^{'}\left(\boldsymbol{z}_t^\ell\right) \bullet \boldsymbol{e}_t^\ell\right]
\end{aligned} \tag{4.31}$$

反向传播算法的关键步骤在算法 4.2 中进行了总结。

4.3 实际应用

在4.2节中讲述的反向传播算法理论上比较简单，但是要高效地学习一个有用的模型，还需要考虑许多实际的问题[48, 185]。

4.3.1 数据预处理

数据预处理在许多机器学习算法中都扮演着重要的角色。最常用的两种数据预处理技术是样本特征归一化和全局特征标准化。

如果每个样本均值的变化与处理的问题无关，就应该将特征均值归零，减小特征相对于深层神经网络模型的变化。例如，减去一张图片的强度均值，可以减少亮度引起的变化。在手写字符识别任务中，规整图片的中心

算法 4.2 反向传播算法

1: **procedure** 反向传播 $(\mathbb{S}=\{(\boldsymbol{o}^m,\boldsymbol{y}^m)\,|0\leqslant m<M\})$
　　▷ $\mathbb{S}$ 是 M 个样本组成的训练集
2: 　随机初始化 $\{\boldsymbol{W}_0^\ell,\boldsymbol{b}_0^\ell\}, 0<\ell\leqslant L$　　▷ L 是总层数
3: 　**while** 尚未满足停止准则 **do**
　　▷ 达到最大迭代次数或者准则提升已经很小时停止训练
4: 　　从 $\boldsymbol{O}$、$\boldsymbol{Y}$ 中随机选取 M_b 个训练样本
5: 　　调用前向计算 $(\boldsymbol{O})$
6: 　　$\boldsymbol{E}_t^L\leftarrow\boldsymbol{V}_t^L-\boldsymbol{Y}$　　▷ $\boldsymbol{E}_t^L$ 的每一列是 $\boldsymbol{e}_t^L$
7: 　　$\boldsymbol{G}_t^L\leftarrow\boldsymbol{E}_t^L$
8: 　　**for** $\ell\leftarrow L;\ell>0;\ell\leftarrow\ell-1$ **do**
9: 　　　$\nabla_{\boldsymbol{W}_t^\ell}\leftarrow\boldsymbol{G}_t^\ell\left(\boldsymbol{v}_t^{\ell-1}\right)^{\mathrm{T}}$
10: 　　　$\nabla_{\boldsymbol{b}_t^\ell}\leftarrow\boldsymbol{G}_t^\ell$
11: 　　　$\boldsymbol{W}_{t+1}^\ell\leftarrow\boldsymbol{W}_{\mathrm{t}}^\ell-\frac{\varepsilon}{M_b}\nabla\boldsymbol{W}_t^\ell$　　▷ 更新 $\boldsymbol{W}$
12: 　　　$\boldsymbol{b}_{t+1}^\ell\leftarrow\boldsymbol{b}_{\mathrm{t}}^\ell-\frac{\varepsilon}{M_b}\nabla\boldsymbol{b}_t^\ell$　　▷ 更新 $\boldsymbol{b}$
13: 　　　$\boldsymbol{E}_t^{\ell-1}\leftarrow\left(\boldsymbol{W}_t^\ell\right)^{\mathrm{T}}\boldsymbol{G}_t^\ell$　　▷ 误差反向传播
14: 　　　**if** $\ell>1$ **then**
15: 　　　　$\boldsymbol{G}_t^{\ell-1}\leftarrow f^{'}\left(\boldsymbol{Z}_t^{\ell-1}\right)\bullet\boldsymbol{E}_t^{\ell-1}$
16: 　　　**end if**
17: 　　**end for**
18: 　**end while**
19: 　Return $dnn=\{\boldsymbol{W}^\ell,\boldsymbol{b}^\ell\}, 0<\ell\leqslant L$
20: **end procedure**

可以减少字符位置引起的变化。在语音识别中，倒谱均值归一化（CMN）[166] 是在句子内减去梅尔倒谱系数（MFCC）特征的均值，可以减少声学信道扭曲带来的影响。以 CMN 为列，对于每个句子，样本归一化首先要用该句子所有的帧特征估算每维 i 的均值

$$\bar{\mu}_i=\frac{1}{T}\sum_{t=1}^{T}o_i^t \tag{4.32}$$

其中，T 表示该句子中特征帧的个数，然后该句中的所有特征帧减去该均值

$$\bar{o}_i^t=o_i^t-\bar{\mu}_i \tag{4.33}$$

全局特征标准化的目标是使用全局转换缩放每维数据，使得最终的特征向量处于相似的动态范围内。例如，在图像处理中，经常将 [0, 255] 范围

内的像素值缩放到 $[0,1]$ 范围内。在语音识别任务中，对于实数特征，例如 MFCC 和 FBANK，通常会使用一个全局转换将每维特征归一化为均值为 0，方差为 1[12]。两种数据预处理方法中的全局转换都只采用训练数据估算，然后被直接应用到训练数据集和测试数据集。给定训练数据集 $\mathbb{S}=\{(\boldsymbol{o}^m,\boldsymbol{y}^m)\,|0\leqslant m<M\}$（可能已经使用样本特征归一化处理），对每维特征 i，计算均值

$$\mu_i=\frac{1}{M}\sum_{m=1}^{M}o_i^m \tag{4.34}$$

和标准差

$$\sigma_i=\sqrt{\frac{1}{M}\sum_{m=1}^{M}\left(o_i^m-\mu_i\right)^2} \tag{4.35}$$

然后训练和测试数据中的所有数据可以使用如公式 (4.36) 所示的方式标准化：

$$\tilde{o}_i^m=\frac{o_i^m-\mu_i}{\sigma_i} \tag{4.36}$$

当每维特征被缩放到相似的数值范围时，后续的处理过程通常能取得较好的结果，所以全局特征标准化是有效的[48]。例如，在 DNN 训练中，通过特征归一化，在所有的权重矩阵维度上使用相同的学习率仍然能得到好的模型。如果不做特征归一化，能量维或者 MFCC 特征第一维 c_0 会遮蔽其他维度特征；如果不使用类似 AdaGrad[186] 的学习率自动调整算法，这些特征维度会在模型参数调整过程中主导学习过程。

4.3.2 模型初始化

4.2节讲述的学习算法都始于一个初始模型。因为 DNN 是一个高度非线性模型，并且相对于模型参数来说，训练准则是非凸函数，所以初始模型会极大地影响最终模型的性能。

有很多启发式方法可以初始化 DNN 模型。这些方法大部分都从以下两方面出发：第一，初始化的权重必须使隐层神经元节点在 sigmoid 函数的线性范围内活动。如果权重过大，许多隐层神经元节点的输出会趋近于 1 或者 0，并且根据公式 (4.25) 可知，梯度往往会非常小。相反，如果隐层神经元节点在线性范围内活动，就可以得到足够大的梯度（趋近于最大值

0.25)，使得模型学习的过程更加有效。注意，隐层节点输出的激发值依赖于输入值和权重，若输入特征如4.3.1节所述被归一化，这里就可以更加简单地初始化权重。第二，随机初始化参数也很关键。这是因为 DNN 中的隐层神经元节点是对称和可互换的。如果所有的模型参数都有相同的值，那么所有的隐层神经元节点都将有相同的输出，并且在 DNN 的底层会检测相同的特征模式。随机初始化的目的就是打破对称性。

LeCun 和 Bottou[48] 建议从一个均值为 0、标准差为 $\sigma_{\boldsymbol{W}^{\ell+1}} = \frac{1}{\sqrt{N_\ell}}$ 的分布中随机取值初始化公式 (4.1) 中定义的 ℓ 隐层权重，其中 N_ℓ 为与权重连接的输出节点的个数。对于语音识别系统中的 DNN，通常每个隐层有 1000~2000 个隐层神经元节点，并使用 $\mathcal{N}(\mathrm{w}; 0, 0.05)$ 高斯分布或者一个取值范围在 $[-0.05, 0.05]$ 的正态分布随机初始化权重矩阵；偏差系数 $\boldsymbol{b}^\ell$ 通常被初始化为 0。

4.3.3 权重衰减

和很多机器学习算法类似，过拟合是模型训练过程中通常会遇到的问题。因为 DNN 模型与其他机器学习算法相比有更多的模型参数，所以该问题尤为严峻。过拟合问题主要是因为通常希望最小化期望损失函数公式 (4.7)，但是实际上被最小化的是训练集合中定义的经验损失。

缓和过拟合问题最简单的方法就是正则化训练准则，这样可以使模型参数不过分地拟合训练数据，最常用的正则项包括基于 L_1 范数的正则项

$$R_1(\boldsymbol{W}) = \|\mathrm{vec}(\boldsymbol{W})\|_1 = \sum_{\ell=1}^{L} \left\|\mathrm{vec}\left(\boldsymbol{W}^\ell\right)\right\|_1 = \sum_{\ell=1}^{L}\sum_{i=1}^{N_\ell}\sum_{j=1}^{N_{\ell-1}} |\boldsymbol{W}_{ij}^\ell| \tag{4.37}$$

和基于 L_2 范数的正则项

$$R_2(\boldsymbol{W}) = \|\mathrm{vec}(\boldsymbol{W})\|_2^2 = \sum_{\ell=1}^{L} \left\|\mathrm{vec}\left(\boldsymbol{W}^\ell\right)\right\|_2^2 = \sum_{\ell=1}^{L}\sum_{i=1}^{N_\ell}\sum_{j=1}^{N_{\ell-1}} \left(\boldsymbol{W}_{ij}^\ell\right)^2 \tag{4.38}$$

其中，W_{ij} 是矩阵 $\boldsymbol{W}$ 中第 i 行 j 列的值；$\mathrm{vec}\left(\boldsymbol{W}^\ell\right) \in \mathbb{R}^{[N_\ell \times N_{\ell-1}] \times 1}$ 是将矩阵 $\boldsymbol{W}^\ell$ 中的所有列串联起来得到的向量。另外，$\left\|\mathrm{vec}\left(\boldsymbol{W}^\ell\right)\right\|_2$ 等于 $\left\|\boldsymbol{W}^\ell\right\|_F$——矩阵 $\boldsymbol{W}^\ell$ 的 Frobenious 范数。在神经网络文献中，这些正则项通常被称为权重衰减（Weight Decay）。

当包含正则项时，训练准则公式如下：

$$\ddot{J}(\boldsymbol{W},\boldsymbol{b};S)=J(\boldsymbol{W},\boldsymbol{b};S)+\lambda R(\boldsymbol{W}) \tag{4.39}$$

其中，$J(\boldsymbol{W},\boldsymbol{b};S)$ 是在训练集 S 上优化的经验损失 $J_{\text{MSE}}(\boldsymbol{W},\boldsymbol{b};S)$ 或者 $J_{\text{CE}}(\boldsymbol{W},\boldsymbol{b};S)$，$R(\boldsymbol{W})$ 是前面所述的 $R_1(\boldsymbol{W})$ 或者 $R_2(\boldsymbol{W})$，λ 是插值权重或者被称作正则化权重。另外，

$$\nabla_{\boldsymbol{W}_t^\ell}\ddot{J}(\boldsymbol{W},\boldsymbol{b};\boldsymbol{o},\boldsymbol{y})=\nabla_{\boldsymbol{W}_t^\ell}J(\boldsymbol{W},\boldsymbol{b};\boldsymbol{o},\boldsymbol{y})+\lambda\nabla_{\boldsymbol{W}_t^\ell}R(\boldsymbol{W}) \tag{4.40}$$

$$\nabla_{\boldsymbol{b}_t^\ell}\ddot{J}(\boldsymbol{W},\boldsymbol{b};\boldsymbol{o},\boldsymbol{y})=\nabla_{\boldsymbol{b}_t^\ell}J(\boldsymbol{W},\boldsymbol{b};\boldsymbol{o},\boldsymbol{y}) \tag{4.41}$$

其中，

$$\nabla_{\boldsymbol{W}_t^\ell}R_1(\boldsymbol{W})=\operatorname{sgn}\left(\boldsymbol{W}_t^\ell\right) \tag{4.42}$$

且

$$\nabla_{\boldsymbol{W}_t^\ell}R_2(\boldsymbol{W})=2\boldsymbol{W}_t^\ell \tag{4.43}$$

当训练集的大小相对于 DNN 模型中的参数量较小时，权重衰减法往往是很有效的。因为在语音识别任务中使用的 DNN 模型通常有超过一百万的参数，插值系数 λ 应该较小（通常在 10^{-4} 数量级），甚至当训练数据量较大时被设置为 0。

4.3.4 丢弃法

控制过拟合的一种方法是前面所述的权重衰减法。而应用“丢弃法”（Dropout）[187] 是另一种流行的做法。Dropout 基本的想法是在训练过程中随机丢弃每一个隐层中一定比例（称为丢弃比例，用 α 表示）的神经元。这意味着即使在训练过程中有一些神经元被丢弃，剩下的 $(1-\alpha)$ 的隐层神经元依然需要在每一种随机组合中有好的表现。这就需要每一个神经元在检测模式的时候能够更少地依赖其他神经元。

我们也可以将 Dropout 认为是一种将随机噪声加入训练数据的手段。因为每一个较高层的神经元都会从较低层中神经元的某种随机组合那里接收输入。因此，即使送进深层神经网络的输入相同，每一个神经元接收到的激励也是不同的。在应用 Dropout 后，深层神经网络需要浪费一些权重

来消除引入的随机噪声产生的影响。或者说事实上，Dropout 通过牺牲深层神经网络的容量（Capacity）来得到更一般化的模型结果。

当一个隐层神经元被丢弃时，它的激活值被设置成 0，所以误差信号不会经过它。这意味着除了随机的 Dropout 操作，对训练算法不需要进行任何改变就可以实现 Dropout。然而，在测试阶段，我们并不会去随机生成每一个隐层神经元的组合，而是使用所有组合的平均情况。我们只需要简单地在与 Dropout 训练有关的所有权重上乘以 $(1-\alpha)$，就可以像使用一个正常的深层神经网络模型（即没有应用 Dropout 的模型）一样使用新的模型。所以，Dropout 可以被解读为一种在深层神经网络框架下有效进行模型（几何（Geometric））平均的方式（与 Bagging 类似）。

另一种稍微不一样的实现方式是在训练过程中，在神经元被丢弃之前将每一个激活值都除以 $(1-\alpha)$。这样，权重就自动乘以 $(1-\alpha)$。因此，模型在测试阶段便不再需要进行权重补偿。应用这种方法的另一个好处是我们可以在不同训练的轮次中使用不同的丢弃比例（Dropout Rate）。经验表明，通常在取丢弃比例为 0.1~0.2 时，识别率会有提升。而如果使用将初始的丢弃比例设置得比较大（例如 0.5），然后渐渐减小丢弃比例的更智能的训练流程的话，那么识别的表现可以得到更进一步提高。原因在于使用较大的丢弃比例训练出的模型，可以被看作使用较小丢弃比例的模型的种子模型。既然结合较大丢弃比例的目标函数更平滑，那么它就更不可能陷入一个非常坏的局部最优解中。

在 Dropout 训练阶段，我们需要重复对每一层激活取样得到一个随机的子集。这必将严重拖慢训练过程。为此，随机数生成和取样代码的运行速度成为缩减训练时间的决定性因素。当然，也可以选择文献 [188] 中提出的一个快速丢弃训练算法。这个算法的核心思想是从近似的高斯模型中采样或直接积分，而不是进行蒙特卡罗采样。这种近似方法可由中心极限法则和实际经验证明其有效性，它可以带来显著的速度提升和更好的稳定性。该方法也可以扩展到其他类型的噪声和变换。

4.3.5 批规范化

在数据预处理章节中提到过对输入数据进行标准化有助于神经网络的训练，这个操作一般是在训练网络之前基于所有数据计算得到的统计量进行的全局操作。同样的思想可以被动态地运用于神经网络训练过程中。

批规范化（Batch normalization, BN）[189] 的提出是为了改善深层神经网络不容易训练的问题，具体来讲，是为了解决网络训练过程中遇到的内部协变量偏移（Internal Covariate Shift, ICF）的问题。ICF 指神经网络每一层的输入分布在训练过程中都会不断变化，从而造成网络的非线性激活逐渐饱和，使得网络难以得到有效训练。究其根本，批规范化有效的原因是它在一定程度上防止了“梯度弥散”。

BN 的算法实现非常直接，可以表示为算法 4.3。

算法 4.3 在一个 mini-batch x 上进行批规范化变换[189]

Input: mini-batch $\mathcal{B}=\{x_{1\ldots m}\}$，待学习参数 γ 和 β

Output: $\{y_i=\mathrm{B}\boldsymbol{N}_{\gamma,\beta}(x_i)\}$

1: $\mu_{\mathcal{B}} \leftarrow \frac{1}{m}\sum_{i=1}^{m} x_i$ ▷ mini-batch 均值

2: $\sigma_{\mathcal{B}}^2 \leftarrow \frac{1}{m}\sum_{i=1}^{m}(x_i-\mu_{\mathcal{B}})^2$ ▷ mini-batch 方差

3: $\widehat{x}_i \leftarrow \frac{x_i-\mu_{\mathcal{B}}}{\sqrt{\sigma_{\mathcal{B}}^2+\epsilon}}$ ▷ 对 mini-batch 进行标准化

4: $y_i \leftarrow \gamma\widehat{x}_i+\beta \equiv \mathrm{BN}_{\gamma,\beta}(x_i)$ ▷ 缩放和偏移

可以看到相对于传统使用的数据规范化方法，BN 有如下两个特点：

1. 统计量的计算是以 mini-batch 为单位而不是在所有数据上进行的；
2. 引入了两个额外的超参数 γ 和 β，用来对数据进一步地缩放和偏移（scale and shift）。

以 mini-batch 为单位计算均值和方差使得在网络训练过程中可以动态地调整各个隐层输出的分布，跟现在主流的基于 mini-batch 的网络优化方法比较兼容，同时可能带来的问题是，如果 batch size 比较小，则会造成统计量估计不稳定。而 γ 和 β 的引入使得网络可以还原之前的输入，从而保证了加入 BN 操作后的网络保持原先的容量（capacity）。

总体来讲，采用批规范化可以在一定程度上解决网络训练中常遇到的梯度问题，从而使训练深度网络变得更稳定，同时可以加速网络训练过程。

4.3.6 批量块大小的选择

参数更新公式 (4.14) 和公式 (4.15) 需要从训练样本的一个批量集合（batch）中进行经验的梯度计算。而对批量大小的选择同时会影响收敛速度和模型结果。

最简单的批量选择是使用整个训练集。如果我们的唯一目标就是最小化训练集上的损失，利用整个训练集的梯度估计得到的将是真实的梯度（也就是说方差为 0）。即使我们的目标是优化期望的损失，利用整个训练集进行梯度估计仍然比利用任何其子集得到的方差都要小。这种方法经常被称为批量训练（Batch Training）。它有如下优势：首先，批量训练的收敛性是众所周知的；其次，如共轭梯度和 L-BFGS[190] 等很多加速技术在批量训练中表现最好；最后，批量训练可以很容易地在多个计算机间并行。但是，批量训练需要在模型参数更新前遍历整个数据集，这对很多大规模的问题来说，即使可以应用并行技术，也是很低效的。

作为另一种选择，我们可以使用随机梯度下降（Stoachstic Gradient Decent，SGD）[191] 技术，这在机器学习领域中也被称为在线学习。SGD 根据从单个训练样本估计得到的梯度来更新模型参数。如果样本点是独立同分布的（这一点很容易保证，只要从训练集中按照均匀分布抽取样本即可），则可以证明

$$E\left(\nabla J_t\left(\boldsymbol{W},\boldsymbol{b};\boldsymbol{o},\boldsymbol{y}\right)\right)=\frac{1}{M}\sum_{m=1}^{M}\nabla J\left(\boldsymbol{W},\boldsymbol{b};\boldsymbol{o}^m,\boldsymbol{y}^m\right) \tag{4.44}$$

换句话说，从单个样本点进行的梯度估计是一个对整个训练集的无偏估计。然而，估计的方差为

$$\begin{aligned}V\left(\nabla J_t\left(\boldsymbol{W},\boldsymbol{b};\boldsymbol{o},\boldsymbol{y}\right)\right)&=\boldsymbol{E}\left[\left(\boldsymbol{x}-\boldsymbol{E}\left(\boldsymbol{x}\right)\right)\left(\boldsymbol{x}-\boldsymbol{E}\left(\boldsymbol{x}\right)\right)^{\mathrm{T}}\right]\\&=\boldsymbol{E}\left(\boldsymbol{x}\boldsymbol{x}^{\mathrm{T}}\right)-\boldsymbol{E}\left(\boldsymbol{x}\right)\boldsymbol{E}\left(\boldsymbol{x}\right)^{\mathrm{T}}\\&=\frac{1}{M}\sum_{m=1}^{M}\boldsymbol{x}_m\boldsymbol{x}_m^{\mathrm{T}}-\boldsymbol{E}\left(\boldsymbol{x}\right)\boldsymbol{E}\left(\boldsymbol{x}\right)^{\mathrm{T}}\end{aligned} \tag{4.45}$$

除非所有的样本都是相同的，也即 $\nabla J_t(\boldsymbol{W},\boldsymbol{b};\boldsymbol{o},\boldsymbol{y})=\boldsymbol{E}(\nabla J_t(\boldsymbol{W},\boldsymbol{b};\boldsymbol{o},\boldsymbol{y}))$（为简单起见，我们定义 $\boldsymbol{x}\triangleq\nabla J_t(\boldsymbol{W},\boldsymbol{b};\boldsymbol{o},\boldsymbol{y})$），否则上式取值总是非零的。因为上述算子对梯度的估计是有噪声的，所以模型参数可能不会在每轮迭代中都严格按照梯度变化。这看起来是不利之处，实则是 SGD 算法与批量训练算法相比的一个重要优势。这是因为 DNN 是高度非线性的，并且是非凸的，目标函数包含很多局部最优，其中不乏很糟的情况。在批量训练中，无论模型参数初始化在哪一个盆地（Basin）里，都将找到其最低点。这会导致最终模型估计将高度依赖初始模型。然而由于 SGD 算法的梯度估计带噪声，使它可以跳出不好的局部最优，进入一个更好的盆地里。这个性质类似于模拟退火[192] 中让模型参数可以向局部次优而全局较优的方向移动的做法。

SGD 通常比批量训练快得多，尤其表现在大数据集上。这是以下原因导致的：首先，通常在大数据集中，样例有很多是相似或重复的，用整个数据集估计梯度会造成计算力的浪费。其次，也是更重要的一点是，在 SGD 训练中，每看到一个样本就可以迅速更新参数，新的梯度不是基于旧的模型，而是基于新的模型估计得到的。这使得我们能够更快速地继续寻找最优模型。

然而，即使在同一台计算机上，SGD 算法也是难以并行化的。而且，由于对梯度的估计存在噪声，它不能完全收敛至局部最低点，而是在最低点附近浮动。浮动的程度取决于学习率和梯度估计方差的大小。即使这样的浮动有时可以减小过拟合的程度，也并不是在各种情况下都令人满意。

一个基于批量训练和 SGD 算法的折中方案是“小批量”（Minibatch）训练。小批量训练会从训练样本中抽出一小组数据并基于此估计梯度。很容易证明，小批量的梯度估计也是无偏的，而且其估计的方差比 SGD 算法要小。小批量训练可以让我们比较容易地在批量内部进行并行计算，使得它可以比 SGD 更快地收敛。既然我们在训练的早期阶段比较倾向于较大的梯度估计方差来快速跳出不好的局部最优，在训练的后期使用较小的方差来落在最低点，那么我们可以在最初选用数量较少的批量，然后换用数量较多的批量。在语音识别任务中，如果我们在早期使用数量为 64 到 256 的样本，而在后期换用数量为 1024 到 8096 的样本，可以学习得到一个更好的模型。而在训练一个更深的网络时，在最初阶段选用一个数量更少的批量可以得到更好的结果。批量的数量多少可以根据梯度估计方差自动决定，也可以在每一轮通过搜索样本的一个小子集来决定[193, 194]。

4.3.7 取样随机化

取样随机化（Sample Randomization）与批量训练是无关的，因为所有的样本都会被用来估计梯度。而在随机梯度下降和小批量训练中，取样随机化是十分重要的。这是由于为了得到对梯度的无偏估计，样本必须是独立同分布的。如果训练过程中连续的一些样本不是随机从训练集中取出的（例如，所有样本都来自同一个说话人），模型的参数将可能会沿着一个方向偏移得太多。

假设整个训练集都可以被加载进内存，取样随机化将变得很容易。只需要对索引数组进行排列，然后根据排列后的索引数组一个一个地抽取样本即可。索引数组一般比特征要小得多，所以这样做会比排列特征向量本身要轻量得多。这在每一轮次的完整数据训练都需要随机顺序不同的情况下尤甚。这样做也保证了每个样本在每一轮次的完整数据训练中都只被送到训练算法中一次，而不会影响到数据分布。这样的性质可以进一步保证学习出的模型的一致性。

如果我们使用像语音识别领域中那样较大规模的训练集，那么整个训练集将不可能被载入内存。在这种情况下，我们采用滚动窗的方式每次加载一大块数据（通常为 24~48 小时的语音或者 8.6M 到 17.2M 个样本）进内存，然后在窗内随机取样。如果训练数据的来源不同（例如来自不同的语言），则可以在将数据送进深层神经网络训练工具之前对音频样本列表文件进行随机化。

4.3.8 惯性系数

众所周知，如果模型更新是基于之前的所有梯度（更加全局的视野），而不是仅基于当前的梯度（局部视野），收敛速度是可以被提升的。使用这个结论的一个例子是 Nesterov 加速梯度算法（Nesterov's Accelerated Gradient Algorithm）[195]，它已经被证明在满足凸条件下是最优的。在

DNN 训练中，这样的效果通常采用一个简单的技巧——惯性系数来达到。当应用惯性系数时，公式 (4.16) 和公式 (4.17) 变成

$$\triangle \boldsymbol{W}_t^{\ell} = \rho \triangle \boldsymbol{W}_{t-1}^{\ell} + (1-\rho)\frac{1}{M_b}\sum_{m=1}^{M_b} \nabla_{\boldsymbol{W}_t^{\ell}} \ddot{J}\left(\boldsymbol{W}, \boldsymbol{b}; \boldsymbol{o}^m, \boldsymbol{y}^m\right) \tag{4.46}$$

和

$$\triangle \boldsymbol{b}_t^{\ell} = \rho \triangle \boldsymbol{b}_{t-1}^{\ell} + (1-\rho)\frac{1}{M_b}\sum_{m=1}^{M_b} \nabla_{\boldsymbol{b}_t^{\ell}} \ddot{J}\left(\boldsymbol{W}, \boldsymbol{b}; \boldsymbol{o}^m, \boldsymbol{y}^m\right) \tag{4.47}$$

其中，ρ 是惯性系数，在应用 SGD 或者小批量训练的条件下，其取值通常为 0.9~0.99[1]。惯性系数会使参数更新变得平滑，还能减少梯度估计的方差。在实践中，反向传播算法在误差表面（Error Surface）有一个非常窄的极小点的时候，通常会出现参数估计不断摆动的问题，而惯性系数的使用可以有效地缓解此问题，并因此加速训练。

上述惯性系数的定义在批量大小相同时可以表现得很好。而有的时候我们会想要使用可变的批量大小。例如，我们会希望类似在4.3.6节中讨论的那样，最初使用较小的批量，而在后面使用较大的批量。在第 15 章将要讨论的序列鉴别性训练中，每一个批量可能因为文本长度不同而使用不同的大小。在这些情况下，上述对惯性系数的定义便不再可用。既然惯性系数可以被考虑成一种有限脉冲响应（Finite Impulse Response，FIR）滤波器，我们可以定义在相同层面下的惯性系数为 ρ_s，并推出在不同批量大小 M_b 的条件下的惯性系数取值为

$$\rho = \exp\left(M_b \rho_s\right) \tag{4.48}$$

4.3.9 学习率和停止准则

训练 DNN 中的一个难点是选择合适的学习策略。理论显示，当学习率按照如下公式设置时，SGD 能够渐进收敛[191]：

$$\epsilon = \frac{\mathrm{c}}{t} \tag{4.49}$$

1 在实践中，我们发现如果在第一轮训练之后再应用惯性系数，则可以得到更好的结果。

其中，t 是当前样本的数量，c 是一个常量。实际上，这种学习率将很快变得很小，导致这种衰减策略收敛很慢。

请注意，学习率和批量大小的综合作用会最终影响学习行为。像我们在4.3.6节中讨论的那样，我们在开始几次完整的数据迭代中用更小的批量数量，在后面的数据中使用更大的批量数量。既然批量大小是一个变量，我们可以定义每一帧的学习率为

$$\epsilon_s = \frac{\epsilon}{M_b} \tag{4.50}$$

并将模型更新公式变为

$$\boldsymbol{W}_{t+1}^{\ell} \leftarrow \boldsymbol{W}_{t}^{\ell} - \varepsilon_s \triangle \widetilde{\boldsymbol{W}}_{t}^{\ell} \tag{4.51}$$

$$\boldsymbol{b}_{t+1}^{\ell} \leftarrow \boldsymbol{b}_{t}^{\ell} - \varepsilon_s \triangle \widetilde{\boldsymbol{b}}_{t}^{\ell} \tag{4.52}$$

其中，

$$\triangle \widetilde{\boldsymbol{W}}_{t}^{\ell} = \rho \triangle \boldsymbol{W}_{t-1}^{\ell} + (1-\rho) \sum_{m=1}^{M_b} \nabla_{\boldsymbol{W}_{t}^{\ell}} \ddot{J}\left(\boldsymbol{W}, \boldsymbol{b}; \boldsymbol{o}^m, \boldsymbol{y}^m\right) \tag{4.53}$$

以及

$$\triangle \widetilde{\boldsymbol{b}}_{t}^{\ell} = \rho \triangle \boldsymbol{b}_{t-1}^{\ell} + (1-\rho) \sum_{m=1}^{M_b} \nabla_{\boldsymbol{b}_{t}^{\ell}} \ddot{J}\left(\boldsymbol{W}, \boldsymbol{b}; \boldsymbol{o}^m, \boldsymbol{y}^m\right) \tag{4.54}$$

与原始的学习率定义相比，上述改变也减少了一次矩阵除法。

使用这个新的更新公式时，我们可以凭经验确定学习策略。首先确定批量大小及一个大的学习率。然后训练数百个小批量数据组，这在多核 CPU 或 GPU 上通常要花费数分钟，我们在这些小批量训练上监视训练准则变化，然后减少批量中的数据数量、学习率或者两个同时减小，以使 $\epsilon_s M_b$ 结果减半，直到训练准则获得明显的改善。然后把学习率除以 2 作为下一个完整数据迭代轮次的初始学习率。我们会运行一个较大的训练数据子集，把 $\epsilon_s M_b$ 的值增加四到八倍。请注意，这个阶段的模型参数已经被调整到一个相对好的位置，因此增加 $\epsilon_s M_b$ 将不会导致发散，而会提高训练速度。这个调整过程在文献 [193] 中的模型已经可以自动进行。

我们发现两个有用的确定其余学习率的策略。第 1 个策略是如果观察到训练准则在大的训练子集或开发集上有波动的情况，就把批量大小加倍，并将学习率减少 1/4，同时，在学习率小于一个阈值或者整体数据的训练迭代次数已经达到预设次数的时候停止训练。第 2 个策略是在训练准则波动时减少学习率到一个很小的数，并在训练集或开发集上再次出现训练准则波动时停止训练。对于从头开始训练的语音识别任务，我们发现在实际情况下，ϵ_s 对深层和浅层网络分别取值 $0.8e^{-4}$ 和 $0.3e^{-3}$，在第 2 阶段取值 $1.25e^{-2}$，在第 3 阶段取值 $0.8e^{-6}$，效果很好。超参数的搜索也可以自动使用随机搜索技术[185] 或者贝叶斯优化技术[196]。

4.3.10 网络结构

网络结构可以被认为是另外需要确定的参数。既然每层都可以被认为是前一层的特征抽取器，那么每层节点的数量都应该足够大以获取本质的模式。这在模型底层是特别重要的，因为开始层的特征变化比其他层更大，它需要比其他层更多的节点来模拟特征模式。然而，如果某层节点太大，它容易在训练数据上过拟合。一般来说，宽且浅的模型容易过拟合，深且窄的模型容易欠拟合。事实上，如果有一层很小（通常被称为瓶颈），模型性能将有重大的下降，特别是当瓶颈层接近输入层时。如果每层都有相同数量的节点，则添加更多的层可能把模型从过拟合转为欠拟合。这是因为附加的层对模型参数施加了额外的限制。由这个现象，我们可以先在只有一个隐层的神经网络上优化每层的节点个数，然后叠加更多的相同节点个数的隐层。在语音识别任务中，我们发现拥有 5~7 层，每层拥有 1000~3000 个节点的 DNN 效果很好。相对一个窄且浅的模型，通常在一个宽且深的模型上更容易找到一个好的配置。这是因为在宽且深的模型上有更多性能相似的局部最优点。

4.3.11 可复现性与可重启性

在 DNN 训练中，模型参数都是被随机初始化的，而且模型样本都是以随机的顺序进入训练器的。这不可避免地增加了我们对训练结果可复现性的担心。如果我们的目标是对比两个算法或者模型，我们可以多次运行实验，每次用一个新的随机种子并记录平均的结果及标准的误差。但在一些其他情况下，我们可能要求在运行两次训练后获得恰好完全一样的模型及测试结果。这可以通过在模型初始化及训练样本随机化时使用相同的随机种子来实现。

当训练集很大的时候，通常需要在中间停止训练并在最后的检查点继续训练。这时，我们需要在训练工具中嵌入一些机制，来保证从检查点重新开始将产生和训练没有中断时完全一样的结果。一个简单的诀窍是在检查点的文件中保存所有必要的信息，包括模型参数、当前随机数、参数梯度、惯性系数等。另一个需要保存更少数据的有效方法是在每个检查点都重置所有的学习参数。

第 5 章

高级模型初始化技术

摘要 在本章中将介绍几种高级深层神经网络（Deep Neural Network，DNN）的初始化技术（预训练技术）。这些技术在深度学习研究的早期发挥了非常重要的作用，并且在一些条件下持续发挥着作用。我们集中讨论关于预训练 DNN 的几个话题：受限玻尔兹曼机（Restricted Boltzmann Machine，RBM），它本身就是一种有趣的生成模型；深度置信网络（Deep Belief Network，DBN）；降噪自动编码器（Denoising Auto-encoder）及鉴别性预训练（Discriminative Pretraining）。

5.1 受限玻尔兹曼机

受限玻尔兹曼机[197] 是一种具有随机性的生成型神经网络。就像它的名字所暗示的那样，它是玻尔兹曼机（Boltzmann Machine）的一个变体。它本质上是一种由具有随机性的一层可见神经元和一层隐藏神经元所构成的无向图模型。可见层神经元之间及隐层神经元之间没有连接（如图5–1所示），因此，它的可见层神经元和隐层神经元构成一个二分图。隐藏层神经元通常取二进制值并服从伯努利分布。可见层神经元可以根据输入的类型取二进制值或实数值。

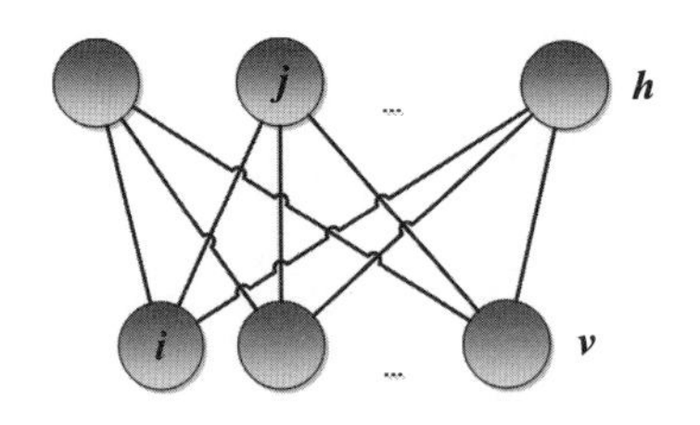

图 5–1 一个受限玻尔兹曼机的例子

一个 RBM 给每一个可见层向量 $\boldsymbol{v}$ 和隐层向量 $\boldsymbol{h}$ 的配置都赋予了一个能量值。对伯努利–伯努利 RBM而言，其中的 $\boldsymbol{v} \in \{0,1\}^{N_v \times 1}$ 和 $\boldsymbol{h} \in \{0,1\}^{N_h \times 1}$，其能量值是

$$E(\boldsymbol{v},\boldsymbol{h}) = -\boldsymbol{a}^{\mathrm{T}}\boldsymbol{v} - \boldsymbol{b}^{\mathrm{T}}\boldsymbol{h} - \boldsymbol{h}^{\mathrm{T}}\boldsymbol{W}\boldsymbol{v} \tag{5.1}$$

这里 N_v 和 N_h 分别是可见层和隐层神经元的个数。$\boldsymbol{W} \in \mathbb{R}^{N_h \times N_v}$ 是连接可见层和隐层神经元的权重矩阵。$\boldsymbol{a} \in \mathbb{R}^{N_v \times 1}$ 和 $\boldsymbol{b} \in \mathbb{R}^{\boldsymbol{N_h \times 1}}$ 分别是可见层和隐层的偏置向量。如果可见层取实数值，即 $\boldsymbol{v} \in \mathbb{R}^{N_v \times 1}$，那么这个 RBM 通常被称为高斯–伯努利 RBM，它给每一个配置 $(\boldsymbol{v},\boldsymbol{h})$ 都赋予了一个能量值

$$E(\boldsymbol{v},\boldsymbol{h}) = \frac{1}{2}(\boldsymbol{v}-\boldsymbol{a})^{\mathrm{T}}(\boldsymbol{v}-\boldsymbol{a}) - \boldsymbol{b}^{\mathrm{T}}\boldsymbol{h} - \boldsymbol{h}^{\mathrm{T}}\boldsymbol{W}\boldsymbol{v} \tag{5.2}$$

每个配置同时与一个概率相关：

$$P(\boldsymbol{v},\boldsymbol{h}) = \frac{\mathrm{e}^{-E(\boldsymbol{v},\boldsymbol{h})}}{Z} \tag{5.3}$$

这个概率是通过能量值定义的，在这里正规化因子 $Z = \sum_{\boldsymbol{v},\boldsymbol{h}} \mathrm{e}^{-E(\boldsymbol{v},\boldsymbol{h})}$ 作为配分函数（Partition Function）而被熟知。

在 RBM 中，后验概率 $P(\boldsymbol{v}|\boldsymbol{h})$ 和 $P(\boldsymbol{h}|\boldsymbol{v})$ 能够被有效地计算，这得益于可见层和隐层神经元之间没有连接。举例来说，对于伯努利–伯努利 RBM，有

$$\begin{aligned}
P(\boldsymbol{h}|\boldsymbol{v}) &= \frac{\mathrm{e}^{-E(\boldsymbol{v},\boldsymbol{h})}}{\sum_{\tilde{\boldsymbol{h}}} \mathrm{e}^{-E(\boldsymbol{v},\tilde{\boldsymbol{h}})}} \\
&= \frac{\mathrm{e}^{\boldsymbol{a}^{\mathrm{T}}\boldsymbol{v}+\boldsymbol{b}^{\mathrm{T}}\boldsymbol{h}+\boldsymbol{h}^{\mathrm{T}}\boldsymbol{W}\boldsymbol{v}}}{\sum_{\tilde{\boldsymbol{h}}} \mathrm{e}^{\boldsymbol{a}^{\mathrm{T}}\boldsymbol{v}+\boldsymbol{b}^{\mathrm{T}}\tilde{\boldsymbol{h}}+\tilde{\boldsymbol{h}}^{\mathrm{T}}\boldsymbol{W}\boldsymbol{v}}} \\
&= \frac{\prod_i \mathrm{e}^{b_i h_i + h_i \boldsymbol{W}_{i,*}\boldsymbol{v}}}{\sum_{\tilde{h}_1} \cdots \sum_{\tilde{h}_N} \prod_i \mathrm{e}^{b_i \tilde{h}_i + \tilde{h}_i \boldsymbol{W}_{i,*} v}} \\
&= \frac{\prod_i \mathrm{e}^{b_i h_i + h_i \boldsymbol{W}_{i,*}\boldsymbol{v}}}{\prod_i \sum_{\tilde{h}_i} \mathrm{e}^{b_i \tilde{h}_i + \tilde{h}_i \boldsymbol{W}_{i,*} v}} \\
&= \prod_i \frac{\mathrm{e}^{b_i h_i + h_i \boldsymbol{W}_{i,*}\boldsymbol{v}}}{\sum_{\tilde{h}_i} \mathrm{e}^{b_i \tilde{h}_i + \tilde{h}_i \boldsymbol{W}_{i,*} v}} \\
&= \prod_i P(h_i|\boldsymbol{v})
\end{aligned} \tag{5.4}$$

其中，$\boldsymbol{W}_{i,*}$ 表示 $\boldsymbol{W}$ 的第i 行。公式 (5.4) 表明在给定可见层向量的情况下，隐层神经元彼此条件独立于给定的可见层向量。因为 $h_i \in \{0,1\}$ 只取二进制值

$$P(h_i = 1|\boldsymbol{v}) = \frac{\mathrm{e}^{b_i 1 + 1 \boldsymbol{W}_{i,*}\boldsymbol{v}}}{\mathrm{e}^{b_i 1 + 1 \boldsymbol{W}_{i,*}\boldsymbol{v}} + \mathrm{e}^{b_i 0 + 0 \boldsymbol{W}_{i,*}\boldsymbol{v}}} = \sigma(b_i + \boldsymbol{W}_{i,*} v) \tag{5.5}$$

或者

$$P(\boldsymbol{h} = 1|\boldsymbol{v}) = \sigma(\boldsymbol{W}\boldsymbol{v} + \boldsymbol{b}) \tag{5.6}$$

其中，$\sigma(x) = (1 + \mathrm{e}^{-x})^{-1}$ 是元素级逻辑 sigmoid 函数。对二进制可见层神经元，我们可以通过完全对称的推导得到以下公式：

$$P(\boldsymbol{v} = 1|\boldsymbol{h}) = \sigma(\boldsymbol{W}^{\mathrm{T}}\boldsymbol{h} + \boldsymbol{a}) \tag{5.7}$$

对高斯可见层神经元，条件概率 $P(\boldsymbol{h} = 1|\boldsymbol{v})$ 和公式 (5.6) 相同，然而，$P(\boldsymbol{v}|\boldsymbol{h})$ 由以下公式估计：

$$P(\boldsymbol{v}|\boldsymbol{h}) = \mathcal{N}(\boldsymbol{v}; \boldsymbol{W}^{\mathrm{T}}\boldsymbol{h} + \boldsymbol{a}, \boldsymbol{I}) \tag{5.8}$$

这里 $\boldsymbol{I}$ 是一个合适大小的单位矩阵。

注意到公式 (5.6) 和公式 (4.1) 有着相同的形式，而与所用输入是二进制值还是实数值无关。这允许我们使用 RBM 的权重来初始化一个使用 sigmoid 隐层单元的前馈神经网络，因为 RBM 隐层单元的计算和深层神经网络的前向计算等价。

5.1.1 受限玻尔兹曼机的属性

一个 RBM 可以被用来学习输入集合的概率分布。在讨论 RBM 中可见层向量的概率表达式之前，为了方便起见，首先定义一个被称为自由能量（free energy）的量

$$F(\boldsymbol{v}) = -\lg\left(\sum_{\boldsymbol{h}} \mathrm{e}^{-E(\boldsymbol{v},\boldsymbol{h})}\right) \tag{5.9}$$

使用 $F(\boldsymbol{v})$，我们可以把边缘概率 $P(\boldsymbol{v})$ 写成

$$
\begin{aligned}
P(\boldsymbol{v}) &= \sum_{\boldsymbol{h}} P(\boldsymbol{v}, \boldsymbol{h}) \\
&= \sum_{\boldsymbol{h}} \frac{\mathrm{e}^{-E(\boldsymbol{v},\boldsymbol{h})}}{Z} \\
&= \frac{\sum_{\boldsymbol{h}} \mathrm{e}^{-E(\boldsymbol{v},\boldsymbol{h})}}{Z} \\
&= \frac{\mathrm{e}^{-F(\boldsymbol{v})}}{\sum_{\boldsymbol{\nu}} \mathrm{e}^{-F(\boldsymbol{\nu})}}
\end{aligned} \tag{5.10}
$$

如果可见层神经元取实数值，那么边缘概率密度函数是

$$
p_0(\boldsymbol{v}) = \frac{\mathrm{e}^{-\frac{1}{2}(\boldsymbol{v}-\boldsymbol{a})^{\mathrm{T}}(\boldsymbol{v}-\boldsymbol{a})}}{Z_0} \tag{5.11}
$$

当 RBM 不包含隐层神经元时，这是一个均值为 $\boldsymbol{a}$、方差为 $\mathbf{1}$（Unit Variance）的高斯分布，如图5–2(a) 所示。注意到

$$
\begin{aligned}
p_n(\boldsymbol{v}) &= \frac{\sum_{\boldsymbol{h}} \mathrm{e}^{-E_n(\boldsymbol{v},\boldsymbol{h})}}{Z_n} \\
&= \frac{\prod_{i=1}^{n} \sum_{h_i=0}^{1} \mathrm{e}^{b_i h_i + h_i \boldsymbol{W}_{i,*}\boldsymbol{v}}}{Z_n} \\
&= \frac{\prod_{i=1}^{n-1} \sum_{h_i=0}^{1} \mathrm{e}^{b_i h_i + h_i \boldsymbol{W}_{i,*}\boldsymbol{v}} \left(1 + \mathrm{e}^{b_n + \boldsymbol{W}_{n,*}\boldsymbol{v}}\right)}{Z_n} \\
&= p_{n-1}(\boldsymbol{v}) \frac{Z_{n-1}}{Z_n} \left(1 + \mathrm{e}^{b_n + \boldsymbol{W}_{n,*}\boldsymbol{v}}\right) \\
&= p_{n-1}(\boldsymbol{v}) \frac{Z_{n-1}}{Z_n} + P_{n-1}(\boldsymbol{v}) \frac{Z_{n-1}}{Z_n} \mathrm{e}^{b_n + \boldsymbol{W}_{n,*}\boldsymbol{v}}
\end{aligned} \tag{5.12}
$$

这里 n 是隐层神经元的数量。这意味着在新的隐层神经元加入而模型的其他参数都固定的情况下，原始分布发生尺度变化而分布类型相同的一个副本被放置在了由 $\boldsymbol{W}_{n,*}$ 决定的方向上。图5–2(b) 至图5–2(d) 显示的是具有 1 到 3 个隐层神经元时的边缘概率密度分布。显然，RBM 把可见层输入表示成了一个由多个方差为 1 的高斯分量组成的混合高斯模型，这些高斯分量的个数是指数级的。与传统的混合高斯模型（GMMs）相比，RBM 使用了更多的混合分量。然而，传统的混合高斯模型可以为不同的高斯分量使用不同的方差来表示这个分布。既然高斯–伯努利 RBM 可以像混合高斯模型一样表示实值数据的分布，RBM 就可以作为替换混合高斯模型

的生成模型。举例来说，RBM 已经被成功应用在了近期的一些语音合成（Text-to-speech，TTS）系统中[198]。

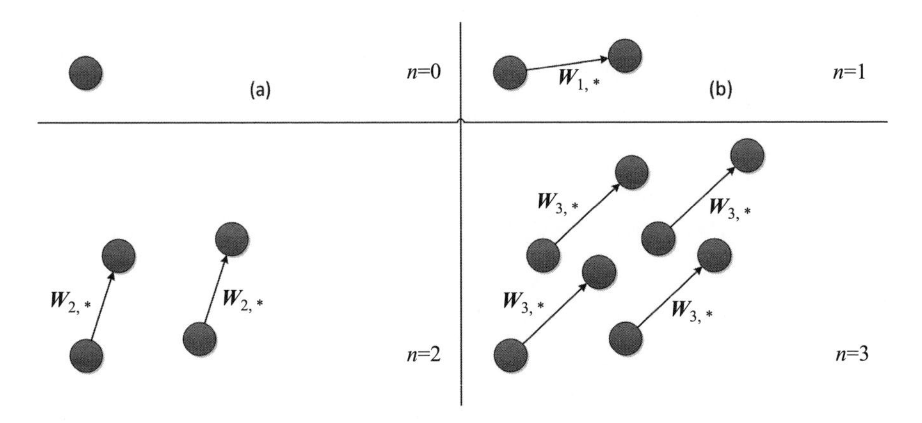

图 5–2 由高斯–伯努利受限玻尔兹曼机表示的边缘概率密度分布

给定由可见层神经元表示的训练样本，RBM 可以学习特征不同维度间的相关性。举例来说，如果可见层神经元表示的是一篇文章中出现的单词，如图5–3所示，在经过训练之后，隐层神经元会表示主题。每个隐层神经元把同一篇文章中同时出现的一些词分成一组，这些词会在特定主题的文章中出现。可见层神经元之间的关系得以通过与它们相连的隐层神经元被表示出来。一个利用了这个性质的高级主题模型可以在文献 [199] 中找到。隐层神经元可以看作对原始特征的一种新的表示，它与可见层的对原始特征的表示是不同的，因此，RBM 同样可以用来学习不同的特征表示[200]。

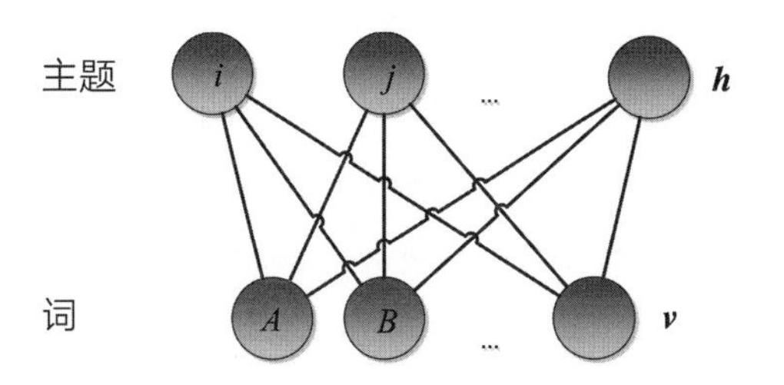

图 5–3 使用受限玻尔兹曼机来学习词之间的相关性

注：每个可见层神经元表示一个词，如果这个词在文章中已出现，则这个神经元的值取 1，否则取 0。经过学习，每个隐层神经元表示一个主题

尽管在我们的描述中，神经元被区分成了可见层神经元和隐层神经元，

但在一些应用中，可见层神经元也许不可见，而隐层神经元可以被观察到。举例来说，如果可见层神经元表示用户，隐层神经元表示电影，可见层神经元 A 和隐层神经元 i 之间的连接可能表示“用户 A 喜欢电影 i”。在很多应用中，例如，在协作式过滤中[201]，一些连接可见，而另一些不可见。通过训练数据集学习的 RBM 可以被用来预测那些不可见的连接，并用来向用户推荐电影。

5.1.2 受限玻尔兹曼机参数学习

为了训练 RBM，我们使用随机梯度下降（Stochastic Gradient Descent，SGD）算法[191] 来极小化负对数似然度（Negative Log Likelihood ，NLL）

$$J_{\text{NLL}}(\boldsymbol{W},\boldsymbol{a},\boldsymbol{b};\boldsymbol{v}) = -\lg P(\boldsymbol{v}) = F(\boldsymbol{v}) + \lg\sum_{\boldsymbol{\nu}} \mathrm{e}^{-F(\boldsymbol{\nu})} \tag{5.13}$$

并通过下面的公式更新参数：

$$\boldsymbol{W}_{t+1} \leftarrow \boldsymbol{W}_t - \varepsilon\triangle\boldsymbol{W}_t \tag{5.14}$$

$$\boldsymbol{a}_{t+1} \leftarrow \boldsymbol{a}_t - \varepsilon\triangle\boldsymbol{a}_t \tag{5.15}$$

$$\boldsymbol{b}_{t+1} \leftarrow \boldsymbol{b}_t - \varepsilon\triangle\boldsymbol{b}_t \tag{5.16}$$

这里 ε 是学习率，并且

$$\triangle\boldsymbol{W}_t = \rho\triangle\boldsymbol{W}_{t-1} + (1-\rho)\frac{1}{M_b}\sum_{m=1}^{M_b}\nabla_{\boldsymbol{W}_t}J_{\text{NLL}}(\boldsymbol{W},\boldsymbol{a},\boldsymbol{b};\boldsymbol{v}^m) \tag{5.17}$$

$$\triangle\boldsymbol{a}_t = \rho\triangle\boldsymbol{a}_{t-1} + (1-\rho)\frac{1}{M_b}\sum_{m=1}^{M_b}\nabla_{\boldsymbol{a}_t}J_{\text{NLL}}(\boldsymbol{W},\boldsymbol{a},\boldsymbol{b};\boldsymbol{v}^m) \tag{5.18}$$

$$\triangle\boldsymbol{b}_t = \rho\triangle\boldsymbol{b}_{t-1} + (1-\rho)\frac{1}{M_b}\sum_{m=1}^{M_b}\nabla_{\boldsymbol{b}_t}J_{\text{NLL}}(\boldsymbol{W},\boldsymbol{a},\boldsymbol{b};\boldsymbol{v}^m) \tag{5.19}$$

这里 ρ 是惯性系数（Momentum），M_b 是批量（Minibatch）的大小，而 $\nabla_{\boldsymbol{W}_t}J_{\text{NLL}}(\boldsymbol{W},\boldsymbol{a},\boldsymbol{b};\boldsymbol{v}^m)$、$\nabla_{\boldsymbol{a}_t}J_{\text{NLL}}(\boldsymbol{W},\boldsymbol{a},\boldsymbol{b};\boldsymbol{v}^m)$ 和 $\nabla_{\boldsymbol{b}_t}J_{\text{NLL}}(\boldsymbol{W},\boldsymbol{a},\boldsymbol{b};\boldsymbol{v}^m)$ 是负对数似然度准则下参数 $\boldsymbol{W}$、$\boldsymbol{a}$ 和 $\boldsymbol{b}$ 的梯度。

与 DNN 不同，在 RBM 中对数似然度的梯度并不适于精确计算。负对数似然度关于任意一种模型参数的导数的一般形式是

$$\nabla_{\theta}J_{\text{NLL}}(\boldsymbol{W},\boldsymbol{a},\boldsymbol{b};\boldsymbol{v}) = -\left[\langle\frac{\partial E(\boldsymbol{v},\boldsymbol{h})}{\partial\boldsymbol{\theta}}\rangle_{\text{data}} - \langle\frac{\partial E(\boldsymbol{v},\boldsymbol{h})}{\partial\boldsymbol{\theta}}\rangle_{\text{model}}\right] \tag{5.20}$$

这里 θ 是某种模型参数，而 $\langle x\rangle_{\text{data}}$ 和 $\langle x\rangle_{\text{model}}$ 是分别从数据和最终模型中估计 x 的期望值。特别地，对于可见层神经元–隐层神经元的权重，我们有

$$\nabla_{w_{ji}} J_{\text{NLL}}(\boldsymbol{W},\boldsymbol{a},\boldsymbol{b};\boldsymbol{v}) = -\left[\langle v_i h_j\rangle_{\text{data}} - \langle v_i h_j\rangle_{\text{model}}\right] \tag{5.21}$$

第一个期望 $\langle v_i h_j\rangle_{\text{data}}$ 是训练数据中可见层神经元 v_i 和隐层神经元 h_j 同时取 1 的频率，而 $\langle v_i h_j\rangle_{\text{model}}$ 是类似的期望值，只是这个期望值是以最终模型定义的分布来求得的。不幸的是，当隐藏层神经元的值未知时，$\langle\cdot\rangle_{\text{model}}$ 这一项需要花费指数时间来精确计算，因此，我们不得不使用近似方法。

RBM 训练中被使用最广的有效近似学习算法是在文献 [202] 中描述的对比散度（Contrastive Divergence，CD）算法。对可见层神经元–隐层神经元权重的梯度的一步对比散度近似是

$$\begin{aligned}\nabla_{w_{ji}} J_{\text{NLL}}(\boldsymbol{W},\boldsymbol{a},\boldsymbol{b};\boldsymbol{v}) &= -\left[\langle v_i h_j\rangle_{\text{data}} - \langle v_i h_j\rangle_{\infty}\right]\\ &\approx -\left[\langle v_i h_j\rangle_{\text{data}} - \langle v_i h_j\rangle_{1}\right]\end{aligned} \tag{5.22}$$

这里 $\langle.\rangle_{\infty}$ 和 $\langle.\rangle_{1}$ 分别表示在吉布斯采样器运行了无穷次和一次之后得到的采样上估计的期望。$\langle v_i h_j\rangle_{\text{data}}$ 和 $\langle v_i h_j\rangle_{1}$ 的计算过程分别被称为正阶段和负阶段。

图5–4阐明了采样过程和对比散度算法。在第一步中，吉布斯采样器通过一个数据样本被初始化。接着，它依据公式 (5.6) 定义的后验概率 $P(\boldsymbol{h}|\boldsymbol{v})$ 由可见层采样生成一个隐层采样。根据 RBM 的类型是伯努利–伯努利 RBM 或高斯–伯努利 RBM，我们使用相应的公式（分别是公式 (5.7) 和公式 (5.8)）定义的后验概率 $P(\boldsymbol{v}|\boldsymbol{h})$，可以基于当前隐层的采样，继续生成一个可见层的采样。这个过程可能反复多次。如果吉布斯采样器运行无穷次，则其真实期望 $\langle v_i h_j\rangle_{\text{model}}$ 可以从老化（Burn-in）阶段之后生成的采样中估计：

$$\langle v_i h_j\rangle_{\text{model}} \approx \frac{1}{N}\sum_{n=N_{\text{burn}}+1}^{N_{\text{burn}}+N} v_i^n h_j^n \tag{5.23}$$

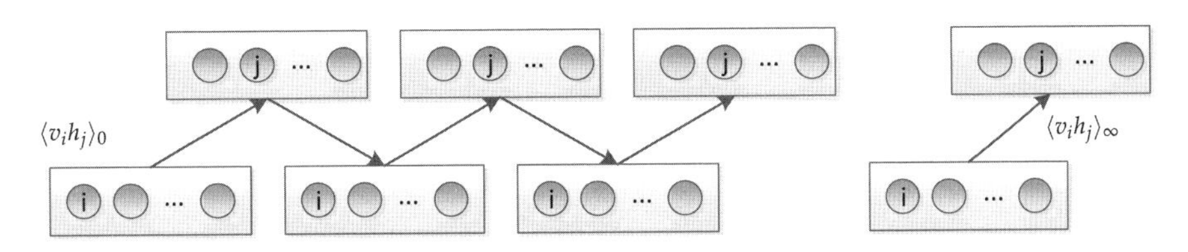

图 5–4　对比散度算法图示

这里 N_{burn} 是达到老化阶段所需的步数，而 N 是老化阶段之后生成的采样次数（可能是巨大的）。然而，运行很多步吉布斯采样器是低效的。我们可以只运行一次吉布斯采样器，用一个非常粗略的近似 $\langle v_ih_j\rangle_1$ 来估计 $\langle v_ih_j\rangle_{\text{model}}$，即

$$\langle v_ih_j\rangle_{\text{model}} \approx \langle v_ih_j\rangle_1 = v_i^1h_j^1 \tag{5.24}$$

然而，$\langle v_ih_j\rangle_1$ 具有很大的方差。为了减小方差，我们可以基于以下公式估计 $\langle v_ih_j\rangle_{\text{model}}$，即

$$\boldsymbol{h}^0 \sim P(\boldsymbol{h}|\boldsymbol{v}^0) \tag{5.25}$$

$$\boldsymbol{v}^1 = E(\boldsymbol{v}|\boldsymbol{h}^0) = P(\boldsymbol{v}|\boldsymbol{h}^0) \tag{5.26}$$

$$\boldsymbol{h}^1 = E(\boldsymbol{h}|\boldsymbol{v}^1) = P(\boldsymbol{h}|\boldsymbol{v}^1) \tag{5.27}$$

这里 $\sim$ 表示从中采样，$\boldsymbol{v}_0$ 是训练数据集的一个采样，期望运算符是元素级运算。不同于朴素方法中根据 $P(\boldsymbol{v}|\boldsymbol{h}^0)$ 和 $P(\boldsymbol{h}|\boldsymbol{v}^1)$ 进行采样，我们采用平均场逼近（Mean-field Approximation）方法直接生成采样 $\boldsymbol{v}^1$ 和 $\boldsymbol{h}^1$。换句话说，这些采样现在不限于二进制值，而是可以取实数值。同样的技巧也可以被应用在

$$\langle v_ih_j\rangle_{\text{data}} \approx \langle v_ih_j\rangle_0 = v_i^0E_j(\boldsymbol{h}|\boldsymbol{v}^0) = v_i^0P_j(\boldsymbol{h}|\boldsymbol{v}^0) \tag{5.28}$$

如果使用了 N（通常是一个比较小的数）步对比散度，则在生成可见层向量的时候都可以使用期望值，在需要隐层向量时都可以使用采样技术，除了最后一次使用的是期望向量。

在伯努利–伯努利 RBM 中，模型参数 $\boldsymbol{a}$ 和 $\boldsymbol{b}$ 的更新规则可以简单地通过把公式 (5.20) 中的 $\frac{\partial E(\boldsymbol{v},\boldsymbol{h})}{\partial \boldsymbol{\theta}}$ 替换为合适的梯度导出。完整的梯度估计

写成矩阵形式是

$$\nabla_{\boldsymbol{W}} J_{\mathrm{NLL}}(\boldsymbol{W}, \boldsymbol{a}, \boldsymbol{b}; \boldsymbol{v}) = -\left[\langle \boldsymbol{h}\boldsymbol{v}^{\mathrm{T}}\rangle_{\mathrm{data}} - \langle \boldsymbol{h}\boldsymbol{v}^{\mathrm{T}}\rangle_{\mathrm{model}}\right] \tag{5.29}$$

$$\nabla_{\boldsymbol{a}} J_{\mathrm{NLL}}(\boldsymbol{W}, \boldsymbol{a}, \boldsymbol{b}; \boldsymbol{v}) = -\left[\langle \boldsymbol{v}\rangle_{\mathrm{data}} - \langle \boldsymbol{v}\rangle_{\mathrm{model}}\right] \tag{5.30}$$

$$\nabla_{\boldsymbol{b}} J_{\mathrm{NLL}}(\boldsymbol{W}, \boldsymbol{a}, \boldsymbol{b}; \boldsymbol{v}) = -\left[\langle \boldsymbol{h}\rangle_{\mathrm{data}} - \langle \boldsymbol{h}\rangle_{\mathrm{model}}\right] \tag{5.31}$$

CD 算法也可以用来训练高斯–伯努利 RBM。唯一的区别是，在高斯–伯努利 RBM 中，我们使用公式 (5.8) 来估计后验分布的期望值 $E(\boldsymbol{v}|\boldsymbol{h})$。算法 5.1 总结了应用对比散度算法训练 RBMs 的关键步骤。

算法 5.1 使用对比散度算法训练 RBMS

1: **procedure** TrainRBMWithCD($S = \{\boldsymbol{o}^m | 0 \leqslant m < M\}$, N)
   ▷ S 是 M 个样本的训练集，N 是 CD 次数
2: 　随机初始化 $\{\boldsymbol{W}_0, \boldsymbol{a}_0, \boldsymbol{b}_0\}$
3: 　**while** 停止准则未达到 **do**
   ▷ 达到最大迭代次数或训练准则提升很小就停止
4: 　　随机选择一个 M_b 个样本的小批量 $\boldsymbol{O}$
5: 　　$\boldsymbol{V}^0 \leftarrow \boldsymbol{O}$ ▷ 正阶段
6: 　　$\boldsymbol{H}^0 \leftarrow \boldsymbol{P}(\boldsymbol{H}|\boldsymbol{V}^0)$ ▷ 逐列应用
7: 　　$\nabla_{\boldsymbol{W}} J \leftarrow \boldsymbol{H}^0 \left(\boldsymbol{V}^0\right)^{\mathrm{T}}$
8: 　　$\nabla_{\boldsymbol{a}} J \leftarrow \mathrm{sumrow}\left(\boldsymbol{V}^0\right)$ ▷ 各行相加
9: 　　$\nabla_{\boldsymbol{b}} J \leftarrow \mathrm{sumrow}\left(\boldsymbol{H}^0\right)$
10: 　　**for** $n \leftarrow 0; n < N; n \leftarrow n+1$ **do** ▷ 负阶段
11: 　　　$\boldsymbol{H}^n \leftarrow I\left(\boldsymbol{H}^n > \mathrm{rand}\left(0,1\right)\right)$ ▷ 采样，$I(\bullet)$ 是指示函数
12: 　　　$\boldsymbol{V}^{n+1} \leftarrow \boldsymbol{P}(\boldsymbol{V}|\boldsymbol{H}^n)$
13: 　　　$\boldsymbol{H}^{n+1} \leftarrow \boldsymbol{P}(\boldsymbol{H}|\boldsymbol{V}^{n+1})$
14: 　　**end for**
15: 　　$\nabla_{\boldsymbol{W}} J \leftarrow \boldsymbol{\nabla_{W} J} - \boldsymbol{H}^N \left(\boldsymbol{V}^N\right)^{\mathbf{T}}$ ▷ 减掉负统计量
16: 　　$\nabla_{\boldsymbol{a}} J \leftarrow \nabla_{\boldsymbol{a}} J - \mathrm{sumrow}\left(\boldsymbol{V}^0\right)$
17: 　　$\nabla_{\boldsymbol{b}} J \leftarrow \nabla_{\boldsymbol{b}} J - \mathrm{sumrow}\left(\boldsymbol{H}^0\right)$
18: 　　$\boldsymbol{W}_{t+1} \leftarrow \boldsymbol{W}_{\mathrm{t}} + \frac{\varepsilon}{M_b} \triangle \boldsymbol{W}_t$ ▷ 更新 $\boldsymbol{W}$
19: 　　$\boldsymbol{a}_{t+1} \leftarrow \boldsymbol{a}_{\mathrm{t}} + \frac{\varepsilon}{M_b} \triangle \boldsymbol{a}_t$ ▷ 更新 $\boldsymbol{a}$
20: 　　$\boldsymbol{b}_{t+1} \leftarrow \boldsymbol{b}_{\mathrm{t}} + \frac{\varepsilon}{M_b} \triangle \boldsymbol{b}_t$ ▷ 更新 $\boldsymbol{b}$
21: 　**end while**
22: 　返回 $rbm = \{\boldsymbol{W}, \boldsymbol{a}, \boldsymbol{b}\}$
23: **end procedure**

与 DNN 训练类似，有效的 RBM 训练也需要考虑一些实际问题。很多在4.3节中进行的讨论都能被应用到 RBM 训练中。可以在文献 [50] 中找到一份训练 RBM 的综合性实践指南。

5.2　深度置信网络预训练

一个 RBM 可以被视为一个具有无限层的生成模型，所有层共享相同的权重矩阵，如图5–5(a) 和图5–5(b) 所示。如果我们从图5–5(b) 所示的深度生成模型中分离出底层，剩余的层次就构成了另一个同样具有无限层且共享权重矩阵的生成模型。这些剩余层次等价于另一个 RBM，这个 RBM 的可见层神经元和隐层神经元转换成了如图5–5(c) 所示的结构。这种模型是一种生成模型，叫作深度置信网络（Deep Belief Network，DBN），在这个网络中，顶层是一个无向图 RBM，而下面的层次构成了一个有向图生成模型。我们把同样的理由应用到图5–5(c)，可以发现它等价于图5–5(d) 所示的 DBN。

RBM 和 DBN 的关系暗示了一种逐层训练非常深层次的生成模型的方法[867]。一旦我们训练了一个 RBM，就可以用这个 RBM 重新表示数据。对每个数据向量 $\boldsymbol{v}$，我们计算一个隐层神经元期望激活值的向量 $\boldsymbol{h}$（它等价于概率）。我们把这些隐层期望值作为训练数据来训练一个新的 RBM。这样，每个 RBM 的权重都可以用来从前一层的输出中提取特征。一旦我们停止训练 RBM，就拥有了一个 DBN 所有隐层权重的初始值，而这个 DBN 隐层的层数刚好等于我们训练的 RBM 的数量。这个 DBN 可以进一步通过 Wake-sleep 算法[204] 模型精细调整。

在上面的步骤中，我们假设 RBM 的维数是固定的。在这种配置下，如果这个 RBM 经过了完美的训练，DBN 将与 RBM 表现得完全相同。然而，这个假设并不是必要的，我们可以堆叠不同维度的 RBM。这允许了 DBN 架构的灵活性，并且堆叠额外的层次能潜在地提高似然度的上界。

DBN 的权重可以作为由 sigmoid 神经元构成的 DNN 的初始权重。这是因为条件概率 $P(\boldsymbol{h}|\boldsymbol{v})$ 在 RBM 中与在 DNN 中具有相同的形式，如果 DNN 使用的是 sigmoid 非线性激活函数，则可以把第 4 章中描述的 DNN 视

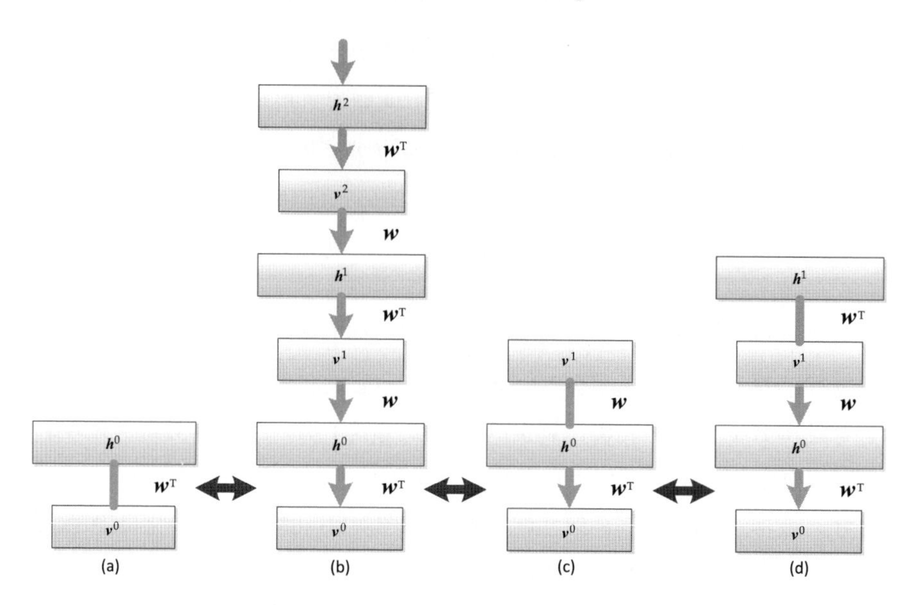

图 5–5　RBM 和等价于 DBN 的关系

为一种统计图模型，其中每个隐层 $\ell(0<\ell<L)$ 对给定输入向量 $\boldsymbol{v}^{\ell-1}$ 的二进制值输出神经元 $\boldsymbol{h}^{\ell}$ 的后验概率进行建模，使其服从伯努利分布，而此处的输出神经元向量 $\boldsymbol{h}^{\ell}$ 的各维在给定输入向量 $\boldsymbol{v}^{\ell-1}$ 时是条件独立的：

$$P\left(\boldsymbol{h}^{\ell}|\boldsymbol{v}^{\ell-1}\right)=\sigma\left(\boldsymbol{z}^{\ell}\right)=\sigma\left(\boldsymbol{W}^{\ell}\boldsymbol{v}^{\ell-1}+\boldsymbol{b}^{\ell}\right) \tag{5.32}$$

输出层则采用多项式概率分布来近似正确的标注 $\boldsymbol{y}$：

$$P\left(\boldsymbol{y}|\boldsymbol{v}^{L-1}\right)=\text{softmax}\left(\boldsymbol{z}^{L}\right)=\text{softmax}\left(\boldsymbol{W}^{L}\boldsymbol{v}^{L-1}+\boldsymbol{b}^{L}\right) \tag{5.33}$$

给定观察到的特征 $\boldsymbol{o}$ 和标注 $\boldsymbol{y}$，$P(\boldsymbol{y}|\boldsymbol{o})$ 的精确建模需要整合所有层 $\boldsymbol{h}$ 的所有可能取值，而这是难以实现的。一种有效的实践技巧是用平均场逼近[205]替换边缘分布。换句话说，我们定义

$$\boldsymbol{v}^{\ell}=E(\boldsymbol{h}^{\ell}|\boldsymbol{v}^{\ell-1})=P\left(\boldsymbol{h}^{\ell}|\boldsymbol{v}^{\ell-1}\right)=\sigma\left(\boldsymbol{W}^{\ell}v^{\ell-1}+\boldsymbol{b}^{\ell}\right) \tag{5.34}$$

于是我们得到了第 4 章中讨论的传统的 DNN 的非随机描述。

从这种视角看由 sigmoid 神经元构成的 DNN，我们发现 DBN 的权重可以被用作 DNN 的初始权重。DBN 和 DNN 之间的唯一区别是在 DNN 中使用了标注。基于此，在 DNN 中，当预训练结束后，我们会添加一个随

机初始化的 softmax 输出层，并用反向传播算法鉴别性地精细调整网络中的所有权重。

通过生成性的预训练初始化 DNN 的权重可以潜在地提升 DNN 在测试数据集上的性能。这归因于以下三点。第一，DNN 是高度非线性且非凸的。特别是在使用批量模式训练算法的时候，初始化点可能很大程度地影响最终模型。第二，预训练阶段使用的生成性准则与反向传播阶段使用的鉴别性准则不同。在生成性预训练得到的模型的基础上开始 BP 训练隐式地对模型进行了正则化。第三，既然只有监督式的模型精细调整阶段需要有标注的数据，我们可以在预训练的过程中潜在地利用大量无标注的数据。试验已经证明，除预训练需要额外的时间外，生成性预训练通常有帮助，而且绝不会有损 DNN 的训练。生成性预训练在训练数据集很小的时候格外有效。

如果只使用一个隐层，则 DBN 的预训练并不重要，预训练在有两个隐层的时候最有效[13, 49]。随着隐藏层数量的增加，预训练的效果通常会减弱。这是因为 DBN 的预训练使用了两个近似。第一，在训练下一层的时候使用了平均场逼近来生成目标。第二，学习模型参数的时候使用了近似的对比散度算法。这两个近似为每一个额外的层都引入了模型误差。随着层数的增加，总体误差增大，而 DBN 预训练的效果减弱。显然，尽管我们仍然可以使用 DBN 预训练的模型作为使用了线性修正单元的 DNN 的初始模型，但由于两者之间没有直接关联，效果将大打折扣。

5.3 降噪自动编码器预训练

在逐层生成的 DBN 预训练中，我们使用 RBM 作为积木组件。然而，RBM 不是唯一可以用来生成性地预训练模型的技术。一个同样有效的方法是采用降噪自动编码器，如图 5.6 所示，目标是训练一个隐层表示，可以使用这个隐层表示从随机损坏的版本重建原始输入。在自动编码器中，目标是基于没有标注的训练数据集 $S=\{(\boldsymbol{v}^m)\,|1\leqslant m\leqslant M\}$。找到一个 N_h 维隐层表示 $\boldsymbol{h}=\boldsymbol{f}(\boldsymbol{v})\in\mathbb{R}^{N_h\times1}$，通过它可以使用最小均方误差（MSE）把初始的

$N_{\boldsymbol{v}}$ 维信号 $\boldsymbol{v}$ 重建为 $\tilde{\boldsymbol{v}}=g(\boldsymbol{h})$，

$$J_{\mathrm{MSE}}(\boldsymbol{W},\boldsymbol{b};S)=\frac{1}{M}\sum_{m=1}^{M}\frac{1}{2}\left\|\tilde{\boldsymbol{v}}^{m}-\boldsymbol{v}^{m}\right\|^{2} \tag{5.35}$$

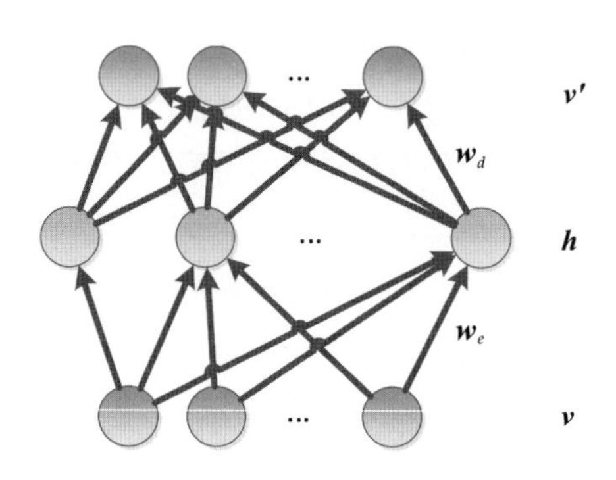

图 5–6　降噪自动编码器

理论上，确定的编码函数 $f(\boldsymbol{v})$ 及确定的解码函数 $g(\boldsymbol{h})$ 可以是任意函数。在实践中，通常选择一些特定形式的函数来降低优化问题的复杂度。

最简单的一个线性隐层可以用来表示输入信号。在这个条件下，隐层神经元采用数据的前 N_h 个主成分用来表达输入。而在通常情况下，隐层是非线性的，这时自动编码器和主成分分析（PCA）的表现就不一样，它有获取输入分布的多重模态属性的潜力。

既然我们这里感兴趣的是使用自动编码器来初始化由 sigmoid 单元构成的 DNN 中的权重。我们选择

$$\boldsymbol{h}=f(\boldsymbol{v})=\sigma(\boldsymbol{W}_e\boldsymbol{v}+\boldsymbol{b}) \tag{5.36}$$

其中，$\boldsymbol{W}_e\in\mathbb{R}^{N_h\times N_v}$ 是编码矩阵，$\boldsymbol{b}\in\mathbb{R}^{N_h\times 1}$ 是隐层偏置向量。如果输入特征 $\boldsymbol{v}\in\{0,1\}^{N_{\boldsymbol{v}}\times 1}$ 取二进制值，则可以选择

$$\tilde{\boldsymbol{v}}=g(\boldsymbol{h})=\sigma(\boldsymbol{W}_d\boldsymbol{h}+\boldsymbol{a}) \tag{5.37}$$

其中，$\boldsymbol{a}\in\mathbb{R}^{N_{\boldsymbol{v}}\times 1}$ 是重建层偏置向量。如果输入特征 $\boldsymbol{v}\in\mathbb{R}^{N_{\boldsymbol{v}}\times 1}$ 取实数值，我们可以选择

$$\tilde{\boldsymbol{v}}=g(\boldsymbol{h})=\boldsymbol{W}_d\boldsymbol{h}+\boldsymbol{a} \tag{5.38}$$

注意到与在 RBM 中不同，在自动编码器中，尽管它们通常被绑定为 $\boldsymbol{W}_e = \boldsymbol{W}$ 和 $\boldsymbol{W}_d = \boldsymbol{W}^{\mathrm{T}}$，一般意义下，权重矩阵 $\boldsymbol{W}_e$ 和 $\boldsymbol{W}_d$ 可能是不同的。无论输入特征是二进制还是实数，无论使用何种编码和解码函数，在第 4 章中描述的反向传播算法都能够用来学习自动编码器中的参数。

在自动编码器中，我们希望分布式的隐层表示 $\boldsymbol{h}$ 可以捕捉训练数据中的主要变化因素。自动编码器的训练准则是最小化训练数据集上的重建误差，它对与训练样本同分布的测试样本通常可以给出较低的重建误差，但对其他样本给出相对较高的重建误差。

当隐层表示的维度高于输入特征的维度时，自动编码器就存在一个潜在的问题。如果除最小化重建误差外没有其他限制，那么自动编码器可能只学习到恒等函数，而没有提取出在训练数据集中出现的任何统计规律。

这个问题可以由多种途径解决。例如，我们可以给隐层添加一个稀疏性限制，从而强制令隐层大部分节点为零。或者，我们可以在学习过程中添加随机扰动。在降噪自动编码器[51] 中使用了这种方法，它强制隐层去发掘更多的鲁棒特征[206]，以及通过从一个损坏的版本重建输入以阻止它只学习到恒等函数。

存在很多方式损坏输入，最简单的方式是随机选择输入条目（一半条目）并把它们设置为零。一个降噪自动编码器做了两件事情：一是保存输入的信息，二是撤销随机损坏过程的影响。后者只能通过捕捉输入中的统计依赖性实现。注意到在 RBM 的对比散度训练过程中，采样步骤本质上执行的就是对输入的随机损坏过程。

类似于使用 RBM，我们可以使用降噪自动编码器来预训练一个 DNN[51]。首先训练一个降噪自动编码器，使用其编码权重矩阵作为第 1 个隐层的权重矩阵。然后，把隐层的表示作为第 2 个降噪自动编码器输入，训练结束后，把第 2 个降噪自动编码器的编码权重矩阵作为 DNN 第 2 个隐层的权重矩阵。可以继续这个过程，直到得到所需要的隐层数。

基于自降噪编码器预训练和 DBN（RBM）预训练有相似的属性，两者都是生成过程，不需要有标注的数据。这样，可以把 DNN 权重调整到一个较好的初始点，并潜在地使用生成性预训练准则正则化 DNN 训练过程。

5.4 鉴别性预训练

基于 DBN 及降噪自动编码器的预训练都是生成性预训练技术。另一种选择是，DNN 参数完全可以使用鉴别性预训练（Discriminative Pre-traing，DPT）来鉴别性地初始化。其中一种方法如图5–7所示，即逐层 BP （LBP）。通过逐层 BP，我们首先使用标注鉴别性训练一个单隐层的 DNN（如图5–7(a) 所示），直到其全部收敛。接着在 $\boldsymbol{v}_1$ 层和输出层之间插入一个新的（如图5–7(b) 中的虚线框所示）随机初始化的隐层（如图5–7(b) 中实心箭头所示），最后，鉴别性训练整个网络到完全收敛，这样继续直到得到所需数量的隐层。这和逐层贪心训练[51] 相似，不同的是逐层贪心训练只是更新新添加的隐层，而在逐层 BP 中，每次新的隐层加入时所有的层都联合更新。因为这个原因，在绝大多数条件下逐层 BP 性能都优于逐层贪心训练，因为在后者中低层权重在学习时对上层权重一无所知。然而，逐层 BP 有一个缺点，一些隐层节点可能在训练收敛后会处于饱和状态，因此当新的隐层加入时很难对其进行进一步更新。这个问题可以通过每次新的隐层加入时，不让模型训练到收敛来缓解。一个典型的启发式方法是我们只使用要达到收敛所用数据的 $\frac{1}{L}$ 来执行 DPT，其中 L 是

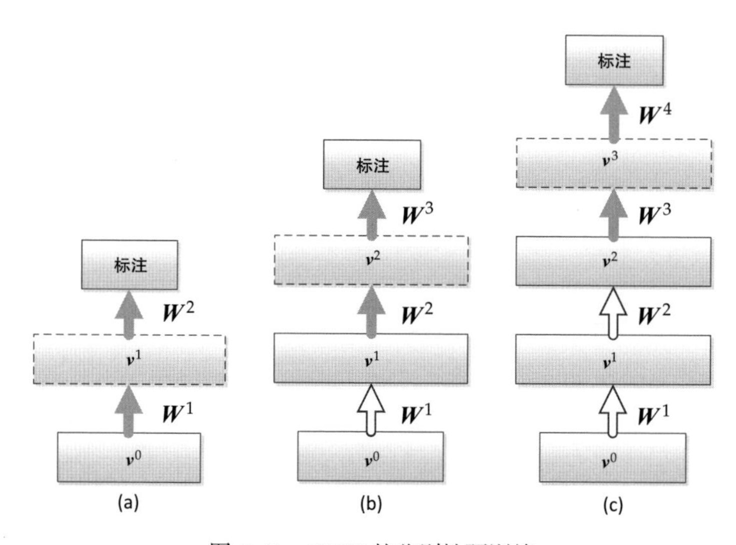

图 5–7 DNN 的鉴别性预训练

最终模型的总层数。在 DPT 中，其目标是调整权重使其接近一个较好的局部最优点。它不具有生成性 DBN 预训练中的正则化效果。因此，DPT 最好在可获得大量训练数据的时候使用。

5.5 混合预训练

无论是生成性还是鉴别性预训练，都各具缺点。生成性预训练没有和任务特定的目标函数绑定。它有助于减轻过拟合但并不保证有助于鉴别性的模型精细化调整（即 BP）。鉴别性预训练直接最小化目标函数（例如交叉熵），然而，如果训练没有规划好，那么低层权重可能向最终目标调整得过多，而没有考虑到接下来添加的隐层。为了缓解这些问题，我们可以采用一种混合预训练方法，对生成性及鉴别性准则进行加权优化[207]。一个典型的混合预训练准则是

$$J_{\text{HYB}}\left(\boldsymbol{W},\boldsymbol{b};S\right) = J_{\text{DISC}}\left(\boldsymbol{W},\boldsymbol{b};S\right) + \alpha J_{\text{GEN}}\left(\boldsymbol{W},\boldsymbol{b};S\right) \tag{5.39}$$

其中，α 是鉴别性准则 $J_{\text{DISC}}\left(\boldsymbol{W},\boldsymbol{b};S\right)$ 及生成性准则 $J_{\text{GEN}}\left(\boldsymbol{W},\boldsymbol{b};S\right)$ 的一个插值权重。对于分类任务，鉴别性准则可以是交叉熵，对于回归任务，鉴别性准则可以是最小均方误差。对于 RBM，生成性准则可以是负对数似然度，对于自动编码器，生成性准则可以是重建误差。直观地看，生成性组件扮演了鉴别性组件的一种数据相关的正则化器的作用[208]。很明显，这种混合准则不仅可以用于预训练环节，还可以用于模型精细调整环节，在这种情况下，它被称为 HDRBM[208]。

已经证明生成性预训练通常有助于训练深层结构[12, 13, 209, 210]。然而，随着模型加深，鉴别性预训练同样可以表现得很好，甚至比生成性预训练更好[49]。混合预训练则同时优于生成性和鉴别性预训练[207]。我们已经注意到，当训练数据集足够大的时候，预训练就变得没那么重要[49, 211]。然而，即使在这种条件下，预训练可能仍然有助于使训练过程相对于不同的随机数种子更加鲁棒。

5.6 采用丢弃法的预训练

在4.3.4节中介绍的丢弃法（Dropout）[187] 可作为一种改善 DNN 泛化能力的技术。我们提到可以把 Dropout 视为一种通过随机丢弃神经元来减小 DNN 容量的方法。从另一个角度来看，正如 Hinton 等人在文献 [187] 中所指出的一样，也可以把 Dropout 视为一种打包技术，它可以对大量绑定参数的模型做平均。换句话说，与不使用 Dropout 的 DNN 相比，Dropout 能够生成更平滑的目标平面。由于与一个更加陡峭的目标平面相比，一个更加平滑的目标平面具有较少的劣性局部最优点，这样较不容易陷入一个非常差的局部最优点。这启发我们可以使用 Dropout 预训练快速找到一个较好的起始点，然后不使用 Dropout 模型来精细调整 DNN。

这正是 Zhang 等人在文献 [212] 中所提出的，使用 0.3 到 0.5 的 Dropout 率，然后通过 10 到 20 轮训练数据来预训练一个 DNN，接着把 Dropout 率设置为 0 继续训练 DNN。这样初始化的 DNN 的错误率比 RBM 预训练的 DNN 相对降低了 3%。内部实验表明，我们可以在其他任务上实现类似的改善。注意到 Dropout 预训练也要有标注的训练数据，并能实现与在5.4节中讨论的鉴别性预训练相近的性能，但是它相比 DPT 更容易实现和控制。

第 6 章

深层神经网络–隐马尔可夫模型混合系统

摘要 本章讲述在自动语音识别系统中应用深层神经网络（DNN）的若干方式中的一种——深层神经网络–隐马尔可夫模型（后简称 DNN-HMM）混合系统。DNN-HMM 混合系统利用 DNN 很强的表现学习能力及 HMM 的序列化建模能力，在很多大规模连续语音识别任务中，其性能都远优于传统的混合高斯模型（GMM）-HMM 系统。我们将阐述 DNN-HMM 结构框架及其训练过程，并通过比较指出这类系统的关键部分。

6.1 DNN-HMM 混合系统

6.1.1 结构

在第 4 章中描述的 DNN 不能直接为语音信号建模，因为语音数字信号是时序连续信号，而 DNN 需要固定大小的输入。为了在语音识别中利用 DNN 的强分类能力，我们需要找到一种方法来处理语音信号长度变化的问题。

在 ASR 中结合人工神经网络（ANN）和 HMM 的方法始于 20 世纪 80 年代末和 20 世纪 90 年代初。那时提出了各种各样不同的结构及训练算法（参见文献 [213]）。最近随着 DNN 很强的表现学习能力被广泛熟知，这类研究正在慢慢复苏。

其中一种方法的有效性已经被广泛证实。它就是如图6–1所示的 DNN-HMM 混合系统。在这个框架中，HMM 用来描述语音信号的动态变化，观察特征的概率则通过 DNN 来估计。HMM 对语音信号的序列特性进行建模，DNN 对所有聚类后的状态（聚类后的三音素状态）的似然度进行建模[214]。这里对时间上的不同点采用同样的 DNN。在给定声学观察特征的条件下，我们用 DNN 的每个输出节点来估计连续密度 HMM 的某个状态的后验概率。除了 DNN 内在的鉴别性属性，DNN-HMM 还有两个额外的好处：训练过程可以使用维特比算法，解码通常也非常高效。

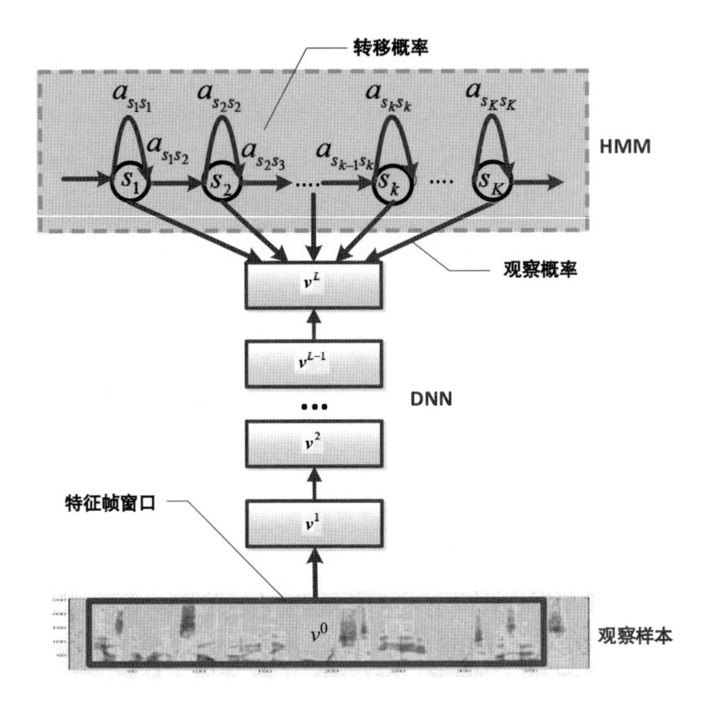

图 6–1　DNN-HMM 混合系统的结构

在 20 世纪 90 年代中叶，这种混合模型就已被提出，在大词汇连续语音识别系统中，它被认为是一种非常有前景的技术。在文献 [215–217] 中，它被称为 ANN-HMM 混合模型。在早期基于混合模型方法的研究中，通常使用上下文无关的音素状态作为 ANN 训练的标注信息，并且只用于小词汇任务。ANN-HMM 随后被扩展到为上下文相关的音素建模[218]，并用于中型和大词表的自动语音识别任务[219]。在 ANN-HMM 的应用中也包括循环神经网络的架构。

然而，在早期基于上下文相关的 ANN-HMM 混合构架[218] 研究中，对

上下文相关因素的后验概率建模为

$$p(s_i, c_j|\boldsymbol{x}_t) = p(s_i|\boldsymbol{x}_t)p(c_i|s_j, \boldsymbol{x}_t) \tag{6.1}$$

或者

$$p(s_i, c_j|\boldsymbol{x}_t) = p(c_i|\boldsymbol{x}_t)p(s_i|c_j, \boldsymbol{x}_t) \tag{6.2}$$

其中，$\boldsymbol{x}_t$ 是在 t 时刻的声学观察值，c_j 是聚类后的上下文种类 $\{c_1, \cdots, c_J\}$ 中的一种，s_i 是一个上下文无关的音素或音素中的状态。ANN 用来估计 $p(s_i|\boldsymbol{x}_t)$ 和 $p(c_i|s_j, \boldsymbol{x}_t)$（或者可以说是 $p(c_i|\boldsymbol{x}_t)$ 及 $p(s_i|c_j, \boldsymbol{x}_t)$）。尽管这些上下文相关的 ANN-HMM 模型在一些任务中性能优于 GMM-HMM，但其改善并不大。

这些早期的混合模型有一些重要的局限性。例如，由于计算能力的限制，人们很少使用拥有两个以上隐层的 ANN 模型，而且上述的上下文相关模型不能够利用很多在 GMM-HMM 框架下很有效的技术。

最近的技术发展[12, 13, 211, 220–222] 表明，如下改变可以使我们获得重大的识别性能提升：把传统的浅层神经网络替换成深层（可选择的预训练）神经网络；使用聚类后的状态（绑定后的三音素状态）代替单音素状态作为神经网络的输出单元。这种改善后的 ANN-HMM 混合模型被称为 CD-DNN-HMM[12]。直接为聚类后的状态建模带来其他两个好处：第一，在实现一个 CD-DNN-HMM 系统的时候，对已存在的 CD-GMM-HMM 系统修改最小。第二，既然 DNN 输出单元可以直接反映性能的改善，那么任何在 CD-GMM-HMM 系统中模型单元的改善（例如跨词三音素模型）同样可以适用于 CD-DNN-HMM 系统。

在 CD-DNN-HMM 中，对于所有的状态 $s \in [1, S]$，我们只训练一个完整的 DNN 来估计状态的后验概率 $p(q_t = s|\boldsymbol{x}_t)$。这和传统的 GMM 是不同的，因为在 GMM 框架下，我们会使用其多个不同的 GMM 对不同的状态建模。除此之外，典型的 DNN 输入不是单一的一帧，而是一个 $2\varpi + 1$（如 9~13）帧大小的窗口特征 $\boldsymbol{x}_t = \left[\boldsymbol{o}_{\max(0,t-\varpi)} \cdots \boldsymbol{o}_t \cdots \boldsymbol{o}_{\min(T,t+\varpi)}\right]$，这使得相邻帧的信息可以被有效地利用。

6.1.2 用 CD-DNN-HMM 解码

在解码过程中，既然 HMM 需要似然度 $p(\boldsymbol{x}_t|q_t)$，而不是后验概率，我们就需要把后验概率转为似然度：

$$p(\boldsymbol{x}_t|q_t = s) = p(q_t = s|\boldsymbol{x}_t)p(\boldsymbol{x}_t)/p(s) \tag{6.3}$$

其中，$p(s) = \frac{T_s}{T}$ 是从训练集中统计的每个状态（聚类后的状态）的先验概率，T_s 是标记属于状态 s 的帧数，T 是总帧数。$p(\boldsymbol{x}_t)$ 是与字词序列无关的，计算时可以忽略，这样就得到了一个经过缩放的似然度$\bar{p}(\boldsymbol{x}_t|q_t) = p(q_t = s|\boldsymbol{x}_t)/p(s)$[217]。尽管在一些条件下除以先验概率 $p(s)$ 可能不能改善识别率，但是它在缓解标注不平衡问题中是非常重要的，特别是在训练语句中包含很长的静音段时就更是如此。

总之，在 CD-DNN-HMM 解码出的字词序列 $\hat{w}$ 由以下公式确定：

$$\begin{aligned}\hat{w} &= \arg\max_w p(w|\boldsymbol{x}) = \arg\max_w p(\boldsymbol{x}|w)p(w)/p(\boldsymbol{x}) \\ &= \arg\max_w p(\boldsymbol{x}|w)p(w)\end{aligned} \tag{6.4}$$

其中，$p(w)$ 是语言模型（LM）概率，以及

$$p(\boldsymbol{x}|w) = \sum_q p(\boldsymbol{x}, q|w)p(q|w) \tag{6.5}$$

$$\approx \max \pi(q_0) \prod_{t=1}^{T} a_{q_{t-1}q_t} \prod_{t=0}^{T} p(q_t|\boldsymbol{x}_t)/p(q_t) \tag{6.6}$$

是声学模型（AM）概率，其中，$p(q_t|\boldsymbol{x}_t)$ 由 DNN 计算得出，$p(q_t)$ 是状态先验概率，$\pi(q_0)$ 和 $a_{q_{t-1}q_t}$ 分别是初始状态概率和状态转移概率，各自都由 HMM 决定。和 GMM-HMM 中的类似，语言模型权重系数λ 通常被用于平衡声学和语言模型得分。最终的解码路径由以下公式确定：

$$\hat{w} = \arg\max_w [\lg p(\boldsymbol{x}|w) + \lambda \lg p(w)] \tag{6.7}$$

6.1.3 CD-DNN-HMM 的训练过程

我们可以使用嵌入的维特比算法来训练 CD-DNN-HMM，主要的步骤总结见算法 6.1。

CD-DNN-HMM 包含三个组成部分：一个深层神经网络 *dnn*、一个隐马尔可夫模型 *hmm*，以及一个状态先验概率分布 *prior*。由于 CD-DNN-HMM 系统和 GMM-HMM 系统共享音素绑定结构，所以训练 CD-DNN-HMM 的第一步就是使用训练数据训练一个 GMM-HMM 系统。因为 DNN 训练标注是由 GMM-HMM 系统采用维特比算法产生得到的，而且标注的质量会影响 DNN 系统的性能。因此，训练一个好的 GMM-HMM 系统作为初始模型就非常重要。

一旦训练好 GMM-HMM 模型 *hmm0*，我们就可以创建一个从状态名字到 *senoneID* 的映射。这个从状态到 *senoneID* 的映射（*stateTosenoneIDMap*）的建立并不简单。这是因为每个逻辑三音素 HMM 都是由经过聚类后的一系列物理三音素HMM 代表的。换句话说，若干逻辑三音素可能映射到相同的物理三音素，每个物理三音素都拥有若干（例如 3）绑定的状态（用 *senones* 表示）。

算法 6.1 训练 CD-DNN-HMM 时的主要步骤

1: **procedure** 训练 CD-DNN-HMM(S)　　▷ S 是训练集合
2: 　$hmm0 \leftarrow$ 训练 CD-GMM-HMM(S);　　▷ $hmm0$ 在 GMM 系统中使用
3: 　$stateAlignment \leftarrow$ 采用 GMM-HMM(S, $hmm0$) 进行强制对齐;
4: 　$stateToSenoneIDMap \leftarrow$ 生成状态到 *senone* 的映射 *StateTosenoneIDMap* ($hmm0$);
5: 　$featureSenoneIDPairs \leftarrow$ 生成 DNN 训练集合的数据对 ($stateToSenoneIDMap$, $stateAlignment$);
6: 　$ptdnn \leftarrow$ 预训练 DNN(S);　　▷ 此步骤可选
7: 　$hmm \leftarrow$ 将 GMM-HMM 转换为 DNN-HMM($hmm0$, $stateToSenoneIDMap$);
　　▷ hmm 在 DNN 系统中使用
8: 　$prior \leftarrow$ 估计先验概率 ($featureSenoneIDPairs$)
9: 　$dnn \leftarrow$ 反向传播 ($ptdnn$, $featureSenoneIDPairs$);
10: 　返回 $dnnhmm = \{dnn, hmm, prior\}$
11: **end procedure**

使用已经训练好的 GMM-HMM 模型 *hmm0*，我们可以在训练数据上采用维特比算法生成一个状态层面的强制对齐，利用 *stateTosenoneIDMap*，我们能够把其中的状态名转变为 *senoneIDs*。然后可以生成从特征到 *senoneID* 的映射对（*featuresenoneIDPairs*）来训练 DNN。相同的

featuresenoneIDPairs 也被用来估计 *senone* 先验概率。

利用 GMM-HMM 模型 *hmm0*，我们也可以生成一个新的隐马尔可夫模型 *hmm*，其中包含和 *hmm0* 相同的状态转移概率，以便在 DNN-HMM 系统中使用。一个简单的方法是把 *hmm0* 中的每个 GMM（即每个 *senone* 的模型）都用一个（假的）一维单高斯代替。高斯模型的方差（或者说精度）是无所谓的，它可以被设置成任意的正整数（例如，总是设置成 1），均值被设置为其对应的 *senoneID*。应用这个技巧之后，计算每个 *senone* 的后验概率就等价于从 DNN 的输出向量中查表，找到索引是 *senoneID* 的输出项（对数概率）。

在这个过程中，我们假定一个 CD-GMM-HMM 存在，并被用于生成 *senone* 对齐。在这种情况下，用于对三音素状态聚类的决策树也是在 GMM-HMM 训练的过程中被构建的。但这其实不是必需的，如果我们想完全去除图中的 GMM-HMM 步骤，则可以通过均匀地把每个句子分段（称为 flat-start）来构建一个单高斯模型，并使用这个信息作为训练标注。这可以形成一个单音素 DNN-HMM，我们可以用它重新对句子进行对齐，然后可以对每个单音素都估计一个单高斯模型，并采用传统方法构建决策树。事实上，这种无须 GMM 的 CD-DNN-HMM 是能够被成功训练的，这一成果最近被发表在文献 [223] 中。

对含有 T 帧的句子，嵌入的维特比训练算法最小化交叉熵的平均值，等价于负的对数似然

$$J_{\mathrm{NLL}}(\boldsymbol{W}, \boldsymbol{b}; \boldsymbol{x}, \boldsymbol{q}) = -\sum_{t=1}^{T} \lg p\left(q_t | \boldsymbol{x}_t; \boldsymbol{W}, \boldsymbol{b}\right) \tag{6.8}$$

如果新模型 $\left(\boldsymbol{W}', \boldsymbol{b}'\right)$ 相比旧模型 $(\boldsymbol{W}, \boldsymbol{b})$ 在训练准则上有改进，我们就有

$$-\sum_{t=1}^{T} \lg p\left(q_t | \boldsymbol{x}_t; \boldsymbol{W}', \boldsymbol{b}'\right) < -\sum_{t=1}^{T} \lg p\left(q_t | \boldsymbol{x}_t; \boldsymbol{W}, \boldsymbol{b}\right)$$

对每个对齐后的句子的分数为

$$\begin{aligned} & \lg p(\boldsymbol{x} | w; \boldsymbol{W}', \boldsymbol{b}') \\ = & \lg \pi(q_0) + \sum_{t=1}^{T} \lg\left(a_{q_{t-1} q_t}\right) + \sum_{t=1}^{T}\left[\lg p\left(q_t | \boldsymbol{x}_t; \boldsymbol{W}', \boldsymbol{b}'\right) - \lg p(q_t)\right] \end{aligned}$$

$$
\begin{aligned}
&> \lg \pi(q_0) + \sum_{t=1}^{T} \lg \left(a_{q_{t-1}q_t}\right) + \sum_{t=1}^{T} \left[\lg p\left(q_t|\boldsymbol{x}_t; \boldsymbol{W}, \boldsymbol{b}\right) - \lg p(q_t)\right] \\
&= \lg p(\boldsymbol{x}|w; \boldsymbol{W}, \boldsymbol{b})
\end{aligned} \tag{6.9}
$$

换句话讲，新的模型不仅能提高帧一级的交叉熵，而且能够提高给定字词序列的句子似然分数。这里证明了嵌入式的维特比训练算法的正确性。文献 [224] 中给出了另一个不同的验证嵌入式维特比训练算法有效性的说明。值得一提的是，在这个训练过程中，尽管所有竞争词的分数和总体上是下降的，但并不保证每个竞争词的分数都会下降。而且，上述说法（提高句子似然度）虽然一般来说是正确的，但并不保证对每个单独的句子都正确。如果平均的交叉熵改善很小，尤其是当这个很小的改善来自对静音段更好的建模的时候，识别准确度可能降低。一个更合理的训练 CD-DNN-HMM 方法是使用“序列鉴别性训练准则”，我们将在第 15 章讨论这个方法。

6.1.4　上下文窗口的影响

如我们在6.1.1节提到的，使用一个窗（典型的是 9 帧到 13 帧）包含的全部帧特征作为 CD-DNN-HMM 的输入可以实现优异的性能。显然，使用一个长的窗口帧，DNN 模型可以利用相邻帧信息。引入相邻帧，DNN 也可以对不同特征帧之间的相互关系进行建模，这样就部分缓和了传统的 HMM 无法满足观察值独立性假设的问题。

每个字词序列的分数通过以下公式得到：

$$
\lg p(\boldsymbol{x}|w) = \lg \pi(q_0) + \sum_{t=1}^{T} \lg \left(a_{q_{t-1}q_t}\right) + \sum_{n=1}^{N} \left[\lg p\left(\boldsymbol{o}_{t_n}, \cdots, \boldsymbol{o}_{t_{n+1}-1}|s_n\right)\right] \tag{6.10}
$$

其中，T 是特征的长度，$N \leqslant T$ 是状态序列的长度，s_n 是状态序列中的第 n 个状态，q_t 是在 t 时刻的状态，t_n 是第 n 个状态的起始时间。这里假设状态时长可以用一个马尔可夫链[1]来模拟。注意，观察值分数 $\lg p\left(\boldsymbol{o}_{t_n}, \cdots, \boldsymbol{o}_{t_{n+1}-1}|s_n\right)$ 表示在给定状态 s_n 的情况下，观察到的特征段的对数似然概率，它可被用于基于分段的模型[225]。在 HMM 中，假设每个特

1　对理想的分割模型而言，这个时长模型非常粗糙。

征帧都与其他特征帧条件独立，因此

$$\lg p\left(\boldsymbol{o}_{t_n},\cdots,\boldsymbol{o}_{t_{n+1}-1}|s_n\right)\simeq\sum_{t=t_n}^{t_{n+1}-1}\left[\lg p\left(\boldsymbol{o}_t|s_n\right)\right]\tag{6.11}$$

我们知道这个假设在真实世界中是不成立的，对给定相同的状态，既然相邻的帧是互相关的[1]，为了对帧之间的相关性建模，那么段的分数应该被估计为

$$\lg p\left(\boldsymbol{o}_{t_n},\cdots,\boldsymbol{o}_{t_{n+1}-1}|s_n\right)=\sum_{t=t_n}^{t_{n+1}-1}\left[\lg p\left(\boldsymbol{o}_t|s_n,\boldsymbol{o}_{t_n},\cdots,\boldsymbol{o}_{t-1}\right)\right]\tag{6.12}$$

我们知道，如果两帧相隔太远（例如超过 M 帧），它们可以被认为不相关。在这个条件下，以上分数能够近似地被表示为

$$\begin{aligned}\lg p\left(\boldsymbol{o}_{t_n},\cdots,\boldsymbol{o}_{t_{n+1}-1}|s_n\right)&\simeq\sum_{t=t_n}^{t_{n+1}-1}\left[\lg p\left(\boldsymbol{o}_t|s_n,\boldsymbol{o}_{t-M},\cdots,\boldsymbol{o}_{t-1}\right)\right]\\&=\sum_{t=t_n}^{t_{n+1}-1}\left[\lg p\left(s_n|\boldsymbol{x}_t^M\right)-\lg p\left(s_n|\boldsymbol{x}_{t-1}^{M-1}\right)\right]+\mathrm{c}\\&\simeq\sum_{t=t_n}^{t_{n+1}-1}\left[\lg p\left(s_n|\boldsymbol{x}_t^M\right)-\lg p\left(s_n\right)\right]+\mathrm{c}\end{aligned}\tag{6.13}$$

其中，c 是一个与 s_n 不相关的常量，$\boldsymbol{x}_t^M=\{\boldsymbol{o}_{t-M},\cdots,\boldsymbol{o}_{t-1},\boldsymbol{o}_t\}$ 是 M 帧拼接而成的特征向量。我们假设状态先验概率和观察值不相关，可以看到在 DNN 模型中引入邻接帧（例如：估计 $p\left(s_n|\boldsymbol{x}_t^M\right)$），我们可以更加准确地估计段分数，同时可以有效地利用 HMM 中独立的假设。

6.2 CD-DNN-HMM 的关键模块及分析

在许多大词汇连续语音识别任务中，CD-DNN-HMM 比 GMM-HMM 表现更好，因此，了解哪些模块或者过程对此做了贡献是很重要的。本节将会讨论哪些决策会影响识别准确度。特别地，我们会在实验上比较以下

1 HMM 中的独立性假设是需要语言模型权重的原因之一。假设有人通过每 5ms 而不是每 10ms 来提取一个特征并使特征数量加倍，那么声学模型的分数数量会加倍，于是语言模型的权重也会加倍。

几种决策的表现差别：单音素对齐和三音素对齐、单音素状态集和三音素状态集、使用浅层和深层神经网络、调整 HMM 的转移概率或是不调。一系列研究的实验结果[12, 13, 211, 220, 226] 表明，带来性能提升的 3 大关键因素是：① 使用足够深的深层神经网络，② 使用一长段的帧作为输入，③ 直接对三音素进行建模。在所有的实验中，来自 CD-DNN-HMM 的多层感知器模型（即 DNN）的后验概率替代了混合高斯模型，其他都保持不变。

6.2.1 进行比较和分析的数据集和实验

必应（Bing）移动语音搜索数据集

必应（Bing）移动语音搜索（Voice Search，VS）应用让用户在自己的移动手机上做全美国的商业和网页搜索。用在实验中的这个商业搜索数据集采集于 2008 年的真实使用场景，当时这个应用被限制在位置和业务查询[2] 领域。所有的音频文件的采样频率都为 8kHz，并用 GSM 编码器编码。这个数据集具有挑战性，因为它包括多种变化：噪声、音乐、旁人说话、口音、错误的发音、犹豫、重复、打断和不同的音频信道。

数据集被分成了训练集、开发集和测试集。数据集根据查询的时间戳进行分割，这是为了模拟真实数据采集和训练的过程，并避免三个集合之间的重叠。训练集的所有查询都比开发集的查询早，开发集的查询比测试集的查询早。我们使用了卡内基–梅隆大学的公开词典。在测试中使用了一个包含了 6.5 万个一元词组、320 万个二元词组和 150 万个三元词组的归一化的全国范围的语言模型，是用数据和查询日志训练的，混淆度为 117。

表 6.1 总结了音频样本的个数和训练集、开发集、测试集的总时长。所有 24 小时的训练集数据都是人工转录的。

表 6.1 必应移动搜索数据集

	小时数	音频样本数
训练集	24	32057
开发集	6.5	8777
测试集	9.5	12758

我们用句子错误率（SER），而不是词错误率（WER）来衡量系统在这个任务上的表现。平均句长为 2.1 个词，因此句子一般来说比较短。另外，用户最关心的是他们能否用最少的尝试次数来找到事物或者地点。他们一般会重复识别错误的词。另外，词在拼写中有巨大的不一致，因此用句子错误率更加方便：如 “Mc-Donalds” 有时被拼写成 “McDonalds”，“Walmart” 有时被拼写成 “Wal-mart”，“7-eleven” 有时被拼写成 “7 eleven” 或者 “seven-eleven”。在使用这个 6.5 万个一元词组大词表的语言模型中，开发集和测试集在句子层面的未登录词（Out-of-vocabulary Words）比率都为 6%。也就是说，在这个配置下最好的可能的句子错误率就是 6%。

GMM-HMM 采用了状态聚类后的跨词三音素模型，训练采用的准则是最大似然（Maximum Likelihood，ML）、最大互信息（Maximum Mutual Information，MMI）[227–229] 和最小音素错误（Minimum Phone Error，MPE）[11, 229] 准则。实验中采用 39 维的音频特征，其中有 13 维是静态梅尔倒谱系数（Mel-frequency Cepstral Coefficient，MFCC）（C0 被能量替代），以及其一阶和二阶导数。这些特征采用倒谱均值归一化（Cepstral Mean Normalization，CMN）算法进行了预处理。

基线系统在开发集上调试了如下参数：状态聚类的结构、三音素的数量，以及高斯分裂的策略。最后所有的系统有 5.3 万个逻辑三音素和 2 千个物理三音素，761 个共享的状态（三音素），每个状态是 24 个高斯的 GMM 模型。GMM-HMM 基线的结果在表 6.2 中展示。

表 6.2 CD-GMM-HMM 系统在移动搜索数据集上的句子错误率（SER）

准则	开发集句错误率	测试集句错误率
ML	37.1%	39.6%
MMI	34.9%	37.2%
MPE	34.5%	36.2%

注：总结自 Dahl 等人[12]

对 VS 数据集上的所有 CD-DNN-HMM 实验，DNN 的输入特征是 11 帧（5-1-5）的 MFCC 特征。在 DNN 预训练时，所有的层对每个采样都采用了 $1.5\mathrm{e}^{-4}$ 的学习率。在训练中，在前六次迭代中，学习率为 $3\mathrm{e}^{-3}$ 每帧，在最后 6 次迭代中学习率为 $8e^{-5}$ 每帧。在所有的实验中，minibatch 的大小都设为 256，惯性系数设为 0.9。这些参数都是手动设定的，它们基于单隐层神经网络的前期实验，如果尝试更多超参数的设置，可能得到的效果会更好。

Switchboard 数据集

Switchboard（SWB）数据集[230, 231] 是一个交谈式电话语音数据集。它有三个配置，训练集分别为 30 小时（Switchboard-I 训练集的一个随机子集）、309 小时（Switchboard-I 训练集的全部）和 2000 小时（加上 Fisher 训练集）。在所有的配置下，NIST 2000 Hub5 测试集 1831 段的 SWB 部分和 NIST 2003 春季丰富语音标注集（RT03S，6.3 小时）的 FSH 部分被用作了测试集。系统使用 13 维 PLP 特征（包括三阶差分），做了滑动窗的均值 -方差归一化，然后使用异方差线性鉴别分析（Heteroscedastic Linear Discriminant Analysis，HLDA[232]）降到了 39 维。在 30 小时、309 小时和 2000 小时三个配置下，说话人无关的跨词三音素模型分别使用了 1504（40 高斯）、9304（40 高斯）和 18804（72 高斯）的共享状态（GMM-HMM 系统）。三元词组语言模型使用 2000 小时的 Fisher 标注数据训练，然后与一个基于书面语文本数据的三元词组语言模型进行了插值。当使用 58K 词典时，测试集的混淆度为 84。

DNN 系统使用随机梯度下降及小批量（mini-batch）训练。除了第一次迭代的 mini-batch 是 256 帧，其余 mini-batch 的大小都被设置为 1024 帧。在深度置信网络预训练的时候，mini-batch 的大小为 256 帧。

对于预训练，将每个样本的学习率都设为 $1.5e^{-4}$。对于前 24 个小时的训练数据，将每帧的学习率都设为 $3e^{-3}$，三次迭代之后将其改为 $8e^{-5}$，惯性系数设为 0.9。这些参数设置跟语音搜索（VS）数据集相同。

6.2.2 对单音素或者三音素的状态进行建模

就像我们在开头说的那样，在 CD-DNN-HMM 系统中有 3 个关键因素。对上下文相关的音素（如三音素）的直接建模就是其中之一。对三音素的直接建模让我们可以从细致的标注中获得益处，并且能缓和过拟合。虽然增加 DNN 的输出层节点数会降低帧的分类正确率，但是它减少了 HMM 中令人困惑的状态转移，因此降低了解码中的二义性。在表 6.3 中展示了对三音素而不是单音素进行建模的优势，在 VS 开发集上有 15% 的句子错误率相对降低（使用了一个 3 隐层的 DNN，每层 2K 个神经元）。表 6.4 展示了在 309 小时 SWB 任务中得到的 50% 的相对词错误率降低，这里使用了一个 7 隐层的 DNN，每层 2K 个神经元（7×2K 配置）。这些相对提升是由于在 SWB 中有更多的三音素被使用了。在我们的分析中，使用三音素是我们得到性能提升的最大单一来源。

表 6.3　VS 开发集上的句子错误率（SER）

模型	单音素	三音素（761）
CD-GMM-HMM (MPE)	-	34.5%
DNN-HMM (3×2K)	35.8%	30.4%

注：使用上下文无关的单音素和上下文相关的三音素（总结自 Dahl 等人[12]）

表 6.4　SWB 任务中的相对词错误率

模型	单音素	三音素（9304）
CD-GMM-HMM (BMMI)	-	23.6%
DNN-HMM (7×2K)	34.9%	17.1%

注：使用最大似然对齐，训练集为 309 小时，在 Hub5'00-SWB 上的词错误率（WER）使用上下文无关的单音素和上下文相关的三音素（总结自 Seide 等人[13]）

6.2.3　越深越好

在 CD-DNN-HMM 中，另一个关键部分就是使用 DNN，而不是浅的 MLP。表 6.5 展现了当 CD-DNN-HMM 的层数变多时，句子错误率的下降。如果只使用一层隐层，句子错误率是 31.9%。当使用了 3 层隐层时，错误率降到 30.4%。4 层的错误率降到 29.8%，5 层的错误率降到 29.7%。总的来说，相比单隐层模型，5 层网络模型带来了 2.2% 的句子错误率降低，使用的是同一个对齐。

为了展示深层神经网络带来的效益，单隐层 16K 神经元的结果也显示在了表 6.5 中。因为输出层有 761 个神经元，这个浅层模型比 5 隐层 2K 神经元的网络需要多一点的空间。这个很宽的浅模型的开发集句子错误率为 31.4%，比单隐层 2K 神经元的 31.9% 稍好，但比双隐层的 30.5% 要差（更不用说 5 隐层模型得到的 29.7%）。

表 6.5　在 VS 数据集上不同隐层数 DNN 的句子错误率

$L \times N$	DBN-PT 的句子错误率	$1 \times N$	DBN-PT 的句子错误率
1×2K	31.9%		
2×2K	30.5%		
3×2K	30.4%		
4×2K	29.8%		
5×2K	29.7%	1×16K	31.4%

注：所有的实验都使用了最大似然对齐和深度置信网络预训练（总结自 Dahl 等人[12]）

表 6.6 总结了使用 309 小时训练数据时在 SWB Hub5'00-SWB 测试集上的词错误率结果，三音素对齐出自 ML 训练的 GMM 系统。从表 6.6 中能总结出一些规律。深层网络比浅层网络的表现更好。也就是说，深层模型比浅层模型有更强的区分能力。在我们加大深度时，词错误率持续降低。更加有趣的是，如果比较 5×2K 和 1×3772 的配置，或者比较 7×2K 和 1×4634 的配置（它们有相同数量的参数），会发现深层模型比浅层模型表现更好。即使我们把单隐层 MLP 的神经元数量加大到 16K，也只能得到 22.1% 的词错误率，比相同条件下 7×2K 的 DNN 得到的 17.1% 要差得多。如果我们继续加大层数，那么性能提升会变少，到 9 层时饱和。在实际情况下，我们需要在词错误率提升和训练解码代价提升之间做出权衡。

表 6.6　不同隐层数量的 DNN 在 Hub5'00-SWB 上的结果

$L \times N$	DBN-PT 的词错误率	$1 \times N$	DBN-PT 的词错误率
1×2K	24.2%		
2×2K	20.4%		
3×2K	18.4%		
4×2K	17.8%		
5×2K	17.2%	1×3772	22.5%
7×2K	17.1%	1×4634	22.6%
		1×16K	22.1%

注：使用的是 309 小时 SWB 训练集、最大似然对齐和深度置信网络预训练（总结自 Seide 等人[13]）

6.2.4 利用相邻的语音帧

表 6.7 对比了 309 小时 SWB 任务中使用和不使用相邻语音帧的结果。可以很明显地看出，无论使用的是浅层网络还是深层网络，使用相邻帧的信息都显著地提高了准确度。不过，深层神经网络提高了更多的准确率，它有 24% 的相对词错误率提升，而浅层模型只有 14% 的相对词错误率提升，它们都有同样数量的参数。另外，我们发现如果只使用单帧，DNN 系统则比 BMMI[161] 训练的 GMM 系统好了一点点（23.2% 比 23.6%）。但是注意，DNN 系统的表现还可以通过类似 BMMI 的序列鉴别性训练[226] 来进一步提升。为了在 GMM 系统中使用相邻的帧，需要使用复杂的技术，如 fMPE[154]、HLDA[232]、基于区域的转换[157] 或者 tandem 结构[233, 234]。这是因为要在 GMM 中使用对角的协方差矩阵，特征各个维度之间需是要统计不相关的。DNN 则是一个鉴别性模型，无论是相关还是不相关的特征都可以接受。

表 6.7 使用相邻帧的比较

模型	1 帧的相对词错误率	11 帧的相对词错误率
CD-DNN-HMM 1×4634	26.0%	22.4%
CD-DNN-HMM 7×2K	23.2%	17.1%

注：训练集为 309 小时，最大似然对齐，Hub5'00-SWB 上的词错误率。BMMI 训练的 GMM-HMM 基线是 23.6%（总结自 Seide 等人[13]）

6.2.5 预训练

2011 年之前，人们相信预训练对训练深层神经网络来说是必要的。之后，研究者发现预训练虽然有时能带来更多的提升，但不是关键的。这可以从表 6.8 中看出。表 6.8 说明不依靠标注的深度置信网络（DBN）预训练，当隐层数小于 5 时，确实比没有任何预训练的模型提升都显著。但是，当隐层数量增加时，提升变小了，并且最终消失。这跟使用预训练的初衷是违背的。研究者曾经猜测，当隐层数量增加时，我们应该看到更多的提升，而不是更少。这个表现可以部分说明，随机梯度下降有能力跳出局部极小值。另外，当大量数据被使用时，预训练所规避的过拟合问题也不再是一个严重问题。

当层数变多时，生成性预训练的有效性也会降低。这是因为深度置信网络预训练使用了两个近似。第一，在训练下一层的时候，使用了平均场逼近的方法。第二，采用对比发散算法（Contrastive Divergence）来训练模型参数。这两个近似对每个新增的层都会引入误差。随着层数变多，误差也累积变大，那么深度置信网络预训练的有效性就降低了。鉴别性预训练（Discriminative Pretraining，DPT）是另一种预训练技术。根据表 6.8，它至少表现得与深度置信网络预训练一样好，尤其是当 DNN 有 5 个以上隐层时。不过，即使使用 DPT，对纯 BP 的性能提升依然不大，这个提升跟使用三音素或者使用深层网络所取得的提升相比是很小的。虽然词错误率降低比人们期望的要小，但预训练仍然能确保训练的稳定性。使用这些技术后，我们能避免不好的初始化并进行隐式的正规化，这样即使训练集很小，也能取得好的性能。

表 6.8　不同预训练的性能对比

$L \times N$	NOPT 的词错误率	DBN-PT 的词错误率	DPT 的词错误率
1×2K	24.3%	24.2%	24.1%
2×2K	22.2%	20.4%	20.4%
3×2K	20.0%	18.4%	18.6%
4×2K	18.7%	17.8%	17.8%
5×2K	18.2%	17.2%	17.1%
7×2K	17.4%	17.1%	16.8%

注：测试为在 Hub5'00-SWB 上的词错误率，使用了 309 小时的训练集和最大似然对齐。NOPT：没有预训练；DBN-PT：深度置信网络预训练；DPT：鉴别性预训练（总结自 Seide 等人[13]）

6.2.6　训练数据的标注质量的影响

在嵌入式维特比训练过程中，强制对齐被用来生成训练的标注。从直觉上说，如果用一个更加准确的模型来产生标注，那么训练的 DNN 应当会更好。表 6.9 从实验上证实了这点。我们看到，使用 MPE 训练的 CD-GMM-HMM 生成的标注时，在开发集和测试集上的句子错误率是 29.3% 和 31.2%。它们比使用 ML 训练的 CD-GMM-HMM 的标注好了

0.4%。因为 CD-DNN-HMM 比 CD-GMM-HMM 表现得更好，我们可以使用 CD-DNN-HMM 产生的标注来加强性能。表 6.9 中展示了 CD-DNN-HMM 标注的结果，在开发集和测试集上的句子错误率分别降低到 28.3% 和 30.4%。

表 6.9 在 VS 数据集上标注质量和转移概率调整的对比

标注	GMM 转移概率		DNN 调整后的转移概率	
	开发集句子错误率	测试集句子错误率	开发集句子错误率	测试集句子错误率
来自 CD-GMM-HMM ML	29.7%	31.6%	-	-
来自 CD-GMM-HMM MPE	29.3%	31.2%	29.0%	31.0%
来自 CD-DNN-HMM	28.3%	30.4%	28.2%	30.4%

注：使用的是 5×2K 的模型。这是在开发集和测试集上的句子错误率（总结自 Dahl 等人[12]）

在 SWB 上也能得到类似的观察。当 7×2K 的 DNN 使用 CD-GMM-HMM 系统产生的标注训练时，在 Hub5'00 测试集上得到的词错误率是 17.1%。如果使用 CD-DNN-HMM 产生的标注，词错误率能降低到 16.4%。

6.2.7 调整转移概率

表 6.9 同时表明，在 CD-DNN-HMM 中调整转移概率起到的效果并不明显。但调整转移概率有一个优点，当直接从 CD-GMM-HMM 中取出转移概率时，通常是在声学模型权重取 2 的时候得到最好的解码结果。在调整转移概率之后，在语音检索任务中，不必再调整声学模型的权重。

6.3 基于 KL 距离的隐马尔可夫模型

在 DNN-HMM 混合系统中，观察概率是满足限制条件的真实概率。然而，我们可以移除这些限制条件，并且将状态的对数似然度替换成其他得分。在基于 KL 散度的 HMM（KL-HMM）[235, 236] 中，状态得分通过以下公式计算：

$$S_{\mathrm{KL}}(s, \boldsymbol{z}_t) = \mathrm{KL}(\boldsymbol{y}_s \parallel \boldsymbol{z}_t) = \sum_{d=1}^{D} y_s^d \ln \frac{y_s^d}{z_t^d} \tag{6.14}$$

这里，s 表示一个状态（例如，一个 *senone*），$z_t^d = P(a_d|\boldsymbol{x}_t)$ 是观察样本 $\boldsymbol{x}_t$ 属于类别 a_d 的后验概率，D 是类别的数量，$\boldsymbol{y}_s$ 是用来表达状态 s 的概率分布。理论上，a_d 可以是任意类别。但实际上，a_d 一般选择上下文无关的音素或者状态。例如，$\boldsymbol{z}_t$ 可以是一个用输出神经元表示单音素的 DNN 的输出。

与混合 DNN-HMM 系统不同，在 KL-HMM 中，$\boldsymbol{y}_s$ 是一个需要对每一个状态进行估计的额外模型参数。在 [235, 236] 中，$\boldsymbol{y}_s$ 是在固定 $\boldsymbol{z}_t$（也就是固定 DNN）的情形下，通过最小化公式 (6.14) 中定义的平均每帧得分来得到最优化的。

除此之外，反向 KL（RKL）距离

$$S_{\text{RKL}}(s, \boldsymbol{z}_t) = \text{KL}(\boldsymbol{z}_t \parallel \boldsymbol{y}_s) = \sum_{d=1}^{D} z_t^d \ln \frac{z_t^d}{y_s^d} \tag{6.15}$$

或者对称 KL（SKL）距离

$$S_{\text{SKL}}(s, \boldsymbol{z}_t) = \text{KL}(\boldsymbol{y}_s \parallel \boldsymbol{z}_t) + \text{KL}(\boldsymbol{z}_t \parallel \boldsymbol{y}_s) \tag{6.16}$$

也可以被用作状态得分。

我们需要注意的是，KL-HMM 可以被视为一种特殊的 DNN-HMM，它采用 a_d 作为一个 DNN 中的 D 维瓶颈层中的隐层神经元，并把 DNN 的 softmax 层替换成 KL 距离。因此，为了公平[1]，当比较 DNN-HMM 混合系统和 KL-HMM 系统时，DNN-HMM 混合系统需要额外增加一层。

除了比 DNN-HMM 系统更复杂，KL-HMM 还有另外两个缺点：第一，KL-HMM 模型的参数是在 DNN 模型之外被独立估计的，而不是像 DNN-HMM 一样所有的参数都是被联合优化的；第二，在 KL-HMM 中采用序列鉴别性训练（我们会在第 15 章中讨论）并不如在 DNN-HMM 混合系统中那么直观。因此，尽管 KL-HMM 系统也是一个很有意思的模型，但本书将着重讨论 DNN-HMM 混合系统。

1　有一些文章在比较 DNN-HMM 系统和 KL-HMM 系统时用了不公平的比较方法，在这些文章中得到的结论是有待商榷的。

第 7 章

训练加速和解码加速

摘要 深层神经网络（DNN）有很多隐层，每个隐层都有很多节点。这大大地增加了总的模型参数数量，降低了训练和解码速度。在本章中，我们将讨论有关加速训练和解码的算法及工程技术。具体地说，我们将阐述基于流水线的反向传播算法、异步随机梯度下降算法及增广拉格朗日乘子算法。我们也将介绍用于减小模型规模来加速训练和解码的低秩近似算法，以及量化、惰性计算、跳帧等可以显著地加快解码速度的技术。

7.1 训练加速

大规模真实的语音识别系统经常会使用数千甚至上万小时的语音数据训练。由于我们会每 10ms 抽取一帧（frame）特征，所以 24 小时数据被转化为

$$24\text{h} \times 60\text{min/h} \times 60\text{s/min} \times 100\text{frame/s} = 8.64\text{million frames}$$

一千小时数据等同于 3.6 亿帧数据（或样本），同时考虑到深层神经网络（DNN）参数的大小，这显然包含了巨大的计算量，使得加速训练的技术非常重要。

我们可以使用高性能计算设备加速训练，例如，通用图形处理单元（GPGPU）多处理器单元或者使用更好的算法，从而减少模型参数，使收敛更快。从我们的经验来看，GPGPU 的性能要远远好于多核 CPU，因而是训练 DNN 的理想平台。

7.1.1 使用多 GPU 流水线反向传播

我们都知道，基于小批量（minibatch）的随机梯度下降（SGD）训练算法在单个计算设备上能够很容易地处理大数据。然而，只有数百样本的小块使得并行化处理非常困难。这是因为如果只是简单的数据并行，每个小批量样本模型参数更新都需要过高的带宽。例如，一个典型的 2K×7（7 个隐层，每个隐层 2K 个节点）CD-DNN-HMM 有 5000 万~1 亿个浮点参数或者 2 亿~4 亿字节。每个服务器每个小批量将需要分发 400MB 梯度及收集另外 400MB 模型参数，如果每个小批量计算在 GPGPU 上实现都需要 500ms，这将接近 PCIe-2 的数据传输限制（约 6GB/s）。

然而，批量块的大小主要由两个因素决定：更小的批量块意味着更加频繁的模型更新，也意味着 GPU 的计算能力使用更低效。更大的批量块能够更加高效地计算，但是整个训练过程需要更多次训练集的完整迭代。平衡这两个因素可以获得一个优化的批量块大小。图7–1显示了在训练 12 小时训练数据以后不同的批量块大小（x 轴）的相对运行时间（右 y 轴），以及帧正确率（左 y 轴）。在这些实验中，在最开始的 2.4 小时训练数据内，如果批量块大小比 256 大，则被设为 256，在 2.4 小时训练数据后，其增加到实际的大小。可以看到最优的批量块大小为 256~1024。

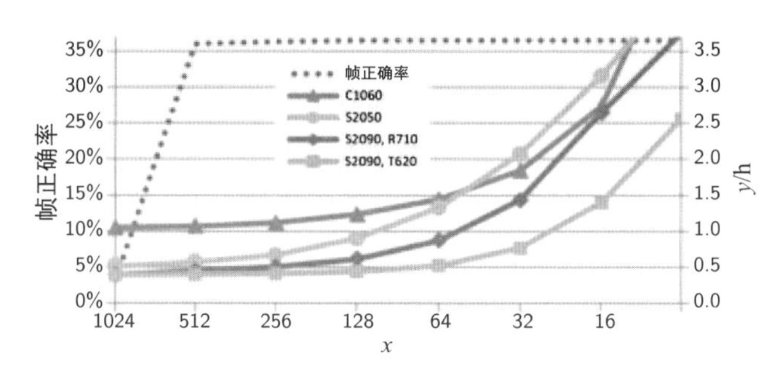

图 7–1 不同的批量大小和 GPU/CPU 模型类型的相对运行时间，以及在处理完 12 小时数据之后的帧正确率

注：右边的 y 轴：以 C1060 及 2048 点的批量大小所需要的计算时间为基准得到的相对运行时间（本图摘录于 Chen 等人[118]，引用已经获得 ISCA 授权）

如果使用图7–1列出的最好的 GPU，即 NVIDIA S2090（主机为 T620），及交叉熵训练准则，则为了获得一个好性能的 DNN 模型，300 小时的训

练数据将花费 15 天。如果用 2000 小时的训练数据，则整个训练时间将增加至 45 天，注意到整个训练时间增加约 3 倍，而不是 $2000/300 \approx 6.7$ 倍。这是因为使用 SGD 训练时，尽管每次迭代整个训练数据会花费 6.7 倍的时间，但是对整个训练数据的迭代次数会变得更少。使用更新的 GPU，例如 K20X，能够使训练时间降低至 20 天。尽管如此，训练 2 万小时的训练数据仍然需要 2 个月。因此，并行训练算法对支持大数据的训练非常重要。

我们用 K 表示 GPU 的数量（如 4），T 表示批量块大小（如 1024），N 表示隐层节点维度（如 2048），J 表示输出维度（*senones* 数量）（如 9304）。我们使用经典的通过切分训练数据实现并行化的 map-reduce[237] 方法，在每个小批量的运算中，将涉及从主服务器到其他 $K-1$ 个 GPU 对整种模型的梯度及模型参数的累积和分发操作。在不同 GPGPU 之间的共享带宽是 $\mathcal{O}(N\cdot(T+2(L\cdot N+J)(K-1)))$。一个树状的通信架构能够使其降至 $\mathcal{O}(N\cdot(T+2(L\cdot N+J)\lceil \lg_2 K\rceil))$，其中，$\lceil x\rceil$ 是大于等于 x 的最小整数。

我们可以把模型的每一层参数分成条状，将其分发到不同的计算节点。在这个节点并行方法中，每个 GPU 处理每层参数和梯度的 K 个垂直切分中的一条切分。模型更新发生在每个 GPU 的本地。在前向计算中，每层的输入 $\boldsymbol{v}^{\ell-1}$ 都要分发至所有的 GPU，每个 GPU 计算输出向量 $\boldsymbol{v}^{\ell}$ 的一个片段。所有这些计算好的片段再被分发至其他的 GPU 用于计算下一层。在反向传播过程中，误差向量以切分片段的方式进行并行计算，但是由每个片段产生的结果矩阵只是不完整的部分和，最后还需要进一步综合求和。总之，在前向计算及反向传播计算中，每个向量都需要传输 $K-1$ 次。带宽是 $\mathcal{O}(N\cdot(K-1)\cdot T\cdot(2L+1))$。

基于流水线的反向传播[118, 238]，通过把各层参数分发至不同 GPU 形成一个流水线，可以避免在上述条状分割方法中数据向量的多次复制。数据而不是模型，从一个 GPU 流向下一个 GPU，所有的 GPU 都基于它们获得的数据独立工作。例如，在图7–2中，以 DNN 每两层为切分单元进行前向传播，其分别存储在三个 GPU 中，当第一批的训练数据进入后，由 GPU1 处理。隐层 1 的激活（输出）传入 GPU2 处理。与此同时，一个新的批训练数据进入 GPU1 处理。在 3 个批次数据以后，所有的 GPU 都被占用。如果能平衡每层的计算，这个过程将获得 3 倍加速。反向传播过程以类似的方式处理。6 个批次数据以后，所有的 GPU 都处理了一个向前的批次及一个向后的批次。由于 GPU 使用单指令多数据（SIMD）架构，我们可以对每层先更新模型，然后做前向计算。这保证最近更新的权重可以用于前向计算，这样可以减少下面将提到的延迟更新问题。

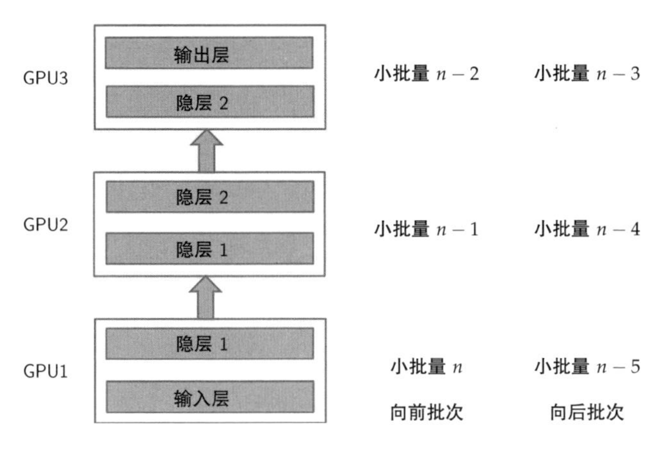

图 7–2　流水线并行架构的示意图

在流水线构架中，每个向量对每个 GPU 要遍历两次，一次前向计算及一次后向计算。带宽是 $\mathcal{O}(N \cdot T \cdot (2K-1))$，这低于数据并行及条形分割。如果 DNN 层的数量比 GPU 数量多，可以把若干层分为一组放在同一 GPU 中。最后异步数据传输及近似顺序执行使得数据传输和计算大部分能够并行，这样能够使有效的通信时间降低，直至接近于 0。

需要注意，效率的提高伴随着损耗。这是因为用于前向计算的权值与用于反向传播的权值不一致。例如，对于批次 n，在 GPU 1、GPU 2 及 GPU 3 中用于前向计算的权值是批次 $n-5$、$n-3$ 及 $n-1$ 后依次更新的。然而，当计算梯度的时候，对于批次 $n-1$ 及 $n-2$，对应在 GPU 2 及 GPU 1 的这些权值已经更早地被更新过了，尽管它们在 GPU3 上是一致的。这意味着在更低层，由于流水线的延迟，梯度的计算并不精确。基于以上分析，我们可以认为延迟更新作为一种特殊复杂的冲量技术，其中梯度的更新值（平滑后的梯度）是之前的模型及梯度的函数。基于这个原因，如果批量块大小不变，当流水线很长时，可以观察到性能会有降低。为了减轻延迟更新的副作用，我们需要切分批量块大小。

实现大规模加速的关键是平衡每个 GPU 的计算。如果层数是 GPU 个数的整数倍，并且所有的层都拥有相同的维度，平衡计算量就很容易。然而在 CD-DNN-HMM 中，最后的 softmax 层占参数量的主要部分。这是因为聚类后状态的数量通常在 10K 左右，隐层节点的典型数量在 2K 左右。为了平衡计算，对于 softmax 层，我们需要使用条状切分，对余下的层则使用流水线。

表 7.1 引用于 Chen 等人[118]，展示了在一台服务器（Dell PowerEdge T620）上使用 4 个 GPU（NVIDIA Tesla S2090）的训练运行时间，其中输入特征维度为 429，隐层个数 L=7，隐层维度 N=2048，以及聚类后的状态个数 J=9304。从这个表中我们可以观察到，在双通道 GPU 上，可以实现 1.7 到 1.9 倍的加速（例如对 512 帧的批量块，运行时间从 61 分钟降低至 33 分钟），尽管延迟更新的结果并不精确，却几乎没有性能下降。由于不平衡的 softmax 层，GPU1 包含 5 个权值矩阵，GPU2 只包含两层。为了实现这个加速，两块 GPU 计算时间比例为 $(429+5\times2048)\times2048:(2048+9304)\times2048=0.94:1$，这样就非常平衡。增加至 4 块 GPU，仅仅使用流水线的方式几乎没有作用。总体的加速比保持在 2.2 倍左右（例如 61 对 29 分钟）。这是因为 softmax 层参数量（9304×2048）是隐层参数量（2048^2）的 4.5 倍，这是限制瓶颈。在 4 个 GPU 上计算时间的比例为 $(429+2\times2048)\times2048:(2\times2048)\times2048:(2\times2048)\times2048:9304\times2048=1.1:1:1:2.27$。换句话说，GPU4 会花费其他 GPU 两倍的时间进行计算。然而，如果将流水线 BP 和 striping 方法相结合，则 striping 方法只用于 softmax 层，将实现巨大的加速。在这个配置中，把各层 (0..3; 4..6; 7L; 7R) 分配到 4 个 GPU 中，其中 L 和 R 分别表示 softmax 左右切分。换句话说，两个 GPU 联合形成流水线的顶部，同时底部的 7 层分布在其他两个 GPU 上。在这个条件下，4 块 GPU 计算耗费的比例是 $(429+3\times2048)\times2048:(3\times2048)\times2048:4652\times2048:4652\times2048=1.07:1:0.76:0.76$。在没有性能损失的情况下，在 4 块 GPU 上，最快的流水线系统（使用 512 的批量块大小，18 分钟处理 24 小时数据）比单 GPU 基线快 3.3 倍（使用 1024 的批量块大小，59 分钟处理 24 小时数据），这是一个 3.3 倍的加速。

表 7.1 每 24 小时训练数据所需要的计算时间（分钟）

方法	GPU 个数	批量块大小		
		256	512	1024
单 GPU 基线	1	68	61	**59**
流水线 (0..5;6..7)	2	36	33	**31**
流水线 (0..2;3..4;5..6;7)	4	32	**29**	[27]
流水线 + 条形分割 (0..3; 4..6; 7L; 7R)	4	20	**18**	[[18]]

注：[[·]] 表示不收敛，[·] 表示在测试集合上产生了大于 0.1% 的词错误率（WER）损失（引自 Chen 等人[118]）

流水线反向传播的弊端很明显。总体的加速在很大程度上取决于能否找到一种方法平衡各个 GPU 上的计算量。此外，由于延迟更新的影响，其不容易扩展至更多 GPU 上实现相同的加速。

7.1.2 异步随机梯度下降

模型训练可以使用另一种被称为异步随机梯度下降（Asynchronous SGD，ASGD）[239–241] 的技术实现并行化。如图7–3所示，最初的 ASGD 是一种在多 CPU 的服务器上运行的方法。在这个构架中，DNN 被存储在若干（图中为 3 个）计算节点上，这些节点被称为参数服务器池。参数服务器池是主控端。主控端发送模型参数到从属端，每个从属端包含若干计算节点（图中为 4 个）。每个从属端负责训练数据的一个子集，它计算每个小批量数据的梯度，并发送至主控端。主控端更新模型参数，再发送新的模型参数至从属端。

由于从属端每个计算节点都包含模型的部分参数，输出值的计算需要跨计算节点复制。为了降低通信代价，存储在不同计算节点之间模型的连接应该是稀疏的。由于每个计算节点对都只传输一个参数子集，在主控端使用多个计算节点就可以降低主控端和从属端的通信代价。然而，ASGD 成功的关键是使用异步不加锁更新。换句话说，服务器参数更新时是不加锁的。当主控端从各个从属端获取梯度后，它会在不同的线程中独立更新模型参数。当主控端发送新的参数到从属端时，其中的部分参数可能是使用其他从属端发送的梯度进行更新的。乍一看，这可能导致不收敛问题。实际上，参数收敛效果很好，由于每个从属端都不需要等待其他从属端[239, 240]，模型训练时间也大幅度减少。随着采用训练集合中随机取得的数据进行更新，整种模型会不断得到优化。ASGD 的收敛性证明由文献 [239] 给出。

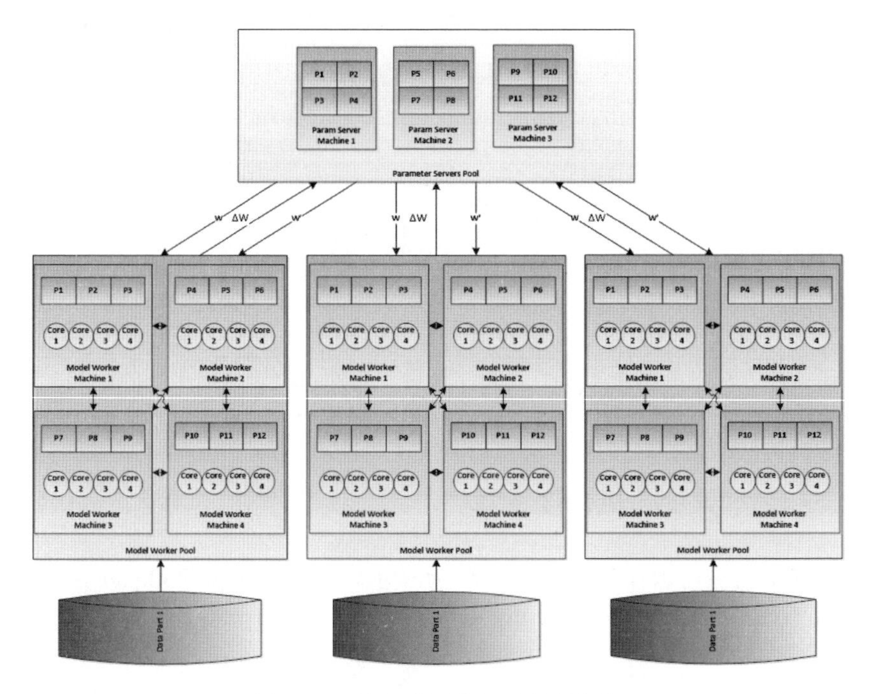

图 7–3　异步随机梯度下降的说明

注：图中展示了一个主控参数服务器池和三个从属端（图片来自 Erdinc Basci）

在 ASGD 中有些实际的问题需要仔细解决。首先，某些从属端需要花费更长的时间来完成一个计算过程，这样导致这些从属端计算的梯度可能基于一个很老的模型。最简单的处理这个问题的方法是在所有的通信中发送一个时间戳。如果从主控端和从属端发送的时间戳相差超过一定的阈值，则主控端抛弃过期的梯度并发送给从属端最新更新的模型即可。如果一个从属端一致性较慢，则分配到这个从属端的数据需要被重新分发到其他从属端。通过从同一个数据池获取多个批量块的数据，很容易做到这点。其次，发生在流水线 BP 里的延迟更新问题很明显也会同样发生在 ASGD 中。鉴于此，我们需要减少从属端的数量或者降低学习率，以缓解这个问题。然而，任何一种解决方法都会降低训练速度。最后，延迟更新问题在梯度很大时更容易出现，尤其是模型训练的早期阶段。这个问题可以用预热技术来缓解，即模型在开始 ASGD 训练之前，进行一遍 SGD 训练。

尽管 ASGD 工作在 CPU 集群上[240]，但是其通信消耗是非常大的，会成为瓶颈。例如，在 1000 台分布式 CPU 核心上运行 ASGD 的性能，与拥有 8 个 GPU 的单个机器速度性能相似。在 CPU 上使用 ASGD 主要是利用现存的 CPU 集群，以及训练那些不适合放在 GPU 内存中的模型。

ASGD 算法也可以被应用到单个主机的 GPU[241] 中。既然在语言识别中，DNN 模型既适合在 CPU 中，也适合在 GPU 内存中，我们也可以使用主机（CPU）作为主控端，把每个 GPU 都作为从属端。注意到基于 GPU 的 ASGD 整体速度都有了重大改善。这是因为每个小批量在 GPU 中的计算时间花费都非常少，而且 GPU 和主机（通过 PCIe 总线）之间的通信速度大大快于不同 CPU 之间通信的速度。尽管可以使用 GPU，但如果批量块很小，通信仍然可能会成为瓶颈。这个问题可以通过降低主控端和从属端数据传输的频率来解决。GPU 从属端可以累计更新梯度，每三到四个批次再发送至主控端，而不是对每个小批量数据都更新模型。由于这从本质上增加了批量块的大小，所以我们需要降低学习率以对其进行补偿。

表 7.2 是从文献 [241] 中截取的，在 10 小时的中文训练任务中，对比了 SGD 和 ASGD 的字符错误率（CER）。42 维特征由 13 维 PLP、一维基频及其一阶和二阶差分组成。DNN 训练数据为 130 小时，采用其他 1 小时数据作为开发集调整。拼接的 11 帧特征作为 DNN 的输入，DNN 有 5 个隐层，每层有 2048 个节点，输出节点有 10217 个聚类后的状态。这个系统还在其他两个独立的测试集上进行评估，被称为 clean7k 和 noise360，分别对应通过手机麦克风在干净及噪声环境下搜集的数据。系统使用 NVIDIA GeForce GTX 690 训练。表 7.2 表示 4 块 GPU 上的 ASGD 与单块 GPU 的 SGD 相比，可以实现 3.2 倍的加速。

表 7.2 在中文语音识别任务上比较每 10 小时数据的训练时间及字符错误率

	字符错误率		用时 (分钟)
	clean7K	**noise360**	
GMM BMMI	11.30%	36.56%	-
DNN SGD	9.27%	26.99%	195.1
DNN ASGD (4 GPU)	9.05%	25.98%	61.1

7.1.3 增广拉格朗日算法及乘子方向交替算法

在单个主机上拥有超过 4 个 GPU 不太现实。即使有可能，延迟更新也会使 ASGD 及流水线 BP 在多于 4 个 GPU 上很难实现满意的加速效果。为了能训练更多的数据，我们仍然需要利用多 GPU/CPU。增广拉格朗日算法（Augmented Lagrangian methods，ALMs）[242–244] 因此被提出。

在 DNN 训练中，我们通过在训练集 S 上最小化经验风险 $J(\theta;S)$ 来优化模型参数 θ：

$$J(\theta;S)=\sum_{k=1}^{K}J(\theta;S_k) \tag{7.1}$$

其中，S_k 是训练数据的第 k 个子集，满足 $S_{ki}=\varnothing$，$\forall k\neq i$，以及 $\bigcup_{k=1}^{K}S_k=S$。如果能够保证训练得到的模型在不同数据子集上都一样（这可以通过等式约束强制得到），我们就可能在不同的训练数据子集上使用不同的处理器（可以是相同或者不同的计算节点）独立优化模型参数。这样分布式训练问题就转化为一个条件优化问题

$$\min_{\theta,\theta_k}J(\theta,\theta_k;S)=\sum_{k=1}^{K}\min_{\theta,\theta_k}J(\theta_k;S_k),\quad s.t.\,\theta_k=\theta \tag{7.2}$$

其中，θ_k 是局部模型参数，θ 是全局共同的模型参数。

这个有约束的优化问题能进一步使用拉格朗日乘子方法被转化为无约束优化问题

$$\min_{\theta,\theta_k,\lambda_k}J(\theta,\theta_k,\lambda_k;S)=\sum_{k=1}^{K}\min_{\theta,\theta_k,\lambda_k}\left[J(\theta_k;S_k)+\lambda_k^{\mathrm{T}}(\theta_k-\theta)\right] \tag{7.3}$$

其中，λ_k 是拉格朗日乘子或称对偶参数。如果训练准则是严格的凸函数并且是有界的，这个约束问题就可以使用对偶上升算法（Dual Ascent Method）来解决。然而，在 DNN 中使用的训练准则（如交叉熵或均方差错误训练准则）都是非凸函数。在这样的情况下，对偶上升算法的收敛效果很不好。

为给对偶上升算法增加鲁棒性及改善收敛效果，我们可以给无约束优

化问题增加一个惩罚项，因此它变为

$$\begin{aligned}&\min_{\theta,\theta_k,\lambda_k} J_{\mathrm{ALM}}(\theta,\theta_k,\lambda_k;S)\\&=\sum_{k=1}^{K}\min_{\theta,\theta_k,\lambda_k}\left[J(\theta_k;S_k)+\lambda_k^{\mathrm{T}}(\theta_k-\theta)+\frac{\rho}{2}\|\theta_k-\theta\|_2^2\right]\end{aligned} \tag{7.4}$$

其中，$\rho>0$，称为惩罚参数。这个新公式被称为增广拉格朗日乘子。注意到公式 (7.4) 可以被视为与如下问题相对应的（非增广）拉格朗日方法：

$$\min_{\theta_k} J(\theta_k;S)+\frac{\rho}{2}\|\theta_k-\theta\|_2^2,\quad s.t.\,\theta_k=\theta \tag{7.5}$$

它和初始的公式 (7.2) 有相同的解。这个问题可以使用乘子方向交替算法（Alternating Directions Method of Multipliers，ADMM）[245] 来解决：

$$\delta^s\theta_k^{t+1}=\min\nolimits_{\theta_k}\left[J(\theta_k;S_k)+(\lambda_k^t)^{\mathrm{T}}(\theta_k-\theta^t)+\tfrac{\rho}{2}\|\theta_k-\theta^t\|_2^2\right] \tag{7.6}$$

$$\delta^s\theta^{t+1}=\tfrac{1}{K}\sum_{k=1}^{K}\left(\theta_k^{t+1}+\frac{1}{\rho}\lambda_k^t\right) \tag{7.7}$$

$$\delta^s\lambda_k^{t+1}=\lambda_k^t+\rho\left(\theta_k^{t+1}-\theta^{t+1}\right) \tag{7.8}$$

公式 (7.6) 使用 SGD 算法分布式解决了原始的优化问题。公式 (7.7) 将每个处理单元更新后的局部参数集中起来，并在参数服务器上估计出新的模型参数。公式 (7.8) 从参数服务器上取回全局模型并更新对偶参数。

上述算法是一个对整体数据进行批处理的算法。然而，它能够被应用于比在普通 SGD 中使用的批量块再大一些的批量块中，使得训练过程加速而不带来太多的通信延迟。DNN 训练是一个非凸问题，ALM/ADMM 常常收敛到一个性能比正常 SGD 算法结果稍差的点上。为了减小这种性能差距，我们需要使用 SGD 来初始化模型（通常称为开始预热），然后使用 ALM/ADMM，最后使用 SGD、L-BFGS 或者 Hessian free 算法结束训练。这个算法也可以和 ASGD 或者流水线 BP 相结合，进一步加速训练过程。ALM/ADMM 不仅可以用在 DNN 训练中，也可以用在其他模型训练中。

7.1.4 块动量方法

模型平均[246] 是一种常见的深度学习并行训练的方法。在这种方法中，用若干计算单元各自使用一部分数据进行训练，在训练的过程中，不断将各计算单元更新后的模型参数进行平均，从而近乎线性地提高了训练速度。然而，模型平均的一个常见问题是会带来性能的下降，而且随着并行度的提高，这种下降会越发明显。在文献 [247] 中详细地分析了其中的一些原因，并提出了块动量（Block Momentum, BM）方法，有效地降低了模型平均带来的性能损失。

在单机的训练中，常常会使用动量 (momentum) 的方法来代替单纯地使用 SGD。它可以有效加快模型的收敛速度，减少噪声数据对模型训练的干扰。具体更新规则为

$$m(t) = \lambda\, m(t-1) - (1-\lambda)\, \eta\, g(t) \tag{7.9}$$

$$W(t+1) = W(t) + m(t) \tag{7.10}$$

其中，λ 为一个 0 到 1 之间的参数，η 为学习率，$g(t)$、$m(t)$ 和 $W(t)$ 分别表示 t 时刻的梯度、动量和模型参数。

然而，对于进行模型平均的并行训练来说，这样的基于 mini-batch 的动量会被每次平均的过程所打断，使得模型很难基于历史训练信息抑制训练数据中的噪声。因而类比于此，在文献 [247] 中定义了块 (block) 的概念，并提出了基于块的块动量方法。

如图 7.4 所示，一个块指的是一次全局模型更新中全部 N 个计算单元所使用的所有数据。基于块的全局模型更新方法规则如下：

$$G(t) = \overline{W}(t) - W_g(t-1) \tag{7.11}$$

$$\Delta(t) = \lambda_t \Delta(t-1) - \zeta_t\, G(t), 0 \leqslant \lambda < 1, \zeta > 0 \tag{7.12}$$

$$W(t) = W(t-1) + \Delta(t) \tag{7.13}$$

其中，$W_g(t-1)$ 表示该次全局模型更新前的全局模型参数，$\overline{W}(t)$ 表示各计算节点的模型参数的平均，$\Delta(t)$ 表示 t 时刻的块动量，ζ_t 被称为块学习率（Block Learning Rate, BLR）。

类似于动量中的经典方式和 Nesterov 方式，块动量也有经典方式（Classical Block Momentum，CBM）和 Nesterov 方式（Nesterov Block Momentum，NBM）两种方式可选。计算公式分别可写为

$$W_g(t) = W(t) \tag{7.14}$$

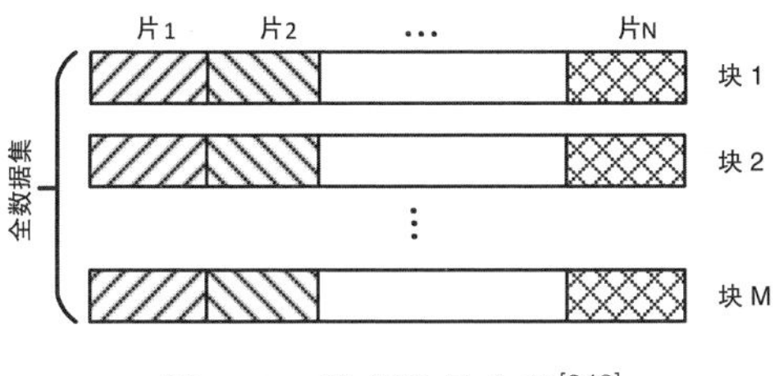

图 7-4 数据块的含义[248]

$$W_g(t) = W(t) + \eta_{t+1}\Delta(t) \tag{7.15}$$

块动量在相继处理的块之间建立了联系，它利用历史更新信息，减弱单次全局模型更新中噪声的影响，同时增加正确方向的更新步长，克服模型平均算法所带来的缺点。由于 $G(t)$ 是通过利用上一轮迭代的全局模型更新值对当前块得到的模型更新值进行低通滤波得到的，故而我们称公式 (7.12) 为逐区块模型更新滤波（Blockwise Model-update Filtering, BMUF）。

在 switchboard 数据集上进行模型平均并行训练的实验结果如表 7.3 所示，测试了在并行度为 8 和 16 时的实验结果。在不使用块动量方法时，模型平均并行训练的结果相比单 GPU 的结果均有所下降。在加入了块动量方法后，模型性能的下降幅度均有所减小，部分结果甚至超过了单 GPU 的训练结果。而在训练速度的提升方面，几乎没有造成影响，保持了模型平均近乎线性的速度提升效果。

表 7.3 在 switchboard 数据集上进行模型平均并行训练[247]

训练方法	分区配置	词错误率 (%)		训练速度提升
		Eval2000	**RT03S**	
MA	8×104	15.4	22.9	7.7
	16×52	16.0	23.4	15.3
BMUF-CBM	8×104	14.7	22.7	7.7
	16×52	15.0	22.7	15.3
BMUF-NBM	8×104	14.9	22.3	7.7
	16×52	14.8	22.4	15.3
Single-GPU SGD Baseline		14.8	22.9	1.0

7.1.5 减小模型规模

改善训练速度不仅可以通过使用更好的训练算法，还可以通过使用更小的模型来实现。减少模型参数的简单方法是使用更少的隐层及每层使用更少的节点，然而，不幸的是，这样往往降低了识别的准确性[12, 13]。一种有效减小模型规模的技术是低秩分解[249, 250]。

有两个证据可以说明 DNN 中的权值矩阵大体上是低秩的。首先，在 CD-DNN-HMM 中，为实现好的识别性能，DNN 的输出层一般拥有大量的节点（例如 5000~10000），大于或等于一个优化的 GMM-HMM 系统的聚类后的状态（绑定的三音素状态）数量。最后一层占用了系统 50% 的模型参数及训练计算量。然而，在解码过程中一般只有少部分输出节点是被激活的。这样可以合理地认为那些被激活的输出节点是相关的（例如，属于有混淆的若干上下文相关的 HMM 状态集合），这表示输出层的权值矩阵是低秩的。其次，在 DNN 任意层只有最大的 30%~40% 的权值是重要的。如果把矩阵其余的权值都设置为 0，则 DNN 的性能不会降低[251]。这意味着每个权值矩阵都能够近似地进行低秩分解且没有识别精度的损失。

使用低秩分解，每个权值矩阵都可以被分解成两个更小的矩阵，从而大大减少 DNN 的参数数量。使用低秩分解不仅能减小模型规模，而且能限制参数空间，可以使优化更加有效，并且减少训练轮数。

我们用 $\boldsymbol{W}$ 表示一个 $m \times n$ 的低秩矩阵。如果 $\boldsymbol{W}$ 的秩为 r，存在一个分解 $\boldsymbol{W} = \boldsymbol{W}_2\boldsymbol{W}_1$，其中 $\boldsymbol{W}_2$ 是一个秩为 r、大小为 $m \times r$ 的矩阵，$\boldsymbol{W}_1$ 是一个秩为 r、大小为 $r \times n$ 的矩阵。我们用 $\boldsymbol{W}_2$ 和 $\boldsymbol{W}_1$ 相乘代替矩阵 $\boldsymbol{W}$，如果满足 $m \times r + r \times n < m \times n$ 或者 $r < \frac{m \times n}{m+n}$，我们就可能减小模型规模并加速训练。如果我们想把模型规模减少至之前的 $1/p$，则需要满足 $r < \frac{p \times m \times n}{m+n}$。当用 $\boldsymbol{W}_1$ 和 $\boldsymbol{W}_2$ 替换 $\boldsymbol{W}$ 时，等价于引入了一个线性层 $\boldsymbol{W}_1$，后面接着一个非线性层 $\boldsymbol{W}_2$，如图7–5所示。这是因为

$$\boldsymbol{y} = f(\boldsymbol{W}\boldsymbol{v}) = f(\boldsymbol{W}_2\boldsymbol{W}_1\boldsymbol{v}) = f(\boldsymbol{W}_2\boldsymbol{h}) \tag{7.16}$$

其中，$\boldsymbol{h} = \boldsymbol{W}_1\boldsymbol{v}$ 是一个非线性转换。在文献 [249] 中显示，对不同的任务，如果只把 softmax 层分解为秩在 128 到 512 之间的矩阵，模型性能将不会降低。

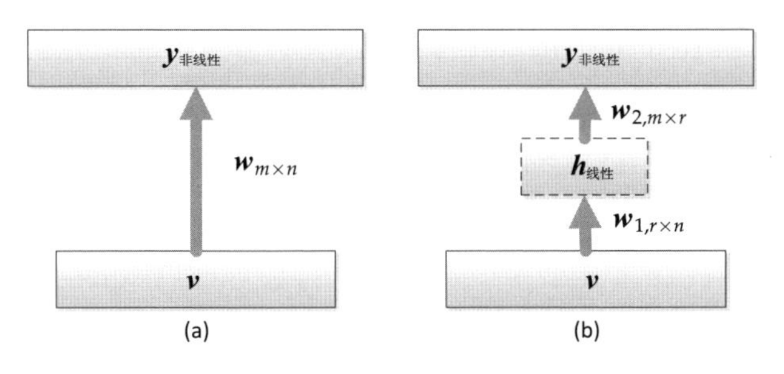

图 7–5　低秩分解的示意图

注：将权重矩阵 $\boldsymbol{W}$ 用两个较小的矩阵 $\boldsymbol{W}_2$ 和 $\boldsymbol{W}_1$ 相乘来代替，等价于将非线性层 $\boldsymbol{W}$ 替换为一个线性层 $\boldsymbol{W}_1$，再接上一个非线性层 $\boldsymbol{W}_2$

7.1.6　其他方法

研究者也提出了其他方法。例如，可以分别用独立的 1/4 数据训练 4 个 DNN，然后训练一个顶层网络用于合并 4 个独立的 DNN 输出。通过首先对聚类后的状态聚类，然后训练一个分类器分类，最后对每个聚类的聚类后的状态都训练一个 DNN[252]，从而进一步减少训练时间。由于输出层规模更小（只包含属于该类聚类后的状态），并且训练每类的单个 DNN 的对应数据集合也更小（只需要使用和输出聚类后的状态相关的帧），训练速度可以得到极大提高。在文献 [252] 中称，使用 4 块 GPU，在只有 1%~2% 相对字错误率降低的情况下，能实现 5 倍的加速。然而这种方法在解码的时候需要额外的计算量。这是由于聚类后的各个 DNN 是分开的，每个类别的 DNN 一般拥有和原来整个 DNN 系统相同的隐层及隐层节点数量。换句话说，这种方法是用解码时间来换取训练时间。另外一种流行的方法是使用 Hessian free 训练算法[222, 253, 254]，它可以使用更大的批量块大小及能够更容易地实现跨机器并行。然而，这种算法在单 GPU 上比 SGD 慢很多，而且需要很多实际的技巧才能使其有效。

7.2　解码加速

每一帧都需要估计大量的参数也使得实时解码有更多的计算挑战。仔细的工程化及灵活的技巧能够极大地加快解码速度。在本节，我们讨论

在文献 [255] 中提出的量化及并行计算技术，在文献 [251] 中提出的稀疏 DNN，在文献 [250] 中提出的低秩分解技术，以及在文献 [256] 中提出的多帧 DNN 计算技术。这些技术都可以加速解码。当然，最好的实践应当将所有这些技术都结合起来。

7.2.1 并行计算

一个减少解码时间的明显解决方案是将 DNN 的计算并行化。这在 GPU 上很容易实现。然而在很多任务中，使用消费级 CPU 硬件是更加经济有效的方案。幸运的是，现代 CPU 通常支持低级的单指令多数据（Single Instruction Multiple Data，SIMD）指令级并行。在 Intel 和 AMD 的 x86 系列 CPU 中，它们通常在单一时间计算 16B（也就是 2 个双精度浮点数、4 个单精度浮点数、8 个短整数或 16B）的数据。利用这些指令集的优势，我们可以极大地提升解码速度。

取自文献 [255] 的表 7.4 总结了可运用于 CPU 解码器的技术及在一个配置为 440:2000X5:7969 的 DNN 上可以实现的实时率（RTF，定义为处理时间除以音频回放时间）。这是一个典型的以 11 帧特征作为输入的 DNN。每一帧都包含 40 维从梅尔域三角滤波器组输出系数中提取的对数能量。在所有的 5 个隐层中，每层都包含 2000 个 sigmoid 神经元。输出层包含 7969 个聚类后的状态。这些结果是在安装了 Ubuntu OS 的 Intel Xeon DP Quad Core E5640 机器上获得的。CPU 扩展被禁用了，每次计算都进行了至少 5 次并对结果取平均。

从表 7.4 中可以清楚地看到，仅从 DNN 计算后验概率，朴素的实现就需要 3.89 倍实时的时间，使用了每次处理 4 个浮点数的浮点数 SSE2 指令集，解码时间可以显著缩短为 1.36 倍实时。然而这仍然十分费时，并且比实时音频时间还要慢。作为对比，我们可以把 4B 浮点数的隐层激活值（如果使用的是 sigmoid 激活函数，取值范围就是 $(0,1)$）线性量化为无符号字符类型（1B），而权重值量化为有符号字符类型（1B）。偏置可以被编码为 4B 整数，而输入保持浮点类型。这种量化（quantization）技术可以在不使用 SIMD 指令的条件下把所需时间降为 1.52 倍实时。量化技术同时可以把模型大小减小至原来的 $1/4 \sim 1/3$。

表 7.4　用于语音识别的典型的 DNN（440：2000X5:7969）的计算实时率（RTF）

技术	实时率	注释
浮点数基线	3.89	基线
浮点数 SSE2	1.36	4 路并行化（16B）
8 位量化	1.52	激活值：无符号字符类型；权重：有符号字符类型
整数 SSSE3	0.51	16 路并行化
整数 SSE4	0.47	快速 16~32 转换
批量计算	0.36	几十毫秒上的批量计算
惰性求值	0.26	假设 30% 活跃的聚类后的状态
批量惰性求值	0.21	合并批量计算和惰性求值

注：总结自 Vanhoucke 等人的文章[255]

当使用整数类型 SSSE3 指令集来处理 8 位量化值的时候，由于允许 16 路并行计算，这将减少另外 2/3 的时间，而将整体计算时间降为 0.51 倍实时。SSE4 指令集引入了一个小的优化，使用一条指令可以完成 16 位到 32 位的转化。使用 SSE4 指令集，可以进一步观察到一个小幅提升，解码时间降为 0.47 倍实时。

在语音识别中，即使是在线识别模式，在一段语音的开始处整合几百毫秒的预查看技术（look-ahead）也是非常常见的，目的是提高对语音和噪声统计量的实时估计。这意味着处理几十毫秒的小批量的帧不会过多地影响延迟。为了充分利用批量计算的优势，批量数据成块地在神经网络中被传播，使得每个线性计算都成为矩阵乘法，这可以充分利用 CPU 对权重和激活值的缓存。使用批量计算可以进一步把计算时间降为 0.36 倍实时。

最后一个进一步提高解码速度的技巧是只计算那些需要计算的状态类别的后验概率。众所周知，在解码过程中，每一帧只有一部分（25% 到 35%）的状态分数是需要被计算的。在 GMM-HMM 系统中，这很容易实现，因为每个状态都有属于它自己的高斯成分集合。然而在 DNN 中，即使只有一个状态是活跃的，由于所有的隐层都是共享的，它们也几乎都需要被计算。一个例外是最后的输出层，在这一层中只有那些与必要的后验概率相关的神经元需要被计算。这意味着我们可以对输出层进行惰性求值。然而，通过惰性方式计算输出层，对矩阵计算增加了额外的低效性，这引入了一个固定的 22% 的相对代价。总的来说，使用惰性求值（在不使用批量技术的情况下）可以把解码时间降为 0.26 倍实时，因为输出层占据了主要的计算时间（通常占 50%）。

然而，使用惰性求值尽管可以继续批量计算所有的隐层，却再也不能进行跨越多帧的批量计算。进一步说，因为解码器在第 t 帧需要一个状态，也就有很大可能在第 $t+1$ 仍然需要这个状态，在权重被缓存的同时，仍旧可能批量计算这些连续帧的后验概率。合并惰性求值和批量计算进一步把 DNN 计算时间降为 0.21 倍实时。

总之，这些工程优化技术实现了相对于朴素实现的 20 倍加速（从 3.89 倍实时降为 0.21 倍实时）。注意这个 0.21 倍实时仅是 DNN 后验概率的计算时间。解码器仍然需要搜索所有可能的状态序列，这取决于语言模型混淆度及搜索中所用的剪枝策略，通常平均增加 0.2~0.3 倍实时时间，而在极端情况下可能增加 0.6~0.7 倍实时时间。最终完成解码的时间可以在不降低正确率的前提下控制在语音实时时间之内。

7.2.2 稀疏网络

在一些设备上，例如智能手机，SIMD 指令可能并不存在。在这样的条件下，我们仍然可以使用 8 位量化来提升解码速度。然而，我们无法使用在7.2.1节中讨论过的很多并行计算技术。

幸运的是，通过观察训练后全连接的 DNN，我们发现其在所有的连接中有很大一部分具有很小的权重。举例来说，在语音识别中使用的典型 DNN 中有 70% 的权重小于 0.1[251]，这意味着我们可以减小模型的尺寸，并通过移除具有很小权重的连接来加速解码。注意，我们并没有在偏置参数上观察到类似的模式。非零的偏置值意味着相对于原始超平面的偏移，这是个可以被预料的现象。然而，考虑到与权重参数相比，偏置参数的数量非常少，完整地保留偏置参数不会显著影响最终模型的尺寸及解码速度。

生成稀疏模型的方法有很多种。举例来说，既然我们想要同时最小化交叉熵及非零权重的个数，强制稀疏性的任务就可以被写成一个多目标优化问题的形式。这个双目标优化的问题可以被转化为一个使用 L1 正则化的单目标优化问题。不幸的是，这种形式无法与 DNN 训练中通常使用的随机梯度下降（Stochastic Gradient Descent，SGD）算法同时工作[251]。这是因为子梯度的更新无法得到严格的稀疏网络。为了强制得到一个稀疏化的方案，一种方法是每隔 T 步就删节网络配置，即把小于一个阈值 θ 的参数设成零[257]。然而这种删节步骤有些武断，而且参数 T 很难被确定。通常，T 取一个很小的值（比如 1）并不理想。尤其是当批量块很小的时候就更是如此，原因是这时候每个 SGD 更新步骤都只能被轻微地更改权重值。当一个参数接近于零的时候，经过几次 SGD 更新后，它就会围绕零浮动。而且如果 T 不足够大，那么它可能会被取整为 0。其结果是，删节只能在若干（一个合理大的）T 步后执行，寄希望于非零系数能有足够长的时间来突破阈值 θ。一个大 T 意味着每次参数被删节，训练准则都会降低，并且需要类似数量的步骤使得损失得以被补偿。

另一种方法是[258, 259] 在二阶导训练收敛之后进行权重的删除。不幸的是，这些算法很难被扩展到我们在识别中所使用的大型训练集，并且其优势在删除权重之后的继续迭代中也减弱了。

还有一种方法既可以很好地加速，又能生成好的模型，它把上述问题表达为一个具有凸约束的优化问题：

$$\|\boldsymbol{W}\|_0 \leqslant q \tag{7.17}$$

其中 q 是允许的最大数量的非零参数的阈值。

这个约束优化问题很难求解。然而，基于以下两个观察可以得到一个近似方案：第一，在训练数据集迭代过几次之后权重变得相对稳定——它们倾向于保持一个要么很大，要么很小的量级（即绝对值）。第二，在一个稳定的模型中，连接的重要性可以由权重的量级来近似。这就引出了一个简单有效的算法。[1]

我们首先扫过全部训练数据几次来训练一个初始 DNN。接着只保留最大的 q 个权重，然后保持同样的稀疏连接性不变继续训练 DNN。这可通过掩蔽那些要删除的连接，或者把小于量级 $\min\{0.02, \theta/2\}$ 的权重舍入为零来实现。这里 θ 是能在删除操作中存活的权重的最小量级，0.02 则是个超

1　更精确地讲，它可以由权重和输入值的乘积的量级来近似。然而，各层输入值的量级大体相对均匀，这是因为在输入层特征被归一化为均值为 0、方差为 1 的数据，而隐藏层的值是概率。

参数，通过观察全连接网络中权重量级的模式来确定。掩蔽权重的方法虽然很清晰，但需要存储一个巨大的掩蔽矩阵。舍入为零的方法更加高效，但也更具技巧性，因为只将那些比 $\min\{0.02, \theta/2\}$ 更小的，而不是比 θ 更小的权值舍入为零很重要。这是因为权值在训练过程中会产生收缩，如果不这样做，可能会被很突然地移除。另外，很重要的是，在删除之后，需要继续训练 DNN，以弥补突然移除一些小的权重导致的精确度下降。

在文献 [251] 中所提供的表 7.5 和表 7.6 总结了在6.2.1节中所描述的语音搜索（VS）和 Switchobard （SWB）数据集上的实验结果。通过利用模型的稀疏性属性，我们在两个数据集上可以获得 0.2%~0.3% 错误率的降低的同时把连接数降低至 30%。或者，我们可以在 VS 和 SWB 数据集上把权重数量分别降至 12% 和 19%，而不牺牲模型准确率。在这种情况下，在 VS 和 SWB 数据集上，CD-DNN-HMM 的大小分别只有 CD-GMM-HMM 的 1.5 倍和 0.3 倍，并且相对全连接模型只有 18% 和 29% 的模型尺寸。这种转变在 SIMD 指令不存在的条件下，在 VS 和 SWB 数据集上可以把 DNN 的计算量分别降为全连接模型的 14% 和 23%。

表 7.5　在 VS 数据集上存在或不存在稀疏性约束时的模型大小、计算时间和句子错误率（SER）

声学模型	非零参数量	% 非零参数	Hub5'00 FSH	RT03S SWB
GMM MPE	1.5M	-	34.5%	36.2%
DNN，CE	19.2M	全连接的	28.0%	30.4%
	12.8M	67%	27.9%	30.3%
	8.8M	46%	27.7%	30.1%
	6.0M	31%	27.7%	30.1%
	4.0M	21%	27.8%	30.2%
	2.3M	12%	27.9%	30.4%
	1.0M	5%	29.7%	31.7%

注：全连接 DNN 包含 5 个隐层，每层 2048 个神经元。集外词（OOV）率在开发集和测试集均是 6%（总结自 Yu 等的文章[251]）

表 7.6　在 SWB 数据集上存在和不存在稀疏性约束时的模型大小、计算时间和句子错误率（SER）

声学模型	非零参数量	% 非零参数	Hub5'00 FSH	RT03S SWB
GMM, BMMI	29.4M	-	23.6%	27.4%
DNN, CE	45.1M	全连接的	16.4%	18.6%
	31.1M	69%	16.2%	18.5%
	23.6M	52%	16.1%	18.5%
	15.2M	34%	16.1%	18.4%
	11.0M	24%	16.2%	18.5%
	8.6M	19%	16.4%	18.7%
	6.6M	5%	16.5%	18.7%

注：全连接 DNN 包含 7 个隐层，每层 2048 个神经元（总结自 Yu 等的文章[251]）

需要注意的是，学习得到的稀疏矩阵通常具有随机模式。这使得即使能够取得很高的稀疏性，存储和计算都不能很有效率，在使用 SIMD 并行化的情况下就更是如此。

7.2.3　低秩近似

低秩矩阵分解技术既可以减少训练时间，也可以减少解码时间。在7.1.5节中，我们提到了甚至可以在训练开始之前把 softmax 层替换为两个更小的矩阵。然而，这种方法具有诸多不足。第一，事先并不容易知道需要保留的秩，因此需要使用不同的秩 r 构建多种模型。第二，如果我们在较低的隐层使用低秩技术，最终模型的性能就可能会变得非常差[249]。换句话说，我们无法为较低层减小模型尺寸并降低解码时间。然而，即使只有一个输出状态，也要计算低层的神经元。因此，减小低层的模型尺寸是非常重要的。

如果只在乎解码时间，我们就可以通过奇异值分解（Singular Value Decomposition，SVD）来确定秩 r[250]。一旦我们训练了一个全连接的模型，就可以把每一个 $m \times n$（$m \geqslant n$）的权重矩阵 $\boldsymbol{W}$ 换成 SVD

$$\boldsymbol{W}_{m\times n} = \boldsymbol{U}_{m\times n}\ {}_{n\times n}\boldsymbol{V}^{\mathrm{T}}_{n\times n}, \tag{7.18}$$

这里　是一个降序排列的非负奇异值的对角矩阵，$\boldsymbol{U}$ 和 $\boldsymbol{V}^{\mathrm{T}}$ 是酉矩阵，各列构成了一组可以被视为基向量的正交向量。$\boldsymbol{U}$ 的 m 列和 $\boldsymbol{V}$ 的 n 列被称为 $\boldsymbol{W}$ 的左奇异值向量和右奇异值向量。我们已经讨论过，DNN 中有很大比例的权重会接近于零，因此，很多奇异值也应该接近于零。试验已经证明，对一个 DNN 中的典型权重矩阵，40% 最大的奇异值占了奇异值总体大小的 80%。如果我们保留最大的 k 个奇异值，权重矩阵 $\boldsymbol{W}$ 就可以被估计为两个更小的矩阵

$$\boldsymbol{W}_{m\times n} \simeq \boldsymbol{U}_{m\times k}\ {}_{k\times k}\boldsymbol{V}_{k\times n}^{\mathrm{T}} = \boldsymbol{W}_{2,m\times k}\boldsymbol{W}_{1,r\times n}, \tag{7.19}$$

这里 $\boldsymbol{W}_{2,m\times k} = \boldsymbol{U}_{m\times k}$，而 $\boldsymbol{W}_{1,r\times n} = {}_{k\times k}\boldsymbol{V}_{k\times n}^{\mathrm{T}}$。注意，在抛弃了一些小的奇异值之后，近似错误率会上升。因此，类似于稀疏网络方法，低秩近似分解后继续训练模型很重要。试验已经证明，如果我们保留 30% 的模型大小，没有或仅能观察到很小的性能损失[250]。这个结果与在稀疏网络[251] 中的观察一致。然而，低秩矩阵分解方法在这两种方法中更好，因为它可以很容易地利用 SIMD 架构，并在不同的计算设备上实现更好的总体加速效果。

7.2.4 用大尺寸 DNN 训练小尺寸 DNN

低秩近似技术能够减小模型规模并减少 2/3 的解码时间。为了进一步减小模型规模，使模型可以运行在小的设备上且不牺牲精确度，我们需要利用一些其他技术。最有效的方法是使用一个大尺寸的 DNN 输出训练一个小尺寸的 DNN，从而使小的 DNN 能够产生和大的 DNN 一样的输出。这个技术第一次由 Buciluǎ 等人[260] 提出并用于压缩模型。随后由 Ba 和 Caruana[261] 提出，用浅层多层感知器的输出去模仿 DNN 的输出。通过将采用不同随机种子训练出的 DNN 组合起来，他们首先得到一个非常复杂的模型，这种模型的性能远好于单个 DNN 模型。然后，他们把整个训练集送入这个复杂的模型，从而产生对应的输出，最后利用最小均方错误准则输出训练浅层的模型。这样，浅层模型的性能就可以和单个 DNN 模型一样。

Li 等人[262] 进一步从两个方面扩展了这种方法。首先，他们用于最小化的准则是小模型与大模型输出分布的 KL 距离；其次，他们不仅使用了有标注的数据，而且把没标注的数据都送入大模型产生训练数据，用于训练小模型。他们发现，使用额外的无监督数据有助于降低大模型和小模型之间的性能差异。

7.2.5 多帧 DNN

在 CD-DNN-HMM 中，我们对 9~13 帧（每 10ms 一帧）的窗口输入估计聚类后状态的后验概率。当采用 10ms 的帧率时，语音信号是一个相当平稳的过程，自然地认为相邻帧产生的预测是相似的。一个简单并高效的计算方法是利用特征帧之间的相关性，简单地把前一帧的预测复制到当前帧，这样可以使计算量减半。这种简单的方法在文献 [256] 中被讨论过，它被称为帧异步（Frame-asynchronous）DNN，其性能令人惊奇得好。

一个被称为多帧 DNN（MFDNN）的改善方法在文献 [256] 中被提出。这种方法并不像在帧异步方法中那样从前一帧复制状态预测，它使用和 t 帧一样的输入窗口，但同时预测 t 帧时刻及邻接帧的帧标注。这是通过把传统 DNN 中单一的 softmax 层替换为多个 softmax 层，其中每个 softmax 都对应不同的帧标注来实现的。由于所有的 softmax 层都共享相同的隐层，因此 MFDNN 可以省去隐层的计算时间。

例如，在文献 [256] 中，MFDNN 联合预测 t 到 $t-K$ 帧标注，其中，K 是向后预测的帧数。这是一个多任务学习的典型例子。需要注意的是，MFDNN 是预测过去的 $(t-1, \ldots, t-K)$ 帧，而不是将来的 $(t+1, \ldots, t+K)$ 帧。这是因为在文献 [256] 中，所使用的上下文窗口包括了过去的 20 帧和未来的 5 帧，这使得在 DNN 的输入向量中包含过去的上下文信息比未来的上下文信息更多。而在绝大部分的 DNN 实现[12, 13] 中，输入窗口都平衡了过去和将来帧的上下文信息。对这些 DNN，其联合预测的帧标注可以是来自过去的，也可以是来自未来的。如果 K 很大，那么系统的总体延迟将变大。由于延迟将影响用户体验，K 一般被设为小于 4，从而由 MFDNN 带来的额外延迟将小于 30ms。

在训练一个这样的 MFDNN 时，可以把所有的 softmax 层产生的误差一起进行反向传播。如果这样做，由于误差信号是已经乘以总体预测帧数量得到的，因此其梯度将会增加。为了保持收敛性质，学习率可能要降低。

MFDNN 的性能要比帧异步 DNN 好，可以达到基线的水平。根据文献 [256] 的报告，对比相同的基线系统，一个系统联合预测 2 帧时，在查询处理速率上实现了 10% 的改善而精度不降。一个系统同时预测 4 帧时，在查询处理速率上进一步实现了 10% 的改善，而绝对字错误率仅仅增加了 0.4%。

第 8 章 深层神经网络中的特征表示学习

摘要 本章将讲述如何使用深层神经网络进行联合学习，以同时得到特征表示和分类器。通过多层的非线性处理，深层神经网络会将原始输入特征转换为更加具有不变性和鉴别性的特征。这种特征可以通过对数线性模型建立更好的分类器。此外，深层神经网络学到了分层级的特征。其中低层的特征通常能抓住局部的模式，并对原始特征的改变很敏感。然而高层的特征被建立在低层特征的基础上，它们就显得更加抽象，并且对原始特征的变化更加不敏感。我们证明了通过学习得到的高层特征对说话人和环境的变化具有鲁棒性。

8.1 特征和分类器的联合学习

为什么在语音识别中深层神经网络表现得比传统的浅层模型，比如混合高斯模型（Gaussian Mixture Models，GMM）和支持向量机（Support Vector Machines，SVM）好这么多？我们相信这主要归因于深层神经网络对复杂特征表示和分类器的联合学习能力。

在传统的浅层模型中，特征工程是系统成功的关键。从业者的主要工作就是构建在特定任务上，对特定学习算法表现良好的特征。系统的优化通常是由于某个具有强大领域知识的人发现了一个更好的特征。典型的例子包括被广泛用于图像识别的尺度不变特征转换（Scale-invariant Feature Transform，SIFT）[263] 和被用于语音识别任务的梅尔倒谱系数（Mel-frequency Cepstrum Coefficients，MFCC）[8]。

然而像深层神经网络这样的深度模型，不需要手工定制的高层特征[1]。相反，它们可以自动联合学习特征表示和分类器。图8–1描述了一个典型的深度模型的大致框架，其中同时包含可学习到的特征表示和分类器。

图 8–1　深度模型联合学习特征表示和分类器

在深层神经网络里，所有隐层的组合都被看作一个特征学习模型，如图8–2所示。虽然每一个隐层通常都只使用简单的非线性变换，但这些简单非线性变换的组合可以产生出非常复杂的非线性变换。最后一层是 softmax 层，它本质上是一个简单的对数线性分类器，或者有时也被称为最大熵（Maximum Entropy，MaxEnt）[264] 模型。因此，在深层神经网络里，后验概率 $p(y = s|\boldsymbol{o})$ 的估计可以被认为是一个两步非随机过程。第一步，通过 $L-1$ 层的非线性变换，观察向量 $\boldsymbol{o}$ 被转换成一个特征向量 $\boldsymbol{v}^{L-1}$。第二步，在给定转换好的特征 $\boldsymbol{v}^{L-1}$ 时，利用该对数非线性模型估计后验概率 $p(y = s|\boldsymbol{o})$。如果我们考虑前 $L-1$ 层是固定的，学习 softmax 层的参数过程就等同于在特征 $\boldsymbol{v}^{L-1}$ 上训练一个最大熵模型。在传统的最大熵模型中，特征是人为设计的，比如在大多数自然语言处理任务[264] 中和语音识别任务[265, 266] 中。人工的特征构建适用于一些人们容易观察和知道什么特征可以被使用的任务，而不适合那种原始特征高度可变的任务。然而在深层神经网络中，特征是由前 $L-1$ 层定义的，并且最终根据训练数据通过最大熵模型联合学习得到。这样不仅消除了人工特征构建过程的烦琐和错误，而且通过许多层的非线性变换，具有提取不变的和鉴别型特征的潜力。这种特征是几乎不可能被人工构建的。

1　好的原始特征仍然有帮助，因为即使将离散余弦变换（Discrete Cosine Transformation，DCT）这样的线性变换应用于对数滤波器组特征，采用现有的深层神经网络学习算法仍然可能产生一个表现不佳的系统。

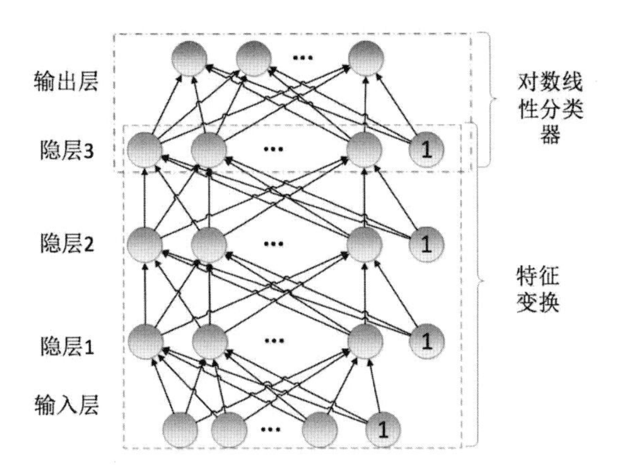

图 8–2　深层神经网络：一个特征表示和分类器的联合学习视图

8.2　特征层级

深层神经网络不仅可以学习那些适用于分类器的特征表示，也可以学习特征层级。因为每一个隐层都是一个对相应输入特征的非线性变换，可以被认为是原始输入特征的一个新的表达形式。离输入层越近的隐层表示越底层的特征。那些离 softmax 层越近的隐层表示越高层的特征。越低层次的特征通常越能抓住局部模式，同时这些局部模式对输入特征的变化非常敏感。但是，越高层的特征因为建立在低层特征之上，显得更加抽象和

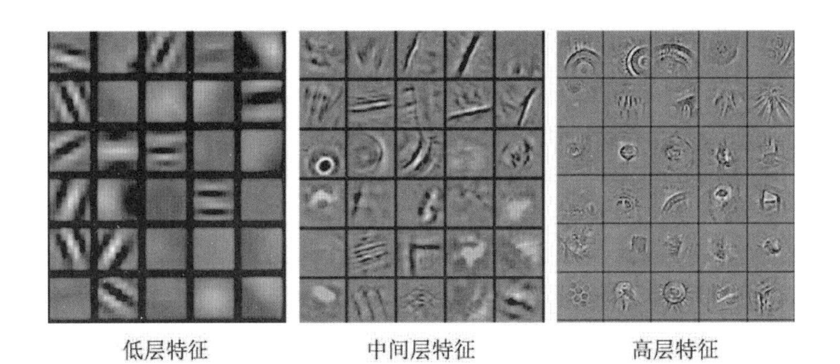

图 8–3　通过多层网络在 ImageNet 上学习得到的特征层级

注：图片提取于 Zeiler 和 Fergusfrom 的论文[267]，获得 Zeiler 的许可

对输入特征的变化更具有不变性。图8–3（从文献 [267] 中提取而来，在 Yu 等[268] 中有一个类似的图）描述了从 ImageNet 数据集学习得到的特征层级。我们可以从中看到越高层的特征就越抽象和越具有不变性。

该特性同样可以在图8–4中观察到，其中饱和神经元（即激活值大于 0.99 或者小于 0.01 的神经元）在每一层的比例都被显示出来了。越低层通常有越小比例的饱和神经元，而在靠近 softmax 层的越高的隐层中，有更大比例的饱和神经元。注意一点，大部分饱和神经元都处于被抑制状态（它们的激活值小于 0.01），这表明关联特征是很稀疏的。这是因为在训练标签中，用 1 表示正确类别，用 0 表示其他类别的表示方法是稀疏的。

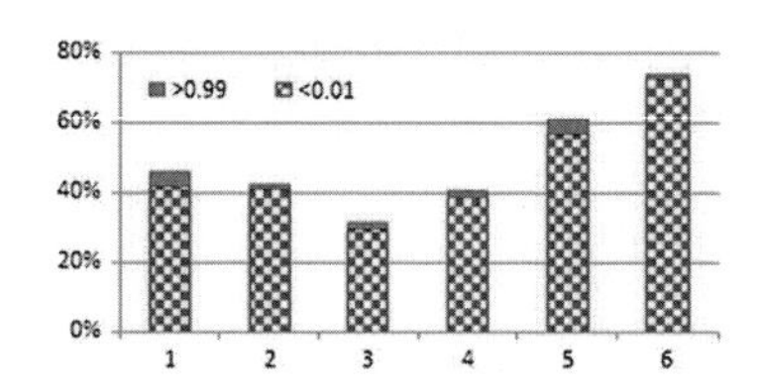

图 8–4　每一层上饱和神经元的比例

在这些特征层级中，越高层的特征越具有不变性和鉴别性。这是因为许多层的简单非线性处理可以生成一个复杂的非线性变换。在说明这个非线性变换对输入特征的小变化的鲁棒性之前，让我们假设 l 层的输出，或者是 $l+1$ 层的输入从 $\boldsymbol{v}^\ell$ 变成了 $\boldsymbol{v}^\ell+\delta^\ell$，其中 δ^ℓ 是一个小变化。这个变化通过如下公式将会影响 $l+1$ 层的输出，或者是 $\ell+2$ 层的输入：

$$\begin{aligned}\delta^{\ell+1} &= \sigma(\boldsymbol{z}^{\ell+1}(\boldsymbol{v}^\ell+\delta^\ell))-\sigma(\boldsymbol{z}^{\ell+1}(\boldsymbol{v}^\ell))\\ &\approx \operatorname{diag}\left(\sigma'(\boldsymbol{z}^{\ell+1}(\boldsymbol{v}^\ell))\right)(\boldsymbol{W}^{\ell+1})^{\mathrm{T}}\delta^\ell\end{aligned} \tag{8.1}$$

其中

$$bmz^{\ell+1}(\boldsymbol{v}^\ell)=\boldsymbol{W}^{\ell+1}\boldsymbol{v}^\ell+\boldsymbol{b}^{\ell+1} \tag{8.2}$$

是激发过程，$\sigma(\boldsymbol{z})$ 是 sigmoid 激活函数。变化 $\delta^{\ell+1}$ 的范数是

$$\begin{aligned}\|\delta^{\ell+1}\| &\approx \|\operatorname{diag}\left(\sigma'(\boldsymbol{z}^{\ell+1}(\boldsymbol{v}^\ell))\right)(\boldsymbol{W}^{\ell+1})^{\mathrm{T}}\delta^\ell\|\\ &\leqslant \|\operatorname{diag}\left(\sigma'(\boldsymbol{z}^{\ell+1}(\boldsymbol{v}^\ell))\right)(\boldsymbol{W}^{\ell+1})^{\mathrm{T}}\|\|\delta^\ell\|\\ &= \|\operatorname{diag}(\boldsymbol{v}^{\ell+1}\bullet(1-\boldsymbol{v}^{\ell+1}))(\boldsymbol{W}^{\ell+1})^{\mathrm{T}}\|\|\delta^\ell\|\end{aligned} \tag{8.3}$$

其中，• 表示元素级乘积。

在深层神经网络中，如果隐层节点规模很大，则大多数权重的量级通常会非常小，如图8–5所示。例如，在一个 $6 \times 2K$，使用 30 小时 SWB 数据学习得到的深层神经网络里，在除输入层外的其他所有网络层中，98% 权重的量级都小于 0.5。

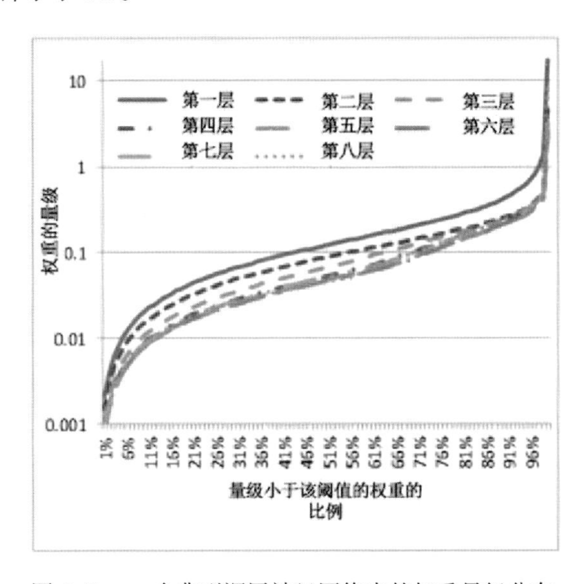

图 8–5　一个典型深层神经网络中的权重量级分布

然而 $\boldsymbol{v}^{\ell+1} \bullet (1-\boldsymbol{v}^{\ell+1})$ 中的每一个元素都小于等于 0.25，其真实值通常会更小。这是因为很大比例的隐层神经元是不活跃的，如图8–4所示。结果，在一个 6 小时的 SWB 开发集中，公式 (8.3) 中的平均范数 $\|\mathrm{diag}(\boldsymbol{v}^{\ell+1} \bullet (1-\boldsymbol{v}^{\ell+1}))(\boldsymbol{W}^{\ell+1})^{\mathrm{T}}\|_2$ 的值在所有的网络层上都比 1 小，如图8–6所示。因为所有隐层的值都被限制在相同的范围 $(0,1)$ 中，这表明当输入有轻微的扰动时，该扰动会随着层数变高而不断缩小。换句话说，越高层生成的特征相对于越低层的特征对输入的变化更具有不变性。需要注意的是，在同一个开发集上最大的范数会比 1 大，见图8–6。这是必然的，因为这些差异需要在类边界附近被扩大，以至于有鉴别性的能力。这些大范数值的例子也会造成目标函数上的非连续点，在某些输入值上，一个很小

的变动就会改变深层神经网络预测值[269][1]。

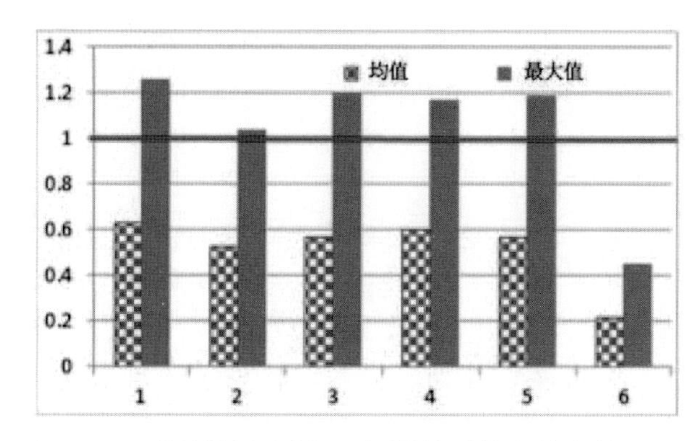

图 8–6 一个 $6\times 2\mathrm{K}$ 深层神经网络上每层的平均和最大的 $\|\mathrm{diag}(\boldsymbol{v}^{\ell+1}\bullet(1-\boldsymbol{v}^{\ell+1}))(\boldsymbol{W}^{\ell+1})^{\mathrm{T}}\|_2$

注：在 Yu 等的论文[268] 中有一个类似的图

一般来说，特征是在分层深度模型中按阶段被处理的，如图8–7所示。每一个阶段都可以被看作以下几个可选步骤：归一化、滤波器组处理（Filter-bank Processing）、非线性处理和池化（Pooling）[270]。典型的归一化技术包括均值消除、局部差异归一化和方差归一化，其中一些技术已经在4.3.1节中讨论过。滤波器组处理的目的是把特征投影到一个更高的维度空间以便分类会更加容易，这可以通过维度扩充或者特征投影得到。非线性处理是在深度模型里非常关键的一个步骤，因为线性变换的组合仅仅是另外一个线性变换。常用的非线性函数包括稀疏化、饱和、侧抑制、双曲正切、sigmoid 和“胜者通吃”（winner-takes-all）函数。池化步骤引入了聚集和聚类，其目的是提取具有不变性的特征和降低维度。

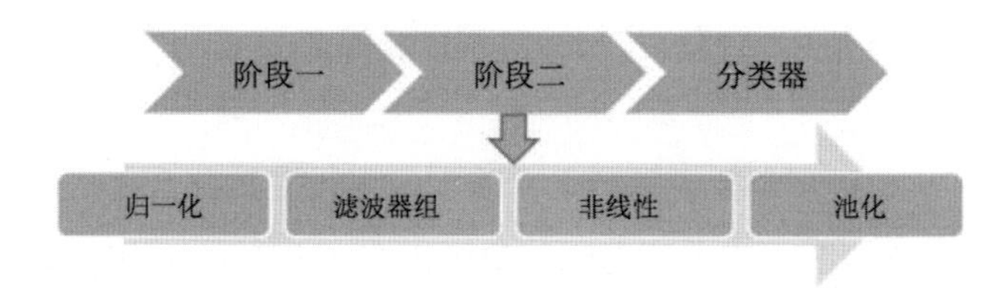

图 8–7 一个特征处理的大致框架。在图中，展示了 3 个阶段，每个阶段又包括 4 个可选的步骤

1 这种情况可以随着训练进行，通过给每一个训练样本动态地加入小的随机噪声的方式来缓解。

8.3　使用随意输入特征的灵活性

在 GMM 框架下，通常使用对角协方差矩阵以减少模型参数，此时要求输入特征的每维相互独立。但是，DNN 是鉴别性模型，对输入特征没有这样的限制。

在语音识别应用中，梅尔倒谱系数（MFCC）和感知线性预测（PLP）特征是最常用的两种特征，并且两种特征都是在梅尔对数滤波器组特征（MS-LFB）基础上得到的。尽管这两种特征比梅尔对数滤波器组特征更加稳定，但是在特征转换处理过程中，可能会损失对识别有用的信息。很自然可能想到，可以使用 MS-LFB 特征直接作为 DNN 的输入[271]。在来自文献 [272] 的表 8.1 中给出了基于鉴别性训练准则的 CD-GMM-HMM 基线与不同输入特征的 CD-DNN-HMM 在一个语音搜索任务上的对比。13 维的 MFCC 特征是在 24 维梅尔对数滤波器组特征上经过离散余弦变换（DCT）得到的。所有的输入特征包括其动态特征都使用均值归 0 处理，对数滤波器组特征的动态特征包括一阶差分和二阶差分，MFCC 特征还包括三阶差分。在 CD-GMM-HMM 系统中，使用 HLDA[232] 变换将 54 维的 MFCC 及其三阶动态特征降为 39 维特征。从表中可以看到，使用 24 维梅尔对数滤波器组特征代替 MFCC 特征可以取得相对 4.7% 的词错误率（WER）下降；将滤波器组的数量从 24 增加到 40 只能取得不到 1% 的 WER 下降。总体来说，与基于 fMPE+BMMI 训练准则的 CD-GMM-HMM 系统相比，CD-DNN-HMM 模型可以取得相对 13.8% 的性能提升，而且 CD-DNN-HMM 模型的训练过程更简单。表中所有 DNN 模型的训练都基于帧级别的交叉熵准则。如果使用第 15 章介绍的序列鉴别性训练，则可以取得进一步的性能提升。

另外，在文献 [273] 中提到，将 FFT 频谱作为 DNN 的输入，可以使用 DNN 自动学习到滤波器组特征。在该方法中，为了压缩滤波器组输出的动态范围，在滤波器组层使用对数函数作为激发函数。另外，图8–7描述的归一化过程也被应用到滤波器组层的激发函数上。在文献 [273] 中，与使用手动设计的梅尔对数滤波器组的基线 DNN 相比，这种自动学习滤波器组参数的方法可以取得相对 5% 的 WER 下降。

表 8.1 DNN 不同输入特征的对比

模型和特征	词错误率（相对词错误率）
CD-GMM-HMM (MFCC, fMPE+BMMI)	34.66% (基线)
CD-DNN-HMM (MFCC)	31.63% (-8.7%)
CD-DNN-HMM (24 MS-LFB)	30.11% (-13.1%)
CD-DNN-HMM (29 MS-LFB)	30.11% (-13.1%)
CD-DNN-HMM (40 MS-LFB)	29.86% (-13.8%)

注：所有的输入特征都包括其动态特征都使用均值归 0 处理，括号里表示相对词错误率（WER）下降（摘自文献 [272]）

8.4 特征的鲁棒性

一个好特征的重要性质就是它对变化的鲁棒性。在语音信号中有两种主要的变化类型：说话人变化和环境变化。在传统的 GMM-HMM 系统中，这两种类型的变化都需要被明确处理。

8.4.1 对说话人变化的鲁棒性

为了解决说话人的多样性，声道长度归一化（Vocal Tract Length Normalization，VTLN）和特征空间最大似然线性回归（Feature-space Maximum Likelihood Linear Regression，fMLLR）在 GMM-HMM 系统中非常重要。

VTLN通过将滤波带分析的频率轴线进行扭曲来反映一个事实：声道中的共振峰位置大体上是按照说话人的声道长度单调变化的。我们在训练和测试的同时使用 20 个从 0.8 到 1.18 的量化的扭曲因子做 VTLN。在训练过程中可以使用期望最大化（Expectation-maximization，EM）算法来找到最优的扭曲因子。不断重复如下两个步骤：一是在给定当前模型时选择最好的因子，二是使用选择的因子更新模型。在测试过程中，系统通过使用所有的因子进行识别，然后使用最高的累积对数概率值来选取一个最好的因子。

另外，fMLLR是一种作用于特征向量之上的仿射变换，其目的是使变换后的特征能更好地适应模型。通常在测试集上的做法是，先使用原有的特征生成识别结果，利用这些结果估计 fMLLR，再使用 fMLLR 变换后的特征重新识别，这个过程会迭代多次。对 GMM-HMM 来说，fMLLR 变换的估计准则是在给定特定模型的条件下，最大化用于自适应的数据的似然度。对 DNN 来说，fMLLR 变换可以用来最大化交叉熵（通过反向传播算法）。由于交叉熵是一种鉴别性准则，因此这个过程被称为特征空间鉴别性线性回归（Feature-space Discriminative Linear Regression，fDLR）[49]。这个变换会被应用到 DNN 的每一个输入向量上（通常是多帧特征拼接而成的）或者是拼接前的每一帧特征上。

在 GMM-HMM、浅层 MLP 和深层神经网络 DNN 上基于说话人自适应技术的特征变换。

引自文献 [49] 的表 8.2 比较了在 GMM-HMM、浅层 MLP 和深层神经网络 DNN 上基于说话人自适应技术的特征变换。可以发现，VTLN 和 fMLLR 都对 GMM 减少说话人之间的差异性起到了非常重要的作用。事实上，它们分别贡献了相对 9% 和 5% 的错误率降低。这两种技术对浅层 MLP 也很重要，分别带来了相对 7% 和 4% 的错误率降低。但这些技术对 DNN 系统来说相对没有这么重要，相对于与说话人无关的 DNN 系统来说，只能为错误的减少贡献 2%。这个发现说明 DNN 同 GMM 和浅层 MLP 相比对说话人之间的变化有更好的鲁棒性。

表 8.2 在 Hub5'00-SWB 数据集上的词错误率（WER）

说话人自适应技术	CD-GMM-HMM (40-mixture)	CD-MLP-HMM (1×2048)	CD-DNN-HMM (7×2048)
说话人无关	23.6%	24.2%	17.1%
+ VTLN	21.5% (–9%)	22.5% (–7%)	16.8% (–2%)
+ fMLLR/fDLR×4	20.4% (–5%)	21.5% (–4%)	16.4% (–2%)

注：圆括号内表示相对变化总结自 Seide 等[49]

8.4.2 对环境变化的鲁棒性

类似地，基于 GMM 的声学模型对环境的变化也非常敏感。为了解决这个问题，许多技术已经得到了很好的发展，比如向量泰勒级数（Vector Taylor Series，VTS）[169, 274–276] 自适应和最大似然线性回归（Maximum

Likelihood Linear Regression，MLLR）[277]、归一化输入特征或者自适应模型参数。相比之下，在前面章节里的分析显示出，对在训练数据里出现过的环境变化，DNN 有能力生成鲁棒的内部特征表示。

在一些方法（比如 VTS 自适应）里，常用一个估计的噪声模型来自适应语音识别器的高斯参数，其主要根据是一个噪声如何污染干净语音的物理模型。干净语音 $\boldsymbol{x}$、污染（或者嘈杂的）语音 $\boldsymbol{y}$ 和噪声 $\boldsymbol{n}$ 之间在对数频域上的关系可以被近似表示为

$$\boldsymbol{y} = \boldsymbol{x} + \lg(1 + \exp(\boldsymbol{n} - \boldsymbol{x})) \tag{8.4}$$

在 GMM 中，这个非线性关系常用一阶 VTS 来近似。然而在 DNN 中，因为有许多层的非线性变换，它可以直接建模出任意的非线性关系，包括在公式 (refeq:log-y-n-x-relation) 中所描述的关系。因为我们对从嘈杂语音 $\boldsymbol{y}$ 和噪声 $\boldsymbol{n}$ 到干净语音 $\boldsymbol{x}$ 的非线性映射很感兴趣，所以我们可以在每一个观察输入（嘈杂语音）之外，再增加一个信号噪声 $\hat{\boldsymbol{n}}_t$ 的估计值，将这个扩展特征输入神经网络中，即

$$\boldsymbol{v}_t^0 = [\boldsymbol{y}_{t-\tau}, \cdots, \boldsymbol{y}_{t-1},\ \boldsymbol{y}_t,\ \boldsymbol{y}_{t+1}, \cdots, \boldsymbol{y}_{t+\tau},\ \hat{\boldsymbol{n}}_t] \tag{8.5}$$

其中，$2\tau + 1$ 帧窗宽的嘈杂语音和一帧噪声估计被用作网络的输入。该过程同时在训练和解码中执行，因此是传统噪声自适应训练（Noise Adaptive Training，NAT）[172] 的一个扩展。由于 DNN 采用了噪声估计来自动学习嘈杂语音和噪声到状态标注的映射关系（隐含的通过估计干净语音的方式来实现），所以该技术被称为噪声感知训练（Noise-aware Training，NaT）[268, 278]。

DNN 对环境失真的鲁棒性可以从在 Aurora 4数据集[279] 上展开的实验中比较清晰地看到。这个数据集是在《华尔街日报》(*Wall Street Journal*，WSJ0）数据集上的一个 5000 词的识别任务。模型训练是在 16kHz 的多环境混杂的训练集上进行的，其中包括来自 83 个说话人的 7137 句音频。一半的数据是由高质量的近讲话筒录制的，另一半数据是用 18 个不同的辅助话筒中的某一个录制的。这两部分数据都包括干净语音和噪声污染的语音，其中所加噪声是六种不同类型的噪声（街道交通、火车站、车站、胡言乱

语、饭店、机场）中的一种，所加信噪比（Signal-to-noise Ratios，SNR）的范围是 10~20dB。

用于评价衡量的测试集包括 330 句来自 8 个说话人的音频。这个测试集是由主麦克风和一些辅助麦克风分别录制的。然后这两个集合分别被同样的在训练集中使用的六种噪声污染（信噪比在 5~15dB），创造出总共 14 个测试集合。这 14 个测试集合被归类为 4 个子集合，根据噪声污染的类型可分为：无噪声（干净语音）、只有加性噪声、只有信道噪声，以及加性噪声和信道噪声同时存在。注意，虽然不同的噪声类型同时出现在训练集和测试集中，但是数据的信噪比并不一定相同。

DNN 使用 24 维的对数梅尔滤波带特征（并在句子层做均值归一化）做训练，一阶和二阶差分特征被附加到静态特征向量后面。输入层由 11 帧的上下文窗口组成，这样产生一个含 792 个输入神经元的输入层。该 DNN 有 7 个隐层，每个隐层都包含 2048 个神经元，且 softmax 输出层有 3206 个神经元（相当于 HMM 基线系统的聚类后的状态）。该网络使用一层接一层的生成式预训练初始化，然后使用反向传播鉴别性训练。为了减少过拟合，在训练中采用了在4.3.4节中讨论到的 dropout[187] 技术。

在表 8.3（总结自文献 [268, 278]）中，对比了 DNN 和多个 GMM 系统所能达到的性能。第一个系统是 GMM-HMM 的基线系统，而其他系统则代表在声学建模、噪声和说话人自适应上的最先进的 GMM 系统。它们都使用了相同的训练集合。

表 8.3 在 Aurora 4 任务上关于文献中的几个 GMM 系统和 DNN 系统的对比

系统	扭曲失真				平均
	无（干净）	噪声	信道	噪声 + 信道	
GMM 基线	14.3%	17.9%	20.2%	31.3%	23.6%
MPE + NAT + VTS	7.2%	12.8%	11.5%	19.7%	15.3%
NAT + Derivative Kernels	7.4%	12.6%	10.7%	19.0%	14.8%
NAT + Joint MLLR/VTS	5.6%	11.0%	8.8%	17.8%	13.4%
DNN (7 × 2048)	5.6%	8.8%	8.9%	20.0%	13.4%
DNN + NaT + dropout	5.4%	8.3%	7.6%	18.5%	12.4%

“MPE+NAT+VTS” 系统结合了最小音素错误（Minimum Phone

Error，MPE）鉴别性训练[11] 和噪声自适应训练（Noise Adaptive Training，NAT），并使用 VTS 自适应方法来补偿噪声和信道不匹配[280]。“NAT +Derivative Kernels”系统使用了一个多路混合“鉴别式/生成式”分类器[281]。它首先用一个采用了 VTS 自适技术的 HMM，基于状态似然度及其导数来生成一组特征。然后这些特征被输进一个鉴别式的对数线性模型里来获取最终的识别文本。“NAT+Joint MLLR/VTS”系统使用了一个用 NAT 训练的 HMM，并结合用于环境修正的 VTS 自适应和用于说话人自适应的 MLLR[173]。表 8.3 的最后两行显示了这两个 DNN-HMM 系统的性能。“DNN(7×2K)”系统是一个标准的简单结构 CD-DNN-HMM，它有 7 个隐层，每层有 2K 个神经单元。尽管结构简单，但它仍然胜过了除“NAT+Joint MLLR/VTS”外的所有系统。最后，“DNN+NaT+dropout”系统使用了噪声感知训练和 dropout 获得了最好的性能。另外，所有的 DNN-HMM 结果都是在第一次解码上的基础上得到的，而其他 3 个系统需要两次或者更多次地进行识别（对于噪声、信道或者说话人自适应）。这些结果清楚地展示了 DNN 对从噪声和信道不匹配中来的多余变化的鲁棒性。

8.5 对环境的鲁棒性

8.4节讲述的鲁棒性结果似乎在暗示与在干净环境下相比，在噪声环境下，DNN 可以取得更高的错误率下降。实际上，这是不对的，这些结果仅仅表明 DNN 系统比 GMM 系统对说话人和环境影响更加鲁棒。8.2节讨论的高隐层的摄动收缩属性其实是被均衡地应用于各种声学条件的。在本节中，借助文献 [282] 中的结果，我们来说明相对于 GMM 系统，DNN 在不同的噪声信噪比和说话语速条件下，所取得的性能提升其实是相似的。

在文献 [282] 中，在移动手机语音搜索（VS）和短消息听写（SMD）数据集上通过一系列的实验对比 GMM 和 DNN 系统的性能。这两个数据集都是拥有数百万用户的真实应用，是在各种声学环境和不同说话人类型的条件下收集得到的。之所以选用这两个数据集，是因为它们基本涵盖了大词汇连续语音识别系统主要的声学环境变化，并且各个环境都有足够的数据保证训练的有效性。论文作者在 400 小时 VS/SMD 数据上分别训练了 GMM 和 DNN 模型。GMM 系统的输入特征使用 MFCC 特征及其三阶差分，并使用 HLDA 降到 39 维。训练使用目前在 GMM-HMM 系统下最有效的模型训练准则：特征空间最小音素错误率准则（fMPE）[154] 和增强型最大互信息准则（bMMI）[161]。DNN 系统使用 29 维度的对数滤波器组特征及其一阶和二阶差分，并对该特征做前后 5 帧扩展得到 957 维的向量作为输入特征，使用交叉熵（CE）准则训练模型。两种模型使用相同的训练数据和状态聚类决策树。GMM 系统中的词图生成和 DNN 系统中的状态级标注对齐采用了同一个基于最大似然估计的 GMM 模型，在 100 小时 VS/SMD 测试数据上进行了分析研究，这 100 小时 VS/SMD 测试数据是从数据集中随机采样得到的，并且和训练数据有相同的数据分布。

8.5.1 对噪声的鲁棒性

摘自文献 [282] 的图8–8和图8–9分别在 VS 和 SMD 两个数据集上对比了 GMM-HMM 系统与 CD-DNN-HMM 系统在不同信噪比下的错误模式。从这些图中可以观察到，在所有不同的信噪比下，CD-DNN-HMM 系统都远远好于 GMM-HMM 系统。但有趣的是，可以看到在 VS 和 SMD 两个数据集上，在所有不同的信噪比情况下，CD-DNN-HMM 系统相对于 GMM-HMM 系统都取得了基本一致的性能提升。这里使用一种新的方式度量 DNN 模型的噪声鲁棒性：每 1dB 信噪比下降时识别性能的变化。对于 VS 数据集，每 1dB 信噪比下降时会有绝对 0.40%（或相对 2.2%）的 WER 增长；当信噪比从 40dB 降到 0dB 时，WERs 从 18% 升到 34%。对于 SMD 数据集，相同的 1dB 信噪比下降会导致绝对 0.15%（相对 1.3%）的 WER 增长；在相同的信噪比变化范围内，WERs 从 12% 增长到 18%。两种不同任务间对噪声信噪比敏感度的差异很可能是因为 SMD 识别任务有更低的语言模型混淆度（PPL）。同样，当使用 GMM 系统时，每 1dB 信噪比下降在 VS 和 SMD 数据集上分别会带来绝对 0.6% （相对 2.6%）和绝对 0.2%（相对 1.2%）的 WER 增加。

这些结果表明 CD-DNN-HMM 系统比 GMM 系统的鲁棒性更好，因为 CD-DNN-HMM 系统每 1dB 信噪比下降时有更低的 WER 增长；在图中表现为相对于 GMM 系统有更平缓的曲线变化。然而两种系统在该指标上的差别是非常小的。可以看出，DNN 模型的语音识别性能依然会在实际移动手机语音应用常见的信噪比范围内有很大的起伏。这也表明在 DNN 系统下，噪声鲁棒性依然是一个重要的研究领域；语音增强、鲁棒声学特征和其他一些多环境混合学习技术依然需要弥补性能上的差异，进而提升基于深度学习的声学模型的整体性能。

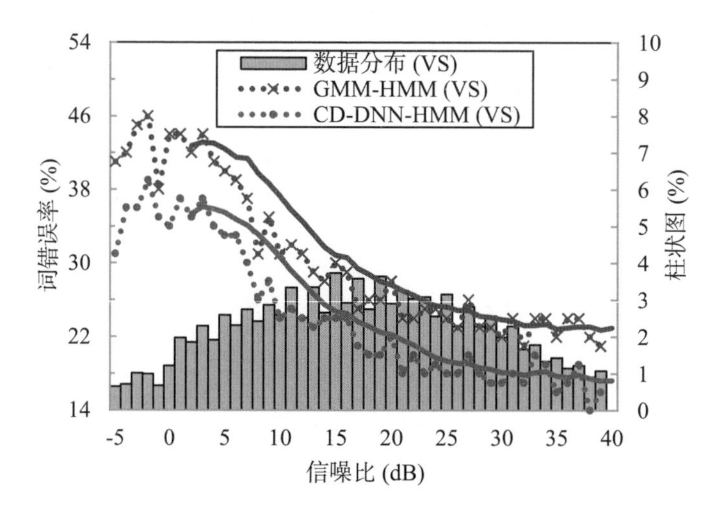

图 8–8　在 VS 数据集上不同信噪比下 GMM-HMM 和 CD-DNN-HMM 的性能

注：图中实线是回归曲线（图片摘自 Huang 等[282]，由 ISCA 授权）

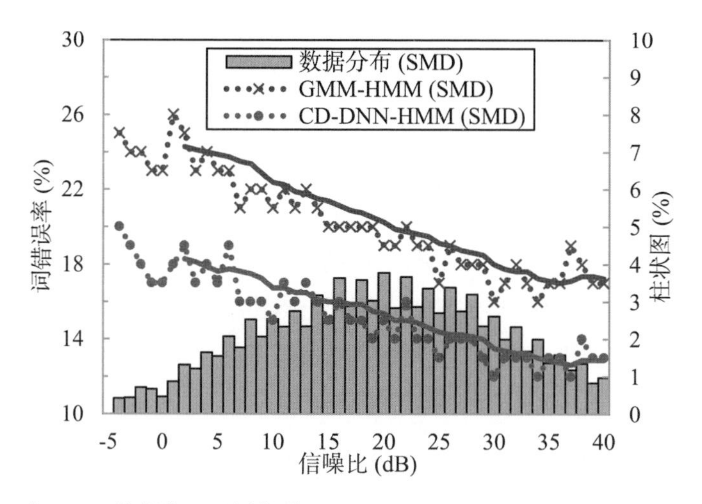

图 8–9　在 SMD 数据集上不同信噪比下 GMM-HMM 和 CD-DNN-HMM 的性能

注：图中实线是回归曲线（图片摘自 Huang 等[282]，由 ISCA 授权）

8.5.2　对语速变化的鲁棒性

语速变化是另一个常见的影响语音可懂度和语音识别性能的因素。语速的变化和说话人的变化、不同的说话模型和说话方式有关。语速变化可以从几方面导致语音识别性能的下降。首先，因为一个音素的声学得分是相同音素段的所有帧的和，所以语速的变化会影响声学分数的动态范围。其次，固定的帧率、帧长和上下文窗宽不足以捕捉快速和慢速语音间瞬时的转换，从而导致次优建模。再者，由于人类发声器官的限制，语速的变化可能导致轻微的共振峰偏移。最后，极快的语速有可能导致共振峰目标和音素的遗失。

摘自文献 [282] 的图8–10和图8–11分别在 VS 和 SMD 两个数据集上描述了不同语速下 WER 的差异，这里使用每秒钟的音素数度量语速[1]。从这些图中可以看到，CD-DNN-HMM 系统在所有语速下比 GMM-HMM 系统

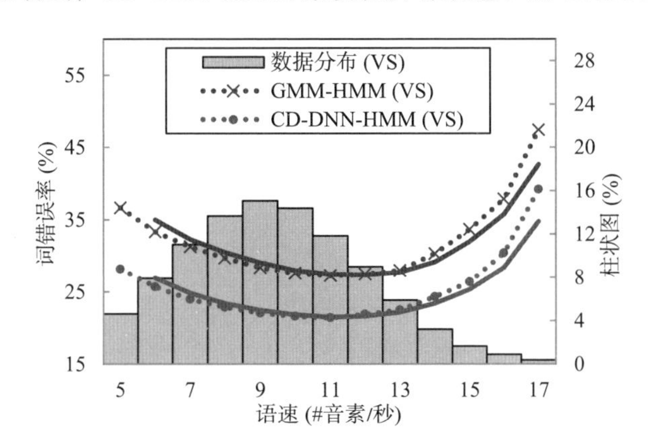

图 8–10　在 VS 数据集上不同语速下 GMM-HMM 和 CD-DNN-HMM 的性能

注：图片摘自 Huang 等[282]，由 ISCA 授权，柱状图表示不同信噪比数据所占比例

有一致的 WER 下降。和噪声鲁棒语音识别不同的是，在 VS 和 SMD 两个数据集上都观察到了 U 型性能变化曲线。在 VS 数据集上，最好的识别结果出现在每秒钟 10 到 12 个音素附近。当说话语速偏移最好的点 30% 左右时，会造成相对 30% 的 WER 增长；同时在 SMD 数据集上，当说话语速

1　文献 [282] 中还尝试了其他一些语速度量方法，例如每秒的辅音数，并且语速使用了不同音素的平均长度正则化。实验结果表明，无论使用哪种度量方式，WER 变化的方式都非常相似。

距离最优点偏移 30% 左右时，会有相对 15% 的 WER 增长。为了弥补语速差异带来的影响，需要其他建模技术。

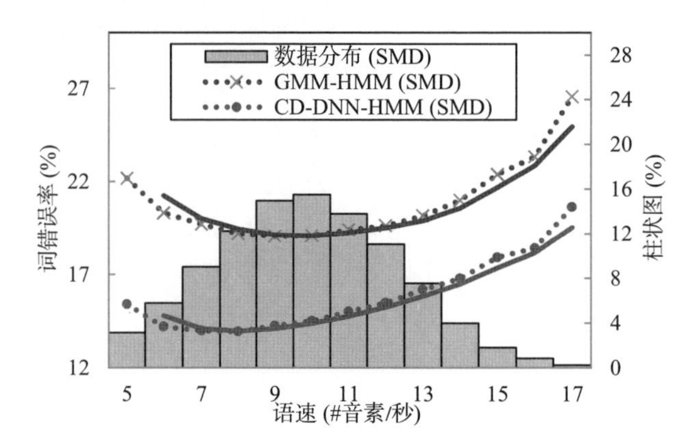

图 8–11　在 SMD 数据集上不同语速下 GMM-HMM 和 CD-DNN-HMM 的性能

注：图片摘自 Huang 等[282]，由 ISCA 授权，柱状图表示不同信噪比的数据所占比例

8.6 信号严重失真情况下的推广能力

在8.2节中，我们已经说明了输入数据中的小扰动会在我们转移到更高层次时在表达的过程中逐渐收缩。如8.4 节中所述，这个性质使得 DNN 系统对不同的说话人和环境变量具有鲁棒性。在8.5节中，我们说明了这个性质在不同的 SNR 水平和语速上都是成立的。在本章中，我们指出，上面的结果仅仅在训练样本附近只有小扰动时才有效。当测试样本和训练样本之间有足够大的偏移时，DNN 不能准确地对它们进行分类。换句话说，在训练过程中，DNN 必须能看到数据中有代表性的变化的例子才能在测试数据中对拥有相似变化的数据具有一般性。这和其他的机器学习方法是一致的。

这种表现可以被一个混合带宽语音识别的研究来证明。典型的语音识别器是通过用 8kHz 采样率录音的窄带语音信号或者 16kHz 采样率录音的宽带语音信号进行训练的。一个单独的系统如果能够同时识别窄带和宽带语音（例如混合带宽自动语音识别），那么将会是很有优势的。图8–12描述了一个这样的系统。它最近在 CD-DNN-HMM 框架下被提出[272]。在这个混合带宽自动语音识别系统中，DNN 的输入是 29 维梅尔域对数滤波组输出及其跨 11 帧上下文窗的动态特征。DNN 包括 7 个隐层，每层有 2048 个节点。输出层包含 1803 个神经元，每个神经元对应从 GMM 系统中得到 senone 的个数。

29 维滤波组包含两部分：前 22 个滤波器覆盖了 0~4kHz 频带，后 7 个滤波器覆盖了 4~8kHz 频带。其中较高滤波组的第一个滤波器的中心频率是 4kHz。当语音是宽带信号时，全部 29 个滤波器都有观察值。但当语音是窄带信号时，高频信息并不能被采集到，因此，最后 7 个滤波器被置为 0。

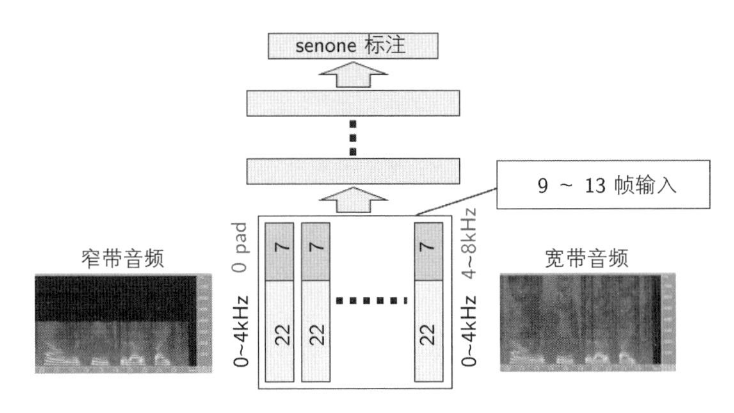

图 8–12 用 DNN 做混合带宽语音识别的图示

注：图来自 Yu 等[268]，由 Yu 授权

实验被设定在一个移动语音检索（VS）的数据集上。这是在智能手机上通过声音进行互联网搜索的任务[2]。其中有两个训练集 VS-1 和 VS-2，分别包括在不同年份里采集到的一共 72 小时和 197 小时的宽带音频数据。测试集（VS-T）包含 9562 个样本，一共包含 26757 个单词。窄带训练集通过对宽带数据进行降采样得到。

摘自文献 [272] 的表 8.4 总结了用和不用窄带语音信号训练的 DNN，分别在宽带和窄带测试集上的 WER。从表 8.4 中可以观察到，如果全部的训练数据都是宽带的，那么 DNN 会在宽带测试集上有更好的效果（27.5%WER），但会在窄带测试集上表现得非常糟糕（53.5%WER）。然而，如果把 VS-2 转换成窄带语音（第二行），并且用混合带宽数据来训练 DNN，那么 DNN 在宽带和窄带语音信号上都会有很好的效果。

表 8.4 用和不用窄带训练数据时在宽带（16k）和窄带（8k）上的词错误率（WER）

训练数据	16kHz VS-T	8kHz VS-T
16kHz VS-1 + 16kHz VS-2	27.5%	53.5%
16kHz VS-1 + 8kHz VS-2	28.3%	29.3%

注：摘自 Yu 等[268] 和 Li 等[272]

为了理解这两种情形的不同，我们对宽带和窄带输入特征对的每一层激活向量 $v^{\ell}(x_{\text{wb}})$ 和 $v^{\ell}(x_{\text{nb}})$ 之间计算其欧氏距离：

$$d_l(x_{\text{wb}}, x_{\text{nb}}) = \sqrt{\sum_{j=1}^{N^{\ell}} \left(v_j^{\ell}(x_{\text{wb}}) - v_j^{\ell}(x_{\text{nb}})\right)^2} \tag{8.6}$$

这里隐层单元被看作宽带特征 x_{wb} 或者窄带特征 x_{nb} 的函数。由于顶层的输出是 senone 的后验概率，我们可以计算这两个概率 $p(s_j|x_{\text{wb}})$ 和 $p(s_j|x_{\text{nb}})$ 之间的 KL 距离：

$$d_y\left(x_{\text{wb}}, x_{\text{nb}}\right) = \sum_{j=1}^{N^L} p(s_j|x_{\text{wb}}) \lg \frac{p(s_j|x_{\text{wb}})}{p(s_j|x_{\text{nb}})}, \tag{8.7}$$

这里 N^L 是 senone 的个数，s_j 是 senone 的编号。表 8.5 显示了从测试集中随机采样的 40000 帧对只用宽带语音信号和用混合带宽语音信号训练的 DNN 的统计量，分别为 d_l 和 d_y。

表 8.5 每个隐层间（L1~L7）激活向量的欧氏距离和 softmax 层的后验概率间的 KL 距离

层	误差函数	宽带 DNN	混合带宽 DNN
1	欧氏距离	13.28	7.32
2		10.38	5.39
3		8.04	4.49
4		8.53	4.74
5		9.01	5.39
6		8.46	4.75
7		5.27	3.12
输出层	KL 距离	2.03	0.22

注：摘自 Li[272] 和 Yu[268] 等

从表 8.5 中可以观察到，在混合带宽数据 DNN 上，所有的平均距离比宽带 DNN 都要小。这表明，利用混合带宽的训练数据，DNN 能够学习出宽带和窄带输入特征的不同应当与识别结果不相关这一特性。宽窄带的变化在多层的非线性转换中被抑制。于是最终的表现显得与这些变化更加无关，并且仍旧拥有区分不同类别标注的能力。这种现象在输出层显得更加明显，因为成对输出在混合带宽 DNN 上的 KL 距离只有 0.22nats，远小于宽带 DNN 上观察到的 2.03nats。

8.7 使用合成数据提升鲁棒性

深度学习时代的语音识别系统性能得到了大幅度提升，这得益于大量的训练数据、足够的算力支持。然而，这些深层神经网络模型非常容易在训练集上过拟合，而在新的测试集合上泛化性能差强人意。而真实世界中的数据类型和场景丰富，很难收集到足够的数据来覆盖所有应用场景，并且成本很高。数据扩增（Data Augmentation）和合成通过对原始数据进行扩充，提升其数量和多样性，对防止模型过拟合和增强模型泛化能力，减少训练集合和测试集合之间的失配有着很明显的效果。通过对相关测试场景进行有针对性的数据扩增与合成，能在很大程度上改善领域不匹配（Domain Mismatch）造成的性能下降问题。这里简单介绍几种语音处理领域常见的数据扩增和合成方式。

8.7.1 基于原始音频的数据合成方法

传统的数据扩增方式大多是直接在原始音频文件上进行的，通过叠加特定信号，合成新数据，提升数据的丰富性，使得训练出来的系统更加鲁棒。一般此类数据扩增方法大多是为了增强系统对混响（Reverberation) 或噪声（Noise) 的鲁棒性而设计的[283]。

- 针对混响情况，一般通过卷积操作叠加原始音频和房间冲激响应（Room Impulse Response，RIR）的数据扩增办法来改善，RIR 可以是在真实场景下录制的[284–286]，也可以是通过算法模拟的[287]。
- 针对噪声情况，一般通过直接在原始音频上叠加特定噪声信号进行数据扩增，对在噪声环境下的特定应用场景定制系统有很明显的改善效果。

除此之外，通过对原始音频其他相关特性进行一些调整，也可以合成很多有用的数据，比如语速调整（Speed Perturbation）[283]、音量调整（Volume Perturbation）[283]，以及韵律调整（Prosody Modification）[288] 等。这些数据扩增方法已经在很多应用场景下都表现出了比较好的效果[283, 288]。

8.7.2 基于频谱特征的数据合成方法

在现在流行的基于神经网络的语音识别技术中，更灵活的在线数据增强技术层出不穷，这里介绍两种简单而有效，被很多研究者采用的方法：Mixup[289, 290] 和 SpecAugment[291]。

SpecAugment 是 2019 年 Google 针对语音识别任务提出来的，是直接在训练过程中对输入频谱特征进行变换的数据扩增方式，虽然简单但是非常有效。类似的方法在计算机视觉领域也被证明效果不错[292]。SpecAugment 一共包括 3 种针对频谱输入的变换方法。

- 时间形变（Time Warping）：随机选取第 τ 帧特征，向左或者向右进行 w 帧的时间形变。
- 频带掩蔽（Frequency Masking）：随机掩蔽掉连续的 f 个频带。
- 时间掩蔽（Time Masking）：随机掩蔽掉连续的 t 帧输入特征。

这 3 种变换方法的效果可以参考图8–13。

Mixup 首先在图像领域被提出[289]，后来被证明对语音识别系统训练也有帮助[290]。给定训练样本 x_i 和 x_j 和其对应的标签 y_i 和 y_j，我们可以按照如下算法生成新的训练数据 $\tilde{x}$ 及其标签 $\tilde{y}$:

$$\tilde{x} = \lambda x_i + (1-\lambda)x_j \tag{8.8}$$

$$\tilde{y} = \lambda y_i + (1-\lambda)y_j \tag{8.9}$$

其中，x 是通过对不同类别特征和其对应标签的等比例加和，得到的新的样本点和其对应的标签。当然，得到的新的样本点对应的标签也不再是独

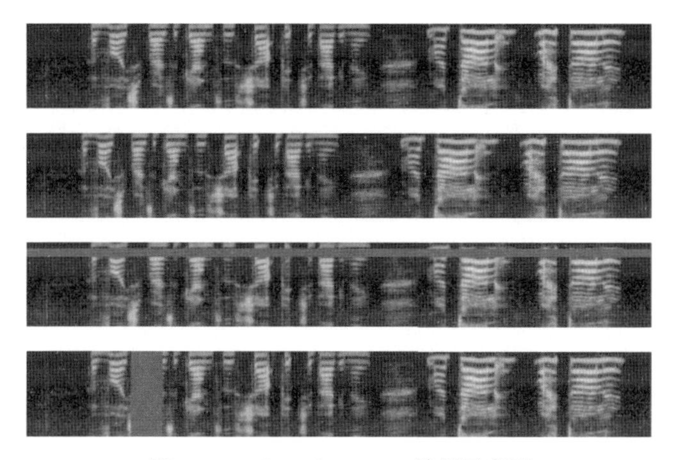

图 8–13 SpecAugment 效果示意图

注：从上至下依次展示了原始频谱和经过时间扭转、频带掩蔽、时间掩蔽的频谱（图片来自文献 [291]）

热表示（one-hot）。在另一篇文献 [293] 中，可以发现如果限制 λ 为较大的值，同时保持新样本点 $\tilde{x}$ 的标签 $\tilde{y}$ 等同于原来的标签 y_i，对语音识别系统性能也有提升。在这种方法中，其实可以认为 x_j 是作为噪声被添加到 x_i 上去的，跟对输入特征添加高斯噪声的思路类似，但是可以取得更优异的性能表现。

8.7.3 基于生成式机器学习模型的数据合成方法

除了上述提到的直接基于音频或者频谱的数据合成方法，也有研究者采用深度生成模型（Deep Generative Model）来做数据扩增，目前最常用的是生成对抗网络（Generative Adversarial Network，GAN）和变分自编码器（Variational Autoencoder，VAE）。通过利用 GAN 和 VAE 来生成更多的训练样本，此类方法在语音识别[294, 295, 295] 和说话人识别[296, 297] 等任务上都取得了一定的效果。

此外，研究者尝试利用语音合成（Speech Synthesis）技术来进行数据扩增，改善在有限训练数据下的语音识别系统训练[298–303]。

总而言之，数据扩增和合成是一种简单有效地增强系统鲁棒性的方法，对于训练数据不足如低数据资源语音识别的情况改善效果显著。近年来, 新的数据扩增方法层出不穷，这将持续是一个热门的研究方向。

第 9 章

深层神经网络和混合高斯模型的融合

摘要 本章中，我们将介绍将深层神经网络（DNN）和混合高斯模型（GMM）融合使用的技术。首先介绍 Tandem 和瓶颈特征方法，这个方法将 DNN 作为特征提取的工具，通过使用 DNN 的隐层输出来代替原始输入特征给 GMM 模型使用。然后介绍 DNN-HMM 混合系统和 GMM-HMM 系统在识别结果及帧层面的分数的融合技术。

9.1 在GMM-HMM系统中使用由DNN衍生的特征

在第 8 章中展示了在深层神经网络–隐马尔可夫模型（DNN-HMM）混合系统中，深层神经网络（DNN）同时学习非线性的特征变换和对数线性分类器。更重要的是，通过深层神经网络学到的特征表示比原始特征在说话人和环境变量方面更加鲁棒。一个很自然的想法就是将深层神经网络的隐层和输出层视为更好的特征，并且将它们用于传统的混合高斯隐马尔可夫模型（GMM-HMM）系统中。

9.1.1 使用 Tandem 和瓶颈特征的 GMM-HMM 模型

在使用浅层的多层感知器时期，在文献 [233] 中提出了被称为 Tandem 的方法，这是最早的将隐层和输出层视为更好的特征的方法。Tandem 方法通过使用从一个或者多个神经网络中衍生出的特征来扩展 GMM-HMM 系统中的输入向量。因为神经网络输出层的维度和训练目标的维度是一样的，所以 Tandem 特征通常以单音素分布为训练目标以控制所增加的特征的维度。

另外，文献 [304, 305] 提出了使用瓶颈隐层（隐层节点个数比其他隐层的少）的输出作为特征的方法来代替直接使用神经网络的输出。因为对隐层大小的选择是独立于输出层大小的，所以这个方法提供了训练目标维度和扩展的特征维度之间的灵活性。瓶颈层在网络中建立了一个限制，将用于分类的相关信息压缩成一个低维度的表示。注意，在自动编码器（一种以输入特征本身作为预测目标的神经网络）（见第 5 章）中，也可以使用瓶颈层。因为瓶颈层的激活函数是一个关于输入特征的低维的非线性函数，所以一个自动编码器也可以被视为一种非线性的维度下降的方法。然而，因为从自动编码器中学习到的瓶颈特征对识别任务没有针对性，所以这些特征通常不如从那些用于进行识别的神经网络的瓶颈层提取的特征有区分性。

近期的许多工作[306–308] 都使用了类似的方法将神经网络特征运用于大词汇语音识别任务中，包括使用神经网络的输出层或者更早的隐层来扩展 GMM-HMM 系统中的特征。在更新的工作中，深层神经网络代替了浅层的多层感知器来提取更鲁棒的特征。这些深层神经网络的识别目标通常采用聚类后的状态来代替单音素。基于这个原因，我们通常使用隐层特征，而不是输出层特征来应对后续的 GMM-HMM 系统。

图9–1展现了 DNN 中典型的用于提取特征的隐层。图9–1(a) 展现了一个所有的隐层都拥有相同的隐层节点的 DNN，最后一个隐层被用于提取深度特征。这个特征通常会链接上 MFCC 和 PLP 等原始特征。然而，在这样一个结构中，生成的特征维度通常非常高。为了使其更易于管理，我们可以使用主成分分析（PCA）来减少特征的维度。另一种方法是我们可以直接减少最后一个隐层的大小，将其改造成为一个瓶颈层，如图9–1(b) 所示。因为所有的隐层都可以被视为原始特征的一种非线性变换，我们可以使用任意瓶颈层的输出来作为 GMM 的特征，如图9–1(c) 所示。

因为隐层提取的特征将用 GMM 来建模，所以我们应该仅仅使用激励值（经过非线性的激活函数之前的输出），而不是经过激活函数之后的输出值来作为特征。特别是使用 sigmoid 非线性函数时就更是如此，因为 sigmoid 函数的输出值域是 [0,1]，并且主要集中于 0 和 1 两个极值处。更需要考虑的是，即使我们使用瓶颈层来提取特征，瓶颈特征的维度依然很大，而且各个维度之间是相关的。出于这些原因，在将特征运用于 GMM-HMM

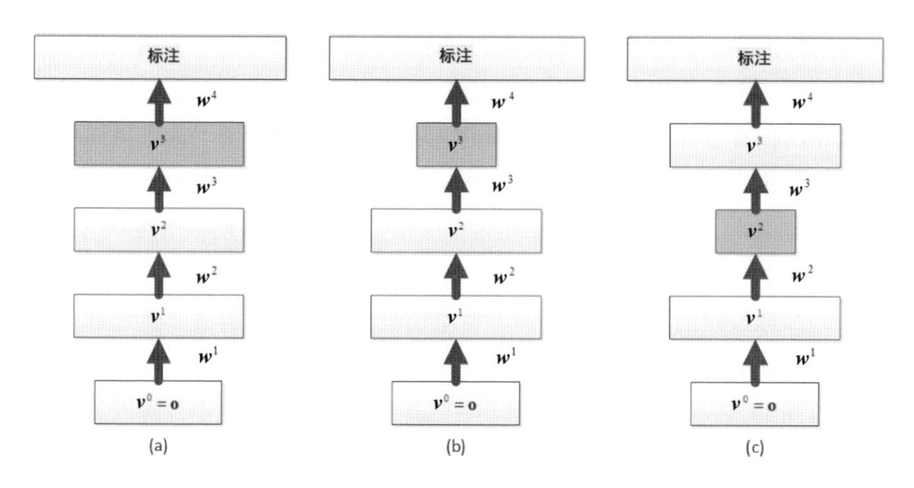

图 9–1　使用 DNN 作为 GMM-HMM 系统的特征提取器

注：带阴影的层的输出将作为后续的 GMM-HMM 系统的特征

系统之前先使用 PCA 或者 HLDA 处理一下会很有帮助，如图9–2 所示。

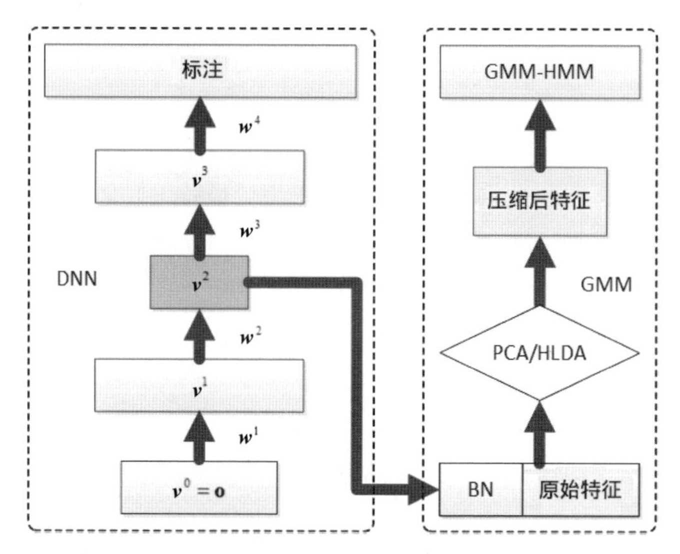

图 9–2　在 GMM-HMM 系统中使用 Tandem（或者瓶颈层）特征

注：DNN 用于提取 Tandem 或者瓶颈特征（BN），然后拼接上原始特征。合并后的特征在使用 GMM-HMM 进行建模之前使用 PCA 或者 HLDA 进行压缩降维和去相关

注意到因为 Tandem（或者瓶颈）特征与 GMM-HMM 系统的训练是独立的，所以很难知道哪一个隐层可以提取最好的特征。同样，添加更多

的隐层对性能是否有帮助也很难得知。比如，Yu 和 Seltzer[309] 展示了（见表 9.1）在声音搜索数据集中[2]（见6.2.1节）一个拥有 4 个隐层的深层神经网络比拥有 3 个或者 7 个隐层的深层神经网络性能要好。表 9.1 同样指出了使用生成性的预训练（见第 5 章）在同一个数据集上对识别效果有帮助。在实验中，他们使用了 39 维的 MFCC 特征，前后连接 5 帧共 11 帧作为 DNN 的输入，瓶颈层拥有 39 个神经元，非瓶颈层拥有 2048 个神经元。在预训练时的学习率是每样本平均 $1.5e^{-5}$。在精细调整训练的前 6 轮学习率是每样本 $3e^{-4}$，后 6 轮是每样本 $8e^{-6}$。DNN 使用的批量块大小是 256，采用小批量随机梯度下降方法进行训练。提取的瓶颈特征随后直接使用或者连接上原始的 MFCC 特征去训练 GMM-HMM。无论是直接使用瓶颈特征还是连接上原始的 MFCC 特征，这些特征都使用 PCA 来相关，并且降到 39 维。

表 9.1 使用不同深度的 DNN 提取瓶颈特征的开发集句错误率（SER）比较

隐层个数	3	5	7
不使用 DBN 预训练	41.1%	34.3%	36.1%
使用 DBN 预训练	34.3%	33.4%	34.1%

注：摘自 Yu 和 Seltzer[309]

Yu 和 Seltzer 还指出，使用聚类后的状态作为识别目标相比使用单音素或者使用无监督的方法性能更好，如表 9.2 所示。无监督的瓶颈特征提取和使用单音素或者聚类后的状态作为训练目标提取瓶颈特征的性能相差巨大。这清晰地显示出，使用任务相关的信息用于训练特征是非常重要的。

表 9.2 在不同的监督标注情况下的句错误率（SER）比较

瓶颈特征训练的标注	开发集句错误率	测试集句错误率
无	39.4%	42.1%
单音素状态	35.2%	37.0%
从聚类后的状态转换过来的单音素状态	34.0%	35.7%
聚类后的状态（senones）	33.4%	34.8%

注：所有的情况都进行了 DBN 预训练（摘自 Yu 和 Seltzer[309]）

9.1.2 DNN-HMM 混合系统与采用深度特征的 GMM-HMM 系统的比较

DNN-HMM 混合系统与采用深度特征（即从 DNN 中提取的特征）的 GMM-HMM 系统最主要的区别是分类器的使用。在 Tandem 或者瓶颈特征系统中，GMM 被用于代替对数线性模型（深层神经网络中的 softmax 层）。当使用同样的特征时，GMM 拥有比对数线性模型更好的建模能力。实际上，在 Heigold 等的文章[310] 里指出，在对数线性模型中使用一阶和二阶特征的时候，GMM 和对数线性模型是等价的。其结果也说明了 GMM 可以被一个拥有非常宽的隐层，同时隐层与输出层连接很稀疏的单隐层神经网络建模。从另一个角度说，因为隐层和输出层的对数线性分类器的训练是同时被优化的，所以在 DNN-HMM 混合系统中的隐层特征与分类器的匹配会比在 Tandem 和瓶颈特征中更好。这两个原因相互抵消，最后的结果是这两种系统的性能几乎是相等的。然而，在实际情况下，CD-DNN-HMM 系统运用起来更简单。

使用在 GMM-HMM 系统中深层神经网络提取的特征的主要好处是可以使用现存的已经能很好地训练和自适应 GMM-HMM 系统的工具。同样，也可以使用训练数据的一个子集去训练提取特征的深层神经网络，然后使用所有的数据提取深层神经网络特征应对训练 GMM-HMM 系统。

在文献 [311] 中，Yan 等系统地通过实验比较了 CD-DNN-HMM 系统和使用 DNN 提取的特征的 GMM-HMM 系统。在论文中，他们使用了最后一个隐层的激励作为 DNN 提取的特征，如图 9–1(a) 所示。然后提取的特征通过 PCA 被压缩并且连接上原始的谱特征。扩展后的特征继续使用 HLDA 压缩[232]，使得最后的维度适合 GMM-HMM。实验的数据集是 Switchboard（SWB）（见6.2.1节），这里把使用深度特征的 GMM-HMM 系统称为 DNN-GMM-HMM，在实验中，解码和基于词网格的序列级训练时使用的声学缩放系数为 0.5（即简单地把声学的对数似然乘以 0.5），这个设置能得到最好的识别正确率。实验中使用和其他工作[13, 49, 226] 相同的 PLP 特征及训练和测试配置以进行结果比较。

表 9.3 总结于文献 [226, 311]，它比较了 CD-DNN-HMM 和使用深

度特征的 GMM-HMM 系统。在这些论文里，他们使用了 309 小时的 SWB 数据进行训练，在 SWB Hub5'00 测试集进行性能验证。可以观察到，虽然区域相关的线性变换（Region Dependent Linear Transformation，RDLT）[312, 313] 将性能从 17.8% 改善到 16.1%，使用 MMI 训练的 DNN-GMM-HMM 依然比同样使用 MMI 训练（见第 15 章）的 CD-DNN-HMM 要差。

表 9.3 SWB Hub5'00 测试集上的词错误率

CD-DNN-HMM		DNN-GMM-HMM		
CE	MMI	ML	RDLT	MMI
16.4%	13.7%	17.8%	16.1%	15.3%

注：使用 309 小时训练数据，DNN 拥有 7 个隐层，每个隐层有约 2000 个神经元，输出层有约 9300 个聚类后的状态（参见文献 [311] 和 [226]）

表 9.4 比较了使用 2000 小时训练数据的时候 CD-DNN-HMM 和 DNN-GMM-HMM 的性能。我们可以观察到使用了 RDLT 和 MMI 的 DNN-GMM-HMM 性能比使用 MMI 训练的 CD-DNN-HMM 略好。综合这两个表，我们可以观察到，DNN-GMM-HMM 相比其提升的复杂度，性能上的提升并不显著。

表 9.4 使用 2000 小时训练数据训练的模型在 SWB Hub5'00 测试集上的词错误率

CD-DNN-HMM		DNN-GMM-HMM		
CE	MMI	ML	RDLT	MMI
14.6%	13.3%	15.6%	14.5%	13.0%

注：DNN 拥有 7 个隐层，每个隐层有约 2000 个神经元，输出层有约 18000 个聚类后的状态（参见文献 [311]）

在前面的讨论中，DNN 的衍生特征都直接来自隐层。在文献 [314] 中，Sainath 等探索了一个不那么直接的方法。在其设置中，DNN 拥有 6 个隐层，每个隐层有 1024 个神经元，输出层有 384 个 HMM 的状态。与文献 [311] 中相同的是 DNN 没有瓶颈层，所以它能比使用瓶颈层的 DNN 更好地对 HMM 状态进行分类。不同于文献 [311]，它们使用了输出层的激励（softmax 函数调用之前的输出），而不是将最后一个隐层作为特征。384 维的激励值随后通过一个 384-128-40-384 的自动编码器被压缩到 40 维。由于瓶颈层出现在自动编码器中，而不是将深层神经网络中，所以这个方法被称为瓶颈自动编码器（AE-BN）网络。

他们在英语广播新闻任务上（English broadcast news）比较了（见表 9.5）使用和不使用 AE-BN 特征的 GMM-HMM 系统。这个数据集拥有 430 小时的训练数据。从表 9.5 可以观察到，在使用相同的训练方法的情况下，在特征空间说话人自适应（FSA）、特征空间增强型 MMI（fBMMI）、模型级增强型 MMI（BMMI）[161]，以及最大似然回归自适应（MLLR）[277] 等系统中，使用 AE-BN 特征的系统总是比不使用的性能要好。他们同样在一个较小的任务上比较了使用 AE-BN 特征的 GMM-HMM 系统和一般的 CD-DNN-HMM。通过比较文献 [314] 和 [315] 中的结果，我们可以观察到，在使用同样的训练准则时，CD-DNN-HMM 比 AE-BN 系统性能略好。

表 9.5　比较 AE-BN 系统和 GMM-HMM 系统

训练方法	基线 GMM-HMM	采用 AE-BN 特征的 GMM-HMM
FSA	20.2%	17.6%
+fBMMI	17.7%	16.6%
+BMMI	16.5%	15.8%
+MLLR	16.0%	15.5%

注：使用 430 小时训练数据，在英文广播新闻数据集上的词错误率（摘自文献 [314]）

9.2　识别结果融合技术

由传统的 GMM-HMM 系统产生的识别错误和由 DNN-HMM 系统产生的识别错误往往是不一样的，所以通过融合 GMM-HMM 和 DNN-HMM 的结果可以获得全局的性能提高。最广泛的系统融合技术包括识别错误票选降低技术（Recognizer Output Voting Error Reduction，ROVER）[316]、分段条件随机场（Segmental Conditional Random Field，SCARF）[317] 和基于最小贝叶斯风险的词图合并（Minimum Bayesian Risk （MBR）Based Lattice Combination）[318]。

9.2.1　识别错误票选降低技术

识别错误票选降低技术（ROVER）[316] 是一个两阶段的生成过程，由对齐和投票两个阶段组成，如图9–3所示。在对齐阶段，图9–4所示的例子来自两个或者多个自动语音识别系统的结果将被组合进一个词转移网络（Word Transition Network，WTN）。为了对齐和合并三个或者更多的识别结果，我们首先为每个识别系统的输出建立一个线性的 WTN。如图9–4所示，比如，在第 1 步的时候，3 个 ASR 的结果使用了 3 个 WTN。通过将 WTN 限制为线性结构，我们可以显著地简化融合过程。为了得到最好的结果，这些 WTN 通过 WER 从小到大排序。第 1 个 WTN（见图9–4中的 WTN-1）拥有最小的 WER，并且被用作基准 WTN，组合 WTN 由它开始展开。第 2 个 WTN 通过使用动态规划（Dynamic Programming，DP）对齐准则和基准 WTN 进行对齐。如图9–4中的第 3 步所示，我们在基准 WTN 中添加来自第 2 个 WTN 的词转移弧。如图9–4中第 4 步所示，随后第 3 个 WTN 合并进入新形成的基准 WTN。这个过程不断重复，直到所有的线性 WTN 都合并入基准 WTN 为止。

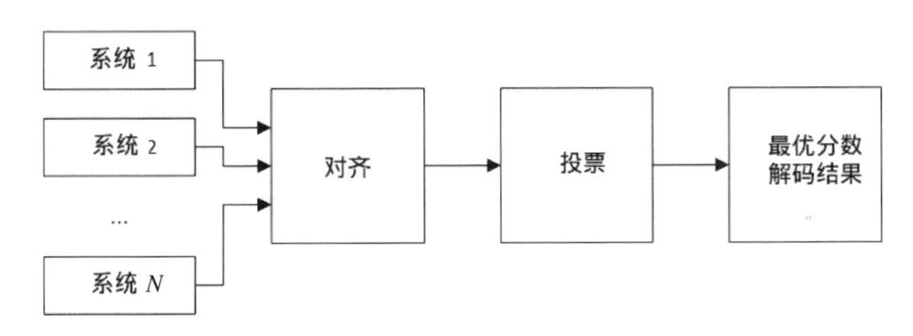

图 9–3　ROVER 的处理过程

一旦得到合并完成的 WTN，投票模型就将使用一种投票方案对每个分支点进行评估，随后挑选最高分的词（拥有最高的票数）作为新的解码结果。投票方案有很多种，比如基于出现的频率、出现的频率与平均的词置信度，或者出现的频率及最大的置信度。一般的记分公式如下：

$$\mathrm{score}\left(w,i\right)=\frac{1}{N}\sum_{n=1}^{N}\left[\alpha\delta\left(w,w_{n,i}\right)+\left(1-\alpha\right)\lambda_n\mathrm{conf}_n\left(w,i\right)\right] \tag{9.1}$$

λ_n 是系统相关的权重，δ 是 Kronecker-δ 函数，i 是对齐的位置，N 是系统

的个数，$\text{conf}(w,i)$ 是词 w 在位置 i 的置信度。票数和平均置信分数加权平均平滑通过 α，并且通常由开发集训练得出。

最近的研究已经表明，使用 ROVER 融合不同的系统几乎总是能得到识别正确率上额外的提高。比如，Sainath 等[314] 报道了在英文广播新闻任务中，使用 50 小时训练数据和 430 小时训练数据，通过融合 AE-BN 系统和基线 GMM-HMM 系统，分别获得了额外 0.9% 和 0.5% 的 WER 下降，如表 9.6 所示。

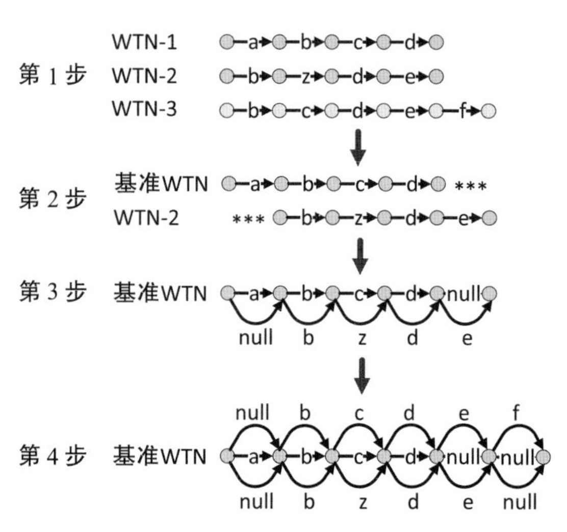

图 9–4　词转移网络合并的过程

注：在第 1 步中，每个 ASR 结果都生成了一个线性词转移网络。在第 2 步中，WTN-1 被选为 WTN-2 用来对齐的基准词转移网络。在第 3 步中，WTN-2 合并进基准 WTN。在第 4 步中，WTN-3 被进一步并入基准词转移网络

表 9.6　使用 ROVER 进行系统融合在英语广播新闻任务中的词错误率

方法	50 小时	430 小时
基线 GMM-HMM	18.8%	16.0%
采用 AE-BN 特征的 GMM-HMM	17.5%	15.5%
双系统 ROVER 融合	16.4%	15.0%

注：摘自文献 [314]

9.2.2 分段条件随机场（SCARF）

在片段化的条件随机场[317] 框架里，给定观察序列 $\boldsymbol{o}$，状态序列为 $\boldsymbol{s}$ 的条件概率为

$$p(\boldsymbol{s}|\boldsymbol{o}) = \frac{\sum_{\boldsymbol{q}:|\boldsymbol{q}|=|\boldsymbol{s}|} \exp\left(\sum_{e\in\boldsymbol{q},k} \lambda_k f_k\left(\boldsymbol{s}_l^e, \boldsymbol{s}_r^e, o(e)\right)\right)}{\sum_{\boldsymbol{s}'} \sum_{\boldsymbol{q}:|\boldsymbol{q}|=|\boldsymbol{s}'|} \exp\left(\sum_{e\in\boldsymbol{q},k} \lambda_k f_k\left(\boldsymbol{s}_l'^e, \boldsymbol{s}_r'^e, o(e)\right)\right)} \tag{9.2}$$

其中，$\boldsymbol{s}_l^e$ 和 $\boldsymbol{s}_r^e$ 分别是识别出的词图中边 e 的左右状态。$\boldsymbol{q}$ 为观察序列的一个划分，这个划分可以引出一组状态间的边 $e \in \boldsymbol{q}$ 的集合。$o(e)$ 是对应边的右侧状态 $\boldsymbol{s}_r^e$ 的观察数据片段，它由某对起止时间点上的一整段观察向量组成。$f_k\left(\boldsymbol{s}_l^e, \boldsymbol{s}_r^e, o(e)\right)$ 是一个定义在边和对应的观察片段上的特征值，λ_k 是该特征的权重。图9–5是 SCARF 的一个例子，其中包含与 7 个观察数据对齐的 3 个状态。最优权重 λ_k 可以通过在训练集合上最大化整个序列的条件对数似然度来获得。

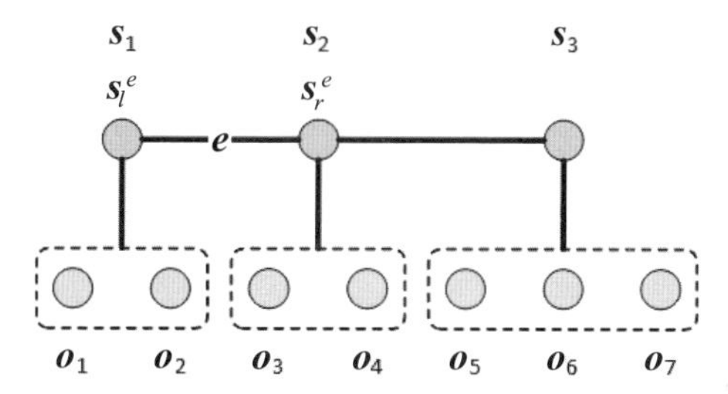

图 9–5 SCARF 的一个例子。图中包含 3 个假设的状态，对齐 7 个观察数据。$\boldsymbol{s}_1$ 是边 e 的左状态 $\boldsymbol{s}_l^e$，$\boldsymbol{s}_2$ 是边 e 的右状态 $\boldsymbol{s}_r^e$。$\boldsymbol{o}(e) = \{\boldsymbol{o}_3, \boldsymbol{o}_4\}$

SCARF 模型成功的关键是从不同的 ASR 系统的识别词图里提取特征形式。典型的特征如下所述。[317]

- 期望特征：通过引入一个字典（给出了每个词对观察单元的拼写）来定义。
- Levenshtein 特征：通过对齐观察的观察单元序列和字典应该得到的子词单元序列来计算。
- 存在特征：指出监测流中一个观察单元和假设的词之间的简单的联合。

- 语言模型特征：直接从语言模型导出。
- 基线特征：从基线的最佳解码序列中提取，当假设的段恰好对应基线中的一个词时，则基线特征为 $+1$，否则为 -1。

在文献 [319] 中，Jaitly 等使用 SCARF 技术合并了 GMM-HMM 系统和 CD-DNN-HMM 系统。对比使用 MMI 准则训练的 CD-DNN-HMM 系统，在声音搜索和 YouTube 任务上，WER 进一步下降了 0.4%（从 12.2% 到 11.8%）和 0.9%（从 47.1% 到 46.2%）。

9.2.3 最小贝叶斯风险词图融合

最小贝叶斯风险融合[318] 旨在寻找一个在不同的融合后的系统中期望词错误率最小的词序列：

$$\boldsymbol{w}^{*}=\arg\min_{\boldsymbol{w}}\left\{\sum_{n=1}^{N}\lambda_{n}\sum_{w'}P_{n}\left(w|o\right)L\left(w,w'\right)\right\} \tag{9.3}$$

$L\left(\boldsymbol{w},\boldsymbol{w}'\right)$ 是两个词序列的 Levenshtein 距离，$P_{n}\left(\boldsymbol{w}|\boldsymbol{o}\right)$ 是由第 n 种模型计算的给定观察序列 $\boldsymbol{o}$ 后的词序列 $\boldsymbol{w}$ 的后验概率。$P_{n}\left(\boldsymbol{w}|\boldsymbol{o}\right)$ 可由下式计算：

$$P_{n}\left(\boldsymbol{w}|\boldsymbol{o}\right)=\frac{p_{n}\left(\boldsymbol{o}|\boldsymbol{w}\right)^{\kappa}P\left(\boldsymbol{w}\right)}{\sum_{\boldsymbol{w}}p_{n}\left(\boldsymbol{o}|\boldsymbol{w}\right)^{\kappa}P\left(\boldsymbol{w}\right)} \tag{9.4}$$

其中，κ 是声学缩放因子。

在文献 [320] 中，Swietojanski 等证明了通过使用最小贝叶斯风险词图融合，GMM-HMM 和 DNN-HMM 系统相对于单独的 DNN-HMM 系统可以得到 1%~8% 的性能改善。然而 MBR 词图合并不如 ROVER 鲁棒，因为它有时会使错误率增加。

9.3 帧级别的声学分数融合

系统融合也可以在帧级别或者状态声学分数级别进行。最简单有效的方法是把多个系统对观察帧的对数似然度做线性加权平均进行帧同步的融合，如下式所示：

$$\lg p\left(\boldsymbol{o}|s\right)=\sum_{n=1}^{N}\alpha_{n}\lg p_{n}\left(\boldsymbol{o}|s\right) \tag{9.5}$$

其中，α_n 是系统 n 的权重，$p(\boldsymbol{o}|s)$ 是融合后的观察帧 $\boldsymbol{o}$ 给定状态 s 的似然度，$p_n(\boldsymbol{o}|s)$ 是来自系统 n 的似然度。对于 GMM-HMM 系统，这就是观察帧的概率。对于 DNN-HMM 混合系统，这是采用状态先验概率加权后的似然度。同样，我们可以对状态后验概率进行建模：

$$\lg p(s|\boldsymbol{o}) = \sum_{n=1}^{N} \alpha_n \lg p_n(s|\boldsymbol{o}) \tag{9.6}$$

注意到这是一个以帧后验分数作为特征的对数线性模型，可以简单地用一个无隐层的神经网络实现。可以通过增加隐层实现额外的性能提升。这个公式的好处是帧交叉熵（CE）和在第 6、15 章中提到的序列鉴别性训练可以很容易地被用于训练加权平均值或者融合的网络。

在文献 [320] 中，Swietojanski 等报道了通过融合 GMM-HMM 和 DNN-HMM 系统每帧的似然度，可以得到相对 1%~8% 的词错误率下降，和 MBR 词格融合性能一致。注意，因为 GMM-HMM 系统通常比 CD-DNN-HMM 系统性能要差，所以可能的提升本身就是很有限的。

一个更好的方法是融合使用基于深度特征的 DNN-GMM-HMM 系统和 CD-DNN-HMM 系统。这种方法有两个好处：一是 DNN-GMM-HMM 系统的性能和 CD-DNN-HMM 系统很接近，并且它们的结果依然是互补的；二是因为相同的 DNN 可以同时用于 DNN-GMM-HMM 和 CD-DNN-HMM 系统，解码时的额外代价是很有限的，特别是当使用图9–1(a) 中的结构时。通过融合这两个系统，通常可以得到 5%~10% 的相对 WER 下降。

9.4 多流语音识别

众所周知，目前最好的语音识别系统中固定分辨率（包括时域和频域）的前端特征处理方法是权衡后的一种结果，这使得很多现象不能很好地被建模。比如，Huang 等人在文献 [282] 中指出 CD-GMM-HMM 和 CD-DNN-HMM 系统的性能在说话速度很快或者很慢时会显著下降。一个可能的解决方法是采用多流系统[321, 322]，这种方法可以同时容纳多个时间和频率的分辨度。主要的设计问题就是多流语音识别系统如何合并各个流。图9–6至图9–8展示了 3 个常用的多流语音识别架构。

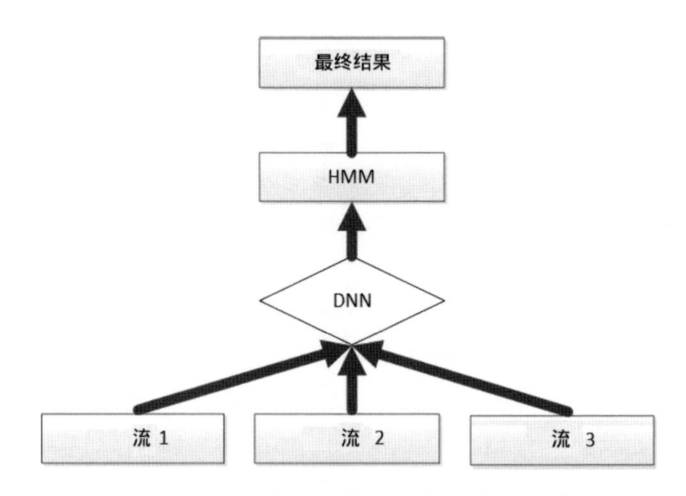

图 9–6 一个早期集成的多流语音识别系统架构

注：所有流的特征合并在一起，然后使用一个单独的 DNN-HMM 来生成结果

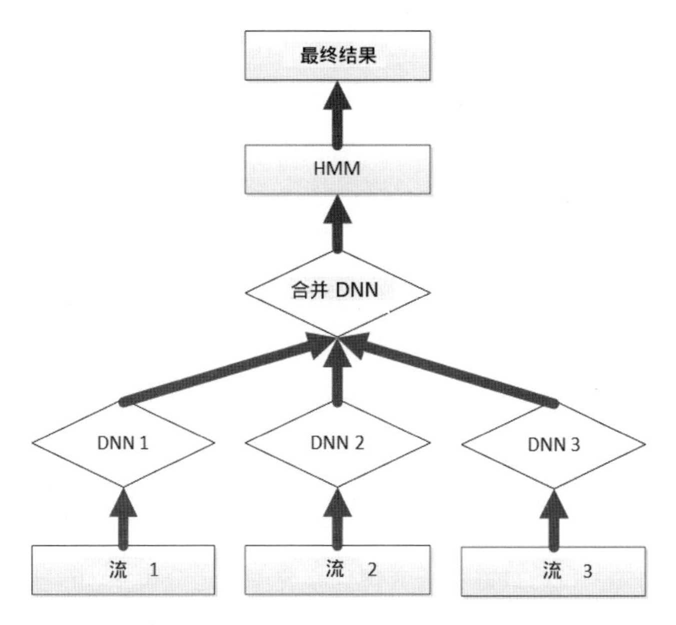

图 9–7 一个中期集成的多流语音识别架构

注：每个流的特征先独立使用分隔的 DNN，然后在一个中间的集成层进行集成，集成之后的特征随后输入一个单独的 DNN-HMM 生成最后的结果

- 早期集成：在早期集成架构中，特征首先直接合并（一个接一个），然后通过一个单独的 DNN-HMM 进行解码。

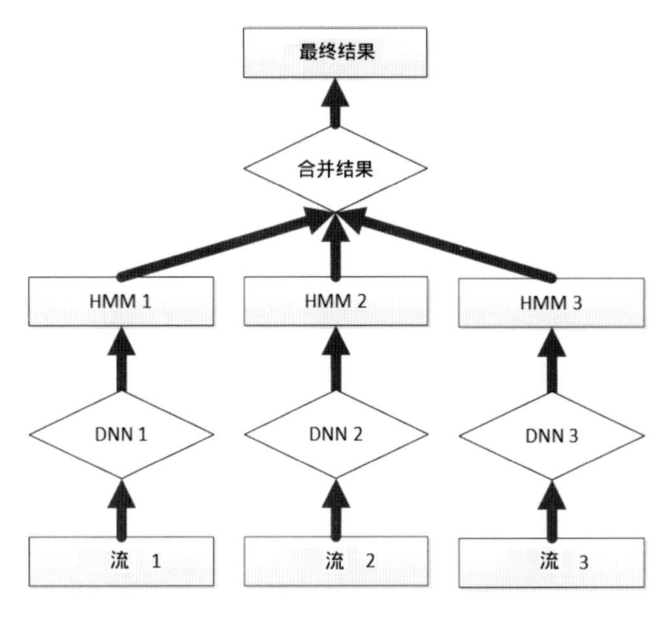

图 9–8　一个后期集成的多流语音识别架构

- 中间集成：在中间集成架构中，每个流中的特征首先被独立处理（使用分隔的 DNN），然后在一个中间阶段进行整合。整合得到的特征表示继续经过一个单独的 DNN-HMM 来产生最终的解码结果。
- 后期集成：在后期集成架构中，每个流中的特征使用单独的 DNN-HMM 进行处理，每个流的解码结果再进行融合（比如使用 ROVER）以生成最后的输出结果。

流可以有许多种。比如，我们可以使用窄带波段作为一个流。这样的系统通常被称为多频带语音识别系统。另外，我们可以使用不同的特征提取方法（比如 PLP 和 MFCC）作为流。这样一个系统有时被称为多信道语音识别系统。另一种流行的方法是使用不同的采样频率、窗大小和滤波器组来构建不同的流。

Fletcher 和他的同事们在文献 [323] 中提出在人类语音感知神经元里，窄频带的信号是被独立处理的，这为多频带系统的使用提供了理论支撑。同时，他们发现，多频带的结果会在某个中间阶段进行合并，这也为中间层集成框架提供了理论基础。在多频带系统的结果融合中，全局错误率被定义为每个频带错误率的乘积。错误乘积法则非常强，主要表示即使只有一个频带处理给出了正确的结果，系统也能正确地识别句子。在文献 [324] 中，Zhou 等比较了前期集成、中期集成和后期集成架构在多信道语音识别中的表现，其结果显示中期集成方法性能最佳，在 TIMIT 音素识别任务中比最好的单流系统好了相对 6%。

第10章

VAD 和唤醒词识别

摘要 在目前大部分的语音交互系统设计中，对语音的检测及目标语音的应答一般都是第 1 个步骤，这涉及语音活动端点检测（VAD）和唤醒词识别技术。VAD 指对语音和非语音进行判断和检测；唤醒词识别，指通过检测连续语音流中是否有关键词或唤醒词的出现来启动后续的整个语音交互。本章首先介绍传统 VAD 算法；然后介绍如何利用深度学习模型来改善 VAD 目前的性能；最后介绍目前的唤醒词识别方案和各种应用模式，包括唤醒词识别的解码方案、利用深度学习模型的唤醒词识别、可定制的唤醒词和多阶段的唤醒词等。

10.1 基于信号处理的 VAD

语音端点检测方法包括传统的基于特征的分类方法，以及目前处于主导地位的基于模型的检测方法。如图10–1所示，典型的语音端点检测方法主要进行以下几步。

- 特征提取：从原始音频信号中提取时域或者频域特征，例如能量、过零率、基频、熵、倒谱系数等。
- 初步决策：这一部分是语音端点检测的核心。输入的音频片段（往往是以帧为单位的）在这里被初步分为语音或者非语音片段。常见的方法包括基于规则的方法和基于统计模型的鉴别方法。同时，这一部分可能包括估计信噪比或者噪声环境以方便自适应的过程。
- 后处理：后处理的作用是平滑 VAD 的初步决策。因为语音之间是高度相关的，如果当前帧是语音帧，那么下一帧也很有可能是语音帧。

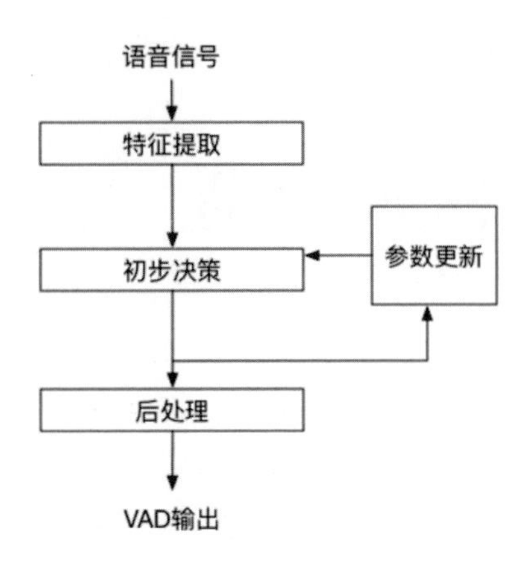

图 10–1　语音端点检测方法流程

后处理通过平滑 VAD 初始的决策结果，来避免语音状态与非语音状态之间的频繁转换。

如果将语音端点检测看作模式识别的过程，那么一个 VAD 系统需要有能力区分语音和非语音。在干净的环境下或者信噪比（Signal Noise Ratio，SNR）很高的情况下，多数 VAD 算法的效果都很好。然而面对噪声环境下的检测问题，大多数 VAD 算法的效果都会受到严重的影响。除了对于鲁棒性的要求，在实际应用中对 VAD 算法还有许多其他的限制，比如在实时的语音应用中要求 VAD 算法具备低延时性。

基于短时能量是最传统的语音端点检测方法[325, 326]。传统的检测方法认为，语音和背景噪声各自能量的不同是它们最主要的区别，语音段的能量比噪声段的能量大，语音段的能量等于噪声能量与语音声波能量之和。如果环境噪声比较小，能保证系统的信噪比很高，那么使用短时能量或者短时平均幅度就能够很好地将语音段检测出来。并且由于语音信号在本质上是非线性的、短时平稳的，在一小段时间内，语音信号保持相对稳定，因而可以通过计算短时能量或短时平均幅度来区分语音段与噪声段，这就是基于短时能量或短时平均幅度的端点检测方法的基本原理。信号 $x(n)$ 的短时

能量 E_n 定义为

$$E_n = \sum_{m=-\infty}^{+\infty} (x(m)w(n-m))^2 \tag{10.1}$$

其中，$w(m)$ 为窗函数，如取所计算的短时能量帧的长度为 N，则短时能量为

$$E_n = \sum_{m=0}^{N-1} (x(m)w(n-m))^2 \tag{10.2}$$

短时平均幅度 M_n 的定义为

$$M_n = \frac{1}{N} \sum_{m=0}^{N-1} |(x(n)w(n-m))| \tag{10.3}$$

公式中 $x(n)$ 为原始音频信号，m 的取值从 0 到 N，N 为取样窗的窗长。应用时，我们首先根据背景环境噪声能量的统计特性，设定能量阈值 T_x，通过将输入的音频信号与该阈值比较来确定语音信号的起止点。当短时能量大于阈值 T_x 时，认为该段为语音段，否则为背景噪声段。这种方法在背景噪声幅度保持恒定，且远低于语音信号幅度，并且在对孤立字的最小帧数、最大帧数、句子间间隙的最小帧数，以及人为的突变性音节帧数有充分先验知识的条件下，可以十分准确地检测出语音信号的端点。上述基于能量的方法是一个最典型的例子。传统的方法往往依赖特定的音频特征，比如能量或者其他一些时域上的特征，如过零率[327]、相关系数[328] 及周期性测量[329] 等。另一类方法使用频域上的特征，包括基于倒谱与基于频带方差的方法等。同时各种复杂的融合多种特征的方法不断被提出。然而，这些方法都依赖先验知识来设定阈值，并且尚没有任何单种特征或多种特征的组合能够在各种环境下都取得同样优异的表现。举例来说，基于能量的方法在低信噪比情况下的表现是相当糟糕的。还有一些需要估计信噪比的 VAD 算法在非稳定的噪声环境下同样难以取得理想的效果，在不断变换的噪声环境下，VAD 算法的参数需要不断被更新。传统的 VAD 算法往往是启发式的，因而很难得到一组最优的参数，使其能够理想地应对各种噪声环境。

10.2 基于 DNN 的 VAD

本节讲解基于模型的语音端点检测方法，特别是基于深层神经网络的语音端点检测方法。这类方法通过对语音的声学特征向量建模来区分语音片段与非语音片段。目前此类方法对于声学特征的提取技术相对固定，一般是提取语音的短时频谱特征如 MFCC（Mel-frequency Cepstral Coefcients）、PLP（Perceptual Linear Prediction）及 Log Mel Flter Bank（FBANK）等。在建模方面，常用的模型包括生成性模型如混合高斯模型，以及区分性模型如深层神经网络模型。

10.2.1 声学特征提取

语音信号的原始形态是一种连续的波形语音，为了能进行更有效的识别，通常我们会先将连续的波形转换为一个离散的实数序列向量 $\boldsymbol{O} = [\boldsymbol{o}_1, ..., \boldsymbol{o}_T]^{\mathrm{T}}$。每个向量都是压缩语音变化的表示。这些向量也被称为特征向量或观察特征向量。语音信号是准静态信号，因此我们首先需要将其切割成多个重叠的离散段，通常是以 10 毫秒的间隔向后滑动 25 毫秒长的窗口。通过此方法提取的片段被称为帧。汉明窗或汉宁窗通常用于平滑，以减少边界效应，然后使用快速傅里叶变换将其从时域特征变换到频域特征。在得到频域上的复数特征后，通过利用不同的后处理方法可以得到不同特征，典型的有感知线性预测（Perceptual Linear Prediction，PLP）系数[330] 和梅尔倒谱系数（Mel-Frequency Cepstral Coefficients，MFCC）[331]。近年来，由于深层神经网络拥有更强大的建模能力，研究者发现梅尔滤波器输出中维度之间的相关性滤波器组特征（Filter Bank Feature，FBANK）[332] 更适合在深层神经网络应用。提取特征的步骤如图10–2 所示，接下来对这三种特征进行简要介绍。

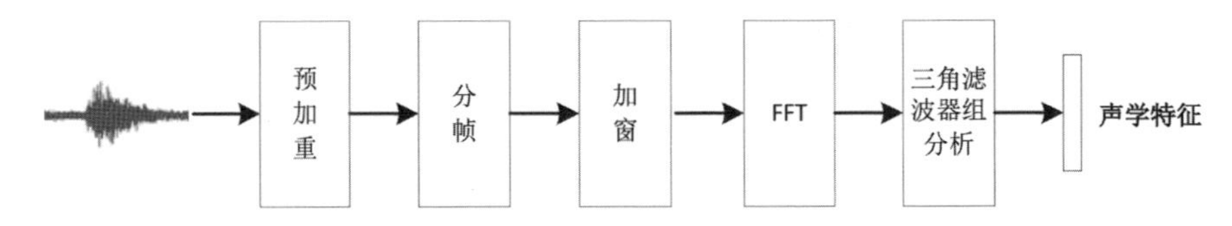

图 10–2 语音端点检测系统的特征提取步骤

- 滤波器组（FBANK）特征

（1）在获得频谱特征之后，通常丢弃相位信息，仅留下频谱特征的幅度部分。然后通过梅尔频率缩放公式调整频率轴。最后，我们可以得到一个缩放的幅度频域特征：

$$\mathrm{Mel}(f) = 2595 \lg(1 + \frac{f}{500}) \tag{10.4}$$

（2）不同的滤波器包含不同的滤波器增益，接下来使用一组三角滤波器来对该频域特征进行下采样。一个滤波器的输出是幅度特性之和乘以滤波器中相应频率增益的自然对数。通常，滤波器组可以被设置成 36、40 甚至 80。

- 梅尔倒谱系数（MFCC）

梅尔倒谱系数特征在 FBANK 特征的基础上进一步利用离散余弦变换来计算倒谱系数以便减少滤波器组之间的相关性。通常利用 12 维的倒谱系数加上归一化的功率自然对数组成一个 13 维的向量特征。

- 感知线性预测（PLP）系数

（1）感知线性预测系数是另外一个倒谱的特征，它首先利用 Bark 公式来缩放频率的轴：

$$\mathrm{Bark}(f) = 6 \lg\left(\left(\frac{f}{600} + 1\right)^{0.5} + \frac{f}{600}\right) \tag{10.5}$$

（2）然后利用功率谱（幅度的平方）来提取感知线性的识别特征，之后该功率谱会与一个临界的频带滤波器进行卷积操作并且通过等响度的曲线进行预加重操作。

（3）最后通过线性预测分析来获得一种倒谱的系数。

在提取了原始声学特征之后，我们通常会用到如下一些后处理方法。

- 动态特征[333]。一阶动态特征的计算公式如下：

$$\Delta_{\boldsymbol{o}_t} = \frac{\sum_{k=1}^{K} k(\boldsymbol{o}_{t+k} - \boldsymbol{o}_{t-k})}{2\sum_{k=1}^{K} k^2} \tag{10.6}$$

其中，K 是动态特征计算窗的大小，通常被设置为 2。二阶动态特征是最为常用的，其计算方法和一阶一致，只不过将 $\boldsymbol{o}_t$ 替换为 $\Delta_{\boldsymbol{o}_t}$。

在利用了动态特征后，特征的不同维度之间产生了相关性，这与后面一些声学模型建模方法中特征各维度之间独立性的假设产生了冲突。因此，为消除这种冲突，我们通常会用到线性投影的方法如异方差线性鉴别分析（Heteroscedastic Linear Discriminant Analysis, HLDA）[334] 等。

- 特征正则化。特征正则化的目标是消除声学特征中非语音信号的变化，同时它能将特征的值域进行归一化，这一操作对于深层神经网络来说特别重要。传统的正则化方法包括倒谱均值归一化（Cepstral Mean Normalisation，CMN）[335]、倒谱方差归一化（Cepstral Variance Normalisation，CVN）[336] 及声道长度归一化（Vocal Tract Length Normalisation，VTLN）[337]。其中，倒谱均值归一化（CMN）将输入特征向量的每个维度的均值都归一化为 0，倒谱方差归一化（CVN）将输入特征向量的每个维度的方差都归一化为 1。归一化可以被运用在不同的层面，包括说话人层面及句子层面。声道长度归一化（VTLN）被用来减少声学特征中的说话人变化，它的工作原理是将来自同一个说话人的特征频率轴进行同样大小的缩放。

10.2.2 基于 DNN 的语音端点检测建模

基于深度学习模型的语音端点检测方法是一种典型的基于模型检测语音端点的方法，该方法假设语音和非语音在特定的声学特征空间中的分布可以由 DNN 深度模型来建模和预测，然后用类似模型匹配的方法在信号中检测出有效的语音片段。假设语音和非语音在上节描述的声学特征空间中的对应状态分别为 H_1 和 H_0，输入信号第 t 帧为 D 维的特征向量 $\boldsymbol{x}_t$，则问题变为求解 $P(H_0|\boldsymbol{x}_t)$ 和 $P(H_1|\boldsymbol{x}_t)$ 的大小关系，如图10–3(a) 所示，其中，sil 表示 H_0，speech 表示 H_1。

基于上述 $P(H_0|\boldsymbol{x}_t)$ 和 $P(H_1|\boldsymbol{x}_t)$ 的神经网络后验概率估计，我们可以得到对语音片段和非语音片段的基本概率估计。在下一节中，我们将讨论如何依据这些后验概率估计得到最终的语音端点检测的决策结果。

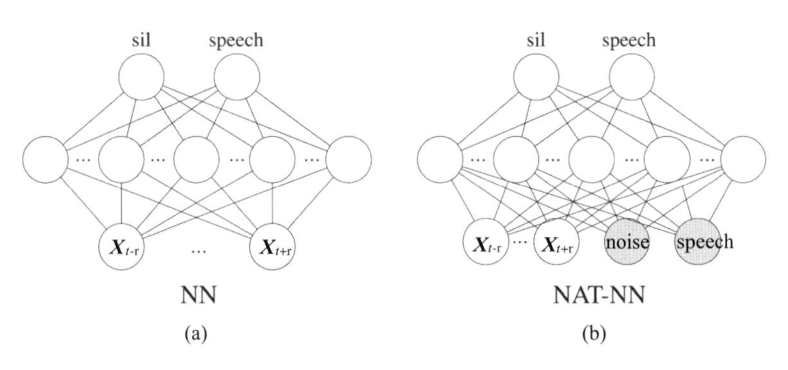

图 10–3　深度学习在 VAD 中的应用

10.2.3　语音端点检测的决策算法

后处理技术是整个语音端点检测中不可或缺的一部分。如图10–4 所示，由于语音尾部声音减弱或者突然出现冲激噪声等初步决策模块的原始输出往往包含很多语音与非语音之间错误的状态转换，导致输出结果碎片化非常严重。然而，连续出现的语音帧之间是有很强的相关性的，后处理技术便基于此相关性，通过平滑原始输出结果，获得较为准确的语音片段结果。

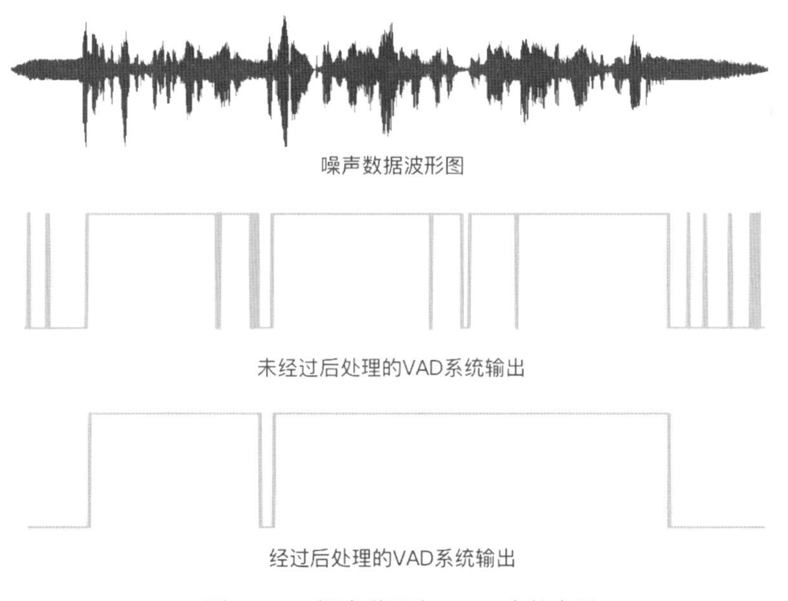

图 10–4　深度学习在 VAD 中的应用

音频信号中语音和非语音的分段可以被看作简化的、只有两个词汇（语音、非语音）的语音识别任务，因而采用类似语音识别的维特比解码算法。隐马尔可夫模型（Hidden Markov Model，HMM）的拓扑结构如图10–5所示。语音（S）和非语音（NS）分别用 5 个状态的从左及右的 HMM 建模，5 个状态共用同一个输出分布。类似于语音识别中的语言模型分数，片段的数量（以及长度）由片段插入惩罚因子控制，通过对每一帧的语音得分设定一个固定的阈值来控制语音缺失与语音插入之间的关系。在维特比解码之后，语音片段往往左右扩充一小段时长（比如 0.1s），以此来捕捉低能量的语音帧。

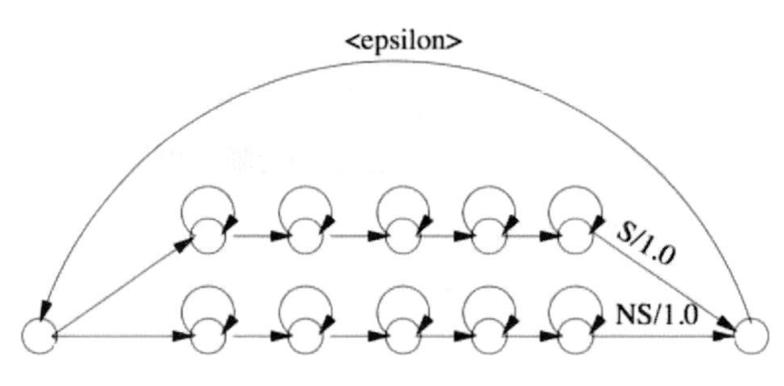

图 10–5　HMM 的拓扑结构

此外，可以采用基于规则的后处理方法，也就是基于连续语音有很强相关性这一前提，人为设定一定规则去除背景噪声片段中的“假语音”与语音片段中的“假噪声”。相比于基于隐马尔可夫模型的方法，这种后处理方法实现更为简单，运算效率更高，能够很好地满足语音端点检测低延时的要求。这里介绍一种后处理技术，它主要分为两个步骤。

- 首先，采用一个窗长为 5 帧的中值滤波器从初步决策模块得出的原始输出序列中去除明显的帧级别识别错误。
- 然后，对于长度小于 M 帧的语音片段，将其连同左右两边的非语音段合并为一个大的非语音段，对于非语音段，采用同样的处理方法。

10.2.4　噪声自适应训练

深度学习方法的引入，使语音端点检测的准确率得到大幅提升。然而在噪声环境下，基于神经网络的方法仍然难以取得理想的效果。在本节中，我们将介绍一种基于神经网络的噪声自适应训练（Noise Adaptive Training, NAT）方法。网络的输入使用了有关噪声信息与语音信息的估计作为额外特征。因此，网络能够捕捉到更多的信息来区分带噪语音与背景噪声。

如前文所述，基于神经网络的语音端点检测系统可以训练一个从声学观察向量 $\boldsymbol{x}$ 到一个对应语音分类的映射。为了缓解噪声对于语音识别效果的影响，研究者试图将噪声信息同时输入语音识别声学模型的网络中，并且取得了一定的效果。对于普通的神经网络，所有噪声信息都是未知的。为了弥补这一缺陷，我们除了可以梳理带噪语音的声学特征，还可以同时输入对当前环境信息的估计向量。这样一来，神经网络便可以利用这一环境信息，更好地优化自身参数。对环境信息的估计在这里被统称为环境编码。这里，我们使用对数滤波器组子带特征来同时估计带噪语音及背景噪声，这样可以使背景噪声及语音的表征更加清晰，更清晰的信息对模型训练也有很大帮助。于是，网络的输入变成了扩展后的特征加上噪声编码及带噪语音编码，即图10–3(b) 中的 noise 和 speech，它们分别是额外添加的噪声编码和带噪语音编码[338]。我们假定在一句话中，噪声环境类型及语音特点大体保持不变，所以基于一整句话的信息计算噪声编码和带噪语音编码，在每一句话中保持不变。加入这些新编码特征的神经网络，可以得到更好的语音端点检测性能。

10.3　唤醒词识别的解码器方案

语音是人类沟通交流的最方便、快捷的手段之一，使用技术手段使计算设备通过语音识别与人类进行交互一直以来都是学术界和工业界的研究热点。语音关键词或者唤醒词检测技术是语音识别的一个重要领域，其目的在于从连续语音信息中检测并确认指定的一些关键词。语音关键词检测技术被广泛应用于多种场景，例如命令控制、数据挖掘、数据检索、电话接听等。

近年来，语音识别领域取得了众多的研究进展，随着声学模型、语言模型及解码算法的持续改进，语音识别系统的识别性能得到极大提高。与语音识别技术相比，语音关键词检测或唤醒词识别技术具有资源消耗少、准确性高及实用性强等优点。由于语音关键词检测既不要求将语音完全转换为文字，也不单纯是孤立词的识别，这使得它成为一种介于连续语音识别与孤立词语音识别之间的语音识别技术。我们可以使用更少的计算资源搭建出可靠的语音关键词检测或唤醒词识别系统。

为了做语音关键词或者唤醒词识别，可以应用语音识别中的隐马尔可夫模型框架。具体来说，在训练阶段需要得到关键词声学模型，在测试阶段需要进行类似语音识别中的搜索解码，因此这种方案既可以被称为基于隐马尔可夫模型的关键词检测，也可以被称为唤醒词识别的解码器方案。

这种系统的基本想法很简单：为关键词语音信号构造一组 HMM 模型，一般称为 Keyword 模型，为非关键词语音信号构造另一组 HMM 模型，一般称为 Filler 模型。Filler 模型的结构有很多种选择，可以是全连接的音素单元，也可以是完整的大词汇连续语音识别所使用的拓扑结构（但字典不含关键词）。很明显，后者可以带来更好的识别准确性，但是其较高的计算复杂度使得系统运行时间长、内存消耗大。因此，多数对实时性要求较高的关键词检测系统，采取的 Filler 模型方案为全连接的音素单元，音素使用三因素（Triphone）结构建模，完整的 Keyword-Filler 隐马尔可夫模型的拓扑结构如图 10–6 所示。

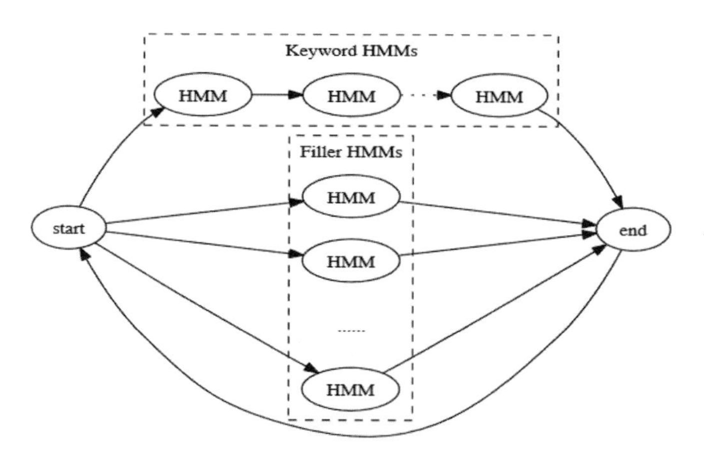

图 10–6　Keyword-Filler 隐马尔可夫模型的拓扑结构

如图 10–6 所示，关键词检测通过在此拓扑结构上执行维特比解码算法，判断最佳路径是否经过关键词对应的 HMM 来完成。实验中，关键词的误报率（关键词不存在于测试语音中，但系统判定为存在）与漏报率（关键词存在于测试语音中，但系统判定为不存在）之间的权衡，通过对 Keyword 模型与 Filler 模型的转移概率的控制来实现。高转移概率导致高误报率，相反，低转移概率引起高漏报率。隐马尔可夫模型中的发射概率既可以使用混合高斯模型计算，也可以使用深层神经网络建模。

10.4 只用 DNN 的唤醒词识别

一般来说，关键词检测包含两个主要阶段：检测阶段和决策阶段。在检测阶段，系统寻找并收集关键词存在于语音中的线索。在决策阶段，系统根据收集到的线索信息判定测试语音是否包含关键词。

在检测阶段中，假设 $\boldsymbol{X} \in \mathcal{X}$ 是输入语音，其中 $\mathcal{X}$ 是所有语音的全集。为了简化问题，假设 $\boldsymbol{X}$ 至多只包含一个关键词。类似地，假设 $\boldsymbol{k} \in \mathcal{K}$ 是特定的关键词，其中 $\mathcal{K}$ 是所有可能关键词的全集。那么，检测阶段可以被表述为一个函数：

$$\boldsymbol{E_k} = f_1(\boldsymbol{X}, \boldsymbol{k}; \boldsymbol{\theta_1}) \tag{10.7}$$

其中，θ_1 为参数，$\boldsymbol{E_k}$ 是一个向量，向量的值反映了对关键词 $\boldsymbol{k}$ 存在于语音 $\boldsymbol{X}$ 的评估信息。通常的评估方式选取包括后验概率 $P(\boldsymbol{k}|\boldsymbol{X})$、关键词的开始时间 $t_{\boldsymbol{k}_b}$、关键词的结束时间 $t_{\boldsymbol{k}_e}$。因此，$\boldsymbol{E_k} = [P(\boldsymbol{k}|\boldsymbol{X}), t_{\boldsymbol{k}_b}, t_{\boldsymbol{k}_e}]$。其他辅助信息还包括先验概率 $P(\boldsymbol{k})$、关键词持续时间 $T_{\boldsymbol{k}}$ 等。

在决策阶段中，根据在检测阶段得到的评估 $\boldsymbol{E_k}$，系统给出关键词是否存在于语音中的结论及关键词的位置。假设决策的输出为 $\boldsymbol{O_k}$，则 $\boldsymbol{O_k} = (\text{Yes/No}, t_{\boldsymbol{k}_b}, t_{\boldsymbol{k}_e})$。类似检测阶段，可以定义决策阶段的函数：

$$\boldsymbol{O_k} = f_2(\boldsymbol{E_k}; \boldsymbol{\theta_2}) \tag{10.8}$$

其中，θ_2 为参数。

综合两个阶段，语音关键词检测问题可被表示为一个函数 $f_{\text{KWS}} = f_2 \circ f_1$，其参数为 $\boldsymbol{\theta} = (\boldsymbol{\theta_1}, \boldsymbol{\theta_2})$，即

$$\boldsymbol{O_k} = f_{\text{KWS}}(\boldsymbol{X}, \boldsymbol{k}; \boldsymbol{\theta}) \tag{10.9}$$

深度学习可以被应用到基于声学建模的关键词检测方案中，以代替传统的 GMM 模型，其算法框架如图 10–7所示。

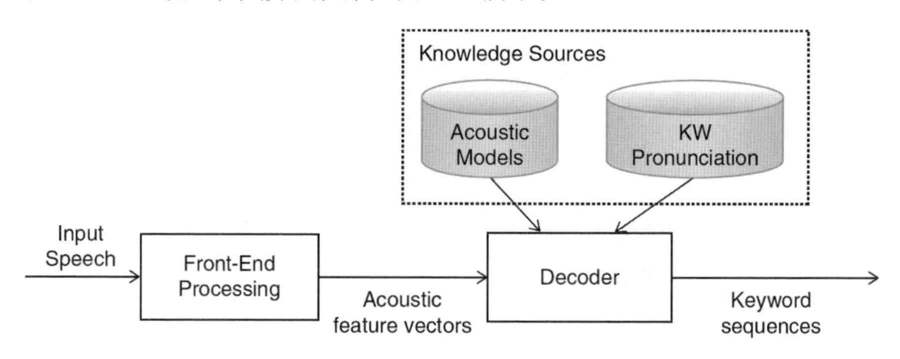

图 10–7　只包含 DNN 的声学关键词检测系统

大词汇连续语音识别使用涵盖所有可能单词的大词表，而声学建模只涉及少数关键词和非关键词。在检测时，目标语句分别用关键词模型和非关键词模型做对齐，检测结果取决于对齐的代价。过去的几十年中，在这种框架下，研究人员提出了非常多的方法用于建模关键词和非关键词，包括基于 HMM 和 GMM 的方法，以及基于深度学习模型的方法。这些深度学习模型包括前文介绍的 DNN、LSTM、CNN 及它们的组合等。这些深度学习模型在关键词检测中往往能够得到类似于语音识别建模中的性能提升。

在测试阶段，这种方法首先构建一个特殊的解码网络，包含关键词与非关键词，然后应用维特比搜索算法解码最佳传递路径，类似于前文提到的解码器方案。

10.5　可定制的唤醒词识别

可定制的语音关键词或唤醒词检测（KWS）系统的任务是从一段连续的语音中自动发现并定位一些事先指定的关键词。该系统可定制的特性表现为关键词检测模型和系统不依赖于用户指定的关键词，无须重新训练模型和系统即可更改用户关键词。相反，不可定制的关键词检测技术与指定的关键词有关，关键词固定，无法轻易变更。不可定制的唤醒词识别系统相比可定制的唤醒词识别系统，灵活性较差。一旦唤醒词需求改变，就需要重新构建模型，成本高，开发周期长。但是由于它的唤醒词模型是每次定制重训的，所以相比可定制系统来说，它的识别性能会比较好。在很多场景下，对唤醒词定制灵活性方面的要求比较高，功能需求也很大，所以可定制唤醒词也是一个重要的研究方向。

想要使基于 DNN 的关键词检测系统可定制化，一种方法是将该方法与上述的关键词检测解码器方案相结合。如前面所介绍的关键词检测解码器方案，采用这种类似于语音识别建模的拓扑结构的隐马尔可夫模型的好处是关键词与模型训练无关，即此方法天然属于可定制的关键词检测，很容易在通用语音数据上用最大似然训练的方法学习到适用于所有三音素状态的一般 HMM 模型，关键词的相关信息在测试时才被引入解码网络。如果关键词相关的语音数据在训练时可用，则通过转移学习的方法可以使系统性能进一步提高。也就是说，用一般的通用语音数据初始化模型参数，然后使用关键词相关数据做参数微调。

文献 [339] 中提出的基于 LSTM-CTC 的可定制的关键词检测系统架构如图10–8所示。

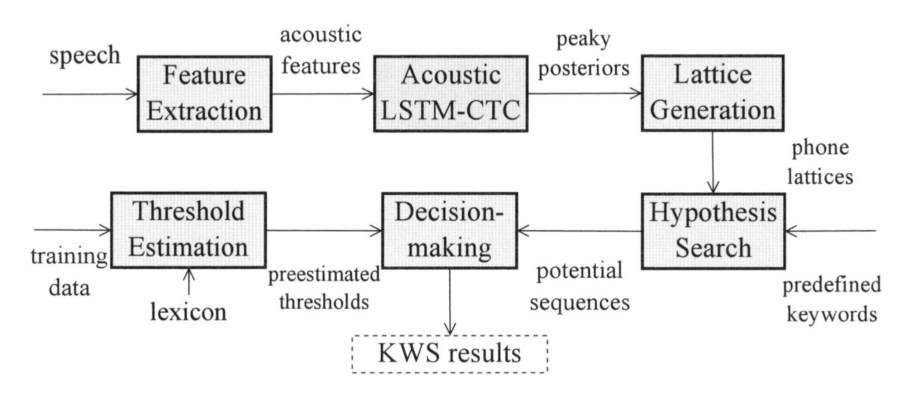

图 10–8 基于 LSTM-CTC 的可定制的关键词检测系统架构

首先，提取描述语音信号的声学特征以减少音频数据中的冗余信息。接下来，以帧为单位将特征向量输入一个训练好的声学 LSTM-CTC 网络中，这个 LSTM-CTC 网络的输出是音素的后验概率。一个音素 Lattice 生成模块接收 LSTM-CTC 网络输出的稀疏的音素后验概率，并构造一个可搜索的网络空间（称为 CTC Lattice），如图10–9所示，用于后续的搜索过程。通过动态规划方式实现的搜索算法将在这个 Lattice 上寻找与关键词最相似且后验概率较大的假设序列，并计算假设序列的得分。最后，通过假设序列的得分与关键词阈值的比较结果确定关键词检测的结果。如果得分超过阈值，则判定在测试语音中检测到关键词，否则判定为没有检测到。此外，动态阈值估计模块被用于为关键词预估动态阈值，此模块通过在开发集数据上模拟关键词检测过程，统计得到中间信息，并据此为不同的关键词指定不同的阈值，相比统一设定固定阈值，动态阈值能更好地适应可定制关键词的应用场景。

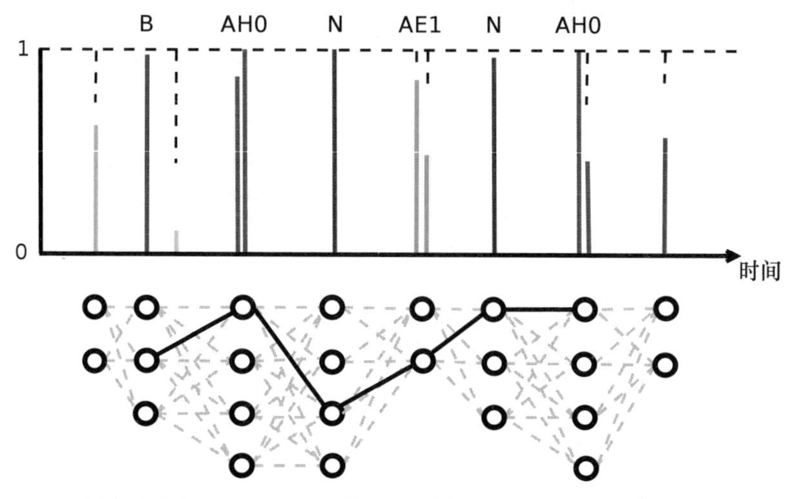

图 10–9　语音片段的 LSTM-CTC 输出与对应的 Lattice。不同的灰度表示不同音素的后验概率。Lattice 中的黑色实线表示一条可能的路径，灰色虚线表示所有有效连接

10.6　多阶段唤醒词识别

在传统的关键词或者唤醒词检测方法中存在多阶段设计方法。这种方法涉及两个阶段。第 1 阶段，一个大词汇连续语音识别系统将语音识别为文本。在这个阶段中系统通过维特比搜索算法找到语音最可能的文本序列，期间需要使用到声学模型、语言模型和字典模型。第 2 阶段，关键词检测机制完成在文本上的搜索匹配过程并定位到关键词的位置。可以通过建立文本的索引进一步加速搜索匹配的过程。为了提高其性能，通常会用混淆网络（CN）或者词图 Lattice 替代最优候选 1-best，用于存储第 1 阶段的

识别结果。然后在 CN 或者词图 Lattice 上做最终关键词的检测。图 10–10 展示了这两个阶段。

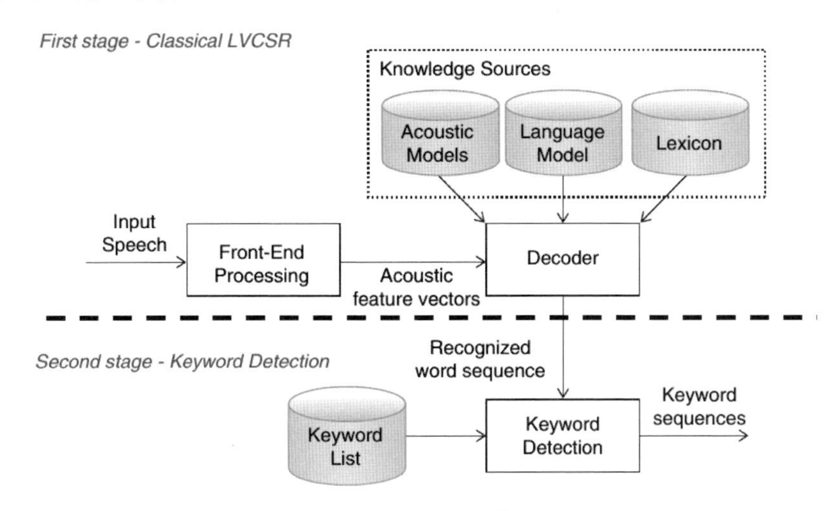

图 10–10 基于 LVCSR 的关键词检测系统

为了解决关键词搜索中存在的集外词 OOV 问题，有时候我们会利用子词单元来构建第 1 阶段的解码器，比如音素解码器[340, 341]，通过音素串的搜索来实现关键词检测或者唤醒词识别的功能。第 1 阶段，音素解码器将语音输入转换为文本序列，但并不产生词序列，解码器将声学信号翻译为一串音素文本或者以 Lattice 的形式生成。第 2 阶段，音素搜索引擎在生成的音素序列上执行匹配算法，计算关键词的音素序列与测试音素序列之间的距离，并根据距离大小判定关键词是否存在于测试语音中。系统流程图如图10–11 所示。

除了以上这些用法，多阶段的唤醒词识别还可以用于一些工程实现上的计算优化。具体来说，在第 1 阶段，可以使用一种模型复杂度较低或者计算复杂度较低的模型进行语音段的初步删选，在第 1 阶段直接滤除明显没有关键词或者唤醒词的音频。而对于那些可能存在关键词或者唤醒词的音频，我们在第 2 阶段中使用一种模型复杂度较高或者计算复杂度较高的模型进行二次筛选，并得到最终的唤醒判决结果。这种两阶段的方法，相比于从头到尾一直使用模型复杂度较高或者计算复杂度较高的模型，会显著改善系统的功耗和计算速度。

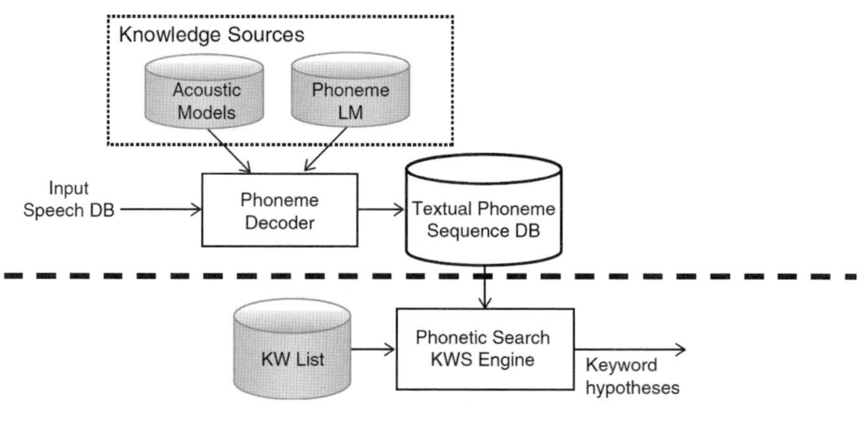

图 10–11　基于音素搜索的关键词检测系统流程

10.7 唤醒词识别的位置

语音关键词检测或唤醒词识别技术的目的是检测连续语音信息中是否包含某些特定关键词，这项技术被广泛应用于各种场景下，比如数据检索、数据挖掘、命令控制等。在主流的语音关键词检测系统中，基于 GMM-HMM 的 Keyword-Filler 模型是解决可定制关键词检测问题的有效方法，在使用 DNN 替代 GMM 作为 HMM 中用于计算发射概率的模型后，关键词检测的错误率可以进一步相对减少 20% 以上。

其他使用深度学习技术的语音处理任务同样获得了非常显著的性能改善。既然深度学习模型具有这样的建模潜力，一种很自然的思考是，我们可否将关键词检测与其他模块相结合？研究和工程实践证明答案是肯定的，这包含关键词建模模块与前端信号处理模块、后端语音识别模块的结合，不同的研究者提出了不同的结合方式，关键词检测模块可以出现在整个语音系统中的不同位置。

比如，在每个麦克风的前端信号处理模块之后都有一个关键词检测模块，分别进行关键词判决；或者在多麦克风信号的 DOA 和 Beamforming 算法之后，再接一个关键词检测模块；再或者对多麦克风系统使用多个不同的 Fixed Beamforming，得到多路候选已处理信号，分别进行关键词检测，再结合前面提到的方法判决。这些融合系统各有优势，在实际选取时优劣未有完全定论。但这里的核心思想是，深度学习模型的强大建模能力使得传统语音信号处理中的模块化思想不再成为必需项，适当将一些模块进行耦合，以便联合调优，将可能产生传统系统中不曾出现的优异性能和效果。

第 III 部分

先进深度学习模型在语音识别中的应用

第11章

卷积神经网络

摘要 本章将介绍一种目前被广泛使用的前馈型神经网络结构——卷积神经网络。它的提出借鉴了动物大脑的分层信息抽取和感受野信息感知原理，使得神经网络神经元的连接和堆叠变得更加有指导性和针对性。卷积神经网络目前已经被图像、语音、自然语言处理等领域广泛采用，并取得了很好的效果。本章首先介绍卷积神经网络的基本架构和训练方法；然后针对语音处理，分别介绍几种高级的卷积神经网络，包括时间延迟神经网络（TDNN）、时频域二维上的卷积、纯时域上的卷积；最后将会介绍深层神经网络，这是近几年来学术界和工业界取得的突破，同时它在语音识别任务上取得了卓越的成绩。

11.1 概述

卷积神经网络（CNN 或 ConvNet）指一种特殊的前馈型神经网络，通常被用于处理结构化的数据，例如二维图像数据和一维时间序列数据。顾名思义，卷积神经网络在网络层中使用了一种类似卷积的操作来代替传统前馈神经网络中逐层直接矩阵相乘的操作。

卷积神经网络是受脑科学和生物学启发并成功运用到机器学习中的例子，最早受到了生物学中感受野（Receptive Fields）概念的启发。当来自外界的视觉信息刺激传到大脑的视觉皮层的时候，并不是所有的视觉神经元细胞都会响应，这些视觉信号只会在生物大脑内的特定区域得到响应，这一区域即这一部分视觉神经元细胞的感受野。不同的神经元组负责不同的信息处理，它们有相互重叠的部分，并充满了整个感受野。一个神经元只会在收到特定感受野刺激的时候，才会被激活。因此，神经网络模型结构可以不像传统前馈神经网络一样，连接每两层之间的所有神经元，而是采用局部连接形式的网络结构。

卷积神经网络的应用最早可以追溯到 20 世纪 90 年代，彼时 AT&T 的研究人员开发了一个用于处理支票数据的卷积神经网络[342]，这个系统后来也被广泛用于美国的支票读取业务。到 21 世纪初期，微软部署了若干基于卷积神经网络的手写识别系统[343]。近年来，卷积神经网络首先在图像识别任务上取得了重大突破，AlexNet[344] 是现代第一个被成功应用的深度卷积神经网络模型，首次采用了很多现代深度学习的方法，并赢得了 2012 年 ImageNet 图像分类竞赛的冠军。

相比于传统的前馈神经网络，卷积神经网络能够更好地处理结构化的数据，这是由于它能够更好地建模输入数据的局部特征。同时，由于具体卷积操作上的局部连接特性及共享权重特性，加之卷积神经网络具有一定程度上的平移和缩放上的不变性，使得卷积神经网络能够更好地建模具有局部不变性的数据，例如图像和语音数据。由于它的共享权重特性，在通常情况下，相比于前馈神经网络，卷积神经网络具有更少的参数。

在近年的语音识别技术发展过程中，卷积神经网络被大量应用到了语音识别任务中，尤其是一系列的深度卷积神经网络，其准确率往往超过了其他基本神经网络模型[345–352]。语音识别任务都是基于信号层面的时频分析得到对应的声学特征之后，再进行分类的。由于语音信号的多样性，现实生活中的语音信号往往是非线性且时变的：说话人本身的差异性、环境的多样性及录制语音的麦克风设备的多样性等，都会对语音信号的识别和处理造成很大的影响。而对于卷积神经网络来说，由于其时间和空间上的平移不变性，可以使得模型对这种多样性的语音信号具有更好的鲁棒性。

之前，被应用于语音识别的神经网络一般都是浅层的，那时的卷积层和池化层交替出现，卷积核较大，主要被用来对特征层面的输入语音进行加工和处理，从而提取出更好的声学特征，能够适用于之后的前馈神经网络的分类。而随着卷积神经网络在图像领域中的不断突破，一些创新的结构和技术被提出[189, 353, 354]，为卷积神经网络在语音识别中的大规模应用铺平了道路。同时，由于卷积神经网络更容易实现大规模的并行化计算，为工业界超大数据量的系统训练提供了可能。

11.2　卷积神经网络的基本架构

典型的卷积神经网络通常由一定数量的卷积层、池化层和全连接层交叉堆叠组成。通常情况下，卷积层与池化层的数量相同，且池化层往往在卷积层之后。这样，卷积层与池化层便组成了一个卷积块。在多个卷积块堆叠之后，输出将会在改变矩阵或张量大小后输入连续的一层或多层全连接层。这里所用到的全连接层，与本书前文所讲的前馈神经网络的网络层相同。可以理解为，卷积神经网络用卷积块替换了前馈神经网络的部分网络层。接下来将会详细介绍卷积层、池化层及相应的操作。

11.2.1　卷积层

卷积

卷积，又叫旋积或者摺积，是一种很重要的数学运算，在信号处理和图像处理中有着十分广泛的应用。通常情况下，卷积是对两个函数的一种数学算子。具体来说，卷积可以表征两个函数经过翻转和平移的重叠部分的面积。在数学上，对于两个定义域上的可积函数 f 和 g，它们的卷积 s 为

$$s(x) = \int f(t)g(x-t)\mathrm{d}t \tag{11.1}$$

在上式中，卷积通常也用星号来表示：

$$s(x) = (f * g)(x) \tag{11.2}$$

在离散情况下，我们用各个样本点的求和来取代上式中的积分操作。离散卷积操作也被广泛应用于数字信号与图像处理中。在信号处理中，作用于原始信号的卷积核通常也被视作滤波器，例如，对于一维输入信号序列 $x_1, x_2, \dots$，滤波器序列为 $w_1, w_2, \dots$，其卷积输出序列为

$$y_t = \sum_{k=1}^{m} w_k x_{t-k+1} \tag{11.3}$$

同样，对于二维信号处理，二维卷积核可以被视作滤波器，所得到的卷积输出可以被视作提取特定特征的滤波器对原始二维输入进行滤波之后

的结果，得到的输出也被称为特征图。对于二维输入信号 $X \in R^{M\times N}$ 和卷积核 $W \in R^{m\times n}$，其卷积输出为

$$y_{i,j}=\sum_{u=1}^{m}\sum_{v=1}^{n}w_{u,v}x_{i-u+1,j-v+1} \tag{11.4}$$

在机器学习和信号处理领域中，在计算卷积的时候，需要将卷积核进行翻转，从而通过卷积操作实现滤波的目的。而在具体的实现中，由于卷积操作的可交换性，翻转与否实质上并不影响卷积核的特征提取功能。因此，为了定义和实现上的简便，我们使用互相关操作来代替卷积操作。互相关和卷积的区别仅仅在于卷积核是否翻转，因此，在很多深度学习库的实现中，实际上实现的是互相关函数。尽管在定义上与真实的卷积有所差异，但在本书中，我们会遵循传统习惯，将这两种操作都称为卷积，并用互相关来替代大多数的卷积运算。

二维卷积的操作示例如图11–1所示[348]。

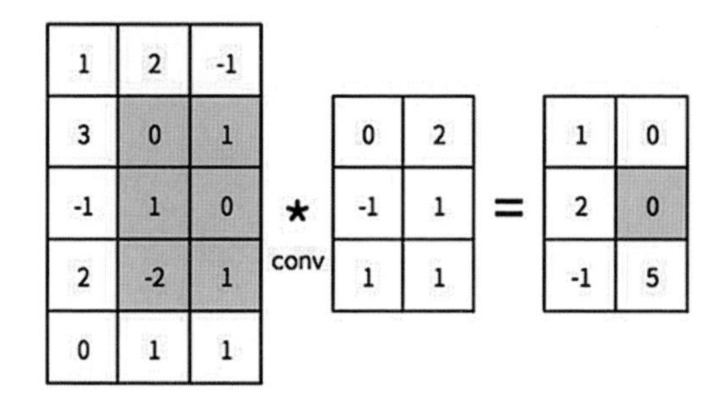

图 11–1　二维卷积的操作示例

零填充

零填充操作指在卷积操作之前对输入特征图的边缘填充零值，从而改变输入特征图的大小，使得在经过卷积操作之后，输出特征图能够满足我们预期的大小。零填充是填充操作的一种，此外，可以填充其他值来改变输入特征图的大小。在通常情况下，为了尽可能不改变原始输入信息，我们会采用零填充。图11–2 给出了一个在单个维度上做零填充的例子[348]。

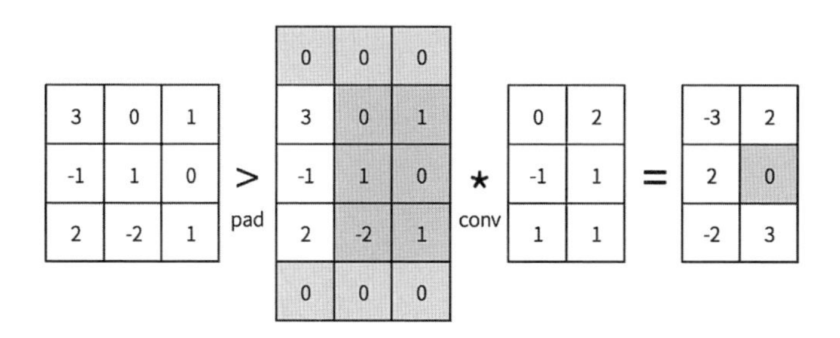

图 11–2 在单个维度上做零填充的卷积操作示例

单纯的卷积操作会缩小输出特征图，在深层且大量的卷积操作之后，特征图的不断缩小会影响到网络深度的增加。因此，引入填充操作来保持特征图的大小，有助于深层网络的搭建。另外，通过填充操作，卷积操作可以更好地利用当前层的输入特征图的边缘信息，使卷积核能够更好地提取输入特征，并最终提升模型的性能。一些近年来的研究成果[348, 355] 显示，零填充对于应用于语音识别任务的卷积神经网络非常重要，尤其在抗噪鲁棒任务中的效果十分显著。

卷积层

相比于传统的前馈神经网络，卷积神经网络将全连接层替换为了卷积块。卷积块通常由卷积层和池化层组成，其中卷积层用卷积操作替换了前馈神经网络中的矩阵乘法操作。

通常我们会将卷积层的输入看作三维张量。不失一般性，对于第 l 层的输入 X^l，$X^l \in R^{M^l \times N^l \times C^l}$，其中 M^l 和 N^l 分别代表第 l 层的输入的二维特征图的长和宽，$C^{(l)}$ 代表输入特征图的通道数。例如，对于有 RGB 三个颜色通道的图像输入，此时的通道数为 3。卷积层的输出 $Y^{l+1} \in R^{M^{l+1} \times N^{l+1} \times C^{l+1}}$。每一层的卷积核组 $W^l \in R^{m^l \times n^l \times C^l \times C^{l+1}}$，其中，$m$ 和 n 分别表示单个卷积核的长和宽。

为了得到卷积层的输出特征图 Y^l，这里用每一个卷积核分别对输入的特征图进行卷积操作，再将输入的特征图的每个通道所得到的结果都相加，并且加上偏置参数 b^l，最后经过非线性激活函数 f^l 后即可得到输出特征图

Y^l。具体的计算公式如下：

$$Y_c^l = f^l(\sum_{d=1}^{C^l} W_{c,d}^l * X_d^l + b_c^l) \tag{11.5}$$

对于每一个二维卷积核，都重复上式的计算，就可以得到具有 C^{l+1} 个通道的输出特征图 Y^l。在通常情况下，卷积核的大小远小于特征图的大小，这样更有利于卷积核提取局部特征。

对比全连接层，卷积层具有如下两个性质：①局部连接，即在输入的特征图中，每一个神经元都只和下一层的局部神经元相连，而在前馈神经网络中，每个神经元都会相互连接；②权重共享，即卷积层的所有神经元都会共享同样的卷积核。卷积层和全连接层的对比如图11–3 所示。从概率的角度来看，卷积相当于对全连接层引入先验信息，也就是认为输入卷积层的特征图具有局部相关性，而特征的提取也只来源于特定的区域。先验信息的引入一方面可以更好地建模输入数据的特征，另一方面减少了模型的参数量。

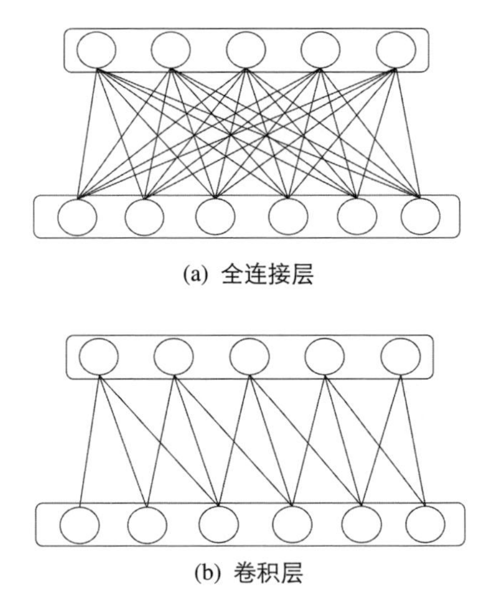

图 11–3　全连接层与卷积层的对比

11.2.2 池化层

池化层，又叫汇聚层，或者子采样层，一般由池化操作组成，主要用来调整卷积层的输出，进行相应的特征选择，也可以减少参数量，起到降采样的目的。降低特征的维数一方面可以减少计算量，另一方面能够防止过拟合，使模型能够更好地学习数据特征。

池化操作类似于降采样，在卷积层输出的特定区域得到一个值，作为这个区域的概括。常用的池化函数有两种，即最大池化和平均池化。其中，最大池化指取区域的最大值作为该区域的概括，平均池化指取区域的平均值作为该区域的概括。图 11–4 给出了一个最大池化的例子。此外，还有基于二范数的池化、基于距离中心点距离的加权平均池化等池化方式[356]。

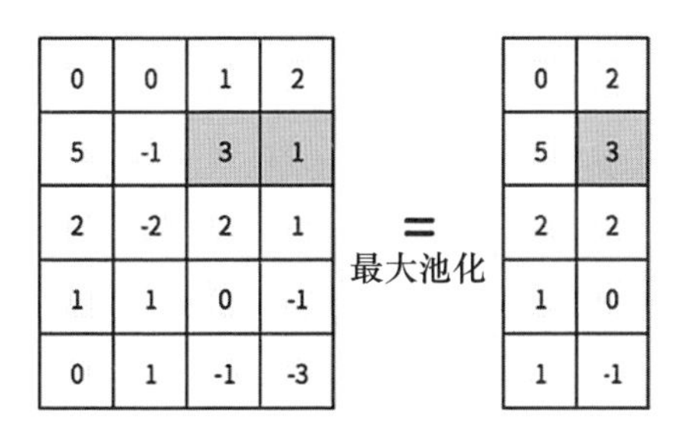

图 11–4　最大池化操作示例

尽管池化方式有很多种，但最大池化仍然是使用范围最广的一种池化方式。一些研究人员对在什么情况下应该使用什么样的池化函数进行了研究和探讨[357]。此外，针对特征设计动态变化的池化函数也是可行方案之一[358, 359]。

与池化层的作用类似，增加卷积的步长也可以起到特征选择和减少参数数量的作用，且比池化层的计算量更少。实验表明，这两种操作在不同的任务上有各自的优势。

11.3 卷积神经网络的训练

与前馈神经网络类似，卷积神经网络也可以通过误差反向传播算法来训练。在卷积神经网络中，只有卷积层中有需要学习的参数（卷积核与偏置项），因此我们只需要计算卷积层中参数的梯度。

不失一般性，对于第 l 层卷积，其输入输出与参数的关系如公式 (11.5) 所示。考虑激活函数之前的部分 $Z^l \in R^{M^l \times N^l \times C^{l+1}}$，$Z^l$ 是通道数为 C^{l+1} 的张量。对于每个通道的 Z_c^l，都有

$$Z_c^l = \sum_{d=1}^{C^l} W_{c,d}^l * X_d^l + b_c^l \tag{11.6}$$

其中，X_d^l 表示每个通道的特征图输入，$W_{c,d}^l$ 和 b_c^l 分别为卷积核和偏置项。第 l 层共有 $C^l \times C^{l+1}$ 个二维卷积核和 C^{l+1} 个偏置项。对于卷积核和偏置项，根据在前馈神经网络章节中所讲的参数更新规则，我们需要知道其各自的梯度。我们可以使用链式法则分别计算其梯度。

我们需要计算卷积操作中关于卷积核 W 的偏导数。不失一般性，对于任意卷积操作 $Y = W * X$，其中 $X \in R^{M \times N}$，$W \in R^{m \times n}$，$Y \in R^{(M-m+1)\times(N-n+1)}$，对于函数 $f(Y) \in R$，有

$$\begin{aligned}\frac{\partial f(Y)}{\partial w_{u,v}} &= \sum_{i-1}^{M-m+1} \sum_{j=1}^{N-n+1} \frac{\partial y_{i,j}}{\partial w_{u,v}} \frac{\partial f(Y)}{\partial y_{i,j}} \\ &= \sum_{i-1}^{M-m+1} \sum_{j=1}^{N-n+1} \frac{\partial f(Y)}{\partial y_{i,j}} \cdot x_{i+u-1,j+v-1}\end{aligned} \tag{11.7}$$

需要注意的是，在上式的计算中，我们使用了互相关运算来代替传统意义上的卷积运算。从上式可以看出，$f(Y)$ 对于 W 的偏导数为 $\frac{\partial f(Y)}{\partial Y}$ 和输入 X 的卷积：

$$\frac{\partial f(Y)}{\partial W} = \frac{\partial f(Y)}{\partial Y} * X \tag{11.8}$$

由公式 (11.6) 和公式 (11.8)，对于损失函数 $J(W,b;X,\hat{Y})$，关于 W 和

b 的梯度分别为

$$
\begin{aligned}
\nabla_{W_{c,d}^l} J(W,b;X,\hat{Y}) &= \frac{\partial J(W,b;X,\hat{Y})}{\partial W_{c,d}^l} \\
&= \frac{\partial J(W,b;X,\hat{Y})}{\partial Z_c^l} * X_d^l
\end{aligned} \tag{11.9}
$$

$$
\begin{aligned}
\nabla_{b_c^l} J(W,b;X,\hat{Y}) &= \frac{\partial J(W,b;X,\hat{Y})}{\partial b_c^l} \\
&= \sum \frac{\partial J(W,b;X,\hat{Y})}{\partial Z_c^l}
\end{aligned} \tag{11.10}
$$

其中，$\hat{Y}$ 表示对应于输入的相应输出标签，$\frac{\partial J(W,b;X,\hat{Y})}{\partial Z_c^l}$ 为误差项，表示损失函数对于第 l 层的第 c 个通道的 Z^l 的偏导数。

偏导数 $\frac{\partial J(W,b;X,\hat{Y})}{\partial Z_c^l}$ 对于卷积层和池化层有不同的计算方法。对于卷积层来说，

$$
\frac{\partial J(W,b;X,\hat{Y})}{\partial Z_c^l} = \frac{J(W,b;X,\hat{Y})}{\partial X_c^l} \cdot \frac{\partial X_c^l}{Z_c^l} \tag{11.11}
$$

$$
= f_l'(Z^l) \cdot \sum_{d=1}^{C^l} W_{c,d}^{l+1} * \frac{\partial J(W,b;X,\hat{Y})}{\partial Z_c^{l+1}} \tag{11.12}
$$

其中，$f_l'(Z^l)$ 为第 l 层的激活函数对于其输入 Z^l 的导数。

不同于卷积层，对于池化层来说，每个神经元的误差项都对应输入特征图的一个特定区域，而池化是一种下采样操作。根据链式法则，第 l 层的误差项为第 $l+1$ 层的误差项经过上采样操作后与激活函数的导数的乘积。上采样函数与池化所采用的下采样操作相反，与所选用的池化函数相关。例如对于最大池化，第 $l+1$ 层误差项的每个值都被直接传递到第 l 层对应区域的最大值所对应的神经元，而其他误差项都为 0。

11.4　时间延迟神经网络

时间延迟神经网络（TDNN）最早可以追溯到 1989 年[360]，主要是为了处理较长的时间输入信息，可以将其视为卷积神经网络的先驱。

传统的前馈神经网络的声学模型，对于每一帧的输入，都只考虑到了当前帧的信息或者相邻几帧的信息，传统的前馈神经网络并不能很好地处

理长的输入。因此，在考虑多帧输入的时候，连续的数帧都会被作为神经网络的输入被同步处理，此时每一层的结构都与卷积层的结构几乎一致，如图11–3 所示。在时间维度上，每几帧的处理参数对于不同的输入单元是一致的，并且随着时间维度的增长而不断向前处理，相当于把滤波器延时，这便是时间延迟网络的设计思路，如图11–5 所示。在每一层网络的输入中，通过改变所要处理的帧数，使得每一层所看到的帧数不同，而最后的输入往往会看到每一层的帧数的累积。此时的网络结构，从输出往输入看往往会呈现出三角形的结构[347, 360]。也可以理解为，对于一帧的输出，能看到三角形的底边那么多的输入信息。

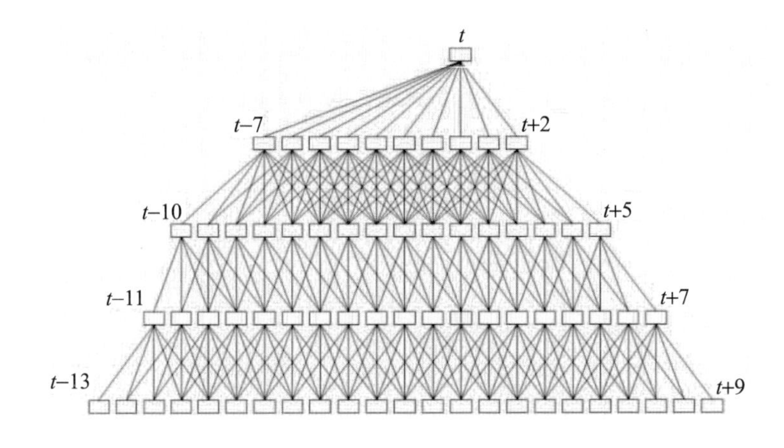

图 11–5　一种时间延迟神经网络的示意图

不难发现，多帧的输入时间延迟网络在时间维度上，对不同的输入单元共享参数的结构，与卷积神经网络十分相像。事实上，我们可以将时间延迟神经网络理解为时间维度上的一维卷积神经网络，且在不同的网络层有着不同的卷积核与卷积步长的大小。

最早的时间延迟神经网络的研究论文[360] 在“B”“D”“G”三个浊音的识别上得到了 98.5% 的准确率，高于 HMM 的 93.7% 的准确率。近年来，在基于 TDNN 的大词汇连续语音识别声学建模研究中，TDNN 也展现出了优越的性能。其中约翰霍 · 普金斯大学的研究人员所设计的时间延迟神经网络结构[347]，显示出了比传统的深度前馈神经网络（DNN）更好的性能，这样的优越性在不同大小的数据集上都有一致的体现。

11.5 时频域上的卷积

本书的前文已经提到，深度前馈神经网络结构在声学建模中得到了成功的运用。相比于传统的 GMM-HMM 系统，近年来，结合了深度前馈神经网络的 CD-DNN-HMM 混合系统在语音识别任务中取得了卓越的成就，很大程度上降低了语音识别系统的词错率[361, 362]。尽管如此，这些系统仍然有很大的提升空间。例如，这样的 CD-DNN-HMM 混合系统在处理噪声环境中的鲁棒语音识别任务时，识别性能和在干净条件下的语音识别性能仍然有较大的差距[363, 364]。

近年来，随着卷积神经网络率在图像领域获得巨大成功[344, 353, 354]，其也被运用到了语音识别任务中，并在一系列的研究中展示出了比前馈神经网络更好的性能[345–352, 365–367]。

相比于二维的图像输入，语音信号往往是一维时序信号。然而，直接使用一维时序信号建模很难获得不错的识别结果。因此，与前馈神经网络的做法一致，在网络的输入中也采用经过处理的帧级别特征，比如 MFCC 特征或者 FBANK 特征。如果我们利用相邻的语音帧信息，整合成二维的语谱图作为输入，则此时的输入输出与图像识别任务很像，就可以利用二维卷积操作对输入的语谱图特征进行处理。而在卷积神经网络语音识别系统中，通常会采用整合了相邻帧的语谱特征图作为输入。

相比于前馈神经网络语音识别系统，卷积神经网络有如下两个优势。

- 语音的语谱图在时间维度和频率维度上都有着很强的局部相关性，而卷积神经网络由于其局部连接的特性，能够更好地对这种局部相关性建模。对于前馈神经网络来说，尽管每两层间所有的神经元都相互连接，却很难对输入特征图的局部相关性建模。
- 基于卷积神经网络的神经元是局部且稀疏连接的，而且卷积核的参数是针对输入特征图的每一个元素共享的，卷积神经网络对于输入和输出是等变的。具体来说，在处理一维时间数据时，时间维度的平移并不会影响卷积操作的整体结果。同样，对于频率维度的变化，比如不同的说话人或是不同的说话风格所带来的频率维度的平移，卷积神经网络也能够更好地提取出不受这些变化影响的语音特征。

现实生活中的语音信号，往往是非线性的、时变的、多样的，会受到各种各样因素的影响而呈现出很大的不同。具体来说，说话人自身的一些特性比如性别、年龄、所处环境下的噪声和混响，以及拾音设备引起的信道差异等，都会影响语音信号的声学建模。因此，依据上述两个卷积神经网络的优势，可以利用卷积的不变性来减少语音信号本身的多样性带来的问题。也就是说，卷积神经网络可以更好地提取信号的声学特征，从而获得更好的语音识别效果。

11.6 时域上的卷积

尽管基于频率维度的卷积在实际的语音识别任务应用中取得了不错的效果，但这种基于语谱特征图的卷积结构缺乏信号层面的物理意义。以图像为例，如本章前面所介绍的，在输入图像上做的卷积操作可以被视为滤波器组的滤波操作。图像的长和宽属于一个维度的两个方向，而语谱特征图的长和宽分别表示输入的时间维度和频率维度。在语谱图上的卷积操作与在图像上的卷积操作不同，难以用信号层面的物理意义来解释。接下来，我们会介绍基于时域信号的卷积方法，即以原始波形（Raw Waveform）信号为输入的卷积神经网络。

一直以来，语音识别系统都会先对信号进行分帧处理，将其转换到时频域提取声学特征，例如 MFCC、FBANK 等，再进行声学建模。这么做一方面是因为在转换到时频域之后，语音信号的特点更加明显，能够提取到对应于其声学本质的特征；另一方面是因为原始语音信号波形的语义信息往往和频率和相位的变化相关，而这些变化在时域层面十分不显著，直接对时域进行建模相对困难。然而，现在广泛采用的一些特征提取方法会舍弃一些低能量的部分，也就是说，输入给声学模型的信息是不完整的。这样人为的特征提取结果不一定能够提供最适合声学建模的特征，因此，直接从时域学习，以语音信号波作为输入是一种有效的替代方案。

传统的特征提取方法，会转换到时频域提取声学特征，相当于在原始信号上进行的滤波操作，如 FBANK 特征就是滤波器组所得到的不同特征值的特征。如前文所述，对于原始的一维输入语音信号而言，卷积操作等同于滤波，不同的卷积核等同于不同的滤波器。因此，可以用卷积神经网络替代传统的滤波器组的特征提取。

对于输入的时域语音信号，不同的卷积核相当于一组滤波器。经过时域样本点的滤波（卷积）与池化操作，可以得到每一帧的特征向量，这与传统信号处理方法得到的特征向量类似，可以用于之后的声学建模部分。一些研究结果[368–370] 表明，使用卷积神经网络直接对时域语音信号建模，所构建的语音识别系统的性能能够与传统的基于信号处理方法进行特征提取再构建声学模型的语音识别系统相媲美，甚至在某些条件下能获得更好的性能。

11.7 深层卷积神经网络

与前馈神经网络类似，在卷积神经网络中，使用更多的卷积层能够在一定程度上提升网络的性能，这一点最早在图像识别任务中得到了显著的体现[353, 354]。而在最初关于卷积神经网络应用于声学建模的研究中，网络的结构使用的几乎都是浅层网络[343, 365–367]。这些浅层网络的卷积层数一般都在两层或以下，与 4 层全连接层相连组成了卷积神经网络声学模型。同时，有研究表明，当在普通的前馈全连接深层神经网络中堆叠更多的全连接层（超过 7 层）时，在语音识别任务中很难得到进一步的性能提升[371]。

相比于浅层卷积神经网络，成功搭建深层卷积神经网络有一系列的困难。首先，随着网络层数的增加，梯度消失和梯度爆炸问题影响着网络的训练，在网络深度增加到一定程度的时候，会达到性能上的瓶颈；其次，如何堆叠卷积层及如何进行模型结构上的设计细节，比如卷积核大小、卷积核个数等，也在很大程度上影响着深度卷积神经网络最终的性能。

近年来，随着一系列技术上的突破和更新，深度卷积神经网络被广泛且成功运用到了语音识别任务中。在 2015 年的 InterSpeech 国际大会上，上海交通大学的语音研究组首次将深度卷积神经网络用于语音识别的声学建模[372]，在自然交谈式电话信道的语音数据集 SWB 上取得了良好的效果。此后，在这个数据集 SWB 上，IBM 和微软相继发布应用了深度卷积神经网络的语音识别系统[352, 373]，其识别准确率也超过了人脑在这个数据集上的识别水平。另外，Google 的 CLDNN 模型[350]，将卷积神经网络与循环神经网络结合，利用卷积神经网络更好地提取声学特征，再利用循环神经网络对这些帧级别的声学特征进行处理和建模，将网络逐层堆叠，能够获得很好的识别准确率。百度提出的 Deep-Speech[351] 模型结构，应用 VGGNet[353] 和包含残差连接的卷积层结构[354]，也显著降低了错误率。除了基本的近场干净的语音识别，一些后续的研究也发现深度卷积神经网络对于抗噪语音识别有着不错的鲁棒性[348, 349]。针对不同的噪声类型，包括加性噪声、信道失配和回声，深度卷积神经网络有着优异的性能，其准确率远远超过传统的前馈神经网络模型。这些基于深度卷积神经网络的语音识别系统，在近年来的研究中，在不同的数据集上取得了很高的识别准确率，也是研究者们所关注和侧重的热点问题。

在结构上，深层神经网络通常指多个卷积块的堆叠。如前文所述，卷积块由卷积层、激活函数层和池化层组成。不同于浅层的卷积神经网络，深层网络往往采用更小的卷积核，比如 3×3 或者 4×4。同时网络的整体设计多呈现出金字塔形结构，随着输入的前向传播，每层输出特征图的通道数逐渐增加，并最终被输送到末端堆叠的全连接层结构中。同时，相比于浅层卷积神经网络，输入特征图的维度可以在频率维度和时间维度上扩展，模型可以更好地处理更多更全面的输入信息。图 11–6 给出了一种深度卷积神经网络的结构示例，其具有 10 层卷积层与 5 层池化层，每两层卷积层后会接一层池化层，最后有 4 层全连接层。所有的卷积核大小都为 3×3，通道数从 64 逐渐增长到 256。对于图 11–6 所示的结构，根据文献 [348, 355] 的研究结果，其在带噪语音数据集 Aurora4 和 AMI 上都得到了很好的效果，相对于浅层卷积神经网络模型和前馈神经网络模型有着更高的识别准确率。

尽管在结构上没进行有针对性的设计，深层卷积神经网络在抗噪鲁棒语音识别任务中仍然表现出了很好的性能[348, 349, 355]。正如前面提到的，由于卷积神经网络对于输入输出的等变性，它能够更好地建模在时间维度或者是频率维度上发生扰动的语音信号。而堆叠的多层卷积层能够更好地从输入数据中提取声学信息，从而达到降噪的目的。通常认为，深层卷积神经网络的前几层卷积，能够起到抗噪提升鲁棒性的作用。具体来说，堆

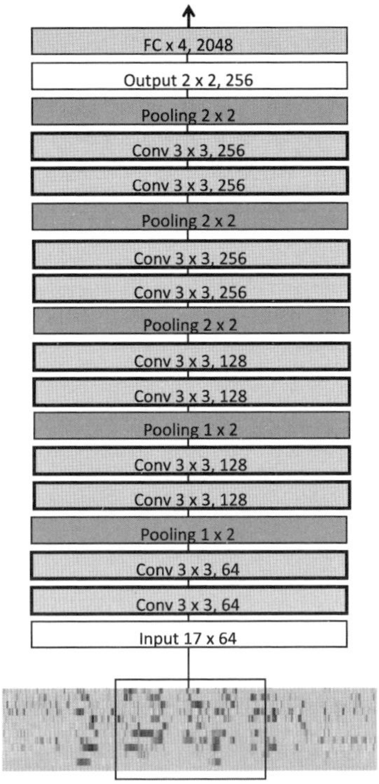

图 11–6　一种深度卷积神经网络架构[348]。Conv 表示卷积层，Pooling 表示池化层，FC 表示全连接层

叠的卷积层从带噪的语音特征中提取所需要的抗噪声学特征，再传递给后层做分类。深度卷积神经网络对于不同的噪声类型如加性噪声、信道失配及回声都有很好的抗噪鲁棒性。

第 12 章

循环神经网络及相关模型

摘要 循环神经网络（RNN）是神经网络模型的一种，在 RNN 中的一些神经元连接组成了一个有向环。有向环使得在循环神经网络中出现了内部状态或者带记忆的结构，赋予了循环神经网络建模动态时序的能力，这是前面章节讨论过的深层神经网络所没有的能力。本章将首先展示基本的循环神经网络作为一个非线性动态系统的状态空间公式，其中管理系统动态的循环矩阵是非常无结构的。对这样一个基本的循环神经网络，我们将详细描述两个算法来学习模型参数：① 最著名的算法——沿时反向传播（BPTT）算法；② 更严格的算法——原始对偶优化技术，该技术可以限制循环神经网络使用的循环矩阵使其在训练时保证稳定性。然后，我们进一步研究一个循环神经网络的高级版本，它采用一个被称为长短时记忆单元的结构，从模型的结构及实际的应用（最新的语音识别结果）结果入手，对长短时记忆单元相比普通循环神经网络单元更强大的能力进行分析。最后，将循环神经网络作为一个自底向上的鉴别性的动态系统，来对比第 4 章所讨论的自上而下的生成性的动态系统。这些分析和讨论可以为一些潜在的更有效、更先进的类似循环神经网络的架构和学习方法提供借鉴，在兼具鉴别性和生成性能力的同时克服它们各自的弱点。

12.1 概述

正如前面章节所讨论的，在深度学习技术兴起之前，自动语音识别技术一直被一个“浅”的结构统治了很多年，那就是隐马尔可夫模型（HMM），它的每一种模型状态分布都利用一个混合高斯模型（GMM）来建模，在第 2、3 章中，我们讨论了相关细节。尽管复杂而被精心设计的混合高斯–隐马尔可夫模型的一些高级变体和一些优化的声学特征也取得了技术上的巨大成功，然而研究者们一直认为，下一代的自动语音识别为了应对多变的应用环境，需要战胜很多新的技术挑战。他们认为战胜这些挑战需要一个“深”的结构，至少从功能上能模拟人类的语音识别机理，比如，人类的语音生成 和语音感知[42, 66, 77, 374] 都是动态层次化的结构。语音界已经做出了一个尝试，这个尝试源于 2009 NIPS 研讨会中关于深度学习用于语音识别和相关应用的讨论。它吸收了一些讨论中对深度语音结构原始层面的理解，在自动语音识别研究社区中促进了采用基于深层神经网络结构（DNN）的深度表示学习方法的提出。这个方法在机器学习社区[375, 867] 中才被提出几年，就成为最前沿的语音识别方法，并且被工业界所采用[12, 13, 211, 220, 222, 249, 255, 256, 273, 377–383, 441]。

然而，很多人意识到 DNN-HMM 方法并没有对语音的动态特性进行建模。这与第 3 章中分析的模型缺陷一样，在 HMM 领域，很多 HMM 的变体被用于解决这些问题。深度和时序的循环神经网络（RNN）将是本章的重点，它们在过去的几年里被深度学习和自动语音识别研究者们用于解决动态建模问题[384–395]。在循环神经网络中，动态的语音特征的内部表示通过将底层的声学特征和历史循环的隐层特征共同输入给隐层来实现。相反，在 DNN-HMM 中，声学动态没有任何内部的表示。循环神经网络是神经网络模型的一种，在它的结构中，一些神经元连接组成了有向环，这也是“循环”这个词的由来。这样，一个环或者循环结构就包含了时间延迟操作。在时间维度上使用一个带时间延迟的循环结构使网络拥有了记忆结构，通常表示为一个内部状态。在循环神经网络中，这个循环结构使得 RNN 拥有了前面章节讨论的 DNN 及 DNN-HMM 所没有的建模动态时序的能力。

一个 RNN 本身就是一个深度模型，不用像在文献 [386, 387, 391, 392] 中那样堆叠成一个深度 RNN，或者如文献 [389, 390] 一样将 DNN 特征输入 RNN，RNN 如果在时间上进行展开，则可以建立一个层数和输入语音句子长度一样的深度模型。最近利用 RNN 进行语音识别已经取得了很不错的语音识别精度，包括使用 1997 年才由神经网络研究者提出的长短时记忆（LSTM）[387, 394, 396–398, 675] 单元版本的 RNN。本章的一个重点是介绍 RNN 的背景知识和数学公式（见12.2节），同时介绍 RNN 的训练方法，包括著名的沿时反向传播算法（BPTT）（见12.3节）。

在语音识别研究中，使用 RNN 或者相关的神经预测模型最早可以追溯到 19 世纪 80 年代晚期到 90 年代早期[219, 400, 401]。但是当时只得到了较低的识别正确率。深度学习在最近几年变得流行起来，RNN 得到了更多的关注和研究，包括在语音[386, 387, 391, 392] 和语言[402, 404–408] 两方面的运用，及它的堆叠版本，或者称之为深度 RNN[386, 387, 391, 409, 410]。在 RNN 的大多数工作中，都使用 BPTT 方法来训练它们的参数，为了使训练更有效，需要运用一些经验性的窍门（比如当梯度特别大时截断它[404, 405]）。直到最近，人们才做出一些仔细的分析来全方位理解训练 RNN 的困难的原因与本质，但是还有很多方面需要继续探索。在文献 [185, 393, 411] 中，梯度归一裁剪策略被提出并用于解决 BPTT 过程中的梯度爆炸问题，也有其他方法被提出用于改进 RNN 的训练[389, 412]。其中，文献 [389] 所描述的方法相比其他方法，基于更加本质的优化技术，这将在12.4节中讨论。另外，LSTM 版本的 RNN 无论是被应用在小规模还是被应用在大规模自动语音识别中都具有特别好的性能，LSTM 版本的 RNN 无论是在小规模还是在大规模自动语音识别中都展现出特别好的性能。LSTM 结构的提出，也是为了更好地解决普通 RNN 递归神经网络在应用中遇到的一些问题，进一步提升 RNN 性能，我们将在 12.5 节中仔细讨论 LSTM 这个话题。

需要注意的是，在深度学习用于语音建模和识别之前，研究者们提出了许多结构变体的 HMM 的早期尝试，正如在第 3 章中简要讨论的一种比传统的 GMM-HMM 更“深”的可计算的结构一样。这些模型中的一个例子是隐含动态模型，在这种模型中，动态语音特征的内部表示是通过深度语音模型层次中的高层生成的[80, 81, 89, 90, 122, 123, 130–132, 413]。尽管 RNN 和隐含动态或者轨道模型是分开发展的，但它们的出发点是一样的，即表示人类语音中的动态结构部分。无论如何，构建这两种动态模型的不同方法有它们各自的优点和缺点。仔细分析这两种模型的区别和共同点，将为我们提供基于现存的 RNN 和隐含动态模型开发新的含有语音特征隐表示深度动态模型的灵感。我们将在12.9 节中对比分析 RNN （鉴别性）和隐含动态模型（生成性）。在这个多角度的分析中，我们将主要关注两类动态模型最基本的差异，比如自上而下与自下而上的信息流，隐向量采用的本地或者分布式的表示。

12.2　基本循环神经网络中的状态–空间公式

一个循环神经网络（RNN）与前向 DNN 最基本的差异是 RNN 的输入不仅有语音特征，还有内部状态。内部状态指将过去已经被 RNN 处理过的时间序中的信息进行编码。从这方面考虑，相比 DNN 只静态地进行从输入到输出的变换，RNN 是一个动态系统，也更有一般性。至少在概念上可以认为，RNN 中所使用的状态空间使得它可以表示和学习长时间范围内序列间的相关性。

我们先对简单的单隐层 RNN 形式化，这个结构在信号处理领域被普遍用于（去噪）非线性状态空间模型。这方便我们随后将 RNN 和在语音声学中作为生成性模型的拥有相同的状态空间形式的非线性动态系统进行比较。鉴别性的 RNN 和使用相同数学模型的生成性模型间的差异将揭示一种方法比另一种方法更有效的原因，并给出两种方法理想的合并方案。

在任意时刻 t，令 $\boldsymbol{x}_t$ 是 $K \times 1$ 输入向量，$\boldsymbol{h}_t$ 是 $N \times 1$ 隐状态向量，$\boldsymbol{y}_t$ 是 $L \times 1$ 输出向量，简单的单隐层 RNN 可以被描述为

$$\boldsymbol{h}_t = f(\boldsymbol{W}_{xh}\boldsymbol{x}_t + \boldsymbol{W}_{hh}\boldsymbol{h}_{t-1}) \tag{12.1}$$

$$\boldsymbol{y}_t = g(\boldsymbol{W}_{hy}\boldsymbol{h}_t) \tag{12.2}$$

$\boldsymbol{W}_{hy}$ 是 $L \times N$ 权重矩阵，连接 N 个隐层单元到 L 个输出层单元；$\boldsymbol{W}_{xh}$ 是 $N \times K$ 权重矩阵，连接 K 个输入单元到 N 个隐层单元；$\boldsymbol{W}_{hh}$ 是 $N \times N$ 权重矩阵，连接 N 个隐层单元从时刻 $t-1$ 到时刻 t；$\boldsymbol{u}_t = \boldsymbol{W}_{xh}\boldsymbol{x}_t + \boldsymbol{W}_{hh}\boldsymbol{h}_{t-1}$ 是 $N \times 1$ 隐层潜向量，$\boldsymbol{v}_t = \boldsymbol{W}_{hy}\boldsymbol{h}_t$ 是 $L \times 1$ 输出层潜向量；$f(\boldsymbol{u}_t)$ 是隐层激活函数；$g(\boldsymbol{v}_t)$ 是输出层激活函数。典型的隐层激活函数有 Sigmoid、tanh 与整流线性单元，典型的输出层激活函数有 linear 和 softmax。公式 (12.1) 和公式 (12.2) 通常分别被称为观察等式和状态等式。

注意，上一个时间的输出同样可以被用来更新状态向量，这时状态等

式变为

$$\boldsymbol{h}_t = f(\boldsymbol{W}_{xh}\boldsymbol{x}_t + \boldsymbol{W}_{hh}\boldsymbol{h}_{t-1} + \boldsymbol{W}_{yh}\boldsymbol{y}_{t-1}) \tag{12.3}$$

$\boldsymbol{W}_{yh}$ 是连接输出层到隐层的权重矩阵。在简化的同时又不失一般性，本章只考虑不使用输出的反馈的情况。

12.3 沿时反向传播学习算法

文献 [412, 414] 和原始论文 [47] 很好地解释了基础沿时反向传播（BPTT）方法，它通过时间顺序回传错误信号，来学习循环神经网络的权重矩阵。这是前馈网络的经典反向传播算法的一个扩展，其中，同一训练帧 t 时刻的多个堆积隐层被替换成 T 个跨越时间的相同单一隐层，$t = 1, 2, \ldots, T$。

根据公式 (12.1) 和公式 (12.2)，我们用 $h_t(j)$ 指代第 j 个隐层单元（其中，$j = 1, 2, \ldots, N$），用 $w_{hy}(i, j)$ 指代连接第 j 个隐层单元和第 i 个输出层单元的权重，其中 $i = 1, 2, \ldots, L$，$j = 1, 2, \ldots, N$。

12.3.1 最小化目标函数

在经典的反向传播中，我们会预先定义一个损失函数（或者叫训练准则）。在本节，我们使用真实输出 $\boldsymbol{y}_t$ 和目标向量 $\boldsymbol{l}_t$ 在所有时间帧上的误差平方和

$$E = c\sum_{t=1}^{T}\|\boldsymbol{l}_t - \boldsymbol{y}_t\|^2 = c\sum_{t=1}^{T}\sum_{j=1}^{L}(l_t(j) - y_t(j))^2 \tag{12.4}$$

作为损失函数。其中，$l_t(j)$ 和 $y_t(j)$ 分别是目标向量和输出向量上的第 j 个单元，$c = 0.5$ 是一个便于使用的尺度因子。

我们使用梯度下降算法，优化权重来最小化这个代价。在循环神经网络中，对于一个具体的权重 w，梯度下降的更新规则是

$$w^{\text{new}} = w - \gamma\frac{\partial E}{\partial w} \tag{12.5}$$

其中，γ 是学习率。为了计算梯度，我们定义误差项

$$\delta_t^y(j) = -\frac{\partial E}{\partial v_t(j)},\quad \delta_t^h(j) = -\frac{\partial E}{\partial u_t(j)} \tag{12.6}$$

作为损失函数相对于单元输入的梯度。这些误差项和梯度可以递归地计算，我们将在下一节解释。

12.3.2　误差项的递归计算

在 BPTT 算法的错误传递部分，所有的 RNN 权重都按照一个设定的时间步数被复制多遍。换句话说，它们是基于时间共享的。因此，标准的用于前馈神经网络的反向传播算法需要根据这种连接约束进行修改。

在最后的那个时间帧 $t=T$，我们可以在输出层计算误差项

$$\delta_T^y(j) = -\frac{\partial E}{\partial y_T(j)}\frac{\partial y_T(j)}{\partial v_T(j)} = (l_T(j) - y_T(j))g^{'}(v_T(j))$$

其中，$j=1,2,\ldots,L$

$$\text{或者}\quad \boldsymbol{\delta}_T^y = (\boldsymbol{l}_T - \boldsymbol{y}_T) \odot g^{'}(\boldsymbol{v}_T) \tag{12.7}$$

然后在隐层计算

$$\delta_T^h(j) = -\left(\sum_{i=1}^{L}\frac{\partial E}{\partial v_T(i)}\frac{\partial v_T(i)}{\partial h_T(j)}\frac{\partial h_T(j)}{\partial u_T(j)}\right) = \sum_{i=1}^{L}\delta_T^y(i)w_{hy}(i,j)f^{'}(u_T(j))$$

其中，$j=1,2,\ldots,N$

$$\text{或者}\quad \delta_T^h = \boldsymbol{W}_{hy}^{\mathrm{T}}\boldsymbol{\delta}_T^y \odot f^{'}(\boldsymbol{u}_T) \tag{12.8}$$

其中，$\odot$ 是元素相乘操作。

对于其他的时间帧，$t=T-1,T-2,\ldots,1$，我们可以对节点计算误差项

$$\delta_t^y(j) = (l_t(j) - y_t(j))g^{'}(v_t(j)) \quad \text{其中，} j=1,2,\ldots,L$$

$$\text{或者}\quad \boldsymbol{\delta}_t^y = (\boldsymbol{l}_t - \boldsymbol{y}_t) \odot g^{'}(\boldsymbol{v}_t) \tag{12.9}$$

对输出节点和隐层节点递归计算误差项

$$\begin{aligned}\delta_t^h(j) &= -\left[\sum_{i=1}^{N}\frac{\partial E}{\partial u_{t+1}(i)}\frac{\partial u_{t+1}(i)}{\partial h_t(j)}+\sum_{i=1}^{L}\frac{\partial E}{\partial v_t(i)}\frac{\partial v_t(i)}{\partial h_t(j)}\right]\frac{\partial h_t(j)}{\partial u_t(j)}\\ &= \left[\sum_{i=1}^{N}\delta_{t+1}^h(i)w_{hh}(i,j)+\sum_{i=1}^{L}\delta_t^y(i)w_{hy}(i,j)\right]f^{'}(u_t(j))\end{aligned}$$

其中，$j=1,2,\ldots,N$

$$\text{或者}\quad \boldsymbol{\delta}_t^h = \left[\boldsymbol{W}_{hh}^{\mathrm{T}}\boldsymbol{\delta}_{t+1}^h+\boldsymbol{W}_{hy}^{\mathrm{T}}\boldsymbol{\delta}_t^y\right]\odot f^{'}(\boldsymbol{u}_t) \tag{12.10}$$

其中，误差项 $\boldsymbol{\delta}_t^y$ 是时间帧 t 的输出层反向传播所得，$\boldsymbol{\delta}_{t+1}^h$ 则是时间帧 $t+1$ 的隐层反向传播所得。

12.3.3 循环神经网络权重的更新

给定上述计算所得的所有误差项和梯度，我们可以很容易地更新网络中的权重。对于输出层的权重矩阵，我们有

$$\begin{aligned}w_{hy}^{\text{new}}(i,j) &= w_{hy}(i,j)-\gamma\sum_{t=1}^{T}\frac{\partial E}{\partial v_t(i)}\frac{\partial v_t(i)}{\partial w_{hy}(i,j)}\\ &= w_{hy}(i,j)-\gamma\sum_{t=1}^{T}\delta_t^y(i)h_t(j)\end{aligned}$$

$$\text{或者}\qquad \boldsymbol{W}_{hy}^{\text{new}} = \boldsymbol{W}_{hy}+\gamma\sum_{t=1}^{T}\boldsymbol{\delta}_y^t\boldsymbol{h}_t^{\mathrm{T}} \tag{12.11}$$

对于输入层权重矩阵，我们可以得到

$$\begin{aligned}w_{xh}^{\text{new}}(i,j) &= w_{xh}(i,j)-\gamma\sum_{t=1}^{T}\frac{\partial E}{\partial u_t(i)}\frac{\partial u_t(i)}{\partial w_{xh}(i,j)}\\ &= w_{xh}(i,j)-\gamma\sum_{t=1}^{T}\delta_t^h(i)x_t(j)\end{aligned}$$

$$\text{或者}\quad \boldsymbol{W}_{xh}^{\text{new}} = \boldsymbol{W}_{xh}+\gamma\sum_{t=1}^{T}\boldsymbol{\delta}_h^t\boldsymbol{x}_t^{\mathrm{T}} \tag{12.12}$$

对于循环层的权重矩阵，则有

$$
\begin{aligned}
w_{hh}^{\text{new}}(i,j) &= w_{hh}(i,j) - \gamma\sum_{t=1}^{T}\frac{\partial E}{\partial u_t(i)}\frac{\partial u_t(i)}{\partial w_{hh}(i,j)} \\
&= w_{hh}(i,j) - \gamma\sum_{t=1}^{T}\delta_t^h(i)h_{t-1}(j)
\end{aligned}
$$

$$
\text{或者}\quad \boldsymbol{W}_{hh}^{\text{new}} = \boldsymbol{W}_{hh} + \gamma\sum_{t=1}^{T}\boldsymbol{\delta}_h^t\boldsymbol{h}_{t-1}^{\text{T}} \tag{12.13}
$$

需要注意的是，不同于在 DNN 系统中应用的 BP 算法，因为整段时间都使用相同的权重矩阵，所以这里的梯度是所有时间帧上相加得到的。算法 12.1 总结了上述单隐层 RNN 的 BPTT 算法。

算法 12.1　使用误差平方和损失函数，用于单隐层 RNN 的沿时反向传播算法

1: **procedure** BPTT($\{\boldsymbol{x}_t, \boldsymbol{I_t}\}\ 1 \leqslant t \leqslant T$)

▷ $\boldsymbol{x}_t$ 是输入特征序列

▷ $\boldsymbol{I_t}$ 是标签序列

▷ 前向计算

2: 　**for** $t \leftarrow 1; t \leqslant T; t \leftarrow t+1$ **do**

3: 　　$\boldsymbol{u}_t \leftarrow \boldsymbol{W}_{xh}\boldsymbol{x}_t + \boldsymbol{W}_{hh}\boldsymbol{h}_{t-1}$

4: 　　$\boldsymbol{h}_t \leftarrow f(\boldsymbol{u}_t)$

5: 　　$\boldsymbol{v}_t \leftarrow \boldsymbol{W}_{hy}\boldsymbol{h}_t$

6: 　　$\boldsymbol{y}_t \leftarrow g(\boldsymbol{v}_t)$

7: 　**end for**

▷ 沿时反向传播

8: 　$\boldsymbol{\delta}_T^y \leftarrow (\boldsymbol{l}_T - \boldsymbol{y}_T)\odot g^{'}(\boldsymbol{v}_T)$ 　▷ $\odot$：元素相乘

9: 　$\boldsymbol{\delta}_T^h \leftarrow \boldsymbol{W}_{hy}^{\text{T}}\boldsymbol{\delta}_T^y \odot f^{'}(\boldsymbol{u}_T)$

10: 　**for** $t \leftarrow T-1; t \geqslant 1T; t \leftarrow t-1$ **do**

11: 　　$\boldsymbol{\delta}_t^y \leftarrow (\boldsymbol{l}_t - \boldsymbol{y}_t)\odot g^{'}(\boldsymbol{v}_t)$

12: 　　$\boldsymbol{\delta}_t^h \leftarrow \left[\boldsymbol{W}_{hh}^{\text{T}}\boldsymbol{\delta}_{t+1}^h + \boldsymbol{W}_{hy}^{\text{T}}\boldsymbol{\delta}_t^y\right]\odot f^{'}(\boldsymbol{u}_t)$ 　▷ 从 $\boldsymbol{\delta}_t^y$ 和 $\boldsymbol{\delta}_{t+1}^h$ 传播

13: 　**end for**

▷ 模型更新

14: 　$\boldsymbol{W}_{hy} \leftarrow \boldsymbol{W}_{hy} + \gamma\sum_{t=1}^{T}\boldsymbol{\delta}_y^t\boldsymbol{h}_t^{\text{T}}$

15: 　$\boldsymbol{W}_{hh} \leftarrow \boldsymbol{W}_{hh} + \gamma\sum_{t=1}^{T}\boldsymbol{\delta}_h^t\boldsymbol{h}_{t-1}^{\text{T}}$

16: **end procedure**

算法 12.1 中的计算复杂度可以表示为时间步数 $O(M^2)$，其中，$M = LN + NK + N^2$ 是需要被学习的权重参数的总个数。相比于经典的前馈反向传播算法，BPTT 算法由于帧之间的依赖关系而收敛得更慢，而且因为梯度的爆发与消失[393, 395] 问题和在音频样本层（替代了帧级别层）的随机化，所以更可能收敛到一个不好的局部最优点，没有大量的实验和调整是不可能得到好的结果的。如果我们将历史信息缩短到不超过最近的 p 个时间步数，那么模型的训练速度可以获得提升。

12.4 一种用于学习循环神经网络的原始对偶技术

12.4.1 循环神经网络学习的难点

众所周知，学习 RNN 有一定的难度，这是因为存在“梯度的膨胀与消失”问题，如在文献 [393] 中分析的那样。梯度消失问题发生的充分条件是

$$\|\boldsymbol{W}_{hh}\| < d \tag{12.14}$$

其中，$d = 4$ 用于 sigmoidal 隐层单元，$d = 1$ 用于线性单元。$\|\boldsymbol{W}_{hh}\|$ 是 RNN 中循环权值矩阵 $\boldsymbol{W}_{hh}$ 的 L_2-范数（最大奇异值）。梯度膨胀问题发生的必要条件是

$$\|\boldsymbol{W}_{hh}\| > d \tag{12.15}$$

因此，循环矩阵 $\boldsymbol{W}_{hh}$ 的属性对于 RNN 学习是非常重要的。在文献 [393, 411] 中，采用的解决梯度膨胀问题的方法是以经验为主的减小梯度的方法，就是梯度的范数不能超过某一个阈值。避免梯度消失的方法也是基于经验的，比如加入一个正则化项或者利用目标函数的曲率信息[385] 来提升梯度。这里回顾一下在文献 [389] 中所述的内容，其提出并且成功验证了一个更加严密、高效的学习 RNN 的方法，该方法直接利用了加在 $\boldsymbol{W}_{hh}$ 上的约束信息。

12.4.2 回声状态性质及其充分条件

我们现在可以看到在公式 (12.14) 和公式 (12.15) 中描述的条件与 RNN 是否满足回声状态（Echo-State）性质有密切的关系，文献 [412] 提到“如

果一个网络已经运行了非常长的一段时间，则当前的网络状态只由输入历史和（监督信息）输出决定。”在文献 [415] 中同样可以看到这种回声状态性质等价于状态紧缩（State Contracting）性质的描述。对于没有输出的反馈网络，某网络是状态紧缩的条件是：对所有的向右无穷的输入序列 $\{\boldsymbol{x}_t\}$，其中 $t=0,1,2,\ldots$，存在一个空（Null）序列 $(\epsilon_t)_{t\geqslant 0}$，使得对于所有的起始状态 $\boldsymbol{h}_0$ 和 $\boldsymbol{h}_0'$ 及所有的 $t>0$ 都能保证 $\|\boldsymbol{h}_t-\boldsymbol{h}_t'\|<\epsilon_t$，其中，$\boldsymbol{h}_t$ 和 $\boldsymbol{h}_t'$ 是 t 时刻所得的隐层状态向量，且它们的网络分别是在已经声明 $\boldsymbol{x}_0$ 和 $\boldsymbol{x}_0'$ 的情况下，由到目前 t 时刻为止的所有 $\boldsymbol{x}_t$ 导出的。还可以看出对于回声状态性质不存在的充分条件或者存在的必要条件是：循环矩阵 $\boldsymbol{W}_{hh}$ 的谱半径（Spectral Radius）要大于当 RNN 隐层使用双曲正切非线性单元时的谱半径。

在回声状态机中，循环权值矩阵 $\boldsymbol{W}_{hh}$ 是随机生成的，并根据上述规则归一化，然后在训练过程中随时间保持不变。输入权值矩阵 $\boldsymbol{W}_{xh}$ 同样保持不变。为了提升学习效率，我们只在 RNN 满足回声状态性质的约束条件的同时学习 $\boldsymbol{W}_{hh}$ 和 $\boldsymbol{W}_{xh}$。为此，文献 [389] 阐述了如下的回声状态性质的充分条件的最新进展，它相比于原定义，在训练过程中更容易被处理。

令 $d=1/\max_x|f'(x)|$，如果

$$\|\mathbf{W}_{hh}\|_\infty < d \tag{12.16}$$

则 RNN 满足回声状态性质，其中，$\|\mathbf{W}_{hh}\|_\infty$ 表示矩阵 $\boldsymbol{W}_{hh}$ 的 ∞-范数（即最大绝对行和），对于双曲正切单元，$d=1$，而对于 sigmoid 单元，$d=4$。

公式 (12.16) 的一个重要成果就是它很自然地避免了梯度爆炸问题。如果公式 (12.16) 可以被强行加在训练过程中，就没有必要以一种启发的方式去减小梯度。

12.4.3 将循环神经网络的学习转化为带约束的优化问题

给定回声状态性质的充分条件，我们可以将具有回声状态性质的 RNN 学习问题公式化为如下约束优化问题：

$$\min_{\Theta} \quad E(\Theta) = E(\boldsymbol{W}_{hh}, \boldsymbol{W}_{xh}, \boldsymbol{W}_{hy}) \tag{12.17}$$

$$\text{s.t.} \quad \|\boldsymbol{W}_{hh}\|_{\infty} \leqslant d \tag{12.18}$$

换句话说，我们需要发现一组 RNN 参数，它能在保持回声状态性质的情况下最好地预测目标值。我们已经知道 $\|\mathbf{W}_{hh}\|_{\infty}$ 被定义为最大绝对行和。因此，上述 RNN 学习问题等价于如下约束优化问题：

$$\min_{\Theta} \quad E(\Theta) = E(\boldsymbol{W}_{hh}, \boldsymbol{W}_{xh}, \boldsymbol{W}_{hy}) \tag{12.19}$$

$$\text{s.t.} \quad \sum_{j=1}^{N} |W_{ij}| \leqslant d, \quad i = 1, \ldots, N \tag{12.20}$$

其中，W_{ij} 表示矩阵 $\boldsymbol{W}_{hh}$ 的第 (i,j) 个记录。下面接着推导实现这个目标的学习算法。

12.4.4 一种用于学习 RNN 的原始对偶方法

原始对偶法的简要介绍

下面使用原始对偶法解决上述约束优化问题，它是在现代优化文献中很流行的一个技术，比如文献 [416]。该问题的拉格朗日算子可以被写成

$$L(\Theta, \boldsymbol{\lambda}) = E(\boldsymbol{W}_{hh}, \boldsymbol{W}_{xh}, \boldsymbol{W}_{hy}) + \sum_{i=1}^{N} \lambda_i \left(\sum_{j=1}^{N} |W_{ij}| - d \right) \tag{12.21}$$

其中，λ_i 表示拉格朗日向量 $\boldsymbol{\lambda}$（即对偶变量）的第 i 个记录，并且 λ_i 是非负数。将对偶函数 $q(\boldsymbol{\lambda})$ 定义成如下非约束优化问题：

$$q(\boldsymbol{\lambda}) = \min_{\boldsymbol{\Theta}} L(\Theta, \boldsymbol{\lambda}) \tag{12.22}$$

上述非约束优化问题中的对偶函数 $q(\boldsymbol{\lambda})$ 总是凹的，甚至在原始代价 $E(\Theta)$ 是一个非凸规划[416] 的时候也如此。另外，对偶函数总是原始约束优化问题的一个下边界，即

$$q(\boldsymbol{\lambda}) \leqslant E(\Theta^{\star}) \tag{12.23}$$

在 $\lambda_i \geqslant 0$，$i = 1, \ldots, N$ 的限制条件下最大化 $q(\boldsymbol{\lambda})$，将会从该对偶函数[416] 中得到最好的下边界。这个新问题被称为原始优化问题的对偶问题：

$$\max_{\boldsymbol{\lambda}} \quad q(\boldsymbol{\lambda}) \tag{12.24}$$

$$\text{s.t.} \quad \lambda_i \geqslant 0, \quad i = 1, \ldots, N \tag{12.25}$$

它是一个凸优化问题，我们是在一些线性不等式的约束下最大化一个凹的目标的。在解决公式 (12.24) 和公式 (12.21) 中的 $\boldsymbol{\lambda}^\star$ 之后，我们可以替换相关的 $\boldsymbol{\lambda}^\star$ 到拉格朗日算子公式 (12.21) 里，然后处理相关的参数集 $\Theta^o = \{\boldsymbol{W}_{hh}^0, \boldsymbol{W}_{xh}^0, \boldsymbol{W}_{hy}^0\}$，对给定的 $\boldsymbol{\lambda}^\star$ 最小化 $L(\Theta, \boldsymbol{\lambda})$：

$$\Theta^o = \arg\min_{\Theta} L(\Theta, \boldsymbol{\lambda}^\star) \tag{12.26}$$

然后，得到的 $\Theta^o = \{\boldsymbol{W}_{hh}^0, \boldsymbol{W}_{xh}^0, \boldsymbol{W}_{hy}^0\}$ 是对原始约束优化问题的一个近似解。对于凸优化问题，在一些温和的条件[416] 下，近似解和全局优化解一样，这种性质被称为强对偶性。然而，在一般的非凸优化问题里，它不是一个准确的解。但因为发现原始问题公式 (12.24) 和公式 (12.21) 的全局最优解是不现实的，所以如果它能提供一个不错的近似解，那么还算令人满意。

现在回到公式 (12.24) 和公式 (12.21) 的问题。我们确实解决了如下问题：

$$\max_{\boldsymbol{\lambda} \geqslant \mathbf{0}} \min_{\Theta} L(\Theta, \boldsymbol{\lambda}) \tag{12.27}$$

其中，标记符号 $\boldsymbol{\lambda} \geqslant \mathbf{0}$ 表示向量 $\boldsymbol{\lambda}$ 里的每个记录都要大于等于零。先前的分析表明，为了解决问题，我们需要在第一步最小化拉格朗日算子 $L(\Theta, \boldsymbol{\lambda})$（相对于 Θ），同时最大化对偶变量 $\boldsymbol{\lambda}$（在 $\boldsymbol{\lambda} \geqslant \mathbf{0}$ 的约束条件下）。因此，正如我们将会继续说的，更新 RNN 参数由以下两步组成：

- 原始更新：相对于 Θ 最小化 $L(\Theta, \boldsymbol{\lambda}^*)$；
- 对偶更新：相对于 $\boldsymbol{\lambda}$ 最大化 $L(\Theta^*, \boldsymbol{\lambda})$。

应用于 RNN 学习的原始对偶方法：原始更新

我们可以直接把梯度下降算法应用于原始更新，相对于 Θ 来最小化 $L(\Theta, \boldsymbol{\lambda}^*)$。然而，利用在该目标函数中的结构会更好，其中包括两部分：第

1 部分 $E(\Theta)$ 衡量了预测质量，表示在公式 (12.25) 中约束的惩罚项；第 2 部分是矩阵 $\boldsymbol{W}_{hh}$ 在每行上面多个 ℓ_1 正则化项的总和：

$$\sum_{j=1}^{N} |W_{ij}| = \|\boldsymbol{w}_i\|_1 \tag{12.28}$$

其中，$\boldsymbol{w}_i$ 表示矩阵 $\boldsymbol{W}_{hh}$ 的第 i 个行向量。根据这样的观察，公式 (12.21) 中的拉格朗日算子可以被写成如下等式：

$$L(\Theta, \boldsymbol{\lambda}) = E(\boldsymbol{W}_{hh}, \boldsymbol{W}_{xh}, \boldsymbol{W}_{hy}) + \sum_{i=1}^{N} \lambda_i \left(\|\boldsymbol{w}_i\|_1 - d\right) \tag{12.29}$$

为了在上述结构中最小化 $L(\Theta, \boldsymbol{\lambda})$（关于 $\Theta = \{\boldsymbol{W}_{hh}, \boldsymbol{W}_{xh}, \boldsymbol{W}_{hy}\}$），我们可以使用一个与在文献 [417] 中提出的相似技术来推导出如下的迭代软阈值算法（Iterative Soft-thresholding Algorithm），用于 $\boldsymbol{W}_{hh}$ 的原始更新：

$$\boldsymbol{W}_{hh}^{\{k\}} = S_{\boldsymbol{\lambda}\mu_k} \left\{ \boldsymbol{W}_{hh}^{\{k-1\}} - \mu_k \frac{\partial E(\boldsymbol{W}_{hh}^{\{k-1\}}, \boldsymbol{W}_{xh}^{\{k-1\}}, \boldsymbol{W}_{hy}^{\{k-1\}})}{\partial \boldsymbol{W}_{hh}} \right\} \tag{12.30}$$

其中，$S_{\boldsymbol{\lambda}\mu_k}(\boldsymbol{X})$ 表示在矩阵 $\boldsymbol{X}$ 上的分量形式收缩（软阈值）的一种操作，被定义为

$$[S_{\boldsymbol{\lambda}\mu_k}(\boldsymbol{X})]_{ij} = \begin{cases} \boldsymbol{X}_{ij} - \lambda_i \mu_k, & \boldsymbol{X}_{ij} \geqslant \lambda_i \mu_k \\ \boldsymbol{X}_{ij} + \lambda_i \mu_k, & \boldsymbol{X}_{ij} \leqslant -\lambda_i \mu_k \\ 0, & \text{其他} \end{cases} \tag{12.31}$$

上述对 $\boldsymbol{W}_{hh}$ 的原始更新公式 (12.30) 是由一个使用收缩操作的标准随机梯度下降实现的。对于 $\boldsymbol{W}_{xh}$ 和 $\boldsymbol{W}_{hy}$ 的原始更新，沿用的是标准随机梯度下降方法，这是因为它们没有约束。为了加速算法的收敛过程，有些方法可以代替梯度下降过程，比如加入惯性系数或者使用涅斯捷罗夫方法（Nesterov Method），就像已经在文献 [389, 390] 报告的实验中采用的那样。

应用于 RNN 学习的原始对偶方法：对偶更新

对偶更新的目标是在 $\boldsymbol{\lambda} \geqslant \boldsymbol{0}$ 的约束条件下，最大化 $L(\Theta, \boldsymbol{\lambda})$。为此，我们使用了如下带投影操作的梯度下降方法，其在强制约束条件的同时增加 $L(\Theta, \boldsymbol{\lambda})$ 的函数值：

$$\lambda_{i,k} = \left[\lambda_{i,k-1} + \mu_k \left(\|\boldsymbol{w}_{i,k-1}\|_1 - d\right)\right]_+ \tag{12.32}$$

其中，$[x]_+ = \max\{0, x\}$。注意，λ_i 是 $L(\Theta, \boldsymbol{\lambda})$ 中的一个正则化因子，其对于 $\boldsymbol{W}_{hh}$ 中第 i 行的违背约束条件的行为进行惩罚。对偶更新可以被解释成一种以自适应方式调整正则化因子的规则。当 $\boldsymbol{W}_{hh}$ 的第 i 行的绝对值和超过 d 的时候，即违背了约束条件，递归公式 (12.32) 将会增加公式 (12.21) 中第 i 行的正则化因子 $\lambda_{i,k}$。如果在某一个 i 上没有违背约束条件，则对偶更新公式 (12.21) 将会降低相应的 λ_i 的值。投影操作 $[x]_+$ 保证了一旦正则化因子 λ_i 小于零，它就被设置为零，并且公式 (12.25) 中第 i 行的约束将不会在公式 (12.21) 中被惩罚。

12.5　结合长短时记忆单元的循环神经网络

12.5.1　动机与应用

上述基本的 RNN 无法充分地对复杂的时间动力学建模，因此，在实际应用中，基本的 RNN 被证实在处理许多不同类别的输入序列时，无法充分有效地利用历史信息。这些问题的分析最初被发表在文献 [675] 中，之后又被发表在文献 [394, 397, 398] 中。在这些早期的解决方案中，一种被称为“长短时记忆单元”（LSTM）的“记忆”结构被引入 RNN。这种 RNN 的变体成功地解决了传统 RNN 所不能解决的基本问题，并能够高效地完成一些之前无法完成的任务，包括嘈杂输入序列中的模式识别和事件顺序识别。同上述基本的 RNN 一样，LSTM 也能被证明具备通用计算能力。只要提供足够多的网络单元和正确的权重矩阵，LSTM-RNN 就可以计算任何传统计算机能计算的问题。但与上述基本的 RNN 不同的是，当重要事件之间的间隔很长时，LSTM-RNN 更适合从输入序列中学习并分类、处理和预测时间序列。

LSTM-RNN 自诞生以来，在手写识别、音素识别、关键字识别、机器人定位和控制（特别是在部分可观察环境下）中的强化学习、蛋白质结构预测的在线学习、音乐创作和语法学习等诸多实际任务中都有应用。这些应用的进展在文献 [418] 中有记录。最近，在文献 [391, 392] 中，LSTM-RNN 在大词表语音识别中的应用取得了很大成功。与此同时，简化的 LSTM-RNN 在语种识别[419]、语音合成[420, 421] 和鲁棒语音识别中被证明有效[399, 422]。

在 2013 年多源环境下的计算听觉（Computational Hearing in Multisource Environments，CHiME）挑战赛中，科研人员发现 LSTM 结构能够有效地利用上下文来学习噪声和回音导致失真的声学特征，并且能有效地处理高度不平稳的噪声。

12.5.2 长短时记忆单元的神经元架构

RNN 中的长短时记忆（LSTM）单元神经元的基本思想是利用不同类型的门（比如点乘）来控制网络中的信息流。LSTM-RNN是用 LSTM 神经元代替常规网络单元的 RNN 的高级版本。LSTM 神经元可以被认为是一种能够长时间保存信息的复杂且精巧的网络单元。通过门结构，LSTM 神经元可以决定什么时候应该记住输入信息，什么时候应该忘记该信息，以及什么时候应该输出该信息。

在数学上，LSTM 神经元可以由以下关于时间 $t = 1, 2, ..., T$ 的递推式描述[391, 394, 397, 398, 675]：

$$\boldsymbol{i}_t = \sigma\left(\boldsymbol{W}^{(xi)}\boldsymbol{x}_t + \boldsymbol{W}^{(hi)}\boldsymbol{h}_{t-1} + \boldsymbol{W}^{(ci)}\boldsymbol{c}_{t-1} + \boldsymbol{b}^{(i)}\right) \tag{12.33}$$

$$\boldsymbol{f}_t = \sigma\left(\boldsymbol{W}^{(xf)}\boldsymbol{x}_t + \boldsymbol{W}^{(hf)}\boldsymbol{h}_{t-1} + \boldsymbol{W}^{(cf)}\boldsymbol{c}_{t-1} + \boldsymbol{b}^{(f)}\right) \tag{12.34}$$

$$\boldsymbol{c}_t = \boldsymbol{f}_t \bullet \boldsymbol{c}_{t-1} + \boldsymbol{i}_t \bullet \tanh\left(\boldsymbol{W}^{(xc)}\boldsymbol{x}_t + \boldsymbol{W}^{(hc)}\boldsymbol{h}_{t-1} + \boldsymbol{b}^{(c)}\right) \tag{12.35}$$

$$\boldsymbol{o}_t = \sigma\left(\boldsymbol{W}^{(xo)}\boldsymbol{x}_t + \boldsymbol{W}^{(ho)}\boldsymbol{h}_{t-1} + \boldsymbol{W}^{(co)}\boldsymbol{c}_t + \boldsymbol{b}^{(o)}\right) \tag{12.36}$$

$$\boldsymbol{h}_t = \boldsymbol{o}_t \bullet \tanh\left(\boldsymbol{c}_t\right) \tag{12.37}$$

其中，$\boldsymbol{i}_t$、$\boldsymbol{f}_t$、$\boldsymbol{c}_t$、$\boldsymbol{o}_t$ 和 $\boldsymbol{h}_t$ 分别代表 t 时刻的输入门、遗忘门、神经元激活、输出门和隐层值的向量。$\sigma(.)$ 是 sigmoid 函数。$\boldsymbol{W}$ 是连接不同门的权重矩阵，$\boldsymbol{b}$ 是对应的偏差向量，只有 $\boldsymbol{W}^{(ci)}$ 是对角矩阵。从功能角度而言，上述 LSTM 中的输入向量 $\boldsymbol{i}_t$ 和隐层向量 $\boldsymbol{h}_t$ 与公式 (12.1) 中所描述的传统 RNN 中的输入层和隐层类似。在 LSTM-RNN 隐层上还需要加一层输出层（没有包括在上述公式中）。在文献 [386] 中，LSTM-RNN 隐层被直接线性映射到输出层。而在文献 [391] 中，作者先引入两个中间层作为过渡来缩小 LSTM-RNN 的高维隐层 $\boldsymbol{h}_t$，再线性映射到输出层。

12.5.3　LSTM-RNN 的训练

LSTM-RNN 的所有参数都可以通过与传统 RNN 类似的 BPTT 方法学习。具体地说，为了最小化训练数据序列的损失函数，我们可以由 BPTT 算出损失函数对参数的梯度来做随机梯度下降。根据12.3节所述，在传统 RNN 上做 BPTT 的问题在于梯度会随着两个事件的间隔增加或指数衰减，或指数增加。只有使用启发式规则或者12.4节描述的约束优化方法才能有效地学习参数。但用 LSTM 神经元代替传统 RNN 的输入层到隐层，以及隐层到隐层的映射后，这个问题得到了有效解决。原因是当梯度从输出层被反向传播到隐层时，LSTM 神经元会记住这些梯度。因此，有意义的梯度被不断地反向传播到不同的门，直到 RNN 参数训练完毕。这使得 BPTT 对 LSTM-RNN 的训练变得有效，从而使 LSTM 能够长时记忆输入序列中的模式，尤其是当输入序列中存在这样的模式，且对序列处理任务有帮助时。

当然，因为 LSTM 神经元相比传统的 RNN 在结构上更复杂，而且从输入层到隐层，以及从隐层到隐层之间的非线性映射通常不是固定的，所以 BPTT中的梯度计算比传统的 RNN 更复杂。

12.6　高速公路 LSTM 和网格 LSTM

LSTM 引入了门控单元的概念之后解决了在时间维度上的梯度消失问题，与此同时，深度层面的梯度消失问题仍然限制着我们训练更加深层的 LSTM 网络。高速公路（Highway）连接[423] 借鉴了门控的思想，缓解了深层神经网络的梯度消失问题。

Highway 连接可以用公式 (12.38) 来表示：

$$y_t = f(x_t) \cdot g(x_t) + x_t \cdot (1 - g(x_t)) \tag{12.38}$$

其中 f 是层的非线性变换函数，g 是控制输出的门，x_t 为第 t 层的输入，y_t 为第 t 层的输出，这样利用层之间的门控单元相当于在层与层的非线性变换之外的部分有一条直接传输梯度的“高速公路”，相关梯度也可以直接传递，这可以缓解梯度消失的问题，从而得到与 LSTM 在时间维度上类似的效果。将 Highway 连接应用在多层堆叠的 LSTM 网络上，我们就得到了一个带有 Highway 连接的 LSTM 网络。

除了使用简单的 Highway 来进行深度上的连接，我们也可以考虑在层与层之间引入 LSTM 进行改进，在网络的深度这一维度上进行建模，可以将网络深度上的记忆进行纵向传递。这样在时间维度和深度维度同时使用 LSTM 建模的网络就被称为网格 LSTM（Grid-Lstm），如图12–1 所示。具体来说，就是在每一层的 LSTM 单元的输出上拼接了新的记忆状态，用来建模网络深度上的记忆。图12–1 展示了一种二维的网格 LSTM 结构。

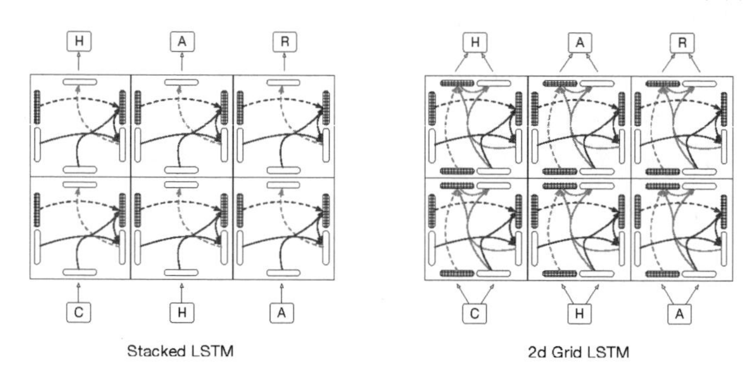

图 12–1　一种二维的网格 LSTM 结构示意图

除了二维的网格 LSTM，我们可以很自然地将网格 LSTM 推广到多维。考虑一个 N 维的网格 LSTM 基本单元，我们有 N 个输入的隐状态向量 $\boldsymbol{h}_1,\boldsymbol{h}_2,...,\boldsymbol{h}_N$ 与 N 个表示记忆的向量 $\boldsymbol{m}_1,\boldsymbol{m}_2,...,\boldsymbol{m}_N$。相对应地，我们也有 N 个输出的隐状态向量 $\boldsymbol{h}'_1,\boldsymbol{h}'_2,...,\boldsymbol{h}'_N$ 与记忆向量 $\boldsymbol{m}'_1,\boldsymbol{m}'_2,...,\boldsymbol{m}'_N$。这些输入与输出的隐状态和记忆都是在各自的维度上相互独立的。这里，我们将一个基本的 LSTM 单元的数学操作定义为 $\text{LSTM}(\boldsymbol{h},\boldsymbol{m},\boldsymbol{W})$，对于每一个网格维度来说，其计算如下：

$$
\begin{aligned}
\boldsymbol{H} &= [\boldsymbol{h}_1^{\mathrm{T}},\boldsymbol{h}_2^{\mathrm{T}},...,\boldsymbol{h}_N^{\mathrm{T}}]^{\mathrm{T}} \\
(\boldsymbol{h}'_1,\boldsymbol{m}'_1) &= \text{LSTM}(\boldsymbol{H},\boldsymbol{h}_1,\boldsymbol{m}_1) \\
&\cdots \\
(\boldsymbol{h}'_N,\ _N) &= \text{LSTM}(\boldsymbol{H},\boldsymbol{h}_N,\boldsymbol{m}_N)
\end{aligned}
\tag{12.39}
$$

其中，所有的隐状态都会先联结成一个隐状态，所有网格维度的 LSTM

单元都共享这一个输入的结合隐状态。每一个维度的 LSTM 单元都有各自的参数结构，并不共享任何参数，输出各自的隐状态向量和记忆向量。整个网络形成了一个多维的网格结构。

12.7 双向 LSTM

虽然 RNN 及 LSTM 理论上能够对任意长度的历史信息进行建模，但是我们知道在一些序列模型中，当前时刻的输出不仅与历史的信息有关，也和未来的信息有很大关系，如果能够同时对历史和未来进行建模，就能在预测时获得更多的有用信息，从而提升预测的准确性。

研究人员提出了双向 LSTM（Bidirectional LSTM，BLSTM）[424]，如图12–2 所示。在双向 LSTM 中，每一层都包含一个正向的 LSTM 和一个反向的 LSTM，两个方向的 LSTM 分别从序列的头（尾）进行计算，然后将两个 LSTM 的隐层输出进行拼接或者直接相加，这样在任意时刻 t 的输出 h_t 都能够同时含有整个序列的上下文信息。双向 LSTM 相对于单向 LSTM，在各种任务上都表现出了性能优势。

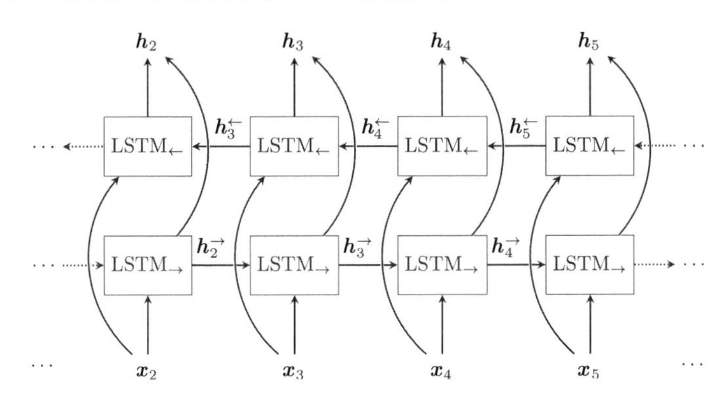

图 12–2 一个单层的双向 LSTM 示意图

由于双向 LSTM 需要利用序列未来时刻的信息，在很多场景下都需要先获取整个序列才可以进行处理，所以 BLSTM 一般无法被应用于一些在线实时场景，否则系统延迟会比较大。在语音识别上，可以利用 BLSTM 做离线的语音转写。此外，有研究人员提出了一些变体。例如文献 [425–427]

利用提前的截断操作减少 BLSTM 的未来长度，将 BLSTM 应用于实时语音识别。这种 BLSTM 有效降低了系统延迟，同时可以保持较高的准确率。

12.8 GRU 循环神经网络

GRU[428] 是 LSTM 神经网络的一种简化版本，一方面 GRU 将 LSTM 的 Cell State 与 Hidden State 合并到同一个 Hidden State 中，另一方面 GRU 重新设计了 Gate 的功能和数量：

$$
\begin{aligned}
z_t &= \sigma\left(W_z x_t + U_z h_{t-1} + b_z\right) \\
r_t &= \sigma\left(W_r x_t + U_r h_{t-1} + b_r\right) \\
\widetilde{h}_t &= \tanh\left(W_h x_t + U_h\left(h_{t-1} \odot r_t\right) + b_h\right) \\
h_t &= z_t \odot h_{t-1} + (1 - z_t) \odot \widetilde{h}_t
\end{aligned} \tag{12.40}
$$

如图12–3所示，GRU 包含一个重置门（公式 (12.40) 中的 r_t）来抛弃无用信息，同时与 Highway 一样（事实是 GRU 启发了 Highway），通过一个更新门（公式 (12.40) 中的 z_t）在当前输入的激活值与历史记忆的激活值之间进行选择。

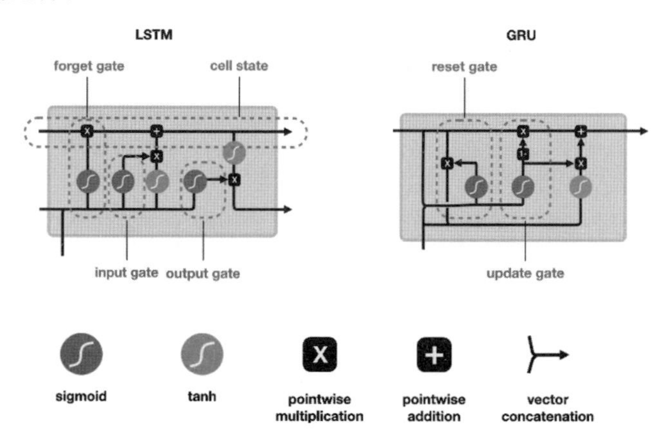

图 12–3　LSTM 与 GRU 的内部结构对比

相对于 LSTM，GRU 的优点在于参数量更少，计算开销更少；同时 GRU 保留了最重要的时序上的门控状态，因此也能很好地缓解梯度消失问题。

12.9 循环神经网络的对比分析

本节分析 RNN 的能力和一些限制，在12.2节中，RNN 在数学上是一个状态空间动态系统。我们使用一个对比方法来分析第 3 章介绍的动态模型（Hidden Dynamic Model，HDM）和 RNN 之间的异同。进行这样一个对比分析的主要目的是了解这两种语音模型的优缺点。它们的出发点不同，但数学方程惊人地相似。照这个理解，我们有可能构造出更加强大的 RNN 类型的模型，或者通过学习更新的模型来进一步改进 ASR 中声学模型的性能。

12.9.1 信息流方向的对比：自上而下还是自下而上

我们对比分析检查的第一个内容是 RNN 和 HDM 中信息流的不同方向。在 HDM 中，语音对象以从顶层的语言特征或者标注序列到底层的连续值声学观察进行建模，中间是隐藏的动态过程，也是连续值。也就是说，这个自上而下的生成过程由顶层的潜在语言学序列开始，接着标注序列产生潜在的动态向量序列，在模型拓扑的底层再由其生成可见的声学序列。相对地，在 RNN 的自下而上的建模泛型中，信息流从底层的声学观察开始，接着经由循环矩阵激活 RNN 时序动态（Temporal Dynamics）建模的隐层；然后在模型拓扑的顶层，RNN 的输出层会以一个数字–向量序列来计算语言学或者目标序列。因为顶层决定了语音分类，所以 RNN 采用的这个自下而上的方法被称为鉴别性训练。在文献 [87] 中可以看到更多有关鉴别性学习和生成型学习的对比。现在我们更加深入地探讨自上而下与自下而上的对比，也就是生成过程与鉴别性学习的对比。

隐含动态模型自上而下的生成过程

为了与 RNN 进行比较，我们重写 HDM 的状态方程 (3.51) 和观察方程 (3.52)，它们原本都在 3.6.2 节中。我们按如下与12.2节描述的基本 RNN 相一致的状态空间形式写出：

$$\boldsymbol{h}_t = \boldsymbol{q}(\boldsymbol{h}_{t-1}; \boldsymbol{W}_{l_t}, \boldsymbol{\Lambda}_{l_t}) + \text{StateNoiseTerm} \tag{12.41}$$

$$\boldsymbol{x}_t = \boldsymbol{r}(\boldsymbol{h}_t, \boldsymbol{\Omega}_{l_t}) + \text{ObsNoiseTerm} \tag{12.42}$$

其中，$\boldsymbol{W}_{l_t}$ 是描述状态动态的系统矩阵，可以通过简单地构造使其遵循语音产生过程[82, 122]。参数集 $\boldsymbol{\Lambda}_{l_t}$ 包括“类似音韵学单位（如符号化的关节特征）音素目标”，也可以被解释为从语音产生的马达控制到关节状态动态的输入流。两组特征 $\boldsymbol{W}_{l_t}$ 和 $\boldsymbol{\Lambda}_{l_t}$ 依赖于标注时间 t 的 l_t，包括线段性的性质。因此，这种模型也被称为（线段性）转换动态系统。系统矩阵 $\boldsymbol{W}_{l_t}$ 对应于 RNN中的 $\boldsymbol{W}_{hh}$。参数集 $\boldsymbol{\Omega}_{l_t}$ 制约了在语音生成中一帧一帧地从隐层状态到连续声学特征 $\boldsymbol{x}_t$，也就是 HDM 输出的非线性映射。在一些早期实现中，$\boldsymbol{\Omega}_{l_t}$ 采用了浅层神经网络参数[89, 90, 413, 429, 430] 的形态。在另一个实现中，$\boldsymbol{\Omega}_{l_t}$ 的形态是线性专家的组合（Mixture of Linear Experts）[125, 431]。

在一些早期 HDM 实现的状态方程中没有采用非线性的形态，而是采用了下述线性形态[125, 429, 431]：

$$\boldsymbol{h}_t = \boldsymbol{W}_{hh}(l_t)\boldsymbol{h}_{t-1} + [\boldsymbol{I} - \boldsymbol{W}_{hh}(l_t)]\boldsymbol{t}_{l_t} + \text{StateNoiseTerm} \tag{12.43}$$

它对发音动作的动态（Articulatory-like Dynamics）有目标指向的性质。这里，系数 $\boldsymbol{W}_{hh}$ 是在某一帧 t 的标注（音素）l_t 的一个函数，$\boldsymbol{t}_{l_t}$ 是从一个语言学单元标志数量（Symbolic Qunantity）l_t 到连续值目标向量的映射，包括线性的性质。为了简化 HDM 与 RNN 的比较，我们继续使用非线性的形态，并且去除状态和观察噪声，得到状态–空间的生成模型：

$$\boldsymbol{h}_t = \boldsymbol{q}(\boldsymbol{h}_{t-1}; \boldsymbol{W}_{l_t}, \boldsymbol{t}_{l_t}) \tag{12.44}$$

$$\boldsymbol{x}_t = \boldsymbol{r}(\boldsymbol{h}_t, \boldsymbol{\Omega}_{l_t}) \tag{12.45}$$

用于一个自下而上的鉴别性分类器的循环神经网络

同样，为了与 HDM 做比较，我们重写 RNN 的状态和观察方程 (12.1)、(12.2)，让其遵循一个更加普通的形态：

$$\boldsymbol{h}_t = f(\boldsymbol{h}_{t-1}; \boldsymbol{W}_{hh}, \boldsymbol{W}_{xh,}, \boldsymbol{x}_t) \tag{12.46}$$

$$\boldsymbol{y}_t = g(\boldsymbol{h}_t; \boldsymbol{W}_{hy}) \tag{12.47}$$

其中，信息流从观察数据 $\boldsymbol{x}_t$ 开始，走到隐层向量 $\boldsymbol{h}_t$，然后走到估计的目标标注向量 $\boldsymbol{y}_t$，一般按自下而上的方向以“单热点”（one-hot）进行编码。

这与 HDM 对应的状态和观察公式 (12.44)、(12.45) 相对应，描述了从顶层标注音素目标向量 $\boldsymbol{t}_{l_t}$ 到隐层向量 $\boldsymbol{h}_t$，再到观察数据 $\boldsymbol{x}_t$ 的过程，我们清楚地看到自上而下的信息流，与 RNN 的自下而上的信息流相反。

除信息流方向的区别外，为了更好地比较 HDM 和 RNN，我们可以保留 RNN 的数学描述，替换公式 (12.46) 和公式 (12.47) 中输入 $\boldsymbol{x}_t$ 和输出 $\boldsymbol{y}_t$ 的变量，得到

$$\boldsymbol{h}_t = f(\boldsymbol{h}_{t-1}; \boldsymbol{W}_{hh}, \boldsymbol{W}_{yh}, \boldsymbol{y}_t) \tag{12.48}$$

$$\boldsymbol{x}_t = g(\boldsymbol{h}_t; \boldsymbol{W}_{hx}) \tag{12.49}$$

用输入–输出替换把 RNN 归一化到公式 (12.48) 和公式 (12.49) 的生成形式后，使其与 HDM 的信息流方向一样，下面分析 RNN 和 HDM 剩下的关于隐层空间的对比（保留模型的生成形态），之后我们还会分析其他对比，包括利用模型参数的不同方式。

12.9.2 信息表示的对比：集中式还是分布式

集中式表示和分布式表示（Representation）是认知科学中的重要概念，是信息表示的两种不同形式。在集中式表示中，每个神经元都代表单个的概念，也就是说，每个单元都有它们自己的意思和解释。分布式表示并非如此，它是一种更加内在的表示，被许多隐含要素的交互所解释，一个从另外要素的设定学习到的特定要素往往可以被一般化到新的设定中，集中式表示则不能这样。

分布式表示基于非零元素的向量，很自然地在“联结”（Connectionist）神经网络中出现，一个概念被许多单元的联合活动的模式所表示，一个单元一般向很多概念做贡献。这样一个多对多联系的关键好处是它提供了表示内在数据结构的鲁棒性、优雅的退化和损害抵制。这样的鲁棒性是由冗余的信息存储带来的。另一个好处就是它们使得概念和关系能自动地产生，也就是说，使推理变得可能。另外，分布式表示使得类似的向量与类似的概念相联系，因此，被表示的资源能被有效地利用。然而分布式表示在具有

这些吸引人的特质的同时，也有一些缺陷：解释表示的时候比较模糊、表示层级结构时有困难、表达变长序列不方便。分布式表示也不能直接用于网络的输入或者输出，会需要集中表示的一些翻译。

集中表示有着明显和易用的优势。例如，一个任务单元的显式表示比较简单，结构化对象表示方式的设计也比较简单。但它的缺陷也很多，例如表达大量对象时比较低效，在连接上比较冗余，负责的结构带来网络单元数量的增长，这不是我们希望的。

上述讨论的 HDM 对符号化的语言学单元采用了集中式表示，RNN 采用了分布式表示。这能从 HDM 的公式 (12.44) 和 RNN 的公式 (12.48) 中看出。在前者中，符号语言学单元 l_t 是时间 t 的一个函数，被独立地编码。符号语言学单元到连续值向量是一对一的映射，在公式 (12.44) 中被写作 $\boldsymbol{t}_{l_t}$，到隐含动态的非符号“目标”被写作向量 $\boldsymbol{t}$。这种映射在面向音素的音系学文献中很普遍，在一个语音生成的函数计算模型中被称为“音系学和音素之间的接口”[122]。另外，HDM 使用的语言学标注被集中地表示为时变的参数 $\boldsymbol{W}_{l_t}$ 和 $\boldsymbol{\Omega}_{l_t}$，这导致了“切换的”动态，使得解码过程更复杂。这种系数设定分离了不同语言学标注之间的系数互动，有着显式表示的优势，但不能直接鉴别语言学标注。

相对地，在公式 (12.48) 的 RNN 模型的状态方程中，符号语言学被直接表示为 $\boldsymbol{y}_t$（可能为单热点），即一个时间 t 的函数，不需要分离的连续值“音素”向量的映射，即使 $\boldsymbol{y}_t$ 向量单热点的编码是集中的。隐层状态向量 $\boldsymbol{h}$ 提供了分布的表示，因此，允许模型存储很有效地表示过去的很多信息。更重要的是，它不再有 HDM 中那样标签特定的参数集 $\boldsymbol{W}_{l_t}$ 和 $\boldsymbol{\Omega}_{l_t}$。RNN 的连接参数被所有的语言学标签类别所共享，这使得 RNN 的直接鉴别性学习变得可能。另外，RNN 隐层的分布式的表示允许有效而冗余的信息存储，因此，它能够自动获取数据中的变动要素。不过，就像对分布式表示之前的讨论一样，RNN 同样有模型参数和隐层状态解释困难的问题。下面我们将对结构建模中的困难及如何在模型建模中显式地利用发音动作的相关知识展开讨论。

12.9.3 解释能力的对比：隐层推断还是端到端学习

HDM采用集中式表示对深层语音结构建模的一个明显的优势是模型参数和潜在状态变量能够解释，容易诊断。事实上，采用这种模型的一个主要目的是对语音生成的结构化的知识（如声音动作、声道共振动态）可以被直接（当然有一定的近似，但近似的程度很清楚）包含到模型中[81, 89, 90, 122, 132, 432, 433]。隐含状态向量可解释的集中表示的优点包括系数初始化的合理方式，如，用提出的共振峰（Formants）来初始化表示声道共振的隐层变量。它另外一个明显的优势就是通过检查隐变量可以很容易地诊断并分析模型实现中的错误。因为集中式表示不像分布式表示那样加上模式来表示不同语言学标签的存在，所以隐状态变量不但是解释性的，而且没有歧义。另外，这种可解释性使得我们可以引入结构化的关系，而不会像分布式表示那样麻烦。结果是，HDM 的所有版本都使用了最大似然的学习，或者数据拟合手段。比如，通过线性或者非线性的 Kalman 过滤（EM 算法的 E 步骤）来学习并生成状态–空间模型的系数只在最大似然[413, 434] 估计中被使用。

相比之下，用于端到端训练分布式表示 RNN 的 BPTT学习算法采用了鉴别性，直接最小化标签估计错误。这很自然，由于分布式表示的本性，每个隐层变量都直接向所有的语言学标签做贡献。在集中式表示的生成模型 HDM 中这么做就很不自然，一般来说那里每个状态和相应的模型系数都向某个特定的语言学单元做贡献，在大部分生成型模型中（包括 HDM 和 HMM），它们都用来给模型参数集作为下标。

12.9.4 参数化方式的对比：吝啬参数集合还是大规模参数矩阵

HDM 和 RNN 比较的下一步是它们不同的参数化方式。使用吝啬参数集来建模条件分布，或者使用无结构的大规模矩阵来表达复杂的映射。因为 HDM 包含可解释的隐含变量和系数，所以语音知识可以在模型设计中被使用，使自由变量变得比较小。比如，当声道共振向量被用来比较隐层动态时，8 维似乎已经足以囊括语音观察的主要动态性质。高一点的维数

（如 13 维）在语音生成声音设定的隐含动态向量的使用中是必需的。HDM 使用吝啬参数集来建模条件分布，是一种特殊的动态贝叶斯网络，有时被说成“小就是好”，扮演重要角色的还有隐含状态部分的集中式表示，相关的参数与某个特定语言学单元相联系。这跟使用分布式表示的 RNN 不同，隐层状态向量元素和连接系数被所有的语言学单元所共享，因此需要更多重的模型参数。

用一个吝啬的参数集来使用语音知识构造生成模型既有一个好处，又有一个坏处。一方面，这样的知识可以用来限制在每个音素段中面向目标的平滑的（Non-oscillatory，不摆动的）隐含动态，表示隐含音素向量（包括共振频率和带宽）和倒谱系数[130, 143, 435] 对隐含动态中的隐含空间[121, 122] 的协同发音之间的关系。当有隐含空间中时变轨迹的正确预计时，强力的限制能被加入模型建立中来减少“过生成”和避免过大的模型容量。另一方面，语音知识的使用限制了模型大小的增长，这是因为更多的数据在训练中能够被使用。比如，当声道共振（Vocal Tract Resonance）的向量维数大于 8 时，能够被解释的隐层向量的许多好处不再成立。既然语音知识一般是不全面的，随着数据量和知识不完整度的增加，模型的空间上限就可能被机会丧失（Opportunity Lost）所限制。

相对地，RNN 一般不使用语音知识来限制模型空间，这是因为解释分布式表示是非常困难的。因此，RNN 原则上能根据更大量的数据使用更大的模型。限制的不足可能导致模型过于一般化。这个和 RNN 学习所遇到的困难[393, 436] 一起，限制了 RNN 多年来在语音识别领域的发展。在语音识别领域应用 RNN 的近期进展引入了模型建立或者学习算法方面的限制。比如，在文献 [386, 387, 391, 392] 的报告中，RNN 的隐层以一个很清楚的 LSTM 结构为基础设计。LSTM-RNN 强烈地限制了隐层活动的可能变化，但其允许大量系数由于记忆单元的增加和 LSTM 单元的复杂度增加而被使用。另外，RNN 也能在学习阶段被限制，BPTT 计算的导数被一个阈值[404, 436] 所限制来避免导数爆炸，或者 RNN 参数的范围被限制在一个所谓的“回声状态性质”[389] 中。我们在12.4节中已回顾过。

HDM和 RNN不同的参数化手段同样导致了在训练和计算时两种模型的不同。尤其 RNN 的计算是正规的大矩阵相乘，这与 GPU 的性能相符，

GPU 具有高性能计算能力和硬件最优化性能。不幸的是，RNN 的这个计算优势和其他神经网络相关的深度学习算法并没有在 HDM 和大部分其他深度生成模型中被使用。

12.9.5　模型学习方法的对比：变分推理还是梯度下降

在对 HDM 和 RNN 进行对比和分析的最后，我们比较两个学习模型参数的不同[1]。

HDM 是一个深层的有方向的生成模型，也被称为深度动态贝叶斯网络，或者信任网络，有重度的循环结构和离散或者连续的隐含变量，因此，在学习和计算时是可调的。许多在实验上产生的解决方案被模型结构和学习方法所使用；详见文献 [66, 437] 中的深度分析和文献 [42] 的第 10、12 章。更加准确的估计方法被称为变分推理（Variational Inference）[133, 175, 438]，被 HDM 的学习所使用。在文献 [135, 145] 中，变分推理在计算和估计中间的连续值隐含向量（如声道共振或者共振峰）中表现得非常出色。不过，在顶层离散因变量的解码和计算中（如音素标签序列），无论是在解码准确度还是在计算代价上表现都没有那么好。在变分推理的一些近期研究中，特别是在利用 DNN 来做变分后验概率的采样时[177, 178, 180, 181, 439]，它能克服之前用 HDM 计算和学习的一些缺点。

相比深度计算模型所拥有的一系列计算和学习算法，RNN 和其他神经网络模型一样，需要使用一个学习和计算算法，一般没有什么大的变体就是反向传播。为了在这两个完全不同的学习方式中架起桥梁，RNN 和 HMM 需要重新进行参数化，使得它们的参数化能够相似。前面的章节从一般的计算和模型角度谈及了这个话题。最近机器学习的研究同样讨论了贝叶斯网络到神经网络之间的转化[177, 439]。主要的问题是在许多无法计算的贝叶斯网络（如 HDM）中变分学习的 E 步骤很难被估计，我们可以使用强力的大容量 DNN 来加强近似的程度。

1　这里讨论的大部分对比可以被一般化到深度生成模型（有隐变量的模型）及深度鉴别性神经网络模型。

12.9.6 识别正确率的比较

在对使用集中式表示的生成型的 HDM 和使用分布式表示的鉴别性的 RNN 进行比较之后，这两种模型各自的优势和劣势已经很明显了。现在，我们比较 HDM 和 RNN 在实验中的性能，采用语音识别的准确率来进行对比。由于需要校准，并且没有其他任务能够在一个比较一致的框架下对两种模型进行比较，我们采用标准 TIMIT音素识别任务来比较。值得一提的是，两种动态模型都比语音识别中的 GMM-HMM和 DNN-HMM更难实现。HDM 在包括 Switchboard[89, 90, 123, 125, 431] 数据集的大词汇识别任务中被测试过，RNN 更多的是在 TIMIT 任务[386, 387, 389, 390, 440] 和最近的一个非标准的大任务[391, 392] 上被测试。

HDM 的一个特殊版本被称为隐含轨迹模型（Hidden Trajectory Model），该模型克服了集中设计所带来的缺陷并进行了近似[109, 130]。主要的近似包括使用循环结构的有限激活反馈过滤来替代原本状态空间建模的无限激活反馈过滤。文献 [109] 报告这种模型有 75.2% 的音素识别准确率，比基本 RNN 的 73.9% 高，这在文献 [440] 的第 303 页的表 1 中有所体现。同时这一结果比无堆叠的带 LSTM 记忆单元的 RNN 的 76.1% 低，这在文献 [386] 的第 4 页的表 1 中有所体现。[1]这个对比表明自上而下的集中式表示生成的 HDM 在性能上与自下而上的采用分布式表示的鉴别性 RNN 差不多。基于本节讨论的两者的优势和劣势，这些结果也是可以理解的。

12.10 讨论

人类语音的深度多层模型与语音的生成和感知有内在联系。利用对深层语音结构的渴望和尝试带动了语音识别中深度学习的应用和其他相关应用[377, 380, 441, 442] 的发展，在语音建模 ASR 领域，我们期待着对语音动态深层模型的更加全面的理解，并期待它们的表示能进一步推进科研的发展。在第 3 章中，我们总结了一系列或深或浅的生成模型，在各种层面融合了语音动态，比如著名的 HDM。在本章，我们研究了 HDM 的鉴别性版本和

1 当工程不是那么小心时，接受直接的语音特征而不是 DNN 产生的输入特征的基本 RNN 只能得到 71.8% 的正确率，在文献 [390] 中有说明。

RNN，这些模型在数学上都能被表示成状态–空间的形式。通过对两种模型进行细致的比较，我们讲解了自上而下和自下而上的两种信息流，以及集中式表示和分布式表示的对比，包括它们各自的性质。

在 RNN 所采用的分布式表示中，我们无法孤立地解释单个单元或者神经元活动的意义。某个特定单元活动的意义依赖于其他单元的活动。使用分布式表示时，多个概念（例如，音韵或者语言学的符号）可以被同一个神经元集合在同一时间表示，只需要把它们的模式叠加起来。RNN 采用分布式表示的好处包括鲁棒性、表示和映射的效率，连续值向量的采用使得基于梯度的学习方法变得可能。生成型 HDM 采用的集中表示有着不同的性质，它提供了不同的优势：容易解释、理解和诊断。

生成型 HDM 的可解释性允许表示声音动作的动态系统有一个合适的设计结构：在一个类音素的区域内，不会出现摆动的动态[1]。在鉴别性的 RNN 中很难开发和加入结构性的限制，因为它对隐层没有物理的解释。在12.5节中介绍的 LSTM是一个少有的而且有趣的例外，它的动机与构造 HDM 结构的动机完全不同。

HDM 和 RNN 的一个特性就是隐层中不能直接观察到动态递归。这些动态序列模型在时间上的展开使得相关的结构变得更深，其深度就是需要被建模的语音特征序列长度。在 HDM中，隐层状态采用了集中式表示和显式的物理解释，模型参数中每个语言学/音素类别标签使用独立的模型参数。在 RNN 中，隐层状态采用了分布式表示，其中每个隐层单元都通过分享正规的大型系数矩阵给所有的语言学类别都做贡献。

12.9节所做的 RNN 和 HDM 之间的大量对比和上面的总结旨在考虑如何利用两者的优势，避开各自的劣势。这两个生成型模型和鉴别性模型的整合可能被盲目地形成，比如使用生成型的 DBM 来对鉴别性的 DNN 进行预训练。不过，只要对两种模型的优劣加以把握，未来的研究中就会有更好的策略。例如，鉴别性 RNN 的一个劣势就是分布式表示不适合给网络直接输入。这个难点在文献 [390] 中被绕开，它先用 DNN来提取输入特征，这样就具备了 DNN 中分布式表示的优势。接着 DNN 提取出的分布式

1　比如，在文献 [122] 中，使用了批评抑制（critical damping）的二阶动态来引入这样的限制。

特征被输入给了下一个 RNN，将音素准确率从 71.8% 提高到 81.2%。其他在生成型的深层动态模型中克服集中式表示所带来的困难的方法，以及在鉴别性模型中克服分布式表示困难的方法也能带来 ASR 性能的提升。另一个例子是，因为集中表示有解释隐含状态空间，包容专业知识的能力，所以我们可以利用生成模型从潜在变量中产生新特征，甚至可以从生成的可见变量中来提取，这些新特征可以与分布式表示相组合。未来我们期待更加先进的深度学习工程，能比目前本章讨论的最好的 RNN 在连续、潜在、发音动作方面更强，真实语音动态的性质（人类语音生成和感知）能被生成型和鉴别性的深度模型所使用。这种整合模型的学习将不只是一次简单的 BPTT，而是几个迭代的自上而下、自下而上、自左到右、自右到左的步骤，以及一系列有效的深度生成–鉴别的学习算法被一般化，扩展或者整合到当前的 BPTT 中[176–179, 443]，这些生成–鉴别模型的开发将以一种更加有效和友好的计算方式，来模仿人类语音的深度和动态过程。

第13章

基于深度学习的语言模型

摘要 语言模型的使用非常广泛，无论是在语音识别还是在机器翻译等领域，都发挥着重要作用。本章首先简单介绍统计语言模型的概念及基于传统 N 元语法的统计语言模型，然后详细论述目前如何利用深度学习模型进行语言模型的建模。基于神经网络的语言模型，将一个高维离散空间的概率估计问题转换成一个低维连续空间的预测问题，有效地缓解了传统方法面临的数据稀疏问题。本章会介绍基于各种神经网络结构的语言模型，包括 DNN 语言模型、CNN 语言模型、RNN/LSTM 语言模型等，以及这些神经网络语言模型在语音识别中的应用。

13.1 统计语言模型简介

在自然语言中，不同的语言有不同的词序列特性。研究给定某种语言的用词特性有助于构建一个更符合语言特性的语言相关先验特性，从而减少假设空间，提高对应任务的效果。语言模型无论是在语音识别还是在机器翻译等任务中，都有很广泛的应用。

统计语言模型就是一个词序列的概率分布模型。给定一个词序列 $w_1, \cdots, w_K$，语言模型会给出一个该序列整体的概率分布 $P(w_1, \cdots, w_K)$。这样的概率值可以被看作生成式任务的先验概率分布，这样便能把最大似然估计（Maximum Likelihood Estimation）转换为更加准确的最大后验估计（Maximum Posterior）：

$$
\begin{aligned}
\mathrm{ML}(\boldsymbol{w}) &= \arg\max_{\boldsymbol{w}} p(\boldsymbol{o}|\boldsymbol{w}) \\
\mathrm{MAP}(\boldsymbol{w}) &= \arg\max_{\boldsymbol{w}} p(\boldsymbol{w}|\boldsymbol{o}) \\
&= \arg\max_{\boldsymbol{w}} p(\boldsymbol{o}|\boldsymbol{w})p(\boldsymbol{w})
\end{aligned} \tag{13.1}
$$

式中 $\boldsymbol{o}$ 是具体任务的观察序列。

由于自然语言的句法很灵活，直接对词序列的联合概率进行建模会面临非常大的数据稀疏问题，所以一般用贝叶斯后验公式将联合概率链式展开，转换为条件概率。而这个条件概率 $p(w_i|w_1,\cdots,w_{i-1})$ 也就是统计语言模型所要估计和建模的概率值：

$$
p(w_1,\cdots,w_K) = \prod_{i=1}^{m} p(w_i|w_1,\cdots,w_{i-1}) \tag{13.2}
$$

除了被传统广泛使用的 Ngram 语言模型，在最近的 10 年间，统计语言模型得到了广泛的关注和研究。人们提出了各种不同的方法，语言模型的性能得到了极大的提升。神经网络语言模型（NNLM）就是其中的一种，近十余年来，NNLM 以其简单的原理和优异的性能，在学术界与工业界被广泛关注和应用。

13.2 DNN 语言模型

DNN 语言模型一般也可以被称为 FNN（Feed-forward Neural Network，前向神经网络）语言模型[444]。如图13–1 所示，DNN 语言模型一般包括三个部分。

- 词嵌入层（Embedding）：将输入的离散的单词映射到连续向量空间中。
- 深层神经网络（DNN）：将历史词的向量表示映射到表征历史状态的连续向量空间中。
- 输出层（softmax）：利用历史状态的向量表示通过多分类得到下一词的条件概率。

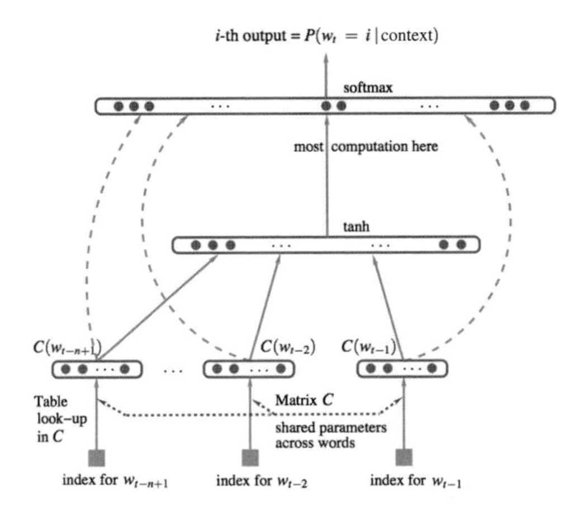

图 13-1　一个单层的 DNN 语言模型示意图

13.2.1　词嵌入

由于神经网络只能处理连续的向量，所以在 NNLM 中一般会保存一个从词到向量表达的映射表，这样的表就是 NNLM 的输入词嵌入。词嵌入矩阵的操作由公式 (13.3) 说明：

$$\boldsymbol{e}_w = \boldsymbol{W}_{i(w)} \tag{13.3}$$

其中 $i(w)$ 是词 w 在词表中对应的索引值（即 k），$\boldsymbol{W}_k$ 是参数矩阵 $\boldsymbol{W} \in \mathcal{R}^{|V|\times d}$ 的第 k 行（$|V|$ 是词表大小，d 是词嵌入的维度）。

词嵌入层的参数可以直接随机初始化后进行训练，也可以使用其他方法预训练的词向量进行初始化，然后进行训练。也有人使用其他方法[445]预训练的词向量进行初始化并固定住词嵌入层的参数，这种方法在数据量较小的情况下对性能有比较明显的提升。

13.2.2　DNN

FNNLM 中 DNN 层的作用是将一定长度历史的词嵌入映射为定长的向量表示，然后作为 softmax 层的输入。在 FNNLM 中，我们一般把历史的词嵌入拼接成一个数倍长的向量，然后将这个拼接的向量输入 DNN，经过非线性变换后得到对应历史的低维表示。由于 DNN 的输入维度是固定的，所以在 DNNLM 中历史词的长度也需要固定，这样才能保证拼接出的向量与 DNN 的输入长度相同。公式 (13.4) 描述的就是一个建模历史长度为 N 的 DNN 层，这个 DNN 的输入是一个长度为 $N \times d$ 的历史向量：

$$\boldsymbol{h}_t = \mathrm{DNN}\left(\left[\boldsymbol{e}_{w_{t-N}}, \cdots, \boldsymbol{e}_{w_{t-2}}, \boldsymbol{e}_{w_{t-1}}\right]\right) \tag{13.4}$$

13.2.3 输出层

输出层（softmax）可以被看作一个输出维度为 $|V|$ 的单层 DNN 再加上一个 softmax 操作，作用是将之前计算的历史表示转换为词的概率。如公式 (13.5) 所示，转换的过程首先是利用一层线性变换将输入的向量扩充到词表大小的向量空间中，其中向量的每一维都可以被看作词表中对应词的得分，这个得分被称为 logit。由于理论上 logit 可以取到任意值，不能直接用作概率的计算和表达，所以我们首先对 logit 进行取指数操作，将其限制在正数范围内，随后将所有输出都进行归一化操作，这一系列的操作也可以被统称为 softmax 操作：

$$p_k = \frac{\exp(\boldsymbol{w}_k \boldsymbol{h})}{\sum_i \exp(\boldsymbol{w}_i \boldsymbol{h})} \tag{13.5}$$

其中，$\boldsymbol{w}_k$ 为参数矩阵 $\boldsymbol{W}$ 的第 k 个行向量。

由于输出层中的每一个词都会有对应的向量表示，所以也有文章称之为输出词嵌入[446, 447]，并且通过将输入与输出的词嵌入进行结合操作，得到了更好的性能，模型的参数量也有很大程度的减少。

DNNLM 的一个主要缺点在于其只能建模固定长度的历史信息，对历史长度的选择就成了一个关键的问题。如果历史长度取得太长，则模型的参数量和计算复杂度会大幅增加，如果历史长度取得太短，则模型的建模能力会降低。针对这样的缺点，人们提出使用循环神经网络（RNN）进行语言模型建模。

13.3 RNN 和 LSTM 语言模型

如前文所述，在统计语言模型中，我们一般对下一词在给定历史词的约束下的条件概率 $P(x_i|x_1, \cdots, x_{i-1})$ 进行建模。而根据 FNNLM 的公式

可以看到，FNNLM 实际上是对 $P(x_i|x_{i-t},\cdots,x_{i-1})$ 建模，利用 t 个历史词的条件概率来近似整个历史的条件概率，这样的近似是因为 FNN 只能对固定长度的历史进行建模。

文献 [402] 提出了使用传统的循环神经网络解决语言模型中历史变长的问题，并获得了比 DNN 语言模型更高的性能。理论上，利用隐层状态在时序上进行传递，RNN 在时刻 t 的输出与之前所有时刻的输入都相关，这样 RNN 就能获得理论上对任意长度的历史的建模能力。同时，利用 RNN 进行语言模型建模之后，我们就能直接对完整历史的条件概率建模，这样就能和序列的条件概率展开公式一致，在理论上比 FNNLM 更加完备。

RNN 语言模型与 DNN 语言模型类似，都有词嵌入层与输出层，区别在于将负责历史建模的 DNN 替换为 RNN，从而能够处理任意长度的历史词序列。随着 LSTM 的诞生，也有研究人员提出使用 LSTM 代替 RNN 进行语言模型的建模，能够比传统的 RNN、LSTM 建模更长的历史，同时可以大大缓解训练中的梯度消失问题。目前，LSTM-RNN 语言模型作为神经网络语言模型的主流模型被广泛使用。

一个典型的 LSTM 语言模型如图13–2所示，某一个时刻的词语 w_t 在词嵌入层中得到对应的向量表示，输入 LSTM 产生的隐层输出，经过 softmax 层之后即为模型对下一时刻词语 w_{t+1} 分布的预测。

13.4　CNN 语言模型

除了 RNN，最近也有学者在尝试使用 CNN 对序列模型（如语言模型）进行建模，性能取得了显著的提升。

使用传统的 CNN 进行语言模型建模的最大难点在于，卷积操作受滤波器大小的限制，能够有效建模的历史长度（Receptive Field）往往比较小，如果单纯利用模型深度的叠加来增大有效历史长度，计算效率就会大大降低。

文献 [448] 提出使用时序卷积网络（Temporal Convolutional Network）进行语言模型建模。如公式 (13.6) 所示，TCN 是一个全卷积网络（Fully Convolutional Network）[449] 和一个 causal 卷积的叠加。

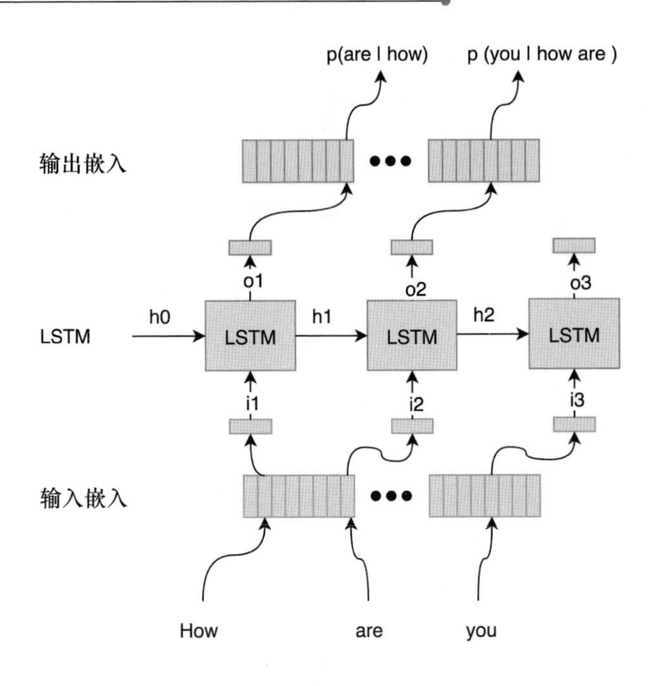

图 13–2　LSTM 语言模型示意图

$$\text{TCN} = \text{1D FCN} + \text{causal 卷积} \tag{13.6}$$

如图13–3所示，通过对膨胀步长的设计，可以让 CNN 的建模历史长度达到网络深度的指数级。

TCN 与 TDNN 非常类似，都在时序上进行卷积核的移动，同时在不同的层上移动的膨胀长度不一。但是 TCN 有两个比较重要的特征：一是 TCN 的输入与输出的长度是相同的，这样可以保证每一个词单独的概率；二是 TCN 在时刻 t 的输出只与 1 到 $t-1$ 时刻的输入有关，这样可以保证在网络的计算过程中不会引入未来的信息“作弊”。

13.5　语言模型的建模单元

传统的语言模型在词层进行建模，由于自然语言的发展十分迅速，所以在实际应用中预先定义的词表无法包含所有的词，集外词（OOV/UNK）

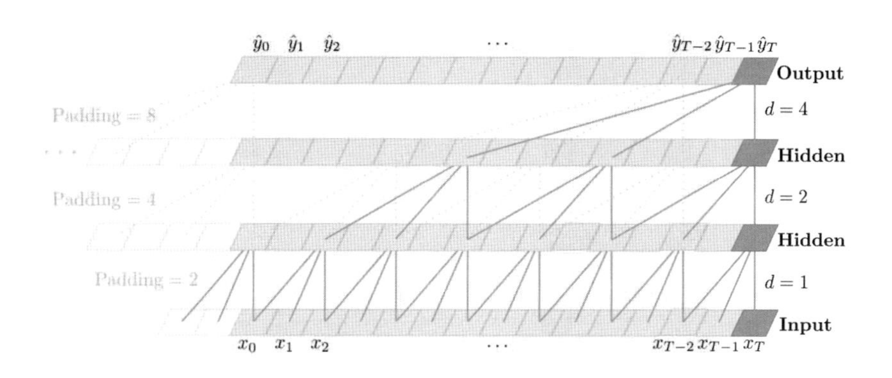

图 13–3　causal 卷积示意图

对语言模型的性能有比较大的负面影响。在传统的词嵌入层中，词语之间的向量表示相互独立，与词语的组成元素没有任何关系，诸如“eventual”与“eventually”之间的形态学信息被完全忽略。

在利用词语信息方面，目前有两种不同的方法：一种方法是在词层面进行建模，但是利用词语的形态学信息进行词嵌入的生成；另一种方法是在比词语的粒度更细的层面直接进行语言模型建模，例如在字符级别或 BPE 级别进行建模。

13.5.1　词嵌入生成

为了利用词语形态学的特征，CNN-LSTM 语言模型[450] 抛弃了传统的查表式词嵌入层，使用字符（character）级别的 CNN 对相应词语的词嵌入进行计算。如图13–4所示，首先通过字符级别的嵌入矩阵得到对应的向量表示，随后使用不同的 channel 数量和 kernel 大小的 CNN 对字符的向量表示进行卷积操作，将不同 CNN 核卷积的结果在时序上进行池化之后进行拼接，即可得到词语相应的词嵌入表示。

13.5.2　字符与 BPE 级别的语言模型

解决 UNK 问题的一种直接方法就是缩小建模的粒度，直接在词语的组成部分上进行建模，例如可以直接在英文的字符上进行建模，或者直接在中文的单个汉字及音节上进行建模。这样的好处是由于字符的范围是有

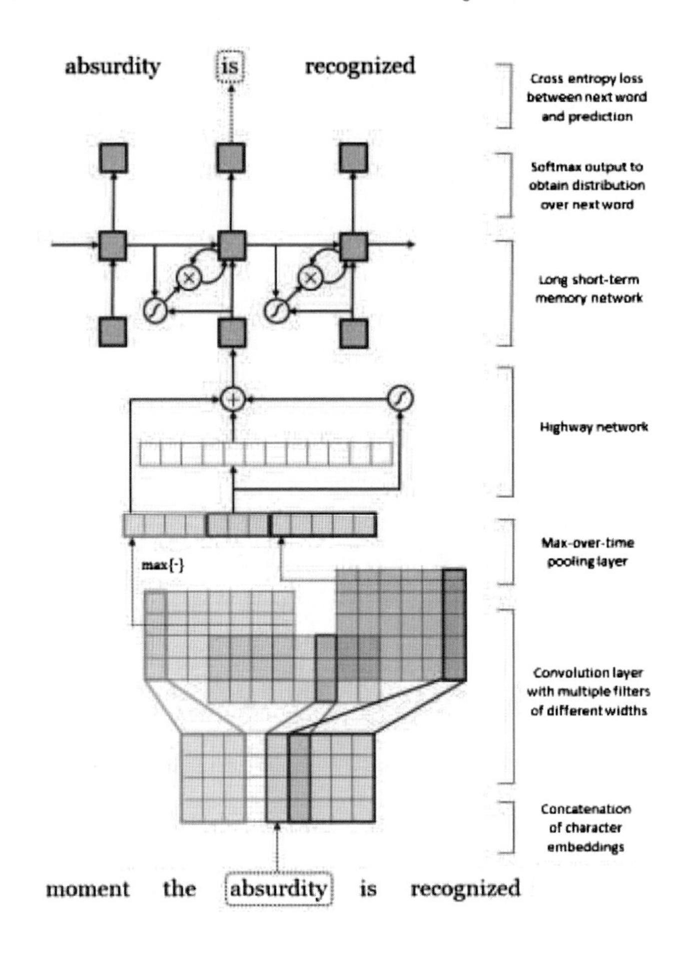

图 13–4　CNN-LSTM 语言模型示意图[450]

限的，所以在测试与训练中永远不会出现集外词的问题。但是直接使用字符建模可能会导致语言模型很难生成正确的词语，同时词到字符的转换会大大增加序列的长度，影响模型的性能。

事实上，字符的组合具有很强的规律性，利用文献 [451] 提出的 Byte-pair Encoding 方法，我们可以将词语中的高频字符串进行组合，这样就可以在 sub-word 层面建模，既缓解了集外词的问题，又不会增加太多的序列长度，同时生成的序列可读性更强。BPE 实际上就是一种很好的字符级别与词级别模型的折中状态。

13.6 双向语言模型

语言模型的结构从 DNN 到 RNN（LSTM），主要目的都是更好地利用历史信息。但是，我们知道一个词语的选择其实与历史和未来（反向历史）的信息都相关，双向语言模型通过同时利用两个方向的历史信息，能够得到更好的性能。

双向语言模型可以被看作两个方向相反的单向语言模型的融合，在双向语言模型中，建模的概率从 $p(w_i|w_1,\cdots,w_{i-1})$ 变为 $p(w_i|w_1,\cdots,w_{i-1},w_{i+1},w_{\text{end}})$，建模这样的条件概率看似更符合实际情况，但是当我们将词语的概率通过连乘转为词序列，即语句层面的概率时，就会发现句子的概率并不具有自归一的属性，也就是无法得到真实的句子概率。详细的分析与解决办法可以参考文献 [452]。

双向语言模型的另一个问题是，由于反向的部分从句末开始计算，所以需要一次性输入整个句子，无法进行在线的实时计算。针对这样的问题，有学者提出在训练阶段利用知识蒸馏或者特定的约束条件，将双向语言模型的未来信息建模能力部分转移到单向语言模型中[453, 454]。

13.7 深度学习语言模型的使用

语言模型本身作为一个非监督学习的任务，研究的目的不仅仅是让内部指标 PPL 降到最低，更重要的是能够提高下游任务的性能，例如让 ASR 系统的错误率更低，或者让翻译的文本更符合实际情况。当前神经网络语言模型的应用主要集中在三个方面：重打分、融合和神经网络初始化。

13.7.1 重打分

NNLM 的重打分[455]（Rescoring）被广泛应用于 ASR 系统之中。在典型的 ASR 系统流程中，解码器根据声学分数和 Ngram 模型的语言分数生成

N 个候选句（Nbest），随后通过 NNLM 对这些候选句进行打分，NNLM 的分数与声学分数进行混合之后得到最终的候选句重打分结果，分数最高的即 ASR 系统重打分之后的最终识别结果。

NNLM 的重打分实际上就是将最大似然估计转变为最大后验估计的过程。根据公式 (13.1)，$\lg(p(\boldsymbol{o}|\boldsymbol{w})$ 可以看作纯声学得分，$\lg(p(\boldsymbol{w}))$ 可以看作语言模型得分，那么两者加和最大的一项为 $\arg\max_{\boldsymbol{w}} \lg(p(\boldsymbol{o}|\boldsymbol{w})p(\boldsymbol{w})) = \arg\max_{\boldsymbol{w}} p(\boldsymbol{o}|\boldsymbol{w})p(\boldsymbol{w})$。通过 NNLM 的重打分，一般能够显著提升 ASR 系统的 WER。

13.7.2 融合

融合（Fusion）目前主要被应用在自回归神经网络结构中，例如 Seq2Seq[456] 框架的 decoder。融合方法最早在基于 Seq2Seq 框架的机器翻译[457] 中被提出，用于在 decoder 端生成目标翻译文本的时候加入目标文本的语言模型的得分，从而让目标文本更通顺。

最近一年来，由于端到端 ASR 系统的发展，也有许多学者尝试在端到端 ASR 系统中进行 NNLM 的融合[458, 459]，如表 13.1 所示，三种融合方法都获得了显著的性能提升。这三种方法如下。

- Shallow Fusion：直接将语言模型与声学模型的得分进行平均，类似于重打分。
- Deep Fusion：将语言模型与声学模型的中间向量进行融合后，单独训练一个神经网络进行综合评分。
- Cold Fusion：比 Deep Fusion 增加了更精细化的门控思想，在每一个隐层输出维度上均有单独的门控单元。

根据表 13.1 的数据可以看到，在端到端语音识别中，在语料充足的情况下，Shallow Fusion 虽然看起来假设比较简单、粗暴，但是能够取得足够好的 WER，而 Deep Fusion 的性能没有预期的好。Cold Fusion 的优势在于能够更快速地进行领域的转换和自适应，以及提升小语料情况下的性能。

表 13.1　三种融合方法在 LAS 模型上的效果[458]

Model	WER
LAS	17.1
Shallow Fusion	15.6
Deep Fusion	16.3
Cold Fusion	16.3

13.7.3　神经网络初始化

将语言模型预训练的神经网络作为其他任务的神经网络初始化（Initialization）能够提升其性能，这种做法已经被广泛应用于各个 NLP 的任务及端到端 ASR 中，其中初始化语言模型的词向量是被利用得最多的。然而在过去的实验中，由于单独使用词向量无法完全利用语言模型的所有信息，所以经过语言模型的初始化后，下游任务的性能并没有非常显著的提升。

随着计算能力的发展，人们有机会探索将词向量之外的部分作为下游任务的辅助，语言模型取得了比较大的性能提升。

将语言模型作为预训练有两种模式。一种是基于特征（Feature Based）的预训练[460, 461]。在基于特征的预训练中，预训练的语言模型被当作一种更强大的特征提取器，并且在下游训练中不会更新参数；另外一种是基于微调（Fine-tune）的预训练[461–464]。在基于微调的预训练中，语言模型只是作为一种更好的初始化方法，在微调过程中，整种模型的参数都会更新。

13.8　语言模型与声学模型的联合优化

在传统的语音识别应用中，神经网络语言模型一般只在识别解码之后的 Lattice 网络或者 Nbest 候选句层面进行重打分。由于解码过程是一个不可求导的过程，所以在一般情况下神经网络语言模型与声学模型在训练时没有关联，独自优化训练。

随着基于 Seq2Seq 的端到端语音识别架构的提出，语音识别的解码过程被隐式嵌入神经网络的计算，变为可导的运算。于是声学模型与语言模型的联合训练也获得了更多的关注，其中 Deep Fusion 和 Cold Fusion 就是比较流行的两种联合优化的方法。

Deep Fusion 与 Cold Fusion 的理念基本一致，都是在 decoder 端将纯语言模型进行融合集成，这样在进行联合训练的时候，错误信息就能够同时传到声学模型（Seq2Seq）和语言模型中，获得更好的语音识别性能。Deep Fusion 直接将语言模型输出层前的隐层输出和声学模型输出层前的隐层输出进行融合，Cold Fusion 则引入了门控单元对语言模型和和声学模型的不同维度的隐层输出进行更加精细化的控制。

第 IV 部分

高级语音识别方法

第14章

深层神经网络的自适应技术

摘要 自适应技术可以补偿训练数据和测试数据中声学条件的不匹配，进一步提高语音识别的正确率，并可以分三类：线性变换、保守训练和子空间方法。混合高斯模型（GMM）是一个生成性模型，深层神经网络（DNN）是一个鉴别性模型，由于这个原因，现有的混合高斯模型中的自适应技术不能直接运用于深层神经网络中。本章首先介绍什么是自适应，然后描述在深层神经网络中发展自适应技术的重要性，最后展示在某些语音识别任务中深层神经网络中的自适应可以使错误率显著下降，这证明自适应在深层神经网络中和在混合高斯模型系统中一样重要。

14.1 深层神经网络中的自适应问题

与其他机器学习技术一样，在深层神经网络系统中有一个假设：训练数据和测试数据服从相同的概率分布。事实上，这个假设是很难满足的，这是因为在语音应用部署之前没有匹配的训练数据。刚开始的语音识别应用只能先部署这个在不匹配的数据上训练得到的初始系统。在应用成功部署之后，才能在真实的应用场景下收集到许多匹配的数据。在部署的早期阶段，匹配的数据往往是很少的，通常不能覆盖随后的所有应用场景。甚至在应用部署多年后，即使有了足够的匹配训练数据，不匹配的问题也可能存在。这是因为深层神经网络的训练目标是优化全体训练数据上的平均性能，当目标被限定在一个特殊的环境或者说话人的时候，训练条件和测试条件依然是不匹配的。

训练-测试的不匹配问题可以通过自适应技术来解决，这一技术使模型可以更适应测试环境或者使测试的输入特征更加适应已有的模型。比如，在传统的 GMM-HMM 语音识别系统中，说话人相关的系统比说话人无关系统可以减少 5%~30% 的错误率。在 GMM-HMM 框架内著名而且非常有效的自适应技术包括：最大似然线性回归（MLLR）[173, 277, 465, 466]、有约束最大似然线性回归（cMLLR）[467][同时被称为特征空间最大似然线性回归（fMLLR）]、最大后验线性回归（MAP-LR）[468, 469] 和向量泰勒级数（VTS）[94, 169, 274–276] 等。这些技术可以用来处理环境和说话人不匹配的问题。

如果用于自适应的音频数据同时有文本标注，则这种自适应被称为有监督的自适应，否则被称为无监督的自适应。在无监督的情况下，文本标注需要从声学特征中推理得来。在多数情况下，推理标注（通常称为伪标注）可以使用说话人无关的模型进行语音识别解码得到。在接下来的讨论中，我们都假设使用无监督的自适应。在一些严格的条件下，自适应的文本标注可能通过挖掘数据的结构来推理，比如，基于带标注和不带标注的特征向量之间的距离。无论使用什么办法，伪标注都不可避免地会带有错误，这将降低自适应的性能。更麻烦的是，使用伪标注的自适应会继续增强说话人无关的模型中已经训练得很好的部分，却限制了从表现不佳的解码结果中学习调整模型的能力。所有这些因素都将影响无监督自适应潜在的识别正确率的提升。

GMM 是一个生成性模型，DNN 是一个鉴别性模型，因此，DNN 需要有与 GMM 框架下不同的一些自适应方法。例如，模型空间中的线性变换方法（如最大似然线性回归）在 GMM 中表现出色，但不能被直接用于 DNN 自适应。在 GMM 中，属于相同音素或者 HMM 状态的高斯均值或者方差会向同一个方向改变，而在 DNN 中没有这样的结构。

注意，DNN 是一个特殊的多层感知器（MLP），所以一些为 MLP 开发的自适应方法可以直接被用在 DNN 上。然而，早期的人工神经网络–隐马尔可夫模型（ANN-HMM）混合系统[216] 与目前被广泛用于大词汇连续语音识别（LVCSR）系统中的 CD-DNN-HMM 相比，后者因为使用更宽和更深的隐层及远大于前者的输出层节点，其总体参数数量远远超过前者。这些不同使得对 CD-DNN-HMM 进行自适应更有挑战性，在自适应集合很小的时候更是如此。

这几年语音识别领域发展了许多被用于 DNN 的自适应技术，这些技术可以被分成三类：线性变换、保守训练和子空间方法。我们将在接下来的内容中讨论这些技术的细节。

14.2 线性变换

实现 DNN 的自适应的最简单和最流行的方法是在输入特征、某个隐层的激活或者 softmax 层的输入处加上一个说话人或者与环境相关的线性变换。无论在哪里使用线性变换，通常都采用单位阵和零向量作为初始值，使用在第 4 章提到的交叉熵（CE）（比如公式 (4.11)），或者在第 15 章提到的序列鉴别性训练准则进行优化（比如公式 (15.1) 和公式 (15.8)），在这一过程中保持原神经网络权重不变。

14.2.1 线性输入网络

在线性输入网络（LIN）[470–475] 和与其非常相似的特征空间鉴别性线性回归（fDLR）[49] 自适应技术中，线性变换被应用在输入的特征上，如图14–1所示。

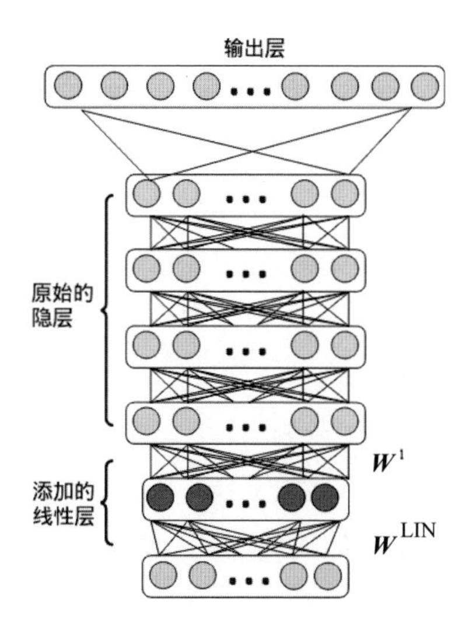

图 14–1 线性输入网络（LIN）和特征空间鉴别性线性回归（fDLR）自适应技术展示，在输入的特征层上插入了一个线性变换层

LIN 的基本想法是：通过一个线性变换，说话人相关的特征可以与说话人无关的 DNN 模型匹配。换句话说，我们将说话人相关的特征从 $\boldsymbol{v}^0 \in \mathbb{R}^{N_0 \times 1}$ 变换到另一个与说话人无关的 DNN 匹配的特征 $\boldsymbol{v}_{\mathrm{LIN}}^0 \in \mathbb{R}^{N_0 \times 1}$。该过程是通过线性变换 $\boldsymbol{W}^{\mathrm{LIN}} \in \mathbb{R}^{N_0 \times N_0}$ 和 $\boldsymbol{b}^{\mathrm{LIN}} \in \mathbb{R}^{N_0 \times 1}$ 实现的：

$$\boldsymbol{v}_{\mathrm{LIN}}^0 = \boldsymbol{W}^{\mathrm{LIN}} v^0 + \boldsymbol{b}^{\mathrm{LIN}} \tag{14.1}$$

其中，N_0 是输入层的大小。

在语音识别中，对一个长度为 T 帧的语句来说，输入的特征向量 $\boldsymbol{v}^0(t) = \boldsymbol{o}_t = \left[\boldsymbol{x}_{\max(0,t-\varpi)} \cdots \boldsymbol{x}_t \cdots \boldsymbol{x}_{\min(T,t+\varpi)}\right]$ 在时刻 t 通常覆盖了 $2\varpi + 1$ 帧。当自适应集合很小时，使用一个更小的帧级别变换 $\left[\boldsymbol{W}_f^{\mathrm{LIN}} \in \mathbb{R}^{D \times D}, \boldsymbol{b}_f^{\mathrm{LIN}} \in \mathbb{R}^{D \times 1}\right]$ 是更好的：

$$\boldsymbol{x}^{\mathrm{LIN}} = \boldsymbol{W}_f^{\mathrm{LIN}} x + \boldsymbol{b}_f^{\mathrm{LIN}} \tag{14.2}$$

变换后的输入特征可以这样构造：

$$\boldsymbol{v}_{\mathrm{LIN}}^0(t) = \boldsymbol{o}_t^{\mathrm{LIN}} = \left[\boldsymbol{x}_{\max(0,t-\varpi)}^{\mathrm{LIN}} \cdots \boldsymbol{x}_t^{\mathrm{LIN}} \cdots \boldsymbol{x}_{\min(T,t+\varpi)}^{\mathrm{LIN}}\right]$$

其中 D 是每帧特征的维度，$N_0 = (2\varpi + 1) D$。由于 $\boldsymbol{W}_f^{\mathrm{LIN}}$ 相比 $\boldsymbol{W}^{\mathrm{LIN}}$，参数个数只有后者的 $\frac{1}{(2\varpi+1)^2}$，所以它的变换能力和有效性比 $\boldsymbol{W}^{\mathrm{LIN}}$ 差。然而，它可以更可靠地从一个小的自适应集合中被估计出来，从这个角度来看比 $\boldsymbol{W}^{\mathrm{LIN}}$ 更好。

14.2.2　线性输出网络

线性变换同样可以被应用在 softmax 层，这时我们称这个自适应网络为线性输出网络（LON）[474] 或者输出特征的鉴别性线性回归（oDLR）[476, 477]。如我们在第 8 章中讨论的，因为 DNN 中所有的隐层都可以被视为一个复杂的非线性特征变化，最后一个隐层的输出可以被视为变换后的特征。所以，在最后一个隐层上对一个特别的说话人使用一个线性变换，使其和平均后的说话人更匹配是很合理的。不同于 LIN 或 fDLR，在 LON 或 oDLR 中有两种方法可以使用，如图14–2所示。

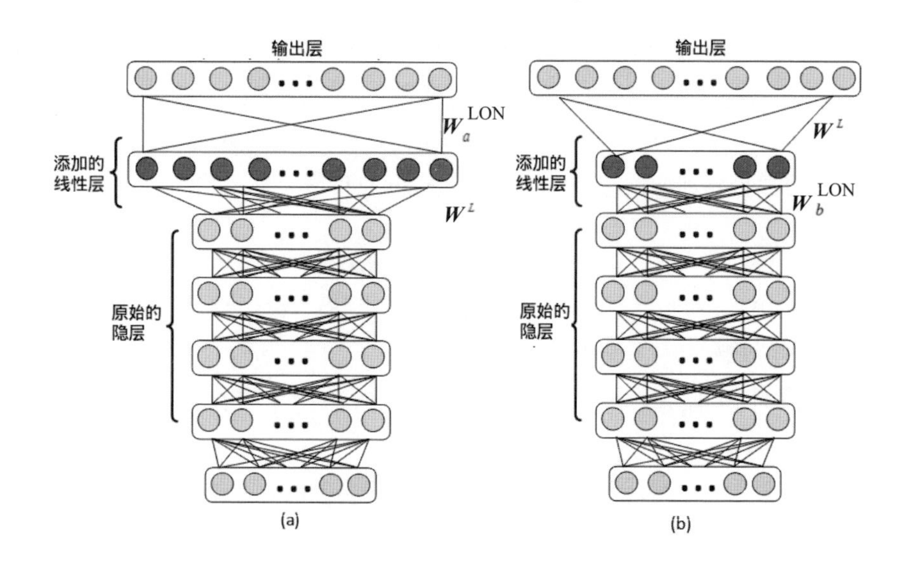

图 14–2　在线性输出网络（LON）中，线性变换可以在原始的权重 $\boldsymbol{W}^L$ 前或者后运用

在图14–2(a) 中，线性变换被放在 softmax 层的权重之后，即

$$\begin{aligned}
\boldsymbol{z}_{\text{LON}a}^{\text{L}} &= \boldsymbol{W}_a^{\text{LON}} z^L + \boldsymbol{b}_a^{\text{LON}} \\
&= \boldsymbol{W}_a^{\text{LON}} \left(\boldsymbol{W}^{\boldsymbol{L}} \boldsymbol{v}^{\mathbf{L-1}} + b^L\right) + \boldsymbol{b}_a^{\text{LON}} \\
&= \left(\boldsymbol{W}_a^{\text{LON}} \boldsymbol{W}^L\right) \boldsymbol{v}^{\text{L}-1} + \left(\boldsymbol{W}_a^{\text{LON}} \boldsymbol{b}^{\text{L}} + \boldsymbol{b}_a^{\text{LON}}\right)
\end{aligned} \tag{14.3}$$

假设 DNN 有 L 层，N_{L-1} 和 N_L 分别是第 $L-1$ 层（最后一个隐层）和 L 层（softmax 层）的神经元个数。$\boldsymbol{v}^{L-1} \in \mathbb{R}^{N_{L-1} \times 1}$ 是在最后一个隐层输出的说话人无关的特征，$\boldsymbol{z}^L \in \mathbb{R}^{N_L \times 1}$ 是 softmax 层在没有自适应时的激励，$\boldsymbol{W}^L$ 和 $\boldsymbol{b}^L$ 分别是说话人无关的 DNN 中 softmax 层的权重矩阵和偏置向量，$\boldsymbol{W}_a^{\text{LON}} \in \mathbb{R}^{N_L \times N_L}$ 和 $\boldsymbol{b}_a^{\text{LON}} \in \mathbb{R}^{N_L \times 1}$ 分别是 LONa 中的变换矩阵和偏置向量，$\boldsymbol{z}_{\text{LON}a}^L \in \mathbb{R}^{N_L \times 1}$ 是线性变换后的激励。

在图14–2b 中，线性变换在 softmax 层的权重之前被使用：

$$\begin{aligned}
\boldsymbol{z}_{\text{LON}b}^{L} &= \boldsymbol{W}^L v_{\text{LON}b}^{L-1} + \boldsymbol{b}^L \\
&= \boldsymbol{W}^L \left(\boldsymbol{W}_b^{\text{LON}} v^{L-1} + \boldsymbol{b}_b^{\text{LON}}\right) + \boldsymbol{b}^L \\
&= \left(\boldsymbol{W}^L \boldsymbol{W}_b^{\text{LON}}\right) \boldsymbol{v}^{L-1} + \left(\boldsymbol{W}^L \boldsymbol{b}_b^{\text{LON}} + \boldsymbol{b}^L\right)
\end{aligned} \tag{14.4}$$

$\boldsymbol{v}_{\mathrm{LON}b}^{L-1} \in \mathbb{R}^{N_{L-1}\times 1}$ 是最后一个隐层输出的变换后的特征。$\boldsymbol{W}_b^{\mathrm{LON}} \in \mathbb{R}^{N_{L-1}\times N_{L-1}}$ 和 $\boldsymbol{b}_b^{\mathrm{LON}} \in \mathbb{R}^{N_{L-1}\times 1}$ 分别是 LONb 中的变换矩阵和偏置向量。

这两种方法是等价的，因为在线性变换后再线性变换等价于一个单独的线性变换，如公式 (14.3) 和公式 (14.4) 所示。然而，这两种方法中所需要的参数个数是显著不同的。如果输出层的神经元个数小于最后的隐层大小，比如在单因素系统中，则 $\boldsymbol{W}_a^{\mathrm{LON}}$ 比 $\boldsymbol{W}_b^{\mathrm{LON}}$ 参数个数更少。但在 CD-DNN-HMM 系统中，输出层的大小比最后一个隐层的大小显著大很多。在这种情况下，$\boldsymbol{W}_b^{\mathrm{LON}}$ 比 $\boldsymbol{W}_a^{\mathrm{LON}}$ 的参数要少很多，因此，可以更可靠地从自适应数据中估计。

14.2.3　线性隐层网络

在线性隐层网络（LHN）[478] 中，线性变换被用在隐层中。这是因为，如第 8 章所讨论的，一个 DNN 的任意一个隐层都可以被划分成两个部分：包含输入层的部分加上隐层可以被视为一个变换后的特征；包含输出层的部分可以被视为作用在隐层特征上的分类器。

与 LON 相似，在 LHN 中同样有两种运用线性变换的方法，如图14–3所示。出于同样的原因，我们刚刚讨论的两种方法拥有同样的自适应能力。不同于 LON 中 $\boldsymbol{W}_a^{\mathrm{LON}}$ 和 $\boldsymbol{W}_b^{\mathrm{LON}}$ 有显著不同的模型大小，在 LHN 中，因为在很多系统中隐层大小是一样的，所以 $\boldsymbol{W}_a^{\mathrm{LON}}$ 和 $\boldsymbol{W}_b^{\mathrm{LON}}$ 常常是同样大小的。

LIN、LON 和 LHN 的性能是任务相关的，虽然它们非常相似，但正如我们刚刚讨论的，它们在参数数量和特征上还是存在一些微小的不同。这些因素在不同大小的自适应集合上决定了哪种技术针对特定任务是最好的。

14.3　保守训练

尽管线性变换自适应技术在一些条件下能够得到很好的应用，但它们的效果受到线性变换固有特性的极大限制。一个可能会更有效的方法是：通过在全部自适应集合 $\mathbb{S}=\{(\boldsymbol{o}^m,\boldsymbol{y}^m)\,|0\leqslant m<M\}$ 上调整 DNN 的全部

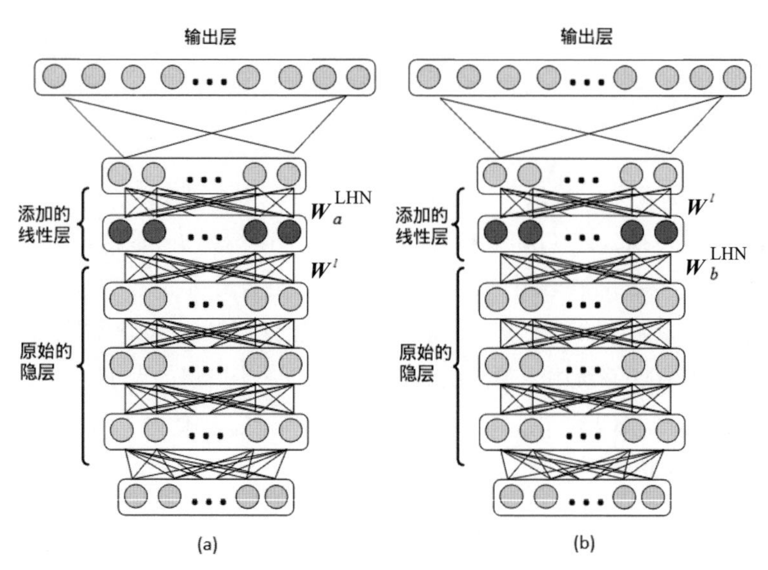

图 14–3　在线性隐层网络（LHN）中，线性变换可以被应用于原始权重矩阵 $\boldsymbol{W}^{\ell}$ 之后（a）或者之前（b）

参数，来优化自适应准则 $J(\boldsymbol{W},\boldsymbol{b};\mathbb{S})$。这里的 $J(\boldsymbol{W},\boldsymbol{b};\mathbb{S})$ 可以是在第 4 章（公式 (4.11)）中讨论的交叉熵（Cross Entropy，CE）训练准则，也可以是在第 15 章（公式 (15.1) 和公式 (15.8)）中讨论的序列鉴别性训练准则。

不幸的是，这个看起来很简单的方法可能会破坏我们之前学习到的信息，因此这种方式并不可靠，在自适应集合大小相对于 DNN 的参数个数非常小的情况下更是如此。为了避免出现这种现象，我们需要使用一些保守训练（Conservative Training，CT）[477, 479–481] 的策略。保守训练可以通过在自适应准则上增加一个正则项得到。一个简单的启发式方法是：只选择一部分权重进行自适应。例如，在文献 [479] 中，各个隐层节点在自适应数据上的方差会首先被计算出来，只有那些连接方差最大的节点的权重会被更新。另一个方法是：只自适应 DNN 中的较大权重。只使用非常小的学习率，并且使用早期停止策略进行更新的自适应方式同样可以被视为保守训练。

下面介绍保守训练中两种最流行的使用正则项的技术：L_2 正则项[481] 和 KL 距离（KLD）正则项[477]。我们也会讨论一些能够用来减小自适应模型中额外的空间需求（Footprint）的技术。

14.3.1　L_2 正则项

L_2 正则项保守训练的基本思想是增加一个惩罚项，它被定义为说话人无关模型 $\boldsymbol{W}_{\mathrm{SI}}$ 和通过自适应准则 $J(\boldsymbol{W},\boldsymbol{b};\mathbb{S})$ 得到的自适应模型 $\boldsymbol{W}$ 的参数差异的 L_2 范数：

$$\begin{aligned}R_2\left(\boldsymbol{W}_{\mathrm{SI}}-\boldsymbol{W}\right)&=\left\|\operatorname{vec}\left(\boldsymbol{W}_{\mathrm{SI}}-\boldsymbol{W}\right)\right\|_2^2\\&=\sum_{\ell=1}^{L}\left\|\operatorname{vec}\left(\boldsymbol{W}_{\mathrm{SI}}^{\ell}-\boldsymbol{W}^{\ell}\right)\right\|_2^2\end{aligned}\tag{14.5}$$

这里 $\operatorname{vec}\left(\boldsymbol{W}^{\ell}\right)\in\mathbb{R}^{[N_\ell\times N_{\ell-1}]\times 1}$ 是把矩阵 $\boldsymbol{W}^{\ell}$ 中的所有列向量都连接起来得到的向量。$\left\|\operatorname{vec}\left(\boldsymbol{W}^{\ell}\right)\right\|_2$ 等于 $\left\|\boldsymbol{W}^{\ell}\right\|_{\mathrm{F}}$，表示矩阵 $\boldsymbol{W}^{\ell}$ 的 Frobenious 范数。

当使用 L_2 正则项时，自适应准则变成

$$J_{L_2}\left(\boldsymbol{W},\boldsymbol{b};\mathbb{S}\right)=J\left(\boldsymbol{W},\boldsymbol{b};\mathbb{S}\right)+\lambda R_2\left(\boldsymbol{W}_{\mathrm{SI}},\boldsymbol{W}\right)\tag{14.6}$$

这里 λ 是正则项的参数，用来控制自适应准则中两项的相对贡献。L_2 正则项保守训练的目的是限制自适应后的模型和说话人无关模型参数之间的变化范围。由于公式 (14.6) 中的训练准则和4.3.3节中讨论的权重衰减非常相似，因此，L_2 正则项保守训练自适应可以使用同样的训练算法。

14.3.2　KL 距离正则项

对 KL 距离正则项方法的直观解释是：从自适应模型中估计出的 Senone 后验概率不应和从未自适应模型中估计出的后验概率差别太大。由于 DNN 的输出是概率分布，一个自然的用来衡量概率间的差别的方法就是 KL 距离（KLD）。通过把这个距离作为一个正则项加到自适应准则里，并且把和模型参数无关的项去除，我们得到如下正则化优化准则：

$$J_{\mathrm{KLD}}\left(\boldsymbol{W},\boldsymbol{b};\mathbb{S}\right)=(1-\lambda)\,J\left(\boldsymbol{W},\boldsymbol{b};\mathbb{S}\right)+\lambda R_{\mathrm{KLD}}\left(\boldsymbol{W}_{\mathrm{SI}},\boldsymbol{b}_{\mathrm{SI}};\boldsymbol{W},\boldsymbol{b};\mathbb{S}\right)\tag{14.7}$$

这里 λ 是一个正则化权重，并且

$$R_{\mathrm{KLD}}\left(\boldsymbol{W}_{\mathrm{SI}},\boldsymbol{b}_{\mathrm{SI}};\boldsymbol{W},\boldsymbol{b};\mathbb{S}\right)=\frac{1}{M}\sum_{m=1}^{M}\sum_{i=1}^{C}P_{\mathrm{SI}}\left(i|\boldsymbol{o}_m;\boldsymbol{W}_{\mathrm{SI}},\boldsymbol{b}_{\mathrm{SI}}\right)\lg P\left(i|\boldsymbol{o}_m;\boldsymbol{W},\boldsymbol{b}\right)\tag{14.8}$$

$P_{\mathrm{SI}}(i|\boldsymbol{o}_m;\boldsymbol{W}_{\mathrm{SI}},\boldsymbol{b}_{\mathrm{SI}})$ 和 $P(i|\boldsymbol{o}_m;\boldsymbol{W},\boldsymbol{b})$ 分别是从说话人无关 DNN 和自适应 DNN 中估计出的第 m 个观察样本 $\boldsymbol{o}_m$ 属于类别 i 的概率，为了方便讲解，在接下来的讨论里分别记作 $P_{\mathrm{SI}}(i|\boldsymbol{o}_m)$ 和 $P(i|\boldsymbol{o}_m)$。如果使用交叉熵（CE）准则

$$J_{\mathrm{CE}}(\boldsymbol{W},\boldsymbol{b};\mathbb{S})=\frac{1}{M}\sum_{m=1}^{M}J_{\mathrm{CE}}(\boldsymbol{W},\boldsymbol{b};\boldsymbol{o}^m,\boldsymbol{y}^m) \tag{14.9}$$

其中，

$$J_{\mathrm{CE}}(\boldsymbol{W},\boldsymbol{b};\boldsymbol{o},\boldsymbol{y})=-\sum_{i=1}^{C}P_{\mathrm{emp}}(i|\boldsymbol{o}_m)\lg P(i|\boldsymbol{o}_m) \tag{14.10}$$

$P_{\mathrm{emp}}(i|\boldsymbol{o})$ 是观察样本 $\boldsymbol{o}$ 属于类别 i 的经验概率（从自适应集合中得到），正则化自适应准则可以被写成

$$\begin{aligned}J_{\mathrm{KLD-CE}}(\boldsymbol{W},\boldsymbol{b};\mathbb{S})&=(1-\lambda)J_{\mathrm{CE}}(\boldsymbol{W},\boldsymbol{b};\mathbb{S})+\lambda R_{\mathrm{KLD}}(\boldsymbol{W}_{\mathrm{SI}},\boldsymbol{b}_{\mathrm{SI}};\boldsymbol{W},\boldsymbol{b};\mathbb{S})\\&=-\frac{1}{M}\sum_{m=1}^{M}\sum_{i=1}^{C}((1-\lambda)P_{\mathrm{emp}}(i|\boldsymbol{o}_m)+\\&\quad\lambda P_{\mathrm{SI}}(i|\boldsymbol{o}_m))\lg P(i|\boldsymbol{o}_m)\\&=-\frac{1}{M}\sum_{m=1}^{M}\sum_{i=1}^{C}\ddot{P}(i|\boldsymbol{o}_m)\lg P(i|\boldsymbol{o}_m)\end{aligned} \tag{14.11}$$

这里我们定义

$$\ddot{P}(i|\boldsymbol{o}_m)=(1-\lambda)P_{\mathrm{emp}}(i|\boldsymbol{o}_m)+\lambda P_{\mathrm{SI}}(i|\boldsymbol{o}_m) \tag{14.12}$$

我们注意到，和 CE 准则相比，公式 (14.11) 除了目标分布是一个经验概率 $P_{\mathrm{emp}}(i|\boldsymbol{o}_m)$ 和说话人无关模型中估计出的概率 $P_{\mathrm{SI}}(i|\boldsymbol{o}_m)$ 的插值，它们拥有同样的形式。这个插值通过保证自适应模型不会偏离说话人无关模型太远，防止过拟合的发生。并且，通常的反向传播（BP）算法可以直接被应用到对 DNN 的自适应上，唯一需要修改的部分是输出层的误差信号，这里的误差信号基于 $\ddot{P}(i|\boldsymbol{o}_m)$ 而不是 $P_{\mathrm{emp}}(i|\boldsymbol{o}_m)$ 来定义。

注意，KL 距离正则项和 L_2 正则项不同。L_2 正则项限制的是模型参数自身，而非输出概率。但我们在意的是输出概率，而不是模型参数自身，因此，KLD 正则项更有吸引力，并且不会比 L_2 正则项表现得糟糕。

插值权重可以直接从正则项权重 λ 导出。它可以在开发集上基于自适应数据量、学习率和自适应的方式（监督或者非监督）等因素进行调优。当 $\lambda=1$ 时，我们完全信任原来的说话人无关模型，并且无视任何自适应数据中的新信息。当 $\lambda=0$ 时，我们完全使用自适应的数据对模型进行更新，而无视任何原始的说话人无关模型的信息，仅仅把它当作一个训练的起始点。直观地看，对一个较小的自适应集合，应当选取一个较大的 λ，对一个较大的自适应集合，应当选取一个较小的 λ。

KL 距离正则化自适应技术可以被很容易地拓展到序列鉴别性训练中。如15.2.3节中讨论的那样，为了防止过拟合，在序列鉴别性训练中，我们通常使用有如下插值训练准则的帧平滑方法：

$$J_{\text{FS-SEQ}}\left(\boldsymbol{W},\boldsymbol{b};\mathbb{S}\right)=\left(1-H\right)J_{\text{CE}}\left(\boldsymbol{W},\boldsymbol{b};\mathbb{S}\right)+HJ_{\text{SEQ}}\left(\boldsymbol{W},\boldsymbol{b};\mathbb{S}\right)\tag{14.13}$$

这里 H 是帧平滑因子，通常由经验设置。通过添加 KL 距离正则项，我们得到自适应准则：

$$J_{\text{KLD-FS-SEQ}}\left(\boldsymbol{W},\boldsymbol{b};\mathbb{S}\right)=J_{\text{FS-SEQ}}\left(\boldsymbol{W},\boldsymbol{b};\mathbb{S}\right)+\lambda_s R_{\text{KLD}}\left(\boldsymbol{W}_{\text{SI}},\boldsymbol{b}_{\text{SI}};\boldsymbol{W},\boldsymbol{b};\mathbb{S}\right)\tag{14.14}$$

这里 λ_s 是序列鉴别性训练的正则化系数。$J_{\text{KLD-FS-SEQ}}$ 可以通过定义 $\lambda=\frac{\lambda_s}{1-H+\lambda_s}$，经过相似的推导被改写成

$$\begin{aligned}&J_{\text{KLD-FS-SEQ}}\left(\boldsymbol{W},\boldsymbol{b};\mathbb{S}\right)\\&=HJ_{\text{SEQ}}\left(\boldsymbol{W},\boldsymbol{b};\mathbb{S}\right)+\left(1-H+\lambda_s\right)J_{\text{KLD-CE}}\left(\boldsymbol{W},\boldsymbol{b};\mathbb{S}\right)\end{aligned}\tag{14.15}$$

14.3.3　减少每个说话人的模型开销

保守训练可以减少自适应过程中的过拟合问题。但是，它并不能解决对每个说话人都要存储一个巨大的自适应模型的问题。因为 DNN 模型通常都会有巨大的参数量，所以自适应模型无论是被存储在客户端（例如智能手表）还是存储在服务器端（特别是在用户量特别大的情况下），都会显得非常庞大。

最简单的减小模型开销的方法是只自适应模型的一部分。例如，我们可以只自适应输入层、输出层，或者一个特定的隐层。但通过实验我们可

以总结出，自适应 DNN 的所有层往往都会比只自适应一部分层得到更好的效果。

幸运的是，现有技术能够在对所有层进行自适应都得到较好效果的同时，减小每个说话人的额外模型开销。在这里介绍两种在文献 [482] 中提到的方法。

第 1 种方法是压缩说话人无关模型和说话人自适应模型参数间的差异。因为自适应模型和说话人无关模型非常相近，所以我们可以合理地假设差异矩阵可以被低秩矩阵近似。也就是说，我们可以对差异矩阵 $\triangle \boldsymbol{W}_{m\times n} = \boldsymbol{W}_{m\times n}^{\mathrm{ADP}} - \boldsymbol{W}_{m\times n}^{\mathrm{SI}}$ 使用奇异值分解（SVD）方法得到：

$$
\begin{aligned}
\triangle \boldsymbol{W}_{m\times n} &= \boldsymbol{U}_{m\times n}\boldsymbol{\Sigma}_{n\times n}\boldsymbol{V}_{n\times n}^{\mathrm{T}} \\
&\approx \widetilde{\boldsymbol{U}}_{m\times k}\widetilde{\boldsymbol{\Sigma}}_{k\times k}\widetilde{\boldsymbol{V}}_{k\times n}^{\mathrm{T}} \\
&= \widetilde{\boldsymbol{U}}_{m\times k}\widetilde{\boldsymbol{W}}_{k\times n}^{\mathrm{T}}
\end{aligned} \tag{14.16}
$$

这里 $\triangle \boldsymbol{W}_{m\times n} \in \mathbb{R}^{m\times n}$，$\boldsymbol{\Sigma}_{n\times n}$ 是包含所有奇异值的对角矩阵，$k < n$ 是奇异值的个数，$\boldsymbol{U}$ 和 $\boldsymbol{V}^{\mathrm{T}}$ 是单位正交阵，$\widetilde{\boldsymbol{W}}_{k\times n}^{\mathrm{T}} = \widetilde{\boldsymbol{\Sigma}}_{k\times k}\widetilde{\boldsymbol{V}}_{k\times n}^{\mathrm{T}}$。这样只需要存储 $\widetilde{\boldsymbol{U}}_{m\times k}$ 和 $\widetilde{\boldsymbol{W}}_{k\times n}^{\mathrm{T}}$ 即可。相对于之前的 $m\times n$ 个参数，现在我们只用存储 $(m+n)\,k$ 个参数。文献 [482] 中的实验说明，在只有不到 10% 大小的差异参数被存储的情况下，准确率没有或者只有很小的下降。

第 2 种方法如图14–4所示，被应用在第 7 章讨论过的低秩模型近似技术的顶层。在第 7 章中说明了原始 DNN 中全连接的权重矩阵 $\boldsymbol{W}_{m\times n} \in \mathbb{R}^{m\times n}$（见图14–4(a)）可以被两个更小的矩阵 $\boldsymbol{W}_{1,r\times n} \in \mathbb{R}^{r\times n}$ 和 $\boldsymbol{W}_{2,m\times r} \in \mathbb{R}^{m\times r}$ 用图14–4(b) 中的方法近似。为了自适应这种模型，我们用图14–4(c) 中的方法，通过特定矩阵 $\boldsymbol{W}_{3,r\times r} \in \mathbb{R}^{r\times r}$ 添加额外一层网络。对于说话人无关模型，这个矩阵被设置为单位矩阵。对于自适应模型，这个矩阵在保持所有层的 $\boldsymbol{W}_{1,r\times n}$ 和 $\boldsymbol{W}_{2,m\times r}$ 都不变的前提下，被自适应到特定的说话人。在这种方法中，说话人的特殊信息被存储在 $\boldsymbol{W}_{3,r\times r}$ 中。相对于最初的 $m\times n$ 个参数，这个矩阵只包含 $r\times r$ 个参数。由于 r 要比 m 和 n 都小很多，所以这种方法可以有效地减小每个说话人对模型造成的额外开销。同样的原因，$h_{\mathrm{linear}}^{\mathrm{SI}}$ 和 $h_{\mathrm{linear}}^{\mathrm{ADP}}$ 都是模型的瓶颈层，因此，这种方法在文献 [482] 中也被称为 SVD 瓶颈层自适应技术。这种方法使得我们能够在对每一层都进行自适应的同时，保证每个说话人的自适应矩阵都很小。这样就极大地减小了对用户实施个性化识别的开销，同时能潜在地减小了每个新用户所需的自适应数据集的总数。Xue 等人在文献 [482] 的实验中指出，这种方法可以在不影响自适应质量的前提下，把每个说话人的额外开销都降低到最初 DNN 的 1%。由于在真实世界系统中，基于低秩近似的模型压缩技术经常被用到，因此，SVD 瓶颈层自适应技术对每个说话人都拥有极小的额外开销，是一个 DNN 自适应中的常用技术。

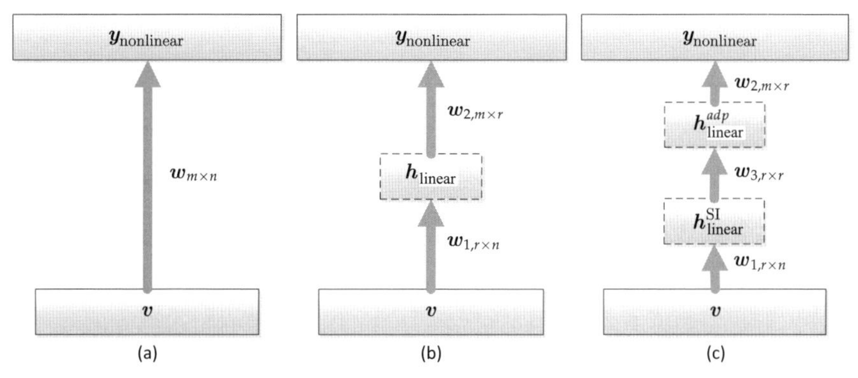

图 14–4　SVD 瓶颈层自适应技术

我们注意到，模型参数的 SVD 分解也揭示了另一种模型自适应技术。之前提到过，每一层的模型参数 $\boldsymbol{W}$ 可以用 SVD 分解成 3 个组成部分：

$$\boldsymbol{W}_{m\times n}=\boldsymbol{U}_{m\times n}\boldsymbol{\Sigma}_{n\times n}\boldsymbol{V}^{\text{T}}_{n\times n} \tag{14.17}$$

这里 $\boldsymbol{\Sigma}$ 是一个按照降序排列的包含所有非负奇异值的对角矩阵，$\boldsymbol{U}$ 和 $\boldsymbol{V}^{\text{T}}$ 是单位正交阵。由于 $\boldsymbol{\Sigma}$ 是一个对角阵，并且它的参数个数非常小（等于 n），因此 $\boldsymbol{\Sigma}$ 在这里有重要的地位。我们可以不用自适应整个权重矩阵 $\boldsymbol{W}$，而只自适应这个对角阵。如果自适应集合比较小，则我们甚至可以只自适应前 $k\%$ 的奇异值。

14.4　子空间方法

子空间方法旨在找到一个描述说话人特性的子空间，然后构建自适应的神经网络权值或自适应变换作为这个参数空间的一个数据点。在这个范畴里，较有前景的技术包括基于主成分分析（PCA）的方法[483]、噪声感知[278]（我们在第 8 章讨论过），以及说话人感知训练[484] 和张量基（Tensor Bases）自适应[485, 486] 技术。这类子空间技术可以让说话人无关的模型很快适应到特定的说话人。

14.4.1 通过主成分分析构建子空间

在文献 [483] 中提到一种快速的自适应技术。在这个技术中，假定子空间（如说话人参数空间）中的数据点都是随机变量，我们可以在这个空间中估计一个仿射变换矩阵。在这里，主成分分析（PCA）被运用在一个自适应矩阵的集合上以获得说话人空间的主要方向（例如特征向量）。每个新的说话人自适应矩阵都由 PCA 得到的特征向量线性组合来近似。

以上技术可以扩展到更加一般的情况。给定一个含 S 个说话人的集合，我们对每个说话人都可以估计一个特定说话人矩阵 $\boldsymbol{W}^{\text{ADP}} \in \mathbb{R}^{m \times n}$。这里特定说话人矩阵可以是在 LIN、LHN 或者 LON 中的线性变换，或者是自适应后的权值，或者是保守训练中的 Delta 权值，被表示为矩阵的向量化形式 $\boldsymbol{a} = \text{vec}\left(\boldsymbol{W}^{\text{ADP}}\right)$。我们可以将每个矩阵都认为是 $m \times n$ 维说话人空间中的一个随机变量观察值。然后，PCA 可以被应用在说话人空间的 S 个向量集合上。从 PCA 分析获得的特征向量集被定义为主成分自适应矩阵。

这个方法假设新的说话人可以表示为 S 个说话人定义的空间中的一点。换句话说，S 足够大，可以覆盖说话人空间。每个新的说话人都可以由特征向量的线性组合来表示，当 S 很大时，总的线性插值矩阵也很大。幸运的是，说话人空间维度可以通过丢弃特征向量中方差较小的向量来控制。这样，每个特定的说话人矩阵都可以有效地用一个降维后的参数向量表示。

对于每个说话人，

$$\boldsymbol{a} = \overline{\boldsymbol{a}} + \boldsymbol{U}\boldsymbol{g}_{\boldsymbol{a}} \approx \overline{\boldsymbol{a}} + \widetilde{\boldsymbol{U}}\widetilde{\boldsymbol{g}}_{\boldsymbol{a}} \tag{14.18}$$

其中，$\boldsymbol{U} = (\boldsymbol{u}_1, \cdots, \boldsymbol{u}_S)$ 是特征向量矩阵，$\widetilde{\boldsymbol{U}} = (\boldsymbol{u}_1, \cdots, \boldsymbol{u}_k)$ 是降维后的特征矩阵，k 是重训练后的特征向量数量，$\boldsymbol{g}_{\boldsymbol{a}}$ 和 $\widetilde{\boldsymbol{g}_{\boldsymbol{a}}}$ 分别是完整和降维后的自适应参数向量在主方向上的投影，$\overline{\boldsymbol{a}}$ 是自适应参数均值（不同的说话人）。$\overline{\boldsymbol{a}}$ 及 $\widetilde{\boldsymbol{U}}$ 是从包含 S 个说话人的训练集中估计出的。

14.4.2　噪声感知、说话人感知及设备感知训练

一些子空间方法明确地从句子中估计噪声或者说话人信息，并把这些信息输入网络，希望 DNN 训练算法能够自动理解怎样利用噪声、说话人或者设备信息来调整模型参数。当使用噪声信息时，称这些方法为噪声感知训练（NaT），当说话人信息被利用时，称其为说话人感知训练（SaT）；当设备信息被使用时，称其为设备感知训练（DaT）。由于 NaT、SaT 及 DaT 非常相似，并且在第 8 章中已经讨论过 NaT，所以本节主要讨论 SaT，而类似的方法也可以用于 NaT 和 DaT。图14–5给出了 SaT 的构架，其中 DNN 的输入包括两部分：声学特征和说话人信息（如果使用 NaT，则表示噪声）。

通过下面的分析可以很容易理解 SaT 有助于提高 DNN 的性能的原因。在没有说话人信息时，第一个隐层的激活是

$$\boldsymbol{v}^1 = f\left(\boldsymbol{z}^1\right) = f\left(\boldsymbol{W}^1\boldsymbol{v}^0 + \boldsymbol{b}^1\right) \tag{14.19}$$

其中，$\boldsymbol{v}^0$ 是声学特征向量，$\boldsymbol{W}^1$ 和 $\boldsymbol{b}^1$ 是对应的权值矩阵及偏置向量。当使用说话人信息时，它变成

$$\begin{aligned}\boldsymbol{v}^1_{\mathrm{SaT}} &= f\left(\boldsymbol{z}^1_{\mathrm{SaT}}\right) = f\left(\begin{bmatrix}\boldsymbol{W}^1_v & \boldsymbol{W}^1_s\end{bmatrix}\begin{bmatrix}\boldsymbol{v}^0\\ \boldsymbol{s}\end{bmatrix} + \boldsymbol{b}^1_{\mathrm{SaT}}\right)\\ &= f\left(\boldsymbol{W}^1_v\boldsymbol{v}^0 + \boldsymbol{W}^1_s\boldsymbol{s} + \boldsymbol{b}^1_{\mathrm{SaT}}\right)\\ &= f\left(\boldsymbol{W}^1_v\boldsymbol{v}^0 + \left(\boldsymbol{W}^1_s\boldsymbol{s} + \boldsymbol{b}^1_{\mathrm{SaT}}\right)\right)\end{aligned} \tag{14.20}$$

其中，$\boldsymbol{s}$ 是标志说话人的特征向量，$\boldsymbol{W}^1_v$ 和 $\boldsymbol{W}^1_s$ 是对应的与声学特征及说话人信息相关的权值矩阵。与使用固定偏置向量 $\boldsymbol{b}^1$ 的常规 DNN 相比，SaT 使用说话人相关的偏置向量 $\boldsymbol{b}^1_s = \boldsymbol{W}^1_s\boldsymbol{s} + \boldsymbol{b}^1_{\mathrm{SaT}}$。SaT 的一个好处是其自适应过程是暗含且高效的，它不需要一个单独的自适应步骤。如果说话人信息能够可靠地被估计出来，则 SaT 在 DNN 框架中对说话人自适应是一个非常好的候选方案。

说话人信息可以由多种方法得出。例如，在文献 [487, 488] 中，说话人编码被用作说话人信息的表达。在训练过程中，每个说话人的说话人编码都是和 DNN 模型的其他参数一起联合学习得到的。在解码过程中，我们首

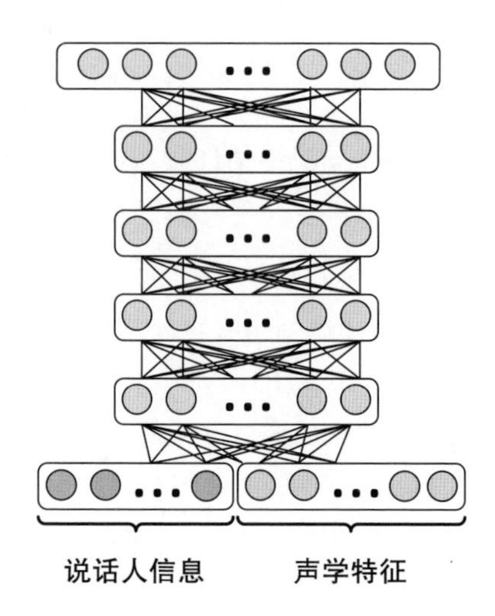

图 14–5　说话人感知训练（SaT）的图示。这里有两组时间同步的输入：一组是为了区分不同音素的声学特征，另一组表示说话人特性的特征

先使用新的说话人的所有句子来估计此人的说话人编码。这个步骤可以通过如下方法完成：把说话人编码作为模型参数的一部分，固定 DNN 其余的参数，然后使用反向传播算法来估计它。说话人编码在估计好之后，再作为 DNN 的部分输入来计算状态的似然度。

对说话人信息的估计也可以完全独立于 DNN 训练。例如，它可以从一个独立的 DNN 中学习得到，这个 DNN 的输出节点或最后的隐层可以用来表示说话人。在文献 [484]中使用了 i-vector 方法[70, 489]。i-vector 是在说话人确认及识别中流行的一种技术，它在低维固定长度的向量中压缩了表示说话人特征的最重要的信息，这对 ASR 中的说话人自适应来说是一个非常理想的工具。i-vector 不仅可以用于 DNN 自适应，也可以用于 GMM 自适应。例如，在文献 [490] 中，i-vector 用于鉴别性说话人区域相关线性变换的自适应，在文献 [491, 492] 中，它用于说话人或句子聚类。由于同一个说话人的所有句子中都只会估计一个低维的 i-vector，相比其他方法，i-vector 可以可靠地从更少的数据中被估计出来。i-vector 是一个重要的技术，这里将总结它的计算步骤。

i-vector 的计算

我们用 $\boldsymbol{x}_t \in \mathbb{R}^{D\times 1}$ 表示一个从通用背景模型（UBM）中生成的声学特征向量，UBM 是一个拥有 K 个对角协方差高斯成分的混合高斯模型（GMM）：

$$\boldsymbol{x}_t \sim \sum_{k=1}^{K} c_k \mathscr{N}\left(\boldsymbol{x}; \boldsymbol{\mu}_k, \boldsymbol{\Sigma}_k\right) \tag{14.21}$$

其中，c_k、$\boldsymbol{\mu}_k$ 及 $\boldsymbol{\Sigma}_k$ 是混合权值、高斯均值及第 k 个高斯分布的对角协方差矩阵。我们假设对应说话人 s 的声学特征 $\boldsymbol{x}_t(s)$ 取自于分布：

$$\boldsymbol{x}_t(s) \sim \sum_{k=1}^{K} c_k \mathscr{N}\left(\boldsymbol{x}; \boldsymbol{\mu}_k(s), \boldsymbol{\Sigma}_k\right) \tag{14.22}$$

其中，$\boldsymbol{\mu}_k(s)$ 是特定说话人从 UBM 自适应后得到的 GMM 的均值。我们进一步假设自适应后的说话人均值 $\boldsymbol{\mu}_k(s)$ 与说话人无关的均值 $\boldsymbol{\mu}_k$ 存在一个线性依赖：

$$\boldsymbol{\mu}_k(s) = \boldsymbol{\mu}_k + \boldsymbol{T}_k \boldsymbol{w}(s), \quad 1 \leqslant k \leqslant K \tag{14.23}$$

其中，$\boldsymbol{T}_k \in \mathbb{R}^{D\times M}$ 是因子载入子矩阵，它包含 M 个基向量，这些基向量张成了高斯均值向量空间的一个子空间，这个子空间包含整个均值向量空间中最核心的部分，$\boldsymbol{w}(s)$ 是说话人 s 对应的说话人的标志向量（i-vector）。

注意，i-vector $\boldsymbol{w}$ 是一个隐含变量。如果假设它的先验分布符合一个 0 均值及单位方差的高斯分布，且每一帧都属于某个固定的高斯组分，因子载入矩阵是已知的，则可以估计如下后验分布[68]：

$$p\left(\boldsymbol{w} \middle| \left\{\boldsymbol{x}_t(s)\right\}\right) = \mathscr{N}\left(\boldsymbol{w}; \boldsymbol{L}^{-1}(s) \sum_{k=1}^{K} \boldsymbol{T}_k \mathscr{T} \boldsymbol{\Sigma}_k^{-1} \boldsymbol{\theta}_k(s), \boldsymbol{L}^{-1}(s)\right) \tag{14.24}$$

其中，精度矩阵 $\boldsymbol{L}(s) \in \mathbb{R}^{M\times M}$ 是

$$\boldsymbol{L}(s) = \boldsymbol{I} + \sum_{k=1}^{K} \gamma_k(s) \boldsymbol{T}_k \mathscr{T} \boldsymbol{\Sigma}_k^{-1} \boldsymbol{T}_k \tag{14.25}$$

零阶及一阶统计量是

$$\gamma_k(s) = \sum_{t=1}^{T} \gamma_{tk}(s) \tag{14.26}$$

$$\boldsymbol{\theta}_k(s) = \sum_{t=1}^{T} \gamma_{tk}(s)\left(\boldsymbol{x}_t(s) - \boldsymbol{\mu}_k(s)\right) \tag{14.27}$$

$\gamma_{tk}(s)$ 是给定 $\boldsymbol{x}_t(s)$ 下高斯组分 k 的后验概率。i-vector 仅仅是变量 $\boldsymbol{w}$ 的最大后验（MAP）准则下的点估计：

$$\boldsymbol{w}(s) = \boldsymbol{L}^{-1}(s) \sum_{k=1}^{K} \boldsymbol{T}_k \mathscr{T} \boldsymbol{\Sigma}_k^{-1} \boldsymbol{\theta}_k(s) \tag{14.28}$$

它其实就是公式 (14.24) 中的后验概率中的均值。

注意，$\{\boldsymbol{T}_k | 1 \leqslant k \leqslant K\}$ 是未知的，它需要使用期望最大化（EM）算法根据特定说话人声学特征 $\{\boldsymbol{x}_t(s)\}$ 以最大化最大似然（ML）训练准则来进行估计[493]。其中，E 步骤的辅助函数为

$$\begin{aligned} Q(\boldsymbol{T}_1, \cdots, \boldsymbol{T}_K) = -\frac{1}{2} \sum_{s,t,k} \gamma_{tk}(s) \Big[& \lg |\boldsymbol{L}(s)| + \\ & \left(\boldsymbol{x}_t(s) - \boldsymbol{\mu}_k(s)\right)^{\mathrm{T}} \boldsymbol{\Sigma}_k^{-1} \left(\boldsymbol{x}_t(s) - \boldsymbol{\mu}_k(s)\right) \Big] \end{aligned} \tag{14.29}$$

或等价于

$$\begin{aligned} Q(\boldsymbol{T}_1, \cdots, \boldsymbol{T}_K) = -\frac{1}{2} \sum_{s,k} [& \gamma_k(s) \lg |\boldsymbol{L}(s)| + \\ & \gamma_k(s) \operatorname{Tr}\left\{\boldsymbol{\Sigma}_k^{-1} \boldsymbol{T}_k \boldsymbol{w}(s) \boldsymbol{w}^{\mathrm{T}}(s) \boldsymbol{T}_k^{\mathrm{T}}\right\} - \\ & 2\operatorname{Tr}\left\{\boldsymbol{\Sigma}_k^{-1} \boldsymbol{T}_k \boldsymbol{w}(s) \boldsymbol{\theta}_k^{\mathrm{T}}(s)\right\}] + C \end{aligned} \tag{14.30}$$

将公式 (14.30) 对 $\boldsymbol{T}_k$ 求导，其值设为 0，可以得到 M 步骤

$$\boldsymbol{T}_k = \boldsymbol{C}_k \boldsymbol{A}_k^{-1}, \quad 1 \leqslant k \leqslant K \tag{14.31}$$

其中，

$$\boldsymbol{C}_k = \sum_s \boldsymbol{\theta}_k(s) \boldsymbol{w}^{\mathrm{T}}(s) \tag{14.32}$$

$$\boldsymbol{A}_k = \sum_s \gamma_k(s) \left[\boldsymbol{L}^{-1}(s) + \boldsymbol{w}(s) \boldsymbol{w}^{\mathrm{T}}(s)\right] \tag{14.33}$$

在 E 步骤中计算。

我们分别讨论了 SaT、NaT 及 DaT，这些技术其实可以被合并到一个单一网络中，其中的输入有四段，分别是语音特征、说话人、噪声及设备编码。说话人、噪声及设备编码可以联合训练，学习后的编码可以形成不同的条件组合。

14.4.3 张量

说话人及语音子空间可以使用三路连接（或者张量）估计及合并。在文献 [485] 中提出了若干这样类型的架构。图14–6显示了其中一种架构，它被称为“不相交因子分解 DNN”。在这种架构中，说话人后验概率 $p(\boldsymbol{s}|\boldsymbol{x}_t)$ 是使用一个 DNN 从声学特征 $\boldsymbol{x}_t$ 中估计出来的。语音识别 Senone 分类的后验概率 $p(\boldsymbol{y}_t = i|\boldsymbol{x}_t)$ 可以按照如下公式估计：

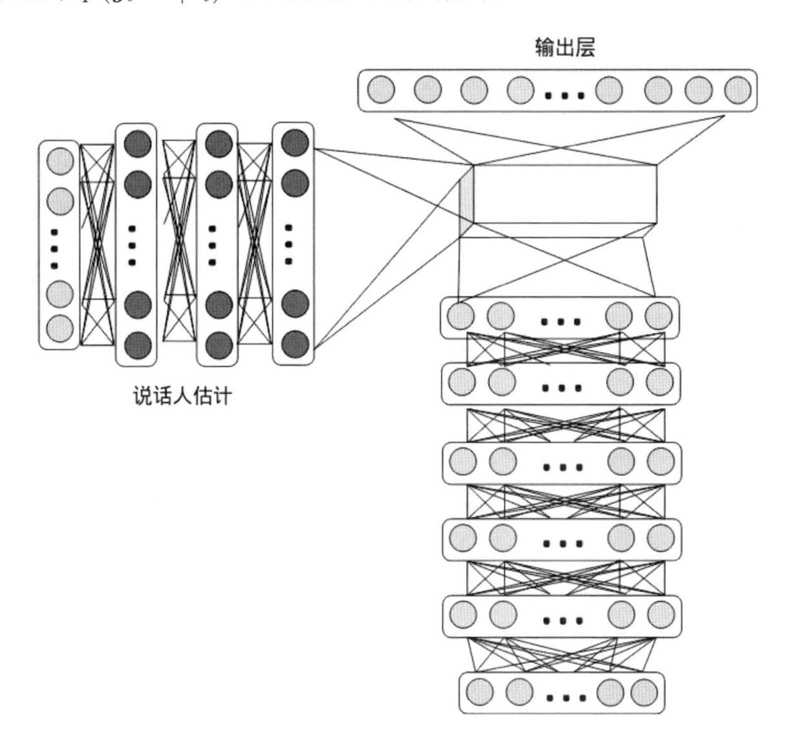

图 14–6　用于说话人自适应的“不相交因子分解 DNN”的典型结构

$$
\begin{aligned}
p\left(\boldsymbol{y}_t=i|\boldsymbol{x}_t\right) &= \sum_s p\left(\boldsymbol{y}_t=i|\boldsymbol{s},x_t\right)p\left(\boldsymbol{s}|\boldsymbol{x}_t\right) \\
&= \sum_s \frac{\exp\left(\boldsymbol{s}^{\mathrm{T}}\boldsymbol{W}_i\boldsymbol{v}_t^{L-1}\right)}{\sum_j \exp\left(\boldsymbol{s}^{\mathrm{T}}\boldsymbol{W}_j\boldsymbol{v}_t^{L-1}\right)}p\left(\boldsymbol{s}|\boldsymbol{x}_t\right)
\end{aligned}
\tag{14.34}
$$

其中，$\boldsymbol{W}\in\mathbb{R}^{N_L\times S\times N_{L-1}}$ 是一个张量，S 是说话人 DNN 中的节点个数，N_{L-1} 和 N_L 依次是 Senone 分类 DNN 的最后一个隐层及输出层节点个数，$\boldsymbol{W}_i\in\mathbb{R}^{S\times N_{L-1}}$ 是一个张量的切片。不幸的是，张量网络参数比之前讨论的其他技术的参数要大得多，它不大适合在真实世界的任务中使用。

14.5 DNN 说话人自适应的效果

正如在第 8 章中所讨论的，用 DNN 提取的特征比起 GMM 和其他浅层模型所提取的特征，对声学特征的扰动更加平稳。实验证明，使用 fDLR 的方法，DNN 从浅层扩展到深层的时候，性能提升非常有限[49]。因而我们想知道，通过 CD-DNN-HMM 系统上的说话人自适应，到底能获得多少额外的提升？本节展示了文献 [477, 482, 484] 中的实验结果，说明说话人自适应的技术即使对 CD-DNN-HMM 系统也是非常重要的。

14.5.1 基于 KL 距离的正则化方法

第一组摘自文献 [477] 的结果基于短消息文本数据识别任务上的实验（SMD）。基线模型是说话人无关（SI）的 CD-DNN-HMM 模型，它是在 300 小时的语音搜索数据和 SMD 数据上训练得到的。验证集合包含 9 个说话人，其中 2 个说话人的数据被用作开发集来寻找合适的学习率，另外 7 个说话人的数据被用作测试集。测试集包含的总字数是 20668 个。

基线系统 SI CD-DNN-HMM 使用 24 维的滤波器组特征及其一阶、二阶差分，上下文窗口大小为 11，最终形成 792 维（72×11）的输入向量。在输入层之上共有 5 个隐层，每层共有 2048 个节点。输出层的维数为 5976。DNN 系统的训练基于 GMM-HMM 系统聚类后的状态。基线系统 SI CD-DNN-HMM 在 7 个说话人的测试集上达到了 23.4% 的词错误率。为了评测自适应集合大小对识别结果的影响，我们采用了不同大小的自适应集合，句子数从 5 句（32 秒）一直变化到 200 句（22 分钟）。

图14–7a 和图14–7b 总结了在集合 SMD 上分别使用有监督的和无监督的 KL 距离正则化方法后的识别词错误率。从这些图中可以看到，分别使用 200、100、50、25、10 和 5 句语料作为自适应集合，并经过开发集调整最优正则化权重后，使用有监督的自适应方法分别取得了 30.3%、25.2%、18.6%、12.6%、8.8% 和 5.6% 的相对词错误率降低，使用非监督的自适应方法则分别取得了 14.6%、11.7%、8.6%、5.8%、4.1%、2.5% 的相对词错误率降低。结果还显示，这个实验中只要正则化权重选在 [0.125,0.5] 范围内，错误的减少便比较鲁棒，但在较小的自适应集中还是应使用较大的正

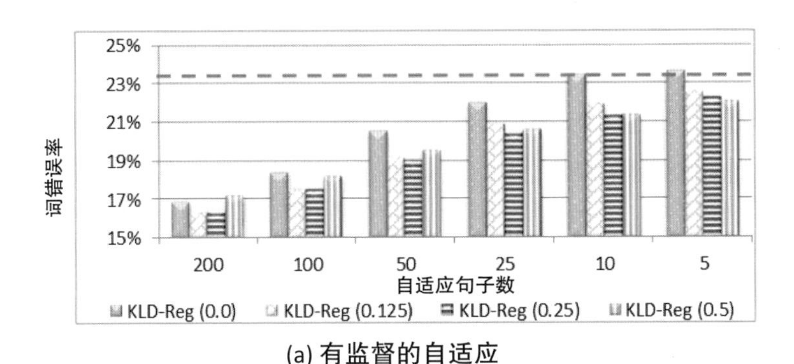

(a) 有监督的自适应

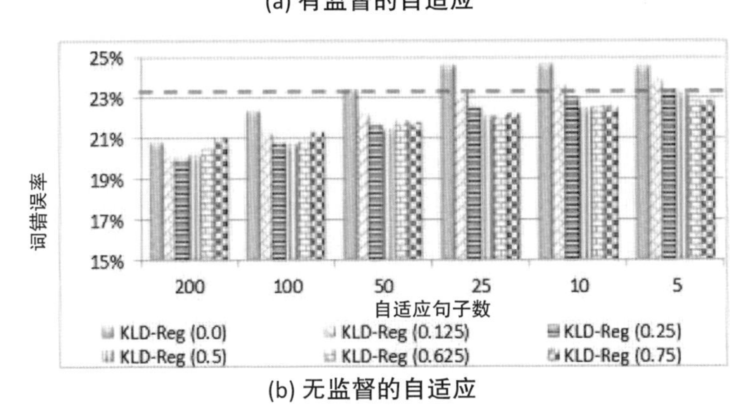

(b) 无监督的自适应

图 14–7　在 SMD 集合上使用不同正则化权重 λ（括号中的数值）的 KLD 正则化自适应方法所获得的识别词错误率；虚线是 SI DNN 基线系统的性能（图片来自 Yu 等[477]）

则化权重，而在较大的自适应集合中应使用较小的正则化权重。相比于有监督的自适应系统，更大的正则化权重可以提高无监督系统的识别性能。这是因为无监督的自适应系统中的文本标注相对不可靠，所以在自适应过程中我们应该更倾向相信 SI 模型的输出。

在文献 [482] 中，使用了14.3.3节描述的 SVD 瓶颈层自适应技术，减少了 SI DNN 和自适应的参数量。在同样的 SMD 任务上，满秩的、有 30M 参数的 DNN 模型先通过只保留 40% 的奇异值变换成了一个低秩模型。然后，这个低秩模型再经过反向传播进行精细调整，最终能取得和满秩模型相同的准确率。表 14.1 描述了在满秩 SI 模型与低秩 SI 模型上使用 KLD 正则化自适应所得到的不同结果。实验中，正则化权重 λ 被设定为 0.5。从表中可以看到，自适应参数量从满低秩 DNN 系统中的 7.4M 减少到 SVD 瓶颈层自适应系统中的 266K，我们使用 KLD 正则化自适应技术同样取得了超过 18% 的相对错误率下降。在我们所能搭建的最好的 SI DNN 模型上的一组未发表的自适应实验结果也证实了这个结论。

表 14.1 对比满秩自适应与 SVD 瓶颈层自适应在 SMD 任务上的词错误率。所有系统都使用了 0.5 的 KLD 正则化权重做有监督的自适应；括号中是相对词错误率（WER）下降（表中的结果来自 Xue 等[482]）

	说话人无关的低秩 DNN	5 句话自适应	100 句话自适应
模型整体自适应（7.4M）	25.12%（基线）	24.30%（–3.2%）	20.51%（–18.4%）
SVD 瓶颈层自适应（266K）	25.12%（基线）	24.23%（–3.5%）	19.95%（–20.6%）

14.5.2 说话人感知训练

在文献 [484] 中，基于 i-vector 的自适应方法被应用到了第 6 章描述的 Switchboard （SWB）数据集[230, 231] 中，其中一共使用了 300 小时的数据来训练 DNN 模型。在实验中，每一帧都提取了 13 维的感知线性预测（PLP）系数，并且对每一段话都做了均值方差的归一化，使用 LDA 把每 9 个连续的倒谱帧映射成 40 维向量，并使用全局半绑定协方差矩阵（STC）去相关。

实验首先用最大似然准则训练了一个 GMM UBM 模型，其中每个高斯成分都为 40 维的多元高斯，共 2048 个高斯组分。随后利用这个 UBM 模型对每个说话人都进行自适应，得到另一个同样规模的 GMM。i-vector 提取矩阵 $\boldsymbol{T}_1, \cdots, \boldsymbol{T}_{2048}$ 的初值按照 $[-1, 1]$ 的均匀分布随机生成，并按照公式 (14.31) 至公式 (14.33) 进行 10 次 EM 算法迭代。基于这些提取矩阵，对所有训练集与测试集的说话人提取 M 维的 i-vector。

DNN 的输入特征覆盖了上下文一共 11 帧的内容。也就是说，输入层一共有 $(40 \times 11 + M)$（其中 $M = \{40, 100, 200\}$）个神经元。所有的 DNN 都有 6 个隐层，并以 Sigmoid 函数作为激活函数：前 5 个隐层每层有 2048 个节点，为了减少训练参数并加速训练，最后一个隐层使用 256 个节点。输出层有 9300 个 softmax 节点，对应于上下文相关的 HMM 状态。解码的语言模型使用 4M 的 4 元组（4-gram）模型。

表 14.2 比较了 SI DNN 模型与基于 i-vector 说话人自适应的 DNN 模型在测试集 HUB5'00 与 RT'03 上解码的词错误率（WER）。从该表中可以看到，不管是使用交叉熵还是使用序列鉴别性训练作为准则，基于 i-vector 的说话人自适应模型都降低了超过 10% 的相对错误率。

表 14.2 比较 SI DNN 与基于 i-vector 的说话人自适应 DNN 模型在 HUB5'00 与 RT'03 测试集上的词错误率（WER）；括号中为相对 WER 降低（摘自 Saon 等[484]）

训练准则	Hub5'00 模型	RT'03		
		SWB	FSH	SWB
交叉熵	SI	16.1%	18.9%	29.0%
	i-vector SaT	13.9% (–13.7%)	16.7% (–11.6%)	25.8% (–11.0%)
序列鉴别性训练	SI	14.1%	16.9%	26.5%
	i-vector SaT	12.4% (–12.1%)	15.0% (–11.2%)	24.0% (–9.4%)

在文献 [488] 中，Xue 等发布了在 Switchboard 数据集上基于说话人编码方法的结果，比起交叉熵和序列鉴别性训练下的基线系统，使用 10 条自适应语料学习说话人编码，再进行说话人感知训练，可以降低 6.2%（16.2%→15.2%）及 4.3%（14.0%→13.4%）的相对错误率。

第 15 章

深层神经网络序列鉴别性训练

摘要 前面章节中讨论的交叉熵训练准则能独立地处理每一帧语音向量。语音识别本质上是一个序列分类问题，本章将介绍更契合这种问题的序列鉴别性训练方法，包括常用的最大互信息（MMI）、增强型最大互信息（BMMI）、最小音素错误（MPE）和最小贝叶斯风险训练准则（MBR），并讨论一些实践中的技术，包括词图生成、词图补偿、丢帧、帧平滑和调整学习率，让 DNN 序列鉴别性训练更有效。

15.1 序列鉴别性训练准则

在前面几章中，我们采用深层神经网络（Deep Neural Networks，DNN）进行语音识别，在逐帧训练中，使用了交叉熵（Cross-Entropy，CE）准则最小化期望帧错误。但是，语音识别在本质上是一个序列分类问题。序列鉴别性训练[222, 226, 494–496] 希望能更好地利用大词汇连续语音识别（Large Vocabulary Continuous Speech Recognition，LVCSR）中的最大后验（Maximum a Posteriori，MAP）准则，这可以通过建模处理隐马尔可夫带来的序列（即跨帧的）限制、字典和语言模型（Language Model，LM）限制来实现。如果采用已经在 GMM-HMM 框架下被证明有效的一些序列鉴别性准则，如最大互信息准则（Maximum Mutual Lnformation，MMI）[227, 228]、增强型最大互信息（Boosted MMI，BMMI）[161]、最小音素错误（Minimum Phone Error，MPE）[11] 或者最小贝叶斯风险（MBR）[497] 等，则 CD-DNN-HMM 可以取得更好的识别准确率。实验结果也表明，实现和数据集的不同，可以使序列鉴别性训练的模型比 CE 训练的模型的相对错误率下降大约 3% 到 17%。

15.1.1　最大互信息

在语音识别中使用的 MMI 准则[227, 228] 旨在最大化单词序列分布和观察序列分布的互信息，这和最小化期望句错误有很大的相关性。我们定义 $\boldsymbol{o}^m = \boldsymbol{o}_1^m, \cdots, \boldsymbol{o}_t^m, \cdots, \boldsymbol{o}_{T_m}^m$ 及 $\boldsymbol{w}^m = \boldsymbol{w}_1^m, \cdots, \boldsymbol{w}_t^m, \cdots, \boldsymbol{w}_{N_m}^m$ 分别为第 m 个音频样本的观察序列和正确的单词序列标注，其中 T_m 为第 m 个音频样本的帧总数，N_m 是标注中的单词总数。对一个训练集 $\mathbb{S} = \{(\boldsymbol{o}^m, \boldsymbol{w}^m) \,|0 \leqslant m < M\}$，MMI 准则为

$$\begin{aligned}
J_{\text{MMI}}(\boldsymbol{\theta}; \mathbb{S}) &= \sum_{m=1}^{M} J_{\text{MMI}}(\theta; \boldsymbol{o}^m, \boldsymbol{w}^m) \\
&= \sum_{m=1}^{M} \lg P(\boldsymbol{w}^m | \boldsymbol{o}^m; \theta) \\
&= \sum_{m=1}^{M} \lg \frac{p(\boldsymbol{o}^m | \boldsymbol{s}^m; \theta)^{\kappa} P(\boldsymbol{w}^m)}{\sum_{\boldsymbol{w}} p(\boldsymbol{o}^m | \boldsymbol{s}^w; \theta)^{\kappa} P(\boldsymbol{w})}
\end{aligned} \tag{15.1}$$

其中，θ 是模型参数，包括 DNN 的转移矩阵和偏置系数（Biases），$\boldsymbol{s}^m = \boldsymbol{s}_1^m, \cdots, \boldsymbol{s}_t^m, \cdots, \boldsymbol{s}_{T_m}^m$ 是 $\boldsymbol{w}^m$ 的状态序列，κ 是声学缩放系数。从理论上说，分母应该取遍所有可能的单词序列。不过在实际情况下，这个求和运算是限制在解码得到的词图（Lattice）上进行的，这样可以减少运算量。公式 (15.1) 中的参数 θ 的导数可以这样计算：

$$\begin{aligned}
\nabla_{\theta} J_{\text{MMI}}(\theta; \boldsymbol{o}^m, \boldsymbol{w}^m) &= \sum_m \sum_t \nabla_{\boldsymbol{z}_{mt}^L} J_{\text{MMI}}(\theta; \boldsymbol{o}^m, \boldsymbol{w}^m) \frac{\partial \boldsymbol{z}_{mt}^L}{\partial \theta} \\
&= \sum_m \sum_t \ddot{\boldsymbol{e}}_{mt}^L \frac{\partial \boldsymbol{z}_{mt}^L}{\partial \theta}
\end{aligned} \tag{15.2}$$

其中，对音频样本 m 的帧 t，错误信号 $\ddot{\boldsymbol{e}}_{mt}^L$ 被定义为 $\nabla_{\boldsymbol{z}_{mt}^L} J_{\text{MMI}}(\theta; \boldsymbol{o}^m, \boldsymbol{w}^m)$，另外，$\boldsymbol{z}_{mt}^L$ 是 softmax 层的激励（softmax 作用之前的值）。$\frac{\partial \boldsymbol{z}_{mt}^L}{\partial \theta}$ 与训练准则无关，新训练准则与帧层面的交叉熵训练准则（公式 (4.11)）的区别仅在于错误信号的计算方式。

在 MMI 训练中，错误信号变成了

$$
\begin{aligned}
\ddot{\boldsymbol{e}}_{mt}^{L}(i) &= \nabla_{\boldsymbol{z}_{mt}^{L}(i)} J_{\text{MMI}}\left(\theta;\boldsymbol{o}^{m},\boldsymbol{w}^{m}\right) \\
&= \sum_{r} \frac{\partial J_{\text{MMI}}\left(\theta;\boldsymbol{o}^{m},\boldsymbol{y}^{m}\right)}{\partial \lg p\left(\boldsymbol{o}_{t}^{m}|r\right)} \frac{\partial \lg p\left(\boldsymbol{o}_{t}^{m}|r\right)}{\partial \boldsymbol{z}_{mt}^{L}(i)} \\
&= \sum_{r} \kappa \left(\delta\left(r=s_{t}^{m}\right) - \frac{\sum_{\boldsymbol{w}:s_{t=r}} p\left(\boldsymbol{o}^{m}|\boldsymbol{s}\right)^{\kappa} P(\boldsymbol{w})}{\sum_{\boldsymbol{w}} p\left(\boldsymbol{o}^{m}|\boldsymbol{s}^{w}\right)^{\kappa} P(\boldsymbol{w})}\right) \times \\
&\qquad \frac{\partial \lg P\left(r|\boldsymbol{o}_{t}^{m}\right) - \lg P(r) + \lg p\left(\boldsymbol{o}_{t}^{m}\right)}{\partial \boldsymbol{z}_{mt}^{L}(i)} \\
&= \sum_{r} \kappa \left(\delta\left(r=s_{t}^{m}\right) - \ddot{\gamma}_{mt}^{\text{DEN}}(r)\right) \frac{\partial \lg \boldsymbol{v}_{mt}^{L}(r)}{\partial \boldsymbol{z}_{mt}^{L}(i)} \\
&= \kappa \left(\delta\left(i=s_{t}^{m}\right) - \ddot{\gamma}_{mt}^{\text{DEN}}(i)\right)
\end{aligned} \tag{15.3}
$$

其中，$\ddot{\boldsymbol{e}}_{mt}^{L}(i)$ 是错误信号的第 i 个元素，$\boldsymbol{v}_{mt}^{L}(r) = P\left(r|\boldsymbol{o}_{t}^{m}\right) = \text{softmax}_{r}\left(\boldsymbol{z}_{mt}^{L}\right)$ 是 DNN 的第 r 个输出。

$$
\ddot{\gamma}_{mt}^{\text{DEN}}(r) = \frac{\sum_{\boldsymbol{w}:s_{t=r}} p\left(\boldsymbol{o}^{m}|\boldsymbol{s}\right)^{\kappa} P(\boldsymbol{w})}{\sum_{\boldsymbol{w}} p\left(\boldsymbol{o}^{m}|\boldsymbol{s}^{w}\right)^{\kappa} P(\boldsymbol{w})} \tag{15.4}
$$

是时间 t 在状态 r 的后验概率，是在音频样本 m 的分母词图（Denominator Lattice）上计算的，$P(r)$ 是状态 r 的先验概率，$p\left(\boldsymbol{o}_{t}^{m}\right)$ 是观察到 $\boldsymbol{o}_{t}^{m}$ 的先验，$\delta(\bullet)$ 是克罗内克函数（Kronecker Delta）。$P(r)$ 和 $p\left(\boldsymbol{o}_{t}^{m}\right)$ 都是与 $\boldsymbol{z}_{mt}^{L}$ 独立的。这里假定分子中的参考状态序列的标注是通过对标注文本进行强行声学对齐得到的。如果我们需要处理对应单词级的文本序列 $\boldsymbol{w}^{m}$ 的所有可能的参考状态序列，则可以在词序列上使用前向后向算法来得到分子的后验占有率 $\ddot{\gamma}_{mt}^{\text{NUM}}(i)$ 来替换 $\delta\left(i=s_{t}^{m}\right)$。

如果 DNN 训练算法是用来最小化一个目标方程的，就可以对 $J_{\text{NMMI}}(\theta;\mathbb{S}) = -J_{\text{MMI}}(\theta;\mathbb{S})$（其中错误信号取了反）进行最小化，而不是最大化相互信息。注意，类似 MMI 的准则已经运用在早期的 ANN-HMM 混合系统中[224]。

15.1.2 增强型 MMI

增强型最大互信息（BMMI）[161] 准则

$$
\begin{aligned}
J_{\mathrm{BMMI}}(\theta;\mathbb{S}) &= \sum_{m=1}^{M} J_{\mathrm{BMMI}}\left(\theta;\boldsymbol{o}^m,\boldsymbol{w}^m\right) \\
&= \sum_{m=1}^{M} \lg \frac{P\left(\boldsymbol{w}^m|\boldsymbol{o}^m\right)}{\sum_{\boldsymbol{w}} P\left(\boldsymbol{w}|\boldsymbol{o}^m\right) \mathrm{e}^{-bA(\boldsymbol{w},\boldsymbol{w}^m)}} \\
&= \sum_{m=1}^{M} \lg \frac{p\left(\boldsymbol{o}^m|\boldsymbol{s}^m\right)^{\kappa} P\left(\boldsymbol{w}^m\right)}{\sum_{\boldsymbol{w}} p\left(\boldsymbol{o}^m|\boldsymbol{s}^w\right)^{\kappa} P\left(\boldsymbol{w}\right) \mathrm{e}^{-bA(\boldsymbol{w},\boldsymbol{w}^m)}}
\end{aligned} \tag{15.5}
$$

是 MMI 准则15.1的一个变体，它增强了错误较多的路径的似然度，b（一般被设为 0.5）是增强系数，而 $A(\boldsymbol{w},\boldsymbol{w}^m)$ 是人工标注词序列 $\boldsymbol{w}$ 和 $\boldsymbol{w}^m$ 的粗略准确度，它可以在词、音素或者状态层面上进行计算。比如，如果是在音素层面上，就等价于正确音素的个数减去插入的个数。这个准确度必须可以被高效地估计。BMMI 准则能被解释成在 MMI 准则[161] 中加上一个边界项，因为 MMI 和 BMMI 的唯一区别是分母上的增强项 $\mathrm{e}^{-bA(\boldsymbol{w},\boldsymbol{w}^m)}$，类似地得到错误信号 $\ddot{\mathrm{e}}_{mt}^{L}(i)$

$$
\begin{aligned}
\ddot{\mathrm{e}}_{mt}^{L}(i) &= \nabla_{\boldsymbol{z}_{mt}^{L}(i)} J_{\mathrm{BMMI}}\left(\theta;\boldsymbol{o}^m,\boldsymbol{w}^m\right) \\
&= \kappa\left(\delta\left(i=s_t^m\right) - \dddot{\gamma}_{mt}^{\mathrm{DEN}}(i)\right)
\end{aligned} \tag{15.6}
$$

不同于 MMI 准则，分母后验概率的计算是

$$
\dddot{\gamma}_{mt}^{\mathrm{DEN}}(i) = \frac{\sum_{\boldsymbol{w}:s_{t=i}} p\left(\boldsymbol{o}^m|\boldsymbol{s}\right)^{\kappa} P\left(\boldsymbol{w}\right) \mathrm{e}^{-bA(\boldsymbol{w},\boldsymbol{w}^m)}}{\sum_{\boldsymbol{w}} p\left(\boldsymbol{o}^m|\boldsymbol{s}^w\right)^{\kappa} P\left(\boldsymbol{w}\right) \mathrm{e}^{-bA(\boldsymbol{w},\boldsymbol{w}^m)}} \tag{15.7}
$$

如果 $A(\boldsymbol{w},\boldsymbol{w}^m)$ 能被高效地估计，则相对 MMI 来说，BMMI 引入的多余计算是很少的。在前向后向算法中的唯一改动就是分母词图。对分母词图中的每条边，我们减去对应的声学对数似然度 $bA(\boldsymbol{s},\boldsymbol{s}^m)$。这个做法与改变每条边上的语言模型的贡献是类似的。

15.1.3 最小音素错误/状态级最小贝叶斯风险

最小贝叶斯风险（MBR）[494, 497] 目标函数族的目标方程旨在最小化不同颗粒度标注下的期望错误。比如，MPE准则旨在最小化期望音素错误，

而状态级最小贝叶斯风险（sMBR）旨在最小化状态错误的统计期望（考虑了 HMM 拓扑和语言模型）。总的来说，MBR 目标方程能被写成

$$
\begin{aligned}
J_{\mathrm{MBR}}(\theta;\mathbb{S}) &= \sum_{m=1}^{M} J_{\mathrm{MBR}}(\theta;\boldsymbol{o}^m,\boldsymbol{w}^m) \\
&= \sum_{m=1}^{M}\sum_{\boldsymbol{w}} P(\boldsymbol{w}|\boldsymbol{o}^m)\,A(\boldsymbol{w},\boldsymbol{w}^m) \\
&= \sum_{m=1}^{M} \frac{\sum_{\boldsymbol{w}} p(\boldsymbol{o}^m|\boldsymbol{s}^w)^\kappa P(\boldsymbol{w})\,A(\boldsymbol{w},\boldsymbol{w}^m)}{\sum_{\boldsymbol{w}'} p\left(\boldsymbol{o}^m|\boldsymbol{s}^{w'}\right)^\kappa P\left(\boldsymbol{w}'\right)}
\end{aligned}
\tag{15.8}
$$

其中，$A(\boldsymbol{w},\boldsymbol{w}^m)$ 是词序列 $\boldsymbol{w}$ 相对 $\boldsymbol{w}^m$ 的粗略准确度。比如，对 MPE 来说，就是正确的音素数量；而对 sMBR 来说，就是正确状态的数量。在类似于 MMI/BMMI 的时候，错误信号是

$$
\begin{aligned}
\ddot{\boldsymbol{e}}^L_{mt}(i) &= \nabla_{\boldsymbol{z}^L_{mt}(i)} J_{\mathrm{MBR}}(\theta;\boldsymbol{o}^m,\boldsymbol{w}^m) \\
&= \sum_r \frac{\partial J_{\mathrm{MBR}}(\theta;\boldsymbol{o}^m,\boldsymbol{w}^m)}{\partial \lg p(\boldsymbol{o}^m_t|r)} \frac{\partial \lg p(\boldsymbol{o}^m_t|r)}{\partial \boldsymbol{z}^L_{mt}(i)} \\
&= \sum_r \kappa\, \ddot{\gamma}^{\mathrm{DEN}}_{mt}(r)\left(\bar{A}^m(r=s^m_t)-\bar{A}^m\right)\frac{\partial \lg \boldsymbol{v}^L_{mt}(r)}{\partial \boldsymbol{z}^L_{mt}(i)} \\
&= \kappa\, \ddot{\gamma}^{\mathrm{DEN}}_{mt}(i)\left(\bar{A}^m(i=s^m_t)-\bar{A}^m\right)
\end{aligned}
\tag{15.9}
$$

其中，$\bar{A}^m$ 是词图中所有路径的平均准确率，$\bar{A}^m(r=s^m_t)$ 是对音频样本 m 在词图上时间 t 经过状态 r 的所有路径上的平均准确率，$\ddot{\gamma}^{\mathrm{DEN}}_{mt}(r)$ 是 MBR 的状态占有率统计。对 sMBR 来说：

$$
\ddot{\gamma}^{\mathrm{DEN}}_{mt}(r) = \sum_{\boldsymbol{s}} \delta(r=s_t)\,P(\boldsymbol{s}|\boldsymbol{o}^m) \tag{15.10}
$$

$$
A(\boldsymbol{w},\boldsymbol{w}^m) = A(\boldsymbol{s}^w,\boldsymbol{s}^m) = \sum_t \delta(s^w_t = s^m_t) \tag{15.11}
$$

$$
\bar{A}^m(r=s^m_t) = \mathbb{E}\{A(\boldsymbol{s},\boldsymbol{s}^m)|s_t=r\} = \frac{\sum_{\boldsymbol{s}} \delta(r=s_t)\,P(\boldsymbol{s}|\boldsymbol{o}^m)\,A(\boldsymbol{s},\boldsymbol{s}^m)}{\sum_{\boldsymbol{s}} \delta(r=s_t)\,P(\boldsymbol{s}|\boldsymbol{o}^m)} \tag{15.12}
$$

接着

$$
\bar{A}^m = \mathbb{E}\{A(\boldsymbol{s},\boldsymbol{s}^m)\} = \frac{\sum_{\boldsymbol{s}} P(\boldsymbol{s}|\boldsymbol{o}^m)\,A(\boldsymbol{s},\boldsymbol{s}^m)}{\sum_{\boldsymbol{s}} P(\boldsymbol{s}|\boldsymbol{o}^m)} \tag{15.13}
$$

15.1.4 统一的公式

序列鉴别性训练准则 $J_{\text{SEQ}}(\theta;\boldsymbol{o},\boldsymbol{w})$ 的形式可以有很多。如果准则被形式化成最大化的目标方程（例如 MMI/BMMI），则我们可以通过乘以 -1 来使其成为一个最小化的损失函数。这样的损失函数可以被永远形式化为两个词图的值的比率：分别代表参考标注的分子词图和与之竞争的解码输出的分母词图。在扩展 Baum-Welch（EBW）算法中，每个状态 i 的期望占有率 $\gamma_{mt}^{\mathbf{NUM}}(i)$ 和 $\gamma_{mt}^{\text{DEN}}(i)$ 都是使用前向、后向过程在分子和分母词图上分别计算得到的。

注意，对状态对数似然的损失梯度是

$$\frac{\partial J_{\text{SEQ}}(\theta;\boldsymbol{o}^m,\boldsymbol{w}^m)}{\partial \lg p(\boldsymbol{o}_t^m|r)} = \kappa\left(\gamma_{mt}^{\text{DEN}}(r) - \gamma_{mt}^{\text{NUM}}(r)\right) \tag{15.14}$$

由于 $\lg p(\boldsymbol{o}_t^m|r) = \lg P(r|\boldsymbol{o}_t^m) - \lg P(r) + \lg p(\boldsymbol{o}_t^m)$，所以根据链式法则，我们得到

$$\frac{\partial J_{\text{SEQ}}(\theta;\boldsymbol{o}^m,\boldsymbol{w}^m)}{\partial P(r|\boldsymbol{o}_t^m)} = \kappa\frac{\left(\gamma_{mt}^{\text{DEN}}(r) - \gamma_{mt}^{\text{NUM}}(r)\right)}{P(r|\boldsymbol{o}_t^m)} \tag{15.15}$$

根据 $P(r|\boldsymbol{o}_t^m) = \text{softmax}_r\left(\boldsymbol{z}_{mt}^L\right)$，我们得到

$$\boldsymbol{e}_{mt}^L(i) = \frac{\partial J_{\text{SEQ}}(\theta;\boldsymbol{o}^m,\boldsymbol{w}^m)}{\partial \boldsymbol{z}_{mt}^L(i)} = \kappa\left(\gamma_{mt}^{\text{DEN}}(i) - \gamma_{mt}^{\text{NUM}}(i)\right) \tag{15.16}$$

这个式子能被用于以上提及的各类序列训练准则，也可以被用于新的准则[226, 494, 496]。唯一不同的是占有率 $\gamma_{mt}^{\text{NUM}}(i)$ 和 $\gamma_{mt}^{\text{DEN}}(i)$ 的计算方式。

15.2 具体实现中的考量

上述讨论似乎表明序列鉴别性训练将会非常复杂。序列鉴别性训练与逐帧使用交叉熵作为准则进行训练的唯一区别是：序列鉴别性训练是更复杂的、针对错误判断信号的计算过程。前者引入了分子和分母的词图（lattices）。但实际上，许多实现技巧将会带来很大改进，有时候对取得好的识别准确率是很关键的。

15.2.1 词图产生

类似于训练一个 GMM-HMM 系统，DNN 系统的序列鉴别性训练的第 1 步是产生分子和分母的词图。分子词图可被简化为对文本标注做状态层面的强制对齐操作。研究表明，使用 GMM-HMM 中的一元语言模型对训练数据做解码以便产生词图（特别是分母词图）是一个非常重要的过程[229]。这部分内容仍然被维持在 CD-DNN-HMM 框架内进行。除此之外，研究发现，最好是使用已有的最佳模型来产生词图，并将其视为序列鉴别性训练[226] 的种子模型。由于 CD-DNN-HMM 通常会优于 CD-GMM-HMM，所以我们至少应该使用由 CE 准则训练而来的 CD-DNN-HMM 模型作为种子模型和产生每一个训练数据的对齐及词图结果的模型。由于词图的产生过程是繁重的，所以词图通常只被产生一次并在每轮训练中重复利用。如果新的对齐和词图结果在每轮训练后被重新产生，那么运算结果将得到进一步改进。如果这样做，则需要注意使用相同的模型来重新产生词图。

表 15.1 基于文献 [226] 得到，显著地表明词图质量及种子模型优劣对最终识别结果准确率的影响。从表 15.1 中可以得出以下观察结果。首先，相比于用 CE 准则训练而用 GMM 模型做对齐的 CE1 模型，使用 GMM 作为词图产生模型的序列鉴别性训练所得到的模型只带来 2% 的相对错误率减少。如果词图由 CE1 模型产生，那么即使将同样的种子模型应用于前面的训练，也将带来 13% 的相对错误率减少。其次，如果使用从 CE1 模型产生的相同词图来产生序列鉴别性训练中的统计信息，并使用 CE2 代替 CE1 作为种子模型，那么将得到额外 2% 的相对误差减少。最好的结果来

表 15.1 种子模型和词图质量（Hub5'00 数据集 WER）对序列鉴别性训练的影响（SWB 300 小时任务）。在 CE1 模型上的相对 WER 减少用括号括起来表示 CE1：用 GMM 产生的对齐结果做训练。CE2：用 CE1 产生的对齐结果做训练（实验总结自 Su 等[226]）

生成词图的模型	种子模型	
	CE1	CE2
GMM	15.8%（–2%）	–
DNN CE1（WER 16.2%）	14.1%（–13%）	13.7%（–15%）
DNN CE2（WER 15.6%）	–	13.5%（–17%）

自使用 CE2 作为种子模型及产生词图的模型，将得到 17% 的相对词错误率（WER）减少。

15.2.2 词图补偿

由于误差信号被定义为在分母和分子词图中得到的统计量的加权差值，因此词图的质量是非常重要的。但是，即使产生词图时使用的剪枝宽度已经非常大，也仍然不可能覆盖所有可能的解码输出序列。实际上，如果所有可能的解码输出序列真的都能够被覆盖，那么使用词图来限制分母词图的计算量以便加速训练过程的做法将变得不可行。

当参考标注文本不存在或没有与分母词图正确对齐时，$\gamma_{mt}^{\mathrm{DEN}}(i)$ 会为 0，梯度数值将会高得不正常，从而导致一系列问题。这种情况经常发生在静音帧中，因为它们通常不存在于分母词图中，而存在于分子词图中。较差的词图质量将造成许多静音帧丢失。解码结果中的静音帧数将随着训练的轮数增加而增加，这将导致解码结果中的删除错误增加。

有许多方法可以解决这个问题。一种方法是在计算梯度时，当参考标注不在分母词图中时，就将这些帧的影响去掉。对于静音帧，可以通过在 sMBR 中计算 $A(\boldsymbol{s}, \boldsymbol{s}^m)$ 时将静音帧计为错误来实现，这会使得这些帧的误差信号值为 0，最终消除这些帧的影响效果。另一种更通用的方法被称为帧拒绝（Frame-Rejection）[496]，这种方法直接去掉这些帧的数据。而其他一些被认为能够得到更好结果的方法是使用已有的标注结果对词图做扩展修正[226]。比如，我们可以在词图中人工增加一些表示静音的弧。具体实现可以是在每个词的开始和结束节点对之间都添加一个并行的静音弧，同时使用合适的概率，并且不引入冗余的静音弧。

文献 [496] 中的图15–1是 SWB数据集的 110 小时数据在使用和不使用帧拒绝技术时的测试结果。从图中可以看出，在未使用帧拒绝技术时，MMI 训练在第 3 轮后就过拟合了。但是，在使用帧拒绝技术时，训练结果即使在 8 轮之后依然稳定，由此可以得到更好的测试准确率。

图15–2基于文献 [226] 比较了在使用 Hub5'00 的 300 小时训练数据时是否使用针对静音帧的词图补偿的词错误率的测试结果。在该图中使用了一个较大的学习速率。在不使用静音帧特殊处理的情况下，在第一轮训练

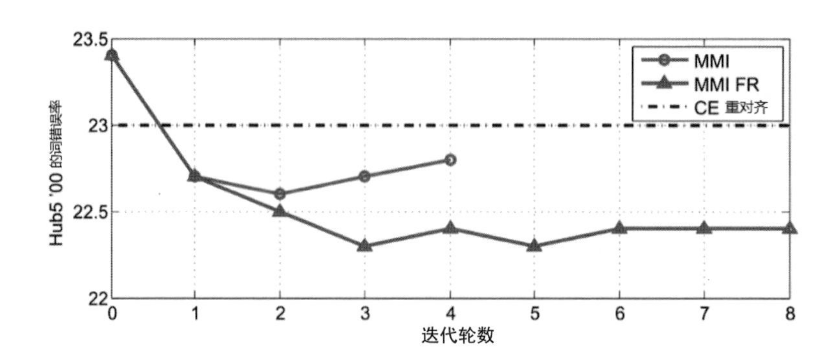

图 15–1　用 SWB 110 小时数据训练后在 Hub5'00 上测试得到的 WER 来衡量帧拒绝技术（FR）的作用（图摘自 Vesely 等[496]，经 ISCA 授权使用）

之后就出现了过拟合情况。但是，在使用静音帧处理的情况下，在第一轮训练后，WER 大大减少，并在此之后得到相对稳定的实验结果。

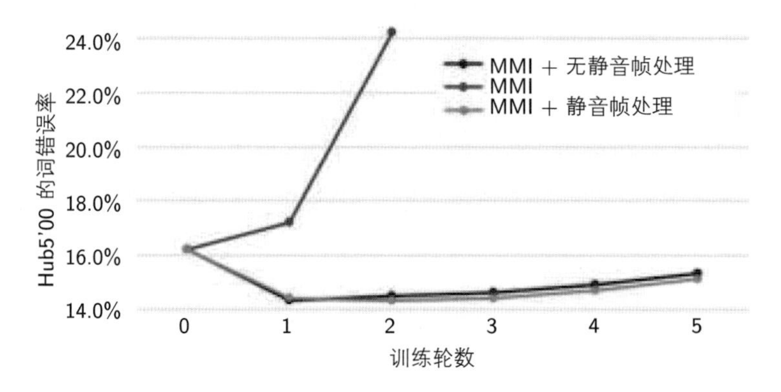

图 15–2　是否使用静音处理时在 Hub5'00 上测试得到的 WER（基于文献 [226] 的实验结果）

15.2.3　帧平滑

即使词图被正确补偿了，我们仍然能在训练过程中观察到快速过拟合的现象。这可以通过由序列级训练准则函数训练和仅由 DNN 计算出的帧准确率的差异识别出来：当训练准则函数持续改进时，只用 DNN 计算出的帧准确率却显著变差。人们猜想是稀疏的词图导致了过拟合（例如，即使是实践中能生成的最稠密的词图，也仅仅涉及 3% 的聚类状态[226]），而我们认为这不是唯一的原因。过拟合可能也要归因于序列相比帧处在更高的维度。因此，从训练集估计出的后验概率很可能是不同于测试集的。这个问题可以通过让序列级区分性训练准则更接近帧区分性训练准则，如使用一个较弱的语言模型来缓解，同时可以使用帧平滑（F-smoothing）[226]技术得到进一步缓解。它不是指最小化序列级训练准则函数，而是指最小化序列和帧的训练准则函数的加权和

$$J_{\text{FS-SEQ}}(\theta;\mathbb{S}) = (1-H)\,J_{\text{CE}}(\theta;\mathbb{S}) + HJ_{\text{SEQ}}(\theta;\mathbb{S}) \tag{15.17}$$

这里 H 是一个平滑因子，其值依靠经验设置。帧 / 序列的比从 1:4（或 $H=4/5$）到 1:10（或 $H=10/11$）常常是有效的。F-smoothing 不仅仅减小了过拟合的概率，也使得训练过程对学习率的敏感性降低。F-smoothing 受到了 I-smoothing[229] 和类似的用于自适应的正规化方法[477] 的启发。注意，普通的正规化方法，如 L1 和 L2 正规化是不起作用的。

摘录于文献 [226] 的图15–3展示了在 SWB Hub5'00 集合上使用和不使用 F-smoothing 的结果。使用 F-smoothing 后，在训练集上过拟合的可能性大大降低了。总体来说，F-smoothing 达到了绝对 0.6% 或者相对 4% 的 WER 下降。

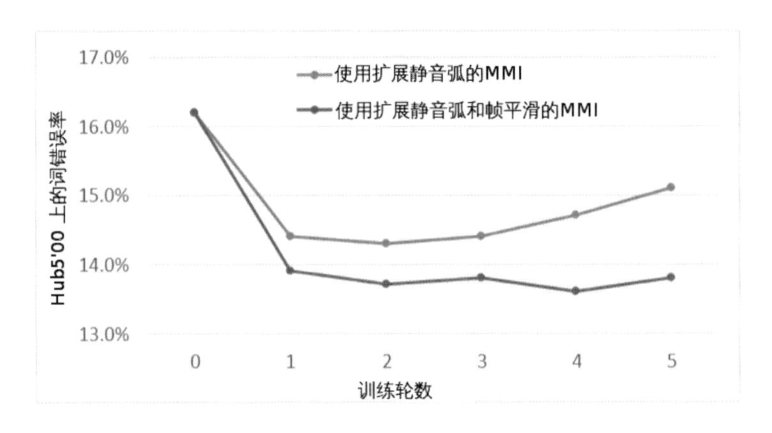

图 15–3 在 SWB Hub5'00 集合上使用和不使用 F-smoothing 进行 DNN 序列级区分性训练的 WER（基于文献 [226] 的结果）

15.2.4 学习率调整

基于两个原因，在序列级区分性训练中使用的学习率应该比在帧交叉熵训练中使用的更小。第一，序列级区分性训练通常从交叉熵训练模型开始，其模型已经很好地被训练过了，因此要求更小的更新规模。第二，序列级区分性训练更倾向于过拟合。使用较小的学习率能更有效地控制收敛过程。在实践中，人们已经发现使用接近交叉熵训练最后阶段的学习率是有效的。例如，Vesely 等[496] 提出 $1e^{-4}$ 每音频样本的学习率在 (B)MMI 和 sMBR 中都有效，同时 Su 等[226] 提出 1/128000 每帧（或者 0.002 每 256 帧）的学习率在使用 F-Smoothing 时有效。当使用一些如 Hessian-free[222] 之类的特定算法时，这种学习率选择的要求也可以忽略。

15.2.5 训练准则选择

使用不同的训练准则进行训练有不同的观察结果。大多数结果显示训练准则不是关键。例如，取自文献 [496] 的表 15.2 指出分别使用 MMI、BMMI、MPE 和 sMBR 的训练准则，在 SWB Hub5'00 和 Hub5'01 数据集上的 WER 非常接近，其中 sMBR 要略胜于其他准则。因为 MMI 是最被充分理解和最易实现的，所以如果要从头训练，则建议使用 MMI 准则。

表 15.2 在 Hub5'00 和 Hub5'01 数据集上使用不同序列级的训练准则，以 WER 为衡量标准，这里使用 300 小时的训练集合（总结自文献 [496]）

	Hub5'00 SWB	Hub5'01 SWB
GMM BMMI	18.6%	18.9%
DNN CE	14.2%	14.5%
DNN MMI	12.9%	13.3%
DNN BMMI	12.9%	13.2%
DNN MPE	12.9%	13.2%
DNN sMBR	12.6%	13.0%

15.2.6 其他考量

序列级区分性训练对计算资源的要求更高，因此，它也更慢。例如，一个简单的 CPU 端的实现可能会比帧交叉熵训练多耗费 12 倍的时间。幸运的是，通过精心的工程设计，使 GPU 的并行执行实现显著加速是可能的。为加速声学分数的计算，每条弧都可以在单独的 CUDA 线程上处理。词图级别的前向后向算法则要求特殊的处理，这是因为计算必须分解成顺序的、无依赖关系的 CUDA 计算调用。在由 Su 等[226] 提供的例子中，有 106 个无依赖的节点区域（即计算调用的数量），对于一个 7.5 秒，有 211846 条弧和 6974 个节点的词图，平均每区域有 1999 条弧（即每次计算调用的线程数）。另外，词图前向后向计算和误差累积要求有对数概率求和的基本操作。这种操作可以通过 CUDA 的基本比较及交换指令模拟。为了减少目标操作数的冲突，使用近似随机的顺序将这些操作打乱是很关键的。

可以使用一个并行的提前入读线程预取数据，以及使用 CPU 集群生成词图来实现进一步的加速。由 Su 等[226] 完成的运行时间实验中，在一个每帧接近 500 条弧的稠密的词图上，显示总运行时间比交叉熵训练提升了大约 70%（词图生成时间不考虑在内）。

15.3　无须词图的神经网络序列鉴别性训练

前文讨论的传统序列鉴别性训练系统是一种比较经典的序列建模方法，但存在如下几方面缺陷。

- 词图构建引入了一个额外的步骤，使得需要额外权衡词图更新频度和词图质量。词图用于对搜索空间进行限制，因此较准确的方法是使用本次模块更新迭代之前的原始模型来生成词图，再基于该词图进行模型更新迭代。但是每次生成词图需要联合语言模型进行语音识别解码，计算复杂度较大。因此传统序列建模方法通常会降低词图更新的频度以减少计算量。
- 逐句生成词图导致序列建模过程中较难进行多句并行训练，而并行训练是目前最主流的加速模型训练的方法，训练速度的问题导致目前难以进行大规模的序列建模训练。因此传统 DNN-HMM 模型无法直接进行序列建模训练，只能依托交叉熵训练进行初始化，然后使用少量数据或少量迭代进行序列建模训练。

- 基于词图的方法基于一个初始化的种子模型，因此种子模型的质量一方面关系到目前流行的深度学习模型的最终优化结果，另一方面也影响标签序列逐帧强制对齐的精度，从而影响最终序列建模训练的结果。

除此之外，该方法依托传统 DNN-HMM 训练系统搭建，因此还存在模块化带来的潜在缺点。

可以使用基于词图生成的序列鉴别性训练依赖于在线对完整语言学搜索空间进行剪枝而生成的词图，由此近似建模搜索空间内的竞争项。也可以对搜索空间进行预裁剪，之后直接以预裁剪过的搜索空间来近似序列鉴别性训练中的竞争项，无须事先生成词图。这类方法的优点有两个：一是节省了用于存储大量数据产生的词图的硬盘资源；二是由于所有训练样本共享统一的竞争项搜索空间，因此得以利用 GPU 等设备进行序列级并行从而加速训练过程。这类方法的缺点在于，理论上预裁剪的搜索空间不如在线依据解码概率大小进行逐句剪枝的搜索空间所能覆盖的竞争项多。

在文献 [498] 中提出用一个预裁剪的二元词级语言模型进行竞争项建模，其取得了和传统序列鉴别性训练相似的性能改善。在文献 [499] 中提出用一个预裁剪的多元音素级语言模型进行竞争项建模。在文献 [500] 中提出直接用一个预裁剪的神经网络建模单元（Senone，上下文相关音素聚类状态）对应的语言模型进行竞争项建模。这三种方法在理论上的区别是：在文献 [498] 中保留了固定的音素到词的映射关系（即词典）；在文献 [499] 中去掉了这个固定的映射关系，转而采用带有历史截断的语言模型进行音素序列历史的软限制；在文献 [500] 中则进一步去掉了语音识别建模单元到音素的固定映射关系（即状态聚类关系、隐马尔可夫模型等），均用一个统一的语言模型对状态序列历史进行软限制。在实践中，由于语音识别的词典巨大，采用后两种方法往往可以得到更小的搜索空间，由此达到更大的并行度和更快的训练速度；而在竞争项建模中近似产生的损失对训练的影响不大。

该方法与传统的鉴别性训练还有以下不同之处。

- 在分母式子中所使用的标注序列存在多种候选路径，这些候选路径来自标注软对齐中对标签在一定窗宽内的左右帧移。这里将所有可能的对齐路径都存储在分子词图中。

- 模拟搜索空间的分母语言模型使用的是一个在训练标注文本中训练得到的音素语言模型，以这种模型来替代词图的使用。
- 一个专用 HMM 拓扑结构被专门提出，它包含有两个 HMM 状态。其中一个状态用于模拟 CTC 中的 *blank* 建模单元，其他状态用来模拟输出标签单元。这里的不同之处在于每个 tri-phone 都维护一个专有的 *blank* 建模。
- 输出帧率降低至 1/3。

在文献 [499] 中的研究发现，经过上述修改之后，LF-MMI 模型可以在无初始化的情况下直接训练得到。更多的研究显示，LF-MMI 模型的搭建步骤还可以进一步被简化[501]。

15.4 噪声对比估计

如前所述，在序列区分性训练中，我们使用基于 Minibatch 的随机梯度下降算法学习模型参数。尽管可以使用一些编程技巧加速训练[226]，但是这种算法本身还是限制了训练速度。本节将介绍一种更好的训练算法：噪声对比估计（NCE）算法，来加速模型的训练。

NCE 由 Gutmann 和 Hyvarinen[502, 503] 提出，用于更可靠地估计没有归一化的统计模型。随后被成功应用于神经网络语言模型训练[504] 中。

15.4.1 将概率密度估计问题转换为二分类设计问题

假设 p_d 是一个未知的概率密度函数（pdf），$\boldsymbol{X} = (\boldsymbol{x}_1, \cdots, \boldsymbol{x}_{T_d})$ 由随机向量 $\boldsymbol{x} \in \mathbb{R}^N$ 组成，其中 $\boldsymbol{x}$ 是 p_d 的采样点，T_d 是采样点的个数。为了估计 p_d，假设它属于一个参数化的函数族 $p_m(.;\boldsymbol{\theta})_{\boldsymbol{\theta}}$，其中 $\boldsymbol{\theta}$ 是一个参数的集合。也就是说，对于特定的参数 $\boldsymbol{\theta}^*$，$p_d(.) = p_m(.;\boldsymbol{\theta}^*)$。因此，参数化的密度函数估计问题可以转化为从样本点 $\boldsymbol{X}$ 中估计参数 $\boldsymbol{\theta}^*$ 的问题。

通常，对任意 $\boldsymbol{\theta}$ 都需要满足

$$\int p_m(\boldsymbol{u};\boldsymbol{\theta})\mathrm{d}\boldsymbol{u} = 1 \tag{15.18}$$

$$p_m(\boldsymbol{u};\boldsymbol{\theta}) \geqslant 0 \qquad \forall \boldsymbol{u} \tag{15.19}$$

这样，$p_m(.;\boldsymbol{\theta})$ 就是一个合理的概率密度函数。此时就可以说模型是归一化的，可以使用最大似然准则估计参数 $\boldsymbol{\theta}$。然而，在很多情况下，仅仅某些 $\boldsymbol{\theta}$（例如实际的参数 $\boldsymbol{\theta}^*$）需要满足归一化限制，这时，我们认为模型整体上是没有归一化的，但因为假设 p_b 属于 $p_m(.;\boldsymbol{\theta})_{\boldsymbol{\theta}}$，所以这个未归一化的模型参数至少在 $\boldsymbol{\theta}^*$ 时积分为 1。

和文献 [503] 一致，这里使用 $p_m^0(.;\boldsymbol{\alpha})$ 表示参数为 $\boldsymbol{\alpha}$ 的未归一化模型。可以使用 $p_m^0(.;\boldsymbol{\alpha})/Z(\boldsymbol{\alpha})$ 将未归一化模型 $p_m^0(.;\boldsymbol{\alpha})$ 转化为归一化模型，其中

$$Z(\boldsymbol{\alpha}) = \int p_m^0(\boldsymbol{u};\boldsymbol{\alpha})\mathrm{d}\boldsymbol{u} \tag{15.20}$$

是配分函数，通常当 $\boldsymbol{u}$ 是高维向量时，配分函数是难以计算的。因为对任意参数 $\boldsymbol{\alpha}$ 都有一个相关的 $Z(\boldsymbol{\alpha})$，因此，可以定义一个正则化参数 $c = -\ln Z(\boldsymbol{\alpha})$，正则化模型的似然值可以表示为

$$\ln p_m(.;\boldsymbol{\theta}) = \ln p_m^0(.;\boldsymbol{\alpha}) + c \tag{15.21}$$

其中，参数 $\boldsymbol{\theta} = (\boldsymbol{\alpha}, c)$。注意，在参数 $\boldsymbol{\theta}^*$ 处，$\boldsymbol{\theta}^* = (\boldsymbol{\alpha}^*, 0)$。

NCE 算法最基本的想法是将密度函数估计问题转化为二分类问题。为了方便转换为二分类问题，首先引入概率密度函数 p_n 及其服从独立同分布的采样点 $\boldsymbol{Y} = (\boldsymbol{y}_1, \cdots, \boldsymbol{y}_{T_n})$，其中 T_n 是采样点的个数；然后通过描述观察采样 $\boldsymbol{X}$ 与引入的采样点 $\boldsymbol{Y}$ 之间的关系，将密度函数估计问题转换为二分类问题。在文献 [503] 中，Gutmann 和 Hyvarinen 提出使用逻辑回归描述 $\boldsymbol{X}$ 与 $\boldsymbol{Y}$ 之间的比例关系 p_d/p_n。

构造一个统一的数据集 $\boldsymbol{U} = \boldsymbol{X} \cup \boldsymbol{Y} = (\boldsymbol{u}_1, \cdots, \boldsymbol{u}_{T_d+T_n})$，并且赋给每个样本点 $\boldsymbol{u}_t$ 一个 0-1 标注。

$$C_t = \begin{cases} 1, & \boldsymbol{u}_t \in \boldsymbol{X} \\ 0, & \boldsymbol{u}_t \in \boldsymbol{Y} \end{cases} \tag{15.22}$$

此时先验概率为

$$P(C=1)=\frac{T_d}{T_d+T_n} \tag{15.23}$$

$$P(C=0)=\frac{T_n}{T_d+T_n} \tag{15.24}$$

类条件概率密度为

$$p(\boldsymbol{u}|C=1)=p_m(\boldsymbol{u};\boldsymbol{\theta}) \tag{15.25}$$

$$p(\boldsymbol{u}|C=0)=p_n(\boldsymbol{u}) \tag{15.26}$$

因此每类的后验概率为

$$h\left(\boldsymbol{u};\boldsymbol{\theta}\right)\triangleq P(C=1|\boldsymbol{u};\boldsymbol{\theta})=\frac{p_m(\boldsymbol{u};\boldsymbol{\theta})}{p_m(\boldsymbol{u};\boldsymbol{\theta})+\nu p_n(\boldsymbol{u})} \tag{15.27}$$

$$P(C=0|\boldsymbol{u};\boldsymbol{\theta})=1-h\left(\boldsymbol{u};\boldsymbol{\theta}\right)=\frac{\nu p_n(\boldsymbol{u})}{p_m(\boldsymbol{u};\boldsymbol{\theta})+\nu p_n(\boldsymbol{u})} \tag{15.28}$$

其中，

$$\nu\triangleq\frac{P(C=0)}{P(C=1)}=T_n/T_d \tag{15.29}$$

如果进一步定义 $G(.;\boldsymbol{\theta})$ 为

$$G(\boldsymbol{u};\boldsymbol{\theta})\triangleq\ln p_m(\boldsymbol{u};\boldsymbol{\theta})-\ln p_n(\boldsymbol{u}) \tag{15.30}$$

则 $h\left(\boldsymbol{u};\boldsymbol{\theta}\right)$ 可以表示为

$$h(\boldsymbol{u};\boldsymbol{\theta})=\frac{1}{1+\nu\frac{p_n(\boldsymbol{u})}{p_m(\boldsymbol{u};\boldsymbol{\theta})}}=\sigma_\nu(G(\boldsymbol{u};\boldsymbol{\theta})) \tag{15.31}$$

其中，

$$\sigma_\nu(\boldsymbol{u})=\frac{1}{1+\nu\exp\left(-\boldsymbol{u}\right)} \tag{15.32}$$

是参数为 ν 的逻辑函数。假设类标注 C_t 相互独立且服从伯努利分布，则条件对数似然（交叉熵的相反数）为

$$\begin{aligned}\ell\left(\boldsymbol{\theta}\right)&=\sum_{t=1}^{T_d+T_n}C_t\ln P(C_t=1|\boldsymbol{u_t};\boldsymbol{\theta})+\left(1-C_t\right)P(C_t=0|\boldsymbol{u}_t;\boldsymbol{\theta})\\&=\sum_{t=1}^{T_d}\ln\left[h(\boldsymbol{x}_t;\boldsymbol{\theta})\right]+\sum_{t=1}^{T_n}\ln\left[1-h(\boldsymbol{y}_t;\boldsymbol{\theta})\right]\end{aligned} \tag{15.33}$$

通过优化以 $\boldsymbol{\theta}$ 为参数的对数似然 $\ell(\boldsymbol{\theta})$，可以得到 p_d 的估计。换句话说，概率密度估计这个非监督学习问题，转换为一个有监督的二分类问题[505]。

15.4.2 拓展到未归一化的模型

在文献 [503] 中，上面的参数被 Gutmann 和 Hyvarinen 进一步拓展到未归一化的模型上，并定义了准则

$$\begin{aligned} J_T(\boldsymbol{\theta}) &= \frac{1}{T_d}\left\{\sum_{t=1}^{T_d}\ln\left[h(\boldsymbol{x}_t;\boldsymbol{\theta})\right] + \sum_{t=1}^{T_n}\ln\left[1-h(\boldsymbol{y}_t;\boldsymbol{\theta})\right]\right\} \\ &= \frac{1}{T_d}\sum_{t=1}^{T_d}\ln\left[h(\boldsymbol{x}_t;\boldsymbol{\theta})\right] + \nu\frac{1}{T_n}\sum_{t=1}^{T_n}\ln\left[1-h(\boldsymbol{y}_t;\boldsymbol{\theta})\right] \end{aligned} \tag{15.34}$$

来寻找优化 p_d 的最好的 $\boldsymbol{\theta}$。很明显，优化 $J_T(\boldsymbol{\theta})$ 意味着这个二类分类器可以更准确地区分观察数据和参考数据。

固定 ν，$T_n=\nu T_d$。随着 T_d 上升，$J_T(\boldsymbol{\theta})$ 在概率上收敛到

$$J(\boldsymbol{\theta}) = \mathbb{E}\left\{\ln\left[h(\boldsymbol{x}_t;\boldsymbol{\theta})\right]\right\} + \nu\mathbb{E}\left\{\ln\left[1-h(\boldsymbol{y}_t;\boldsymbol{\theta})\right]\right\} \tag{15.35}$$

这在文献 [503] 中，通过定义 $f_m(.)=\ln p_m(.;\boldsymbol{\theta})$，并把准则重写成 f_m 的函数得到证明。

- 当 $p_m(.;\boldsymbol{\theta})=p_d$ 时，$J(\boldsymbol{\theta})$ 取得极大值。如果所选择的噪声密度 p_n 在 p_d 非零时也保持非零，则这个极大值是唯一的。更重要的是，这里的极大化不需要对 $p_m(.;\boldsymbol{\theta})$ 有任何归一化限制。
- θ_T 表示（全局）最大化 $J_T(\boldsymbol{\theta})$ 时 $\boldsymbol{\theta}$ 的值。它在满足以下三个条件的情况下收敛到 $\boldsymbol{\theta}^*$。① p_d 非零时，p_n 一定非零；② J_T 在概率上均匀收敛到 J；③ 当采样数足够大时，目标函数 J_T 在真实值 $\boldsymbol{\theta}^*$ 附近变得很尖。
- $\sqrt{T_d}\left(\hat{\theta}_T-\boldsymbol{\theta}^*\right)$ 逐渐被归一化到均值为 0，协方差为有限值的矩阵 $\boldsymbol{\Sigma}$。
- 对于 $\nu\to\infty$，$\boldsymbol{\Sigma}$ 和 p_n 的选择无关。

基于这些特性，我们应当选取那些 $\ln p_n$ 拥有解析形式，可以很容易进行采样，并且与真实数据性质更接近的噪声。同样，噪声采样规模应当在计算能力允许的前提下尽可能大。高斯分布和均匀分布就是这种噪声分布的例子。

15.4.3 在深度学习网络训练中应用噪声对比估计算法

在用交叉熵训练声学模型的过程中，我们估计了在给定观察样本 $\boldsymbol{o}$ 时，每个 s 的分布 $P(s|\boldsymbol{o};\boldsymbol{\theta})$。对每个标注为 s 的观察样本 $\boldsymbol{o}$，都生成 ν 个噪声标注 $y_1,\cdots,y_\nu$，并且优化

$$J_T(\boldsymbol{o},\boldsymbol{\theta}) = \ln[h(s|\boldsymbol{o};\boldsymbol{\theta})] + \sum_{t=1}^{\nu} \ln[1-h(y_t|\boldsymbol{o};\boldsymbol{\theta})] \tag{15.36}$$

因为

$$\begin{aligned}\frac{\partial}{\partial\theta}\ln[h(s|\boldsymbol{o};\boldsymbol{\theta})] &= \frac{h(s|\boldsymbol{o};\boldsymbol{\theta})[1-h(s|\boldsymbol{o};\boldsymbol{\theta})]}{h(s|\boldsymbol{o};\boldsymbol{\theta})}\frac{\partial}{\partial\theta}\ln P_m(s|\boldsymbol{o};\boldsymbol{\theta}) \\ &= [1-h(s|\boldsymbol{o};\boldsymbol{\theta})]\frac{\partial}{\partial\theta}\ln P_m(s|\boldsymbol{o};\boldsymbol{\theta}) \\ &= \frac{\nu P_n(s|\boldsymbol{o})}{P_m(s|\boldsymbol{o};\boldsymbol{\theta})+\nu P_n(s|\boldsymbol{o})}\frac{\partial}{\partial\theta}\ln P_m(s|\boldsymbol{o};\boldsymbol{\theta})\end{aligned} \tag{15.37}$$

和

$$\begin{aligned}\frac{\partial}{\partial\theta}\ln[1-h(y_t|\boldsymbol{o};\boldsymbol{\theta})] &= -\frac{h(y_t|\boldsymbol{o};\boldsymbol{\theta})[1-h(y_t|\boldsymbol{o};\boldsymbol{\theta})]}{1-h(y_t|\boldsymbol{o};\boldsymbol{\theta})}\frac{\partial}{\partial\theta}\ln P_m(y_t|\boldsymbol{o};\boldsymbol{\theta}) \\ &= -h(y_t|\boldsymbol{o};\boldsymbol{\theta})\frac{\partial}{\partial\theta}\ln P_m(y_t|\boldsymbol{o};\boldsymbol{\theta}) \\ &= -\frac{P_m(y_t|\boldsymbol{o};\boldsymbol{\theta})}{P_m(y_t|\boldsymbol{o};\boldsymbol{\theta})+\nu P_n(y_t|\boldsymbol{o})}\frac{\partial}{\partial\theta}\ln P_m(y_t|\boldsymbol{o};\boldsymbol{\theta})\end{aligned} \tag{15.38}$$

所以我们得到

$$\begin{aligned}\frac{\partial}{\partial\theta}J_T(\boldsymbol{o},\boldsymbol{\theta}) = &\frac{\nu P_n(s|\boldsymbol{o})}{P_m(s|\boldsymbol{o};\boldsymbol{\theta})+\nu P_n(s|\boldsymbol{o})}\frac{\partial}{\partial\theta}\ln P_m(s|\boldsymbol{o};\boldsymbol{\theta}) - \\ &\sum_{t=1}^{\nu}\left[\frac{P_m(y_t|\boldsymbol{o};\boldsymbol{\theta})}{P_m(y_t|\boldsymbol{o};\boldsymbol{\theta})+\nu P_n(y_t|\boldsymbol{o})}\frac{\partial}{\partial\theta}\ln P_m(y_t|\boldsymbol{o};\boldsymbol{\theta})\right]\end{aligned} \tag{15.39}$$

因为权重 $\frac{P_m(y_t|\boldsymbol{o};\boldsymbol{\theta})}{P_m(y_t|\boldsymbol{o};\boldsymbol{\theta})+\nu P_n(y_t|\boldsymbol{o})}$ 总是在 0 到 1 之间的，所以 NCE 学习是非常稳定的。此外，$P_m(s|\boldsymbol{o};\boldsymbol{\theta})$ 是一个未归一化的模型，我们可以有效计算梯度 $\frac{\partial}{\partial\theta}\ln P_m(.|\boldsymbol{o};\boldsymbol{\theta})$。然而，在未归一化的模型中，每个观察样本 $\boldsymbol{o}$ 都有一个归一化因子 c，当声学模型训练集非常大的时候，这可能会成为一个问题。幸运的是，实验证明，即使对每个观察样本都使用同样的归一化因子，或者恒定地设置它为 0，性能也没有或者只有极其微小的下降[503, 504]。由

于这样一般不但不会增加多少额外计算，还能提高估计准确率，所以我们建议使用一个通用的 c。

因为不同观察样本的条件概率都是通过同一个 DNN 估计的，所以我们不能独立学习这些分布，于是，我们定义了一个全局 NCE 目标函数

$$J_T^G(\boldsymbol{\theta}) = \sum_{t=1}^{T_d} J_T(\boldsymbol{o}_t, \boldsymbol{\theta}) \tag{15.40}$$

上面的推导可以很容易扩展到序列鉴别性训练中。唯一的区别是：考虑到每一个标注序列都需要被当作一个不同的类别，序列式鉴别性训练类别数要远远多于帧层面的训练类别数。对第 m 个样本，我们需要估计的分布是

$$\lg P(\boldsymbol{w}^m|\boldsymbol{o}^m;\theta) = \lg p(\boldsymbol{o}^m|\boldsymbol{s}^m;\theta)^\kappa P(\boldsymbol{w}^m) + c^m \tag{15.41}$$

和之前一样，这里 $\boldsymbol{o}^m = \boldsymbol{o}_1^m, \cdots, \boldsymbol{o}_t^m, \cdots, \boldsymbol{o}_{T_m}^m$ 和 $\boldsymbol{w}^m = \boldsymbol{w}_1^m, \cdots, \boldsymbol{w}_t^m, \cdots, \boldsymbol{w}_{N_m}^m$ 是第 m 个样本的观察序列和准确的词序列标注。相应地，$\boldsymbol{s}^m = \boldsymbol{s}_1^m, \cdots, \boldsymbol{s}_t^m, \cdots, \boldsymbol{s}_{T_m}^m$ 是对应于 $\boldsymbol{w}^m$ 的状态序列，κ 是声学缩放系数，T_m 是样本 m 的总帧数，N_m 是同一样本词标注的总词数。在序列式鉴别性训练中，我们可以在所有可能的状态序列或者词图序列上将均匀分布作为噪声分布。

第16章 端到端模型

摘要 近年来，端到端模型在语音识别等领域的应用受到了广泛关注。由于其简捷的系统构建流程、快速的模型定制周期、简化的解码流程和相对较小的模型规模，使得端到端模型相比传统模型有着独特的建模优势。本章将详细介绍两种目前使用较广泛的模型，包括连接时序连接分类（CTC）模型和基于注意力机制（Attention）的编码–解码结构模型，以及在实际应用中使用这两种模型需要注意的一些细节。最后，将介绍结合 CTC 和 Attention 两种结构的联合建模模型。

16.1 连接时序分类模型

16.1.1 基本原理和表现

对于 DNN-HMM 混合模型而言，我们通常选取帧层面的交叉熵函数作为损失函数对 DNN 模型进行更新，这个过程需要预先由 GMM-HMM 模型提供训练语料的帧层面的对齐。连接时序连接分类（Connectionist Temporal Classification，CTC）模型提出了自动学习输入帧特征序列与其对应标签序列之间的对齐关系，摆脱了传统语音识别中所需要的 HMM 模型，实现了语音识别的端到端建模。

对于给定的输入特征序列 $\boldsymbol{x}$ 及对应的输出标签序列 $\boldsymbol{l}$，由于不需要预先对齐，所以 CTC 会考虑序列 $\boldsymbol{x}$ 和 $\boldsymbol{l}$ 之间所有可能的对齐方式。如图16–1所示是一种可能的序列对齐方式。

这种对齐方式有以下两个问题。

（1）在实际应用中，每一帧的输入并不一定都会有对应的输出。

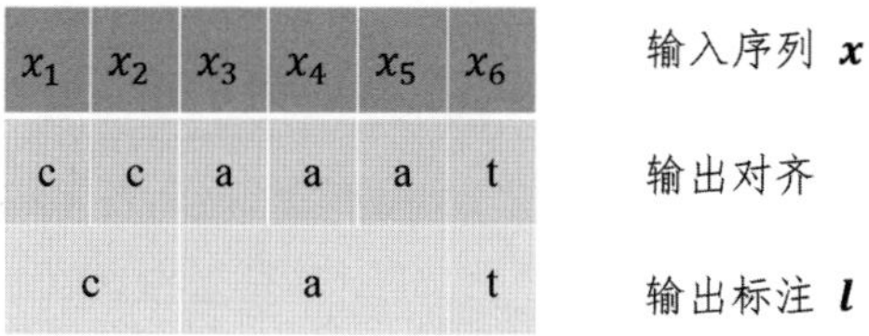

x_1	x_2	x_3	x_4	x_5	x_6	输入序列 $\boldsymbol{x}$
c	c	a	a	a	t	输出对齐
c		a			t	输出标注 $\boldsymbol{l}$

图 16–1　一种可能的序列对齐方式

（2）无法生成带有连续重复标签的输出序列（如英文单词 hello 中连续的两个 l）。

为了解决这两个问题，CTC 在预先规定的输出标签集合 $\mathcal{A}$ 外，引入了输出标签 $blank$，它表示输出为空。因此，CTC 的输出标签集合为 $\mathcal{A}' = \mathcal{A} \cup \{blank\}$。其中，$\mathcal{A}'^T$ 表示定义在 $\mathcal{A}'$ 上长度为 T 的所有序列的集合，序列 $\boldsymbol{Y}' \in \mathcal{A}'^T$ 可以消去重复，去掉 $blank$ 后，变为序列 $\boldsymbol{Y} \in \mathcal{A}^{\leqslant T}$。图16–2展示了这种序列转换方式，这也定义了一种多对一的映射关系。

$$\mathcal{B} : \mathcal{A}'^T \mapsto \mathcal{A}^{\leqslant T} \tag{16.1}$$

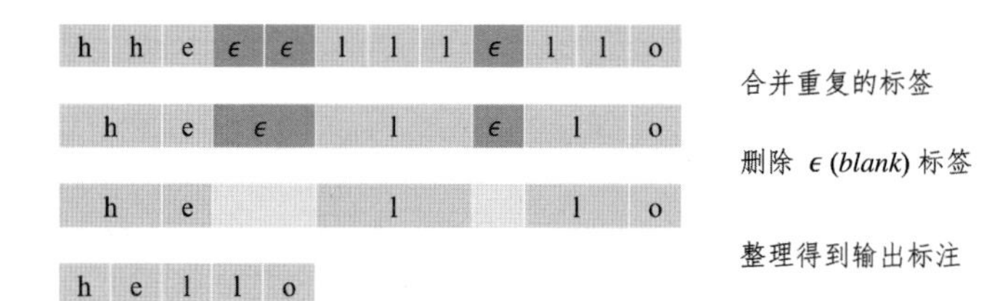

图 16–2　CTC 序列映射

而 CTC 中一种可能的对齐方式被称为路径 π，路径 π 的长度与输入序列 $\boldsymbol{x}$ 一致。因此，CTC 直接建模给定输入序列 $\boldsymbol{x}$ 下输出序列 $\boldsymbol{l}$ 的条件概率为所有可能路径的概率和：

$$P(\boldsymbol{l}|\boldsymbol{x}) = \sum_{\pi \in \mathcal{B}^{-1}(\boldsymbol{l})} P(\pi|\boldsymbol{x}) \tag{16.2}$$

CTC 要求输出序列内部各标注之间满足独立性假设，因此 CTC 建模的路径后验概率可以表示为每一时刻标签后验概率的累乘。记 y_i^t 为模型在

t 时刻输出标签 i 的概率，则

$$P(\pi|\boldsymbol{x}) = \prod_{t=1}^{T} P(\pi_t|\boldsymbol{x}) = \prod_{t=1}^{T} y_{\pi_t}^t \tag{16.3}$$

CTC 有类似于 HMM 模型的前向后向算法，以便高效计算条件概率 $P(\boldsymbol{l}|\boldsymbol{x})$。对于长度为 U 的输出序列 $\boldsymbol{l}$，可以在标签前后插入任意多的 *blank*，用扩展后长度为 $U' = 2U + 1$ 的序列 $\boldsymbol{l}' = [\epsilon, l_1, \epsilon, l_2, \cdots, \epsilon, l_U, \epsilon]$ 能更方便地描述算法。

前向算法

定义在 t 时刻时，输出子序列 $\boldsymbol{l}'_{1:s}$ 的概率为前向变量

$$\alpha(t, s) = p_t(\boldsymbol{l}'_{1:s}|\boldsymbol{x}) \tag{16.4}$$

其中，$t = 1, 2, \cdots, T$，$s = 1, 2, \cdots, U'$。记 y_b^i 为 i 时刻输出 *blank* 的概率，则有初始状态：

$$\alpha(1, 1) = y_b^1 \tag{16.5}$$

$$\alpha(1, 2) = y_{l'_2}^1 \tag{16.6}$$

$$\alpha(1, l'_i) = 0 \qquad \forall i > 2 \tag{16.7}$$

递归公式如下：

$$\alpha(t, s) = \begin{cases} y_{l'_s}^t \left[\alpha(t-1, s-1) + \alpha(t-1, s)\right], & \text{if } l'_s = blank \text{ or } l'_{s-2} = l'_s \\ y_{l'_s}^t \left[\alpha(t-1, s-2) + \alpha(t-1, s-1) + \alpha(t-1, s)\right], & \text{otherwise} \end{cases} \tag{16.8}$$

需要注意的是

$$\alpha(t, s) = 0 \qquad \forall s < U' - 2(T - t) - 1$$

因为这些状态剩余的时间步数已经不够输出全部的标注序列 $\boldsymbol{l}$ 了。

后向算法

相对地，定义从 $t + 1$ 时刻开始，之后可以生成子序列 $\boldsymbol{l}'_{s+1:U'}$ 的概率为后向变量

$$\beta(t, s) = p_t(\boldsymbol{l}'_{s+1:U'}|\boldsymbol{x}) \tag{16.9}$$

其中，$t=1,2,\cdots,T$，$s=1,2,\cdots,U'$。有初始状态

$$\beta(T,U')=\beta(T,U'-1)=1 \tag{16.10}$$

$$\beta(T,s)=0 \qquad \forall s<U'-1 \tag{16.11}$$

递归公式如下：

$$\beta(t,s)=\begin{cases}\beta(t+1,s)y_{l'_s}^{t+1}+\beta(t+1,s+1)y_{l'_{s+1}}^{t+1}, & \text{if } l'_s=blank \text{ or } l'_{s+2}=l'_s\\ \beta(t+1,s)y_{l'_s}^{t+1}+\beta(t+1,s+1)y_{l'_{s+1}}^{t+1}+\beta(t+1,s+2)y_{l'_{s+2}}^{t+1}, & \\ & \text{otherwise}\end{cases}$$

需要注意的是

$$\beta(t,s)=0 \qquad \forall s>2t \tag{16.12}$$

因为这些状态不能输出全部的标注序列 $\boldsymbol{l}$ 了。

CTC 前向后向算法如图 16.3 所示。

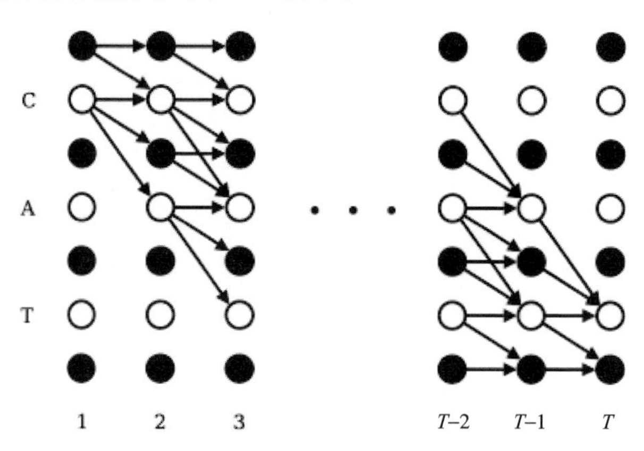

图 16–3　CTC 前向后向算法[506]

显然，CTC 建模的条件概率 $P(\boldsymbol{l}|\boldsymbol{x})$ 可以通过前后向变量得到：

$$P(\boldsymbol{l}|\boldsymbol{x})=\sum_{i=1}^{U'}\alpha(t,i)\beta(t,i) \qquad \forall t=1,2,\cdots,T \tag{16.13}$$

同时能较为方便地对每一时刻的任意标签进行求导且计算梯度，实现神经网络梯度回传，更新参数。详细的损失函数和梯度推导可以参考文献 [506]。

CTC 模型直接对输出标注序列的所有可能路径的条件概率求和，作为优化目标。在这个过程中将重复的标注输出和 $blank$ 输出去掉，由此实现多对一映射。因此 CTC 模型所预测出的标注分布更加集中，而模型本身隐含学习了多对一的映射函数 $\mathcal{B}$。图16–4是一个 CTC 输出分布的例子，可以观察到处于第 3 行的 CTC 输出分布大多数时刻是 $blank$，而在少数有音素标注输出的时刻则呈现非常集中的分布。

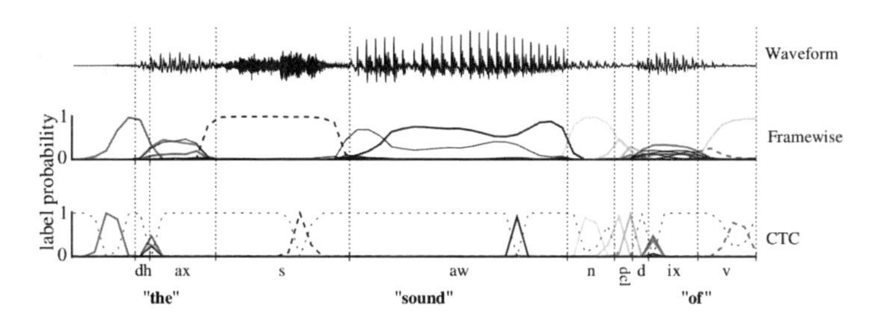

图 16–4 CTC 模型输出的尖峰现象，出自文献 [507]

16.1.2 建模单元的选择

在语音识别任务中，有着各种不同细粒度的建模单元。英文有音素（Phonemes）、字母（Characters）、单词（Words）等；中文有音素（Phonemes）、音节（Syllables）、字（Characters）和词（Words）等。CTC 在准则层面实现了直接的序列级建模，因此可以选择以任意细粒度的单元进行建模，实现不同层面的端到端系统。

通常来说，采用音素或音节进行建模时，由于建模单元直接和声学相关，并且训练数据充分，模型更易收敛和被训练。采用这种子词单元的系统也更容易解决集外词（Out-of-vocabulary，OOV）问题。而采用字或词建模，可以不使用任何语言模型，直接解码得到语音识别结果，解码速度也更快。但是这些模型也更难被训练，一般需要更多的数据训练才可以得到比较好的系统性能。

16.1.3 建模单元的自动习得

文献 [508][509][510] 等使用了一种字节对编码（Byte Pair Encoding，BPE）自动生成英文中一种介于字母（Character）和单词（Word）之间的半字（Word Piece）建模单元。

BPE 是一种简单的数据压缩技术。它是一种迭代算法，重复地将句子中经常出现的字节对替换为一个没有出现的字节，文献 [451] 使用这种算法来分割英文单词，生成半字单元（Word Piece），用于神经网络机器翻译。该算法的主要步骤如下。

（1）初始化符号词表。将所有的字符都加入符号词表 $WordPieceSet$ 中。同时加入一个指示单词结束的特殊字符“·”。

（2）对于训练文本 $\mathbb{T}$，统计 $WordPieceSet$ 中所有 2-gram 的频次，其中次数最多的为 (A, B)。

（3）将 (A,B) 合并为 AB，加入词表 $WordPieceSet$ 中。

（4）重复第 2、3 步，直到完成预先设定好的迭代次数。

由于这种算法在每一次合并操作后都会产生一个新的半字，因此最终作为建模单元的半字集合大小等于初始化的集合大小加上算法迭代合并的次数。其中，迭代次数是算法中唯一的超参，而最后生成的建模单元集合 $WordPieceSet$ 是完全基于训练文本通过统计生成出来的。

虽然 BPE 仍然是基于字母进行建模的，但允许输出不同长度的字母组合，相对于仅用字母建模来说，模型的容量更大，性能会有所改善。同时，由于仍然是半字的单元，所以可以通过不同的组合来生成训练集词表外的单词，从而在一定程度上解决集外词（Out-of-vocabulary，OOV）的问题。

16.1.4 训练稳定性的实际考虑

虽然 CTC 模型可以建模不同细粒度的单元，但是在实际训练过程中，大颗粒度的单元如单词（Words），往往会使得模型收敛速度过慢，甚至不收敛。在文献 [511] 中使用随机初始化来训练声学到单词的 CTC 模型就得到了发散的结果。因此，该文献提出先训练同样的模型结构，使用音素作为建模单元的 CTC 模型。用该模型作为初始化再训练音素到单词的 CTC 模型，可以得到不错的收敛效果。同时可以使用预训练的词向量初始化音素到词模型的最后一层仿射层，来取得更好的训练效果。

16.1.5 CTC 模型上的序列鉴别性训练

在语音识别中，CTC 模型同传统的交叉熵声学模型一样，可以采用加权有限状态传感器（Wighted Finite State Transducer，WFST）进行解码得到识别结果[512]。序列鉴别性训练在交叉熵准则训练的模型下能取得较大的性能提升。类似地，文献 [513, 514] 指出，CTC 模型同样可以使用序列鉴别性训练来取得更好的识别准确率。

Labels	Initialization			+sMBR	
	Method	Uni	Bi	Uni	Bi
CD state	CE	15.6	14.0	14.0	12.9
CI phone	CTC	15.5	14.1	14.2	12.7
CD phone	CTC	14.3	13.6	12.9	12.2

图 16–5 在谷歌声音搜索任务上使用最小贝叶斯风险来优化 CTC 模型的词错误率（WER）（单位：%）[514]

16.1.6 不需要语言模型的直接解码

CTC 模型的解码就是对于输入序列 $\boldsymbol{x}$, 选取概率最大的标注序列 $\boldsymbol{l}$，即

$$\boldsymbol{l}^* = \arg\max_{\boldsymbol{l}} p(\boldsymbol{l}|\boldsymbol{x}) \tag{16.14}$$

一种简单的解码算法就是最大路径解码算法，它认为 CTC 模型输出的最大概率路径 π^* 对应了最大概率的标注序列 $\boldsymbol{l}^*$：

$$\boldsymbol{l}^* \approx \mathcal{B}(\pi^*) \tag{16.15}$$

$$\pi^* = \arg\max_{\pi} p(\pi|\boldsymbol{x}) \tag{16.16}$$

最大路径解码是一种贪心算法，希望选取每一步模型输出的最大值就可以组成最大路径。这种解码可能不会找出最好的标注序列，图16–6展示了最大路径解码错过最大概率标注的情况。

	t1	t2
A	0.3	0.3
B	0.2	0.3
blank	0.5	0.4

$$p(blank) = p(--) = 0.5 \times 0.4 = 0.2$$

$$p(A) = p(A-) + p(-A) + p(AA) = 0.3 \times 0.4 + 0.5 \times 0.3 + 0.3 \times 0.3 = 0.36$$

$$p(B) = p(B-) + p(-B) + p(BB) = 0.2 \times 0.4 + 0.5 \times 0.3 + 0.2 \times 0.3 = 0.29$$

$$p(AB) = 0.3 \times 0.3 = 0.09$$

$$p(BA) = 0.2 \times 0.3 = 0.06$$

图 16–6　最大路径解码的错误示例。使用最大路径解码得到的结果是“blank”，但最大概率的标注是“A”

另外一种确保找到最优解，但是略为复杂的算法是 CTC 的前缀搜索解码[506]。该算法每一次搜索都会选取“前缀概率”最大的节点扩展，直到找到最大概率的标注序列。

定义 $\gamma(\boldsymbol{p}_n, t)$ 为模型在 t 时刻输出一个非 blank 符号，且输出了前缀 $\boldsymbol{p}$ 的概率；$\gamma(\boldsymbol{p}_b, t)$ 为模型在 t 时刻输出 blank 符号，且输出了前缀 $\boldsymbol{p}$ 的概率。集合 $Y = \{\pi \in A'^t : \mathcal{B}(\pi) = \boldsymbol{p}\}$。则有

$$\gamma(\boldsymbol{p}_n, t) = \sum_{\pi \in Y : \pi_t = \boldsymbol{p}_{|\boldsymbol{p}|}} p(\pi|\boldsymbol{x}) \tag{16.17}$$

$$\gamma(\boldsymbol{p}_b, t) = \sum_{\pi \in Y : \pi_t = \text{blank}} p(\pi|\boldsymbol{x}) \tag{16.18}$$

因此，对于长度为 T 的输入序列 $\boldsymbol{x}$，有 $p(\boldsymbol{p}|\boldsymbol{x}) = \gamma(\boldsymbol{p}_n, T) + \gamma(\boldsymbol{p}_b, T)$。同时定义输出前缀 $\boldsymbol{p}$（不包括 $\boldsymbol{p}$ 本身）的概率 $p(\boldsymbol{p}\cdots|\boldsymbol{x}) = \sum_{\boldsymbol{l} \neq \varnothing} p(\boldsymbol{p} + \boldsymbol{l}|\boldsymbol{x})$。根据以上定义，前缀搜索解码可见算法 16.1[506]。

算法 16.1 CTC 前缀搜索算法

```
1: procedure PREFIX_SEARCH_DECODE(y)          ▷ y 为模型输出长度为 T 的后验概率
2:     γ(∅_n, t) = 0, 1 ⩽ t ⩽ T
3:     γ(∅_n, t) = ∏_{i=1}^{t} y_b^i, 1 ⩽ t ⩽ T
4:     p(∅|x) = γ(∅_n, T)
5:     p(∅···|x) = 1 − γ(∅_n, T)
6:     l* = p* = ∅
7:     P = {∅}
8:     while p(p*···|x) > p(l*|x) do
9:         probRemaining = p(p*···|x)
10:        for 所有标签 k ∈ A do
11:            p = p* + k
12:            γ(p_n, 1) = { y_k^1, if p* = ∅
                            { 0, otherwise
13:            prefixProb = γ(p_n, 1)
14:            for t = 2 to T do
15:                newLabelProb = γ(p*, t − 1) + { 0, if p* ends in k
                                                  { γ(p*_n, t − 1), otherwise
16:                γ(p_n, t) = y_k^t(newLabelProb + γ(p_n, t − 1))
17:                γ(p_b, t) = y_b^t(γ(p_b, t − 1) + γ(p_n, t − 1))
18:                prefixProb− = p(p···|x)
19:            end for
20:            if p(p|x) > p(l*|x) then
21:                l* = p
22:            end if
23:            if p(p···|x) > p(l*|x) then
24:                P = P ∪ {p}
25:            end if
26:            if probRemaining ⩽ p(l*|x) then
27:                Break
28:            end if
29:        end for
30:        从 P 中删除 p*
31:        p* = arg max_{p∈P} p(p···|x)
32:    end while 输出 l*
33: end procedure
```

16.2 带注意力机制的“编码–解码”模型

16.2.1 编码–解码架构

编码–解码架构[456, 515–517] 一开始被应用于机器翻译领域，是一种用于序列建模问题的模型。一般来说，机器翻译就是将源语言序列 $F = f_1, f_2, \cdots, f_J$ 映射到目标语言 $E = e_1, e_2, \cdots, e_I$。如图16–7所示，基础的编码–解码框架则是对源序列 F 使用一个循环神经网络将其转化为一个向量，即编码；然后使用另一个循环神经网络将这个向量转化生成目标序列 E，即解码。

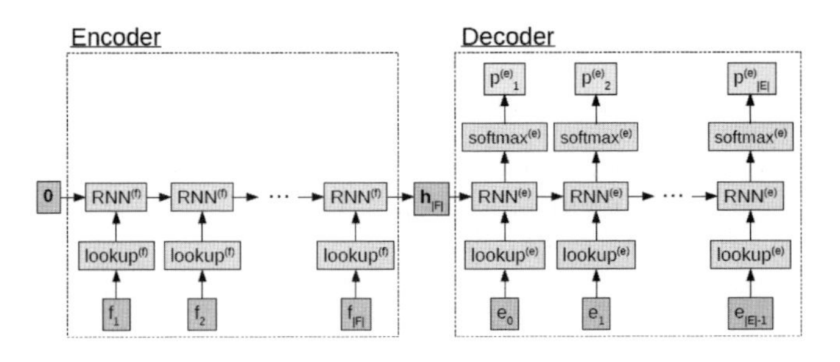

图 16–7 编码–解码框架

在实际应用过程中，编码器和解码器的结构并不局限于循环神经网络，也可以使用其他结构（例如卷积神经网络，CNN）。而对于语音识别任务，这个过程就是将源音频信号序列 $\boldsymbol{X} = x_1, x_2, \cdots, x_T$ 映射到目标语言序列 $\boldsymbol{Y} = y_1, y_2, \cdots, y_U$，若使用 $\text{RNN}^{(e)}$ 作为编码器，$\text{RNN}^{(d)}$ 作为解码器，则编码–解码框架可以表示为

$$\boldsymbol{h}_0^{(e)} = \boldsymbol{0} \tag{16.19}$$

$$\boldsymbol{h}_t^{(e)} = \text{RNN}^{(e)}(x_t, \boldsymbol{h}_{t-1}^{(e)}) \tag{16.20}$$

$$\boldsymbol{h}_0^{(d)} = \boldsymbol{h}_T^{(e)} \tag{16.21}$$

$$\boldsymbol{h}_u^{(d)} = \text{RNN}^{(d)}(y_u, \boldsymbol{h}_{u-1}^{(d)}) \tag{16.22}$$

$$p_u = \mathrm{softmax}(W\boldsymbol{h}_u^{(d)} + b) \tag{16.23}$$

在上述公式中，由于初始化解码器的隐层向量 $\boldsymbol{h}_T^{(e)}$ 是编码器 $\mathrm{RNN}^{(e)}$ 最后时刻的隐层向量，因此，$\boldsymbol{h}_T^{(e)}$ 在理论上包含了源序列 $\boldsymbol{X}$ 的所有信息。而解码器 $\mathrm{RNN}^{(d)}$ 可以逐个解码出目标语言序列。通过简单的编码–解码框架，我们可以很容易建模序列概率 $P(\boldsymbol{Y}|\boldsymbol{X})$，得到一种强有力的端到端模型。

16.2.2 注意力机制

编码–解码框架虽然非常经典，但是仍然存在一定的局限性。一方面，输入序列和输出序列之间的对齐很可能是长距离的依赖关系。以语音识别为例，输出的第 4 个单词可能对应输入声学特征的第 200~250 帧，且和前后的上下文相关。虽然可以通过双向循环网络的编码器得到一定缓解，但是仍然没有很好的解决方案。另一方面，在编码–解码框架下，编码器和解码器仅由一个固定长度的向量来联系，也就是说，编码器试图使用一个固定长度的向量如 $\boldsymbol{h}_T^{(e)}$，来压缩整个输入序列的信息。显然，这种编码向量无法完整表示整个输入序列的信息。同时，先输入的内容携带的信息会被后输入的信息稀释掉，可能无法得到有效解码。

为了解决上述问题，注意力机制[518, 519] 被引入编码–解码框架中。不同于只保留编码器最后一步的隐层向量 $\boldsymbol{h}_T^{(e)}$，我们保留了编码器在输入序列中每一时刻的隐层向量 $\boldsymbol{h}_1^{(e)}, \boldsymbol{h}_2^{(e)}, \cdots, \boldsymbol{h}_T^{(e)}$。这样就可以保留整个输入序列的信息。然后在解码的每一步中，通过对输入的所有隐层向量进行加权平均，得到当前时刻解码的上下文向量

$$\boldsymbol{c}_u = \Sigma_{t=0}^{T} \boldsymbol{\alpha}_{u,t} \boldsymbol{h}_t^{(e)} \tag{16.24}$$

其中，$\boldsymbol{\alpha}_u = [\alpha_{u,1}, \alpha_{u,2}, \cdots, \alpha_{u,T}]$ 被称为注意力向量，一般是归一化后的概率分布。注意力向量表示了我们对于输入序列不同时刻的侧重程度；向量 $\boldsymbol{\alpha}_u$ 中的值越大，说明当前步的解码越依赖于该时刻的输入。图16–8取自文献 [520]，展示了一个注意力向量可视化后的结果，颜色越深，就表示注意

力向量中的值越大，可以比较明显地看出语音信号和识别结果之间的对齐关系。

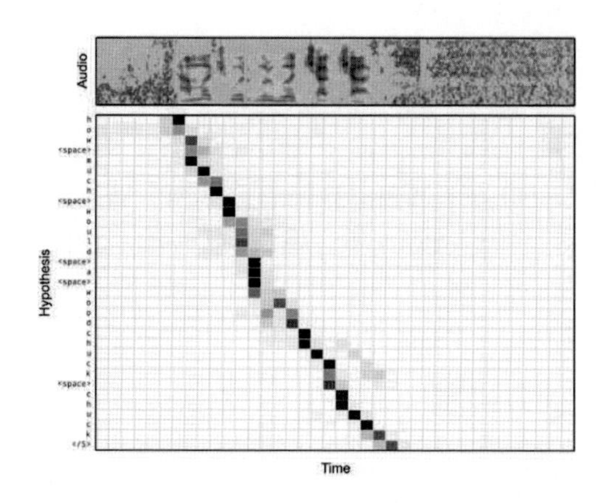

图 16–8　语音识别中的一个注意力可视化例子

注意力机制的引入，使得编码器、解码器不只由单一的向量来联系，每一步的解码都会和编码器生成的所有时刻编码信息 $\boldsymbol{H}^{(e)} = [\boldsymbol{h}_1^{(e)}, \boldsymbol{h}_2^{(e)}, \cdots, \boldsymbol{h}_T^{(e)}]$ 沟通，生成当前解码步骤下的上下文向量，从而使解码更具针对性。

计算注意力向量是注意力机制的重中之重，其关键在于解码器的循环神经网络设计。解码器会在每一步解码时都生成一个解码状态向量 $\boldsymbol{h}_u^{(d)}$，基于这个解码状态，我们可以设计一个函数 attention_score(·)，以解码状态向量，编码时刻向量为输入，计算出每个编码时刻向量的注意力分数，再使用 softmax 函数归一化后得到注意力向量 $\boldsymbol{\alpha}_u$：

$$a_{u,t} = \text{attention\_score}(\boldsymbol{h}_u^{(d)}, \boldsymbol{h}_t^{(e)}) \tag{16.25}$$

$$\boldsymbol{\alpha}_u = \text{softmax}(\boldsymbol{a}_u) \tag{16.26}$$

因此，引入了注意力的编码–解码框架可简单表示为

$$\boldsymbol{H}^{(e)} = \text{Encoder}(\boldsymbol{X}) \tag{16.27}$$

$$\boldsymbol{h}_u^{(d)} = \text{Decoder}(y_u, \boldsymbol{h}_{u-1}^{(d)}) \tag{16.28}$$

$$\boldsymbol{\alpha}_u = \text{Attention}(\boldsymbol{h}_u^{(d)}, \boldsymbol{H}^{(e)}) \tag{16.29}$$

$$\boldsymbol{c}_u = \boldsymbol{\alpha}_u \boldsymbol{H}^{(e)} \tag{16.30}$$

$$p_u = \text{softmax}(W[\boldsymbol{h}_u^{(d)}; \boldsymbol{c}_u] + b) \tag{16.31}$$

其中的 Attention(·) 就是公式 (16.25) 及公式 (16.26) 的注意力计算机制。接下来介绍一些常见的注意力分数计算函数 attention_score。文献 [519] 测试了三种不同的计算方法。

点乘

这是最简单的函数，直接计算 $\boldsymbol{h}_u^{(d)}$、$\boldsymbol{h}_t^{(e)}$ 这两个向量之间的点乘作为注意力分数，要求编码器和解码器的输出维度一致。这种点乘注意力的优势是结构简单，且没有引入额外的参数：

$$\text{attention\_score}(\boldsymbol{h}_u^{(d)}, \boldsymbol{h}_t^{(e)}) := {\boldsymbol{h}_u^{(d)}}^{\mathrm{T}} \boldsymbol{h}_t^{(e)} \tag{16.32}$$

双线性函数

在点乘的基础上，增加了一个参数矩阵 W_a (大小应为 $|\boldsymbol{h}_u^{(d)}| \times |\boldsymbol{h}_t^{(e)}|$)，因此不要求编码和解码输出维度一致，但增加的参数会加大模型的训练难度：

$$\text{attention\_score}(\boldsymbol{h}_u^{(d)}, \boldsymbol{h}_t^{(e)}) := {\boldsymbol{h}_u^{(d)}}^{\mathrm{T}} W_a \boldsymbol{h}_t^{(e)} \tag{16.33}$$

多层感知机

使用多层感知机作为注意力计算的函数，以 $[\boldsymbol{h}_u^{(d)}; \boldsymbol{h}_t^{(e)}]$ 为输入，会引入少量的参数（$\boldsymbol{w}_{a2}$ 及 W_{a1}），但是能得到很好的效果：

$$\text{attention\_score}(\boldsymbol{h}_u^{(d)}, \boldsymbol{h}_t^{(e)}) := \boldsymbol{w}_{a2}^{\mathrm{T}} \tanh(W_{a1}[\boldsymbol{h}_u^{(d)}; \boldsymbol{h}_t^{(e)}]) \tag{16.34}$$

除了这些基本的注意力计算函数，还有一些其他方法，例如循环神经网络[521]、树状结构[522]、卷积神经网络[523] 等。

16.2.3 金字塔结构

文献 [520] 提出了一种应用于语音识别的基于注意力的编码–解码架构，它将整种模型分解为 Listener、Attend 和 Speller，分别对应了编码–解码架构中的编码器、注意力机制和解码器。其整体结构见图16–9。

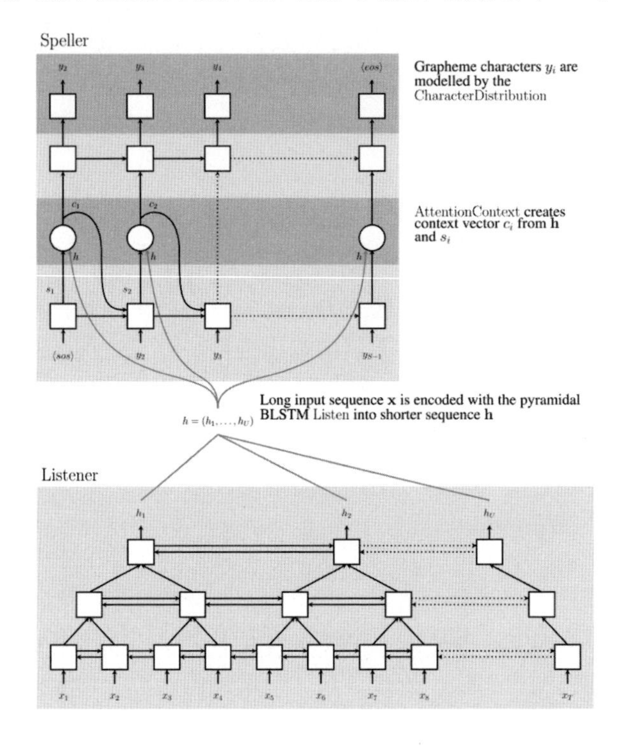

图 16–9 Listener, Attend 和 Speller 结构，出自文献 [520]

该文献指出，在语音识别中，输入的音频特征长度通常为上百甚至上千帧，普通的 BLSTM 模型编码这么长的输入通常收敛比较缓慢；同时，太长的编码信息使注意力机制和解码器较难提取相关信息。因此，输入编码器采用了金字塔双向长短时记忆循环神经网络（pyramid Bidirectional Long Short Term Memory RNN，pBLSTM）。在每个连续堆叠的 pBLSTM 层中，都通过串联连续两个上一层的输出作为下一层的输入，将时间分辨率降低了一半。即在 pBLSTM 模型中，第 j 层在时间 t 时刻的输出为

$$h_i^j = \mathrm{pBLSTM}(h_{i-1}^j, [h_{2i}^{j-1}; h_{2i+1}^{j-1}]) \tag{16.35}$$

每层 pBLSTM 都可以实现 1/2 的降采样，因此，N 层的 pBLSTM 结构可以将长度为 T 的输入特征 $\boldsymbol{X}$，降为编码为长度为 $U = T/2^N$ 的隐层向量 $\boldsymbol{H}$。

16.2.4　束搜索

同 CTC 模型解码公式 (16.14) 类似，基于注意力机制的编码–解码框架的预测标注是对于输入序列 $\boldsymbol{x}$，选取概率最大的标注序列 $\boldsymbol{l}$，通常使用束搜索（Beam Search）来得到最优标注序列 $\boldsymbol{l}^*$。

束搜索在每步的搜索中，都选取概率最大的 B 个节点进行扩展，相当于每次搜索时都只保留最佳的 B 个结果，其他的可能路径则被剪枝。B 是束搜索中的超参数，被称为束宽（Beam Width），B 越大，则搜索空间越大，最后的结果也越接近最优结果。图16–10展示了一个步长为 3、束宽为 2 的束搜索过程。

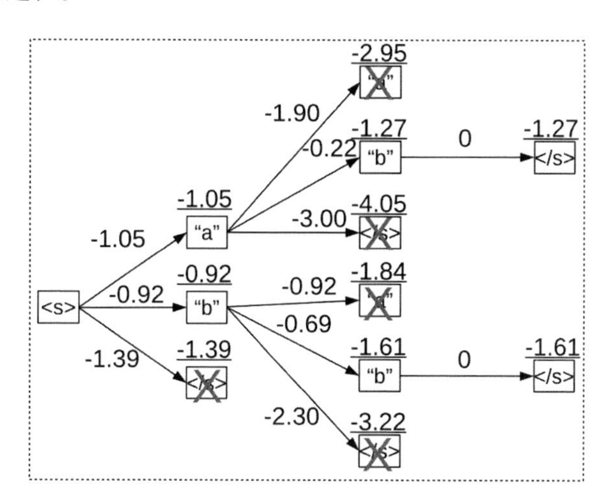

图 16–10　束搜索过程，出自文献 [524]

16.3 联合 CTC–注意力模型

16.3.1 联合 CTC–基于注意力的端到端语音识别

在本章前两节中，我们分别描述了基于 CTC 和基于注意力的编码器–解码器的端到端语音识别系统。

在 CTC 模型中，因为其序列的后验概率（公式 (16.2)）带有独立性假设，所以符号之间的关联性比较弱，常常需要额外的字典或者语言模型。而基于注意力的编码器–解码器模型也有一定的局限性，因为模型没有 DNN-HMM 和 CTC 中那样的单调性（Monotonic）约束来限制对齐，所以常常容易受到语音中噪声的干扰而影响对齐结果；另外，当序列长度比较长时，单靠数据驱动的学习方式训练难度非常大。因此研究人员们提出了一种基于 CTC 和注意力的多任务联合学习[525–527]，框架如图16–11所示。

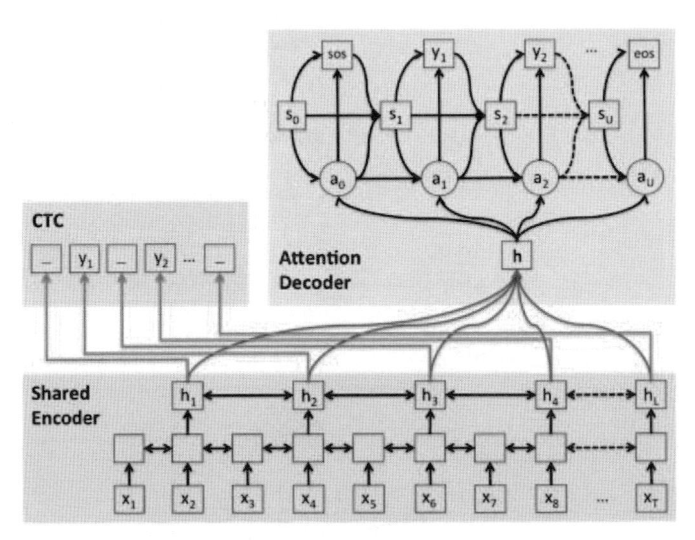

图 16–11 联合 CTC–注意力的多任务学习

在联合 CTC–注意力多任务学习框架中，研究人员在编码器–解码器（Encoder-Decoder）结构中加入了 CTC 目标函数，并将其放在编码器之后，当作另一个学习任务，与注意力–解码器的目标函数一起参与训练模型。整种模型的训练因为 CTC 训练中输入语音与输出序列上的单调对齐（Monotonic Alignment）而受益，下面给出模型的目标函数表达式：

$$\mathcal{L}_{\mathrm{MTL}} = \lambda\mathcal{L}_{\mathrm{ctc}} + (1-\lambda)\mathcal{L}_{\mathrm{att}} \tag{16.36}$$

其中，λ 是一个用来控制两个任务之间插值的超参数，$0 \leqslant \lambda \leqslant 1$。

16.3.2 联合 CTC–注意力多任务学习的解码

在端到端语音识别系统的测试中，一般会选择在给定输入条件下，概率分数最大的序列作为输出，即

$$\hat{\boldsymbol{y}} = \arg\max_{\boldsymbol{y}\in\mathcal{U}^*} P(\boldsymbol{y}|\boldsymbol{x}) \tag{16.37}$$

在基于注意力的端到端系统中，$P(\boldsymbol{y}|\boldsymbol{x})$ 的计算过程如式16.31所示，然后用束搜索（Beam Search）得到最优序列 $\hat{\boldsymbol{y}}$。

联合 CTC–注意力多任务学习模型，与训练时一样，在测试过程中也可以把 CTC 和注意力机制的编码器–解码器结合起来。假设 $P_{\mathrm{ctc}}(\boldsymbol{y}|\boldsymbol{x})$（式16.2）和 $P_{\mathrm{att}}(\boldsymbol{y}|\boldsymbol{x})$（式16.31）分别是 CTC 和注意力模型给出的输出序列概率分数，那么解码目标函数的定义为

$$\lg P_{\mathrm{mtl}}(\boldsymbol{y}|\boldsymbol{x}) = \gamma \lg P_{\mathrm{ctc}}(\boldsymbol{y}|\boldsymbol{x}) + (1-\gamma)\lg P_{\mathrm{att}}(\boldsymbol{y}|\boldsymbol{x}) \tag{16.38}$$

$$\hat{\boldsymbol{y}} = \arg\max_{\boldsymbol{y}} \{\lg P_{\mathrm{mtl}}(\boldsymbol{y}|\boldsymbol{x})\} \tag{16.39}$$

CTC 给出的概率分数可以强制模型单调对齐（Monotonic Alignment），即不允许大幅跳帧或者在同一帧循环，因此可以简单地使输出假设序列随输入单调对齐，而不用依赖其他约束条件。

在束搜索（Beam Search）过程中，解码器也需要计算中间假设的分数，在联合 CTC–注意力端到端系统中，中间假设的联合分数 P_{mtl} 由 P_{ctc} 和 P_{att} 组成，如式 (16.38) 所示。

在端到端语音识别模型的解码过程中，依靠外部语言模型也可以进一步提升识别性能。通常可以使用额外的大量文本数据训练神经网络语言模

型，记语言模型的概率分数为 $P_{\rm lm}$，最终解码过程中的概率分数 P 为

$$\lg P(y_n|\boldsymbol{y}_{1:n-1},\boldsymbol{h}_{1:T'}) = \lg P_{\rm mtl}(y_n|\boldsymbol{y}_{1:n-1},\boldsymbol{h}_{1:T'}) + \beta \lg P_{\rm lm}(y_n|\boldsymbol{y}_{1:n-1}) \tag{16.40}$$

其中，超参数 β 是语言模型分数的权重。

第 V 部分

复杂场景下的语音识别

第17章

深层神经网络中的表征共享和迁移

摘要 我们在前面的章节中已经强调过，在深层神经网络（DNN）中，每个隐层都是输入 DNN 的原始数据的一种新特征表示（或称表征）。较高层次的表征比较低层次的表征抽象。在本章中，我们指出这些特征的表示可以通过多任务（Multitask）和迁移学习（Transfer Learning）等技术共享和迁移到相关的任务中。我们将以多语言和跨语言语音识别为例来论证这些技术，在例子中使用的是共享隐层的 DNN 架构。

17.1 多任务和迁移学习

17.1.1 多任务学习

多任务学习（Multi Task Learning，MTL）[528] 是一种旨在通过联合学习多个相关任务来提高模型泛化性能的机器学习技术。成功应用 MTL 的关键是任务的相关性。在这里，相关并不意味着任务是相似的，而意味着在一定的抽象层次上这些任务可以共享一部分特征表示。如果任务确实是相似的，则由于可以有效地增加每个任务的训练数据量，共同学习多个任务有助于在任务间迁移知识。如果任务是相关的，但并不相似，则共同学习它们可以限制每个任务可能的函数空间，从而提高每个任务的泛化能力。多任务学习在训练数据集比模型小的时候最有用。

由于 DNN 中的每个隐层都是输入 DNN 的原始数据中一种新的特征表示，并且较高层次的表征比较低层次的表征更抽象，因此，DNN 非常适合采用 MTL 进行学习。图17–1表示 DNN 下 MTL 的一般架构。该图展示了三个相关的任务，这些任务在较早的处理阶段（层次）中相互独立地处理原始输入特征。虚线框图中的灰色圆圈所表示的特征是从三个任务的输出合并而来的，并在三个任务中共享。这些共享的特征再次被分叉用于网络顶层任务相关的进一步处理。因为每个任务都有自己的训练准则，所以分开的输出层被分配给了每个任务。

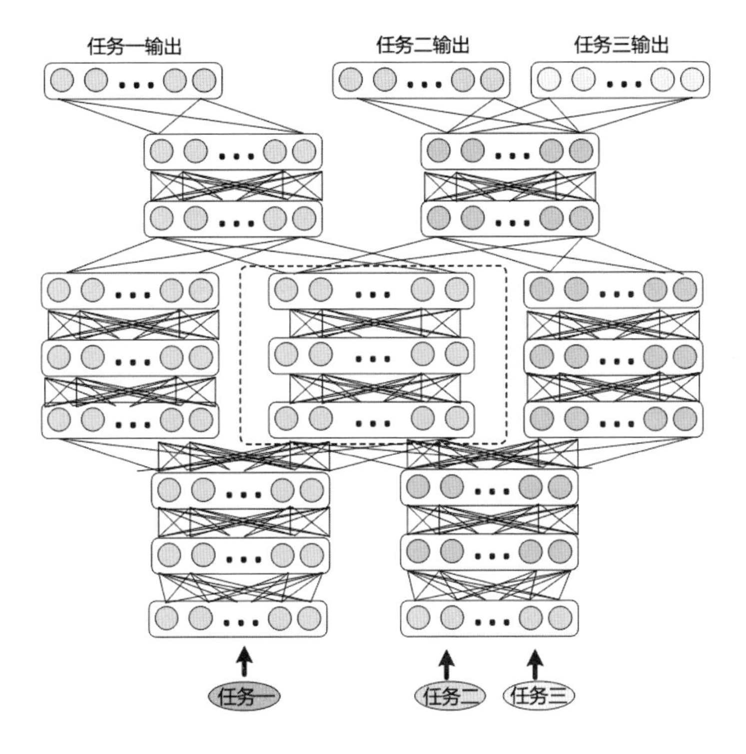

图 17–1 一个深层神经网络多任务学习的一般架构。图中展示了三个相关的任务，虚线矩形框中灰色圆圈在所有的任务中共享

这是一个很一般的 MTL 架构。在实际应用时，需要考虑涉及的任务（类似图中的任务对，任务 1 和任务 2，或任务 2 和任务 3）是否使用相同的原始输入特征；在特征合并且共享之前需要使用多少任务相关的层次来处理每个原始输入特征；是采用一部分还是全部特征进行共享（在图17–1中，采用部分特征进行共享）；每个任务是否需要额外的任务相关层次等。这些决定是应用相关的，并且可以显著影响 MTL 的有效性。

17.1.2 迁移学习

迁移学习[529] 通过保持和利用从一个或多个相似的任务、领域或概率分布中学习到的知识，快速并有效地为一个新的任务、领域或概率分布开发一个有较好性能的系统。与多任务学习聚焦于提升所有或一个主要任务的性能不同，迁移学习强调的是通过迁移在相似但不相同的任务、领域和分布上获得的知识来提升目标任务的性能。

得益于隐层所表示的更加抽象和更具不变性的特征，DNN 非常适合迁移学习。在迁移学习中，主要的设计问题是迁移什么及怎样迁移。在 DNN 框架中，主要的设计问题是如何在 DNN 中表示要被迁移的知识（比如在什么抽象层次），以及如何利用从其他领域中迁移来的知识。

迁移学习具有很强的实践意义。在很多实际应用中，由于人工标注的高昂代价及环境或社会的种种限制，人们经常难以获得足够的与特定任务匹配的标注数据。在这种情况下，目标领域间的迁移学习就显得非常重要。迁移学习已经被成功应用到很多机器学习任务中[529]。在这些应用中，特征迁移作为一种非常适合 DNN 的方法，是在任务间迁移知识的主要方法。

在下面的章节中，我们将讨论如何把多任务学习和迁移学习应用到语音识别问题中。我们集中讨论三个关键应用：多语言和跨语言语音识别[381, 530–533]、语音识别 DNN 的多目标学习[534–536]，以及使用视所信息的鲁棒语音识别[537]。

17.2 多语言和跨语言语音识别

在大多数传统的自动语音识别（Automatic Speech Recognition，ASR）系统中，不同的语言（方言）是被独立考虑的，一般会对每种语言从零开始训练一个声学模型（Acoustic Model，AM）。这引入了几个问题。第一，从零开始为一种语言训练一个声学模型需要大量人工标注的数据，这些数据不仅代价高昂，而且需要很多时间来获得。同时，资料丰富和资料匮乏的语言声学模型质量间的差异可观。这是因为对于资料匮乏的语言来说，只有低复杂度的小模型才能够被估计出来。缺少大量标注的训练数据对那些低流量和新发布的难以获得大量有代表性语料的语言来说也是不可避免的问题。第二，为每种语言独立训练一个 AM 增加了累计训练时间。这在基于 DNN 的 ASR 系统中尤为明显，造成这种情况的原因是 DNN 的参数量及所使用的反向传播（Back Propagation，BP）算法，使训练 DNN 要显著慢于训练混合高斯模型（Gaussian Mixture Models，GMM）。第三，为每种语言构建分开的语言模型阻碍了平滑的识别，并且增加了识别混合语言语音的代价。为了有效且快速地为大量语言训练精确的声学模型，减少声学模型的训练代价，以及支持混合语言的语音识别（这是至关重要的新的应用场景，例如在中国香港，英语词汇经常被插入中文短语中），研究界对构建多语言 ASR 系统及重用多语言资源的探索正在不断增加。

资源限制（有标注的数据和计算能力两方面）只是研究多语言 ASR 问题的一个实践上的原因，但这并不是唯一原因。通过对这些技术进行研究和工程化，我们可以增强对所使用算法的理解及对不同语言间关系的理解。目前已经开展了很多研究多语言和跨语言 ASR 的工作[538, 539]。在本章中，我们只集中讨论那些使用了神经网络的工作。

我们将在下面几节中讨论多种不同结构的基于 DNN 的多语言 ASR（Multilingual ASR）系统。这些系统都有同一个核心思想：一个 DNN 的隐层可以被视为特征提取器的层叠，只有输出层直接对应我们感兴趣的类别。这些特征提取器可以跨多种语言共享，采用来自多种语言的数据联合训练，并迁移到新的（并且通常是资源匮乏的）语言。通过把共享的隐层迁移到一个新的语言，我们可以减少对数据量的需求，不必从零训练整个 DNN，只需要重新训练特定语言的输出层的权重。

17.2.1 基于 Tandem 或瓶颈特征的跨语言语音识别

大多数使用神经网络进行多语言和跨语言声学建模（Multilingual and Crosslingual Acoustic Modeling）的早期研究工作都集中在 Tandem 和瓶颈特征方法上[530, 531, 540–542]。直到文献 [12, 13] 发表以后，DNN-HMM 混合系统才成为大词汇连续语音识别（Large Vocabulary Continuous Speech Recognition，LVCSR）声学模型的一个重要选项。在 Tandem 或瓶颈特征方法中，神经网络可以用来进行单音素状态或三音素状态的分类，而这些神经网络的输出或隐层激励可以作为 GMM-HMM 声学模型的鉴别性特征。

由于神经网络的隐层和输出层都包含有对某个语言中音素状态进行分类的信息，并且不同的语言存在共享相似音素的现象，所以我们有可能使用为一种语言（源语言）训练的神经网络中提取的 Tandem 或瓶颈特征来识别另一种语言（目标语言）。实验表明，当目标语言的有标注数据很少时，这些迁移的特征能够获得一个更具有竞争力的目标语言的基线。

用于提取 Tandem 或瓶颈特征的神经网络可以由多种语言训练[531]，在训练中为每种语言都使用一个不同的输出层（对应于上下文无关的音素），类似于图17–2所示。另外，多个神经网络可分别由不同的特征训练，例如，一个神经网络使用感知线性预测（PLP）特征训练[9]，而其他的神经网络使用频域线性预测（Frequency Domain Linear Prediction，FDLP[543]）特征训练。提取自这些神经网络的特征可被合并用来进一步提高识别正确率。

基于 Tandem 或瓶颈特征的方法主要被用于跨语言 ASR 来提升数据资源匮乏的语言的 ASR 性能。它们很少用于多语言 ASR。这是因为，即使使用同一个神经网络提取 Tandem 或瓶颈特征，也常常需要为每种语言都准备一个完全不同的 GMM-HMM 系统。然而这个限制在多种语言共享相同的音素集（或者上下文相关的音素状态）及决策树的情况下，很可能被移除，就像文献 [538] 中那样。共享的音素集可以由领域知识确定，比如使用国际音素字母表（International Phonetic Alphabet，IPA）[544]；或者使用数据驱动的方法，比如计算不同语言的单音素和三音素状态间的距离[539]。

17.2.2 共享隐层的多语言深层神经网络

多语言和跨语言的自动语音识别可以通过 CD-DNN-HMM 框架轻松实现。图17–2描述了用于多语言 ASR 的结构。在文献 [532] 中，这种结构被称为共享隐层的多语言深层神经网络（SHL-MDNN）。因为输入层和隐层被所有语言共享，所以 SHL-MDNN 可以用这种结构进行识别。但是输出层并不被共享，而是每种语言都有自己的 softmax 层来估计聚类后状态（绑定的三音素状态）的后验概率。相同的结构也在文献 [381, 533] 中被提出。

这种结构中的共享隐层可以被认为是一种通用的特征变换或一种特殊

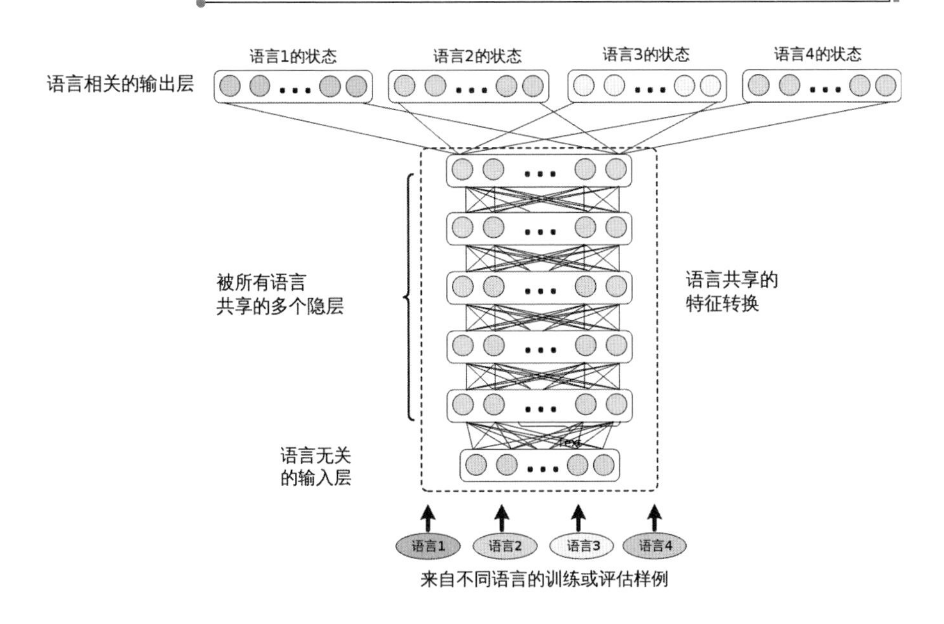

图 17–2　共享隐层的多语言深层神经网络的结构（在文献 [532] 中有相似的图）

的通用前端。就像在单语言的 CD-DNN-HMM 系统中一样，SHL-MDNN 的输入是一个较长的上下文相关的声学特征窗。但是，因为共享隐层被很多语言共用，所以一些语言相关的特征变换（如 HLDA）是无法使用的。幸运的是，这种限制并不影响 SHL-MDNN 的性能，因为如第 8 章中所述，任何线性变换都可以被 DNN 所包含。

在图17–2中描述的 SHL-MDNN 是一种特殊的多任务学习方式[528]，它等价于采用共享的特征表示来进行并行的多任务学习。有几个原因使得多任务学习比 DNN 学习更有利。第一，通过找寻被所有任务支持的局部最优点，多任务学习在特征表达上更具有通用性。第二，它可以缓解过拟合问题，因为采用多个语言的数据可以更可靠地估计共享隐层（特征变换），所以这一点对资源匮乏的任务尤其明显。第三，它有助于并行地学习特征。第四，它有助于提升模型的泛化能力，因为现在的模型训练包含了来自多个数据集的噪声。

虽然 SHL-MDNN 有这些好处，但是如果我们不能正确训练 SHL-MDNN，则不能得到这些好处。成功训练 SHL-MDNN 的关键是同时训练所有语言的模型。当使用整批数据训练如 L-BFGS 或 Hessian Free[253] 算法时，这是很容易做到的，因为在每次模型更新中所有的数据都能被用到。但是，当使用基于小批量数据的随机梯度下降（SGD）训练算法时，最好在每个小批量块中都包含所有语言的训练数据。这可以通过在将数据提供给 DNN 训练工具前进行随机化，使其以包含所有语言的训练音频样本列表的方式高效地实现。

在文献 [533] 中提出了另一种训练方法。在这种方法中，所有的隐层都首先用第 5 章中提到的无监督的 DBN 预训练方式训练得到。然后一种语言被选中，随机初始化这种语言对应的 softmax 层，并将其添加到网络中。这个 softmax 层和整个 SHL-MDNN 由使用这种语言的数据调整。调整之后，softmax 层被下一种语言对应的随机初始化的 softmax 代替，并且用那种语言的数据调整网络。这个过程对所有的语言都不断重复。这种语言序列训练方式的可能产生的一个问题是它会导致有偏差的估计，并且与同时训练相比，性能会下降。

SHL-MDNN 可以用在第 5 章中介绍的生成或鉴别性的预训练技术进行预训练。SHL-MDNN 的调整可以使用传统的反向传播（BP）算法。但是，因为每种语言都使用了不同的 softmax 层，所以算法需要一些微调。当给 SHL-MDNN 训练器一个训练样本时，只有共享的隐层和指定语言的 softmax 层被更新，其他 softmax 层保持不变。

训练之后，SHL-MDNN 可以用来识别任何在训练中用到的语言。因为在这种统一的结构下多种语言可以同时被解码，所以 SHL-MDNN 令大词汇连续语言识别任务变得轻松和高效。如图17–3所示，在 SHL-MDNN 中增加一种新语言很容易，只需在已经存在的 SHL-MDNN 中增加一个新的 softmax 层，并且用新语言训练这个新加的 softmax 层即可。

和只使用单一语言训练得到的单语言 DNN 相比，SHL-MDNN 通过共享隐层和联合训练策略，可以提高所有可解码语言的识别准确率。微软内部对 SHL-MDNN 进行了实验评估[532]。实验中的 SHL-MDNN 有 5 个隐层，每层都有 2048 个神经元。DNN 的输入是 11（5-1-5）帧带一阶和二阶差分的 13 维 MFCC 特征。使用 138 小时的法语（FRA）、195 小时的德语（DEU）、63 小时的西班牙语（ESP）和 63 小时的意大利语（ITA）数据进行训练。对每一种语言，输出层都包含 1800 个三音素的聚类状态（即

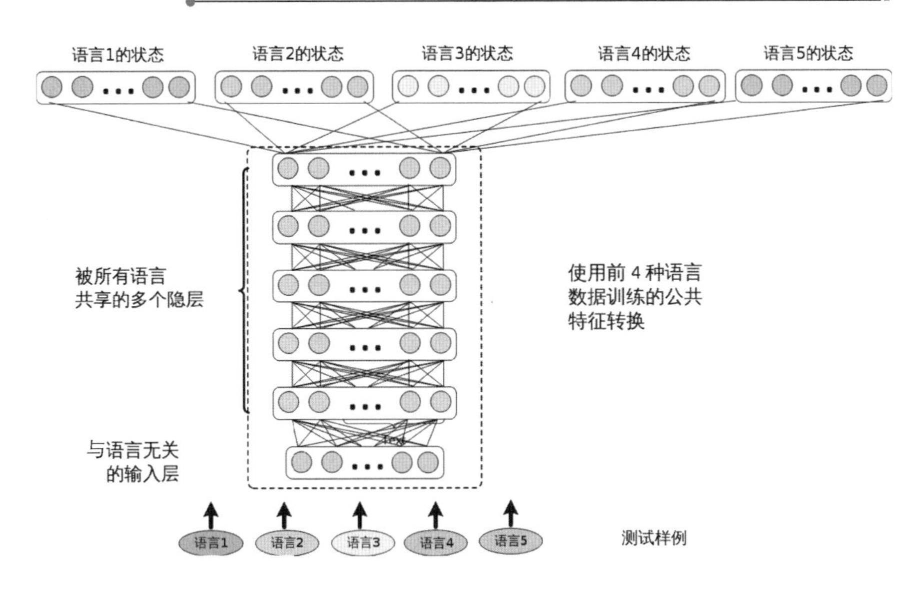

图 17–3　用 4 种语言训练的 SHL-MDNN 支持第 5 种语言

输出类别），它们是由用相同训练集和最大似然估计（MLE）训练得到的 GMM-HMM 系统确定的。SHL-MDNN 使用无监督的 DBN 预训练方法初始化，然后用由 MLE 模型对齐的聚类后的状态使用 BP 算法调整模型。训练得到的 DNN 被用到在第 6 章介绍的 CD-DNN-HMM 框架中。

表 17.1 比较了单语言 DNN 和共享隐层的多语言 DNN 的词错误率（WER），单语言 DNN 只使用指定语言的数据训练，并用这种语言的测试集测试，SHL-MDNN 的隐层由 4 种语言的数据训练得到。从表 17.1 中可以观察到，在所有语言中，SHL-MDNN 比单语言 DNN 有 3%~5% 相对 WER 的减少。我们认为来自 SHL-MDNN 的性能提升是因为跨语言知识。即使在有超过 100 小时训练数据的 FRA 和 DEU 中，SHL-MDNN 的性能仍然有提升。

表 17.1　比较单语言 DNN 和共享隐层的多语言 DNN 的词错误率（WER）；括号中的数据表示 WER 的相对减少（总结自 Huang 等[532]）

	FRA	DEU	ESP	ITA
测试集大小（单词）	40k	37k	18k	31k
单语言 DNN 词错误率	28.1%	24.0%	30.6%	24.3%
SHL-MDNN 词错误率	27.1% (–3.6%)	22.7% (–5.4%)	29.4% (–3.9%)	23.5% (–3.3%)

17.2.3 跨语言模型迁移

从多语言 DNN 中提取的共享隐层可以被看作由多个源语言联合训练得到的特征提取模块。因此，它们含有识别多种语言的语音类别的信息，并且可以识别新语言的音素。

跨语言模型迁移的过程很简单。我们仅提取 SHL-MDNN 的共享隐层，并在其上添加一个新的 softmax 层，如图17–4所示。softmax 层的输出节点对应目标语言聚类后的状态。然后我们固定隐层，用目标语言的训练数据训练 softmax 层。如果有足够的训练数据可用，则还可以通过进一步调整整个网络额外提升模型的性能。

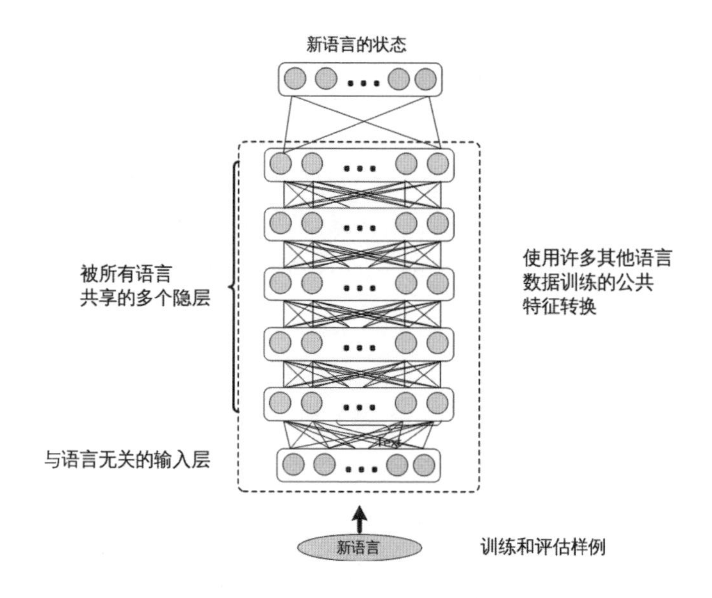

图 17–4　跨语言模型迁移。隐层从多语言 DNN 中借来，而 softmax 层需要用目标语言的数据训练

为了评估跨语言模型迁移的效果，在文献 [532] 中做了一系列实验。在这些实验中，两种不同的语言被用作目标语言：与17.2.2 节中训练 SHL-MDNN 的欧洲语言相近的美式英语（ENU）和与欧洲语言相差较远的中文普通话（CHN）。ENU 测试集包括 2286 句话（或 18000 个词），CHN 测试集包括 10510 句话（或 40000 个字符）。

隐层的可迁移性

第 1 个问题是隐层是否可以被迁移到其他语言上。为了回答这个问题，我们假设 9 小时美式英文训练数据（55737 句话）可以构建一个 ENU 的 ASR 系统。表 17.2 总结了实验结果。一种方式是基线 DNN 只用 9 小时 ENU 训练，当采用这种方式时，ENU 测试集上的 WER 为 30.9%。另一种方式是借用从其他语言中学到的隐层（特征变换）。在这个实验中，一个单语言的 DNN 由 138 小时的法语数据训练得到。这个 DNN 的隐层随后被提取并在美式英语 DNN 中被复用。如果隐层固定，则只用 9 小时美式英语数据训练 ENU 对应的 softmax 层，就可以获得相对基线 DNN 的 3.6% 的 WER 减少（30.9%→27.3%）。如果整个法语 DNN 用 9 小时美式英语数据重新训练，就可以获得 30.6% 的 WER，这比 30.9% 的基线 WER 还要略微好一点。这些结果说明法语 DNN 的隐层所表示的特征变换可以被有效地迁移以识别美式英语语音。

表 17.2 比较使用和不使用迁移自法语 DNN 的隐层网络在 ENU 测试集上的词错误率（WER）（总结自 Huang 等[532]）

设置	词错误率
基线 DNN （只用 9 小时美式英语训练）	30.9%
法语训练的隐层 + 重新调整所有层	30.6%
法语训练的隐层 + 只重新调整 softmax 层	27.3%
用 4 种语言训练的隐层 + 只重新调整 softmax 层	25.3%

另外，如果在17.2.2节中描述的 SHL-MDNN 的共享隐层被提取并用在美式英语 DNN 中，则可以得到额外 2.0% 的 WER 减少（27.3%→25.3%）。这说明在构造美式英语 DNN 时，提取自 SHL-MDNN 的隐层比提取自单独的法语 DNN 的隐层更有效。总之，相对于基线 DNN，通过使用跨语言模型迁移可以获得 5.6%（或相对 18.1%）的 WER 减少。

目标语言训练集的大小

第 2 个问题是目标语言的训练集大小如何影响多语言 DNN 跨语言模型迁移的性能。为了回答这个问题，Huang 等人做了一些实验，假设 3、9 和 36 小时的英语（目标语言）训练数据可用，源自文献 [532] 的表 17.3 总结了实验结果。从表中可以观察到，使用迁移隐层的 DNN 始终好于不使用跨语言模型迁移的基线 DNN。我们还可以观察到，当有不同大小的目标语言数据可用的时候，最优策略会有所不同。当目标语言的训练数据少于 10 小时的时候，最好的策略是只训练新的 softmax 层。当数据分别为 3 小时和 9 小时的时候，这么做可以看到 28.0% 和 18.1% 的 WER 相对减少。当训练数据足够多的时候，进一步训练整个 DNN 可以得到额外的错误减少。例如，当 36 小时的美式英语语音数据可用时，我们观察到通过训练所有的层，可以获得额外的 0.8% 的 WER 减少（22.4%→21.6%）。

表 17.3　比较当隐层迁移自 SHL-MDNN 时，目标语言训练集的大小对词错误率（WER）的影响（总结自 Huang 等[532]）

美式英语训练集	3 小时	9 小时	36 小时
基线 DNN（只用英语数据训练）的 WER	38.9%	30.9%	23.0%
SHL-MDNN + 仅重新调整 softmax 层的 WER	28.0%	25.3%	22.4%
SHL-MDNN + 重新调整所有层的 WER	33.4%	28.9%	21.6%
最好的词错误率相对减少（%）	28.0%	18.1%	6.1%

从欧洲语言到中文普通话的迁移是有效的

第 3 个问题是跨语言模型迁移方式的效果是否对源语言和目标语言之间的相似性敏感。为了回答这个问题，Huang 等人[532] 使用了与训练 SHL-MDNN 的欧洲语言极其不同的中文普通话（CHN）作为目标语言。文献 [532] 中的表 17.4 列出了在不同中文训练集大小的情况下，使用基线 DNN 和经过多语言增强的 DNN 的字错误率（CER）。当中文数据少于 9 小时的时候，只有 softmax 层被训练；当中文数据多于 10 小时的时候，所有的层都被进一步调整。我们可以看到通过使用迁移隐层的方法，所有的 CER 都减少了。即使有 139 小时的 CHN 训练数据可用，我们仍然可以从 SHL-MDNN 中获得 8.3% 的 CER 相对减少。另外，当只用 36 小时的中文数据的时候，我们可以通过迁移 SHL-MDNN 的共享隐层的方式在测试集上得到 28.4% 的 CER。这比使用 139 小时中文训练数据的基线 DNN 得到的 29% 的 CER 还好，节省了超过 100 小时的中文数据。

表 17.4 CHN 的跨语言模型迁移效果，由字错误率（CER）减少衡量；括号中是 CER 的相对减少（总结自 Huang 等[532]）

中文训练集	3 小时	9 小时	36 小时	139 小时
基线 DNN（仅用中文训练）	45.1%	40.3%	31.7%	29.0%
SHL-MDNN 模型迁移	35.6% (−21.1%)	33.9% (−15.9%)	28.4% (−10.4%)	26.6% (−8.3%)

使用标注信息的必要性

第 4 个问题是通过无监督学习提取的特征是否可以在分类任务上表现得和有监督学习一样好。如果回答是肯定的，则这种方法具有显著的优势，因为获取未标注的语音数据比获取标注过的语音数据要容易很多。本节讨论标注信息对于高效学习多语言数据的共享表示的重要性。基于文献 [532] 中的结果，表 17.5 比较了在训练共享隐层的时候，使用和不使用标注信息的两种系统的性能。从表 17.5 中可以看出，只使用预训练过的多语言深层神经网络，然后使用 ENU 数据适应学习整个网络的方法，性能提升很小（30.9%→30.2%）。这个提升显著小于当使用标注信息时得到的提升（30.9%→25.3%）。这些结果表明，标注数据比未标注数据更有价值，在从多语言数据中学习高效特征时标注信息的使用非常重要。

表 17.5 对比在 ENU 数据上使用和不使用标注信息时从多语言数据上学习到的特征（总结自 Huang 等[532]）

	SHL-MDNN 是否带标注训练?	词错误率
基线 DNN（仅使用 9 小时的美式英语数据训练）	—	30.9%
SHL-MDNN + 仅重新调整 softmax 层	No	38.7%
SHL-MDNN + 重新调整所有的层	Yes	30.2%
SHL-MDNN + 仅重新调整 softmax 层	Yes	25.3%

17.3 语音识别中深层神经网络的多目标学习

因为多任务学习可以潜在地提高所有相关任务的泛化能力，所以它同样可以被应用于语音识别中更加一般化的深层神经网络多目标学习。在本节中，我们列举了三个相关的应用任务。注意，在这三个任务中，训练集都很小。

17.3.1 使用多任务学习的鲁棒语音识别

在文献 [534] 中，Lu 等人提出可以通过多任务学习提高在噪声环境下数字识别任务的鲁棒性。如图17–5所示，他们使用了一个单隐层的循环神经网络来进行数字分类。不同于以往的是，他们同时训练该神经网络用于数字分类、噪声语音增强和说话人性别识别。在他们的实验里，有 1000 个样例用于训练，有 110 个样例用于控制训练的停止条件。测试是在 Aurora 测试集 A 中孤立的数字样本上进行的。他们观察到，同时加入增强和性别识别任务相比只做数字分类的系统，其相对错误率可以降低 50%。

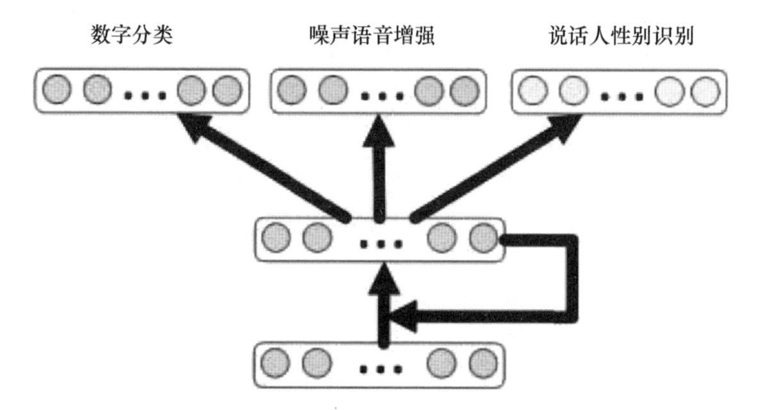

图 17–5 通过同时学习数字分类、噪声语音增强和说话人性别识别任务来训练神经网络，提高噪声环境下数字识别的性能

17.3.2 使用多任务学习改善音素识别

在文献 [535] 中，Seltzer 和 Droppo 使用给 DNN 加入辅助任务的方法，在 TIMIT 音素识别任务[545] 中提高了 DNN-HMM 系统的识别准确率。他们将一个用于音素识别的标准 DNN 作为训练目标，其中包含 4 个 2048 节点的隐层；将 183 个单音素状态作为分类目标。他们研究了如下三种不同的辅助任务。

- 音素标注任务：他们通过把状态标记向上映射到它相应的音素标注来为每一个训练样本创建音素标注，然后将该音素标注作为辅助任务的目标。直觉上，DNN 可以知道哪些状态是属于同一个音素的，不需要过于生硬地分离这些状态。
- 状态上下文任务：除了对中间帧的状态标注分类，他们也加入了对前一帧和后一帧的声学状态标注分类的辅助任务。该辅助任务的目标函数衡量了模型同时预测当前声学模型状态，以及前一个和后一个声学模型状态的能力。该方法通过给出声学状态的时间演化信息，让系统可以在它们的音素边界的中间分辨声学状态。
- 音素上下文任务：因为这里的主要任务是识别单音素状态，所以没有音素的上下文信息（比如三音素状态模型的）。为了补偿上下文信息的缺失，他们加入了识别左侧和右侧上下文音素标注的辅助任务。

他们在 TIMIT 数据集（包括 630 名本地英语说话人的连续语音，每个说话人都有 8 句合格的句子）上做了一系列的实验[545]。核心测试集由 24 名说话人的数据组成，而训练集由另外 462 名说话人的数据组成。识别时使用了 61 个音素标注，每个音素都包含三个状态，总共有 183 个可能的单音素状态。辅助任务只在训练过程中被使用，而在测试中被忽略。沿用文献 [546] 的方法，解码结束后，这 61 个音素标注被压缩成 39 个，并用于打分。

实验结果表明，将音素标注分类作为辅助任务并不影响主要任务的结果。这是可以理解的，因为音素标注与已经在主任务中使用的状态标注相比，并没有提供更多的信息。而将音素上下文分类作为辅助任务，在核心测试集上音素错误率（Phonetic Error Rate，PER）下降（21.63%→20.25%）

最多，并超过了文献中使用一个标准前向传播网络结构的 DNN 的最好性能。可以定论，如果选择了合适的辅助任务，网络就能够在不同的任务中利用公共的结构去学习一个具有更好泛化能力的模型。

17.3.3 同时识别音素和字素

在文献 [536] 中，Chen 等人提出，在多任务学习（MTL）的框架下使用同一语言的三字素模型与三音素模型联合训练的方法，可以为低资源语言提高三音素模型的泛化能力。对于同一种语言，三音素建模和三字素建模是相关的学习任务，用于音素分类和字素分类的特征可以被共享。

在文献 [536] 中，三音素声学建模是主要任务，三字素声学建模是辅助任务。其系统框架和在多语言语音识别里使用的非常相似，除了它们对给定的一帧声学输入，有两个输出层分别对三音素状态和三字素状态的后验概率进行训练建模，所有的隐层在两个任务之间都是完全被共享的。Chen 等人在三种低资源的南美语言（即 Afrikaans、Sesotho 和 Swati，每个都有 1 小时的训练音频）上对这个 MTL 系统进行了评价。他们发现，多任务 DNN（MTL-DNN）相比单任务学习（Single Task Learning，STL）DNN 相对错误率下降 5%~13%。更有意思的是，MTL-DNN 甚至比三音素和三字素的 STL DNN 通过 ROVER[316] 融合的系统还有 0.5%~4.2% 的相对错误率下降。

17.4 使用视听信息的鲁棒语音识别

一些任务的目标是利用其他资源信息（比如视觉信息）提高主任务（比如语音识别）的准确率。如果根据额外信息设计的任务同时得到优化，则这样的问题就可以被算作一个多任务学习问题。然而在大多数情况下，辅助任务是不被优化的，因为主任务的性能提升主要来自额外信息，而不是多任务学习。所以在这样的应用中，关键的设计问题就变成了如何利用这些额外信息。

在第 8 章中讨论的混合带宽语音识别就是这种应用的一个例子。如图8–12 所描述的那样，有两类信息源：低滤波组的输出和高滤波组的输出。

只使用低滤波组的信息识别准确率会更低，比如在输入信号是窄带的情况下就是如此。如果在多频段信号中同时使用这两种信息源，我们就可以得到额外的错误率下降。不仅如此，由于 DNN 架构的正则化和训练数据的合并，使用混合带宽数据训练 DNN 会同时提高在窄带和宽带音频上的性能。

在文献 [537] 中，Huang 和 Kingsbury 提出了一个相似的架构。他们的目标是通过视听信息来提高鲁棒语音识别的准确率。其系统架构如图17–6所示，它是图17–1的一种特殊形式。

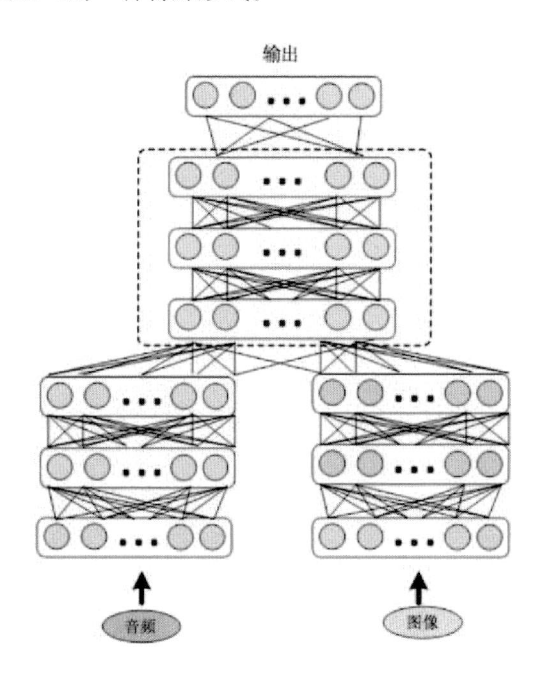

图 17–6 一个利用视听信息提高噪声语音识别性能的 DNN 架构。虚线矩形框内的灰色隐层是两种模态共享的

他们的工作受人类语言感知[547] 的双模态原理（听觉和视觉）启发。因为视觉信息和声音信号是分离的，对于声学噪声具有不变性，所以它可以在干净和噪声环境[548–554] 下都强有力地提升纯声音信号的语音识别性能。不足为奇的是，最成功的系统已经可以从面部相关区域提取视觉特征。在文献 [537] 中，Huang 和 Kingsbury 的研究基于 DNN，并致力于使用视觉模态补充声音信号的方法来提高视听语音识别能力。他们研究了两种可行的技术。第 1 种技术是融合两个单独模态下的 DNN，一个用于声音信

号，另一个用于视觉特征。第 2 种技术是融合图17–6所示的中间层隐层的特征。在一个连续口语数字识别任务上，他们的实验表明，相对于多流视听 GMM/HMM 系统的基线，这些方法可以将字的相对错误率降低 21%。

第18章 基于深度学习的单通道语音增强和分离技术

摘要 在真实环境下，语音信号往往伴随着干扰噪声，人类具备从复杂环境下关注并提取特定信号的能力，但是对于机器来说，这还很困难。对这种问题的研究可以追溯至半个世纪之前，它也被称为“鸡尾酒会问题”。在语音处理中，常见的语音信号处理任务是语音增强和语音分离。近年来，随着深度学习技术的发展，科研人员在这两个任务中都取得了显著的进步。通常，收集信号的传感器类型可以分为单麦克风和多麦克风（麦克风阵列）。相应地，拾音设备所采集到的语音信号也可以分为两类，即单通道和多通道。本章主要关注单通道语音信号处理，将介绍深度学习在单通道语音信号的增强、分离与多人识别方面的应用。相比传统信号处理的方法，基于深度学习的方法有其独特的优势，其主要思想是将神经网络模型作为回归预测模型，来预测原始干净语音或者单人语音信号。后面还会分别介绍几种更高级的方法，包括深度聚类方法、深度吸引子方法、排列不变性训练方法、时域音频分离网络等，这些方法在利用深度学习模型做语音分离时，可以有效缓解多说话人的标注置换问题，提升语音分离性能。

18.1 单通道语音增强技术

语音增强技术是一种提高受噪声等复杂环境干扰的语音质量的技术，旨在提取有用的目标信号，减少干扰噪声。在日常生活中对语音增强技术的需求随处可见，比如移动电话、助听器等设备，使用语音增强对于语音识别系统的使用也有帮助。在深度学习之前，研究人员们通过利用语音和噪声信号的统计学特征提出了一些加性噪声的解决方法，包括谱减法（Spectral

Subtraction）[557]，以及基于频谱和基于滤波的方法。在基于频谱的方法中包括最小均方误差（Minimum Mean-square Error，MMSE）[558–562]、最大似然估计及最大后验概率估计；基于滤波的方法是利用滤波器剥除噪声。尽管这些方法对加性噪声信号有一定的抑制作用，但是在处理日常生活中的非稳定噪声信号时，效果还不能令人满意。

深度学习的流行使得研究人员可以模拟更加复杂的过程。近年来，研究人员提出了许多基于深度学习的语音增强模型，将带噪的语音时频信号作为输入，利用深层神经网络去掉噪声信号，抽取出语音信号。在过去几年里，各种各样的方法被提了出来，其中的两类代表性方法分别是在语音时频掩蔽值上进行建模[563–565] 和直接在语音谱上进行建模[566, 567]。在前一类方法中，神经网络判断每一个时频点（Time-frequency Unit）为语音信号或噪声信号；在后一类方法中，神经网络直接从输入带噪信号中预测干净语音信号。下面对这两种方法的细节进行介绍。

在噪声语音信号的频谱特征中，每个时频点的能量都来自语音和噪声，并且其中一种声源的能量占据主导（Dominant）地位，因此可以将语音增强任务建模为对掩蔽值的预测问题，判断每个时频点能量的主导声源是噪声还是语音。研究人员利用神经网络等模型估计输入特征每个时频点的理想二值掩蔽（Ideal Binary Mask，IBM）[568, 569]。在得到二值掩蔽之后，便可以从带噪声语音信号中减小噪声主导时频点的能量或者利用语音主导时频点的信息重构完整的语音信号。另外，可以用理想浮值掩蔽（Ideal Ratio Mask，IRM）代替二值掩蔽，每个时频点对应的值都表示语音主导的概率，或者可以将其看作所占能量的比例。因此，可以利用神经网络模型，将带噪声语音信号的特征 $\boldsymbol{Y}$ 作为输入，输出每个时频点的掩蔽 $\hat{\boldsymbol{M}}$；在训练时，误差函数可以利用交叉熵或者信号重构误差来优化模型：

$$\mathcal{L} = \frac{1}{N}\sum_{n=1}^{N} CE(\hat{\boldsymbol{M}}_n, \boldsymbol{M}_n) \tag{18.1}$$

或

$$\mathcal{L} = \frac{1}{N}\sum_{n=1}^{N} \mathrm{MSE}(\hat{\boldsymbol{M}}_n \circ \boldsymbol{Y}_n - \boldsymbol{X}_n), \tag{18.2}$$

其中，$\circ$ 表示元素级（Element-Wise）的乘法，$\boldsymbol{M}$ 表示实际的掩蔽值，$\boldsymbol{X}$

表示没有和噪声语音相对应的干净语音信号。

与基于时频点掩蔽预测的方法不同，2014 年，研究人员提出了基于语音谱直接预测的语音增强方法[566]，后来又对该方法进行了改进[567]。模型的输入特征为对数能量谱（Log-power Spectra）$\boldsymbol{Y}$，即时域信号在短时傅里叶变换之后取其对数能量谱，然后用基于神经网络的回归模型来预测对应没有噪声语音的对数能量谱 $\hat{\boldsymbol{S}}$。在训练过程中，研究人员采用了最小均方误差准则（Minimum Mean-suaured Error）来优化神经网络：

$$\mathcal{L}=\frac{1}{N}\sum_{n=1}^{N}\left\|\hat{\boldsymbol{S}}_n(\boldsymbol{Y}_{n-\tau}^{n+\tau},\boldsymbol{W},\boldsymbol{b})-\boldsymbol{S}_n\right\|_2^2 \tag{18.3}$$

其中，$\hat{\boldsymbol{S}}_n(\boldsymbol{Y}_{n-\tau}^{n+\tau},\boldsymbol{W},\boldsymbol{b})$ 是模型估计的特征，$\boldsymbol{S}_n$ 表示干净信号的对数谱，N 表示批（batch）大小，$\boldsymbol{Y}_{n-\tau}^{n+\tau}$ 表示前后各相邻 τ 帧的上下文窗的带噪对数谱特征，$(\boldsymbol{W},\boldsymbol{b})$ 表示训练参数。在得到去噪后的对数谱之后，可以计算对应的去噪谱特征 $\hat{\boldsymbol{X}}_d$：

$$\hat{\boldsymbol{X}}_d=\exp\left\{\hat{\boldsymbol{S}}_d/2\right\}\exp\left\{\mathrm{j}\angle\boldsymbol{X}_d\right\} \tag{18.4}$$

其中，$\angle\boldsymbol{X}_d$ 表示带噪语谱特征的相位的第 d 维。在得到去噪的信号之后，还可以利用更先进的后处理方法得到质量更高的语音信号。

以上两类方法都需要准备大量的带噪语音和干净语音的并行数据进行模型训练，所以一般需要通过仿真的方法来得到用于训练的并行成对语音数据。通常在训练过程中通过人工仿真的方法加入大量不同噪声条件的带噪语音信号，可以提升模型的性能和泛化能力，使得模型的表现在各种噪声条件下都更加稳定。本章余下的内容介绍了如何利用深度学习处理单声道多说话人的语音分离和标注置换问题。

18.2　单通道多说话人的语音分离和标注置换问题

语音增强技术用于抑制噪声信号及提取语音信号。另外一种常见的任务是干扰信号与目标信号具有相同性质，例如都是语音信号，需要将混合信号分离，分别得到来自每个声源的语音信号，这种任务一般被称为声源分离任务。语音分离是声源分离任务的一种特殊情况，其中的目标信号与干扰信号都是语音。

在利用深层神经网络解决多说话人的语音分离和识别任务的早期研究中，研究人员通常利用监督性学习训练一个神经网络模型，将多说话人混合的语音进行分离和识别[563, 565, 570, 571]。这些研究方法与上一节中的语音增强任务中的神经网络结构在设计上比较相似：首先，将混合语音信号的频谱特征作为模型的输入，然后经过神经网络多个隐层的计算将特征映射到另一个空间。与语音增强只有一个输出层来预测干净语音不同的是，在语音分离任务中一般有多个输出层，分别对应不同说话人的语音信号的掩蔽或者分离之后的谱信号，或者直接输出对每个说话人的识别结果。在训练模型时，误差函数为每个说话人预测结果的误差总和，然后计算梯度，利用反传算法优化模型。假定混合音频信号 $\boldsymbol{y}$ 是由来自 S 个说话人的混合音频信号线性叠加而成的，即

$$\boldsymbol{y}=\sum_{s=1}^{S}\boldsymbol{x}_s \tag{18.5}$$

给定 $\boldsymbol{y}$ 作为输入，那么神经网络在预测时有 S 个输出 $f_s(\boldsymbol{x}), s=\{1,2,\cdots,S\}$，每一个输出都对应一个说话人。我们需要计算每一个输出 $f_s(\boldsymbol{x})$ 和其对应的标注（Label）$\boldsymbol{l}_s, 1\leqslant s\leqslant S$ 之间的误差并求和，作为最终的损失函数 $\mathcal{L}$：

$$\mathcal{L}=\sum_{s=1}^{S}\operatorname{Loss}\left(f_s(\boldsymbol{x}),\boldsymbol{l}_s\right) \tag{18.6}$$

但是由于神经网络模型的限制，每个输出与每个标注的对应关系都是很难预先确定的，例如在文献 [570] 中，研究人员利用每个声源的能量信息确定标注的顺序。目前在大部分工作中，顺序都是在训练数据准备过程中被设定的。在这样的条件下，这些深度学习模型在进行语音分离时，都会受到标注置换问题（Label Permutation Problem）的影响，导致识别性能下降。

在标注置换问题中，由于混合语音信号中声源的顺序并不影响混合的结果，因此无法确定输出与标注的顺序。例如，我们有三个声源 A、B 和 C，有两个训练样例的混合音频 $A+B$、$A+C$，假设我们预先规定顺序：模型的第一个输出表示声源 A，第二个输出表示声源 B 或 C。当训练样例

$B+C$ 作为输入时，模型的预测输出就会与之前训练中的输出不一致；或者简单地说，如果一个混合声源的输入是 $A+B$，那么分离模型的输出顺序既可以是 $A+B$，也可以是 $B+A$。这就是标注置换问题。

近年来，针对标注置换问题，一些方法取得了不错的效果，例如深度聚类（Deep Clustering）、深度吸引子网络（Deep Attractor Network）、排列不变性训练（Permutation Invariant Training）等。下面对其逐一展开介绍。

18.3　深度聚类

在深度学习技术被应用之前，计算听觉场景分析（Computational Auditory Scene Analysis，CASA）[572–574] 是一种非常重要的用于解决语音分离的方法。CASA 利用听觉知识对语音中的信息进行聚类，达到分离的目的。而在深度学习出现之后，文献 [575, 576] 提出将深层神经网络与聚类（Clustering）方法结合在一起的模型，叫作深度聚类（Deep Clustering，DPCL）。该方法假设在混合语音的频谱特征中每个时频点都可以被划分成不同的类，其中的每个类都表示该时频点被一个声源占据主要能量。

假定包含 S 个说话人的混合语音信号 $\boldsymbol{y}$ 对应的频谱特征为 $\boldsymbol{Y}=\{Y_{t,f}\}_{t=1,f=1}^{T,F}$，其中 t,f 分别表示时间和频率的索引。为了方便表述，我们用 i 来简单标记每个时频索引 (t,f)，记为 $Y_i=Y_{t,f}\in\mathbb{C}$，其中 $i\in\{1,2,\cdots,N\}$，其对应的标注为 $\boldsymbol{E}\in\{0,1\}^{N\times S}$，是一个 $N\times S$ 矩阵，其中的每个元素 $E_{i,s}\in\{0,1\}$ 都是一个指示符，当 $E_{i,s}=1$ 时，表示第 i 个时频点中占据主要能量的说话源是 s，当 $E_{i,s}=0$ 时，则不是。因此，仿射矩阵（affinity matrix）$\boldsymbol{E}\boldsymbol{E}^{\mathrm{T}}\in\{0,1\}^{N\times N}$ 就表示时频点之间声源的关系：当时频点 $\boldsymbol{Y}_i$ 跟 $\boldsymbol{Y}_j$ 的主要说话人相同时，$\boldsymbol{E}\boldsymbol{E}^{\mathrm{T}}_{i,j}=1$；反之，$\boldsymbol{E}\boldsymbol{E}^{\mathrm{T}}_{i,j}=0$。这种方法的好处在于矩阵 $\boldsymbol{E}\boldsymbol{E}^{\mathrm{T}}$ 与声源的排列顺序无关，可以通过简单的计算证明：对于任意的说话源排列顺序 $\boldsymbol{P}$，$(\boldsymbol{E}\boldsymbol{P})(\boldsymbol{E}\boldsymbol{P})^{\mathrm{T}}=\boldsymbol{E}\boldsymbol{E}^{\mathrm{T}}$。

在深度聚类方法中，为了方便和准确地对时频点进行聚类，我们利用神经网络将每个时频点 Y_i 都投影到一个高维的空间里，得到相应的嵌入表示向量（Embedding Vector）$\boldsymbol{V}_i\in\mathbb{R}^D$：

$$V = f_\theta(Y) \in \mathbb{R}^{N\times D} \tag{18.7}$$

其中，$f_\theta(\cdot)$ 表示神经网络。向量 V_i 是一个单位向量，即 $V_i^{\mathrm{T}}V_i=1$，包含该时频点的主要说话人信息。当两个时频点的主要说话人一致时，$V_i^{\mathrm{T}}V_j \sim 1$，反之 $V_i^{\mathrm{T}}V_j \sim 0$。在训练时，学习的目标是使矩阵 VV^{T} 与目标矩阵 EE^{T} 相似，即学习的目标函数最小化：

$$\begin{aligned}\mathbb{C}_{E(Y)} &= \left\|VV^{\mathrm{T}} - EE^{\mathrm{T}}\right\|_{\mathrm{F}}^2 \\ &= \sum_{i,j}(\langle v_i, v_j\rangle - \langle v_i, v_j\rangle)^2 \qquad (18.8)\\ &= \sum_{i,j:e_i=e_j}(|v_i - v_j| - 1)^2 + \sum_{i,j}\langle v_i, v_j\rangle^2 \qquad (18.9)\end{aligned}$$

其中，$\|A\|_{\mathrm{F}}^2$ 是矩阵 A 的平方弗罗贝尼乌斯范数（Squared Frobenius Norm）。该训练目标使得属于同一说话人的向量 V_i 和 V_j 相互靠近，同时公式 (18.9) 中的第 2 项引入了正则项，防止训练过拟合。虽然矩阵规模巨大，但是在实际情况下，矩阵 VV^{T} 是低秩的，因此计算并不复杂[575]。

在推理测试（Inference）的时候，混合语音信号频谱特征 Y 被输入神经网络中，得到所有时频点的嵌入向量表示 V，然后对这些嵌入向量 $v_i \in \mathbb{R}^D$ 做 K-means 聚类：

$$\bar{Y} = \arg\min_{Y} \mathcal{K}_V(Y) = \|V - YM\|_{\mathrm{F}}^2 \tag{18.10}$$

$$M = (Y^{\mathrm{T}}Y)^{-1}Y^{\mathrm{T}}V \tag{18.11}$$

其中 M 是每个类的均值，维度为 $S\times D$。最后得到的聚类结果 $\bar{Y}$ 表示时频点的分割结果，是一个二值掩蔽（Binary Mask）。预测分类的结果 $\bar{Y}$ 与真实标注 Y 之间的误差可以用多种统计方法来计算[577–579]，比如 χ^2 误差：

$$d_{\chi^2}(\bar{Y}, Y) = \left\|\bar{Y}(\bar{Y}^{\mathrm{T}}\bar{Y})^{-1}\bar{Y}^{\mathrm{T}} - Y(Y^{\mathrm{T}}Y)^{-1}Y^{\mathrm{T}}\right\|_{\mathrm{F}}^2 \tag{18.12}$$

近年来，深度聚类的工作还有一些新的进展，例如用新的目标函数[580]做模型优化，以及在多通道语音上的应用[581] 等，都显示出深度聚类方法在语音分离任务中具有很优异的性能。尽管如此，它仍然有许多不足的地方，比如整个流水线被分为很多步骤，有点烦琐；另外，因为聚类算法需要看到所有的时频点，所以在实时产品的应用中仍然受到限制。

18.4　深度吸引子

深度聚类算法的训练目标是优化嵌入向量得到的声源仿射矩阵，神经网络的输出不能直接得到分离的信号。第 2 种基于神经网络的方法深度吸引子网络（Deep Attractor Network，DANet）[582]，设计了一种新的结构，如图18–1所示。

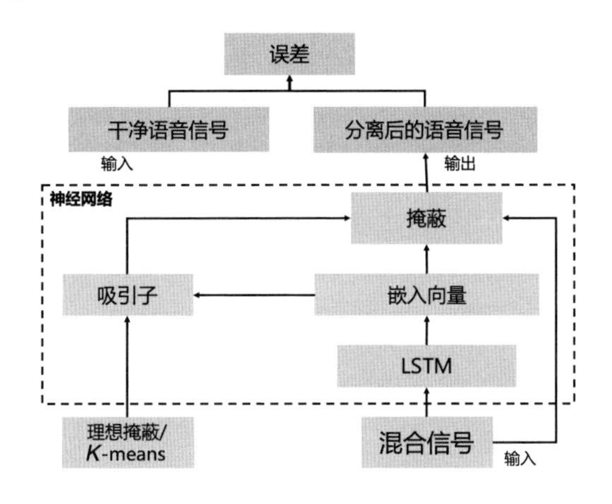

图 18–1　深度吸引子网络模型

吸引子（Attractor）来自人类语音感知研究领域中的感知效果（Perceptual Effects）概念，研究人员认为人类的大脑回路会产生一种感知吸引子（Perceptual Attractors），可以改变激励空间（Stimulus Space），从而把与吸引子相近的声音拉拢起来[583]。受到这个概念的启发，深度吸引子方法也尝试生成一个“参考吸引子”，把与它相近的每个声源的时频点在嵌入空间中都聚集到一起。根据时频点的嵌入向量与每个说话声源的吸引子的相似程度，为每个说话声源都估计一个理想掩蔽。这种方法与深度聚类一样，不受标注置换的影响，因为它也用到了一个软聚类（Soft-clustering）方法。而且，因为最后估计的掩蔽数量与吸引子有关，所以理论上可以扩展到任意多声源的场景下。

深度吸引子方法的计算过程如下：给定 S 个说话源的混合语音信号 $\boldsymbol{y}$，将信号 $\boldsymbol{y}$ 的频谱特征 $\boldsymbol{Y}$ 输入神经网络中，估计出一个 K 维的嵌入向量

$\boldsymbol{V} \in \mathbb{R}^{F\times T\times K}$。在训练时，嵌入空间中，吸引子 $\boldsymbol{A} \in \mathbb{R}^{S\times K}$ 的学习过程为

$$\boldsymbol{A}_{s,k} = \frac{\sum_{f,t} \boldsymbol{V}_{k,ft} \times \boldsymbol{E}_{s,ft}}{\sum_{f,t} \boldsymbol{E}_{s,ft}} \tag{18.13}$$

其中，$\boldsymbol{E} \in \mathbb{R}^{F\times T\times S}$ 是每个时频点上的主导说话人身份。掩蔽（Mask）$\boldsymbol{M}$ 在嵌入空间中的计算过程为

$$\boldsymbol{M}_{f,t,s} = \text{softmax}\left(\sum_{K} \boldsymbol{A}_{s,k} \times \boldsymbol{V}_{ft,k}\right) \tag{18.14}$$

神经网络训练的目标是最小化误差 $\mathcal{L}$，

$$\mathcal{L} = \sum_{f,t,s} \|\boldsymbol{X}_{f,t,s} - \boldsymbol{Y}_{f,t} \times \boldsymbol{M}_{f,t,s}\|_2^2 \tag{18.15}$$

其中，$\boldsymbol{X}$ 是 S 个声源对应的干净频谱特征。

在测试时，因为说话人身份信息 $\boldsymbol{E}$ 是未知的，所以吸引子向量 $\boldsymbol{A}$ 需要通过其他方法来估计，比如可以用 K-means 算法来估计或者使用在训练过程估计出的吸引子向量。根据观察发现，吸引子在嵌入空间中的分布在训练和测试时都相对稳定[582]。因为深度吸引子网络方法与深度聚类方法有很大的相似性，所以深度聚类方法的某些缺点也会在深度吸引子网络方法上存在。

18.5 排列不变性训练

在深度聚类方法和深度吸引子方法中，都需要在神经网络之外使用聚类等算法进行额外处理，这样做的一个弊端是造成误差传递积累。在文献 [584, 585] 中提出了一种新的基于神经网络的方法，叫作排列不变性训练（Permutation Invariant Training，PIT），该方法完全在神经网络的框架下解决语音分离任务及遇到的标注置换问题。在排列不变性训练方法中，把 S 个说话人的标注当作一个集合，并不预先设计它们之间的顺序，而是让神经网络自己去学习标注分配的顺序：首先确定所有可能的输出与标注的匹配方式，共有 $S!$ 种，即 $\{1,2,\cdots,S\}$ 的全排列（Permutation）；然后计算在每种排列方式下所有输出与标注的平均损失；最后选择平均损失

最小的排列方式作为模型的误差并反向传播训练神经网络：

$$\mathcal{L} = \frac{1}{S} \min_{s' \in \mathcal{P}(S)} \sum_{s} \sum_{t} \text{Loss}(\hat{\boldsymbol{X}}_s, \boldsymbol{X}_s), s = 1, \cdots, S \tag{18.16}$$

其中 $\mathcal{P}(S)$ 表示 $1, \cdots, S$ 的全排列。在排列不变性训练中，所有可能的输出与标注的分配方式都被考虑到了，并且选择了最小误差作为最后优化模型的误差，这种方法可以训练神经网络自动学习合适的输出或者标注的顺序；误差的计算过程在整个输入序列上，这种方法强制训练模型，使得每个说话人的信号在每个序列的分离过程中都一直在同一个输出上，使模型可以在一定程度上学习说话人追踪（Speaker Tracing）的能力。另外，排列不变性训练相比一般的神经网络训练，在误差计算时需要额外的计算，但是相比神经网络的计算，在训练过程中引入的计算成本并不大。而且在测试推理过程中并不需要再计算误差，因此其计算效率在测试时并没有降低。本节将介绍在排列不变性训练方法下，如何利用时频掩蔽的回归模型做语音分离。18.6 节还将介绍如何利用排列不变性训练方法进行多说话人的语音识别。

基于时频掩蔽的 PIT 分离模型[584, 585] 如图18–2所示。

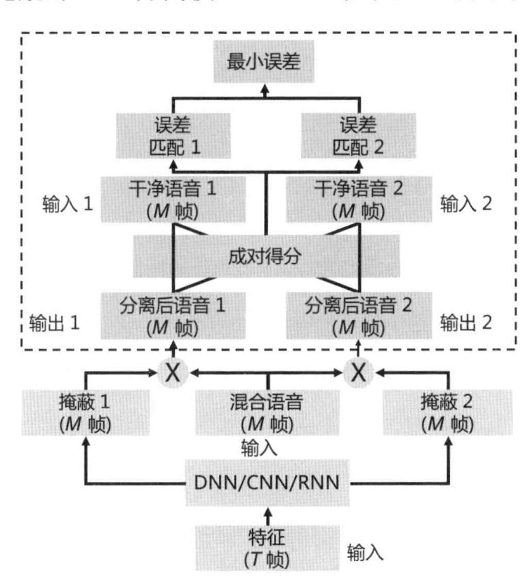

图 18–2　基于时频掩蔽的 PIT 分离模型

混合语音信号 $\boldsymbol{y} = \sum_s \boldsymbol{x}_s$ 通过 STFT 变换之后，将得到的频谱特征 $\boldsymbol{Y}$

作为输入，利用神经网络估计多个说话人信号的时频掩蔽（Mask）。在神经网络的输出层可以使用各种时频掩蔽 $\boldsymbol{M}_s$ 估计，例如理想浮值掩蔽（Ideal Ratio Mask，IRM）、理想幅度掩蔽（Ideal Amplitude Mask，IAM）或者理想相位敏感掩蔽（Ideal Phase Sensitive Mask，IPSM），如下所示：

$$\text{IRM} : M_s^{\text{irm}}(t,f) = \frac{|X_s(t,f)|}{\sum_{s=1}^{S}|X_s(t,f)|} \tag{18.17}$$

$$\text{IAM} : M_s^{\text{iam}}(t,f) = \frac{|X_s(t,f)|}{Y(t,f)} \tag{18.18}$$

$$\text{IPSM} : M_s^{\text{ipsm}}(t,f) = \frac{|X_s(t,f)|\cos(\theta_y(t,f) - \theta_s(t,f))}{|Y(t,f)|} \tag{18.19}$$

在 IRM 中，因为一般观察到的信号是 $\boldsymbol{Y}$，并不知道每个声源 $\boldsymbol{X}_s$，所以 IRM 只是一种理想状态下的设定；在 IPSM 中，θ_y 与 θ_s 分别是混合信号 $Y(t,f)$ 和源说话人 s 的信号 $X_s(t,f)$ 的相位。IRM 和 IPSM 所估计的掩蔽都满足关系 $\sum_{s=1}^{S}\boldsymbol{M}_s(t,f)=1$。

下面给出基于时频掩蔽的分离模型的计算过程：

$$\boldsymbol{H}_0 = \boldsymbol{Y} \tag{18.20}$$

$$\boldsymbol{H}_i = \text{NeuralNets}(\boldsymbol{H}_{i-1}) \qquad i=1,\cdots,N \tag{18.21}$$

$$\boldsymbol{H}_{\text{o}}^s = \text{Linear}(\boldsymbol{H}_N) \qquad s=1,\cdots,S \tag{18.22}$$

$$\boldsymbol{M}^s = \text{NonLinear}(\boldsymbol{H}_{\text{o}}^s) \qquad s=1,\cdots,S \tag{18.23}$$

其中，N 表示神经网络的层数，$\boldsymbol{H}_{\text{o}}^s$ 表示神经网络输出层第 s 个说话人的线性运算结果，因为掩蔽 $\boldsymbol{M}^s$ 的值域范围，所以需要对 $\boldsymbol{H}_{\text{o}}^s$ 使用非线性（NonLinear）变换来约束输出值范围，这里可以考虑使用 softmax、sigmoid 等非线性函数。

在神经网络估计出掩蔽 $\boldsymbol{M}_s$ 之后，就可以得到分离后的信号：$\hat{\boldsymbol{X}}_s = \boldsymbol{M}_s \otimes \boldsymbol{Y}$，其中 $\otimes$ 为元素级（Element-wise）乘法。

依据 PIT 方法，损失函数的计算方法为

$$\mathcal{L} = \frac{1}{S}\sum_{s=1}^{S}\left\|\hat{\boldsymbol{X}}_s - \boldsymbol{X}_s\right\|^2 \tag{18.24}$$

注意，当使用的掩蔽为 IPSM 时，损失函数为

$$\mathcal{L} = \frac{1}{S}\sum_{s=1}^{S}\left\|\hat{\boldsymbol{X}}_s - \boldsymbol{X}_s \otimes \cos(\theta_y - \theta_s)\right\|^2 \tag{18.25}$$

因为语音信号具有时序关系，所以神经网络模型如果使用双向 LSTM（BLSTM），就可以更好地利用序列信息，有更好的语音分离性能。

在得到每个说话人分离之后的频谱特征 $\hat{\boldsymbol{X}}_s$ 后，我们就可以使用反短时傅里叶变换（Inverse Short Time Fourier Transform，ISTFT）得到分离之后的音频信号，也就实现了多说话人的语音分离。

18.6 将排列不变性训练用于多说话人语音识别

在很多场景下，只是分离往往不够，我们还需要得到各个说话人的内容信息，即说话人的语音识别。一种最简单和直接的做法就是先做语音信号的分离，然后对各个语音流做识别。比如，我们在采用以上语音分离方法得到分离的语音流之后，可以对各个语音流进一步提取适合的语音识别的声学特征，例如 FBANK，然后将其送给之前已经训练好的语音识别系统做识别。这种两阶段方法看似直接，但是涉及的两个模块相互独立，分别优化一般很难得到满意的识别性能，流程也相对复杂。为此，研究人员陆续提出了如下三种方法来改进多说话人的语音识别：语音特征层面的分离方法、基于 CD-DNN-HMM 混合结构及基于端到端结构的多说话人语音识别方法。

18.6.1 基于语音特征分离的多说话人语音识别模型

语音识别系统的输入特征一般并不被简单用于分离的频域特征 STFT，而是在此基础上经过进一步精细加工的声学特征，比如 FBANK、MFCC、PLP 等。为了得到可以直接用于语音识别的特征输入，研究人员尝试直接在语音识别的声学特征上做分离。

在文献 [586] 中，神经网络的输入是多说话人混合语音的语音特征 FBANK，即 $\boldsymbol{Y}$，在神经网络的输出层，直接估计分离后每个说话人的语音

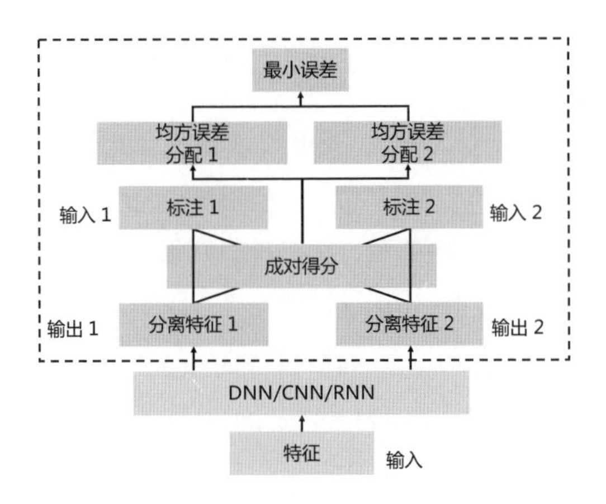

图 18–3　基于语音特征的 PIT 分离模型

声学特征，例如 FBANK 流 $\hat{\boldsymbol{X}}_s$，用数学表达式表示计算过程为

$$\boldsymbol{H}_0 = \boldsymbol{Y} \tag{18.26}$$

$$\boldsymbol{H}_i^f = \text{LSTM}_i^f(\boldsymbol{H}_{i-1}), i = 1, \cdots, N \tag{18.27}$$

$$\boldsymbol{H}_i^f = \text{LSTM}_i^b(\boldsymbol{H}_{i-1}), i = 1, \cdots, N \tag{18.28}$$

$$\boldsymbol{H}_i = \text{Stack}(\boldsymbol{H}_i^f, \boldsymbol{H}_i^b) \tag{18.29}$$

$$\hat{\boldsymbol{X}}_{\text{o}}^s = \text{Linear}(\boldsymbol{H}_N), s = 1, \cdots, S \tag{18.30}$$

这里考虑到语音信号的时间相关性，一般用 BLSTM 可以更好地从语音中抽取序列信息来分离不同说话人的语音声学特征，其中，LSTM_i^f 表示第 i 层的前向 LSTM，LSTM_i^b 表示第 i 层的反向 LSTM，然后把每一层的前向与后向的隐层向量拼接起来，作为下一层的输入。均方误差函数被用于误差计算，即

$$\mathcal{L} = \frac{1}{S} \min_{s' \in \text{permu}(S)} \sum_s \sum_t \left\| \boldsymbol{X}_t^{s'} - \hat{\boldsymbol{X}}_t^s \right\|, s = 1, \cdots, S \tag{18.31}$$

在得到每个说话人的语音声学特征之后，可以使用正常的单说话人的语音识别系统来识别，从而得到结果。虽然都是声学特征，但是一般分离后的语音特征与 ASR 训练时用到的语音特征之间还会存在一些失配与差异，因此如果用分离后的语音特征对语音识别系统的声学模型做重训练调整（Fine-tuning），则一般也会得到更好的效果。

18.6.2　基于 CD-DNN-HMM 混合结构的多说话人语音识别模型

传统的多说话人语音识别模型都会有一个独立的分离步骤，比如 18.5.1 节和 18.6.1 节中的方法，然后将分离的语音流或特征流进行识别。即为了实现对多说话人的混合语音进行识别，模型首先显式地分离语音信号或频谱特征，然后使用语音识别系统识别被分离的各个语音流或者特征流得到识别结果。这种思路看似直接、简单，但是训练过程要分多个阶段，而且分离的结果并不完美，需要对识别模型进行信道差异的适应性训练，在训练上显得烦琐。在文献 [586–591] 中，研究人员直接以语音识别作为训练目标的模型结构。这种模型不仅结构更简单、更清晰，还能减少系统的计算步骤。同时，端到端地直接使用语音识别目标函数进行整种模型的联合优化，一般可以得到更好的识别性能。基于 CD-DNN-HMM 混合结构并结合排列不变性训练 PIT 的多说话人语音识别模型如图18–4所示。

在该框架下，将混合语音 $\boldsymbol{y}$ 的特征 $\boldsymbol{Y}$ 作为输入，神经网络的输出为每个说话人的语音识别目标单元音素状态 senone 的后验概率。模型的计算过程可以表示为

$$\boldsymbol{H}_0 = \boldsymbol{Y} \tag{18.32}$$

$$\boldsymbol{H}_i^f = \text{LSTM}_i^f(\boldsymbol{H}_{i-1}), i = 1, \cdots, N \tag{18.33}$$

$$\boldsymbol{H}_i^b = \text{LSTM}_i^b(\boldsymbol{H}_{i-1}), i = 1, \cdots, N \tag{18.34}$$

$$\boldsymbol{H}_i = \text{Stack}(\boldsymbol{H}_i^f, \boldsymbol{H}_i^b), i = 1, \cdots, N \tag{18.35}$$

$$\boldsymbol{H}_\text{o}^s = \text{Linear}^s(\boldsymbol{H}_N), s = 1, \cdots, S \tag{18.36}$$

$$\boldsymbol{O}^s = \text{softmax}(\boldsymbol{H}_\text{o}^s, s = 1, \cdots, S \tag{18.37}$$

其中，$\boldsymbol{H}_\text{o}^s$ $(s = 1, \cdots, S)$ 表示输出层的激活值，$\boldsymbol{O}^s$ $(s = 1, \cdots, S)$ 表示音素状态 senone 的后验概率，Linear 操作在不同的说话人之间是不同的。

在该方法中，损失函数为模型输出与标注之间的交叉熵（Cross Entropy，CE）：

$$\mathcal{L} = \frac{1}{S} \min_{s' \in \text{permu}(S)} \sum_s \sum_t \text{CE}(\boldsymbol{\ell}_t^{s'}, \boldsymbol{O}_t^s), s = 1, \cdots, S \tag{18.38}$$

其中，$\ell_t^{s'}$ 表示第 s' 输出在 t 时刻的语素标注。同样，因为是在整个序列上计算损失函数的，所以模型可以学习到说话人追踪的能力，属于同一个说话人的输出都集中在一个输出节点上。与分离模型不同的是，这里的误差是所有的输出–标注排列中平均交叉熵的最小值，相比前两节的分离模型，直接以语音识别为目标使得模型更加紧凑和简捷，与最终任务一致的优化函数直接优化也可以得到更好的系统性能。

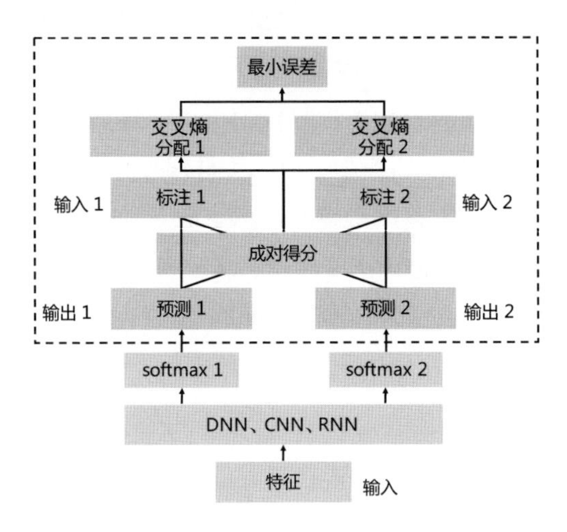

图 18–4　基于混合结构（Hybrid）的多说话人语音识别模型

在这个基于 Hybrid 混合结构的多说话人语音识别模型基本框架下，一些优化策略被提出，来进一步提升系统的性能，比如利用分阶段的逐步训练方式来模块化训练 [588]，利用教师 -学生的知识迁移框架，通过传统单说话人模型来教多说话人模型 [588, 589]，利用自适应 [590] 或者注意力机制 [591]，以及开发适合多说话人多模型输出下的序列鉴别性训练 [588] 等。这些方法都很好地改善了多说话人模型的鲁棒性，提升了系统最终识别精度。

18.6.3　基于端到端结构的多说话人语音识别模型

近年来，端到端结构在语音识别任务中越来越流行，文献 [592, 593] 提出了基于端到端结构的多说话人语音识别模型。相比基于 CD-DNN-HMM 混合结构的语音识别模型，端到端模型将传统的声学模型、语言模型及字典模型等整合在一个神经网络结构中，并且在训练时不再需要逐帧对齐

（Alignment）信息，简化了流程。端到端的结构和优化使得语音识别系统建模避免了原来各个子系统分别训练引起的非最优解问题。基于端到端结构并结合排列不变性训练 PIT 的多说话人语音识别模型如图18–5所示，采用的是联合 CTC–注意力端到端模型。具体的模型细节请参考端到端模型的章节。

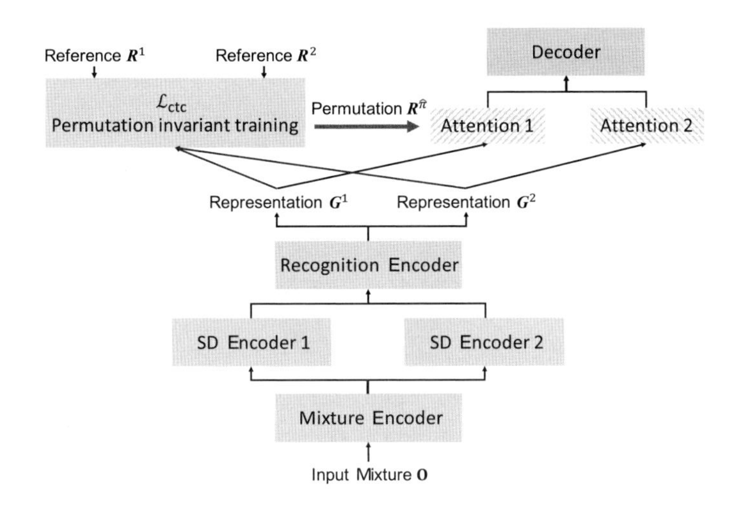

图 18–5 基于端到端结构的多说话人语音识别模型

该模型结构可以分为 3 部分，分别是编码器（Encoder）、注意力解码器（Decoder With Attention）及 CTC 目标函数。因为多说话人语音识别的输出仍然会存在标签置换问题，所以在模型中仍然会用到排列不变性训练方法（PIT）。其中编码器负责把多说话人混合的语音特征投影到另一个空间，并在空间中找到一种划分方式，分离出不同说话人的表示，得到一个序列表示；然后注意力解码器负责把编码器得到的序列表示转换到文本序列；CTC 作为一个辅助任务，帮助模型更好地学习输入和输出之间的对齐。另外，CTC 可以帮助模型确定标注的排列方式，由于在编码器–解码器模型训练时会用到教师激励（Teacher-forcing）的训练方式，因此用 CTC 确定标注的排列方式非常有必要。

编码器的结构被设计成 3 个子模块：第 1 个模块被称为混合编码器（Mixture Encoder），它将输入的混合语音特征 $\boldsymbol{Y}$ 投影到一个高维空间，得到中间特征序列 $\boldsymbol{H}$；第 2 个模块为说话人区分模块（Speaker-differentiating

Encoders，SD Encoders），在这里，由 S 个不同的子网络将中间特征序列 $\boldsymbol{H}$ 分离生成 S 个不同的与说话人相关的特征序列 $\boldsymbol{H}^s, s=1,\cdots,S$；第 3 个模块为识别模块（Recognition Encoder），它将每个说话人的特征序列 $\boldsymbol{H}^s$ 都进行进一步的变换，类似于声学模型建模。编码器的计算过程为

$$\boldsymbol{H} = \text{Encoder}_{\text{Mix}}(\boldsymbol{Y}) \tag{18.39}$$

$$\boldsymbol{H}^s = \text{Encoder}_{\text{SD}}^s(\boldsymbol{H}) \tag{18.40}$$

$$\boldsymbol{G}^s = \text{Encoder}_{\text{Rec}}(\boldsymbol{H}^s) \tag{18.41}$$

注意力解码器以在编码器中分离出的 S 个说话人的表示为输入，对每个说话人都做识别，输出后验概率。在通常情况下，训练注意力解码器时用教师激励（Teacher-forcing）的方式，即在注意力解码器的计算过程中，使用真实标注 R 作为历史信息，而不是模型的输出预测。因为在置换不变性训练的过程中，直到模型输出整个序列之后才可以确定输出与标注的匹配顺序，所以我们在解码器中需要尝试所有可能的输出与标注顺序 $(s,\pi(s))$，其中，$\pi(s)$ 表示某种排列 π 中第 s 个元素，对于编码器的输出 $\boldsymbol{G}^s$ 与标注 $\boldsymbol{\ell}^{\pi(s)}$，模型的输出 $\boldsymbol{O}^{s,\pi(s)}$ 的计算过程为

$$p_{\text{att}}(\boldsymbol{O}_{\text{att}}^{s,\pi(s)}|\boldsymbol{Y}) = \prod_n p_{\text{att}}(o_n^{s,\pi(s)}|\boldsymbol{Y}, o_{1:n-1}^{s,\pi(s)}) \tag{18.42}$$

$$c_n^{s,\pi(s)} = \text{Attention}(\alpha_{n-1}^{s,\pi(s)}, e_{n-1}^{s,\pi(s)}, \boldsymbol{G}^s) \tag{18.43}$$

$$e_n^{s,\pi(s)} = \text{Update}(e_{n-1}^{s,\pi(s)}, c_{n-1}^{s,\pi(s)}, \ell_{n-1}^{\pi(s)}) \tag{18.44}$$

$$o_n^{s,\pi(s)} \sim \text{Decoder}(c_n^{s,\pi(s)}, \ell_{n-1}^{\pi(s)}) \tag{18.45}$$

损失函数的表达式为

$$\mathcal{L}_{\text{att}} = \min_{\pi\in\mathcal{P}(S)} \sum_s \text{Loss}_{\text{att}}(\ell^{\pi(s)}, \boldsymbol{O}_{\text{att}}^{s,\pi(s)}) \tag{18.46}$$

如果对所有可能的排列方式都计算注意力解码器，则会导致上述置换不变性训练的计算成本过高。为了减少计算成本，注意力解码器中输出与标注的排列方式可以参考 CTC 的计算，这也是使用联合 CTC–注意力多任务学习端到端语音识别[525–527] 的优点之一。通过 CTC 的损失函数来确

定最优的输出–标注排列顺序 $\hat{\pi}$，

$$\hat{\pi} = \arg\min_{\pi \in \text{permu}(S)} \sum_s \text{Loss}_{\text{ctc}}(\boldsymbol{\ell}^{\pi}, \boldsymbol{O}_{\text{ctc}}^s), \tag{18.47}$$

其中，$\boldsymbol{O}_{\text{ctc}}$ 是编码器输出 $\boldsymbol{G}^s$ 对应的 CTC 输出序列。在得到 CTC 的最优排列 $\hat{\pi}$ 之后，注意力解码器对每个编码器输出 $\boldsymbol{G}^s$ 都只需要计算一次，教师激励训练表达式可以更新为

$$p_{\text{att}}(\boldsymbol{O}_{\text{att}}^{s,\hat{\pi}(s)}|\boldsymbol{Y}) = \prod_n p_{\text{att}}(o_n^{s,\hat{\pi}(s)}|\boldsymbol{Y}, o_{1:n-1}^{s,\hat{\pi}(s)}) \tag{18.48}$$

$$c_n^{s,\hat{\pi}(s)} = \text{Attention}(\alpha_{n-1}^{s,\hat{\pi}(s)}, e_{n-1}^{s,\hat{\pi}(s)}, G^s) \tag{18.49}$$

$$e_n^{s,\hat{\pi}(s)} = \text{Update}(e_{n-1}^{s,\hat{\pi}(s)}, c_{n-1}^{s,\hat{\pi}(s)}, \ell_{n-1}^{\hat{\pi}(s)}) \tag{18.50}$$

$$o_n^{s,\hat{\pi}(s)} \sim \text{Decoder}(c_n^{s,\hat{\pi}(s)}, \ell_{n-1}^{\hat{\pi}(s)}) \tag{18.51}$$

最终的损失函数为

$$\mathcal{L}_{\text{MTL}} = \lambda \mathcal{L}_{\text{ctc}} + (1-\lambda)\mathcal{L}_{\text{att}} \tag{18.52}$$

$$\mathcal{L}_{\text{ctc}} = \sum_s \text{Loss}_{\text{ctc}}(\boldsymbol{\ell}^{\hat{\pi}(s)}, \boldsymbol{O}_{\text{ctc}}^s) \tag{18.53}$$

$$\mathcal{L}_{\text{att}} = \sum_s \text{Loss}_{\text{att}}(\boldsymbol{\ell}^{\hat{\pi}(s)}, \boldsymbol{O}_{\text{att}}^s) \tag{18.54}$$

在测试推理（Inference）时，因为不再需要用到置换不变性训练，CTC 和注意力解码器都是在相同的编码器输出顺序上计算的，所以它们输出的概率也对应同一个说话人，联合 CTC–注意力端到端系统解码表达式为

$$\hat{\boldsymbol{O}}^s = \arg\max_{\boldsymbol{O}^s} \{\gamma \lg p_{\text{ctc}}(\boldsymbol{O}^s|\boldsymbol{G}^s) + (1-\gamma)\lg p_{\text{att}}(\boldsymbol{O}^s|\boldsymbol{G}^s)\} \tag{18.55}$$

其中 γ 是解码时 CTC 和注意力解码器的权重插值系数。

18.7　时域音频分离网络

以上介绍的深度聚类方法、深度吸引子方法及排列不变性训练等多说话人语音分离方法都是在频谱特征即 STFT 甚至更加精细的语音特征如 FBANK 上完成的。在语音处理领域里还有一种重要的输入形式，即

时域内的语音波形（Waveform）信号。在文献 [594] 中，研究人员提出了一种在语音波形信号上直接做语音分离的方法，被称为时域音频分离网络（Time-domain Audio Separation Network，TasNet），这种方法利用编码器–解码器结构直接输出分离后的信号。

首先将作为输入的混合信号 $\boldsymbol{Y}$ 分割成不重复的长度为 L 的 K 段，$\boldsymbol{Y}=\{\boldsymbol{Y}_k\}, k\in[1,K]$ 且 $\boldsymbol{Y}\in\mathbb{R}^L$，然后将作为标注的每个声源信号也都做同步处理，得到 $\boldsymbol{X}=\{\boldsymbol{X}_{s,k}\}, s\in[1,S], k\in[1,K]$。TasNet 方法跟传统方法中的独立成分分析（ICA）[595] 及半非负矩阵分解[596] 类似，假设每一段信号都可以被分解成一组基向量和对应的非负权重，即混合信号 $\boldsymbol{Y}_k$ 与源信号 $\boldsymbol{X}_{s,k}$ 那么 $\in\mathbb{R}^L$ 可以用 N 组基向量集合 $\boldsymbol{B}\in\mathbb{R}^{N\times L}$ 表示，为了方便表述，我们将下标 k 省略，即

$$\boldsymbol{Y}=\boldsymbol{W}\boldsymbol{B} \tag{18.56}$$

$$\boldsymbol{X}_s=\boldsymbol{D}_s\boldsymbol{B} \tag{18.57}$$

其中，$\boldsymbol{W}\in\mathbb{R}_{0+}^N$ 是混合信号的权重向量，$\boldsymbol{D}_s\in\mathbb{R}_{0+}^N$ 是声源 s 的权重向量，且满足条件：

$$\boldsymbol{W}=\sum_{s=1}^{S}\boldsymbol{D}_s=\sum_{s=1}^{S}\boldsymbol{W}\odot\frac{\boldsymbol{D}_s}{\boldsymbol{W}}=\boldsymbol{W}\sum_{s=1}^{S}\boldsymbol{M}_s \tag{18.58}$$

$$\boldsymbol{D}_s=\boldsymbol{M}_s\odot\boldsymbol{W} \tag{18.59}$$

因此，原语音分离问题可以重新被定义为给定混合信号的权重 $\boldsymbol{W}$，估计每个声源的掩蔽 $\boldsymbol{M}_s$ $(s=1,\cdots,S)$，其中，$\boldsymbol{M}_s\in\mathbb{R}^N$ 表示声源 s 对混合信号的贡献。TasNet 模型的结构如图18–6所示。

第 1 步是对输入信号的预处理，对于长度为 L 的输入信号 $\boldsymbol{Y}$，保证 $|\boldsymbol{Y}|^2=1$。

第 2 步是用门限卷积网络（Gated Convolutional Network）估计混合信号的权重向量 $\boldsymbol{W}$：

$$\boldsymbol{W}=\mathrm{ReLU}(\boldsymbol{Y}*\boldsymbol{U})\odot\mathrm{Sigmoid}(\boldsymbol{Y}*\boldsymbol{V}) \tag{18.60}$$

其中，$\boldsymbol{U}\in\mathbb{R}^{N\times L}$ 和 $\boldsymbol{V}\in\mathbb{R}^{N\times L}$ 是参数。

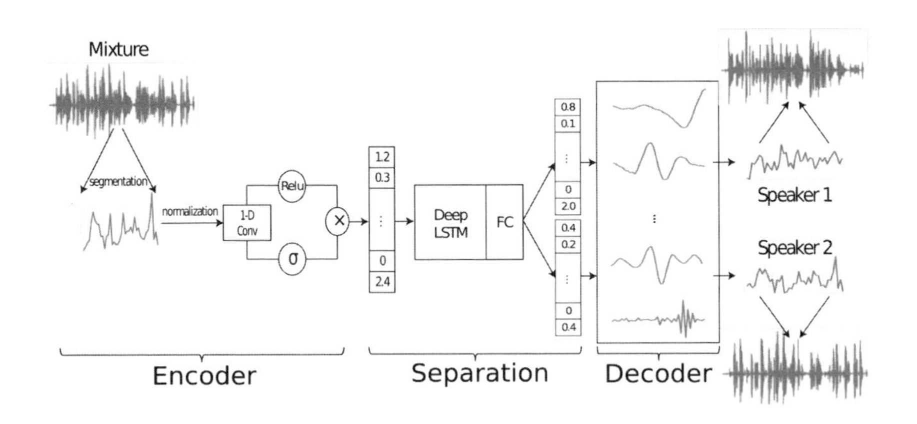

图 18–6 时域音频分离网络（TasNet）用于语音分离[594]

第 3 步是利用编码器神经网络估计每个声源的掩蔽 $\boldsymbol{M}_s$。在第 2 步中得到 K 个权重向量 $\boldsymbol{W}_1,\cdots,\boldsymbol{W}_K \in \mathbb{R}^N$ 作为神经网络的输入，然后在神经网络最后的线性层输出未归一化的掩蔽预测 $\hat{\boldsymbol{M}}_{s,k} \in \mathbb{R}^N$：

$$\boldsymbol{H}_k = \text{NeuralNets}(\boldsymbol{W}_k) \tag{18.61}$$

$$\hat{\boldsymbol{M}}_{s,k} = \text{Linear}_s(\boldsymbol{H}_k) \tag{18.62}$$

最后一步是用 softmax 对 $\hat{\boldsymbol{M}}_{s,k}$ 进行归一化，得到每个声源对应的掩蔽 $\boldsymbol{M}_{s,1},\cdots,\boldsymbol{M}_{s,K} \in \mathbb{R}^N$，使得 $\sum_s \boldsymbol{M}_{s,k} = 1$。同时，层归一化（Layer-normalization）及跳跃连接（Skip-connection）在神经网络设计中被使用，使得训练速度更快、更稳定[594]。

在得到每个声源的掩蔽 $\boldsymbol{M}_s$ 之后，即可得到对应的权重向量 $\boldsymbol{D}_s$（如式 (18.59)）及分离后的信号 $\hat{\boldsymbol{X}}_s$（如式 (18.57)），$\hat{\boldsymbol{X}}_s$ 的计算过程可以用线性去卷积网络（Deconvolutional）实现：

$$\hat{\boldsymbol{X}}_s = \text{Deconv}(\boldsymbol{D}_s, \boldsymbol{B}) \tag{18.63}$$

其中 Deconv 是有 N 个一维过滤器（Filter）的去卷积网络。最后将 $\hat{\boldsymbol{X}}_{s,k}$ 的能量恢复到预处理理阶段归一化之前的幅度即可，并将 K 段拼接起来。训练过程中的损失函数为均方差（MSE），如公式 (18.31) 中的一样，也使用排列不变性训练方法来计算并优化模型。

第19章 远场语音识别的前端技术

摘要 前面介绍了深度学习在语音识别中的各种应用，在近场条件下，深度学习相对于传统的 GMM-HMM 系统取得了巨大成功。然而，比起近场相对干净的声学环境，远场语音信号处理更加复杂。本章将考虑更加实际的远场语音识别应用场景，结合整个声学环境相对于近端麦克风拾音发生的变化，分析远场语音识别应用需要面对的困难与挑战，引出针对远场语音识别鲁棒性的一些解决思路。本章将重点讨论远场识别中两类关键的语音信号前端处理技术：声源方位估计和波束形成。首先将介绍这两类技术在信号处理中的经典方法，然后对传统信号处理与深度学习的多种结合方式进行总结，主要包括利用深层神经网络直接学习滤波参数，以及利用深层神经网络估计时频掩蔽，从而帮助计算滤波参数。除此之外，单独的前端模块在与后端任务（如语音识别等）结合时可能存在不匹配的问题，本章最后对前后端联合优化的方法进行了探讨，从而提高语音识别系统在真实环境下的鲁棒性和准确率。

19.1 远场识别的前端链路

语音交互是人机交互应用中的重要部分。除了手机等手持应用，还有一类很重要的应用场景如免手持（Hands-Free）。这类应用使得人与机器的交互更加自然与便捷。例如在智能家居、智能硬件的应用场景下，主人坐在沙发上就可以通过语音远距离控制房间里的音箱、空调、电视和窗帘等。再例如移动机器人的应用，人与机器人之间相隔一段距离也可以进行正常的语音交互。

在免手持的应用中不再使用近端的麦克风，用于拾音的麦克风与说话者的距离变得更远。麦克风拾音的声学环境也变得更加复杂，除了来自四面八方的噪声影响，还有回声和混响的影响。虽然 ASR 技术已经成功被应用于一些商用产品，然而面对远场语音识别的场景，还有很多困难需要克服。

19.1.1　远场拾音的失真

在远场情况下，利用麦克风捕捉相对纯净的语音是非常困难的，拾音的信噪比大大降低，这也导致了语音识别系统性能的下降。图19–1来源于文献 [597]，它展示了在远场情况下声源信号到麦克风的传输过程。由该图我们可以看到，在远场语音识别中，语音识别性能下降的一个重要原因是语音信号的失真。语音失真主要来源于两个方面，一方面是环境下的各种噪声，另一方面是回声和混响。

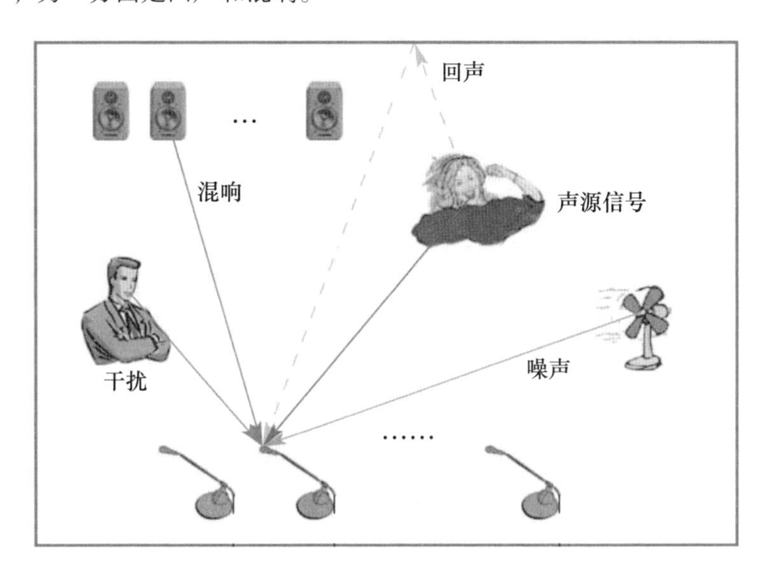

图 19–1　远场语音传输

噪声指叠加在需要识别的语音信号上的其他声音。在声学环境下存在着各种各样的背景噪声。根据统计特性，这些噪声可以分为如下两类。

- 平稳噪声。指具有长时不变的统计特性的噪声，例如空调和电脑的风扇等发出的噪声。

- 非平稳噪声。指统计特性随时间变化的噪声，例如人声干扰及音乐噪声等。

现实生活中的大部分噪声都不能被严格地分为平稳或者非平稳噪声。通常在 ASR 分析的短时时间窗口内，可以将其看作具有较稳定的统计特性。在远场情况下，麦克风接收到的环境噪声能量相对于近场来说更大。随着信噪比的降低，环境噪声对 ASR 带来的最直观的影响是使语音变得模糊，识别结果容易被混淆。以单词“cat”为例，单词的尾音较轻，容易被噪声覆盖，当信噪比很低时，这个单词很可能被混淆为“cad”“cap”或者“cab”。需要注意的是，在远场情况下，由于拾音的范围变广，麦克风除了会接收到目标说话人的声音，往往还会接收到其他各种各样的人声干扰。如果只关注目标者的声音，那么其余的干扰人声也可以被看作噪声。这种干扰人声噪声往往使得语音信号信噪比更低，并且干扰人声的频率特性与目标信号更接近，对远场语音识别的影响也更大。

除了背景噪声，回声和混响也是造成远场语音失真的重要原因。回声是声源信号在传输过程中经过一次反射到达的信号。其信号的幅度及时延与直达声有明显的区别，通常到达时间晚于直达声，幅度相对于直达声有衰减。当回声与直达声的时间间隔小于 0.1 秒的时候，人耳是分辨不出来两个信号的，这也说明只有当声源与反射障碍物的距离大于 16.2 米的时候，人耳才能够有效地区分出回声与原始信号的差别。混响发生在很多反射几乎同时发生的时候，在室内环境下很容易出现，例如室内泳池、体育馆等。由于每一条路径的声音时延相差不大，所以难以区分。虽然混响的存在有时会使声音听起来更有立体感，但是对于 ASR 系统，这些经过多径传输的声音叠加在原始信号上，造成了原始信号的失真，从而影响了识别的性能。

声源发出的声波通过多径传输，最后到达人耳或者拾音麦克风的信号可以分为如下 3 类。

- 直达波（Direct Wave）。直达波是从直射路径到达麦克风的声波。根据声速和声源到麦克风的距离可以计算出声源直达的时间延迟。直达信号的频率衰减可以忽略不计。
- 前期反射（Early Reflections）。前期反射是在直达声波到达麦克风后约 50 至 100 毫秒内到达的反射信号，是相对稀疏的。由于反射面不同，所以这些信号存在相应频率的衰减。

- 后期反射（Late Reflections）。后期反射相较于前期反射更加密集，每一条路径的信号紧密跟随，彼此之间难以区分。由于反射面和空气引起的衰减是频率相关的，所以后期反射也存在频率相关的衰减。由于后期反射信号传播距离较长，所以空气传播导致的衰减变得更加显著。

图19–2摘自文献 [598]，可以大致展现以上 3 类信号到达麦克风的时延及信号强弱关系。当环境发生变化时，例如声源或者麦克风位置发生变化、房间空间发生变化、门窗的开合等，会使得上述 3 类信号的模式发生很大变化。

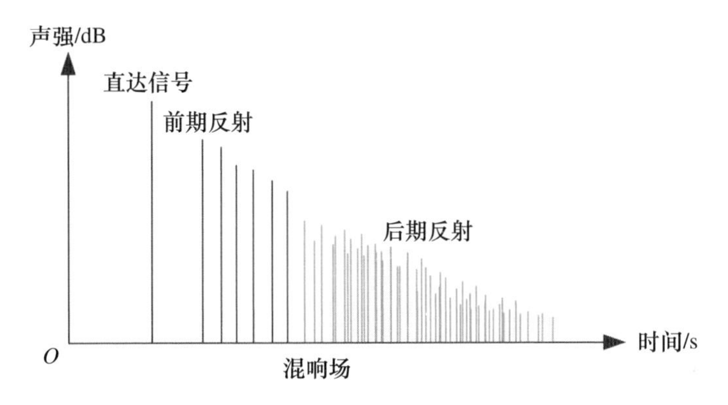

图 19–2　直达信号及前期与后期反射

回声和混响所带来的失真与背景噪声的不同之处在于，它们是与原始的期望信号相关联的。混响的信号可以看作由原始信号与环境相关的冲激响应 h 的卷积得到的：

$$y(k) = h(k) * s(k) = \sum_{m=0}^{M} h(k)s(k-m) \tag{19.1}$$

T_{60} 是衡量一个房间混响情况的重要指标，它的定义是信号衰减到低于最高声压级 60 dB 所需的时间。除了 T_{60}，声源和麦克风的位置及实际距离也会影响到接收信号的混响程度及远场语音识别性能。

在实际的远场应用场景下，麦克风接收到的信号受到背景噪声及混响的影响。我们可以用数学形式来表示麦克风接收到的信号模型：

$$
\begin{aligned}
y(k) &= h(k) \times s(k-\tau_i) + n(k) \\
&= \alpha s(k-\tau) + \sum_{p=1}^{\infty} \alpha_p s(k-\tau_p) + n(k)
\end{aligned}
\tag{19.2}
$$

$\alpha s(k-\tau)$ 表示直达麦克风的声源信号。$\sum_{p=1}^{\infty} \alpha_p s(k-\tau_p)$ 表示多径传输的混响信号，包括前期反射和后期反射，其中 p 表示第 p 条传输路径，相应的 α_p 和 τ_p 表示该条路径上信号的衰减和时延。由于声源信号直达的传输时间最短，因此有 $\tau < \tau_p$ 和 $\alpha > \alpha_p$。

除了噪声与混响的影响，语音信号经过远距离的传输，还会存在其他失真。这些失真也都是由信号所处的远场环境因素导致的，例如房间的状态、说话者的朝向等。由此可见，当拾音的环境发生变化时，获取的远场语音信号也会发生很大的变化。因此，如何提升语音识别系统面对不同环境的鲁棒性，是远场语音识别需要解决的问题。

19.1.2 鲁棒性的解决思路

前一节分析了远场语音的拾音过程，相对于近场来说，远场语音信号对于环境的变化更加敏感。同时相对于近场语音，远场语音更难收集。这也导致了我们无法获取足够的远场环境数据用于一个鲁棒的声学模型训练。因此，在远场语音识别中，我们除了要想办法提升后端的声学模型鲁棒性，还需要考虑其前端链路的优化，从前端的语音信号拾取及信号处理开始，提升整个远场语音识别系统的鲁棒性。

从前端拾音的角度来看，在近场情况下，通常只需要一个麦克风就可以获取较为干净的语音信号，然而在远场情况下，单麦克风已经不足以满足拾音要求。在远场语音应用中，我们往往采用麦克风阵列来代替单麦克风。麦克风阵列由一组空间位置不同的麦克风组成，不同的麦克风接收到的信号具有空间的差异性。我们可以用不同的冲激响应来表示一个声源信号传播到麦克风阵列时不同麦克风接收信号的差异。正是由于这种差异，麦克风阵列比单麦克风系统接收的信号多了一个空间域的信息。因此在解决一些重要的实际问题时，麦克风阵列要比单麦克风更加灵活且更有优势。

采用麦克风阵列来代替单麦克风，其实是对人类双耳的简单模拟。我们利用双耳可以有效地对感兴趣的声源进行定位，并对其信号进行增强与理解。麦克风阵列也可以实现类似的功能。这种现象也可以在语音识别系统中进行解释。对不同麦克风接收到的语音信号进行语音识别可能会有不同的结果，由于不同的麦克风对应的声源信号是相同的，所以可以将这些不同通道的语音识别结果融合，得到最终的识别结果。融合系统的识别性能往往好于每一个单通道的识别性能，并且更具有鲁棒性。

从信号处理的角度来看，近场的信号由于已经具有较高的信噪比，并且几乎没有混响的影响，因此对前端信号处理的需求不大；然而前面分析了远场信号的拾音过程，由于远场接收到的信号具有噪声、混响等失真，因此需要利用一些信号处理方法来提升远场语音识别的性能。在远场语音识别中常见的几种前端信号处理方法如下。

- 语音活动端点检测（Voice Activity Detection，VAD）。语音端点检测被定义为从连续音频信号中提取出有效的语音片段，即检测出实际语音片段的起始点（前端点）和终止点（后端点）的技术。由于在麦克风采集到的连续语音信号中有大量的非语音片段，因此 VAD 技术在远场语音应用中是十分有必要的。这些非语音片段对语音识别系统来说不是必须进行计算的部分，如果将其有效地分离出来，则可以减少语音应用所需要存储和传输的数据量，也可以减少语音处理所需要的计算量，提升整个系统的响应速度。并且，在这些非语音片段中包含了大量的噪声干扰，如果不将其分离出来，则可能会影响语音识别的结果。除此以外，在一些实际应用中，VAD 可以被用来简化人机操作，例如利用 VAD 技术检测出的语音终止点可以代替一些结束的操作指令。
- 声源方位（Direction of Arrival，DOA）估计。声源方位估计是一种声源定位技术，其目的是通过多通道麦克风阵列信号的时延差等信息确定声源方位信息。DOA 技术在视频会议、语音识别、智能家居及移动机器人等应用中都发挥了十分重要的作用。以视频通信会议场景为例，在高效的视频通信会议中需要及时调整摄像头的角度，使其对准说话者。若采用人工进行调整，则实时性较差且精度不高，耗费人力。若采用通过视频图像对目标进行定位与跟踪的方式调整，会受到环境的制约，如障碍物遮挡等，并且这种方法不适用于说话目标的切换。采用语音信号的声源定位方法则可以较好地应对这种场景。并且，DOA 技术通常也是远场多通道语音增强技术的基础。多通道语音增强技术需要已知或者可以估计出声源信号的大致方位，然后增强对应方位的信号。因此，精准的 DOA 估计有利于后面进行有效的语音增强，甚至能够提升整体语音识别的性能。除此以外，DOA 技术也可以提升人机交互的用户体验，例如在移动机器人的交互中，估计出说话人的方位，有利于机器人做出相应的姿态与说话人进行互动。

- 波束形成（Beamforming）。波束形成是一种麦克风阵列语音增强技术。我们可以将它理解为对麦克风阵列接收到的语音信号进行加权处理，使其形成一定的波束形状，最终输出一路增强的语音信号。利用波束形成技术可以对麦克风阵列语音信号中期望方向的语音信号进行增强，并且对干扰方向的语音信号进行有效抑制。波束形成技术主要是对各麦克风信号进行线性操作，所以利用波束形成技术进行增强的语音信号，相比于一些单麦克风增强技术得到的语音信号失真要减少许多。波束形成技术已经是各类远场语音识别应用中必不可少的前端信号处理模块。

VAD 在之前的章节中已有介绍，在接下来的几节中将具体描述 DOA 和波束形成等信号处理技术。除了传统的信号处理方法，深度学习技术近年来也逐渐被应用到了上述前端语音处理技术中。深度学习技术提升了远场语音识别前端链路处理的性能，并且可以很好地与后端基于深度学习的声学模型联合优化，使得远场语音识别更加鲁棒。

19.2 DOA 算法

19.2.1 传统的 DOA 算法

DOA 估计是估计声源来源的方向，是声源定位的一种[1]。传统信号处

1 声源定位除估计声源的方位外还可以估计声源的距离，在远场应用中主要关注声源的方位估计（DOA 估计），这也是本节的重点。

理的 DOA 的主要方法大体上可分为三大类[599]：基于最大功率可控波束的定位方法；基于到达时延差（Time Difference of Arrival，TDOA）的定位方法；基于子空间分解的定位方法。

（1）基于最大功率可控波束的定位方法。基于最大功率可控波束的方法[600] 对麦克风接收到的多通道信号进行加权求和从而形成波束，然后搜索声源在空间中所有可能出现的方位，寻找使波束输出功率最大的方位作为估计结果。该方法用到的波束形成方法主要包括固定波束形成及一些更复杂的自适应波束形成方法。基于可控波束定位的方法实际上是一种最大似然（Maximum Likelihood，ML）估计。因此往往需要对环境噪声等有先验知识，并且最大似然估计对初值十分敏感，很容易陷入局部极点。除此以外，此方法在做声源定位的时候需要对全局空间进行搜索，算法复杂性高，因此应用并不广泛。

（2）基于 TDOA 的定位方法。基于 TDOA 的定位方法一般来说包括两步：第 1 步是估计信号到达麦克风阵列不同麦克风的时间差；第 2 步是利用几何关系进一步确定声源的位置，如图 19.3 所示。

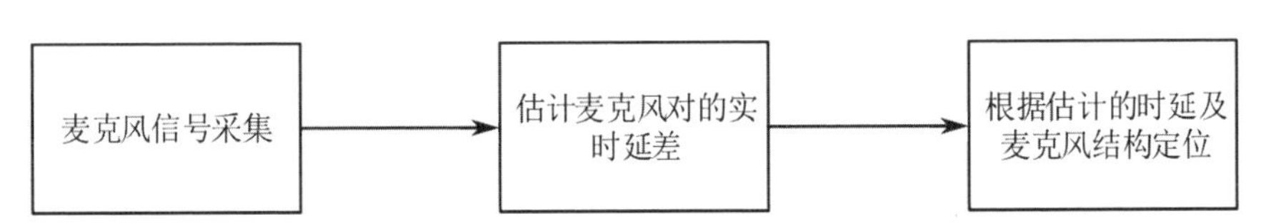

图 19–3 基于到达时间差的声源定位

在基于 TDOA 的定位方法中，TDOA 的估计是至关重要的，我们通常利用互相关信息来计算 TDOA，最常用的估计方法为广义互相关（Generalized Cross Correlation，GCC）[601]。GCC 函数可以被定义为一对麦克风的互功率谱进行频率加权之后的逆傅里叶变换：

$$
\begin{aligned}
R^{\mathrm{GCC}}(\tau) &= \int_{-\infty}^{\infty} \psi(f)\Phi(f)\mathrm{e}^{2\pi f\tau}\mathrm{d}f \\
&= \int_{-\infty}^{\infty} \psi(f)Y_1(f)Y_2^*(f)\mathrm{e}^{2\pi f\tau}\mathrm{d}f
\end{aligned}
\tag{19.3}
$$

式中的 $\psi_{ij}(f)$ 代表了对频域的加权函数，$Y_1(f)$ 和 $Y_2(f)$ 分别表示两个麦克风的频域信号。GCC 函数的峰值对应的 τ 为对 TDOA 的估计值。除了

GCC，还有一些比较常用的估计方法，包括互功率谱相位（Cross Power Spectrum Phase，CSP）[602] 和多通道互相关系数（Multichannel Cross Correlation Coefficient，MCCC）[603] 等。基于 TDOA 的定位方法计算量相对较小，因此在一些对实时性有要求的实际应用中被广泛应用。但是基于 TDOA 的定位方法无法解决多声源定位的问题。除此以外，由于该方法通常需要两个步骤，导致 TDOA 估计的误差会积累到声源位置的估计中，并且始终有一个节拍的估计落后，所以基于 TDOA 方法的声源位置估计往往是次优解。

（3）基于子空间分解的定位方法。基于子空间分解的定位方法通常利用特征值分解的方法对多通道信号的协方差矩阵进行分解，将数据的空间分为信号子空间与噪声子空间，利用信号的方向向量与噪声子空间正交的特性构造谱函数进行声源定位。基于子空间分解的定位方法主要有多重信号分类（Multiple Signal Classification，MUSIC）[604, 605]、旋转不变技术信号参数估计（Estimation of Signal Parameters via Rotational Invariance Techniques，ESPRIT）[606] 及最小方差（Minimum Variance，MV）谱估计等。基于子空间分解的定位方法由于不受采样率的限制，在理论上可以实现任意精度的定位，因此也被称为高分辨率空间谱的定位方法。然而该方法在噪声及混响较为严重的情况下有可能将噪声源位置估计为声源位置。并且这一方法需要对全空间进行搜索，因此计算复杂度较高。

这里主要介绍两种在实际应用中比较经典的 DOA 估计方法，分别是联合可控响应功率和相位变换（Steered Response Power with Phase Transform，SRP-PHAT) 和多重信号分类（MUSIC）。

（1）可控响应功率和相位变换（SRP-PHAT）。SRP-PHAT 方法将经过 PHAT 函数（$\psi(f) = 1/|\Phi(f)|$）加权变换的 GCC 与可控响应功率（Steered Response Power，SRP）结合。它在真实环境下具有一定的鲁棒性，因此被广泛应用。

我们用 GCC-PHAT 代表经过 PHAT 加权变换的 GCC 函数。SRP-PHAT 则是对 GCC-PHAT 的一个应用。GCC-PHAT 考虑的是两个麦克风的相关函数，然而在一个麦克风阵列中往往不止两个麦克风。假设在阵列中有 M 个麦克风，任意两个麦克风都可以被看作麦克风对。当已知声源方

位 θ 的时候，对每个麦克风对都可以计算 TDOA。SRP-PHAT 的算法原理是构造与声源方位 θ 相关的空间函数，该函数计算了当声源方位在 θ 处时，所有的麦克风对接收到的信号的 GCC-PHAT 之和：

$$P(\theta) = \sum_{i=1}^{M} \sum_{j=i+1}^{M} R_{ij}^{\mathrm{GCC}}[\tau_{ij}(\theta)] \tag{19.4}$$

构造了空间函数 $P(\theta)$ 之后，SRP-PHAT 算法对全空间搜索到的使函数 $P(\theta)$ 输出最大的 θ，即估计的声源 DOA。

（2）多重信号分类（MUSIC）。MUSIC 方法的提出是麦克风阵列声源 DOA 估计发展史上的一次重大理论突破。MUSIC 算法的基本思想是将阵列信号的协方差矩阵分解为信号子空间及噪声子空间，然后利用这两个子空间的正交性来构造空间谱函数进行 DOA 估计。

通过推导[1]可以发现，声源信号的方向向量与噪声信号的特征向量构成的噪声空间是正交的，即 $\boldsymbol{A}^{\mathrm{H}}\boldsymbol{U}_n = 0$（其中 $\boldsymbol{A}$ 表示声源信号的方向向量，$\boldsymbol{U}_n$ 表示噪声协方差矩阵的特征向量构成的矩阵）。MUSIC 算法定义了如下空间谱：

$$P(\theta) = \frac{\boldsymbol{A}(\theta)^{\mathrm{H}}\boldsymbol{A}(\theta)}{\boldsymbol{A}(\theta)^{\mathrm{H}}\boldsymbol{U}_n\boldsymbol{U}_n^{\mathrm{H}}\boldsymbol{A}(\theta)} \tag{19.5}$$

通过搜索空间方位 θ，空间谱 $P(\theta)$ 最大时对应的位置 θ 即估计的声源方位。

19.2.2 深度学习的 DOA 估计方法

近年来，基于深度学习的声源定位技术逐渐被研究。前面描述了对传统信号进行处理的 DOA 估计方法，该方法需要已知麦克风阵列的几何结构和大小，然后对一小段观察信号进行分析，从而估计出声源信号的 DOA。当面对信噪比较低或者混响复杂的声学环境时，这些方法往往会失效，从而导致很大的声源位置估计误差。基于深度学习的方法是通过监督学习的方式从大量的训练数据中学习到麦克风阵列接收信号与所对应的 DOA 之间的非线性关系。因此基于深度学习的 DOA 估计方法相比传统方法对噪声及混响的环境更加鲁棒。

1 详细的推导过程在这里不再赘述，具体参见文献 [604]。

在深度学习框架下，声源 DOA 估计的问题可以被定义成 I 分类的问题。I 代表分类的类别数，每一类都对应一个离散的 DOA 角度值 $\Theta=\{\theta_1,\theta_2,\cdots,\theta_I\}$。在上一节提到的传统声源定位算法中有一种是基于 TDOA 的估计。麦克风之间的 TDOA 与 DOA 之间存在着映射关系，可以反映声源的 DOA 信息。而在频域中，两个麦克风信号之间的 TDOA 反映了两个麦克风信号之间的相位差。因此在 DOA 估计任务中，神经网络的输入特征往往都是与相位相关或者与 TDOA 相关的特征向量。神经网络的输出值表示接收到的麦克风阵列信号属于每个可能的 DOA 的后验概率。分类的类别数 I 由所选用的麦克风几何结构及对整个 DOA 空间的离散化角度分辨率决定。例如，对于均匀线性阵列（Uniform Linear Array，ULA），DOA 空间的角度范围为 $[0°,180°]$，如果采用 $2°$ 的角度分辨率，则离散化之后的 DOA 角度类别共有 91 类；而对于环形的麦克风阵列，DOA 空间的角度范围为 $[0°,360°]$，如果采用 $5°$ 的角度分辨率，则离散化后的 DOA 角度类别共有 72 类。

利用深度学习估计声源 DOA 的问题可以被看作一个回归问题，即对需要预测的 DOA 角度空间不采用离散化的操作，神经网络的输出直接对应角度实数值。然而在文献 [607] 中，回归任务的 DOA 估计实验结果没有分类问题的 DOA 估计实验结果好。因此目前主要还是以分类问题来定义 DOA 估计任务。

深度学习模型参数估计的过程是一个监督学习的过程。监督学习的框架包括了训练和测试两个阶段。对于 DOA 估计任务，在训练阶段，利用带有 DOA 标注的训练数据通过 BP 算法来训练 DOA 分类器的参数；在测试阶段，给定一个输入特征向量，利用已经估计好的 DOA 分类器可以获得该输入对应的每一个 DOA 类别的后验概率，最大后验概率所对应的 DOA 角度即估计出的 DOA。

基于神经网络的声源定位方法早在 20 世纪 90 年代就开始被研究[608, 609]，但是由于当时计算资源及数据资源缺乏，实际应用效果并不好。近年来才逐渐有一些利用深度学习技术进行 DOA 估计的研究。大部分相关研究都采用了上述分类问题来定义 DOA 估计问题。通常在语音识别任务中使用的特征在特征提取阶段经过 STFT 变换之后会被提取幅度谱或者功率谱，丢失其相位谱的信息。然而 DOA 所需要的信息恰恰主要被反映在了相位中，因此在普通 ASR 中使用的特征无法被用于 DOA 估计任务。也是由于这样，各研究的重点在于探索不同的特征处理方式来寻找适用于声源 DOA 估计任务的特征。

比较常见的作为输入特征的是 GCC 向量[607, 610]。在 DOA 估计中，TDOA 是最重要的信息，然而在实际环境下，尤其是在信噪比不高并且包含混响的环境下，没有办法准确估计声源到达不同麦克风的 TDOA。在前面提到过，经过 PHAT 变换的 GCC 在实际情况下具有较好的鲁棒性，且包含了 DOA 估计所需的 TDOA 信息。文献 [607] 还比较了不同信噪比及不同混响情况下各 DOA 方向上的信号 GCC 特征的模式，发现尽管在低信噪比和混响的环境下，GCC 的模式变得比较模糊，但仍然可以分辨出与 DOA 相关的信息。另一种比较常用的特征主要受到 MUSIC 算法等基于子空间分解的 DOA 估计方法的启发，在推导 MUSIC 算法的过程中，一个重要结论是噪声子空间的特征向量与声源信号的方向向量（即 DOA 的方向）正交。因此，由多通道信号的协方差矩阵进行特征值分解之后的噪声子空间的特征向量组合的特征也被应用于 DOA 估计的神经网络输入，并且可以被应用于多声源的场景[611, 612] 下。除此以外，有一些方法结合了倒谱系数等特征[613]，还有一些针对双通道信号的方法利用了双耳相关特征[614]。

通过以上几种特征选取的方法其实都受到了传统声源定位方法的启发，比如 GCC-PHAT 向量实际上是基于 TDOA 的声源定位方法，而将噪声空间特征向量作为输入特征实际上是基于子空间分解的声源定位方法。因此这些特征有可能会引入传统方法的一些缺陷。2017 年，Chakrabarty 等人提出了一种利用原始时频域 STFT 的相位谱作为输入特征的 DOA 估计方法[615]。该方法利用 CNN 网络自动学习相邻通道之间的相位关系中与 DOA 相关的信息，并且考虑了相邻频率之间的依赖关系。除此以外，由于该方法只用到了相位特征，因此可以只利用带有方向性的噪声数据训练，更容易获得训练数据，并且可以避免语音活动端点检测（VAD）等操作的误差对带语音数据的影响。同时，此方法被应用在实际带语音的数据上时也具有良好的泛化性能。后来此方法也被应用于多说话人的场景[616] 下。文献 [617] 在原始时频域 STFT 的相位谱的基础上，引入了额外的时频掩蔽（Time-frequency Mask），通过估计出的时频掩蔽对输入的相位谱特征进行增强，减少了噪声、混响等环境因素的干扰，提升了其在带噪语音上的定位性能。

文献 [618] 结合上述两种特征选择的特点，提出了利用互谱映射（Cross Spectral Map，CSM）作为特征的方法。这种方法包含多通道之间的互信息，不过多引入传统的定位方法，只计算了各通道之间的互功率谱。除此以外，研究者们还提出了一种端到端的声源定位方法[619]，将网络的输入直接采用时域的信号，输出不仅估计声源的 DOA，同时估计声源的距离。

19.3 波束形成的信号处理方法

基于麦克风阵列的语音增强相对于单麦克风，除了可以进行时频域滤波，还可以进行空域指向性滤波，既能够消除噪声，又能够限制语音失真程度。波束形成（Beamforming）是一种最常用的麦克风阵列语音增强技术，可以对麦克风阵列语音信号中期望方向的语音信号进行增强，并且对干扰方向信号进行抑制。

针对语音信号短时平稳及宽带特性，该方法通常都会先对语音信号进行 STFT 变换。经过 STFT 变换的一维语音信号会变换到二维的时频域。在实际情况下，麦克风阵列接收信号的模型在时频域的表达式如下：

$$Y_i(f,t) = H_i(f)S(f,t) + N(f,t) \tag{19.6}$$

表示成向量形式为

$$\begin{aligned} \boldsymbol{y}_{f,t} &= \boldsymbol{x}_{f,t} + \boldsymbol{n}_{f,t} \\ &= \boldsymbol{r}_f s_{f,t} + \boldsymbol{n}_{f,t} \end{aligned} \tag{19.7}$$

其中，$\boldsymbol{r}_f = [H_1(f), H_2(f), \cdots, H_M(f)]^{\mathrm{T}}$ 表示实际情况下的方向向量，M 表示麦克风的个数。$\boldsymbol{y}_{f,t}$、$\boldsymbol{x}_{f,t}$ 和 $\boldsymbol{n}_{f,t}$ 分别表示接收到的带噪信号、其中的干净信号及噪声信号的时频域表达式。波束形成滤波通过对观察到的带噪信号 $\boldsymbol{y}_{f,t}$ 应用一个线性滤波 $\boldsymbol{w}_f^{\mathrm{H}}$ 进行语音增强，恢复一路增强的语音信号：

$$\hat{s}_{f,t} = \boldsymbol{w}_f^{\mathrm{H}} \boldsymbol{y}_{f,t} \tag{19.8}$$

不同的波束形成技术的主要区别在于滤波参数 $\boldsymbol{w}_f$ 的设计。利用波束形成技术做麦克风阵列语音增强的方法大体可以分为三类[620]：固定波束形成；自适应波束形成；后置滤波算法。

19.3.1　固定波束形成

固定波束形成算法是最早被应用到麦克风阵列语音增强中的波束形成算法。延迟求和波束形成（Delay and Sum Beamforming，DSB）是一种经典的固定波束形成。DSB 通过对每个麦克风接收到的时延都进行估计并且补偿，使得各路语音信号达到同步，然后对每个通道的信号都进行加权求和，将其整合成一路增强的语音信号，其中最简单的加权方法是平均加权。该方法如图19–4所示。

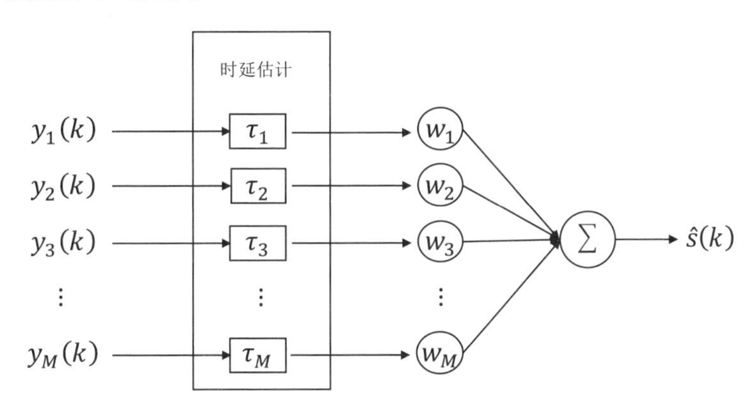

图 19–4　延迟求和波束形成

该方法的原理简单，计算复杂度小，但是降噪能力有限，往往需要很多麦克风才能达到比较好的噪声抑制效果。理论上信噪比的提升为 $10\lg M$，M 为麦克风的数量，因此硬件成本相对较高。针对 DSB 的宽带响应问题，研究者们在 DSB 的基础上提出了滤波和波束形成（Filtering and Sum Beamforming，FSB）[621] 方法。该方法主要是将 DSB 中简单的延时补偿转换成不同的有限冲激响应（Finite Impulse Response，FIR）滤波器，从而实现频率不变的空间响应。

由于固定波束形成方法的滤波系数固定，当声学环境发生变化时，不能很快适应，因此在实际应用中往往不会单独使用固定波束形成滤波器。

19.3.2 自适应波束形成

自适应波束形成方法主要针对声学环境的变化情况，根据信号自适应修正波束形成器滤波参数，从而提升鲁棒性。自适应波束形成主要分为两种结构，分别为线性约束最小方差（Linearly Constrained Minimum Variance，LCMV）[622] 结构和广义旁瓣抵消器（Generalized Sidelobe Canceller，GSC）结构。LCMV 是带有一组线性约束的最小方差滤波器。最小方差无失真响应（Minimum Variance Distortionless Response，MVDR），是 LCMV 的一个简化版算法[623]。GSC 是在 LCMV 的基础上提出的[624]，由固定波束形成器和阻塞矩阵两部分构成。后来，研究者们又提出了传递函数 GSC（Transfer Function GSC，TF-GSC）方法。

在自适应波束形成算法中，我们主要介绍最小方差无失真响应（MVDR）和广义特征值（Generalized eigenvalue，GEV）波束形成这两种波束形成方法。这两种波束形成方法在与深度学习结合进行多通道语音增强及远场语音识别的系统中应用最为广泛。

（1）最小方差无失真响应（MVDR）。MVDR 的设计思想是在约束目标信号的输出无失真的条件下，使得输出的噪声功率最小。用数学表达式可以将 MVDR 的思想描述成一个最优化的问题：

$$\begin{aligned} \boldsymbol{w}_f^{\mathrm{H}} &= \arg\min_{\boldsymbol{w}_f^{\mathrm{H}}} \boldsymbol{w}_f^{\mathrm{H}} \boldsymbol{R}_{\boldsymbol{nn}f} \boldsymbol{w}_f \\ s.t. \quad & \boldsymbol{w}_f^{\mathrm{H}} \boldsymbol{r}_f = 1 \end{aligned} \tag{19.9}$$

利用拉格朗日乘子法（Lagrange Multipliers）可以求得最优化的结果，即 MVDR 的波束形成滤波参数：

$$\boldsymbol{w}_f^{\mathrm{H}} = \frac{\boldsymbol{r}_f^{\mathrm{H}} \boldsymbol{R}_{\boldsymbol{nn}f}^{-1}}{\boldsymbol{r}_f^{\mathrm{H}} \boldsymbol{R}_{\boldsymbol{nn}f}^{-1} \boldsymbol{r}_f} \tag{19.10}$$

其中，$\boldsymbol{R}_{\boldsymbol{nn}f}$ 表示麦克风接收到的信号中噪声信号的协方差矩阵，$\boldsymbol{r}_f$ 表示方向向量。

（2）广义特征值（GEV）波束形成。GEV 的设计思想是使得波束形成处理之后的输出信噪比最大。同样可以用最优化的数学表达式来表示：

$$\boldsymbol{w}_f^{\mathrm{H}} = \arg\max_{\boldsymbol{w}_f^{\mathrm{H}}} \frac{\boldsymbol{w}_f^{\mathrm{H}} \boldsymbol{R}_{\boldsymbol{xx}f} \boldsymbol{w}_f}{\boldsymbol{w}_f^{\mathrm{H}} \boldsymbol{R}_{\boldsymbol{nn}f} \boldsymbol{w}_f} \tag{19.11}$$

求解上述最优化的过程实际上是一个广义特征值分解的问题，最优化的解即矩阵 $\boldsymbol{R}_{\boldsymbol{nn}f}^{-1}\boldsymbol{R}_{\boldsymbol{xx}f}$ 的最大特征值对应的特征向量。

从 MVDR 和 GEV 波束形成的滤波参数表达式中，可以看到其中有两个需要从信号中估计的量：方向向量 $\boldsymbol{r}_f$，以及噪声和信号的协方差矩阵 $\boldsymbol{R}_{\nu\nu f},\nu \in \{\boldsymbol{x},\boldsymbol{n}\}$。在传统方法中，方向向量的估计一般假设声源的方位已知，或者利用上一节提到的 DOA 估计方法来估计声源的 DOA 从而计算方向向量。这些方法一方面没有考虑实际情况下各种混响对真实方向向量的影响，另一方面，DOA 估计的误差会累积到波束形成的过程中。协方差矩阵的估计往往假设信号的开始和结尾部分只存在噪声信号，利用这两部分来估计噪声协方差矩阵，然后利用中间的部分来计算干净信号的协方差矩阵。因此在传统方法中，对于信号的参数估计会因为各种假设的不准确，导致出现较大误差。

19.3.3 后置自适应滤波

由于在每种波束形成的算法结构中总会存在着一些不足，因此经过固定波束形成或者自适应波束形成算法处理之后的语音仍然会有残留的噪声。后置自适应滤波方法主要是将一些波束形成算法与后置滤波算法搭配使用来消除残留的噪声。

文献 [625] 最早提出了一种自适应后置滤波（Adaptive Post Filtering）方法，此方法将 DSB 后接自适应维纳滤波器。后来研究者们对此方法进行扩展，使其应用到各通道噪声相关的情况中。盲分析归一化（Blind Analytic Normalization，BAN）技术也是一种后置滤波技术，通常被应用到 GEV 波束形成中[626]。

前面在自适应波束形成中介绍的 GEV 波束形成器对滤波参数的幅度没有进行限制（MVDR 滤波器有输出信号无失真的约束）。因此可以用 BAN 技术对 GEV 波束形成的滤波参数进行归一化处理。假设 GEV 的波束形成参数为 $\boldsymbol{w}_f$，则 BAN 的滤波参数为

$$
w_f^{\mathrm{BAN}} = \frac{\sqrt{\boldsymbol{w}_f^{\mathrm{H}}\boldsymbol{R}_{\boldsymbol{nn}f}\boldsymbol{R}_{\boldsymbol{nn}f}\boldsymbol{w}_f/M}}{\boldsymbol{w}_f^{\mathrm{H}}\boldsymbol{R}_{\boldsymbol{nn}f}\boldsymbol{w}_f} \tag{19.12}
$$

BAN 后置滤波器对目标信号每个频率的输出增益都做了归一化。将 BAN 的滤波系数对应乘上相应频率的 GEV 波束形成滤波参数，最后构成整体的波束形成器。

19.4 结合信号处理和深度学习方法

近年来，深度学习模型已经在语音识别的后端声学模型或者语言模型中展现出了很好的性能，与此同时，研究人员也在考虑如何将深度学习技术应用于多通道语音增强中，以大幅提升语音增强的性能，进而改善远场语音识别的性能。目前已经有一些与深度学习相关的多通道语音前端信号处理方法被提出，大体可以分为以下 3 类。

- 第 1 类方法直接将多通道数据进行拼接，作为 DNN 声学模型的输入，在深度学习模型中自动学习、处理前端信号。
- 第 2 类方法利用多通道的数据学习波束形成的滤波参数，将深层神经网络学习到的波束形成参数对原始多通道语音数据进行增强。
- 与第 2 类方法一样，第 3 类方法也先做波束形成，将原始语音数据整合为一路信号后再做语音识别。区别在于第 3 类方法利用深度学习技术估计单通道的时频掩蔽（Time-frequency Mask），然后将估计的时频掩蔽用于构造传统的波束形成参数。

第 1 类方法将深度学习网络完全替代了前端信号处理的部分，利用深度学习强大的建模能力自动在多通道的数据中进行信号的处理与分析。多通道的信号相比单通道的信号来说，可以引入更加丰富的信息，因此可以提升声学模型对远场环境下的建模能力。例如文献 [627, 628] 直接将多通道语音 FBANK 特征作为深层神经网络声学模型的输入。这些方法虽然思想简单，但是也存在一些缺陷，例如丢失了不同通道之间的相位信息。由于声学模型建模一般采用 FBANK 等特征，而在 FBANK 特征的提取过程中，对时域信号进行 STFT 变换之后有取幅度谱或者功率谱的操作，因此它只保留了幅度相关的信息，直接丢弃了相位的信息。但是从另一方面来说，麦克风阵列接收到的语音信号，相对单麦克风信号主要是多了空域的信息，而空域信息恰恰反映了不同麦克风之间的相位差异，而不是幅度的差异。因此采用这种方法虽然利用了多通道的数据作为输入，但是丢失了多通道数据所反映的最主要的信息，这对系统性能的改善有一定限制。

为了更充分地利用多通道的信息，文献 [629] 采取多通道语音的时域信号作为输入特征，以此来保证所有信息都被保留。该文献利用 CNN 来处理多通道的原始时域音频信号。时域信号中的不同麦克风之间的时延差异可以被 CNN 捕捉到，并且 CNN 可以被看作一个抽象特征的提取器，可以提取类似滤波器组的抽象特征。实验结果表明，直接利用多通道时域信号作为网络输入的方法比利用 FBANK 等丢失了相位信息的特征的方法取得了更好的结果。然而这种完全利用深度学习来处理多通道信号的方法的性能还是不及波束形成方法。本节接下来将主要描述后两种结合信号处理和深度学习的方法。

19.4.1 深度学习波束形成参数学习

相比于直接把多通道语音信号输入 DNN 声学模型的方法，先利用波束形成技术将麦克风阵列语音信号增强成一路语音后，再送入后端声学模型进行语音识别的方法性能要更好一些[630]。但是传统的完全基于信号处理的波束形成方法在与语音识别中的后端声学模型结合时仍存在一些问题。第一，目前主流的一些波束形成技术都是以优化信号本身为目标的，例如提升输出 SNR[597] 或者声学似然度[631] 等，它们没办法直接提高语音识别的准确率。第二，传统的技术主要利用当前一条信号的信息，然而在实际过程中，可以从日常通话及仿真技术中获得大量的麦克风阵列语音信号。因此，可以考虑利用深度学习技术充分利用大量的数据学习一个更好的波束形成参数。除此以外，深度学习的处理方法也可以很好地与后端的声学模型结合。

文献 [632] 提出了深度波束形成方法。深度波束形成技术利用 DNN 来预测频域波束形成器的复数滤波参数。受到文献 [607] 的启发，GCC 向量可以充分表现声源信号的 DOA 信息，也就是麦克风的空域信息，波束形成 DNN 的输入是多通道信号的 GCC-PHAT 组合特征。为了生成训练的标签，DNN 利用仿真的多通道数据进行训练，当已知声源真实的 DOA 时，可以较为准确地估计 DSB 参数。它以 DSB 的参数作为波束形成 DNN 的输出标签，然后使用 MSE 准则拟合波束形成 DNN 的输出与 DSB 滤波参数。利用 DNN 波束形成器生成的复数滤波参数，对原始多通道频域信号进行滤波之后，可以直接进行特征提取，再送入 DNN 模型，进行声学模型的训练。

在这种与深度学习结合的波束形成方法中，输入的特征可以被转换为其他的例如空间相关的协方差矩阵等特征，输出的标签也可以被转换成其他的传统波束形成参数。同时，由于都基于大量训练数据的统计学习，波束形成网络和声学模型网络可以进行联合优化，使得波束形成参数的学习有机会充分利用语音识别的信息。不过此方法也有一些缺陷，主要在于网络的输出标签仍需要先利用传统方法估计一遍，因此，传统方法本身所带有的缺陷，例如空间传播假设不一定准确等，也是该方法无法避免的。

19.4.2 基于深度学习时频掩蔽的波束形成

传统的波束形成方法通常需要依赖一些先验知识，例如阵列的几何结构信息及声波平面传播假设，或者已知声源的准确方位等，这些先验知识有些是不准确的，有些是需要用精准的声源定位技术估计得到的，限制了波束形成技术的性能。因此，即使利用深度学习来学习波束形成参数并且训练数据的声源方位信息准确，但由于学习目标利用了传统波束形成方法，也仍然需要已知麦克风阵列尺寸和几何结构及平面波假设的先验知识。

近年来，研究者们提出了一种基于时频隐蔽值的波束形成框架。这种框架既不需要额外的知识，也不需要对麦克风的几何结构进行限制，因此被广泛研究。该方法将时频隐蔽与前面描述的传统波束形成方法结合。考虑到在传统的波束形成方法中（例如 MVDR 和 GEV）需要估计信号的方向向量及噪声信号的协方差矩阵，其中方向向量的估计实际上也是干净信号的统计特性的估计[633]，而时频掩蔽可以帮助分析原始带噪信号中的干净语音和噪声的成分，从而估计波束形成参数构成中所需要的语音和噪声的协方差矩阵。该方法比较成功地应用在 CHiME 多通道语音分离和语音识别挑战赛中。日本的 NTT 公司提出了基于复数高斯混合模型（Complex Gaussian Mixture Model，CGMM）的时频掩蔽方法在波束形成中的应用[634, 635]。

紧接着，Heymann 利用神经网络代替 CGMM 的方法也被成功应用到波束形成与远场语音识别中[630, 636, 637]。后来，对基于深度学习的时频掩蔽波束形成方法的研究也越来越多[638–640]。

时频掩蔽的数值表示语音信号及噪声分别主导每个时频点的概率。时频掩蔽的相关方法之前已经被应用到了单麦克风语音增强中[641]，后来也将相位相关的时频掩蔽估计方法[642] 引入其中。与多通道信号处理方法不同，在单麦克风的情况下，估计的时频掩蔽直接被作为频率滤波参数对原始的带噪信号滤波；而在麦克风阵列的情况下，时频掩蔽主要被用来计算多通道信号的统计量，构造波束形成滤波参数。

在多通道框架下，深度学习主要被应用在时频掩蔽的估计上。此前已经有很多基于模型的方法被用来估计时频掩蔽[643–647]。利用 DNN 的方法来估计时频掩蔽最明显的优点在于考虑了不同时间帧及频率带之间的相互依赖关系[630, 637]，而基于模型的时频掩蔽估计方法基本上假设每个频率的信号都是相互独立的，每个频率都带独立估计。除此之外，这种基于大量训练数据学习的方式对原始的数据分布是没有假设的，因此深度学习的时频掩蔽方法在不同的噪声类型及混响的情况下更加鲁棒。在文献 [637] 中还提到，由于神经网络的方法对每一个麦克风的数据都单独估计时频掩蔽，所以参数估计是与麦克风阵列几何结构无关的，这样的时频掩蔽可以被应用到任意结构的麦克风阵列上，甚至可以被应用到与训练数据不一致的麦克风阵列结构上。

基于深度学习时频掩蔽的波束形成框架如图19–5所示。在此框架中，BLSTM 网络被用来估计单通道信号的时频掩蔽[1]。多麦克风的信号首先

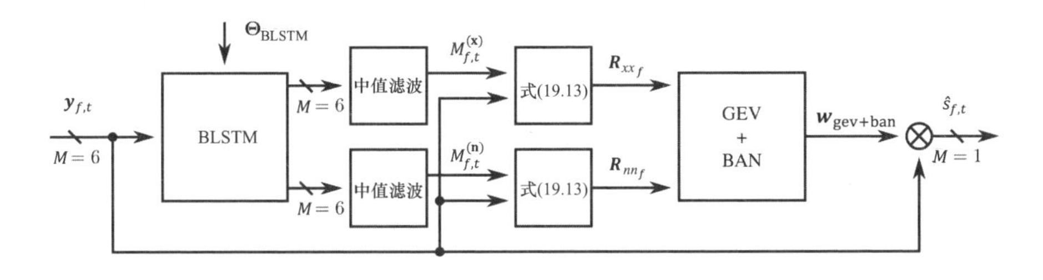

图 19–5　基于深度学习时频掩蔽的波束形成框架

1　此处的 BLSTM 网络也可以改换成其他的网络结构。

通过 STFT 变换之后输入 BLSTM 网络。多个通道的信号共享同样的 BLSTM 网络参数，对于每个麦克风的信号都估计两个时频掩蔽：干净语音的时频掩蔽及噪声的时频掩蔽。这两个时频掩蔽值分别表示干净语音或者噪声主导时频点的概率。紧接着，多个通道的时频掩蔽经过中值滤波操作被整合成一个通道的干净语音和噪声时频掩蔽，然后利用这两个时频掩蔽分别估计语音和噪声的协方差矩阵：

$$\boldsymbol{R}_{\boldsymbol{\nu}\boldsymbol{\nu}f} = \sum_{t=1}^{T} M_{f,t}^{(\nu)} \boldsymbol{y}_{f,t} \boldsymbol{y}_{f,t}^{\mathrm{H}} \tag{19.13}$$

式中 $\nu \in \{\boldsymbol{x}, \boldsymbol{n}\}$，分别对应了语音和噪声。$M_{f,t}^{(\boldsymbol{x})}$ 和 $M_{f,t}^{(\boldsymbol{n})}$ 分别表示经过中值滤波整合之后的语音和噪声的时频掩蔽。最后，根据前面介绍的 GEV+BAN 波束形成方法，利用公式 (19.11) 和公式 (19.12) 代入估计的协方差矩阵，可以计算出波束形成参数，并对原始的多麦克风数据进行增强，得到一路增强的最终语音信号。

19.5 前后端联合优化

随着深层神经网络的发展，近年来语音识别技术取得了重大进展，但是在许多实际场景下其性能仍然较差。例如在远场语音识别中，当在接收语音信号中存在高噪声和强混响时，语音识别的准确率依然比在干净语音情况下的要低很多[648, 649]。为了改善语音识别系统对于噪声和混响的鲁棒性，我们可以利用在前面几节中介绍的麦克风阵列波束形成技术，在语音识别之前对输入语音进行前端处理，从而提升语音识别的性能[650]。近些年来，无论是学术界还是工业界都开始关注多通道语音增强技术在远场语音识别中的应用[598]。2014 年，Delcroix 等人在 REVERB 多通道语音增强和语音识别挑战赛中利用传统的 MVDR 波束形成将多通道语音增强为一路信号，然后与后端 DNN 的声学模型结合[651]。这种方法相比单通道的 DNN 声学模型训练有明显的性能提升。因此，前后端相结合的语音处理技术在实际应用中十分重要。

一般而言，将前端信号处理与后端的语音识别相结合有两种方法：将前端和后端分离并单独训练，以及前后端联合优化。如果将提高语音识别性能作为最终目标，则前端和后端模块分开训练[636, 652] 可能不是最好的方法；而对前后端模块进行联合优化训练，则可能缓解前后端任务的不匹配问题，从而提升整体性能。最近的研究表明，基于深层神经网络模型的方法已经使前端语音增强模型和后端语音识别声学模型联合优化变得可行，并进一步提升了语音识别系统的性能[632, 653–656]。下面将介绍几种比较有代表性的方法。

文献 [653] 提出一种多通道 ASR 系统的端到端训练方法。在该方法中，前端模块首先利用神经网络分别估计噪声和语音信号的时频掩蔽，从而得到噪声和语音信号的功率谱密度；然后通过广义特征值（GEV）波束形成器和盲分析归一化（BAN）后置滤波器[626] 进行处理，使得输出信噪比最大，得到增强后的语音信号；最后由后端模块提取信号的 FBANK 特征，传递给神经网络用于估计声学模型概率。文献 [653] 将其网络架构称作 Beamnet，如图19–6所示，整个网络仅在声学模型输出端计算损失函数（交叉熵），并将梯度回传至最前面的时频掩蔽估计网络，对整个系统进行联合优化。该方法在 CHiME-4 的 6 通道真实环境测试集上的词错误率（WER）比采用前后端单独训练的方法相对降低了 7.4%。文献 [632] 提出的方法与它类似，同样采用一个统一的网络架构进行波束形成、特征提取和声学建模，并通过一个共同的交叉熵目标函数进行联合训练。主要的不同点在于波束形成模块，文献 [632] 将信号的相位变换的广义互相关系数（GCC-PHAT）特征输入波束形成网络中，估计出波束形成器系数，进行频域的滤波-求和波束形成。文献 [632] 的实验表明，该方法在 AMI 数据集上的词错误率比前后端单独训练降低了绝对 3.2%。

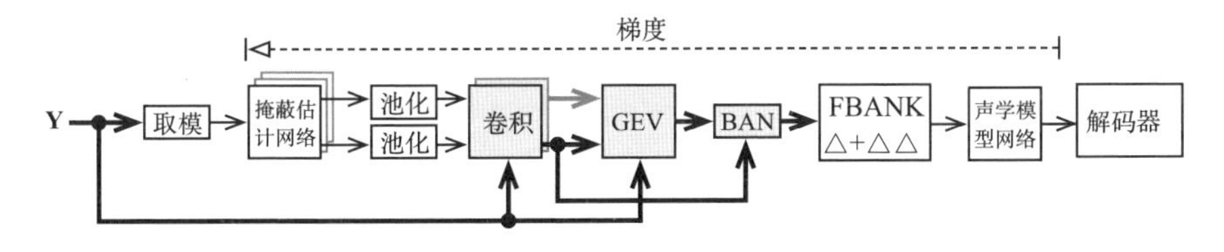

图 19–6　Beamnet 网络架构

注：梯度从输出一直传播到时频掩蔽估计网络，粗线表示复数信号，灰色块在复数域运算

文献 [656] 利用神经网络对多通道波形进行直接操作，首先用一个网络层针对每个通道的信号都训练一个滤波器组，进行多通道的时域卷积，并

将每个通道卷积的结果都累加到一起，类似于滤波-求和波束形成，然后接一层最大池化层和一层非线性层，消除短时的相移影响，提取出帧级别的特征向量，之后的网络层则用于声学建模，如图19–7所示。经过训练之后，文献 [656] 的滤波器组均表现出带通特性，并且对不同方向具有不同强度的响应。文献 [656] 中的实验比较了不同波束形成方法对 ASR 性能的影响，结果表明文献 [656] 所提出的波束形成网络比传统的延时-求和（DS）波束形成效果更好，在不同通道数的情况下词错误率均实现了 1% 以上的绝对降低。

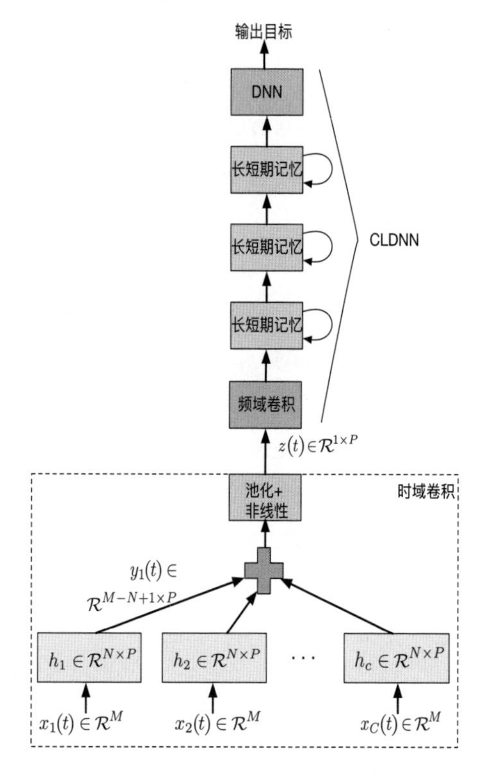

图 19–7　基于多通道语音波形直接前后端联合优化的架构

文献 [654] 指出，一些基于神经网络的多通道语音增强和声学建模经过联合训练后学习的滤波器是固定不变的，潜在地限制了模型适应环境变化的能力。为解决这一问题，它提出一种神经网络自适应波束形成（NAB）技术，采用长短时记忆（LSTM）网络来预测每一帧时域波束形成滤波器的系数，对输入信号进行时域的滤波-求和波束形成。采用时域的波束形成后，所需要的滤波器系数数量相比频域波束形成[632] 少很多，在波束形成之后，采用 CLDNN 声学模型[657] 进行联合训练。为进一步提高模型性能，文献 [654] 提出将声学模型前一帧的输出接到滤波器系数预测网络的输入，提供有关信号音素内容的信息，并通过门限的方式控制反馈程度。除此之外，在训练时还采用了多任务学习策略，如图19–8所示，网络最终输出声学模型状态估计和对应干净语音对数梅尔特征的估计，两者分别计算损失函数，并被赋予不同的权重进行反向传播。文献 [654] 指出训练阶段增加的干净特征输出被用于正则化模型参数，在推理阶段该部分将被丢弃。文献 [655] 的结构与它相似，主要的不同点在于采用了更多的输入通道数，没有采用门限反馈以减少系统复杂度，并在频域进行 LSTM 波束形成。文献 [655] 通

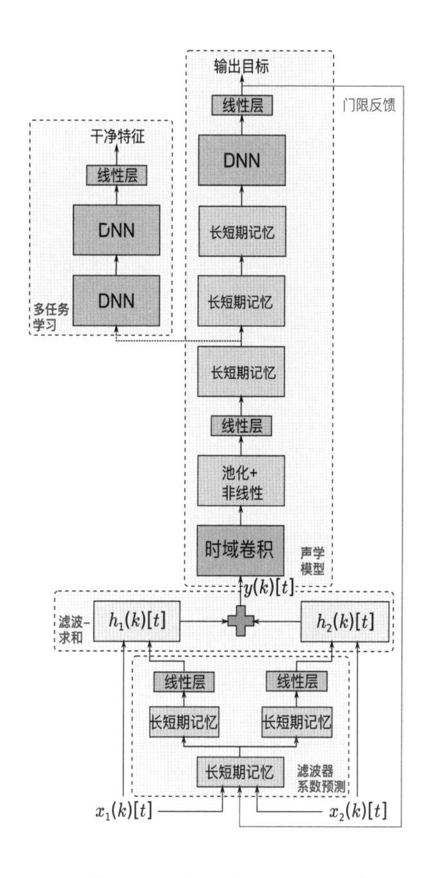

图 19–8 神经网络自适应波束形成（NAB）模型网络架构

注：为简单起见，只展示了两个通道

过实验表明，该方法在 CHiME-3 的 6 通道真实环境测试集上的词错误率比基线方法降低了绝对 7.97%。

第 VI 部分

口语理解及对话系统的深度学习实践

第 20 章

基于深度学习的口语理解

摘要 前面已经详细介绍了自动语音识别及其涉及的各类关键技术。语音识别旨在从语音信号中识别文字序列，口语理解则试图从语音识别后的文字序列结果中找出用户的意图。本章将具体介绍口语理解模块，尤其是基于深度学习技术的口语理解。我们先结合自然语言处理的发展进程来了解口语理解技术的发展历程，然后介绍口语理解中的经典任务，最后重点阐述基于深度学习的口语理解的技术路线和代表性方法。

20.1 自然语言处理及深度学习

20.1.1 从语音识别过渡到自然语言处理的重要性

语音是人机交互中最为便捷的输入通道，也是信息技术的重要研究领域。语音识别、语音翻译[658] 等研究很早就得到了人们的高度重视。随着移动互联网的迅猛发展及一些创新性技术如深层神经网络等的应用，语音识别技术已经进入商用阶段。但在人机交互背景下，语音识别的结果无法直接代表用户的意图，因为用户在字符序列背后所表达的语义是复杂的，并且隐藏得很深。为了从语音识别得到的文字序列中提取用户的语义信息，自然语言处理技术的应用显得尤为重要。

在语音人机交互的研究和应用中，自然语言处理技术已经无处不在，尤其是对于用户意图的理解及可以进行双向信息交流的口语对话系统研究[659, 660]，伴随着语音识别研究的进步逐渐得到了各地科研机构和产业界的重视。美国从 20 世纪 90 年代开始相继设立了 SLS (1989—1995)、Communicator (1999—2002) 和 CALO (2003—2008) 项目计划，用于资助口语对话系统相关技术的研究。欧洲相关组织紧随其后，设立了 TALK (2004—2006)、CLASSiC (2008—2011) 和 PARLANCE (2011—2014) 等口语对话系统项目计划。在产业界方面，微软（Microsoft）的 Cortana 智能助理可以通过语音对话理解用户的需求，苹果（Apple）在移动设备上搭载了 Siri 口语对话式的手机助手，亚马逊（Amazon）、谷歌（Google）等纷纷推出了基于口语交互的智能设备（Echo、Google Home），等等。这些应用的成功不仅依赖于系统准确地识别出用户说的话（语音识别技术），同时依赖于系统正确地理解用户的意图（自然语言处理技术）。实现智能的语音人机交互需要语音识别和自然语言处理技术的紧密连接和无缝过渡，从非结构化的文本序列中提取结构化（语义）信息的自然语言处理技术是继语音识别之后的必要环节。

20.1.2　自然语言处理及口语信息处理

自然语言处理（Natural Language Processing，NLP）的研究对象是语言，其研究目的是利用计算机处理或理解人类的（自然）语言来完成后续有意义的任务。NLP 是一个跨学科的领域，结合了计算语言学、计算机科学、认知科学和人工智能学科的知识。从科学的角度来看，NLP 旨在对人类语言理解和生成的认知机制进行建模。从工程的角度来看，NLP 关心如何构建一个实用的应用程序来促进计算机与人类语言之间的交互。典型的 NLP 应用或者任务包括：口语理解、对话系统、词法分析、句法分析、机器翻译、知识图谱、信息检索、问答系统、情感分析等。

自然语言在本质上是一个传递意图或者语义的、符号化或者离散化的系统。自然语言的表现或者可观察的物理信号就是文本（常以符号形式出现）。文本信号一般都有它对应的语音信号，语音信号可以被看作符号文本对应的连续性表示。从自然语言的潜在语言学层级划分上来看，文本信号和语音信号处于相同的层次；从 NLP 和信号处理的角度来看，语音可以算是带噪声的文本。相比之下，在基于语音信号的语义理解任务（即“口语理解”任务）中需要引入“降噪”的额外工作。口语语言相对于来自人的书写和键盘输入的书面语言有很多细微的不同，略述如下。

- 语法不规范。口语不像书面语言那样结构完好，且符合语法规则。人在说话时一般会比在书写时更加随意和粗心，因而经常不严格遵守语法规则。

- 不流利。在口语中，填补停顿（比如“嗯……”）、修正（比如“明天–哦不–今天”）、重复（比如“上海人民–人民广场”）、截断（比如“我要去–我想听歌”）等现象非常普遍。
- 具备一定韵律特征。相比书面文本，口语的语音信号所携带的韵律有利于许多识别任务，比如：
  - 句子类型识别，比如陈述句、是否问句、wh–问句（who、what、whose、which、when、where、why、how）等；
  - 情感识别、注意力检测等。
- 文本不精确。自动语音识别系统的结果不会完全精确，这使得在对话系统中真实使用的口语文本往往含有语音识别的错误。

因此我们引出口语信息处理来区别一般的面向书面语言的自然语言处理。口语信息处理的任务与自然语言处理基本一致，但它需要对上述细微差别进行调整和优化，采用特殊的处理技术和方法论。比如语法不规范、句子不流利的现象使得一般的句法分析很难为口语信息处理提供帮助。此外，自动语音识别系统的误差、语法不规范及句子不流利的现象都引入了文本噪声，这些噪声的引入加剧了口语信息处理中文本信号的不确定性，让口语信息处理中的不确定性建模变得非常重要。

20.1.3 语言处理中的深度学习框架

虽然自然语言处理和口语信息处理存在差别，但二者的本质、核心方法论还是一样的。我们将在本节回顾语言处理中的方法变化并重点介绍目前的深度学习框架。

NLP 在半个多世纪以来的发展经历了 3 次历史浪潮。

第 1 次浪潮：理性主义

1950 年，图灵在其著名文章 *Computing Machinery and Intelligence* 中提出了一种基于自然语言对话的智能评测标准（现在被称为图灵测试）。

1954 年，美国 Georgetown 大学与 IBM 合作，利用 IBM-701 计算机进行了世界上第一次完全自动的机器翻译实验，将少量的俄语句子翻译成英语，并声称在三五之内年机器翻译问题将被解决，然而，实际的进展非常缓慢。1956 年，美国语言学家乔姆斯基（Chomsky）从香农（Shannon）的工作中借鉴了有限状态马尔可夫过程的思想，首次把有限状态自动机作为一种工具来刻画语言的语法，并且把有限状态语言定义为由有限状态语法生成的语言。1957 年，乔姆斯基在其著作 *Syntactic Structures* 中宣称自然语言结构在本质上无法被统计过程所获取。此后 30 年间，形式化的语言理论被作为解决自然语言处理问题的主要工具。此为理性主义的开端。

在此期间，早期的人工智能也得到了发展，其主要方法是专家知识工程，即领域专家根据相应的应用领域或者场景的知识设计计算机程序。专家一般使用基于字符的逻辑规则来表示知识。此类理性主义方法推动了大量字符规则和模板的使用，而知识设计主要体现在语法和本体结构上。这种方法的好处是可解释、易于调试和更新，但是这类知识系统的规则和应用领域是有限、狭窄的，其泛化能力非常弱。

第 2 次浪潮：经验主义

第 2 次浪潮的特点是对语料库和（浅层）机器学习的利用。布朗大学（Brown University）在 1963—1964 年收集和构建了第一个联机语料库：布朗美国英语语料库（Brown Corpus）。随着计算机计算能力的提高、乔姆斯基理论对语言学影响的消退，语料库构建、基于统计的机器学习算法被应用到自然语言处理领域中来，具体表现在语音和语言处理中的概率模型的提出。从 20 世纪 90 年代开始，自然语言处理进入繁荣期。

相对于理性主义方法，经验主义方法假设人类智慧开始于一些一般性的操作：联想、模式识别和概括。丰富的感官输入使得人类智慧可以学习到自然语言的具体结构。早期的经验主义方法主要被用于发展生成式模型，比如隐马尔可夫模型[661]、IBM 翻译模型[662] 等。到了 20 世纪 90 年代晚期，鉴别式模型和方法开始在大量 NLP 任务中出现。典型的鉴别式模型和方法包括最大熵模型[663]、支持向量机[664]、条件随机场[665] 及感知机[666] 等。在机器学习中，研究者不再关心如何设计精准有效的规则，而是集中精力研究统计模型（包括参数估计、不确定性建模、模型迁移等）。

第 3 次浪潮：深度学习

相比于第 1 次浪潮，许多 NLP 任务在第 2 次浪潮中都取得了更好的性能及更高的系统鲁棒性，但它们大多离人类的水平比较遥远。这其中一个主要的原因是浅层机器学习还不能充分利用大规模的训练数据。此外，相关的学习算法、基础计算设施（比如计算单元）还不够强大。近几年来，所有这些方面的改变造就了语言处理的第 3 次浪潮，即深度学习[667–670] 推动下的 NLP。

在传统机器学习算法中，特征都是由人手工设计的。由于过分依赖人类的专业知识，特征工程成了传统机器学习的一个瓶颈。与此同时，相应的浅层机器学习算法缺乏强大的表示能力。深度学习则依靠其深度分层的模型结果（往往是神经网络的形式）和端到端的学习算法轻松解决了这些问题。

在传统机器学习时期，语言处理中的文本特征基本都是离散的，比如一个词的表示是 one-hot 向量（即向量总维数为词表大小，在向量中仅该词对应的维度为 1，其他维度均为 0），一个句子的表示可以是“词袋”向量（向量总维数为词表大小，向量中每个词对应的维度都为 1，其他维度均为 0）。深度学习则利用多层特征变换和非线性处理单元，从底层的稀疏特征中提取出高层稠密的分布式特征。

在深度学习应用于语言处理领域之初，词嵌套（词向量）[402, 671] 就被提出用来代替稀疏的 one-hot 向量。词的表示由高维且极端稀疏向低维且稠密转化。词嵌套方法通过统计文本数据中当前词和上下文的关系（比如共现）估计词的分布式向量表示，比如 skip-gram[445]、CBOW[672] 及 GLOVE[673] 等。基于词嵌套表征，深度学习在语言处理领域中的应用如鱼得水。Ronan 等人利用卷积神经网络（Convolutional Neural Network，CNN）在词性标注、语块标注、命名实体识别、语义角色标注及句法解析任务[674] 上均取得了成功应用。在词性标注、语块标注、命名实体识别等序列标注任务上，基于长短时记忆（Long Short-Term Memory，LSTM）单元[675] 的双向循环神经网络（Bidirectional Recurrent Neural Networks，

Bi-RNN）似乎比 CNN 具有更强的上下文信息提取能力[23]。序列到序列模型（也叫编码器–解码器）[676] 的出现使得许多复杂 NLP 任务（比如机器翻译、句法树解析、文本摘要等）的端到端学习成为可能。注意力机制（Attention Mechanism）[518] 则提供了一种动态自适应的上下文表征方式。上述底层词嵌套可以通过海量无监督文本训练得到，任务相关的特征则可以由 CNN、RNN 等复杂模型提取。

相对于底层的词嵌套表征方式，近两年来，利用深度模型在海量无监督文本中提取一般化的语言表示开始流行。人们期望词嵌套表征能够包含丰富的语法、语义甚至上下文信息，并且能够对多义词进行建模。ELMo[677] 分别使用正向和逆向的两层 LSTM 语言模型进行预训练，将每一层的双向表征拼接，通过可训练参数线性组合并放缩，之后用作包含上下文信息的词嵌套表征，拼接到目标任务的特征向量上；GPT[678] 由 OpenAI 团队提出，首次使用 Transformer[679] 结构代替 LSTM 网络进行语言建模，Transformer 的自注意力机制能够更好地解决长程依赖问题，此外，GPT 不再需要对具体任务构建新的模型结构，只需要在预训练模型最后的一层接上目标任务的输出层，对整种模型进行有监督微调；Bert[680] 沿用 GPT 对大量无标注文本预训练和对少量标注数据有监督微调的两步做法，使用双向 Transformer 而非 GPT 中的单向 Transformer，将屏蔽式语言模型（Masked LM）和下一句预测（Next Sentence Prediction）两个辅助任务在更海量的无标注语料库上进行预训练。之后，各种新模型层出不穷：GPT-2[681] 在包含 800 万网页的数据集上构建 15 亿参数的 Transformer 模型进行预训练，生成的新闻达到以假乱真的效果；谷歌提出 Transfomer-XL[682] 结构，将循环的概念引入深度自注意力网络中，在片段之间建立循环连接，并使用相对位置代替绝对位置进行编码，使得模型能够对篇章级超长文本进行建模并解决上下文碎片化的问题等。

20.2　口语理解任务

语音是口语对话系统中最主要的输入，语音识别模块可以将音频输入转换为对应的文字信息。然而原始的文字信息只能被计算机记录，不能被计算机“理解”。因此我们需要一个理解模块，让计算机正确地理解用户（人）所说的话及后续做出适当的回答。口语理解（Spoken Language Understanding，SLU）作为语音识别及后端高级应用（比如对话管理）之间的连接模块，将用户输入的文字信息转换成结构化的语义信息。比如，用户说了一句“帮我查询明天下午从上海飞往北京的机票”，其中包含了三个关键信息：“出发时间 = 明天下午”“出发地 = 上海”“到达地 = 北京”。语义信息的表示方式并不固定，本文将重点介绍目前应用最为广泛（尤其在任务型口语对话中）的语义表示形式语义框架（Semantic Frame）。

20.2.1 基于语义框架的理解

为了实现更广泛的覆盖率及简捷的移植能力，基于语义框架的口语理解通常被局限于一个特定领域（应用、场景）。这样的特定领域拥有一个定义明确、相对小的语义空间，比如“天气查询”“音乐播放”“餐馆预订”等。语义空间的结构则可以由一系列模板（被称为语义框架）组成。每一个语义框架都包含一些重要的组成变量（也常被称为语义槽，slot）。基于语义框架的理解的目标是为用户输入的语句选择正确的语义框架，并从句子中提取这个框架中组成 slot 的值（value），比如在上述例子中“出发时间”是 slot，“明天下午”是相应的值。

图20–1是 ATIS 领域中三个简化的语义框架示例。其中的每一个语义框架都包含一系列带类型的成分语义槽（slot），语义槽的类型（type）则限定了它可以被哪一类值填充。比如 *Flight* 语义框架中的语义槽“出发城市”（*DCity*）和“到达城市”（*ACity*）的填充类型都为“city”，表明该语义槽（也可以被理解为一种属性）允许被填充的值是某一个城市名。

一个输入句子的语义表示就是相应语义框架的一个实例化。如图20–2所示，输入句子“Show me flights from Seattle to Boston on Christmas Eve”的语义表示是图20–1中语义框架 *ShowFlight* 的一个实例化。而且在 *ShowFlight* 中嵌套了子语义框架 *Flight*。当然也有一些口语理解系统不允许在框架内包含任何子结构，采用扁平化的结构。在这种情况下，语义表示就被简化成一系列的属性值对（或者槽值对），比如图20–2的数据样例可以表示为

Show me [flights:*Subject*] from [Seattle:*DCity*] to [Boston:*ACity*] on [Christmas Eve:*DDate*]

```
<frame name="ShowFlight" type="Void">
    <slot name="subject" type="Subject">
    <slot name="flight" type="Flight">
</frame>
<frame name="GroundTrans" type="Void">
    <slot name="city" type="City">
    <slot name="type" type="TransType">
</frame>
<frame name="Flight" type="Flight">
    <slot name="DCity" type="City">
    <slot name="ACity" type="City">
    <slot name="DDate" type="Date">
</frame>
```

图 20–1　ATIS（Air Travel Information System）领域中被简化的语义结构

注：图中 **DCity** 表示出发城市（Departure City），**ACity** 表示到达城市（Arrival City），**DDate** 表示出发日期（Departure Date），其中 ATIS 是由 DARPA 赞助支持的口语系统评测数据集[684, 685]，涉及北美航空信息查询领域

```
<ShowFlight>
    <subject type="Subject">FLIGHT</subject>
    <Flight frame="Flight" type="Flight">
        <DCity type="City">SEA</DCity>
        <ACity type="City">BOS</ACity>
        <DDate Type="Date">12/24</DDate>
    </Flight>
</ShowFlight>
```

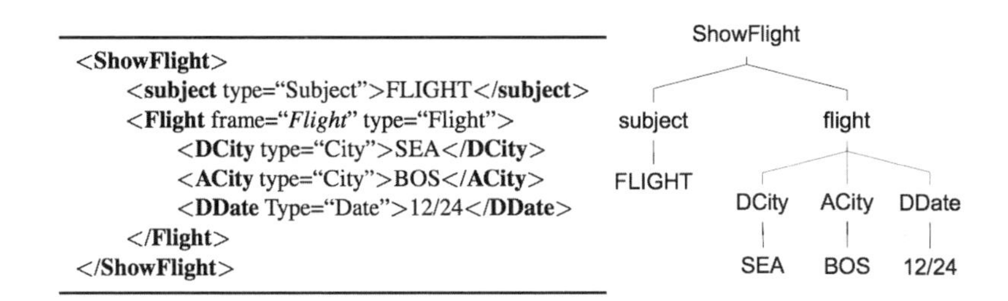

图 20–2　语义框架 *ShowFlight* 的一个实例化

层次化的语义表示具有更强的表达能力，并且支持在框架之间共享一些子结构，比如框架 *ShowFlight* 和 *CancelFlight* 都可以包含框架 *Flight*。而扁平化的语义表示更简单、易懂，可以构造更简单的统计模型（比如序列标注模型）。

20.2.2 典型的口语理解任务

任务描述

根据语义框架的定义，基于语义框架的口语理解一般包括三个典型任务，如图20–3所示。

- 领域分类（Domain Classification）：用户当前在谈论什么领域的事情，比如“旅游”。
- 意图识别（Intent Determination）：用户想做什么，比如“预订住宿”。类似于语义框架中的框架名。
- 语义槽填充（Slot Filling）：完成用户意图需要的参数值，比如“一间单人房”。语义槽填充通常被看作序列标注任务，即给句子中的每个词都打上一个语义槽标签（包括无意义的标签）。

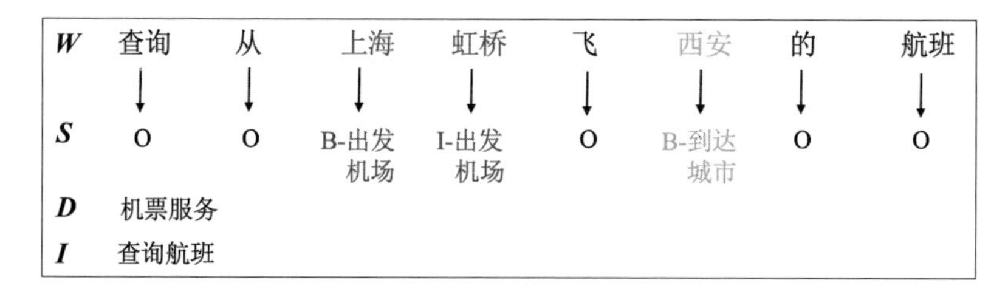

图 20–3　一个口语理解的示例

注：$\boldsymbol{W}$ 是用户输入的句子，$\boldsymbol{S}$ 是语义槽，$\boldsymbol{D}$ 是领域名，$\boldsymbol{I}$ 是意图。由于一个语义槽的值可能是由连续的多个词组成的，所以采用了 IOB（In-Out-Begin）的表示形式（与 NLP 中的命名实体识别任务类似）

领域分类和意图识别都可以被表示为句子分类任务，即将给定的口语句子 $\boldsymbol{W}$ 分类到 M 个语义类别中的一个，$\hat{C} \in \mathscr{C} = \{C_1, \ldots, C_M\}$ 。给定 $\boldsymbol{W}$，根据最大化类别后验概率 $P(C|\boldsymbol{W})$ 选取 $\hat{C}$：

$$\hat{C} = \arg\max_{C} P\left(C|\boldsymbol{W}\right) \tag{20.1}$$

则语义类别（领域、意图）一般在句子的表达方面会有很大的自由度。比如用户说“我想下周从上海飞往北京”和“我想买一张下周从杭州到成都的机票”在领域和意图方面表达的意思可能是一样的。

语义槽填充任务是实例化语义框架中的语义槽，即从句子中抽取出相关语义槽的值。在统计学习方法中，语义槽填充任务往往被形式化为一个序列标注任务，即给定词序列 $\boldsymbol{W}$，其目标是根据最大后验概率 $P(\boldsymbol{S}|\boldsymbol{W})$ 预测出相应的语义标签序列 $\boldsymbol{S}$：

$$\hat{\boldsymbol{S}} = \arg\max_{\boldsymbol{S}} P(\boldsymbol{S}|\boldsymbol{W}) \tag{20.2}$$

由于大多数词并不是某个语义槽的值，所以使用“O”标签表示语义槽之外的词；另外，一个语义槽对应的值可以由连续的多个词组成，为了区分不同的分段，采用“B”“I”分别表示每一个值的开始词和中间词。这就是 NLP 序列标注中常见的 IOB 的表示形式。

评价指标

- 句子级的领域分类或者意图识别准确率：该指标衡量的是有多少比例的句子的领域分类或者意图识别是完全正确的。

$$\text{domain\_Acc} = \frac{\#\ \text{领域分类正确的句子}}{\#\ \text{所有句子}}$$

$$\text{intent\_Acc} = \frac{\#\ \text{意图识别正确的句子}}{\#\ \text{所有句子}}$$

- 语义槽预测的精准率（Precision）、召回率（Recall）、调和平均值（F_1 score）：

$$\text{Precision} = \frac{\#\ \text{预测出来的语义槽并且与人工标注一致的部分}}{\#\ \text{所有预测出来的语义槽}}$$

$$\text{Recall} = \frac{\#\ \text{预测出来的语义槽并且与人工标注一致的部分}}{\#\ \text{所有人工标注的语义槽}}$$

$$F_1\ \text{score} = \frac{2 \times (\text{Precision} \times \text{Recall})}{\text{Precision} + \text{Recall}}$$

其中，# 表示数量。

数据集

表 20.1 列举了一些公开的口语理解数据集，其中包括 ATIS、MIT Corpus 和 SNIPS 数据集。

表 20.1 一些标准且公开的口语理解数据集

数据集名称	训练数据句子数量	测试数据数量	语义标签
ATIS	4978	893	意图、语义槽
MIT Restaurant Corpus	7660	1521	语义槽
MIT Movie Corpus (eng)	9775	2443	语义槽
MIT Movie Corpus (trivia10k13)	7816	1953	语义槽
SNIPS	约 14000	700	意图、语义槽

口语理解任务的技术难点

相比书面语言的文本理解，口语理解面临诸多新的挑战，如下所述。

- 句子不合语法、不流利：口语不像书面语那样结构工整、有严格的语法，同时有很多用户说话时的口误纠正、犹豫等。
- 语音识别错误：面对环境噪声、用户口音、领域特有的专业词汇，语音识别不可避免地会产生错误。包含语音识别错误或者不确定性的输入对口语理解是一个新的挑战。

此外，在人机口语对话的设定下，对话上下文对口语理解任务来说也是一个至关重要的因素。

20.2.3 传统方法回顾

口语理解的研究开始于 20 世纪 70 年代美国国防先进研究项目局（Defense Advanced Research Projects Agency，DARPA）的语言理解研究和资源管理任务。在研究早期，有限状态机和扩充转移网络等自然语言理解技术被直接应用于口语理解[686]。直到 20 世纪 90 年代，口语理解的研究数量才开始激增，其主要得益于 DARPA 赞助的航空旅行信息系统（Air Travel Information System, ATIS）评估[687]。许多来自学术界和产业界的研究实验室试图理解用户关于航空信息的、自然的口语询问（包括航班信息、地面换乘信息、机场服务信息等），然后从一个标准数据库中获得答案。在 ATIS 领域的研究过程中，人们开发了很多基于规则和基于统计学习的系统。

受理性主义的影响，早期的口语理解系统方法往往基于规则，例如商业对话系统 VoiceXML 和 Phoenix Parser[688]。开发人员可以根据要应用的对话领域，设计与之对应的语言规则，来识别由语音识别模块产生的输入文本。比如 Phoenix Parser 将输入的一句文本（词序列）映射到由多个语义槽（Slot）组成的语义框架里。基于规则的系统（有时也称之为基于知识的系统）[14–16, 689] 非常依赖领域专家设计的规则，对于没见过的句子泛化能力很差。

随着 NLP 中经验主义方法的回归，基于统计学习的口语理解方法陆续出现。基于统计学习的方法具有更好的泛化能力，且降低了对于领域专家的依赖性，转而依赖大量标注数据。统计口语理解模型可以被进一步分为两类：生成式模型（Generative Model）和鉴别式模型（Discriminative Model）。生成式模型学习的是输入 $\boldsymbol{x}$ 和标注 $\boldsymbol{y}$ 之间的联合概率分布 $P(\boldsymbol{x},\boldsymbol{y})$。鉴别式模型则直接对条件概率 $P(\boldsymbol{y}|\boldsymbol{x})$ 进行建模。

生成式的统计口语理解方法包括组合范畴语法（Combinatory Categorial Grammars，CCG）[690]、随机有限状态转换器（Stochastic Finite State Transducers，SFST）[691, 692]、基于短语的统计机器翻译（Statistical Machine Translation，SMT）[691]、动态贝叶斯网络（Dynamic Bayesian Networks）[691, 693, 694] 等。

鉴别式模型则直接学习给定输入句子的特征表示后标注的后验概率。与生成式模型不同，这类模型不需要做特征集之间的独立性假设，因此这类模型可以更随意地引入一些潜在有用的特征。研究表明，由于这个原因，在口语理解任务中鉴别式模型会显著地优于生成式模型[695]。常见的鉴别式口语理解方法包括最大熵（Maximum Entropy，ME）模型[696]、支持向量机（Support Vector Machines，SVM）模型[696, 697]、最大熵马尔可夫（Maximum Entropy Markov Models，MEMM）模型[691]、条件随机场（Conditional Random Fields，CRF）[665, 696]。此外，通过使用三角 CRF（Triangular-CRF），条件随机场的结构也可以经过适当的改变，同时预测一个句子的语义槽和句子类别（语义槽、领域）[698]。

20.3 基于深度学习的口语理解

20.3.1 口语理解中的深度学习方法

领域分类与意图识别

如上文所述，领域分类和意图识别都可以被形式化为句子分类问题。卷积神经网络（CNN）和循环神经网络（RNN）是典型的用于解决句子分类问题的深度学习方式。图20–4展示了一个用于句子分类的典型 CNN 架构。

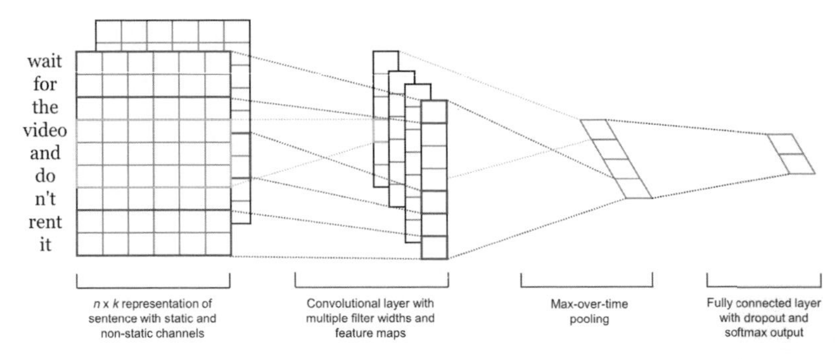

图 20–4 一个使用两通道输入的用于文本分类的 CNN 模型结构示例

注：图片来源于文献 [699]

一个卷积操作包含了一个过滤器（Filter）$\boldsymbol{U}_i$，其作用是在输入句子中 h 个词的窗口上产生新的特征 c_{ni}。公式化描述如下：

$$c_{ni} = \tanh\left(\boldsymbol{U}_i.\boldsymbol{W}_{n:n+h-1} + b_i\right) \tag{20.3}$$

其中，b_i 是偏差量，$\boldsymbol{W}$ 是句子中所有词的词向量，c_{ni} 则是 n 位置上新的特征（$n \in \{1, 2, ..., N\}$，N 是句子长度）。由于不同句子的长度是不定的，所以为了得到一个固定长度的句子级的特征向量，最大池化（Max Pooling）操作被应用到 $\boldsymbol{c}_i = [c_{1i}, c_{2i}, \ldots, c_{N-h+1,i}]$ 上获取最大值特征，即 $\hat{c}_i = \max \boldsymbol{c}_i$。如果我们有 K 个过滤器 $\boldsymbol{U}_i, i \in \{1, 2, ..., K\}$，则可以得到长度为 K 的特征向量 $\boldsymbol{x} = [\hat{c}_1, ..., \hat{c}_K]$。这些特征被送入全连接的 softmax 层，最终得到 M 个分类上的概率分布

$$P(y = j|\boldsymbol{x}) = \frac{e^{\boldsymbol{x}^{\mathrm{T}}\boldsymbol{w}_j}}{\sum_{m=1}^{M} e^{\boldsymbol{x}^{\mathrm{T}}\boldsymbol{w}_m}} \tag{20.4}$$

除了使用 CNN 提取句子的特征表示进行分类，也有一些工作采用循环神经网络（RNN）编码输入的句子信息。如图20–5和图20–6所示，它们分别是两种 RNN 句子编码器的经典结构。图 20.5 像 CNN 一样对 RNN 提取出来的隐层向量做池化操作来获取固定维度的句子特征[700]。图 20.6 仅使用 RNN 最后一个时刻的隐层向量作为整体句子的表示[701]，因为最后一个时刻的隐层向量是由前面所有的输入决定的，所以它在理论上具备表示整体句子信息的能力。

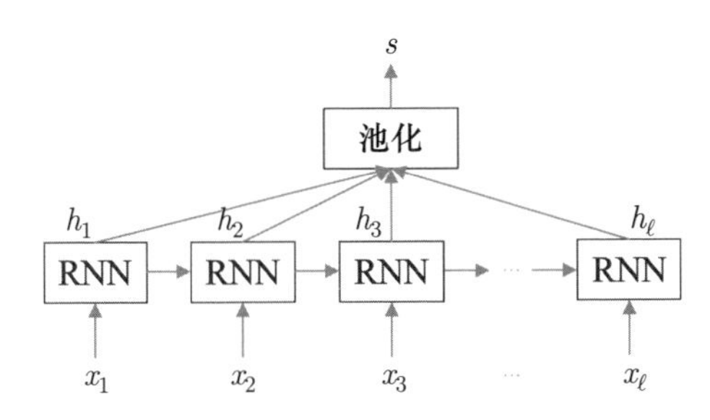

图 20–5　一种适用于句子分类的 RNN 编码结构（图片来自文献 [700]）

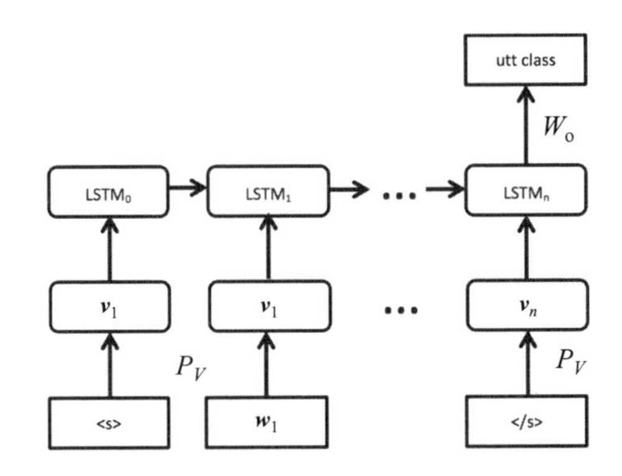

图 20–6　一种适用于句子分类的 RNN 编码结构（图片来自文献 [701]）

语义槽填充

在口语理解的语义槽填充（基于序列标注）任务上，循环神经网络首先取得突破。Yao 和 Mesnile 同时将单向 RNN 应用于语义槽填充任务，并在 ATIS 评测集合上取得了超越 CRF 模型的显著效果[702, 703]。如图20–7所示，这是一个用于口语理解中序列标注任务的循环神经网络模型结构，最下面一层为输入层，中间层为隐层，最上面一层为输出层。每一层都代表了一系列的神经元，层与层之间由一个权值矩阵连接，如图中的 $\boldsymbol{U}$、$\boldsymbol{W}$、$\boldsymbol{V}$。输入层 $\boldsymbol{w}_t$ 表示的是输入词序列第 t 时刻词的 1-of-K 向量（即 K 为词表大小，向量中 $\boldsymbol{w}_t$ 对应的那一维值为 1，其他值全为 0）。输出层向量 $\boldsymbol{s}_t$ 表示的是在语义标签上的概率分布，向量长度是所有可能语义标签的数量。

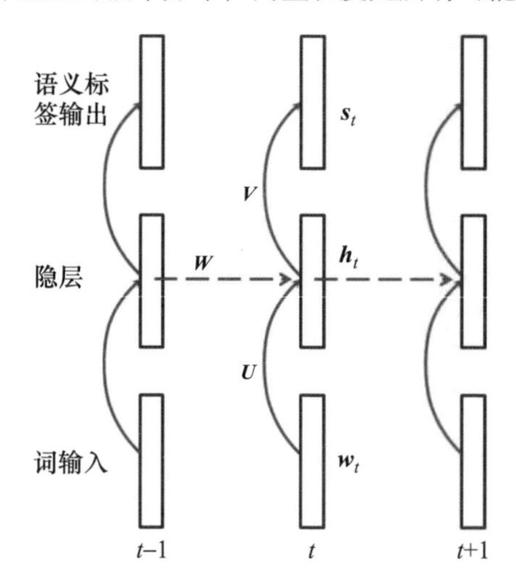

图 20–7　用于口语理解中序列标注任务的循环神经网络模型

隐层和输出层的计算过程如下：

$$\boldsymbol{h}_t = f(\boldsymbol{U}\boldsymbol{w}_t + \boldsymbol{W}\boldsymbol{h}_{t-1}) \tag{20.5}$$

$$\boldsymbol{s}_t = g(\boldsymbol{V}\boldsymbol{h}_t) \tag{20.6}$$

其中，$f(z) = \frac{1}{1+\mathrm{e}^{-z}}$，$g(z_m) = \frac{\mathrm{e}^{z_m}}{\sum_k \mathrm{e}^{z_k}}$。$f$ 为 sigmoid 激活函数（神经网络的激活函数还有很多，比如 tanh、ReLU 等），g 为 softmax 归一化函数。在公式中，$\boldsymbol{U}\boldsymbol{w}_t$ 将 1-of-K 向量（离散）映射为一个连续的向量，该连续向量的词表示常被称为词向量或者词嵌入（Word Embedding）。

该模型可以使用标准的神经网络反向传播算法优化参数，目标是最大化数据的负的条件对数似然：

$$-\sum_t \lg(p(\boldsymbol{s}_t|\boldsymbol{w}_1 ... \boldsymbol{w}_t)) \tag{20.7}$$

在该模型中输出的语义标签是没有相互依赖关系的，且 t 时刻的输出预测仅依赖于当前词和它的历史词序列。此外，为了得到一定的将来词信息，我们可以以当前词为中心，设置一个固定大小的输入窗口（比如 $2d+1$ 个词），则 t 时刻的输入从 w_t 变为 w_{t-d}^{t+d}，这样做会有一定的性能提升。

然而这种简单的循环神经网络不容易训练，存在梯度消失（Gradient Vanishing）或者梯度爆炸（Gradient Exploding）的问题。长短时记忆（Long Short-term Memory，LSTM）单元的提出[704, 705] 有效解决了这两个问题。Yao 等人第一次将基于 LSTM 的循环神经网络应用于口语理解领域[706]，并在 ATIS 任务上取得了优于传统 RNN 的性能。但是 LSTM 的计算复杂，一些更简单的门控单元也被提出和使用，比如门控循环单元（Gated Recurrent Units，GRU）[707, 708]。

以上是单向循环神经网络模型，只能考虑当前时刻的历史信息，不能考虑将来词的信息。由于口语理解一般是给定一句完整的话，预测语义信息，所以我们可以同时考虑历史词和将来词的信息。最典型的就是双向循环神经网络模型，该模型由两个单向循环神经网络组成，一个向右（Forward）传播，一个向左（Backward）传播，如图20–8所示。双向循环神经网络模型在 ATIS 任务上也有比单向循环网络更好的性能[18, 19]。

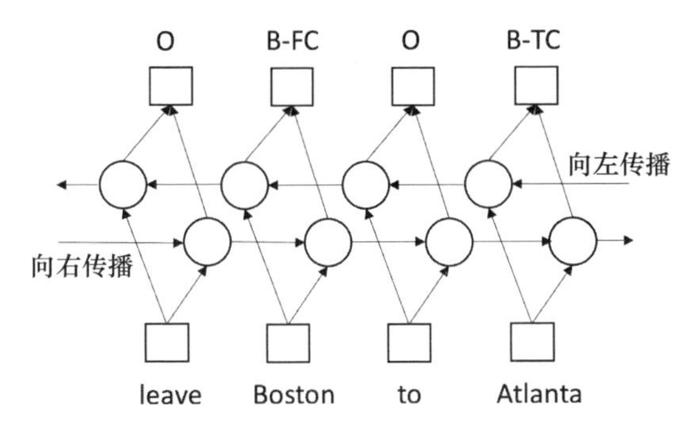

图 20–8 用于口语理解中序列标注任务的双向循环神经网络模型示例

注：FC 表示出发的城市，TC 表示到达的城市

基于双向循环神经网络模型的语义标签序列标注可以表示为如下条件概率公式：

$$p(s_1^T|w_1^T) = \prod_{t=1}^{T} p(s_t|w_1...w_T) = \prod_{t=1}^{T} p(s_t|w_1^T) \tag{20.8}$$

其中，w_1^T、s_1^T 分别表示输入、输出序列，s_t 表示 t 时刻的语义标签。

除了循环神经网络，卷积神经网络（CNN）也经常被应用到序列标注任务中[20, 21]，因为卷积神经网络也可以处理变长的输入序列，并利用当前词及其周围固定窗口中的上下文提取相关特征用于序列标注。

上述模型在建模中输出序列上不同时刻的预测是相互独立的，没有考虑输出结果直接的依赖关系。传统模型条件随机场（CRF）则对相邻输出直接的依赖关系有较好的建模，于是诸多研究者将深层神经网络（RNN、LSTM、CNN 等）与 CRF 相结合[20, 22, 23]。这类模型的核心在于将深层神经网络看作一个很强的序列特征提取模型，并将这些特征及其值看作 CRF 模型的特征函数和相应的权值（或者将 CRF 优化目标函数看作深层神经网络的优化目标）。CRF 模型可以直接采用反向传播的算法更新参数。

除了与传统 CRF 模型相结合，基于序列到序列（Sequence-to-sequence）的编码–解码（Encoder-decoder）模型[518] 也被应用到口语理解中[709]。这类模型的 Encoder 和 Decoder 分别是一个循环神经网络，Encoder 对输入序列进行编码（特征提取），Decoder 根据 Encoder 的信息进行输出序列的预测。其核心在于在 Decoder 中 t 时刻的预测会将 $t-1$ 时刻的预测结果作为输入。应用此模型的语义标签序列标注可以表示为如下条件概率公式：

$$p(s_1^T|w_1^T)=\prod_{t=1}^{T}p(s_t|w_1^T;s_1...s_{t-1}) \tag{20.9}$$

其中，w_1^T、s_1^T 分别表示输入、输出序列，s_t 表示 t 时刻的语义标签。受 Encoder-decoder 模型的启发，Kurata 等人提出了编码–标注（Encoder-labeler）模型[710]，其中 Encoder RNN 是对输入序列的逆序编码，Decoder RNN 的输入不仅有当前输入词，还有在上一时刻预测得到的语义标签，如图20–9所示。Zhu[19] 和 Liu[711] 等人分别将基于关注机（Attention）的 Encoder-decoder 模型应用于口语理解，并提出了基于“聚焦机”（Focus）

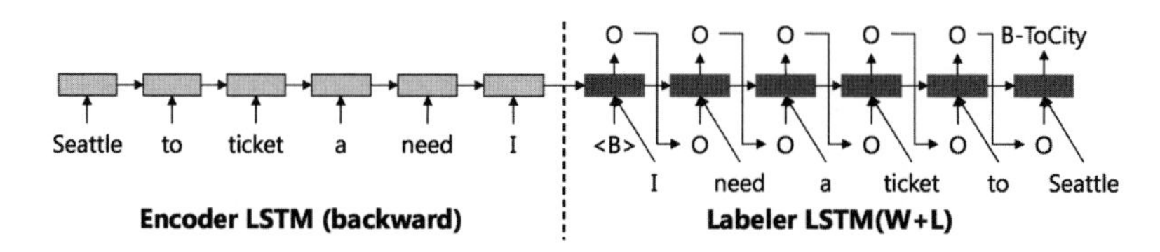

图 20–9　应用于序列标注任务中的 Encoder-labeler 模型

注：输入句子是“I need a ticket to Seattle”，其中“ToCity”表示到达的城市，“B”表示一个语义槽的开头

的 Encoder-decoder 模型，如图20–10所示。其中 Attention 模型[518] 利用 Decoder RNN 中上一时刻 $t-1$ 的隐层向量和 Encoder RNN 中每一时刻的隐层向量依次计算出一个权值 $\alpha_{t,i}, i=1,...,T$，再对 Encoder RNN 中的隐层向量做加权和，得到 t 时刻的 Decoder RNN 输入。Focus 模型则利用了序列标注中输入序列与输出序列等长、对齐的特性，Decoder RNN 在 t 时刻的输入就是 Encoder RNN 在 t 时刻的隐层向量。文献 [19, 711] 中的实验表明，Focus 模型的结果明显优于 Attention，且优于不考虑输出依赖关系的双向循环神经网络模型。

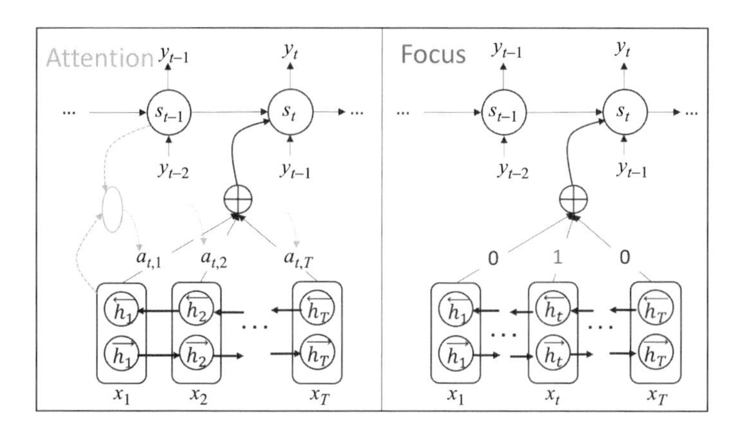

图 20–10 应用于序列标注任务中的 Encoder-decoder 模型

注：包括 Attention 和 Focus 两种利用 Encoder 中特征信息的机制。该图出自文献 [19]

许多循环神经网络的其他变形也在口语理解中进行了尝试和应用，比如：加入了外部记忆单元（External Memory）的循环神经网络，可以提升网络的记忆能力[712]，结合指针网络将序列标注任务分为 IOB 分块任务和语义槽标注任务[713]。

此外，一些研究开始关注语义表示的结构特性。比如 Zhao 等人[714] 利用对话动作（Dialogue Act）[715] 的层级结构特性，提出了一种口语理解的分层解码模型。如图20–11所示，其首先利用句子特征预测动作类型（Act Type），然后根据句子特征及预测得到的动作类型对 slot 进行预测，最后结合指针网络预测给定动作类型和 slot 的值。

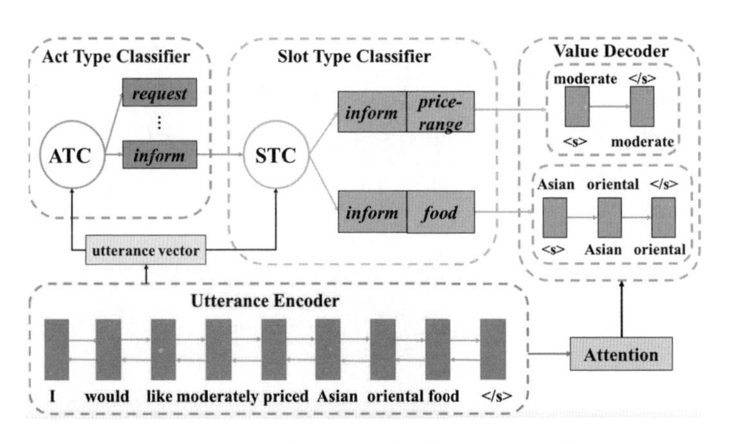

图 20–11　一种基于层级解码的口语理解模型

多任务学习

领域分类、意图识别、语义槽填充都是语义相关的任务，比如在意图为“查询航班”的句子中往往有“目的地”的语义槽出现。所以口语理解的不同任务联合学习的机制将有助于提升口语理解的性能。但在浅层机器学习时代，我们一般使用 SVM 方法解决句子分类问题，使用 CRF 模型解决序列标注问题。这两类方法完全不同，只能独立优化、更新。到了深度学习阶段，神经网络模型的结构可塑性、可扩展性使不同任务之间的联合学习变得简单、方便起来。

Hakkani-Tur 等人[716] 为了联合训练领域分类、意图识别、语义槽填充任务，在输入句子的开头和结尾位置各插入一个额外标记 $< BOS >$ 和 $< EOS >$，并且给这两个标记关联上领域和意图标签 d 和 i。如此可以得到新的输入输出序列：

$$X =< BOS >, w_1, \ldots, w_T, < EOS > \tag{20.10}$$

$$Y = d, s_1, \ldots, s_T, i \tag{20.11}$$

其中，$w_1, \ldots, w_T$ 为原始的输入句子，$s_1, \ldots, s_T$ 为对应的语义槽标签序列。

Zhang 和 Wang[717] 则将最大池化操作为意图识别提取句子的整体特征，并将语义槽序列标注和意图分类的损失函数加权联合，同步训练两个任务。Kim 等人[718] 也利用类似的思想对领域、意图、语义槽进行联合建模。Liu 和 Lane[711] 基于 Encoder-decoder 结构提出了联合训练的语义槽填充和意图识别模型。如图20–12所示，其本质是利用不同的 decoder 建模不同的任务，并共享同一个句子 Encoder。

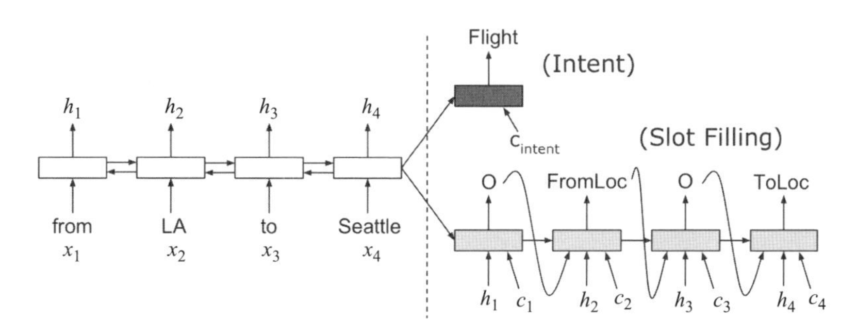

图 20–12　基于 Encoder-decoder 结构的语义槽填充和意图识别联合模型

上述多任务联合学习模型大多共享了部分句子编码网络，从而隐式地促进了其他任务。Li 等人[719] 则显式地利用意图信息构建门控信息对语义槽的预测进行影响。如图20–13所示，在输出层上用于预测语义槽的特征和意图特征一起构建了一个门控（Gate）向量，对语义槽的预测产生显式的影响。

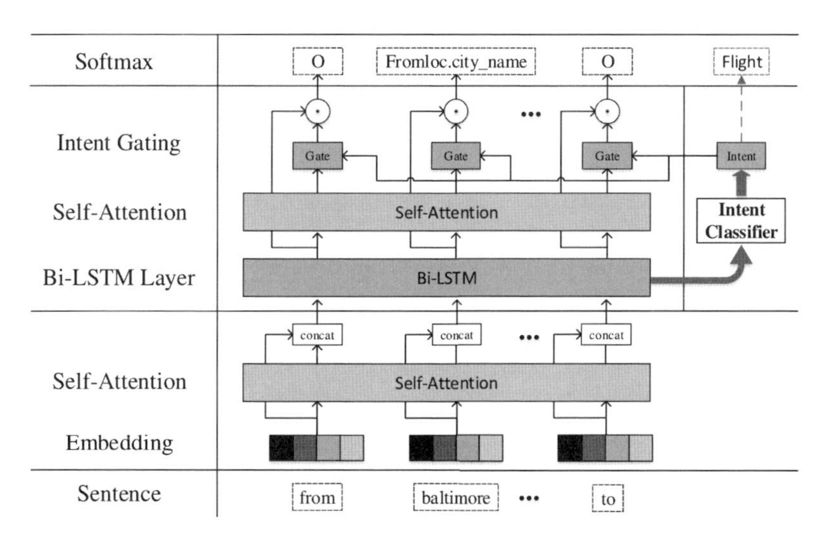

图 20–13　基于意图信息门控建模的语义槽填充和意图识别联合模型

20.3.2 口语理解中的不确定性建模

如20.2.2节提到的那样，语音识别的错误难以避免，且其错误机理非常复杂，这就使得口语理解的输入具有非精确性。传统的优化观点认为，提升语音识别准确率、降低其非精确性是实现有效口语理解的唯一途径。然而，从认知技术的角度来看，人类语言自身具有高度的模糊性；且认知科学的观点认为，允许使用模糊的表达手段可以避免不必要的认知负担，有利于提升交互活动的高效性和自然性。允许非精确输入，将使信息的输入带宽大大提高，从而使人机交互的自然性和高效性得到极大改观。因此，如何在非精确条件下实现有效理解，即认知统计口语理解，是认知技术的重要研究范畴。

认知统计口语理解就是从非精确的编码输入中得到准确的最优或多重语义理解。它和传统自然语言处理的不同之处在于，可能存在多重通道的编码以准同步的方式输入，输入编码本身可能存在与用户意图无关的编码错误，且对应同一输入信号，通道层可能输出多种编码解释。输出多种编码解释是由于信息从输入通道中传输而产生的不确定性，这些不确定性与通道自身的性质或对话情境有关。保留合理的多重编码解释或利用多通道的非精确输入会为用户意图的理解和后续决策提供更多的信息，因此在认知型统计口语理解范畴下，具有不确定性的输入通道的多重编码解释技术就成为重要的一环。

多重编码及置信度代表了输入的不确定性，其表达形式可以有很多种：比如 N 最佳假设列表（N-best Hypotheses List），如图20–14所示；词格（Word Lattice）和词混淆网络（Word Confusion Network），如图20–15所示。

口语理解模型需要对此类包含不确定性信息的输入进行建模，来提升模型对于不确定信息及语音识别错误的鲁棒性。这里介绍一种简单易行的方法[721]，包含以下步骤：① 在模型训练阶段，使用用户所说话的人工转写文本（即完全正确的词序列）或者语音识别输出的 Top Hypothesis（即预测结果中置信度最高的词序列）及语义标注进行口语理解模型训练；② 在模型测试阶段，使用语音识别输出结果的 N-best 句子列表，将 1 至 N

N-**best list**

Rank	**Hypothesis**	**AM** log probability	**LM** log probability
1	it's an area that's naturally sort of mysterious	-7193.53	-20.25
2	that's an area that's naturally sort of mysterious	-7192.28	-21.11
3	it's an area that's not really sort of mysterious	-7221.68	-18.91
4	that scenario that's naturally sort of mysterious	-7189.19	-22.08
5	there's an area that's naturally sort of mysterious	-7198.35	-21.34
6	that's an area that's not really sort of mysterious	-7220.44	-19.77
7	the scenario that's naturally sort of mysterious	-7205.42	-21.50
8	so it's an area that's naturally sort of mysterious	-7198.35	-21.34
9	that scenario that's not really sort of mysterious	-7217.34	-20.70
10	there's an area that's not really sort of mysterious	-7226.51	-20.01

图 20–14　一个 N 最佳假设列表（N-best List）的示例

注：AM log probability 和 LM log probability 分别是语音识别过程中声学模型和语言模型的对数后验概率，Rank 是综合了这两项后验概率对识别结果的排序。该例子出自文献 [720]

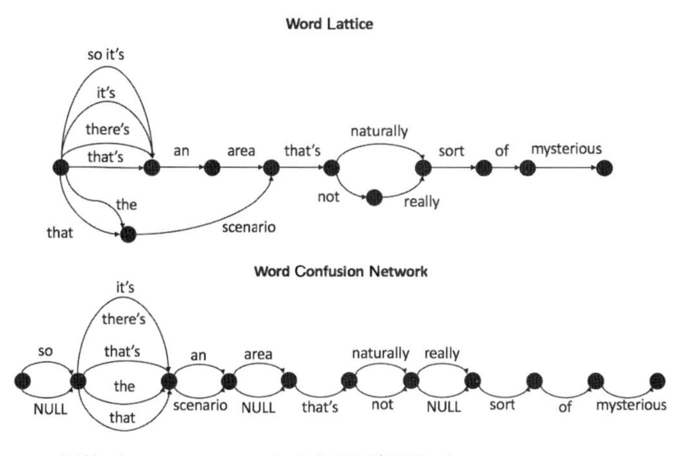

图 20–15　词格（Word Lattice）和词混淆网络（Word Confusion Network）

注：这些例子出自文献 [720]

句话一一输入模型进行语义解析；③ 联合考虑语音识别结果的置信度和语义解析的置信度将语义解析结果进行合并。

早期口语理解中的不确定性建模训练都是基于语音识别结果中置信度最高的词序列（即 ASR 1-best 结果）[694, 697]，但是显然 N 最佳假设列表、词格和词混淆网络等语音识别输出编码包含的信息量更大、置信度更准确。后续相继有人在 N 最佳假设列表、词格、词混淆网络上直接提取更丰富的口语理解特征，进行不确定性建模[721–724]。

Tur 等人将词混淆网络看作一个分段序列（Bin），其中每一个分段都代表音频中相邻两个时刻可能对应的所有词及其后验概率，这样传统序列标注的模型（比如 CRF）就可以被应用了。该方法的第一步是将输出序列的语义标签与词混淆网络分段对齐，如图20–16所示，在每一个分段（Bin）中都包含了该时间段内所有可能的词。该方法基于 CRF 建模，对相邻的分段提取 n-gram 特征。

Word Confusion Bins				
a	t	with	ashton	kutcher
tv	series	wet	aston	
the	tv		astion	
↓	↓	↓	↓	↓
B-type	I-type	O	B-stars	I-stars

图 20–16　口语理解中基于词混淆网络分段（Bin）的序列标注建模

注：该图出自文献 [723]

结合深度学习方法，对词混淆网络的 Bin 进行直接编码在近年来成为主流[724–727]。其中 Yang 等人[724] 对 Bin 进行聚类，将词混淆网络看作 Bin 类别的序列。而 Masumura 等人[727] 直接基于词向量，并利用注意力机制及 Bin 中每个词的语音识别后验概率获取每个 Bin 的特征表示，进而结合上层的句子级网络结构建模口语理解任务，如图20–17所示。

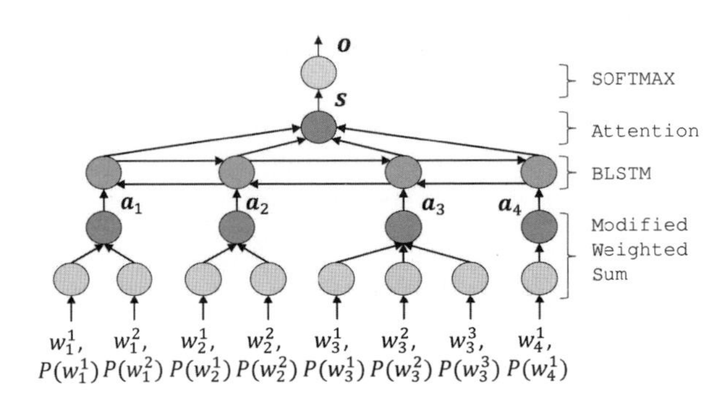

图 20–17　一种基于词混淆网络的句子分类模型

注：W_i^j 是第 i 个 Bin 中的第 j 个词，$P(W_i^j)$ 则是该词的语音识别后验概率

除了直接在更丰富的 ASR 结果上建模口语理解任务，也有一些研究专注于提升口语理解模型对 ASR 错误的自适应能力。Liu 等人[728] 和 Zhang

等人[729] 倾向于对 ASR 中的语言模型和口语理解任务进行联合建模，以提升对 ASR 结果的自适应能力。Schumann 等人[730] 则基于 Encoder-decoder 构建语音识别句子的错误恢复模型来提升口语理解对 ASR 错误的鲁棒性。Zhu 等人[731] 利用基于共享–私有网络的迁移学习框架提升口语理解的 ASR 错误鲁棒性。

随着深度学习中端到端模型的发展，一些人也开始进行联合语音识别与口语理解的研究，即直接输入语音到输出语义信息，从而消除语音识别模块和口语理解模块间直接的错误传递。比如 Serdyuk 等人[732] 直接构建从语音特征到领域、意图分类的模型。Ghannay 等人[733] 通过将语音识别的输出序列修改为带语义标签的序列，将成熟的端到端语音识别技术迁移过来。Haghani 等人[734] 则尝试了多种语音识别与口语理解联合建模的方式，比如文字与语义的混合序列、多任务学习等，如图20–18所示。

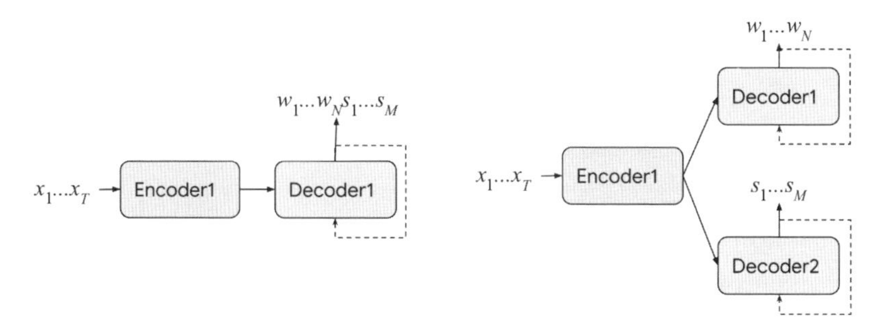

图 20–18　不同的端到端语音–语义框架

注：左图为文字与语义的混合序列模型，右图为语音识别和口语理解的多任务学习模型。其中 $\boldsymbol{X}$ 是输入的语音特征，$\boldsymbol{W}$ 是正确的文字序列 $\boldsymbol{S}$ 的语义标注序列

20.3.3　基于对话上下文的口语理解

在口语对话框架下，口语理解往往对上下文很敏感，即同样的一句话在不同的对话情境下语义会不一样。比如下面这两个情景下的例子。

- 用户轮次 1：“请帮我订一张去北京的机票。”
- 用户轮次 2：“明天上午 10 点。”
- 用户轮次 1：“帮我设定一个时间提醒。”
- 用户轮次 2：“明天上午 10 点。”

从例子中可以看出，前后两次“明天上午 10 点”的意义是不一样的，第 1 次指航班的出发时间，第 2 次指设置提醒的时间。在很多时候，单独一句话会引发歧义，而对话上下文的引入可以在一定程度上解决这一类的语义歧义问题。

在口语人机对话框架下主要有两类上下文信息，一类是用户以前说过的话（如上面的例子），另一类是机器以前说过的话（一般在对话系统内部以语义表示的形式存在）。这两类上下文信息的使用都可以对用户的口语理解提供帮助。

Henderson 等人利用机器最新的回复信息（语义表示形式）作为语义解析器的额外特征来提升口语理解性能[721]。该方法首先获取机器内部最新回复信息的语义表示（比如对话动作类型、意图类别、语义槽值对），将它们的出现与否当作额外特征，与原始的文本特征一起辅助口语理解模型的训练和测试。该研究表明机器端的历史信息对于口语理解的帮助非常大。

Liu 等人采用循环神经网络的思想，利用一个循环层记录口语理解模型的历史信息[735]。如图20–19所示，如果不考虑带箭头的虚线，则剩下的模型就是 CNN 和 CRF 相结合的口语理解模型[20]。两种带箭头的虚线分别表示不同历史信息的引入方式：蓝色线表示模型中循环连接的部分，包括输入层和隐层（在实际训练中需要展开）；绿色线表示上一轮次的用户语

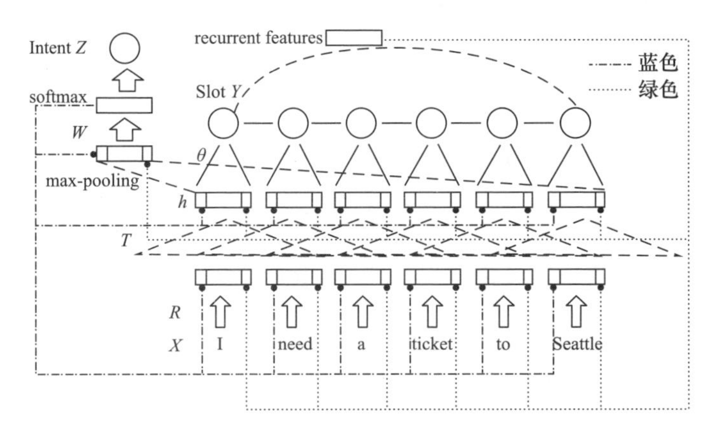

图 20–19　一种基于上下文的深度口语理解模型

注：该图出自文献 [735]

义解析结果，它被当作当前轮的额外历史特征。随着深层神经网络的发展，层级式 RNN 也被用来编码口语理解的对话上下文信息[736]。

Chen 等人[737] 提出利用记忆网络（Memory Network）将历史上下文编码为一种知识表示向量，再将该向量作为当前句子口语理解的额外特征，该方法在多轮对话任务上相对于不对上下文建模的方法有了很大的性能提升。如图20–20所示，该框架包含三个 RNN 模型，分别是对历史句子进行编码的 RNN_{mem}、对当前句子进行编码的 RNN_{in}、进行口语理解–序列标注任务的 RNN Tagger。

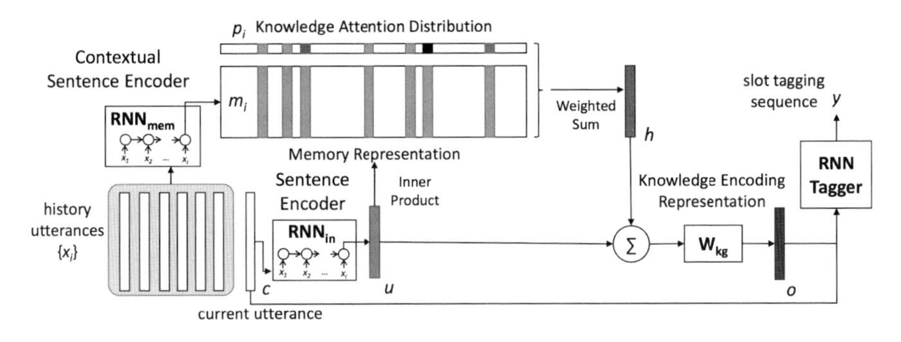

图 20–20 包含三个 RNN 模型的框架

注：p_i 是当前句子和历史句子的相关度（在历史句子上的概率分布）。h 为根据 p_i 的历史句子编码的加权和，$\boldsymbol{o}$ 为最终的包含了当前句子和历史句子信息的知识编码向量。该图出自文献 [737]

20.3.4 口语理解的领域自适应与扩展

基于统计学习（包括深度学习）的口语理解，如果想在某个对话领域内达到比较好的语义解析效果，则足量且准确的数据必不可少。然而在实际情况下获取真实数据十分费时费力，数据标注成本很高。为了实现非限定领域的口语理解，需要研究语义的进化，即语义在不同领域的扩展和迁移。从语义进化的角度看，在传统技术框架下，如果想要扩展口语理解领域，则往往需要从头定义领域、收集数据、标注数据和构建系统，于是充分利用已有的资源进行领域自适应的口语理解研究变得尤为重要，且具有很高的实用价值。

多领域的领域自适应

前文提到口语对话领域的数据非常难以获取，因此利用不同领域的少量数据互帮互助进而提升各自领域的口语理解性能的研究（即领域自适应）就变得非常有价值。一种常见的领域自适应方法是对不同领域的数据进行多任务学习，即共享不同领域数据的特征学习层。Jaech 等人在基于双向循环网络的口语理解模型上，利用多任务的框架对不同领域的数据进行共享学习[738]。该方法共享双向循环网络的输入层和隐层结构（特征学习相关），而每个领域都有一个自己的输出层（任务相关）。研究结果表明，多任务学习的框架可以通过共享特征学习节省不同领域的训练数据量。

但不同领域之间的特征学习真的可以完全共享吗？比如两个很不相关的领域，一个是“音乐播放”，一个是“地点导航”，完全共享是否会对各自领域的口语理解有害？这是一个值得研究的问题。Kim 等人在口语理解任务上对多领域数据的多任务学习框架进行了改进，采用了不同领域间既有私有参数也有共享参数的方式[739]。如图20–21所示，每一个领域 d 的口语理解模型都分为两部分，左边从 x_t、$D(x_t)$ 到 h_t 再到 z_t、y_t 是领域 d 私有的模型结构，而右边从 x_t 到 h_t^g 是领域共享的模型，其中，x_t 表示领域共享的词向量，h_t 表示领域私有的循环神经网络的隐层向量，h_t^g 表示领域共有的循环神经网络的隐层向量。由此可见，该模型可以将不同领域之间

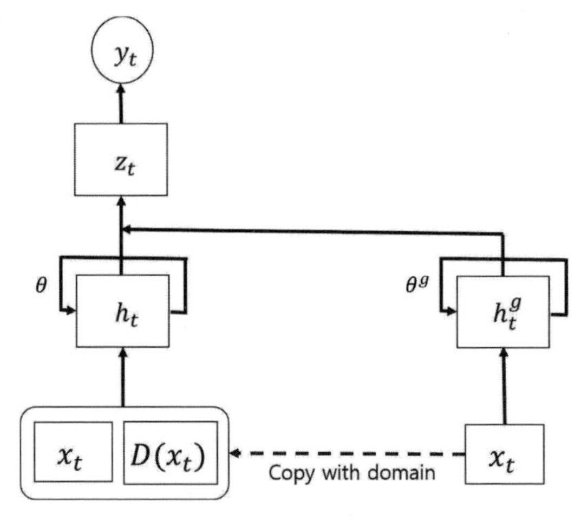

图 20–21　一种共享部分参数的多领域–多任务口语理解模型

共享的特征学习模式和领域特有的特征学习模式区分开，进行更好的建模。基于类似的思想，Liu 等人[740] 利用对抗学习让共享参数偏向于提取领域无关的特征。

领域扩展与迁移

当对话领域转移或者扩展时，很难在短时间内获取一定量的数据。在这种情况下，基于多任务学习的领域自适应已经不适用或者收效甚微，更好的方式是研究如何快速构建扩展领域的数据，或者从其他领域迁移口语理解模式。其方法论主要涉及数据增强、迁移学习、半监督学习及无监督学习。

Zhu 等人[741] 提出利用源领域的数据样本模板和目标领域的本体（Ontology，包含目标领域的语义槽和语义槽可取的值）自动生成目标领域的数据，其中获取源领域的数据样本模板的过程是加入了人工规则的。其数据扩展流程如图20–22所示。该口语理解的数据模拟生成方法包括五部分：① 源领域的数据样本模板提取；② 目标领域的样本模板生成（pattern generation）；③ 生成目标领域的文本数据（generated data）；④ 语音识别错误模拟（ASR-error simulation）；⑤ 目标领域的口语理解模型训练，得到目标领域的语义解析器（parser）。

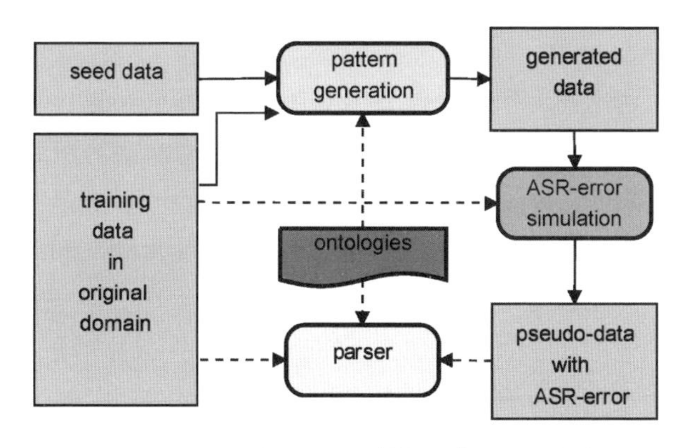

图 20–22　一种口语理解数据的模拟生成框架

除了传统的数据生成方式，一些迁移学习方法（比如零次学习策略、Zero-shot Learning）也被应用到口语理解中来[742–744]。其中 Ferreira 等人[743, 744] 利用预训练的词向量编码输入句子及输出语义项（但预训练的词向量不一定与当前领域的语义空间保持一致），Yazdani 等人[742] 提出利用两个不同的编码网络分别对输入的句子和输出的语义项进行特征提取，进而通过对句子特征和语义项特征计算相似度选择最为匹配的语义输出（类似于 K 近邻法），如图20–23所示。其中图中下方为输入的句子特征的学习模型，左上方为语义项特征学习模型，右上方为输入输出特征的相似度计算模型（该处的相似度计算可以是简单的 cosine 距离）。

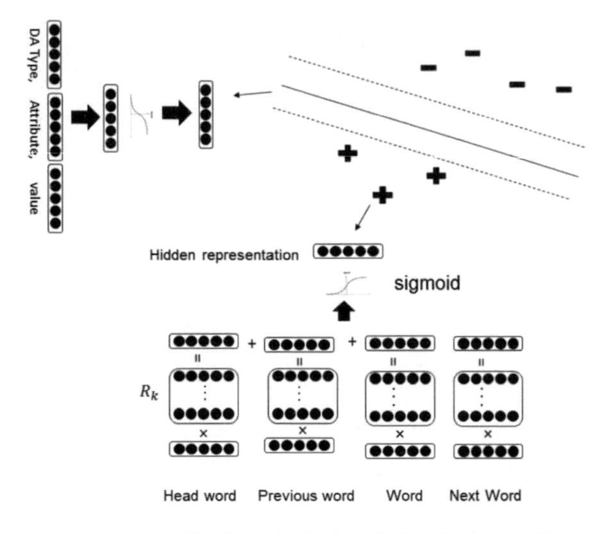

图 20–23　一种口语理解的输入输出相似度匹配模型

在上述方法中语义槽的值域空间是有限且已知的，要在基于序列标注的语义槽填充中应用类似的迁移学习技术，则需要对语义槽本身进行更细粒度的编码。Zhu 等人[745] 引入原子概念（Atomic Concept）作为语义槽的细粒度表示，可以在语义槽编码网络中区分不同语义槽直接的同异关系，进而实现基于原子概念的语义槽自适应。可以想象，当有一个新的语义槽出现时，组成它的原子概念分别在已知的语义槽中依次出现，当前模型对于这个新的语义槽就具有一定的合理预测能力。此外，一些研究直接对语义槽的自然语言描述（比如语义槽名字或者领域专家附加的语义槽说明文本）进行编码[745–747]，即利用自然语言文字作为更细粒度的语义槽表示。在意图识别中，Chen 等人[748] 也利用意图名字对应的词序列作为意图类别编码的输入。

另外，基于半监督学习甚至无监督学习的口语理解也是一种领域扩展与迁移的解决方法。Tur 等人[749] 利用已有模型在无标签数据上产生的“虚假标签”进行半监督训练。Lan 等人[750] 将少量有标签数据的口语理解任务和大量无标签数据的语言模型任务进行联合训练。Aditya 等人[751] 用海量无标签文本训练的语言模型作为句子的特征提取器，从而减少对口语理解数据的需求。Chen 等人借助外部开放语义资源（FrameNet）及知识库（FreeBase）进行了无监督的口语语义理解研究[752–754]，但该方法要求外部开放语义资源具有完备的领域定义，便捷性不高。Heck 等人利用从网页中提取的语义知识图谱对语义项构建自然文本表示，从而生成口语理解的训练数据[755]。

第21章

对话状态跟踪及自然语言生成

摘要 人机口语对话系统从功能上可以分为三大类：知识问答、聊天对话、任务型对话。本章将重点介绍其中的任务型对话。首先给出任务型对话系统的基本架构；然后详细介绍其中的对话状态跟踪（Dialogue State Tracking，DST）任务，并综述四种常见的 DST 方法：基于规则的方法、基于统计学习的方法、统计学习和规则相结合的混合算法，以及基于深度学习的端到端算法；最后介绍自然语言生成（Nature Language Generation，NLG）任务，并重点阐述基于深度学习的自然语言生成方法。

21.1 口语对话系统概述

人机口语对话是人工智能技术的集中体现，对科学的发展、社会经济的进步有重大作用，因此一直以来受到国内外政府机构、学术界和工业界的高度重视。例如美国国防部高级研究计划署（DARPA）自 20 世纪 90 年代起就先后设立了口语系统 SLS 计划（1989—1995）和 Communicator 计划（1999—2002），资助面向信息查询的口语对话系统研究；欧盟在 FP 框架下，资助了一系列多语种的面向信息查询的人机口语对话项目，包括 SUNDIAL 计划（1988—1993）、RAILTEL 计划及其后续的 ARISE 计划（1996—1998）、TRIND 项目（1998—2000）等。这是人机口语对话系统研究的第一次热潮。

但是，以上早期的研究项目大多比较简单，受语音识别和自然语言理解的技术限制，智能程度较低。到 21 世纪初，随着语音识别和自然语言处理技术的迅速发展及大数据时代的到来，人机口语对话系统的研究又掀起了一次热潮，这次不仅在学术界，在工业界也得到了高度重视。美国 DARPA

的大词汇连续语音识别项目 EARS（2002—2005）和 GALE（2005—2009）项目极大地促进了语音技术的发展，CALO（2003—2008）项目将语义理解和基于规则的对话管理推到了一个新的高度，二者直接促成苹果公司在 iPhone 4S 上推出风靡全球的个人语音助手 Siri；欧洲也在 FP7 的框架下启动了 CLASSiC（2008—2011）项目，基于统计的对话管理和自适应技术开展针对任务型的对话研究，并随后继续开展 PARLANCE（2012—2014）项目，研究渐进式的语义理解、对话管理和面向开放领域的统计口语对话系统。近年来，移动互联网和物联网的迅速普及进一步带动了人机对话系统的需求，引发了产业界的热潮，苹果（Apple）、微软（Microsoft）、谷歌（Google）、脸谱（Facebook）及百度、腾讯、阿里巴巴等公司纷纷启动对话系统的技术研究和产品开发，使得人机对话系统成为人机交互领域热门的研究方向之一。

人机对话系统从功能上大致被分为 3 类。

- 第 1 类是知识问答。这类对话往往涉及后端知识库的搜索，旨在为用户提出的自然语言问题自动提供答案。这类对话一般是单轮的，即对话往往是一问一答形式的，不涉及上下文。按照所使用的知识库类型的不同，问答一般可以分为 3 大类：知识图谱问答、文本问答和社区问答。知识图谱问答使用图结构的知识图谱作为知识库，涉及语义分析和答案排序两种技术。文本问答一般使用无结构的文本作为知识库，相关的任务又分为答案句子选择和机器阅读理解两大类。社区问答一般使用大量的 < 问题，答案 > 作为知识库，该任务的核心目标是计算用户问题和知识库中问题的相似度。
- 第 2 类是聊天对话。问答的目的是完成任务和提取知识点，有非常明确的信息需求，聊天对话则没有具体的目的，即人和机器进行聊天交互并不是为了让机器帮助人完成任务，也不是为了获取具体的知识。这类对话涉及的技术可以分为检索式对话技术和生成式对话技术。前者一般需要和社区问答一样提前构建大量的 < 问题，答案 > 作为聊天库，然后根据用户的输入检索聊天库中最相似的问题，并将对应的答案返回给用户。后者借用机器翻译里的相关技术直接根据用户的输入生成回复。

- 第 3 类是任务型对话。任务型对话系统针对具体的应用领域，具有比较清晰的业务语义单元的定义、本体结构及用户目标范畴，例如航班信息查询、电影搜索、设备控制等，这类交互往往以完成特定的操作任务为交互目标。此外，任务型对话绝大部分是多轮的，需要结合对话上下文进行用户意图的理解。任务型对话涉及的模块较多，不同模块使用的技术路线也不尽相同，我们将在本章后续章节及下章重点讨论。

对话系统的开发和评估离不开大规模的数据集，表 21.1 总结了 3 种不同类型对话的常用数据集。3 种不同对话系统的应用场景、工程架构及核心技术的差异导致形成不同类型的数据集的收集方式、收集难度及标注方法差异较大。例如：聊天对话一般只需要从网络上抓取对话语料，不需要进一步标注；而任务型对话一般需要先利用 WOZ（Wizard-of-Oz）方法收集对话数据，然后进行标注。

表 21.1　不同类型的对话数据集

数据集名称	对话类型	数量	语言	发布年份
WebQuestions[756]	知识问答（知识图谱）	5810	英语	2013
SimpleQuestions[757]	知识问答（知识图谱）	108422	英语	2015
NLPCC-KBQA[758]	知识问答（知识图谱）	24479	中文	2016
WikiQA[759]	知识问答（答案选择）	3047	英文	2015
NLPCC-DBQA	知识问答（答案选择）	14551	中文	2016
SQuAD[760]	知识问答（阅读理解）	10 万	英文	2016
MS MARCO[761]	知识问答（阅读理解）	10 万	英文	2016
CMRC[762]	知识问答（阅读理解）	约 10 万	中文	2018
Du-Reader[763]	知识问答（阅读理解）	20 万	中文	2018
Quora Question Pairs	知识问答（社区问答）	约 40 万	英文	2017
BQ[764]	知识问答（社区问答）	12 万	中文	2018
LCQMC[765]	知识问答（社区问答）	260068	中文	2018
Ubuntu Corpus[766]	聊天对话	约 100 万	英文	2015
OpenSubtitles[767]	聊天对话	约 330 万	多语言	2016

表 21.1 不同类型的对话数据集 (续)

数据集名称	对话类型	数量	语言	发布年份
Douban Corpus[768]	聊天对话	约 100 万	中文	2017
DSTC1[769]	任务型对话	15000	英文	2013
DSTC2[770]	任务型对话	3000	英文	2014
DSTC3[771]	任务型对话	2265	英文	2014
Maluuba Frames[772]	任务型对话	1369	英文	2017
KV Retrieval Dataset[773]	任务型对话	3031	英文	2017
MultiWOZ[774]	任务型对话	10438	英文	2018

图21–1是典型的基于任务的口语对话系统架构图[775]，自动语音识别（Automatic Speech Recognition，ASR）部分将用户的声音转换为文字；口语理解（Spoken Language Understanding，SLU）部分将语音识别的文字转换为系统能够识别的对话动作；对话管理（Dialog Management，DM）部分中的对话状态跟踪（Dialogue State Tracking，DST）部分根据语义理解部分输出的对话动作更新对话状态，其中的对话决策（Decision Making）部分根据系统的对话状态生成系统的语义级的反馈动作；自然语言生成（Nature Language Generator，NLG）部分将系统生成的反馈动作转换为自然文本语言；语音合成（Test-to-Speech，TTS）部分将自然文本合成语音播放给用户。本章将重点介绍其中的对话状态跟踪和自然语言生成部分，第 22 章将介绍对话策略优化。

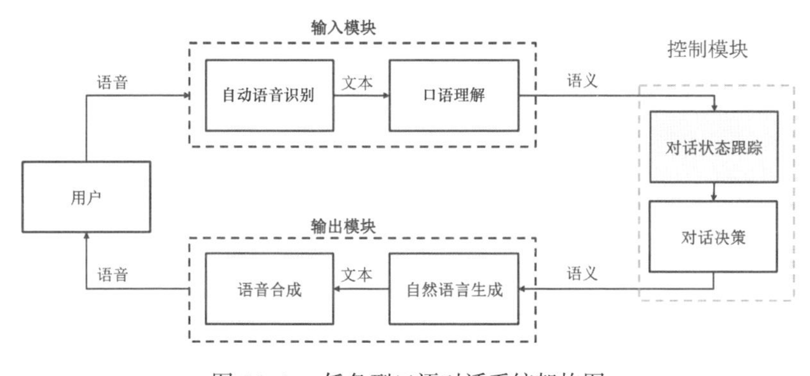

图 21–1 任务型口语对话系统架构图

21.2 对话状态跟踪

21.2.1 对话状态跟踪与口语理解的异同

上一章详细阐述了口语理解（SLU）的相关背景与研究现状。在口语对话系统中，口语理解是对某一轮用户说的话的意图解析。其输入可以包括对话历史信息、当前轮对话中用户说的话，其输出则是当前话语的语义表示。于是我们可以将对话系统中的口语理解形式化为

$$\text{SLU}:(h_t,u_t)\rightarrow s_t \tag{21.1}$$

其中，h_t 表示第 t 轮对话的历史信息，u_t 表示第 t 轮对话的当前用户说的话，语义标签 s_t 表示当前 u_t 蕴含的语义信息。

对话状态跟踪（DST）则是判断到某一轮用户说完话为止用户的需求状态。这是一个语义信息累积的过程，比如用户在对话初期表露的意图随着对话的进行可能会被保持、修改甚至否定、删除。通常，累积后的语义信息是一系列的语义槽–值对（slot-value pairs）。因为这是一个信息累积的过程，所以对话状态跟踪同样需要知道对话的历史信息，故可以被形式化为

$$\text{DST}:(h_t,u_t)\rightarrow \text{Accumulate}(\{s_1,s_2,\cdots,s_t\}) \tag{21.2}$$

其中，$\text{Accumulate}(\{s_1,s_2,\cdots,s_t\})$ 是对话状态跟踪的目标，也就是累积后的语义信息，比如 $\text{Accumulate}(\{[\text{餐馆}=\text{川菜},\text{地点}=\text{人民广场}],[\text{餐馆}=\text{湘菜}]\})$ 的结果是 $[\text{餐馆}=\text{湘菜},\text{地点}=\text{人民广场}]$。

口语理解和对话状态跟踪两个模块的输入信息几乎是完全重合的，都是对话的历史信息[1]和当前用户说的话。唯一不同的是，对话状态跟踪的目标是当前轮与所有历史轮对话的语义信息的累积。所以对话状态跟踪的输入也可以是每一轮口语理解的输出。在仅使用口语理解预测的语义信息作为输入的情况下，对话状态跟踪建模的重心是确定如何累积不确定的输入状态，才能有利于构建领域无关的状态累积模型。而和口语理解一样，在将用户说

1 对话历史在口语理解中的应用一般是为当前语句消除歧义，其对于口语理解不一定是必需的，但对于对话状态跟踪则是不可或缺的。

的话直接作为输入的情况下，对话状态跟踪建模同时融合了语义信息解析和累积，有利于减少两个模块之间的错误传递。

近年来，对话状态跟踪挑战赛（DSTCs）[769–771, 776–778] 极大促进了 DST 模型和算法的发展。在 DSTCs 之前，大多数 DST 模型都是基于贝叶斯公式的生成模型，尽管它们在数学上有很好的解释，但是往往不能被应用到大规模的真实任务中，也不能在模型中加入丰富的特征。在 DSTCs 中，许多新型的 DST 模型被提出，这些模型大致可以分为 4 大类：基于传统统计方法的模型、基于规则的模型、基于规则与统计相结合的模型及基于深度学习的端到端模型。前 3 类模型都需要依靠语义解析的结果，第 4 类模型则直接根据 ASR 的结果预测对话状态。

21.2.2　统计对话状态跟踪

在基于统计的 DST 中，大多数模型都属于鉴别性模型，包括：最大熵模型（Maxinum Entropy model，MaxEnt）[779, 780]、深层神经网络（Deep Neural Networks，DNNs）[780, 781]、条件随机场（Condition Random Filed，CRF）[782] 及决策森林（Decision Forest）[783] 等。从各种模型的输出特性及对时序的建模来看，它们可以进一步被分为 4 种不同的模型：二分类模型、多分类模型、结构化鉴别模型及序列标注模型。

- **二分类模型**：在这种模型中，假设所有的语义槽都相互独立，对话状态联合概率分布可以被分解为每个语义槽的概率的乘积，即

$$b(a_t = v_1, ..., a_n = v_n) = \prod_j b(a_j = v_j) \tag{21.3}$$

  根据此假设，要想计算联合目标的置信度分布，只需要单独计算每个语义槽 a 是候选取值 v 的置信度 $b(a = v)$。因此，可以将每个语义槽-值对的置信度估计都转换为二分类问题，即 $a = v$ 是否正确。在独立估计出每个候选值的置信度后，再将所有候选值的置信度都归一化。为了减少二分类器的数量，同一语义槽的不同候选取值可以采用相同的分类器，即只需要对每个语义槽都训练一个二分类器。MaxEnt DST[779, 780] 和 DNN DST[780, 781] 都属于二分类模型。

- **多分类模型**：在二分类 DST 模型中，对于语义槽每个候选值 v 的置信度都是独立估计的，忽略了不同候选值之间的相互影响。为了直接对语义槽不同的候选值之间的相互影响进行建模，多分类模型同时估计语义槽每个候选值的置信度，即每一类的输出都对应一个候选值的置信度。和二分类 DST 一样，多分类 DST 模型也假设不同语义槽之间相互独立，联合目标的概率用公式 (21.3) 计算。基于循环神经网络（RNN）的 DST 模型[784, 785] 就是典型的多分类模型。

- **结构化鉴别模型**：二分类和多分类 DST 模型都没有考虑不同语义槽之间的相互影响，而在实际情况下，不同语义槽的取值是有可能相互影响的。例如，在公交信息查询任务中，语义槽出发地（*departure*）和目的地（*destination*）不能是相同的值。结构化鉴别模型对同一个轮（turn）对话中不同语义槽之间的关系进行了显式建模。基于 CRF[782] 和基于网页排序（即决策森林）[783] 的 DST 模型都属于这种模型。

- **序列标注模型**：前面介绍的 3 种模型都只关注当前轮对话中的用户目标的跟踪，序列标注模型则对同一语义槽不同轮对话中的取值同时进行估计，考虑了轮间用户目标的相互关系。Kim 等人提出的线性 CRF DST[786] 就属于这种模型。

21.2.3 基于规则的 DST 模型

除了数据驱动的统计模型，一些新颖的基于规则的 DST 模型被提出。相对于基于统计的模型，其具有不需要训练数据、泛化性好、可解释性强的优势。例如，Wang 等人根据概率公式提出了 HWU 规则模型[787, 788]。在这种模型中，对于第 t 轮对话语义槽 a 及其候选取值 v，$P_t^+(v)$ 和 $P_t^-(v)$ 分别表示 SLU 中与 $a=v$ 相关的正向（inform(a=v) 或者 affirm(a=v)）的置信度和负向（deny(a=v)）的置信度。$b_t(v)$[1] 的计算公式如下：

$$b_t(v) = \left(1 - (1 - b_{t-1}(v))(1 - P_t^+(v))\right) \left(1 - P_t^-(v) - \sum_{v' \neq v} P_t^+(v')\right) \tag{21.4}$$

1 在没有歧义的情况下，为了表述方便，$b_t(a=v)$ 可以被缩写为 $b_t(v)$。

上述简单的 HWU 规则模型在 DSTCs 中的表现甚至要优于一些基于统计的模型。

21.2.4　统计与规则混合算法

为了充分利用基于规则的 DST 模型和基于统计的 DST 模型的各自优势，Sun 等人在 HWU 模型的基础上提出了一个混合模型：有约束的马尔可夫贝叶斯多项式（Constrainted Markov Bayesian Polynomial, CMBP）[789–791]，它能够将两者的优势结合起来。将公式 (21.4) 右边部分展开，可以发现其是关于变量 $P_t^+(v)$、$P_t^-(v)$、$b_{t-1}(v)$ 和 $\sum_{v'\neq v} P_t^+(v)$ 的多项式。在 CMBP 模型中，除了上述四个变量，还引入了 $\widetilde{P}_t^+(v)$、$\widetilde{P}_t^-(v)$ 两个变量，其含义如下所述。

- $b_t(v)$：第 t 轮语义槽 a 的取值为 v 的置信度。
- b_t^r：到第 t 轮为止，语义槽 a 还没有被用户提到（即 $a = none$）的置信度。
- $P_t^+(v)$：SLU 中与 $a = v$ 相关的正向（inform(a=v) 或者 affirm(a=v)）的置信度之和。
- $P_t^-(v)$：SLU 中与 $a = v$ 相关的负向（deny(a=v)）的置信度之和。
- $\widetilde{P}_t^+(v) = \sum_{v'\notin\{v,\text{none}\}} P_t^+(v')$。
- $\widetilde{P}_t^-(v) = \sum_{v'\notin\{v,\text{none}\}} P_t^-(v')$。

CMBP 被定义为带有限制条件的关于上述变量的多项式函数：

$$\begin{aligned} b_t(v) =& f^k\left(b_{t-1}(v), b_{t-1}^r, P_t^+(v), P_t^-(v), \widetilde{P}_t^+(v), \widetilde{P}_t^-(v)\right) \\ & s.t.\ \ constrains \end{aligned} \tag{21.5}$$

上式中的 $f^k(\cdot)$ 表示 k 阶（一般不超过 3 阶）的多项式，且其系数只能为 –1、0、1。$constrains$ 表示约束，代表先验知识或者规则。例如，$b_{t-1}(v)$、b_{t-1}^r、$P_t^+(v)$、$P_t^-(v)$、$\widetilde{P}_t^+(v)$、$\widetilde{P}_t^-(v)$ 取值范围都为 $[0,1]$；SLU 的输出中关于 v 相关的置信度的和不能大于 1，即 $0 \leqslant P_t^+(v) + P_t^-(v) + \widetilde{P}_t^+(v) + \widetilde{P}_t^-(v) \leqslant 1$。

求解式 (21.5) 就是寻找满足约束的 k 阶多项式的系数。为了降低求解的复杂度，非线性的约束可以用线性约束来近似，则求解式 (21.5) 就变成了一个线性规划问题。一般地，符合条件的解会有多个，如果有标注好的训练数据，则我们可以测试这些解在数据集上的性能，挑选出性能最好的一个或多个解。进一步地，有了整数解，就可以使用启发式搜索的方法，例如爬山法，在整数解的周围搜索实数解。

CMBP 模型通过引入先验知识，使得其在小数据甚至无训练数据时拥有较好的初始性能，当训练数据增多时模型性能可以进一步提升。但是，在 CMBP 模型中加入更多的变量会急剧增加模型的复杂度，使得线性规划的求解难度显著增加。此外，利用启发式搜索的方法寻找实数解并不十分高效。鉴于此，Xie 等人在 CMBP 模型的基础上进一步提出了循环多项式网络（RPN）[792, 793]。

RPN 是一种可以表达具有时序关系的循环多项式的计算图，一个简单的 RPN 如图21–2所示。从下往上第 1 层 ○ 表示输入节点；第 2 层 ⊗ 表示乘积节点，每个节点的值都是与其相连的所有输入节点的乘积，每条相连的边都代表一次乘积；第 3 层 ⊕ 表示加和节点，节点的值是所有乘积节点的加权和，边上的值代表权重，即多项式的系数 w。三种节点组合成的 RPN 可以表达以输入为变量的任意多项式，同时，只要将上一时刻的输出作为下一时刻的输入，RPN 就可以对不同时刻的时序关系进行建模。根据上述定义，图21–2表示多项式 $b_t = b_{t-1} + P_t^+ - P_t^+ b_{t-1}$，图21–3 是一个完整的 3 阶 RPN 示意图。

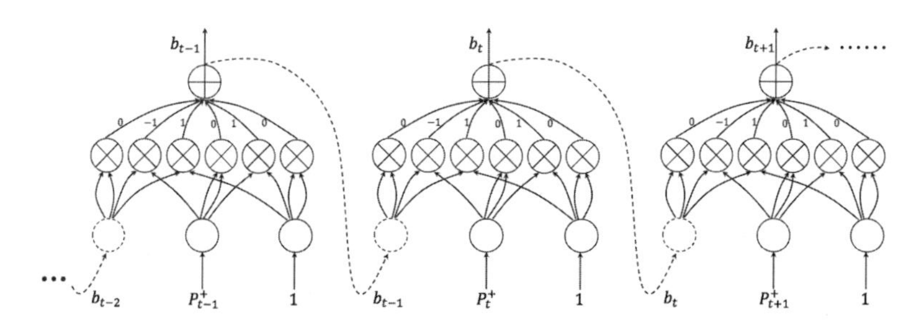

图 21–2　一个简单的 2 阶 RPN 示意图

RPN 的参数可以通过沿时反向传播（Back Propagation Through Time，BPTT）算法训练，优化准则可以是最小化均方误差（MSE）。为了加快模型的训练速度，可以用 CMBP 的解作为 RPN 的初始参数。

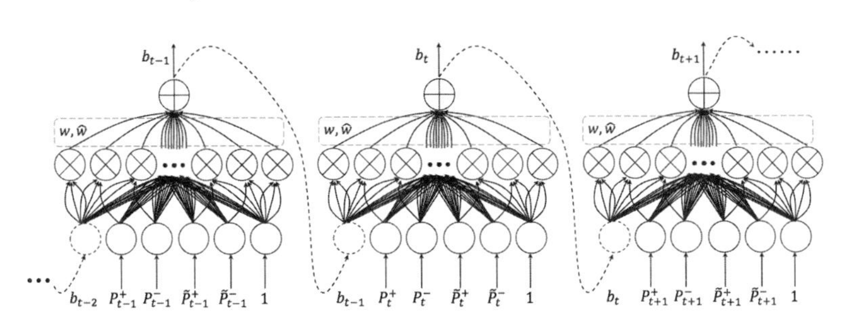

图 21–3　一个 3 阶的 RPN 示意图

RPN 除了和 CMBP 一样能够表征多项式，还可以在输入层加入更多的特征，同时在输出层加入激活函数，增加模型的表达能力。

21.2.5　端到端对话状态跟踪

前文介绍的 3 类 DST 模型的输入都是语义理解的输出和上一轮对话的状态，其面临的风险是上层口语理解模块的错误会直接被传递下来。为了解决错误传递问题，端到端的对话状态跟踪模型受到了越来越多的重视，该类模型融合了语义理解和传统的对话状态跟踪模块，输入是到当前轮对话为止的对话历史，输出是对话状态。这里介绍两个代表性的端到端 DST 模型：NBT（Neural Belief Tracker）和 StateNet。

NBT

NBT 模型[26] 的主要特点是不需要预先对语料进行词干化处理，并且参照一个由语义槽-候选值组成的候选集合进行对话状态的预测。这种方法具有更好地未知领域的扩展性，因为它并不需要针对各个具体领域手工设计特征。该模型的性能超过了之前依赖于词干化处理方法的模型，并且很好地将表示学习的方法融入对话状态跟踪模型中。随着词向量质量的改善，更丰富的语义信息被蕴含在向量中，模型的性能可以得到大幅提升。这也是将预训练的词向量应用在对话状态跟踪上的首次成功尝试。

如图21–4所示的 NBT 模型共接收了 3 个输入：上一时刻的系统输出、上一时刻的用户输入及候选槽–值对（Candidate Pairs）。其最终目的是判断该候选对是否在此前的对话内容中出现过，因此需要遍历所有候选对，并分别判断。系统输出和用户输入经由神经网络编码得到向量化的表示。具体地讲，该模型的作者使用了预训练的词向量，并尝试了使用两种网络结构来编码，一种是多层感知机（DNN），另一种是卷积神经网络 (CNN)。随后，根据候选对和用户输入进行语义解码，从而判断用户是否显式地表达出了与候选对匹配的意图。

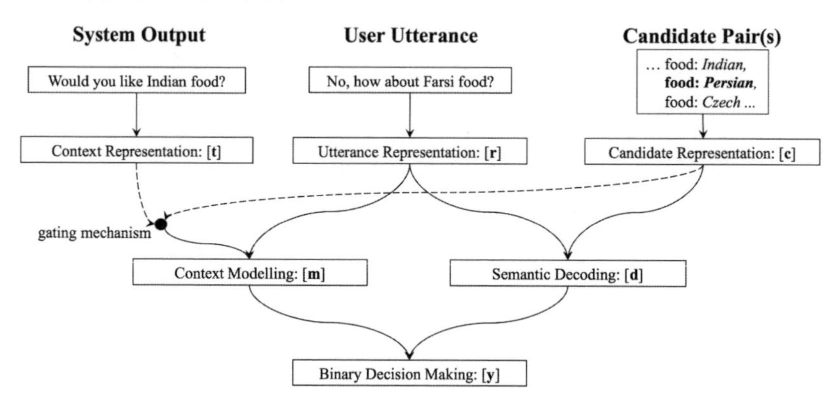

图 21–4　NBT 模型，该图出自文献 [26]

StateNet

目前大多数的对话状态跟踪方法并不具有扩展到大型对话领域的能力，因为它们存在一些固有的缺陷：无法在语义槽与语义槽值动态变化的情况下正常使用；参数量与语义槽的数量成正比；模型高度依赖基于手工制作的语义词典的特征工程。为了解决以上问题，Ren 提出了 StateNet。这是一种通用的对话状态跟踪模型，独立于语义槽值的数量，在各个语义槽之间共享参数从而大幅减少了参数量。为了有效地利用语义信息，和 NBT 一样，StateNet 使用了预训练的词向量代替了手工的语义词典。对于每一个对话，StateNet 都根据对话历史生成一个固定长度的向量化表示，然后将这个向量与语义槽值对应的向量进行比较，计算出它们之间的二范数距离，从而得到每个语义槽值可能的概率，最终做出预测。对于不同的语义槽，为了使模型得到要预测的语义槽信息，StateNet 要求将待预测的语义槽的词向量也输入模型中。这样一来，使用相同的模型参数对新的语义槽的预测便得以实现。

StateNet 具体的结构如图21–5所示。对于每轮对话，StateNet 都通过预处理生成相应的用户语句表示 $\boldsymbol{r}_u$ 和 $\boldsymbol{r}_a$，然后将用户的语句表示送入一个多尺度的感知层，得到用户语句的特征表示 $\boldsymbol{f}_u$；同时将系统的动作表示送入一个线性层，得到系统动作的特征表示 $\boldsymbol{f}_a$。随后，将语义槽的词向量 s 经线性层编码后，与 $\boldsymbol{f}_a$ 和 $\boldsymbol{f}_u$ 进行逐元素点乘，得到 $\boldsymbol{i}_s$，送入 LSTM。接着将 LSTM 的输出送入一个线性层，得到一个固定长度的输出表示 $\boldsymbol{o}_s$。而后将 $\boldsymbol{o}_s$ 与语义槽值候选集 V_s 中的每个槽值都计算出二范数距离，将得到的所有距离值都进行 softmax 归一化，最终得到对每个语义槽值的预测概率。

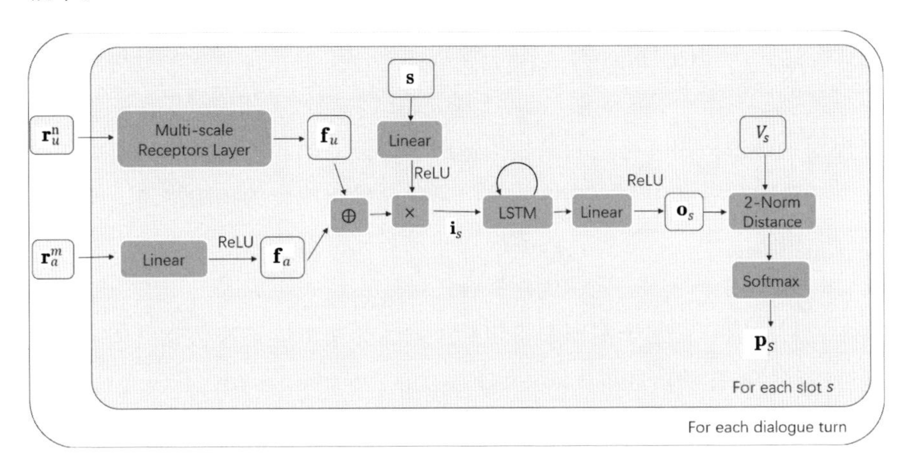

图 21–5　StateNet 模型，该图出自文献 [794]

在现实应用场景下，对于不同语义槽都具有相同特点的 StateNet 模型，能够大幅度减少对于不同领域对话状态跟踪模型的训练时间，并且到目前为止，StateNet 在公开数据集上面的性能是最优的。

21.3　自然语言生成

自然语言生成（Natural Language Generation，NLG）在很多自然语言处理领域或任务中都有涉及，比如摘要生成、视觉问答、机器翻译、写诗词作文、新闻及赛事报道、对话系统等。不同任务下的自然语言生成也具有较大的差异。在任务型对话中，对话策略根据对话状态追踪所捕捉到的用户目标来决定系统如何回复用户，然后由自然语言生成模块将对话策略生成的抽象系统动作转换为流畅的文本回复。自然语言生成模块是口语对话系统的一个重要组成部分，对用户体验会产生重要影响。

21.3.1 自然语言生成任务及其评价

传统意义上的自然语言生成任务大致分为两个部分：一部分是内容选择，即“应该表达什么”；另一部分是内容表示，即“怎样去表达”。但随着自然语言生成的发展，还有一个问题需要解决，那就是“为什么要用这种方式表达”。所以更标准的自然语言生成结构被提出，它由 3 部分构成：内容（文本）规划（宏观规划）、句子规划（微观规划）和句子实现。其中内容规划主要包括内容确定和结构构造两个部分。内容确定负责决定生成的文本需要表达哪些内容，结构构造则是对已确定内容的结构描述，使用一定的结构组织内容。通常，内容规划并没有完全指定输出文本的内容和结构，句子规划会通过选词、优化聚合、指代表达式生成等工作进一步明确文本规划的细节；句子实现则将句子规划后的文本描述映射成由文字、标点符号和结构注解信息组成的实际文本。

然而，与传统的自然语言生成任务不同的是，口语对话系统中的自然语言生成结构往往只包括句子规划和句子实现两个部分，这是因为口语对话系统中的自然语言生成模块的目标只是将抽象的对话动作（动作类型和一组对应的属性特征值）映射为合适的输出文本，其输入已经决定了模型应该表达什么内容。口语对话系统的自然语言生成模块实例如图21–6所示。

NLG 系统一般会进行客观评测和人工评测两方面的评估，从信息充分性、流畅性、可读性和多样性等多方面进行评价。

客观评测指标：对于自然语言生成，通常使用 BELU 和语义槽错误率 ERR 作为客观评测指标。BELU 最初是评价机器翻译的指标，用于分析候选译文（待评价的译文）和参考译文中 N 元组共同出现的程度。BELU 方便、容易计算，结果比较接近人类评分，在相同的任务中能够很容易地将模型与基准比较；但是它不能很好地处理形态丰富的语言，不直接考虑句子结构、意义，也不能很好地映射到人类判断。语义槽错误率 ERR 表示生成的语义槽中冗余的或者遗漏的语义槽数量占对话动作中涉及的语义槽数

1	inform(name="stroganoff restaurant", pricerange=cheap, near="fishermans wharf") *stroganoff restaurant is a cheap restaurant near fishermans wharf .*
2	reject(kidsallowed=yes, food="basque") *unfortunately there are 0 restaurants that allow kids and serve basque .*
3	informonly(name="bund shanghai restaurant", food="shanghainese") *sorry but there is no place other than the restaurant bund shanghai restaurant for shanghainese .*
4	confirm(goodformeal=dontcare) *i am sorry . just to confirm . you are looking for a restaurant good for any meal ?*
5	request(near) *would you like to dine near a particular location ?*
6	reqmore() *is there anything else i can do for you ?*
7	select(kidsallowed=yes, kidsallowed=no) *are you looking for a restaurant that allows kids , or does not allow kids ?*
8	goodbye() *thank you for calling . good bye .*

图 21–6 自然语言生成实例

注：该图出自文献 [795]，每个例子都由一个对话动作和对应的生成后的文本组成

量的比例，用来评测信息的充分性。

人工评测：虽然客观评测指标可以比较不同的 NLG 系统，提供有用的信息，但我们一般仍需要人工测试来主观评价系统的性能。在评测中，向每个评测者都一轮轮地展示一个随机选择的对话。在每轮对话中，评测者都将根据信息充分性（Informativeness）和自然流畅度（Naturalness），对两个不同的系统生成的文本表达进行评分。与此同时，评测者需要根据提供的对话动作和对话上下文对生成的文本给出优劣评价。

21.3.2 基于深度学习的自然语言生成

大部分传统的 NLG 系统使用基于规则和模板的方法来生成系统回复，然而这样的系统往往容易生成生硬的单一化回复，和自然多变的人类语言有较大的差距。除此之外，口语对话系统中的自然语言生成模块通常需要大量的人工设计逻辑或者标注完备的数据集来训练，这些限制条件显著增加了开发成本，使得开发跨领域、多语言的大型对话系统变得相当棘手。并且，人类语言是上下文相关的。大多数自然回复应该直接从数据中学得，

而不是依赖事先定义好的句法或规则。

近年来，由于计算力的大幅度提升及深度学习的兴起，基于深度学习的自然语言生成逐渐成为学者们关注的热点，下面将介绍几种主流的基于深度学习的自然语言生成模型。

基于循环神经网络的自然语言生成

受基于循环神经网络的语言模型[796, 797] 的启发，Wen 等人[795] 在 2015 年提出了基于循环神经网络的对话文本生成器。在生成过程中，RNN 生成器会根据一个辅助的对话动作特征和一个触发式控制门为后续重排序生成一些候选表达。为了处理语料库中无法被常规替换为预设标识符的槽值，该模型引入了 CNN 句子模型，在重排序过程中验证候选表达的语义一致性；并通过添加一个 RNN 语言模型作为重排序器，使得输出表达的流畅性进一步得到了提升。实验表明，在客观评测标准和人工评测下，基于循环神经网络的 NLG 模型的性能均优于之前的方法。

RNN 生成模型：该模型基于循环神经网络的语言模型结构，从开头字符不断对 RNN 语言模型中下一字符的概率分布进行采样，直到采样到指定的句子终止符或满足一些特定条件，最后将输出的文本中所有预设的标识符都转回对应的语义槽值，得到最终输出结果。

为了确保生成的文本表达了想要的意思，除了输入向量$\boldsymbol{w}_t$，还会增加一个控制向量$\boldsymbol{f}$ 作为输入。$\boldsymbol{f}$ 是由需要的对话动作和其对应的槽值串联拼接而成的。为了防止控制向量$\boldsymbol{f}$ 提供的辅助信息随着时间逐渐衰减，会在每个时刻都输入控制向量$\boldsymbol{f}$ 来缓解梯度消失问题。如图 21.7 所示。

图21–7中 RNN 生成模型的详细定义如下：

$$\boldsymbol{h}_t = \text{sigmoid}\left(\boldsymbol{W}_{hh}\boldsymbol{h}_{t-1} + \boldsymbol{W}_{wh}\boldsymbol{w}_t + \boldsymbol{W}_{fh}\boldsymbol{f}_t\right) \tag{21.6}$$

$$P\left(w_{t+1}|w_t, w_{t-1}, \ldots, w_0, \boldsymbol{f}_t\right) = \text{softmax}\left(\boldsymbol{W}_{ho}\boldsymbol{h}_t\right) \tag{21.7}$$

$$w_{t+1} \sim P\left(w_{t+1}|w_t, w_{t-1}, \ldots, w_0, \boldsymbol{f}_t\right) \tag{21.8}$$

其中，$\boldsymbol{W}_{hh}$、$\boldsymbol{W}_{wh}$、$\boldsymbol{W}_{fh}$、$\boldsymbol{W}_{ho}$ 是需要学习的网络参数。$\boldsymbol{f}_t$ 是控制向量$\boldsymbol{f}$ 的变体，用来防止输出文本中出现重复的信息。对应于语义槽s 的门控控制

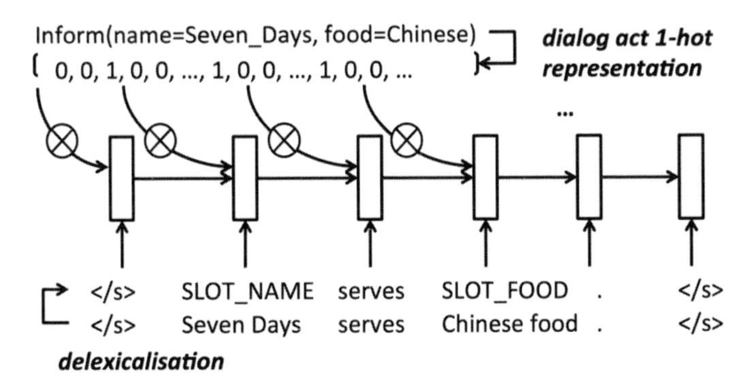

图 21–7 基于 RNN 的生成模型展开图

注：⊗ 表示用来控制特征值开启/关闭状态的门控，为简单起见，这里省略了网络的输出连接层，该图出自文献 [795]

向量$\boldsymbol{f}_t$ 片段$\boldsymbol{f}_{s,t}$ 定义如下：

$$\boldsymbol{f}_{s,t} = \boldsymbol{f}_s \odot \delta^{t-t_s} \tag{21.9}$$

其中，t_s 表示语义槽s 首次出现在输出中的时刻，$\delta \leqslant 1$ 表示衰减因子，$\odot$ 表示按照向量中的对应位置的逐个元素相乘。

然而，对于一些特设的语义槽值（二元语义槽及可以取值为 don't care 的语义槽），例如 food=don't care 和 kids allowed=false，不能直接使用上述方法，因为在训练语料库中无法将这些槽值替换为预设的标识符。所以，当这些特殊语义槽值出现的时候，模型容易出错。同时，RNNLM 生成器仅仅依赖之前的对话历史来选择接下来的字符，一些句子可能需要依赖后文来生成。

为了解决上述问题，由 RNNLM 生成器生成的候选表达需要使用另外两个网络重排序。首先，需要通过使用 CNN 句子模型[798] 确保需要的对话动作和语义槽值（包括那些特殊的语义槽值）在输出的话语中被表达出来；其次，需要使用一个反向的 RNNLM 对输出的候选表达重排序。

卷积语句模型（Convolutional Sentence Model）：需要把一组一维卷积映射作为不同的特征探测器来检测用于 RNNLM 生成器输出的候选表达，然后将这些卷积网络的组合输出输入一个全连接网络，来判断对话动作类型及要求的语义槽是否被提及。使用卷积语句模型结构如图21–8所示。

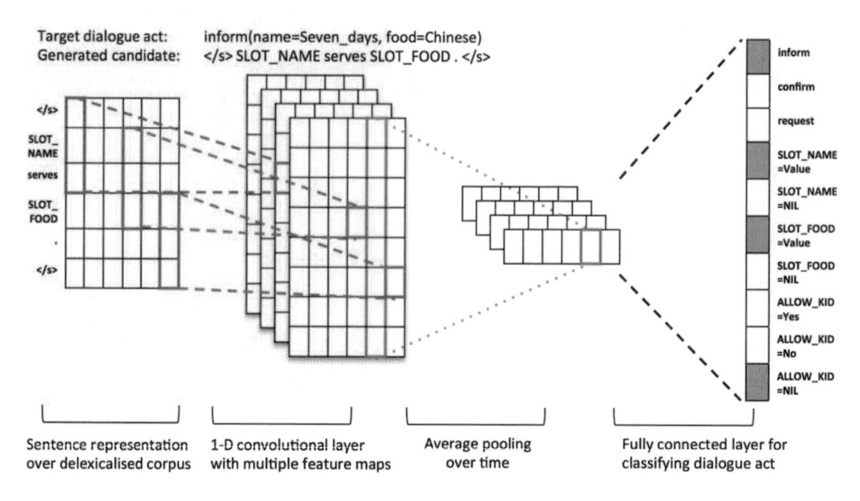

图 21–8　卷积语句模型

注：该图出自文献 [795]

反向 RNN 重排序（Backward RNN reranking）：正如前文提到的，如果同时考虑前后文，则 RNN 语言模型的性能可以得到进一步提升。近年来，双向循环神经网络在语音识别和机器翻译等领域的应用相当有成效。然而，因为双向循环神经网络的生成过程是有实时顺序的，无法将其[799] 直接应用于 RNNLM 生成器中。所以，我们首先使用前向循环神经网络生成器来生成候选文本，然后使用反向循环神经网络来计算似然进行重排序，以此达成同时考虑生成语句的前后文的目的。

在重排序过程中，通过使用 CNN 语句模型计算每个候选语句的汉明损失（Hamming Loss）Cost_{CNN}、正向 RNN 的对数似然函数值（Log-likelihood）$\text{Cost}_{f\text{RNN}}$、反向 RNN 的对数似然函数（Log-likelihood）值 $\text{Cost}_{b\text{RNN}}$，结合语义槽错误准则 ERR，得到最终的重排序准则：

$$R = -(\text{Cost}_{f\text{RNN}} + \text{Cost}_{b\text{RNN}} + \text{Cost}_{\text{CNN}} + \lambda\text{ERR}) \tag{21.10}$$

其中，语义槽错误率 ERR 表示生成的语义槽中冗余的或者被遗漏的语义槽数量占对话动作中涉及的语义槽数量的比例。

虽然基于循环神经网络的语言模型生成器易于训练和扩展至其他领域，但也存在一些问题。它需要一个触发式的门控来确保系统回复中的所有属性特征值都被生成的话语准确表达，而这些触发式门控只有在被替换为预设的标识符的文本和控制向量中的语义槽值匹配时才能工作，当处理诸如二元语义槽和那些可以取值为 don’t care 的语义槽等语义槽值无法被显式替换为预设的标识符的语义槽时，系统往往会出错。而且，CNN 重排序器不能很好地处理出现次数较少的语义槽值。

基于语义条件的 LSTM 自然语言生成

为了解决 RNNLM 生成器中存在的问题，Wen 等人[40] 又在 RNNLM 生成器的基础上进行了改进。通过引入 LSTM 网络来解决带长程依赖的 RNN 难以训练的问题。同时，通过引入新的对话动作单元（DA Cell）代替触发式的门控来确保生成的话语能够表达预期的语义，即保证在生成的语义槽中不存在冗余和遗漏的情况。

如图21–9所示，基于语义条件的 LSTM 单元由两个子单元构成：LSTM

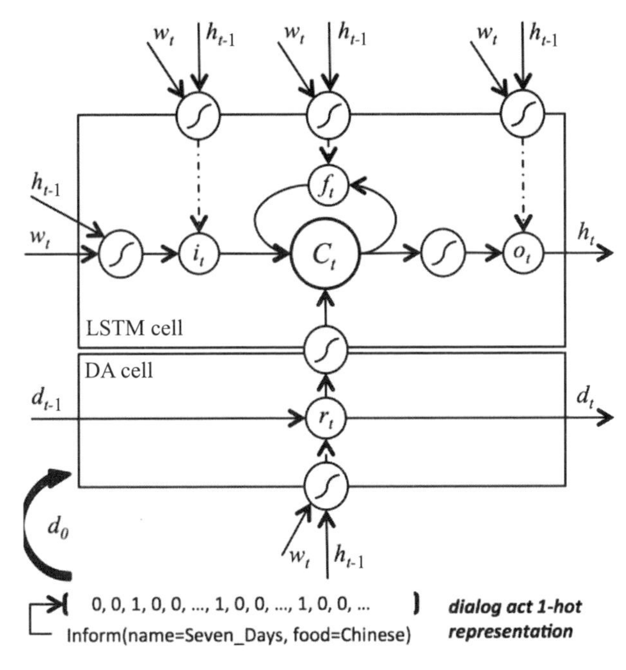

图 21–9 基于语义条件的 LSTM 单元

注：该图出自文献 [40]

单元（LSTM Cell）及对话动作单元（DA Cell）。LSTM 单元负责句子表层实现（Surface Realisation），对话动作单元则通过对话动作和 Sigmoid 控制门来负责句子规划（Sentence Planning）。

在本方法中使用的 LSTM 结构的具体定义如下：

$$\boldsymbol{i}_t = \sigma\left(\boldsymbol{W}_{wi}\boldsymbol{w}_t + \boldsymbol{W}_{hi}\boldsymbol{h}_{t-1}\right) \tag{21.11}$$

$$\boldsymbol{f}_t = \sigma\left(\boldsymbol{W}_{wf}\boldsymbol{w}_t + \boldsymbol{W}_{hf}\boldsymbol{h}_{t-1}\right) \tag{21.12}$$

$$\boldsymbol{o}_t = \sigma\left(\boldsymbol{W}_{wo}\boldsymbol{w}_t + \boldsymbol{W}_{ho}\boldsymbol{h}_{t-1}\right) \tag{21.13}$$

$$\hat{\boldsymbol{c}}_t = \tanh\left(\boldsymbol{W}_{wc}\boldsymbol{w}_t + \boldsymbol{W}_{hc}\boldsymbol{h}_{t-1}\right) \tag{21.14}$$

$$\boldsymbol{c}_t = \boldsymbol{f}_t \odot \boldsymbol{c}_{t-1} + \boldsymbol{i}_t \odot \hat{\boldsymbol{c}}_t + \tanh\left(\boldsymbol{W}_{dc}\boldsymbol{d}_t\right) \tag{21.15}$$

$$\boldsymbol{h}_t = \boldsymbol{o}_t \odot \tanh\left(\boldsymbol{c}_t\right) \tag{21.16}$$

为了解决触发式门控存在的问题，基于语义条件的 LSTM 单元引入了一个新的对话动作门控单元来替代之前的触发式门控。该单元扮演着句子规划的角色，在生成过程中通过控制修改对话动作特征来产生能够传递输入信息的句子表达。对话动作门控单元在每个时刻都会决定哪些信息需要舍弃，哪些信息需要保留。对话动作门控单元有定义如下：

$$\boldsymbol{r}_t = \sigma\left(\boldsymbol{W}_{wr\boldsymbol{w}_t} + \alpha\boldsymbol{W}_{hr}\boldsymbol{h}_{t-1}\right) \tag{21.17}$$

$$\boldsymbol{d}_t = \boldsymbol{r}_t \odot \boldsymbol{d}_{t-1} \tag{21.18}$$

其中，$\boldsymbol{r}_t \in [0,1]^d$ 被称为读操作门，这里$\boldsymbol{W}_{wr}$ 和$\boldsymbol{W}_{hr}$ 起到类似关键词和短语探测器的作用，将生成字符的特定模式和对应的语义槽联系起来。

最后通过应用 softmax 函数得到输出字符的概率分布，同时对输出概率分布采样得到后续的字符。从开始字符起对模型的输出字符的概率分布逐个地采样，直到采样到了指定的句子终止符或满足一些特定条件，最后通过将输出的文本中所有预设的标识符都转回对应的语义槽值得到最终输出结果。

$$P\left(w_{t+1}|w_t, w_{t-1}, \ldots, w_0, \boldsymbol{d}_t\right) = g\left(\boldsymbol{W}_{ho}\boldsymbol{h}_t\right) \tag{21.19}$$

$$w_{t+1} \sim P\left(w_{t+1}|w_t, w_{t-1}, \ldots, w_0, \boldsymbol{d}_t\right) \tag{21.20}$$

对于 LSTM 生成器而言，目标函数为预测的词概率分布$\boldsymbol{p}_t$ 和训练语料库中实际的词概率分布$\boldsymbol{y}_t$ 之间的交叉熵。同时需要通过对读操作门添加正则化来得到最终的损失函数

$$F(\theta)=\sum_t \boldsymbol{p}_t^{\mathrm{T}} \lg \left(\boldsymbol{y}_t\right)+\left\|\boldsymbol{d}_T\right\|+\sum_{t=0}^{T-1} \eta \xi\left\|\boldsymbol{d}_{t+1}-\boldsymbol{d}_t\right\| \tag{21.21}$$

其中，$\boldsymbol{d}_T$ 表示对话动作向量最后一个词。损失函数式子的第 2 项是为了惩罚那些未能描述所有语义槽的表达，第 3 项是为了阻止在某个时刻描述多个语义槽。

第22章

对话策略优化

摘要 上一章介绍了任务型口语对话系统中对话状态跟踪和自然语言生成两个重点任务，本章将讲解另一个重要任务——对话策略优化。对话策略优化是对话系统的核心模块，它决定着对话的流向。在本章中，我们将首先介绍对话策略优化任务及其评价方法，然后给出对话策略优化的理论框架——部分可观测马尔可夫决策过程（Partially Observable Markov Decision Process，POMDP）。强化学习作为解决 POMDP 框架下策略优化问题的主要方法，在对话策略优化中发挥了重要作用。我们将首先介绍一些强化学习的基本知识；然后综述经典的深度强化学习算法及新兴的结构化深度强化学习算法；最后将讨论对话系统中策略优化的冷启动问题，并介绍最近提出的伴随学习框架。

22.1 对话策略及对话系统评估

对话策略是对话系统的核心模块，对话策略的作用是根据对话系统记录的对话状态选择系统动作来回复用户。对话系统的“策略”是一个从置信状态 $\boldsymbol{b}$ 到机器行为 a 的映射，这个映射既可以是确定性的映射函数[28]，表示为 $a=\pi(\boldsymbol{b})$，也可以是随机映射[800]，表示为给定置信状态产生特定机器行为的概率，$\pi(a|\boldsymbol{b})\in[0,1]$ 且 $\sum_a \pi(a|\boldsymbol{b})=1$。除这两种主流的状态表示外，也有一些其他形式的策略表示，如有限状态控制[801]、观察序列到机器行为的直接映射[802] 等。策略优化指利用强化学习方法来优化映射函数的参数。

任务型对话系统的实现涉及大量的子模块，每个模块都能够正常工作显然是整个系统正常工作的前提。但每个模块都正常工作后，整个系统是否能实现预期的工作效果，还需要进行整体评估。

任务型对话的目的是通过对话完成一个既定的目标任务，比如查找旅游路线或预定一家餐馆等，对任务型对话系统最直观也最简单的评估方式就是“任务是否达成”[659, 803, 804]。这样的二元判断适用性广，标准清晰、易操作，在很多场景下都可以通过制定规则实现自动对话评估，方便系统的迭代开发[659, 805, 806]。与聊天型对话不同的是，任务型对话系统注重对话的有效性，系统期望在较短的对话轮数后能够完成用户的既定目标。在忽略具体对话细节的条件下，对任务型对话系统的评估标准有两个方面：对话的成功率和对话轮数。但由于该方法只关注对话的结果，所以无法较好地顾及用户体验。

更人性化的方法是，从用户满意度（Satisfaction）的角度评估对话系统。Engelbrech 等人提出可以对所有的对话都用“bad”“poor”“fair”“good”“excellent”这五个等级来评判[807]。类似地，Schmitt 等人提出用若干连续数字表示用户对对话的满意度，比如用从 1 到 5 表示满意程度逐渐增加[808]。Higashinaka 等人提出对对话系统回复的自然流畅度（Smoothness）做额外打分[809]。当然，根据不同的应用场景，可能还需要提出更有针对性的标准。尽管用户满意度是一种较为全面的考量，但这类评估方法模糊化了用户的评判标准，即每个用户都用自己对当前对话是否满意的主观标准来打分，从而导致各个用户打分标准不一致。另外，该方法需要耗费大量的人力和时间，不利于系统的快速迭代和开发。

22.2 数据驱动的对话策略训练

22.2.1 POMDP 及强化学习

POMDP

POMDP 过程描述了机器与人进行交互的决策过程，由一个 8 元组 $(\mathcal{S}、\mathcal{A}、\mathcal{T}、\mathcal{R}、\mathcal{O}、\mathcal{Z}、\gamma、b_0)$ 组成。其中，$\mathcal{S}$ 是机器的状态 s 的集合，刻画了机器对用户意图和对话历史的所有可能理解；$\mathcal{A}$ 是机器所有可能的动作 a 的集合；$\mathcal{T}$ 定义了一组状态转移的概率 $P(s_t|s_{t-1}, a_{t-1})$；$\mathcal{R}$ 定义了一

组瞬时收益函数 $r(s_t, a_t)$，表示在特定时刻的特定状态下，机器采取特定动作的时候获得的收益；$\mathcal{O}$ 表示所有可以观察到的特征集合，$\mathcal{Z}$ 定义了基于状态和机器动作的特征转移概率，$P(o_t|s_t, s_{t+1})$；$0 \leqslant \gamma \leqslant 1$ 是强化学习的折扣系数；b_0 是状态分布的初始值，又被称为初始置信状态。

一个典型的对话系统 POMDP 过程可由图22–1所示的动态贝叶斯网络（Dynamic Bayesian Network）[1]表示[659]。在每个时间点 t，POMDP 系统

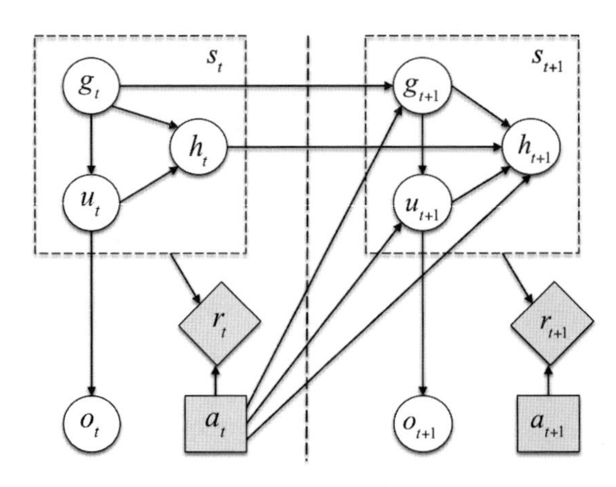

图 22–1　基于动态贝叶斯网络的 POMDP

注：该图出自文献 [810]

都处于某个未知的状态 s_t。在自然人机对话系统中，这个“状态”必须能够描述三个方面的信息：用户的终极意图 g_t，代表了机器必须从用户那里获取的正确完成任务所需要的信息；最近的用户输入中包含的单句意图理解 u_t，代表了用户刚刚在时刻 t 说过的话；所有的对话历史 h_t。这就使得实际的对话系统的状态可以分解为 $s_t = (g_t, u_t, h_t)$，如图22–1中虚框部分所示，而这三部分在真实的人机交互过程中又都不是可以被直接精确观察的[811]。系统在 t 时刻的全部状况由所有状态的概率分布 $\boldsymbol{b}_t(s_t) = P(s_t)$ 表示，这通常是一个离散分布，可被简写为 $\boldsymbol{b}_t$，又被称为“置信状态”。需要强调的是，“置信状态”是分布而不是一个具体状态，是对于系统全局状态的完整综合描述，包括了所有非精确的信息。基于置信状态 $\boldsymbol{b}_t$，机器会根

1　动态贝叶斯网络的每个节点都表示一个随机变量，节点之间的箭头表示随机变量之间的统计相关性，$A \to B$ 表示 B 依赖于 A，没有箭头的节点之间是条件独立的。阴影节点代表可观察的值，空白节点表示隐变量。

据一定的策略选取机器行为 a_t，基于此收获一个收益值 r_t，并产生状态转移，形成新的状态空间。机器行为是用户可以观察的，收益值取决于当前系统的状态 $s_t = (g_t, u_t, h_t)$ 和机器行为 a_t，一般是预先设计好的或可以被估计的。而新转移到的状态 s_{t+1} 是不可见的，从统计上，它仅仅依赖于上一时刻的状态 s_t 和机器行为 a_t。其中，观察特征 o_t 是通过识别和理解模块观察到的用户意图，表现形式是语义信息项。o_t 具有一定的不确定性，不同于真正的用户单句意图 u_t，但从对话系统运行角度来看，它在统计上仅仅依赖于 u_t。

POMDP 由于提供了置信状态跟踪和策略优化的数学方法，所以成为解决基于不确定性的推理和决策控制的重要工具。但人机对话的状态包括大量的语义项和项值，用户意图、理解结果和对话历史的各种可能组合更使得状态空间的规模呈指数增长，一个不大的研究任务的状态空间都可能以百万计[28]，一般性的 POMDP 算法在理论和实践上都不可行。这使得 POMDP 在人机对话系统中有了更多新的需要解决的问题，构成了认知技术的重要部分。

强化学习

强化学习指用来生成最优的控制马尔可夫决策过程的策略。强化学习被认为是决策系统的目标策略生成的框架。强化学习主要被用在如图22–2所示的系统中，可以看到强化学习有 4 个基本组件：环境（environment）、智能体（agent）、动作（action）、反馈（reward）。其中强化学习的目标就像人大脑的主体部分，所承担的任务就是接收环境的状态，根据当前的状态做出相应的动作，在做动作之后会得到相应的回报值，学习的目标就是最大化这个回报值。因此，强化学习要做的就是与环境不断地交互，然后生成使得回报值最大化的策略。强化学习与监督学习的区别主要包括两点。

第一，训练数据的来源不同。强化学习的数据是序列的、交互的，并且是有反馈的。这就导致了与监督学习在优化目标的表现形式上的根本差异：强化学习是一个决策模型，监督学习更偏向模式挖掘、低阶的函数逼近与泛化。

第二，数据标识不同。在训练过程中，监督学习的数据标识是固定的，是由具有知识水平的监督者标注的，其数据标识是正确答案；而强化学习的数据标识随着在与环境的交互过程中策略的更新而变化，数据标识是环境反馈的评估性得分。

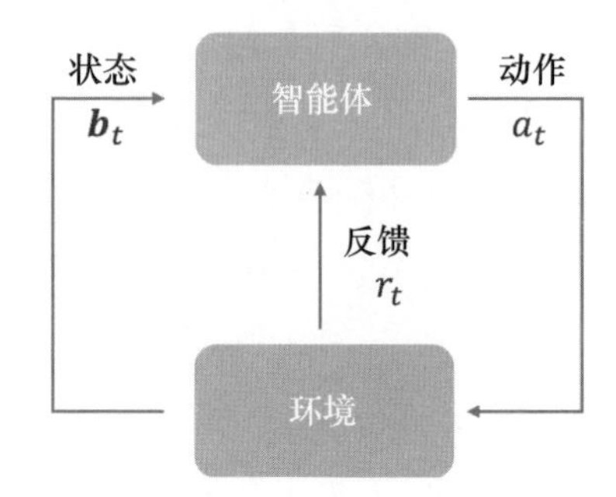

图 22–2　系统与环境交互示意图

在强化学习中有 3 个重要的基本概念：策略、值函数和环境状态模型，接下来就分别来介绍这 3 个概念。

策略指的是 POMDP 中机器动作的选取依据，用 $\pi(a_t|\boldsymbol{b}_t)$ 表示，也叫作行为动作函数，用来在给定的置信状态 $\boldsymbol{b}_t$ 下选择相应的动作 a_t，也就是从状态到动作之间的映射函数。

值函数包括动作值函数 $Q^{\pi}(\boldsymbol{b}_t, a_t)$ 和状态值函数 $V^{\pi}(\boldsymbol{b}_t)$。$Q^{\pi}(\boldsymbol{b}_t, a_t)$ 表示在置信状态 $\boldsymbol{b}_t$ 下选择动作 a_t 并且后续动作选择遵循 π 所获得的累计折扣回报，即

$$Q^{\pi}(\boldsymbol{b}_t, a_t) = E[r_t + \gamma r_{t+1} + \gamma^2 r_{t+2} + ...|\boldsymbol{b}_t, a_t] \tag{22.1}$$

$V^{\pi}(\boldsymbol{b}_t)$ 表示从置信状态 $\boldsymbol{b}_t$ 开始，后续所有的动作选择都遵循 π 所获得的累计折扣回报，即

$$V^{\pi}(\boldsymbol{b}_t) = E[r_t + \gamma r_{t+1} + \gamma^2 r_{t+2} + ...|\boldsymbol{b}_t] \tag{22.2}$$

期望表达式中的 γ 被称为折扣系数，当 $\gamma = 0$ 时，直接把当前的立即回报值当作最终回报；当 $\gamma = 1$ 时，将接下来的所有状态的回报值都与立即回报值同等看待，相加得到最终回报。由公式 (22.1) 和公式 (22.2) 的定义可知，$Q^{\pi}(\boldsymbol{b}_t, a_t)$ 和 $V^{\pi}(\boldsymbol{b}_t)$ 的关系可以表示为

$$V^{\pi}(\boldsymbol{b}_t) = \sum_{a_t} \pi(a_t|\boldsymbol{b}_t) Q^{\pi}(\boldsymbol{b}_t, a_t)$$

环境模型建模的是环境状态之间的转移概率和回报值函数（Reward function），对于简单的系统环境，状态模型可能被构建出来；但是对于比较复杂的系统，例如对话系统，环境模型是很难被构建的。根据系统是否对状态之间的转移概率及回报值函数进行显式建模，强化学习的方法被分为两大类：基于模型的（model-based）方法和无模型的（model-free）方法。对于基于模型的方法，也就是对于环境状态之间的转移概率和回报值能够被预测的系统，只需要使用动态规划的方法，就能够直接得到最优的策略，这种方法叫作离线（off-line）方法。对于无模型的方法，环境状态是不可知的，这时就要引入回报值的估计方法，这样的方法主要有两种：蒙特卡罗（MC）方法和时间差分（TD）方法。这两种值函数估计方法的数学理论基础都是大数定理。

- 用蒙特卡罗方法来估计状态值函数的表达式如下：

$$V(\boldsymbol{b}_t) \leftarrow V(\boldsymbol{b}_t) + \alpha(G_t - V(\boldsymbol{b}_t)) \tag{22.3}$$

$$G_t = r_t + \gamma r_{t+1} + ... + \gamma^{T-1} r_T \tag{22.4}$$

G_t 指的是在一次试验采样（episode）中状态 $\boldsymbol{b}_t$ 的折扣累计回报值。在特定的策略下根据公式 (22.3) 多次迭代更新后，$V(\boldsymbol{b}_t)$ 的值会逐渐收敛到其对应的真实期望值。理论上，根据大数定理，蒙特卡罗方法就是在固定的策略下，通过计算每个状态的回报值的均值来估计此策略下这个状态回报值的期望。

- 用时间差分方法来估计状态值函数的表达式如下：

$$V(\boldsymbol{b}_t) \leftarrow V(\boldsymbol{b}_t) + \alpha(r_t + \gamma V(\boldsymbol{b}_{t+1}) - V(\boldsymbol{b}_t)) \tag{22.5}$$

$V(\boldsymbol{b}_t)$ 指的是下一个状态的期望值，这里通过使用估算的状态值来估算当前的状态值。这个表达式是结合了蒙特卡罗方法和贝尔曼期望等式的结果，理论基础还是大数定理，在特定的策略下经过多轮计算后，$V(\boldsymbol{b}_t)$ 的值会收敛，就是其对应的真实期望值。

蒙特卡罗（MC）方法和时间差分（TD）方法在本质上都是估计期望值函数时偏差和方差的权衡，蒙特卡罗中的 G_t 是对状态在 $\boldsymbol{b}_t$ 时折扣累计回报值的无偏估计，而时间差分的 $r_t + \gamma V(\boldsymbol{b}_{t+1})$ 是对状态在时回报值的有偏估计，虽然时间差分方法的偏差比蒙特卡罗方法大，但是方差要比蒙特卡罗方法小。

对于对话策略的训练目前都用到了 model-free 强化学习方法，model-free 强化学习方法分为两大类。

（1）基于回报值的强化学习，通过估计最优的动作值函数或者状态值函数来完成对应策略的生成。值函数也被叫作目标函数，可以被转化为不同的表达形式，上面的 $Q^{\pi}(\boldsymbol{b}_t, a_t)$ 和 $V^{\pi}(\boldsymbol{b}_t)$ 可变形为多个等式，也叫贝尔曼等式。

贝尔曼期望等式：

$$\begin{aligned} Q^{\pi}(\boldsymbol{b}_t, a_t) &= E[r_t + \gamma r_{t+1} + \gamma^2 r_{t+2} + ...|\boldsymbol{b}_t, a_t] \\ &= E_{\boldsymbol{b}_{t+1}, a_{t+1}}[r_t + \gamma Q^{\pi}(\boldsymbol{b}_{t+1}, a_{t+1})|\boldsymbol{b}_t, a_t] \end{aligned} \tag{22.6}$$

$$\begin{aligned} V^{\pi}(s_t) &= E[r_t + \gamma r_{t+1} + \gamma^2 r_{t+2} + ...|\boldsymbol{b}_t] \\ &= E_{\boldsymbol{b}_{t+1}}[r_t + \gamma V^{\pi}(\boldsymbol{b}_{t+1})|\boldsymbol{b}_t] \end{aligned} \tag{22.7}$$

贝尔曼最优等式：

$$Q^*(\boldsymbol{b}_t, a_t) = \mathrm{E}_{\boldsymbol{b}_{t+1}}[r_t + \gamma \max_{a_{t+1}} Q^*(\boldsymbol{b}_{t+1}, a_{t+1})|\boldsymbol{b}_t, a_t] \tag{22.8}$$

$$V^{\pi}(\boldsymbol{b}_t) = \mathrm{E}_{\boldsymbol{b}_{t+1}}[r_t + \gamma V^*(\boldsymbol{b}_{t+1})|\boldsymbol{b}_t] \tag{22.9}$$

将回报值的两种估计方法代入贝尔曼等式，就形成了基于回报值的强化学习方法。基于回报值的强化学习的方法有 Q-learning。

（2）基于策略梯度的强化学习，通过直接优化策略来实现最大化所有状态下的回报的期望值，一般的方法就是使用策略函数来表示策略，然后根据对应的目标函数来更新策略函数的参数，从而实现最优策略表达式。

策略的目标函数：$\pi_\theta(\boldsymbol{b}, a)$ 的参数集合用 θ 表示，现在的目标就是找到最好的 θ，使得当前策略能够使所有状态的平均回报值达到最大。通过计算在参数值为 θ 时每一时刻的平均回报值来衡量策略的好坏，表达式如下：

$$J_{\mathrm{avg}}(\theta) = \sum_{\boldsymbol{b}} d^{\pi_\theta}(\boldsymbol{b}) \sum_{a} \pi_\theta(\boldsymbol{b}, a) R_{\boldsymbol{b}}^{a} \tag{22.10}$$

d^{π_θ} 是在策略为 d^{π_θ} 时对应的马尔可夫链的固有状态分布，该等式求得的是在策略参数为 θ 时整体状态的平均回报值。由上式可以得到策略梯度的表达式如下：

$$\nabla_\theta J(\theta) = \mathrm{E}_{\pi_\theta}[\nabla_\theta \lg_{\pi_\theta(\boldsymbol{b}|a)} Q_{\pi_\theta}(\boldsymbol{b}, a)] \tag{22.11}$$

$$\Delta\theta = \alpha \nabla_\theta J(\theta) \tag{22.12}$$

策略梯度算法就是将策略函数化，策略参数的更新借助的是目标函数，即所有状态的平均回报值。基于策略梯度估计的强化学习的算法有：蒙特卡罗策略梯度算法[812]，Actor-Critic 策略梯度算法[813]。

上面提到的强化学习提供了基于数据对策略进行统计学习的认知技术框架，经典的强化学习算法在对话策略优化上的应用就是 Steve 等人提到的 HIS 模型[28]，其中提到了 Q-learning 算法在对话策略优化上的应用。尽管精确和近似的 POMDP 策略优化算法都已经在传统强化学习的文献中被提出，但这些标准算法都无法在真实世界对话系统中运行。这是由于用户的意图、可能的机器行为和用户输入的组合数过于庞大，即使是一个中等规模的系统，组合数也可以很轻易地达到 10^{10} 以上，这就使得针对认知主体的强化学习与传统强化学习有根本的不同，必须采用新型的近似算法才能得到实用的系统。

近似算法的基本思路是假定状态空间中相邻的点可以对应同样的机器行为，这就需要将整个状态空间进行分割，每个分块中的所有点都对应同样的最优机器行为。尽管进行了分割，精确的 POMDP 策略在真实系统中仍然由于状态空间规模过大而不可计算。考虑到在真实对话系统中虽然可能性众多，但实际上只有很小部分的置信空间和机器行为会被用到，如果在这个较小的子空间中进行计算，POMDP 的策略优化就变得可行了。这就引入了“摘要空间”的概念。在这一框架下，在对话系统运行的时候，置信状态的跟踪在主状态空间进行，在状态转移完成后，主空间的置信状态被映射到摘要空间的置信状态和摘要机器行为集合，之后通过策略函数选择置信状态到摘要机器行为的最优映射，最后利用一些启发性的知识再将摘要机器行为映射回正常的机器行为。这样，策略的优化和决策确定都是在摘要空间完成的。

摘要空间技术的一个核心问题是如何将摘要机器行为映射到主空间，得到完整的机器行为。一个简单的方法是采用对话行为的类型作为摘要机器行为，而到主空间行为的映射仅仅自动将此对话行为类型与具有最高置信度的语义项结合。这种方法的好处是可以全部自动化，不足之处是可能出现逻辑错误。另一个方法是建立人工规则或马尔可夫逻辑网络，这个方法可以将先验知识有效地引入，而且在训练最优策略的过程中可以加快收敛速度，但人工规则会有正确性风险，可能遗失最优的机器行为。摘要空间技术的另一个核心问题是如何抽取状态和机器行为的特征供计算使用。对机器行为而言，可以简单地用二值特征来表示某个对话类型或语义项是否出现，在一般情况下会有 20~30 维的特征，每一维度都表示一个独立的摘要机器行为。对于状态而言，特征往往具有不同的数据类型，包括实值特征、二值特征或类别特征等，具体的特征物理含义包括用户意图的 N-Best 猜测、数据库匹配的条目数、对话历史等。状态特征不仅限于置信状态的特征，也包括一些外部特征，如数据库的信息等。

给定摘要空间后，对话策略就可以表示为确定性的映射或者随机映射，在随机映射情况下，最终的机器行为是从条件概率中采样得到的。这些映射函数的学习是策略优化的核心内容，主流的方法都是通过优化 Q 函数发现最优的策略映射的，也就是前面提到的基于回报值的强化学习方法。

22.2.2 深度强化学习

在深度强化学习中，深度学习用来表示强化学习中所需要的函数。基于值函数的强化学习中的动作值函数和状态值函数，以及基于策略梯度的强化学习中的策略函数，都是函数，都有其对应的参数，而这些参数的计算都可以使用梯度下降或者是梯度上升的方法迭代计算出来，这就自然地将深度学习引入强化学习中了。

深度学习解决问题的步骤主要分为 3 步：① 使用深度神经网络作为函数的表达式；② 定义相应的损失函数（损失函数是用来衡量深层神经网络输出的好坏的）；③ 使用随机梯度下降的方法来优化参数。这个过程可以使用现有的深度学习工具很快实现。

无论是基于回报值的强化学习方法还是基于策略梯度的强化学习方法，

用线性方法估计值函数或者是策略函数的表达能力都是有限的，将深度学习应用到强化学习中的函数估计上将会大大扩大强化学习解决问题的范围，这是因为深度学习有非常强的非线性函数的表达能力，训练深度网络的数据来源于机器与环境之间的交互信息，它们在训练的过程中更新深度网络的权重值，也就是对应在强化学习中函数的参数值。基于回报值函数和策略梯度强化的学习方法在实现过程中的本质区别是它们的策略梯度更新的目标函数不同。由上面的内容可以知道，基于回报值的强化学习方法的目标函数就是动作值函数 $Q^{\pi}(\boldsymbol{b}, a)$，基于策略梯度的强化学习方法的目标函数就是 $J_{\text{avg}}(\theta)$。如图22–3所示，网络结构 a 就是基于回报值函数的强化学习方法中回报值函数的网络结构，其中的输入是对话状态，输出是对应机器动作的回报值；网络结构 b 就是基于策略梯度的强化学习方法中策略函数的网络结构，其中的输入是对话状态，输出是机器动作选取的概率；网络结构 c 就是回报值函数的网络结构，其中的输入是对话状态，输出是在输入对话状态下的回报值。

在基于回报值的强化学习方法中，比较经典的算法是 DQN[29] 算法。DQN 是 off-policy 的方法，使用深度网络来表示动作值函数，有一个目标网络和一个行为网络，目标网络是在行为网络更新固定的次数后复制得到的，保证了学习的稳定性。为了有效利用与环境交互得到的数据，它使用

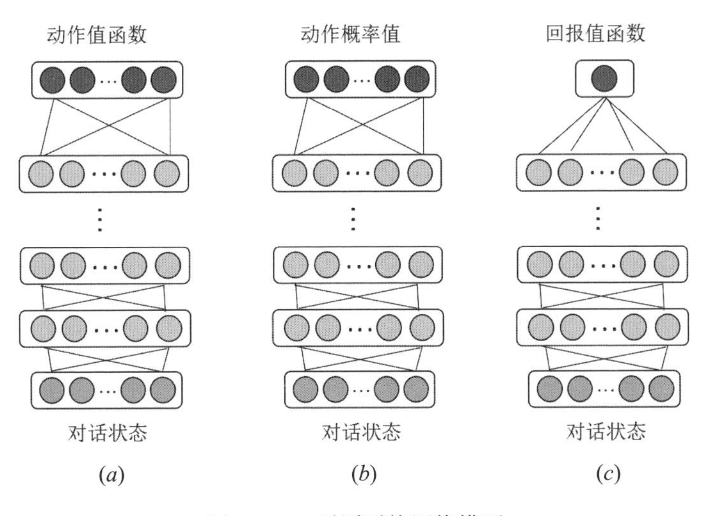

图 22–3　对话系统网络模型

了经验池（Replay Memory）的概念，对经验池中的数据反复使用可加速学习过程。DQN 的损失函数如下：

$$L_{\text{DQN}}(\theta) = (r(\boldsymbol{b}_t, a_t) + \gamma Q_{\max}(\boldsymbol{b}_{t+1}, a_{t+1}; \overline{\theta}) - Q(\boldsymbol{b}_t, a_t; \theta))^2 \quad (22.13)$$

其中，$\overline{\theta}$ 是目标函数的参数，用来做贪心决策也就是选择；θ 是当前行为网络的参数，用来评估网络，DQN 中网络的更新目标就是最小化这个损失函数。DQN 实现的重点有两个方面：① 经验池的使用；② 间隔更新目标网络。经验池的使用减少了动作值函数更新到收敛所需要的与环境交互所产生的数据量，使得在有限的数据范围内也能很好地近似原本数据的分布，间隔更新目标网络可以稳定 DQN 的学习过程。Cuayahuitl 等人首先将 DQN 用于基于对话的游戏任务[32] 和模拟的餐饮查询任务[33] 上。Fatemi 等人将 DQN 与 GPSARSA 进行了实验对比，结果表明，虽然在训练初期 DQN 的表现要差于 GPSARSA，但是其收敛到最优策略的速度更快，并且使用相同的对话数进行训练所用的时间更少[34]。由于其在预测动作值的时候包含一个最大化的步骤，所以会出现过高的预测值，学习到不实际的高动作值，也就是选到了次优化动作。DDQN[814] 算法就是为了解决这个问题被提出来的。标准 DQN 上的最大化操作，用相同的值来选择和评价一个动作，使得其更偏向于选择过度估计值，导致次优的估计值。为了防止此现象，可以从评估中将选择独立出来，这就是 DDQN 的思想。DDQN 的损失函数如下：

$$L_{\text{DDQN}}(\theta) = (r(\boldsymbol{b}_t, a_t) + \gamma Q(\boldsymbol{b}_{t+1}, a_{t+1}^{\max}; \overline{\theta}) - Q(\boldsymbol{b}_t, a_t; \theta))^2 \quad (22.14)$$

其中，与 DQN 的损失函数 (22.13) 不同的是，a_{t+1} 的选择来自 θ 参数网络，这就是评估与选择之间的平衡。这样的损失函数在一定程度上解决了 DQN 的次优化问题。DQN 与 DDQN 对经验池中的数据都是随机选取的，为了进一步提高经验池中数据的利用率，加快学习速度，业界提出了 PDDQN 算法。PDDQN 将经验池中的数据按照其 TD-error 的大小来划分等级，也就是说 TD-error 越大，这个数据被选用于更新网络的概率就越大，这样的做法会加速动作值函数的学习过程。在更新过程中，动作值函数的计算用的是 DDQN(Double DQN)。PDDQN 中的优先级的计算方法如下：

$$\text{prior} = (\text{TD-error})^a \quad (22.15)$$

$$\text{TD-error} = r(\boldsymbol{b}_t, a_t) + \gamma Q(\boldsymbol{b}_{t+1}, a_{t+1}^{\max}; \bar{\theta}) - Q(\boldsymbol{b}_t, a_t; \theta) \tag{22.16}$$

幂值 a 的大小最好为 0~1，当 $a = 0$ 时就相当于普通 DQN 的随机选取经验池中的数据。在选取经验池中的数据时，根据公式 (22.15) 得到的优先级转化为对应的概率选取。除此之外，还有很多 DQN 的改进版本，Zhao 等人提出了深度循环 Q 网络（Deep Recurrent Q-Network，DRQN）的改进模型，使其能够同时训练 SLU 模型和对话策略，该模型在猜人名对话游戏任务上取得了良好的效果[35]。为了提升 DQN 的探索（exploration）效率，Lipton 等人提出用贝叶斯神经网络替代普通的神经网络，根据网络的不确定性进行汤普森采样（Thompson sampling），实验结果表明该方法极大地提高了探索效率[36]。

在基于策略梯度的强化学习方法中直接优化策略模型的目标是最大化平均回报值，即公式 (22.10)。MC 算法通过使用蒙特卡罗方法来估计值函数，将其估计的结果带入策略梯度中，然后进一步更新参数。使用蒙特卡罗方法来表示每个状态的回报值，虽然是无偏估计，但是引出了方差增加的问题，使得收敛困难。一个有效解决这个问题的方法就是加上一个基线函数来矫正蒙特卡罗无偏估计引出的方差较大的问题。引入基线函数来矫正蒙特卡罗无偏估计并不会影响策略梯度的计算，并且最后策略函数也能收敛。AC 算法用策略梯度更新算法来更新策略表达式 Actor 的参数，Actor 的网络结构如图22–3中的 b 网络所示，函数对应的 Critic 是通过值函数求解算法得到的，Critic 的网络结构如图22–3中的 c 网络所示，该算法中在对应状态下选择动作的是 Actor 函数，与此同时，更新对应策略的值函数用值函数的表达式来更新策略表达式。一般地，算法不会直接使用动作值函数求出的值来更新策略表达式，要么使用 TD-error 表达式，要么使用 Advantage 表达式来更新策略表达式。Actor-Critic 策略梯度算法通过函数来估计对应状态下的值函数，这种方法与蒙特卡罗方法相反，它的方差比较小，但是对应的偏差比蒙特卡罗方法要大，这就是蒙特卡罗方法与时间差分方法的偏差与方差权衡问题。Su 等人和 Fatemi 等人分别将 MC 算法和 AC 算法应用到餐馆查询任务中，为了提升学习速率，都用了监督学习方法在提前收集的对话数据上预训练网络；William 等人在模拟的打电话任务上使用了 AC 算法。和前面两项工作类似，一些专家设计的对话样例被用来预训练网络。

22.2.3 结构化深度强化学习

目前，绝大部分对话策略模型都是由全连接神经网络表示的，对于简单的对话领域来说，这样的模型在经过一段时间的训练后也能得到比较好的结果。但是，这些模型一般对数据的利用率不高，对于噪声的鲁棒性也不好。近期，由 Chen 等人提出的结构化深度强化学习方法在很大程度上提升了传统全连接神经网络模型的性能。

结构化深度强化学习方法利用图神经网络来表示对话策略模型，其中，图神经网络是由多个子网络构成的，每个子网络都是有向图中的一个节点。在对话策略模型中，图神经网络中的节点一般分为槽相关节点和槽无关节点。图结构中相同类型的节点（也就是相同类型子网络）的参数是共享的，这样的操作不仅能加速模型的收敛速度，而且能带来更好的扩展性。在图结构中，相邻的节点之间会有信息传输，信息传输的路径与图结构中的有向边一致，不同节点之间的连接关系是由不同节点之间所表示的物理意义来决定的，有向图结构的构造过程一般是依据专家知识事先被设计好的。在对话策略模型中，图神经网络的输入仍然是对话状态 $\boldsymbol{b}$，依据上一章内容可以知道，对话状态可以被分解为多个槽相关的对话状态 $\boldsymbol{b_j}$ 和一个槽无关的对话状态 $\boldsymbol{b}_0$，也就是 $\boldsymbol{b} = \boldsymbol{b}_1 \oplus \cdots \oplus \boldsymbol{b}_n \oplus \boldsymbol{b}_0$。和对话状态空间一样，摘要对话动作空间 $\mathbb{A}$ 也可以被分为多个槽相关的对话动作空间 $\mathbb{A}_j$ 和一个槽无关的对话动作空间 $\mathbb{A}_0$。在图神经网络中，槽相关节点对应的输入是各个槽相关的对话状态，槽无关的节点对应的输入是槽无关的对话状态。槽相关的对话状态和槽无关的对话状态经过图神经网络的每个节点时都会得到带有图结构信息的高层特征表示，每个节点都基于高层特征表示得到对应系统动作的概率或者回报值。

结构化深度强化学习中的图结构表示为 $G = (V, E)$，其中，V 表示图中的节点 v_j 集合，E 表示图中的有向边 e_{ij} 集合。$\mathcal{N}_{\text{in}}(v_j)$ 表示指向节点 v_j 边的邻居节点的集合，$\mathcal{N}_{\text{out}}(v_j)$ 表示是从节点 v_j 出发的有向边上邻居节点的集合。$\boldsymbol{Z}$ 表示图结构 G 的邻接矩阵，$\boldsymbol{Z}$ 中的元素 z_{ij} 值如果为 1，则表示在图结构 G 中有一条从节点 v_i 指向节点 v_j 的边，z_{ij} 的值为 0，则表示无相连的边。图中的每个节点都有对应的节点类型 c_j，每条有向边 e_{ij} 也都有对应的有向边类型 u_e，若有向边 e_{ij} 上两个对应节点的类型和有向边 e_{kl} 上两个对应节点的类型都相同，则有向边 e_{ij} 和 e_{kl} 的类型相同。

对于对话策略来说有两种类型的图节点：1 个槽无关的节点（通常用 $I-node$ 来表示）和 n 个槽相关的节点（通常用 $S-node$ 来表示）。根据推断，在对话策略图结构中有三种类型的有向边。对话策略中的图结构神经网络如图22–4所示，由输入、图信息交流和输出模块组成。

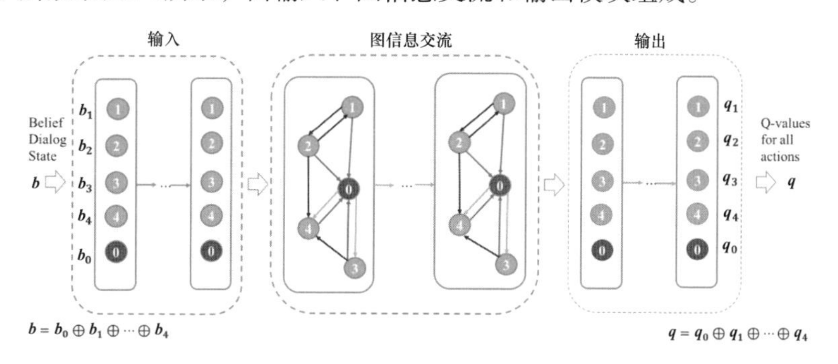

图 22–4 对话策略的图神经网络模型

注：该图出自文献 [815]

对于输入模块，节点 v_j 的输入为对应的对话状态 $\boldsymbol{b}_j$，经过输入模块后会得到一个状态向量 $\boldsymbol{h}_i^0$，该过程可表示为，

$$\boldsymbol{h}_j^0 = f_{c_j}(\boldsymbol{b}_j) \tag{22.17}$$

其中，f_{c_j} 表示一个特征提取函数，通常用多层感知机表示。

对于图信息交流模块，每个节点的输入都是来自对应输入模块的输出 $\boldsymbol{h}_i^0$，图信息交流的第 1 个阶段是每个节点 v_j 都会把信息发送到所有 $\mathcal{N}_{\text{out}}(v_j)$ 中的节点，第 2 个阶段是每个节点 v_j 都会把所有 $\mathcal{N}_{\text{in}}(v_j)$ 中的节点传来的信息聚合，产生集合图信息的更高层次的节点特征表示。上面介绍的两个阶段可以迭代数次，从而构成多层图神经网络。接下来具体介绍从 $l-1$ 层到 l 层的信息传递过程。

第一阶段：信息发送。假设有一条从节点 v_i 指向节点 v_j 的有向边 e_{ij}，则从节点 v_i 传送到节点 v_j 的信息可以表示为

$$\boldsymbol{m}_{ij}^l = m_{u_e}^l(\boldsymbol{h}_i^{l-1}) \tag{22.18}$$

其中，$m_{u_e}^l$ 表示在第 l 层边类型为 u_e 的信息传送函数。为了简化信息传送过程，一般直接用一个变换矩阵 $\boldsymbol{W}_{u_e}^l$ 来表示信息传送函数，该变换矩阵 $\boldsymbol{W}_{u_e}^l$ 也是图神经网络模型所需要学习的参数。

第二阶段：信息聚合。经历第一个阶段后，每个节点 v_j 都会收到来自 $\mathcal{N}_{\text{in}}(v_j)$ 中的节点所传来的信息，信息聚合过程可表示为

$$\boldsymbol{a}_j^l = \sum_{v_i \in \mathcal{N}_{\text{in}}(v_j)} \frac{1}{|\mathcal{N}_{\text{in}}(v_j)|} m_{u_e}^l(\boldsymbol{h}_i^{l-1}) \tag{22.19}$$

为了方便介绍，这里只列举了通过求平均的方式进行信息聚合的做法。

最后，利用聚合信息 $\boldsymbol{a}_j^l$ 和 $l-1$ 层节点 v_j 的特征表示 h_j^{l-1}，生成 l 层节点 v_j 的特征表示 h_j^l 的过程如下：

$$\boldsymbol{h}_j^l = \sigma(\boldsymbol{W}_{c_j}^l h_j^{l-1} + \boldsymbol{a}_j^l) \tag{22.20}$$

其中，σ 为激活函数，$\boldsymbol{W}_{c_j}$ 为需要学习的图神经网络参数。

对于输出模块，经过 L 层的图神经网络后每个节点 v_j 都有对应的高层特征表示 h_j^L。以 DQN 算法为例，每个节点 v_j 的输出都是对应机器动作的 Q 值，

$$\boldsymbol{q}_j = o_{c_j}(h_j^L) \tag{22.21}$$

其中，o_{c_j} 是节点类型为 c_j 的输出函数，一般用多层感知机表示。可以看到，不管是输入层、信息交流层还是输出层，相同类型的节点参数都是共享的，这样的做法不仅能加快收敛进程，而且使得对话策略模型的扩展性更好。在一些对话场景下，对话任务增加了一个槽值，相当于在图结构神经网络的对话策略模型中增加了一个新的槽相关节点，由于相同类型的节点参数共享，所以对于这种领域扩展任务来说，结构化对话策略模型能够很快适应，这是传统的全连接网络模型不具备的。

22.3 统计对话系统的冷启动技术

22.3.1 对话系统冷启动的安全性和效率问题

在传统的对话策略学习算法中，模型的训练过程是离线（off-line）的，比如通过收集来的人机交互对话数据或开发用户模拟器与系统持续对话进行策略的训练，训练得到的模型在真实场景的使用过程中不会更新和变化。这种训练方法虽然直观方便，却很难保证训练得到的模型在真实场景下能正常工作，因为离线训练的数据与真实应用场景的数据可能不匹配，所以数据分布差别较大。为解决这一问题，需要引入在线（on-line）策略学习方法，使模型能够在与真实用户的交互中学习和提升，从而更好地适应真实场景，所以在线对话策略学习是构建真实场景下“可进化”的对话系统的关键[816]。

对于在线学习的对话系统来说，在初始阶段通常会遇到“冷启动”（cold start）问题，即模型的性能比较差而且用户数据稀少，导致模型无法正常持续训练。这个问题可以用图 22–5 所示的恶性循环表示：初始的模型性能很差，导致用户体验差，所以用户不愿意使用该系统，进而导致系统收集不到足够多的对话数据，从而难以训练得到一个更好的模型，以此循环。这个循环导致在线学习的系统无法进行可持续的更新和学习，从理论上说，打破该循环链条的任意一个环节都可以解决这个问题，然而用户群体是无法控制也是不应该去干预的，因此要打破该循环，就需要在线学习过程中保障如下两方面。

- 安全性（safety）：安全性反映了在真实场景下，在线策略学习的初始

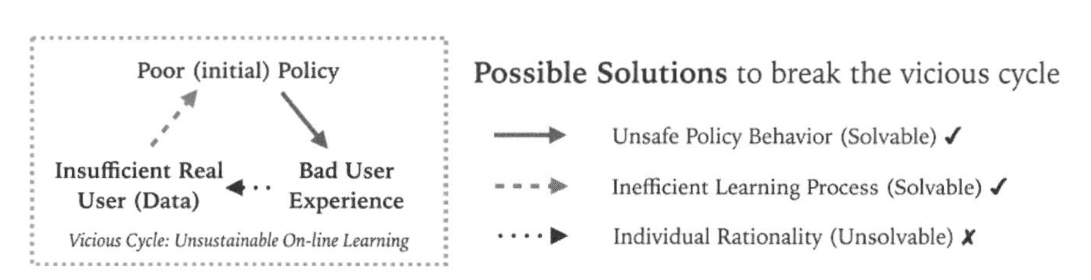

图 22–5 对话系统的冷启动问题示意图

注：该图出自文献 [817]

阶段策略是否能满足用户对基本服务质量的要求。

- 高效性（efficiency）：高效性反映了在线策略学习能否通过快速学习达到用户满意的服务水平。

此前关于在线策略学习的研究主要强调和专注于高效性的问题，比如高斯过程中强化学习和深度强化学习的一些研究[818, 819]。但实际上，安全性是高效性的前提，如果在线策略学习不能保障安全性，就无法得到充足的用户数据做持续训练，也就谈不上高效的策略学习。

另外，真实场景下的人机交互任务是非常复杂的，无论是在线学习的系统还是离线学习的系统，都可能出现许多在模型设计或预试验中无法预料到的问题，这类问题解决不好将极大影响用户体验。既然目前单纯靠机器不能较好地满足实际需求，那么可以在对话系统中引入真实的人或专家来辅助系统，让机器和人共同为用户提供良好的体验。比如，在现实生活的智能客服场景下，机器客服不能处理的用户请求将被转给人工客服处理，能显著提高问题的解决率。不过，现在的智能客服中机器和人工的切换通常是非常僵硬的，无法给用户提供一致的体验。在理想的机器和人工混合的系统中，人和机器协同工作，人工辅助对用户来说是透明的。图 22–6 以对话系统为例展示了人机协同的对话系统概念图。

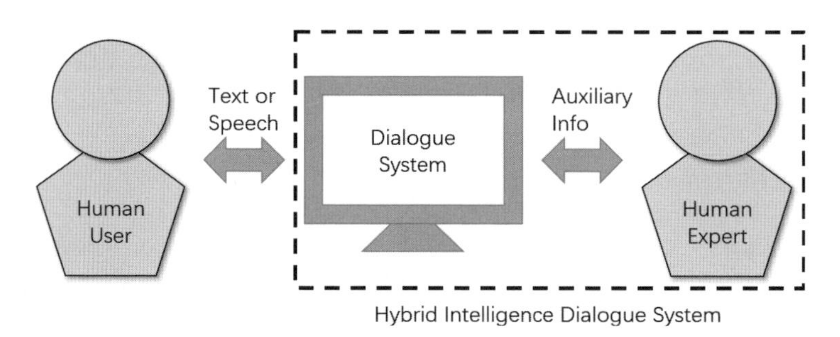

图 22–6　人机协同的对话系统概念图

引入额外的人工的意义不仅在于解决对话过程中实时出现的问题，更重要的是通过人工的协助和引导，让系统学习人是如何对用户做出回复的，人是如何处理之前没有遇到的情况的。这样的系统才能持续进化，最终完全替代人工操作，达到甚至超过纯人工或纯机器系统的性能。在引入额外的人到传统的对话系统框架之后，怎样对系统策略进行优化，是亟待解决的问题。

22.3.2 有人类教师参与的伴随学习

此前的研究已经证明，将真实的人引入在线策略学习过程能够提高训练效率，提升系统性能[820–823]。这类架构中引入的真实的人被称为“老师”（teacher），这类架构也被统称为“学生-老师”（student-teacher）强化学习架构。在这种架构下，老师能够通过提供下一步采取什么动作的建议来引导学生[824]。本节要介绍的人机混合的强化学习模型，即伴随学习框架（Companion Learning，CL），不同于基于全部由人来做示范的对话的方法[825]，在这里人类老师会一直伴随机器，在在线策略学习的过程中提供立即的“手把手”的每轮对话级别的指导。

图22–7展示了完整的伴随学习框架的结构图。图中主要包含三部分，最左侧是用户，最右侧是老师，中间的主体是传统对话系统。中间传统对话系统与右侧的老师通过特殊的交互方式连接，构成伴随学习的框架主体。图中黑色的线代表语音、文本或语义格式的输入 $\boldsymbol{u}_t$；绿色的线代表置信对话状态 $\boldsymbol{b}_t$；红色和蓝色的两个开关与教的方式相关联；黄色的线与教的

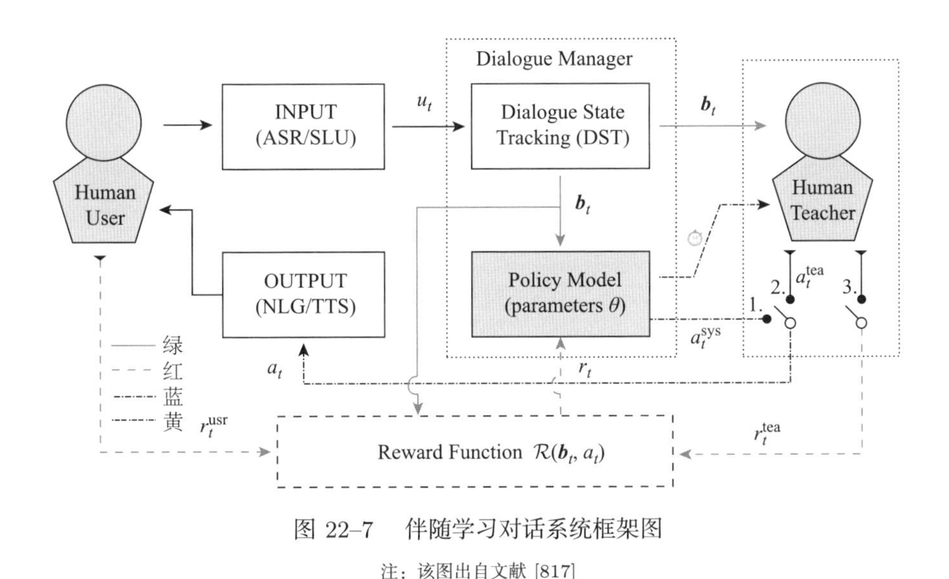

图 22–7 伴随学习对话系统框架图

注：该图出自文献 [817]

时机相关联。a_t^{tea} 是老师给出的系统动作，a_t^{sys} 是系统（学生）给出的动作，a_t 是整个伴随学习对话系统输出给用户的动作。整个伴随学习框架的核心是对话策略模型，接收 DST 模块输出的对话状态，与人类老师进行不同方式的信息交互，根据奖赏值函数提供的奖赏值反馈进行强化学习的更新。在伴随学习框架下，奖赏值信号不仅可以在对话结束的时候由用户给出，即 r_t^{usr}，也可以在对话的每一轮由老师给出，即 r_t^{tea}，最终策略模型接收到的奖赏值信号为 r_t。

在伴随学习框架中，老师随时可以知道系统每一轮的对话动作和每一轮的对话状态，并且以对话动作的语义格式对对话管理器给予指导。每当策略模型从用户或老师那里得到训练信号时，模型参数就利用强化学习训练。由于老师“教”的动作发生在每轮对话的层级，并能够立即观察到该动作造成的影响，因此能够使策略模型立即纠正错误的选择，有利于模型快速学习到有效的策略。同时，这种人机协同模式使得伴随学习框架有更强的扩展性，因为其让老师的角色对用户完全透明（用户在体验上仍然是同机器进行交互），便于为用户提供一致的体验。

前面提到，衡量在线策略学习的性能要从安全性和高效性两方面评估。而当引入人类老师这一智能体后，同时引入了另一个问题，即额外的人力资源消耗。考虑到在真实的应用场景下，人力资源是非常昂贵的，在伴随学习框架下对在线策略评估时还要考虑预算（budget），用来衡量人力资源的消耗量。当然，真实的人力资源消耗受多方面因素的影响，比如不同人个体能力的差异、教不同对话的难度差异、教的频率对人工的影响等，这些都导致人力资源的消耗难以量化。我们对这一问题进行了理论上的简化，认为每次教的人力花费都是相同的，故这一指标的预算将只考虑教的次数。

这里介绍的伴随学习框架实际上不依赖于特定的强化学习方法，且兼容已有的强化学习算法。接下来以 DQN 为例，将其作为对话策略模块的强化学习算法，具体介绍伴随学习框架，并开展关于教育模式（如何教）和教育时机（何时教）的讨论。

教育模式（如何教）

在伴随学习框架中，“如何教”的问题要靠图22–7中的两个开关来解决。图中左侧的开关是一个单刀双掷（Single-Pole Double-Throw，SPDT）开关，当开关连接到 1 时表明对用户的回复动作是由系统提供的，而当开关连接到 2 时表明由人类老师直接回复动作给用户。图中的开关 3 控制着从老师来的一个额外的奖赏值，当开关连接时表明老师会给对话策略模块一个额外的奖赏值，否则不会给。通过这两个开关的不同组合，可以构造出 3 种不同的教育模式：基于评论家建议的方法（teaching via Critic Advice，CA）、基于示范动作的方法（teaching via Example Action，EA）、基于带评论预测的示范动作的方法（teaching via Example Action with Pridicted Critique，EAPC）。

基于评论家建议的方法（CA）对应于图22–7的开关 3 连接而开关 1 和 2 断开的情形。其核心思想是，在每轮对话的层级上，当策略模型输出一个系统动作时，由人类老师给策略模型一个额外的立即奖赏值，用来评价策略模型输出的动作的好坏。这种思想在之前的文献中也被叫作“奖赏值变形（reward shaping）”[826, 827]。此前的工作表明，在每个步骤上都对强化学习的智能体给一个专家评论建议，则训练得到的模型将比纯粹的强化学习得到的模型性能好得多。不过，基于专家评论建议的方法的缺点在于，由于指导性的信号是通过奖赏值给出的，并不能立即修正策略模块做出的动作，所以通常不能立即提升系统的性能。因此，该方法并不能完全保证在线策略学习的安全性，尤其是在训练的开始阶段，强化学习仍要探索大量的未知状态空间，导致系统无法满足其安全性需求。

基于示范动作的方法（EA）对应于图22–7的开关 2 连接而开关 1 和开关 3 断开的情形。其核心思想是，在一些特定的对话状态下，直接由人类老师代替系统输出动作给用户，称之为示范动作。在强化学习框架下，策略模块将老师的动作看作自己的探索操作进行训练。注意，该策略不同于模仿学习[828]，模仿学习的目标是找到老师的奖赏函数而不是这里的更新系统策略模型的参数。在伴随学习框架里，老师提供的示范动作可以作为系统智能体的探索，在动作执行后，环境仍然会反馈给系统一个相应的奖赏值。相比 CA，这种策略在一定程度上保障了在线学习的安全性，尤其是训练的开始阶段，因为经验丰富的老师可以直接回复用户。不过，相比 CA，EA 对于老师教的资源要求更高，即预算消耗更多。

基于带评论预测的示范动作的方法（EAPC）对应于图22–7的开关 2 和开关 3 连接而开关 1 断开的情形。其实际上是为了综合 CA 和 EA 的优点，在让老师提供示范动作的同时，训练一个弱预测器来为策略模块提供每轮对话层级的额外奖赏值 r_t^{tea}，即使撤去老师，该预测器也能提供额外的奖赏值。为了训练这样一个预测器，老师提供的所有示范动作和相应的对话状态等信息都会被保存下来，用监督学习的方法训练预测器模型。模型的输入是对话状态，输出是采取不同对话动作的概率。训练好的模型根据当前状态输出预测动作和对应的概率 p，提供额外的奖赏值，当这个动作与策略模块输出的动作一致时，额外的奖赏值为 δp；否则，额外的奖赏值为 $-\delta p$。

基于 DQN 的对话策略模型，其输入是对话状态 $\boldsymbol{b}_t$，输出是所有可能的动作 a_t 对应的 Q 值，即 $Q(\boldsymbol{b}_t, a_t; \theta)$，其中，$\theta$ 是网络参数。为了提高神经网络训练的稳定性，DQN 采用了两个训练技巧，即经验回放和利用目标网络延迟更新。对于每轮对话，一次转移（transition）过程包括上一轮的状态 $\boldsymbol{b}_t$、上一轮的动作 a_t、对应的奖赏值 r_t' 及当前的对话状态 $\boldsymbol{b}_{t+1}$，所有的转移过程都被存放到一个有限容量的经验池 $\mathcal{D}$ 里。若在第 t 轮对话时，采用的教育模式是 EA，那么 $a_t = a_t^{\text{tea}}$，否则 $a_t = a_t^{\text{sys}}$；若采用的教育模式是 CA，那么 $r_t' = r_t^{\text{usr}} + r_t^{\text{tea}}$，否则 $r_t' = r_t^{\text{usr}}$。在池 $\mathcal{D}$ 达到其最大容量后，每次加入新的转移过程都同时移除时间最久的转移过程。在训练时，每次都从 $\mathcal{D}$ 中随机采样一个小批量（mini-batch）数据，即将 $(\boldsymbol{b}_t, a_t, r_t', \boldsymbol{b}_{t+1}) \sim U(D)$ 送入神经网络训练，这种经验回放的方式大大减小了由于相邻转移过程的强相关性造成的训练不稳定性。目标网络是与 Q 网络结构完全相同的网络，但其网络参数 θ^- 是每 K 轮对话从 Q 网络参数中复制而来的，Q 网络每次更新的损失函数如下：

$$L(\theta) = E_{(\boldsymbol{b}_t, a_t, r_t', \boldsymbol{b}_{t+1}) \sim U(\mathcal{D})} \left[\left(r_t' + \gamma \max_a Q(\boldsymbol{b}_{t+1}, a; \theta^-) - Q(\boldsymbol{b}_t, a_t; \theta) \right)^2 \right] \tag{22.22}$$

其中，$\gamma \in [0, 1]$ 是折扣系数。

教育时机

如果不考虑教育时机，那么一种最简单的方法是直接将所有的教育预算都用在训练过程的开始阶段，这种特殊的时机也被称为“尽早教”（early teaching）。除此之外，教育时机可以分为学生主动（student-initiated）的引导时机和老师主动（teacher-initiated）的引导时机[829]。

老师主动的方法要求老师一直监督对话的过程，由老师来决定是否干预和引导对话系统的决策过程。之前有些工作将老师的监督和引导这两个过程分开讨论，从而减少老师监督对话的花费。

在本节中只关注和讨论学生主动的时机，即由对话管理模块来决定何时向老师请求帮助。这种方法更符合实际应用，比如由于老师资源有限，学生在学习探索过程中通常只有在遇到无法解决的困难时才去向老师请求帮助，而不是由老师时刻监督学生的进度并随时纠正学生。学生主动的方式给了老师更大的自由度，使真实对话系统中利用人类老师来教对话系统成为可能。在图22–6的伴随学习框架中，教育时机选择对应从策略模块到人类老师之间的黄线，连线的单向性表明只支持学生主动的方式。

基于状态信息的教育时机

在策略学习的强化学习算法中，在线训练的 Q 网络每次都接收到不同的对话状态作为输入，但对于模型训练来说，不同的状态对于模型更新发挥的作用是不一样的。假设在对话任务中有些状态比其他状态更重要，那么将老师教的资源用在这些重要的状态上将使得模型的学习更加高效。为了定量衡量不同状态的重要程度，Torrey 和 Taylor [830] 提出用在 Q 网络输出中最大的 Q 值和最小的 Q 值之间的差作为当前状态重要性的度量，即

$$I(\boldsymbol{b}) = \max_a Q(\boldsymbol{b}, a) - \min_a Q(\boldsymbol{b}, a) \tag{22.23}$$

通过设定一个经验阈值 t_{si}，使策略模块仅在当前状态的重要性超过该阈值时才向老师寻求帮助，即 $I(\boldsymbol{b}) > t_{si}$，这就是基于状态重要性的教育时机（State Importance based Teaching heuristic，SIT）。

换个角度，Q 网络输出在每个动作上的 Q 值大小也都反映了当前网络

对该动作的确信程度[824]。若最大 Q 值和最小 Q 值之间的差距小，则表明当前网络认为采取不同的动作对最终能获得的奖赏值影响不大，若 Q 值的极差大，则表明网络认为选择不同的动作将得到差别非常大的最终奖赏值。基于这种思路，$I(\boldsymbol{b})$ 也可以是对网络决策时的不确定性的度量。通过设定阈值 t_{su}，使策略模块仅在当前状态的不确定性低于该阈值时才向老师寻求帮助，即 $I(\boldsymbol{b}) < t_{su}$，这就是基于状态不确定性的教育时机（State Uncertainty based Teaching heuristic，SUT）。

基于对话失败预测的教育时机

基于状态信息的教育时机，如 SIT 和 SUT，虽然较好地挖掘出了 Q 网络的输出值的隐含信息，但并没有直接考量当前状态对任务的影响。即状态无论是重要的还是不确定性大，都无法直接与对话成功或失败联系，在理解上不够直观。根据常识，如果一个对话在没有老师教的情况下就能成功，那么中间被老师教则是对资源的浪费。基于这一思路，Chang 等人[817] 提出一种基于对话失败预测的引导时机（Failure Prognosis based Teaching heuristic，FPT），老师只干预那些非常可能导致对话失败的状态，减少不必要的引导资源的浪费。

在一个理想对话环境下，对话策略模型每输出一个动作 a_t，用户都会给出一个显式反馈，比如一个正常的句子回复或一个指示对话成功或结束的信号。用户的反馈会被转化为奖赏值信号 r_t，立即传送给策略模块，使其状态 $\boldsymbol{b}_t$ 转移到新状态 $\boldsymbol{b}_{t+1}$。在对话任务中，r_t 实际上由两部分组成，即

$$r_t = r_t^{\text{turn}} + r_t^{\text{succ}} \tag{22.24}$$

其中，r_t^{turn} 是每多一轮对话就累计的惩罚值，r_t^{succ} 是对话成功或失败的奖赏值。一般地，r_t^{turn} 对于每一轮对话的值都是一样的，即常量 R^{turn}，表明对于对话长度的惩罚来说，每一轮对话的贡献度都一样。而 r_t^{succ} 只有在对话结束且对话成功时才为某一设定值 R^{succ}，否则等于零。对于 DQN 网络来说，在其训练过程中接收的奖赏值信号是 r_t，本质上是两个不同奖赏值信号的加和，在一定程度上忽视了两个不同信号之间的关系。实际上，如果将两个信号分开看，那么在 Q 网络输出的 r_t 中，r_t^{turn} 的绝对值是对未

来还有几轮对话的预测，而 r_t^{succ} 是对未来对话成功的奖赏值的预测，即反映了其对未来对话是否成功的预测。

为了将 r_t^{turn} 和 r_t^{succ} 在 Q 网络中的作用区分开来，并利用 r_t^{succ} 来预测对话最终是成功还是失败，Chang 等人[817] 提出一种新型的多任务深度 Q 网络（Multitask Deep Q-Network，MDQN）的深度学习算法，其网络结构如图22–8所示。网络的输出 $Q(\boldsymbol{b},a)$ 被显式地分成两个子网络输出之和，即与期望未来每轮惩罚值相关的 $Q^{\text{turn}}(\boldsymbol{b},a)$ 和与期望未来对话成功奖赏值相关的 $Q^{\text{succ}}(\boldsymbol{b},a)$，两个子网络共享低层次的网络结构。MDQN 网络的训练过程与 DQN 的训练过程一致，都采取了经验回放和利用目标网络的技巧。对于任务型对话来说，$Q^{\text{succ}}(\boldsymbol{b},a)$ 显然是两个子网络中更重要的一个，如果显式地优化它，那么将有利于判断策略模型对未来对话能否成功。经过实际测试，该多任务学习的 MDQN 框架比将两个子网络完全拆分训练收敛得更快，训练更稳定。其原因在于，多任务学习的共享参数层能够学习到泛化能力更强、对当前任务更有利的特征[831]。

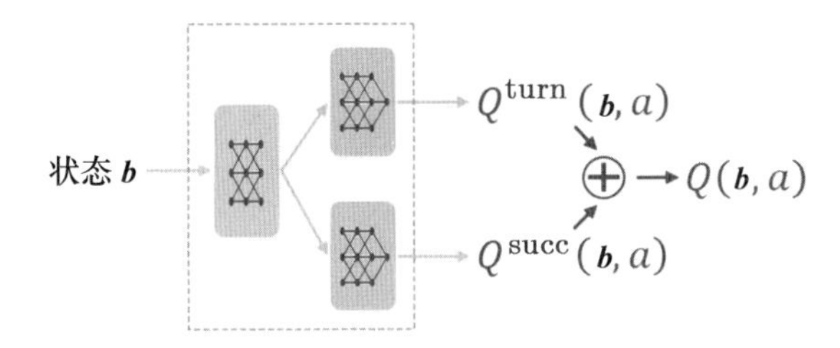

图 22–8　多任务 DQN 结构图

注：该图出自文献 [817]

在 MDQN 框架下，定义在线任务成功预测器 $T(\boldsymbol{b}_t)$ 为

$$T(\boldsymbol{b}_t) = Q^{\text{succ}}(\boldsymbol{b}_t, a_t) \tag{22.25}$$

其中，a_t 是在状态 $\boldsymbol{b}_t$ 下执行的动作。当 $T(\boldsymbol{b}_t)$ 较小时，策略模型预测当前对话很有可能失败，通过设定一个经验比例阈值 α，当且仅当 $T(\boldsymbol{b}_t) < \alpha R^{\text{succ}}$ 时，可以定义当前状态为失败预测（failure prognosis）。然而，这种定义方式假设 Q^{succ} 取值的规模在整个训练过程中是不变的，并不符合实际情况。而且，在训练的初始阶段，策略模型输出的 Q^{succ} 通常是噪声非常大的，直接使用该值将导致训练过程的不稳定。因此，考虑用一个滑动窗口对其进

行平滑操作，用一个动态值代替静态的 R^{succ}。最终，失败预测的定义如下：

$$T(\boldsymbol{b}_t) < \alpha\frac{1}{w}\sum_{j=t-w}^{t-1}T(\boldsymbol{b}_j) \tag{22.26}$$

其中，w 是滑动窗口的大小。

一个状态在被策略模块判定为失败预测的时候，也就是需要老师来干预和引导策略模型的时候。通过老师的教育引导，模型能够从即将失败的对话中学习到如何使对话成功，避免了当前对话的失败，这就是基于对话失败预测的引导时机的核心思想。FPT 的实现基于多任务学习的网络结构，即需要将 Q^{succ} 和 Q^{turn} 的估计独立出来，仅用 Q^{succ} 做失败预测，但其算法本身并不依赖于 DQN 网络。

22.3.3 结合规则系统的伴随学习

上一节介绍的有人类教师参与的伴随学习框架，虽然可以解决传统对话策略优化中的安全性和高效性问题，但也带来了额外的成本，而且需要人类教师时刻在线。工业界对话系统中的对话策略一般是由领域专家设计的一系列逻辑规则，相应的对话策略被称为基于规则的对话策略。基于规则的对话策略在上线之初一般能够满足用户所需要的基本性能，没有安全性问题，但是其很难根据用户的反馈不断自适应调整对话策略，提高系统性能。Chen 等人[832] 提出用基于规则的对话策略取代上述伴随学习框架中的人类教师，从而降低系统上线后的成本。与人类教师相比，基于规则的教师不仅在上线后几乎零成本，而且可以每天 24 小时在线。

教育模式（如何教）

结合规则系统的伴随学习的整体框架仍然如图22–7所示，只是把图中的人类教师（Human Teacher）替换成基于规则的教师。和人类教师一样，基于规则的教师仍然可以使用基于专家评论建议的方法（CA）和基于示范动作的方法（EA）两种教育模式。两种教育模式可以同时使用，或者单独使用，由图中的两个开关控制。注意，当 EA 和 CA 两种教育模式被同时使用时，其作用就相当于人类教师的 EAPC 教育模式，由于基于规则的教师可以一直在线，可以随时给出额外奖励，所以并不像 EAPC 模式需要一个额外的分类器。

教育时机（何时教）

基于规则的教师的性能一般来说不是最优的，如果学生一直依赖教师，则学生策略的性能很难超过教师策略的性能，也就很难达到最优性能。所以学生策略不能一直依赖教师，需要估计一个合适的时间来结束教育模式。但如果教育模式结束得太早，则学生策略的性能有可能还没有达到一个可接受的水平，从而导致安全性问题。Chen 等人提出利用随机丢弃法（Dropout）估计神经网络（即 Q 网络）的输出不确定性来决定结束教育的时间。随机丢弃法在最开始被提出时是用来防止神经网络的训练过拟合的。在神经网络训练时，每个隐层都会根据一定的概率随机丢弃一些隐层单元（即将对应的隐层单元的值置为 0），因此，即使是同样的输入，由于随机丢弃的隐层节点的不同，其输出也有差异。最近，Gal 和 Ghahramani 证明随机丢弃法等价于深度高斯过程的近似贝叶斯推理[833]，而高斯过程对预测输出的不确定性具有很好的理论保证，因此随机丢弃法可以被用来近似估计神经网络输出的不确定性。学生策略每次决策时，对于每个置信状态 $\boldsymbol{b}_t$ 都使用 Q 网络重复 N 次预测输出，得到 N 个 Q 值向量：

$$\boldsymbol{q}_t^i = [Q_{t1}^i, Q_{t2}^i, \cdots, Q_{tm}^i] \ (1 \leqslant i \leqslant N)$$

其中，Q_{tk}^i 表示第 i 次预测的在状态 $\boldsymbol{b}_t$ 下选择动作 a_k 的 Q 值 $Q^i(\boldsymbol{b}_t, a_k)$。然后可以计算出 N 个预测结果的均值和方差，一般来说方差越大，预测的不确定性越大，但是由于方差不是一个归一化的指标，取值变化范围大，所以很难设定一个固定的阈值来决定学生对自己的决策是否有足够的自信。Chen 等人[832] 提出了一种简单的方法来衡量决策的不确定性。根据预测的每个 Q 值向量 $\boldsymbol{q}_t^i$ 决策出在当前置信状态 $\boldsymbol{b}_t$ 下对应的最优动作 a_t^i，即

$$a_t^i = \arg\max_k Q_{tk}^i$$

可以得到 N 个候选动作 $\{a_t^1, \cdots, a_t^N\}$。这 N 个动作不一定都相同，这里找出其中占比最大的动作作为学生的决策动作 a_t^{sys}，对应的占比作为决策

的置信度 $c_t \in (0,1]$。在每个对话结束的时候，都对当前对话中所有轮回的学生决策的置信度取平均值，计算当前对话的平均决策置信度

$$C_e = \frac{1}{T_e}\sum_{t=1}^{T_e} c_t$$

其中，T_e 表示当前对话的轮回数。由于相邻对话的 C_e 值可能波动较大，所以需要用一个滑动窗口里 C_e 的均值 $\bar{C}_e$ 来平滑决策置信度的估计，即

$$\bar{C}_e = \frac{1}{w}\sum_{k=e-w}^{e-1} C_k$$

其中，w 是滑动窗口的大小。随着训练的进行，$\bar{C}_e$ 会逐渐增大，当超过设定的阈值 C_{th} 时，我们就认为当前学生对自己的决策已经足够自信，不再需要教师的帮助，即从当前对话开始，所有教育模式都将不再被使用。

在教育模式结束前，CA 教育模式可以被一直使用，即图22–7中的开关 3 连接。但是如果 EA 教育模式被一直使用（图22–7的单刀双掷开关置向 2），则在教育模式结束前，一直是教师在和用户交互，学生没有机会探索潜在的可能更好的动作。一个合理的做法是根据上述得到的 $\bar{C}_e$ 值来决定 EA 模式使用的频率，当 $\bar{C}_e$ 越接近阈值线时，EA 被使用的频率越低。具体地，Chen 等人[832] 使用一个单调递增函数 $P_{\text{tea}}(\Delta C_e)$ 来计算使用 EA 的概率，其中，ΔC_e 表示当前的移动平均决策置信度 $\bar{C}_e$ 在阈值 C_{th} 下面的距离，即

$$\Delta C_e = \max\{0, C_{th} - \bar{C}_e\}$$

在每个对话开始时，都先计算前 w 个对话的移动平均决策置信度 $\bar{C}_e$ 及对应的概率 $P_{\text{tea}}(\Delta C_e)$，在每个轮回决策时都根据上述概率进行伯努利采样，如果是 1 则使用 EA（图22–7的单刀双掷开关置向 2），否则不使用 EA（图22–7的单刀双掷开关置向 1）。

学习方法（怎样学）

在基于规则教师的伴随学习框架中，我们仍然可以使用公式 (22.22) 所示的 DQN 算法，即将教师的经验（图22–7的开关置向 2）和学生的经验（图22–7的开关置向 1）放到一个经验池中同等对待，在训练 Q 网络时，从

经验池中随机采样出一批数据更新网络参数，这样做的一个缺陷是没法在不同的学习阶段动态调整使用教师经验更新参数的频率。针对这一问题，Chen 等人[832] 提出了智能体感知的 DQN 算法（Agent-Aware DQN），即将教师的经验和学生的经验分别放到 $\mathcal{D}_{\text{tea}}$ 和 $\mathcal{D}_{\text{stu}}$ 两个经验池中，在每次更新参数时都根据概率 $P_{tea}(\Delta C_e)$ 进行伯努利采样，决定是从学生经验中还是教师经验中选择数据。随着训练的进行，$P_{\text{tea}}(\Delta C_e)$ 会逐渐减小，所以从教师的经验中学习的频率也会越来越低。公式 (22.22) 会相应变为

$$
\begin{aligned}
L(\theta) = E_{\mathcal{D}\sim\text{Ber}(\mathcal{D}_{\text{tea}},\mathcal{D}_{\text{stu}};P_{\text{tea}}),\tau\sim U(\mathcal{D})} \cdot \\
\left[\left(r'_t + \gamma \max_a Q(\boldsymbol{b}_{t+1}, a; \theta^-) - Q(\boldsymbol{b}_t, a_t; \theta)\right)^2\right]
\end{aligned}
\tag{22.27}
$$

其中，$\tau = (\boldsymbol{b}_t, a_t, r'_t, \boldsymbol{b}_{t+1})$ 表示一次转移过程产生的数据；r'_t 表示来自教师和环境的奖励之和，即如果图22–7 中的开关 3 打开，则 $r'_t = r_t^{\text{usr}} + r_t^{\text{tea}}$，否则 $r'_t = r_t^{\text{usr}}$；a_t 表示在置信状态 $\boldsymbol{b}_t$ 最终采取的动作，如果使用 EA 教育模式，则 $a_t = a_t^{\text{tea}}$，否则 $a_t = a_t^{\text{sys}}$。

第 Ⅶ 部分

总结及展望

第23章 总结及未来研究方向

摘要 本章将列举和分析基于深度学习进行的语音识别技术和系统的研究过程中出现的重要里程碑事件，介绍这些研究的动机、催生的新方法及产生的影响。本章将首先回顾 2009 年左右学术界和工业界合作将深层神经网络技术应用于语音识别领域这段历史；然后选择深层神经网络登台后，在语音识别的工业界和学术研究中大放异彩的 7 个主题进行介绍；最后介绍对目前语音识别系统的技术前沿的看法，以及对未来研究方向的思考和分析。

23.1 路线图

最近五年，在语音识别领域有很多激动人心的成果。然而，在本书中只能摘取这些成果中具有代表性的一部分。由于知识水平有限，这里选择的主题是我们认为有利于读者的，这些成果在本书前面章节中提供了更详细的技术细节介绍。我们觉得给出这些过去研究中的一些重要里程碑算是一种合理的总结方式。

23.1.1 语音识别中的深层神经网络启蒙

在自动语音识别（ASR）中应用神经网络可以追溯到 20 世纪 80 年代，比较有名的研究包括 Waibel 等人的时间延迟神经网络（Time Delay Neural Network，TDNN）[400, 834] 和 Morgan 等人的人工神经网络-隐马尔可夫模型（ANN-HMM）混合系统[216, 217]。

人们再次对基于神经网络的语音识别产生兴趣是在 2009 年的国际会议 The 2009 NIPS Workshop on Deep Learning for Speech Recognition and Related Applications[377] 上。多伦多大学的 Mohamed 等人展示了一个用于音素识别的深层神经网络[1]-隐马尔可夫模型（DNN-HMM）混合系统的原始版本[378]。对不同语音识别器中 DNN 的详细错误分析和比较的工作在微软研究院（Microsoft Research，MSR）的主导下于 workshop 开展的同时期开展，微软研究院和多伦多大学的研究者对其中的优缺点进行了分析。在文献 [380] 中对这部分早期研究进行了详细介绍，在这些研究和讨论中，使用了“一大堆没有证据的直觉猜测来进行每一步的决定”。在文献 [378] 中，采用了与 20 世纪 90 年代早期的研究[216, 217] 同种类型的 ANN-HMM 混合架构，但区别是用 DNN 代替了经常用于早期 ANN-HMM 系统中较浅的多层感知器（Multi-layer Perceptron，MLP）。具体地说，DNN 被用来对单音素状态建模，用帧级别的交叉熵准则在传统的 MFCC 特征上训练。这些研究证明，仅使用一个更深的模型就可以使 TIMIT核心测试集上的音素错误率（Phone Error Rate，PER）达到 23.0%。这个结果比之前使用最大似然估计（Maximum Likelihood Estimation，MLE）准则训练得到的单音素和三音素混合高斯模型得到的 27.7% 和 25.6%[836] 的结果好得多；同时比微软研究院的深度单音素语音生成模型[109, 130] 得到的 24.8% 的 PER 要好（此结果没有被发表过）。虽然其模型在同一个任务上的 PER 还比不过使用序列鉴别性训练（Sequence-discriminative Training，SDT）准则训练的三音素 GMM-HMM 系统达到的 21.7% 的 PER[2]，并且，这些结果仅仅是在音素识别任务上得到的，但我们注意到了它的潜力。因为在过去，ANN-HMM 混合系统很难与使用 MLE 准则训练的 CD（Context-dependent，上下文相关）-GMM-HMM 系统相抗衡；更重要的是，由 DNN 和深度生成模型产生的识别错误种类看起来很不一样，所以从人发声和听觉角度来看，这些错误有着合理的解释。与此同时，微软研究院和多伦多大学的研究者在从 2009 年开始的合作中，也开始使用未加工的语音特征。深度学习的一个基本前提是不要使用人工加工过的特征，例如 MFCC。在 2009 年至 2010 年，诞生在微软研究院的用来进行二值特

1 虽然当时的模型被叫作深度置信网络（Deep Belief Network，DBN），但事实上，那是一个用 DBN 预训练来初始化的深层神经网络，详见第 4 章和第 5 章及文献 [835] 中关于 DNN 和 DBN 区别的严谨讨论。

2 最好的 GMM-HMM 系统可以在 TIMIT 的核心测试集合上取得 20.0% 的 PER[836]。

征编码和瓶颈特征提取的深度自动编码器成为语音历史上第一个使用深度结构比浅层结构效果更好，使用语谱图特征比使用 MFCC 效果更好的模型[837]。以上各种在语音特征提取、音素识别和错误分析等方面得到的影响深远的激动人心的结果和进展，在之前语音技术研究的历史上从来没有出现过。这体现了深度学习的光明前途和实用价值。这些初步的成就激励了微软研究院的研究人员投入更多的资源，继续用深度学习特别是深层神经网络的方法对语音识别进行研究。一系列沿着这条主线开展的研究可以在文献 [382, 835] 中找到。

我们在微软研究院的兴趣点在于提高真实世界应用场景下的大词汇语音识别（Large Vocabulary Speech Recognition，LVSR）系统的性能。在 2010 年年初，我们开始与文献 [378] 的两名学生作者合作研究基于 DNN 的语音技术。我们使用了6.2.1节介绍的语音搜索（VS）数据集来检验新模型。首先，我们采用了 Mohamed 等人[378] 所采用的模型来做 LVSR，我们把它叫作 CI（context-independent，上下文无关）-DNN-HMM。与在 TIMIT 上的音素识别任务结果相似，这个使用了 24 小时数据训练的 CI-DNN-HMM 在 VS 测试集上得到了 37.3% 的词错误率（Word Error Rate，WER）。这个结果介于使用 MLE 和 SDT 准则训练的 CD-GMM-HMM 得到的 39.6% 和 36.2% 之间。而当我们应用了第 6 章中介绍的直接对三音素聚类后的状态建模（也叫 senones）的CD-DNN-HMM 的时候，性能有了新的突破。基于 senones 的 CD-DNN-HMM 得到了 30.1% 的词错误率。这比使用 SDT 准则训练的 CD-GMM-HMM 得到的 36.2% 词错误率减少了 17% 的词错误率，相比 Yu 等人[211] 和 Dahl 等人[220] 发表的几篇论文中使用 CI-DNN-HMM 得到的 37.3% 词错误率减少了 20% 的词错误率。这是 DNN-HMM 系统第一次在 LVCSR 任务上取得的成功。往回想想，可能一些其他研究者也曾有过类似的想法，他们甚至可能尝试过其中的几个。然而，由于过去的计算能力和训练集因素有限，没有人能够使用我们今天用的这么大规模的数据集来训练模型。

和过去一样，以上对 CD-DNN-HMM 的早期研究没有像 2010 年和 2011 年间发表的研究结果那样吸引语音研究者和实践者。这是可以理解的，在 20 世纪 90 年代中期，ANN-HMM 混合模型相比 GMM-HMM 系统没有优势，而且这条路被认为是错的。为了颠覆这种思想，研究者开始寻找比早期的在微软内部最多包含 48 小时训练数据的语音搜索数据集上得到的结果更加显著的证据。

在 MSR 的 Seide 等人于 2011 年 9 月[13] 发表了在6.2.1 节介绍的Switchboard测试数据集[230] 上取得的实验结果之后，CD-DNN-HMM 的工作真正开始显现巨大的影响力。在这项研究中，他们采用了与 Yu 等人[211] 和 Dahl 等人[220] 描述的相同的 CD-DNN-HMM。他们的研究将 CD-DNN-HMM 的实验规模扩大到 309 小时的训练数据和数以千计的 senones 上。CD-DNN-HMM 使用帧级别的交叉熵准则可以在 HUB5'00 集合上达到使很多人惊讶的 16.1% 的词错误率——相比使用 SDT 准则训练得到的 CD-GMM-HMM 模型的 23.6% 词错误率减少了 1/3 的词错误率。这项工作也证实了在文献 [12, 211, 220] 中的发现——3 个让 CD-DNN-HMM 工作起来的主要因素是：① 使用深度模型；② 对 senones 建模；③ 用上下文窗口扩展后的特征作为输入。它同时说明了在训练 DNN-DMM 的时候，重新进行状态对齐可以提高识别准确性，对 DNN 的预训练也可能有帮助，但并不是决定性的。从此以后，很多语音识别研究组将他们的重心转移到 CD-DNN-HMM，成果显著。

23.1.2 深层神经网络训练和解码加速

在文献 [13] 的成果被发表以后，很多公司很快着手将它应用于商用系统中。这时，他们碰到了第 1 个需要解决的问题，即解码速度的问题。如果使用简陋的实现，则在单个 CPU 核上计算 DNN 的声学分数需要 3.89 倍实时时间。仅仅在文献 [13] 被发表之后几个月，2011 年年末，Google 的 Vanhoucke 等人就发表了他们使用工程技巧对 DNN 进行加速的研究结果[255][1]。他们的系统使用了量化、SIMD 指令、批量化和延迟计算技术后，DNN 的计算时间在单 CPU 核上可以被降到 0.21 倍实时时间。这比简陋的实现提速了 20 倍。他们的研究证明了 CD-DNN-HMM 可以在不影响解码速度和吞吐量的情况下被用在实时商用系统中，这是一个巨大的进步。

1 Microsoft 较早就使用内部工具利用类似的技巧对 DNN 计算进行优化，但并没有公布相关结果。

大家遇到的第 2 个问题是训练速度。尽管在 309 小时数据上训练出来的 CD-DNN-HMM 系统已经比在 2000 小时数据上训练出来的 CD-GMM-HMM 系统表现要好[13]，但如果在同样的大数据量上训练 DNN 系统，则仍然可以进一步提升性能。为了达到这个目标，需要开发一些用于并行训练的算法。2012 年，Chen 等人在微软提出并尝试了一种基于流水线反向传播策略的 GPU 训练策略[118]。他们宣称使用这种方法在 4 块 GPU 上可以获得相比原来 3.3 倍的提速。在 Google，人们在 GPU 集群上应用了异步随机梯度下降[239, 240]（Asynchronous Stochastic Gradient Descent，ASGD）算法。

在7.2.3节介绍了一种用于加速 DNN 训练和前向计算的低秩近似（Low Rank Approximation）算法。2013 年，IBM 的 Sainath 等人和微软的 Xue 等人独立提出了减少模型大小及训练解码时间的近似方法，他们使用较小的矩阵乘积来近似较大的矩阵[249, 250]。这项技术可以减少 2/3 的解码时间，由于其简单有效，已被广泛应用于商用语音识别系统中。

23.1.3 序列鉴别性训练

在文献 [13] 中展现了利用帧级别的交叉熵训练准则得到的激动人心的结果。随后，很多研究小组注意到，提高语音识别准确率的一种明显且低风险的方法是借助在最新的 GMM 系统中使用的序列鉴别性训练准则。

事实上，追溯到 2009 年，在 DNN 系统开始崭露头角之前，IBM 研究所的 Brian Kingsbury 就已经提出了使用 SDT 来训练 ANN-HMM 混合系统的一种统一框架[494]。虽然 ANN-HMM 系统在工作中比 CD-GMM-HMM 系统表现差，但确实证明了用 SDT 准则训练的 ANN-HMM 系统（取得了 27.7% 的词错误率）比使用帧级别的交叉熵准则（在相同任务上词错误率为 34.0%）的表现要好得多。当时，即使使用 SDT 准则训练的 ANN-HMM 系统也不能打败 GMM 系统，但是这项研究在当时并没有引起太多关注。

2010 年，在 MSR 进行 LVCSR 工作的同时期，基于 GMM-HMM 的经验，我们清楚地认识到了序列训练的重要性[160, 838, 839]，并开始着手准备音素识别任务在 CI-DNN-HMM 上的序列鉴别性训练[495]。不幸的是，我们当时没有找到控制过拟合问题的正确方法，因此只观察到了使用 SDT 准则（词错误率为 22.2%）比使用帧级别交叉熵训练（词错误率为 22.8%）取得的少许提高。

突破发生在 2012 年，来自 IBM 的 Kingsbury 等人成功地将 Kingsbury 在 2009 年的工作中描述的技术[222] 应用于 CD-DNN-HMM 中[494]。由于 SDT 的训练比帧级别的交叉熵训练要花更长的时间，所以他们在一个 CPU 集群上开发了 Hessian-free 训练算法[253] 来加速训练。使用 SDT 在 SWB的 309 小时训练集上训练的 CD-DNN-HMM，在 Hub5'00 评估集上取得了 13.3% 的词错误率的成绩。这比采用帧级别交叉熵准则得到的已经很低的 16.1% 词错误率又相对降低了 17%。他们的研究表明，SDT 可以很有效地被用于 CD-DNN-HMM，并取得巨大的准确率提升。更重要的是，用单路解码的说话人无关的 CD-DNN-HMM 获得的这个 13.3% 词错误率结果比用最好的多路解码的说话人自适应之后的 GMM 系统所获得的 14.5% 词错误率的结果还要好得多。有了这样的结果，很明显，在商用系统中已经没有理由不用 DNN 系统替换 GMM 系统了。

然而，SDT 的使用需要技巧，而且很难被正确实现。2013 年，由 MSR 的 Su 等人完成的研究[226] 和由 Brno University、University of Edinburgh 和 Johns Hopkins University 的 Veselỳ 等人完成的联合研究[496] 提出了一系列让 SDT 更有效、更鲁棒的实践技巧。这些技巧如词网格补偿（Lattice Compensation）、帧丢弃算法（Frame Dropping）和 F-smoothing 现在都被广泛使用。

23.1.4 特征处理

GMM 本身不能转化特征，在传统的 GMM 系统中，特征的处理包含很多步骤。2011 年，由 MSR 的 Seide 等人主导了在 CD-DNN-HMM 系统中关于特征工程的研究[49, 268]。他们发现了很多特征处理步骤，例如，HLDA[232] 和 fMLLR[467]，虽然对 GMM 系统和浅层 ANN-HMM 混合系统来说是很重要的，但对 DNN 系统来说就无足轻重了。他们的解释是：所有 DNN 的隐层都可以被认为是一个强大的非线性特征转化器，而 softmax 层可以被认为是 log-linear 分类器。特征转化和分类之间可以交叉优化。DNN 可以将相关输入中很多在 GMM 系统中不能被直接使用的特征用起来。由于 DNN 在很多层的非线性操作中都可以粗略地将特征转化组合起来，所以很多在 GMM 系统中的特征处理步骤就可以被去掉了，而且不会有什么准确率的损失。

2012 年，多伦多大学的 Mohamed 等人向我们介绍了如何通过使用对数梅尔尺度滤波器组（Mel-scale filter bank）特征取代 MFCC，他们成功地用两层网络将 TIMIT 上的音素识别任务的 PER 值从 23.7% 降低到了 22.6%[271]。与此同时，来自微软的 Li 等人展示了可以利用对数梅尔尺度滤波器组特征来提高 LVCSR 的准确性[272]。他们同样证明了通过使用对数梅尔尺度滤波器组特征，混叠语音带宽识别这样的任务可以在 CD-DNN-HMM 系统中很容易地被实现。对数梅尔尺度滤波器组特征现在成为大多数 CD-DNN-HMM 系统中的标准。Deng 等人报告了一系列采用语谱图相关的语音特征进行深度学习的研究工作[382]。

减少特征处理流水线上步骤的尝试一直没有停止。例如在 IBM 研究院，Sainath 等人在 2013 年做的工作[273] 表明，CD-DNN-HMM 系统可以直接使用 FFT 谱作为输入，从中自动学到梅尔尺度的滤波器。最近，在文献 [840] 中报告了在 DNN 中使用未改造过的语音时域上的波形信号（即在 DNN 训练前不做任何特征提取）的工作。这项研究用 DNN 来学习跨越了帧边界的局部时域语音信号，有着和早期的基于波形和基于 HMM 生成模型的方法相同的优点，但它需要面对非常不一样的挑战。

23.1.5　自适应

2011 年，当 CD-DNN-HMM 系统在 Switchboard 任务上显示出它的有效性时，有人担心它缺少有效的自适应技术，特别是 DNN 系统相比传统的 ANN-HMM 混合系统有更多的参数。为了解决这一问题，2011 年在微软研究院由 Seide 等人完成的工作中，特征空间鉴别性线性回归（fDLR）自适应技术被提出，并在 Switchboard 数据集上测试，显示其准确度有小幅提升[49]。

2013 年，Yu 等人在微软主导的一项研究[477] 中声称他们使用 Kullback-Leibler 散度（KLD）正规化后，能在短消息听写任务上有效地对 CD-DNN-HMM 进行自适应，在说话人无关的系统上使用不同数量的自适应音频样本，可以下降3%~20%的相对错误率。他们的研究表明 CD-DNN-HMM 系统自适应是重要和有效的。

2013—2014 年，一系列在类似架构上的自适应技术被开发出来。在微软由 Seltzer 等人开发的噪声感知训练（NaT）[278] 技术中，一种噪声表达被估计出来并用于输入特征的一部分。在这项研究中，他们证明使用 NaT 能在 Aurora4 数据集上将 WER 从 13.4% 降至 12.4%，在相同的任务上，该系统打败了最复杂的 GMM 系统。在由 IBM 的 Saon 等人开发的说话人感知训练（SaT）[484] 技术中，一种基于 i-vector的说话人特征表达被估计出来，并被扩展为输入特征的一部分。他们给出了 Switchboard 数据集上的结果，并在 Hub5'00 评估集上将 WER 从 14.1% 降到 12.4%，错误率相对减少 12%。在由 York 大学的 Abdel-Hamid 开发的说话人特征表示方法[487, 488] 中，说话人特征表示是对每一位说话人与 DNN 联合训练的，并作为输入特征的一部分。

23.1.6 多任务和迁移学习

在第 17 章中已经讨论过，正如在文献 [49, 268, 389, 390] 中指出的那样，DNN 的每个隐层都可以被认为是输入特征的一种新表示。这种理解推动了在不同的语言和模态下共享相同特征表示的研究。2012 年至 2013 年[1]，包括微软、IBM、约翰 · 霍普金斯大学、爱丁堡大学和谷歌公司的很多工作组给出了在多语言和跨语言的语音识别[381, 531–533]、多模态语音识别[537] 和使用 DNN 的多目标训练语音识别[534–536] 中使用共享隐层架构的结果。这些研究指出，利用来自多语言及模态或者多目标任务的数据来训练共享的隐层，能构建出相比针对特定语言或者模态训练的在相应语言或者模态下表现更好的 DNN。这种方法通常对可用训练数据极少的语言的语音识别任务帮助最大。

23.1.7 卷积神经网络

使用对数梅尔滤波器组特征作为输入特征为一些技术的应用，如可利用特征内在结构的卷积神经网络（CNN），打开了一扇门。2012 年，

1 一些早期工作，比如在文献 [530] 中探索了类似的想法但不是基于 DNN。

Abdel-Hamid 等人第一次证明使用卷积神经网络，能在频率坐标轴上正规化说话人的差异，并且在 TIMIT音素识别任务上将音素错误率从 20.7% 降至 20.0%[841]。

这些结果在 2013 年被微软研究院的 Abdel-Hamid 等人[842, 843] 和 Deng 等人，以及 IBM 研究院的 Sainath 等人使用改进的 CNN 架构、预训练和池化技术拓展到大词汇语音识别上。文献 [379, 844] 和 [845] 中的进一步研究表明，卷积神经网络在训练集或者数据差异性较小的任务上帮助最大。对于其他大多数任务，相对词错误率的下降一般为2%~3%。随后，上海交通大学的 Bi 和 Tan 等人[348] 提出了极深卷积神经网络的有效实现方式，并发展了相应的自适应算法，使得极深卷积神经网络在经典抗噪语音识别集合 Aurora4 上实现了接近人的识别率。目前，极深卷积神经网络已经被验证对抗噪语音识别具有重要的帮助，但它仍然存在计算量过大的缺点。

23.1.8 循环神经网络和长短时记忆神经网络

自 2009 年深层神经网络被应用在语音识别上以来，最引人注目的新深度网络架构也许就是循环神经网络（RNN）了，特别是其长短时记忆（LSTM）版本。尽管 RNN 和相关的非线性神经网络预测模型在小型语音识别任务上获得了初步成功[440, 847]，但由于训练过程的复杂性，要将这种成功在更大规模的任务上复制是非常困难的。RNN 的学习算法相比早期已经取得了显著的进步，最近，RNN，特别是双向 LSTM 架构[386, 387]，或者当高层次的 DNN 特征被用作循环神经网络的输入时，可以获得更好的和更实际的结果[389, 390]。

2013 年，多伦多大学 Graves 等人的研究表明，LSTM 在 TIMIT音素识别任务上得到了最低的音素错误率[386, 387]。2014 年，谷歌的研究员公布的一份结果显示，LSTM 在大规模任务上，如 Google Now、语音搜索和移动听写的应用上，可以取得非常准确的结果[391, 392]。为了减小模型大小，LSTM 网络单元的输出向量被线性投影到较低维的向量中。异步随机梯度下降（ASGD）算法和截断的沿时反向传播（BPTT）算法被运行于可以容纳数百台机器的 CPU 集群中。优化帧级别的交叉熵目标函数，并做序列级鉴别性训练，就可以获得最佳精度识别结果。若将一个 LSTM叠加在另一个之上，则这种深度和循环的 LSTM 模型经 300 万音频段的训练后，可以在大规模语音搜索任务上取得 9.7% 的词错误率。这个结果要好于只用帧级别交叉熵训练准则得到的 10.7% 的词错误率。它也显著好于最好的使用整流线性单元（Rectified Linear Units）的 DNN-HMM 系统得到的 10.4% 的错误率。更进一步地，为了达到更好的效果，DNN 系统中的参数总数是 8500 万，而在 LSTM 系统中这个数量急剧下降至 1300 万。最近发表的文献表明，深度 LSTM 在有回声的多声源环境下是有效的，例如 LSTM 在最近的复杂环境下的 ChiME Challenge 任务中取得的良好结果就证明了这一点[399]。

23.1.9　其他深度模型

除以上所述外，其他一些深度学习模型也被开发和应用于语音识别，包括深度张量神经网络（Deep Tensor Neural Networks）[486, 848]、深度堆叠网络（Deep Stacking Networks）及其核函数版本[849–851]、张量深度堆叠网络（Tensor Deep Stacking Networks）[852, 853]、递归感知模型（Recursive Perceptual Models）[854]、序列深度置信网络（Sequential Deep Belief Networks）[855] 和集成型深度学习架构（Ensemble Deep Learning Architecture）[856] 等。尽管这些模型相对于前述的基本深度模型有着更优秀的理论和计算基础，但它们还没有被足够深入和广泛探索过，也不是当前语音识别的主流方法。

23.1.10　自然语言和口语理解

自然语言和口语理解伴随着自然语言处理的发展，经过了 3 个阶段：① 以规则系统（或者专家知识系统）为主的理性主义阶段；② 以语料库和浅层机器学习为主的经验主义阶段；③ 以深层神经网络模型为主的深度学习阶段。

自然语言和口语理解开始于 20 世纪 70 年代美国国防高级研究计划局（DARPA）的语音理解研究和资源管理任务。20 世纪 90 年代，DARPA 资助的航空旅行信息系统（ATIS）评测项目[687] 推动了自然语言和口语理解的飞速发展。最初阶段的语义理解系统往往基于规则，例如商业对话系统 VoiceXML[857, 858] 和 Phoenix Parser[688]，开发人员可以根据要应用的对话领域，设计与之对应的语言规则，来识别由语音识别模块产生的输入文本。规则系统无须大量的训练数据，但是不利于维护，规则的覆盖度非常有限。

基于浅层机器学习的语义理解则直接改进了规则系统的缺点，然而这类数据驱动的统计学习方法依赖于大量的训练数据，在现实中无法收集足够的数据（即存在数据稀缺的问题）。此外，浅层机器学习算法的数据拟合能力有一定瓶颈。在 ATIS 数据集的语义槽填充任务上，条件随机场（CRF）算法能取得约 91% 的语义槽 F 值（F -score）。2010 年左右，深层神经网络在自然语言处理中的应用崭露头角。Yao 和 Mesnile 同时将单向循环神经网络（RNN）应用于语义槽填充任务，并在 ATIS 评测集合上取得了显著超越 CRF 的性能（约 94%）[702, 703]。后续基于 LSTM 的 RNN 则将 ATIS 的性能继续提升到了 95% 左右[706]。近年来，基于“编码–解码”架构（encoder-decoder）的模型有更好的特征编码能力，考虑了输出序列依赖关系，在 ATIS 上取得了接近 96% 的性能水平[19, 711]。最近，各类预训练语言模型（ELMo、BERT、XLNET 等）的出现有效缓解了数据稀疏的问题。伴随着深度学习技术的发展和数据量的累积，端到端的从语音到语义的口语理解技术初见端倪[732–734]，在一些实验数据上取得了不错的效果。

23.1.11 对话系统及对话策略学习

和口语理解类似，任务型口语对话系统的技术发展依据对话管理特别是其中对话策略形式的不同大致可以分为 3 代，代表了不同智能程度的“交互性”。

第 1 代是基于规则的对话系统。这类系统以关键词匹配和句型匹配为主要特征，即这一代的对话管理需要维护一个包含很多问答对的知识库。当系统和用户对话时，系统需要根据用户所说的关键词去和知识库中的问答对匹配，如果可以匹配上，就将相应的回答返回给用户，如果没有匹配上，则系统按事先的约定给用户一个回答。这类系统有两个缺点：一是不能处理在对话中出现的语音识别错误及语义理解错误；二是不能很好地关联对话上下文。为了解决上下文缺失的问题，基于 Voice XML 的对话管理被提出[857–859]。这类系统假定对话状态是确定的，采用限定复杂度的表格方式来表示对话文法，用有限状态机的方式进行表格之间的转移。这类系统的语音识别和语义理解一般是基于 Voice XML 确定的语法进行的，其优势是设计非常直观，在逻辑简单、环境安静的情况下可以实现有效的基于上下文的人机对话。其缺点是灵活性和稳定性严重不足，用户必须完全按照预设规则走。其性能高度依赖于规则的包容度和语音识别的准确度，一旦用户不按照规则说话，整个对话就无法进行，智能交互程度较低。通过改进理解的性能及采用结构化的规则等，对话系统的性能可以得到一些改善。但由于自然语音交互存在鲁棒性不足的问题，难于有效地推广到一般性的对话系统开发中。

第 2 代是基于统计学习的对话系统。其特点是引入统计学习模型优化对话系统的各个模块。两类不同的统计学习方法都在统计型对话系统中得到了应用。第 1 类是数据驱动的有监督训练，主要用于优化语音识别、语义理解和语音合成模块。第 2 类是针对规划和决策过程的强化学习算法，用于对话管理的统计优化。强化学习的使用是对话系统研究中的一个重要里程碑。这一代的对话管理将选择回复看作一个规划问题，用马尔可夫决策过程（Markov Decision Process，MDP）[860] 来对人机对话过程进行建模[861]，即系统以一定的对话策略（Policy）来决定回复用户的动作，对话策略可以通过用户的反馈信号利用强化学习方法进行优化。在 MDP 框架中，没有对语音识别、语义理解产生的错误进行建模，即假设语音识别和语义理解的结果是完全正确的，而真实环境下的人机对话往往不能满足这个假设。为了解决这个问题，基于部分可观察马尔可夫决策过程（Partially Observable Markov Decision Process，POMDP）[862] 的对话管理技术被提出[863–865]。在 POMDP 的框架中，对话管理被明确分为对话状态跟踪和对话决策两个部分。经典的技术包括基于聚类算法的隐信息状态（Hidden Information State）[810] 和基于统计独立性分解的贝叶斯状态更新（Bayesian Update of State）[866]。第 2 代对话管理器技术具有一定的灵活性，不仅能回答用户提出的问题，而且在某些情况下能主动提出问题来澄清一些模糊的概念，包括识别错误、用户提供信息不足、上下文语义不一致等。但是，这一代对话管理技术只是在实验室任务上进行了验证，没法进行大规模的工业应用。

第 3 代是基于深度学习和深度强化学习的对话系统。在第 2 代的基础上，深度学习技术被全面应用到语音识别、语义理解和语音合成各个模块。同时，这一代对话管理技术是在传统 POMDP 框架上的进一步发展。其中一个重要的研究趋势是将对话状态跟踪独立抽象为有监督学习的问题，产生了一系列新型的对话状态跟踪算法[778]。另一个趋势是，深度学习[669, 867] 与强化学习[868, 869] 相结合产生的深度强化学习（Deep Reinforcement Learning，DRL）[29, 870] 方法被提出，在游戏、机器人控制、围棋、语言理解等一系列任务上取得了突破性进展。目前，DRL 已经被广泛应用在对话管理的策略训练中[32–38]。

近年来，对话系统的研究和应用也出现了一些新的趋势。一是最近在学术界掀起了关于端到端任务型对话系统[871–873] 的研究热潮，即系统直接依据对话历史来生成自然语言形式的回复，这样的对话系统相比模块化的对话系统所需要的标注信息要减少很多，但是端到端系统的可解释性和可控制性成为需要解决的问题。二是知识源的形式更加多样化。传统的任务型对话系统一般使用数据库存储任务相关的实体，但是不考虑实体的关系，最近知识图谱被引入对话系统中[874]，用来丰富知识源的表示。此外，其他模态的知识源如图片[875]，也被引入对话系统中。

23.2　技术前沿和未来方向

23.2.1　技术前沿简析

通过结合 CNN、DNN 和基于 i-vector 的自适应技术，IBM 的研究人员在 2014 年声称他们能将 Switchboard Hub5'00 评估集的词错误率降至 10.4%。对比最好的 GMM 系统在同样测试集上达到的 14.5% 的词错误率，DNN 系统将相对错误率下降 30%。这个改进只是通过对声学模型（AM）的改进达到的。最近基于神经网络的语言模型（LM）和大规模 n-gram 语言模型的技术能进一步将相对错误率下降 10%~15%。两者一起可以将

Switchboard 任务的词错误率降至 10% 以下。在 2014 年，由谷歌研究人员开发的 LSTM-RNN 模型在语音搜索任务中，相对其他模型，包括基于前向传播的深层神经网络，都展示了令人振奋的错误率下降。尤其值得一提的是，微软研究院的研究人员采用多路解码系统，将若干先进的深度学习声学和语言模型技术融合进来，将 Switchboard 任务的词错误率下降到 5.9%，达到了同数据集合上人类识别的错误率水平。

事实上，在许多商业系统中，一些任务如短信听写和语音搜索中词（或字）的错误率远远低于 10%。一些公司甚至致力于将句错误率下降至 10% 以下。从实用的观点来看，我们可以合理地认为深度学习在很大程度上解决了近场单人语音识别问题。

然而，如果放松条件限制，那么我们将很快意识到即使是最新的技术成果，语音识别系统在以下情况下仍然表现得很糟糕。

- 远场麦克风语音识别。例如，麦克风被安装在起居室、会议室，或者场内视频录制条件下。
- 高噪声环境下语音识别。例如，麦克风捕捉到了高音量的音乐。
- 带口音的语音识别。
- 多人语音或背景交谈的语音识别。例如，会议中或是多方谈话中。
- 不流利的自然语音、变速或者带有情绪的语音识别。
- 多语种混合的语音识别。

对于这些任务，当前最好系统的词错误率往往在 20% 左右。为了使语音识别在这些困难且实际的条件下变得有用，需要新的技术或者更精巧的工程设计使错误率进一步下降。

除识别率外，针对语音识别解码框架、解码速度和模型大小等方面的研究在近年也取得了一系列进展。谷歌研究人员对端到端语音识别架构方面的研究给予了很大推动，采用神经网络全面替代原有的“隐马尔可夫模型 $+n$ 元词组语言模型”在具备海量音频数据的情况下，已经达到甚至超过了经典识别框架下的深度学习模型，这极大简化了语音识别系统搭建的流水线。端到端模型的出现对建模单元的选择也产生了重要影响，继而影响了解码速度。上海交通大学的研究者利用 CTC 模型的建模单元概率尖峰特性，提出了标签同步解码架构，减小了 90% 的语言模型搜索空间，实现了大幅解码速度提升。在模型大小方面，一系列深度学习小型化的方法和模型被提出，如“教师–学生”学习框架、二值化神经网络等都显著减少了语音识别模型的内存占用，为嵌入式语音识别乃至芯片级语音识别提供了新的可能性。

在口语对话系统方面，基于注意力机制的深度序列模型，如“编码–解码”架构等，在单句语义理解和包含上下文的对话状态跟踪方面取得了很大进展，在标准数据集合 ATIS 上的理解准确率已经超过 96%。给定语义本体（ontology）和标注数据下的语义理解准确率已经可以得到充分保障。但这仍然不能完全解决深度学习的口语理解在真实世界大规模应用中所面临的难题，这些难题主要包括：

- 语音识别错误的干扰所产生的不可预期的极端错误；
- 语义标注极为耗时，且每个新的语义本体都需要被重新标注，导致标注数据获取成本极高，且数据量往往很小；
- 语义领域的迁移，语义槽及槽值的增删；
- 特定语义理解错误的快速纠正。

在这些场景下，口语理解的准确率会极大下降，我们需要新的研究框架或算法对其进行改善。

作为口语对话系统的核心模块，数据驱动的对话策略优化在深度强化学习仿真环境下的应用有极大的性能改善，在由多个任务组成的 PyDial 测试集合中的平均对话成功率已经达到 85%~95%。然而在真实场景下，数据驱动的对话管理的使用要比语音识别、口语理解更为困难。这一方面是因为对话任务的复杂性，具备良好语义槽定义的任务型对话系统在真实世界中很难存在，用户往往会突破已有语义槽的限制或进入非任务型的对话模式。目前实际使用的前沿系统往往是任务型对话、问答、聊天等的集合体，且仍然大量依赖规则逻辑进行对话管理。另一方面，由于强化学习在框架上是一种试错学习模式，无法通过预先收集和标注训练数据来实现训练，而线上训练往往在初始模型不好的情况下导致对话系统性能极差，影响用户体验。采用历史对话数据提升初始对话策略模型的性能，以及采用人机混合方式进行安全的冷启动，是目前解决这个问题的两种有效思路。但从总体而言，数据驱动的对话策略学习仍然是交互式语言认知中的核心难题，已有前沿方法往往只能在特定任务和条件下取得不错的效果，并没有在通用场景下取得大幅的性能提升，我们仍然需要新的理论框架、算法和工程技术才可能取得实质性的突破。

23.2.2 未来方向

我们相信，在语音识别中即使没有用到的声学模型部分出现大量的新技术，语音识别的准确率在上述情况下还是可能提高的。例如，使用更先进的麦克风阵列技术，我们可以显著地降低噪声和背景交谈的影响，从而在这些条件下提高语音识别准确率。我们也可以为远场麦克风生成搜集更多的训练数据，这样当使用相似的麦克风时能提高识别性能。

然而，为了最终解决语音识别问题，以使语音识别系统的性能在所有情况下都接近或者超过人类水平[1]，还是需要有新的声学建模技术和范式的。我们感觉到，下一代的语音识别系统可以被单独描述为包含许多互连组件和循环反馈，并能始终预测、修正和自适应的动态系统。举例来说，未来的语音识别系统能自动在混合语音中识别多个会话人，或者在有噪声的语音中解析出人声和噪声。接着系统能关注和跟踪某一个特定的说话人，而忽略其他说话人及噪声。这种关注的认知功能是人类与生俱来的，却是现今的语音识别系统所显著缺少的。未来的语音识别系统还能从训练集中学到关键的发音特征，并将其很好地泛化于未知说话人、带口音音频和噪声环境。

为了能构建这样一种新的语音识别系统，首先急需构建计算型网络的

1 在一些受限条件下，语音识别系统已经能表现得比人类好。比如，2008 年，语音识别系统已经在清晰环境的数字识别任务上以 0.2% 的错误率击败人类[838]。2006 年，IBM 的研究员 Kristjansson 等人曾发表过他们在单声道多人语音识别上的结果[876]。在使用极度受限的语言模型和封闭的说话人集合的条件下，他们的改进系统[877] 在 2010 年获得了 21.6% 的词错误率，这个结果要好于人类取得的 22.3% 的词错误率的结果。2014 年，Deng 等人在微软研究院开发的基于 DNN 的系统在相同任务上取得了 18.8% 的词错误率[878]，产生的错误远比人类要少。2016 年，微软研究院的研究者已经在 Switchboard 任务上取得了超越人类识别水平的结果。

强有力的工具。这些工具能让大规模和系统性的实验建立在比基本的 DNN 和 RNN 更先进的深度架构和算法上，其中部分架构和算法在之前章节进行过概述。进一步地说，就像我们在 RNN 一章中讨论过的，新的学习算法需要被开发，其能够集成自下而上的信息流的区分性动态模型（如 RNN）和自上而下的信息流的生成性动态模型的优点，同时克服各自的缺点。最近在基于统计和神经网络的变分推理方面的进展，看起来对学习深度生成模型[178–181] 是有效的，这让我们离所期望的多遍自下而上和自上而下的学习算法更近了一步。

我们预计下一代的语音识别系统能被无缝地集成到语义理解中，例如，用来限制搜索空间和更正语义上不一致的解码输出，并由此从语义理解的相关研究中获益。沿着这个方向，我们需要开发出语音识别系统中更好的输出词序列语义表示。不久前连续向量空间的词与短语的分布式表示[405, 879–882]，或称之为词嵌入和短语嵌入上的进展，让我们向目标更靠近了一步。最近，词嵌入（即词的分布式表示）的概念被引入语音识别系统中，作为传统的基于音素的词典模型的替代，并提高了识别准确率[883]。这例证了一种新方法，即基于连续向量空间的分布式表示来给语言符号建模，将其作为识别输出。这种方法看上去要比早期的一些词序列在符号向量空间的分布式表示方法——基于发音的或音素特征的音韵模型要强大[100, 102, 141, 538, 884, 885]。在这个方向上的进一步研究也许能利用多模态信息——语音和相关联的图像、手势与文本，将它们全都嵌入具有音韵性质的同一“语义”空间中，从而支持弱监督或者无监督的语音识别学习。

作为语言认知的核心任务，语义理解和对话管理问题的最终解决离不开有效的形式化表达和语言知识的嵌入。如何将分布式的词嵌入表示的概念有效地应用于语义本体的表征是一个关键问题，这也会极大影响深度学习模型结构的设计。为解决通用或大规模语义理解和对话交互的问题，将数据驱动与知识驱动的方法进行深入结合是必然的趋势。在数据驱动方面，以 BERT 和 XLNet 等为代表的海量语料预训练将会为语义理解提供更坚实的深度学习模型基础；在知识驱动方面，语言学知识的形式化表达可能借助图神经网络（Graph Neural Network）等结构化的深度学习得到有效表达，继而以结构约束的方式出现在数据驱动的深度学习模型之中。为解决语义理解和对话策略学习等认知型问题，从机器学习范式角度预先收集并标注数据再进行学习的“开环学习”的范式，将逐渐向数据产生与模型优化耦合在一起、具备通过反馈生成监督信号能力的“闭环学习”范式转移。前者的典型代表是有监督学习，后者则包括强化学习、对偶学习、自监督学习等。借助闭环学习的监督信号自生成的特性，就可能对海量的无标注或弱标注的数据进行有结构约束的自主优化，使得语言理解结构的发现和基于对话交互的在线学习成为可能。

更长远地看，我们相信语音识别、理解和对话系统研究能从人脑研究项目及特征表示的编码和学习、具有长程依赖和条件状态转移的循环网络、多任务学习、无监督和自监督学习、短时 / 序列信息处理的预测性方法、强化学习这些领域的研究中获益。例如，对人类声学系统的大脑皮质区的关注功能和声学特征编码的高效计算模型[886, 887]，可能用来缩小计算机和人类在语音识别上的性能差距。对说话者和听者之间的感知控制和互动也被提出，用来提升语音识别和自然语言处理的性能，实际运用的例子可参考文献 [888]。再如，对人类语言和物理世界对象认知的研究，可能揭示概念形成、语义理解、决策推理等的神经机制，继而为新的模型设计提供依据。这些能力是当前深度学习技术远远不具备的，需要我们扩展到其他领域，例如认知科学、计算语言学、知识表示和管理、人工智能、神经科学和仿生机器学习。

缩略词表

缩略词	英文全称	中文全称
ADMM	Alternating Directions Method of Multipliers	乘子方向交替算法
AE-BN	Auto-EncoderBottleneck	瓶颈自动编码器
ALM	Augmented Lagrange Multipliers	增广拉格朗日乘子
AM	Acoustic Model	声学模型
ANN	Artificial Neural Network	人工神经网络
ANN-HMM	Artificial Neural Network-Hidden Markov Model	人工神经网络-隐马尔可夫模型
ASGD	Asynchronous Stochastic Gradient Descent	异步随机梯度下降
ASR	Automatic Speech Recognition	自动语音识别
BLSTM	Bidirectional LSTM	双向 LSTM
BMMI	Boosted Maximum Mutual Information	增强型最大互信息
BP	Back Propagation	反向传播
BPTT	Back Propagation Through Time	沿时反向传播
CASA	Computational Auditory Scene Analysis	计算听觉场景分析
CD	Contrastive Divergence	对比散度
CD-DNN-HMM	Context-dependent Deep Nueral Network-Hidden Markov Model	上下文相关的深层神经网络-隐马尔可夫模型
CE	Cross Entropy	交叉熵
CGMM	Complex Gaussian Mixture Model	复数高斯混合模型
CHiME	Computational Hearing in Multi-source Environments	多声源环境下的计算听觉

缩略词	英文全称	中文全称
CMBP	Constrainted Markov Bayesian Polynomial	有约束马尔可夫贝叶斯多项式
CN	Confusion Network	混淆网络
CNN	Convolutional Neural Network	卷积神经网络
CNTK	Cognitive Toolkit	计算型神经网络工具包
CRF	Conditional Random Field	条件随机场
CT	Conservative Training	保守训练
CTC	Connectionist Temporal Classification	时序连接分类
DAG	Directed Acyclic Graph	有向无环图
DaT	Device-aware Training	设备感知训练
DANet	Deep Attractor Network	深度吸引子网络
DBN	Deep Belief Network	深度置信网络
DM	Dialogue Management	对话管理
DNN	Deep Neural Network	深层神经网络
DNN-GMM-HMM	Deep Neural Network-Gaussian Mixture Model-Hidden Markov Model	深层神经网络-混合高斯模型-隐马尔可夫模型
DNN-HMM	Deep Neural Network-Hidden Markov Model	深层神经网络-隐马尔可夫模型
DOA	Direction of Arrival	声源方位
DP	Dynamic Programming	动态规划
DPT	Discriminative Pre-Training	鉴别性预训练
DQN	Deep Q Network	深度 Q 网络
DSB	Delay and Sum Beamforming	延迟求和波束形成
DST	Dialogue State Tracking	对话状态跟踪
EBW	Extended Baum-Welch	扩展 Baum-Welch 算法
EM	Expectation–Maximization	期望最大化
F-smoothing	Frame-based smoothing	帧平滑
fDLR	Feature-space Discriminative Linear Regression	特征空间鉴别性线性回归

缩略词	英文全称	中文全称
fMLLR	Feature-space Maximum Likelihood Linear Regression	特征空间最大似然线性回归
FBANK	Filter Bank	滤波器组
FSA	Feature-space Speaker Adaptation	特征空间说话人自适应
GEV	Generalized Eigenvalue	广义特征值
GMM	Gaussian Mixture Model	混合高斯模型
GPGPU	General Purpose Graphical Processing Unit	通用图形处理单元
GRU	Gated Recurrent Unit	门控循环单元
HDM	Hidden Dynamic Model	隐动态模型
HMM	Hidden Markov Model	隐马尔可夫模型
HTM	Hidden Trajectory Model	隐轨迹模型
IBM	Ideal Binary Mask	理想二值掩蔽
IID	Independent Identical Distribution	独立同分布
IRM	Ideal Ratio Mask	理想浮值掩蔽
KL-HMM	KL-based Hidden Markov Model	基于 KL 散度的 HMM
KLD	Kullback-Leibler Divergence	散度（KL 距离）
KWS	Keyword Spotting	唤醒词检测
LBP	Layer-by-layer Back Propagation	逐层的反向传播
LHN	Linear Hidden Network	线性隐层网络
LIN	Linear Input Network	线性输入网络
LM	Language Model	语言模型
LON	Linear Output Network	线性输出网络
LSTM	Long short-term memory	长短时记忆
LVCSR	Large Vocabulary Continuous Speech Recognition	大词汇连续语音识别
LVSR	Large Vocabulary Speech Recognition	大词汇语音识别
MAP	Maximum a Posterior	最大后验
MBR	Minimum Bayes Risk	最小贝叶斯风险

缩略词	英文全称	中文全称
MFCC	Mel Frequency Cepstral Coefficient	梅尔倒谱系数
MLP	Multi-Layer Perceptron	多层感知器
MMI	Maximum Mutual Information	最大互信息
MPE	Minimum Phone Error	最小音素错误
MSE	Mean Square Error	均方误差
MTL	Multitask Learning	多任务学习
MUSIC	Multiple Signal Classification	多重信号分类
MVDR	Minimum Variance Distortionless Response	最小方差无失真响应
NAT	Noise Adaptive Training	噪声自适应训练
NaT	Noise-aware Training	噪声感知训练
NCE	Noise Contrastive Estimation	噪声对比估计
NLG	Nature Language Generator	自然语言生成
NLL	Negative Log Likelihood	负对数似然
NLP	Natural Language Processing	自然语言处理
oDLR	Output-feature Discriminative Linear Regression	输出特征的鉴别性线性回归
OOV	Out of Vocabulary	集外词
PCA	Principle Component Analysis	主成分分析
PIT	Permutation Invariant Training	排列不变性训练
PLP	Perceptual Linear Prediction	感知线性预测
POMDP	Partially Observable Markov Decision Process	部分可观察马尔可夫决策过程
RBM	Restricted Boltzmann Machine	受限玻尔兹曼机
ReLU	Rectified Linear Unit	整流线性单元
RKL	Reverse Kullback-Leibler	反向 KL
RNN	Recurrent Neural Network	循环神经网络
RPN	Recurrent Polynomial Network	循环多项式网络
ROVER	Recognizer Output Voting Error Reduction	识别错误票选降低技术

缩略词	英文全称	中文全称
RTF	Real Time Factor	实时率
SaT	Speaker-aware Training	说话人感知训练
SCARF	Segmental Conditional Random Field	分段条件随机场
SGD	Stochastic Gradient Descent	随机梯度下降
SHL-MDNN	Shared-hidden-layer Multilingual Deep Neural Network	共享隐层的多语言深层神经网络
SIMD	Single Instruction Multiple Data	单指令多数据
SKL	Symmetric Kullback-Leibler	对称 KL
SLU	Spoken Language Understanding	口语理解
sMBR	State-level Minimum Bayes Risk	状态级最小贝叶斯风险
SMD	Short Message Dictation	短消息听写
SNR	Signal-to-noise Ratios	信噪比
SRP-PHAT	Steered Response Power with Phase Transform	可控响应功率和相位变换
SVM	Support Vector Machines	支持向量机
SWB	Switchboard	美国 LDC 的电话交换机录制语音数据库
TasNet	Time-domain Audio Separation Network	时域音频分离网络
TDNN	Time Delay Neural Network	时间延迟神经网络
TDOA	Time Difference of Arrival	到达时延差
UBM	Universal Background Model	通用背景模型
VAD	Voice Activity Detection	语音活动端点检测
VS	Voice Search	语音搜索
VTLN	Vocal Tract Length Normalization	声道长度归一化
VTS	Vector Taylor Series	向量泰勒级数
WTN	Word Transition Network	词转移网络

作者简介

俞栋

电气和电子工程师学会会士（IEEE Fellow）、国际计算机学会杰出科学家（ACM Distinguished Scientist）。现任腾讯人工智能实验室副主任、腾讯公司杰出科学家，香港中文大学（深圳）、上海交通大学、浙江大学等多所高校的客座/兼职教授。加入腾讯前，是微软雷德蒙研究院语音与对话系统首席研究员。

作为语音识别和深度学习方向的著名学者，出版了两本专著，发表了 200 多篇论文（Google Scholar 引用近 3 万），是 80 余项专利的发明人以及深度学习开源软件 CNTK 的发起人和主要作者之一。在基于深度学习的语音识别和分离技术上进行了一系列开创性工作，极大地推动了语音处理领域的发展。发表的论文获得了 2005 年 ACMSE 最佳论文奖以及 2013 年和 2016 年 IEEE 信号处理学会最佳论文奖。曾担任 IEEE 语音语言处理专业委员会（IEEE Speech and Language Processing Technical Committee）委员、IEEE 西雅图分会副主席和 APSIPA 杰出讲师，也曾任 IEEE/ACM 音频、语音及语言处理汇刊（*IEEE/ACM Transactions on Audio, Speech & Language Processing*）和 IEEE 信号处理杂志（*IEEE Signal Processing Magazine*）等期刊的编委，以及多个国际会议的技术委员会和组织委员会成员。

邓力

人工智能、机器学习和语音语言信号处理领域著名专家，曾任微软首席人工智能科学家和深度学习技术中心研究经理。在美国威斯康星大学先后获得硕士和博士学位，然后在加拿大滑铁卢大学任教获得终身正教授职务，并曾任麻省理工学院研究员职位。1999 年加入微软研究院历任数职，并在 2014 年年初创办深度学习技术中心，主持微软公司及其研究院的人工智能和深度学习领域的技术创新工作。

研究方向包括自动语音与说话者识别、口语识别与理解、语音–语音翻译、机器翻译、语言模式、统计方法与机器学习、听觉和其他生物信息处理、深层结构学习、类脑机器智能、图像语言多模态深度学习、商业大数据深度分析等，在相关领域做出了重大贡献。被评选为加拿大国家工程院院士、美国华盛顿科学院院士、美国声学学会会士（ASA Fellow）、电气和电子工程师学会会士与理事、国际语音通信协会会士（ISCA Fellow），并凭借在深度学习与自动语音识别方向做出的杰出贡献，荣获 2015 年度 IEEE 信号处理技术成就奖。曾在顶级杂志和会议上发表与上述研究方向相关的学术论文 300 余篇，出版过 5 部著作，发明及合作发明专利 70 多项。

曾担任 IEEE 信号处理杂志（*IEEE Signal Processing Magazine*）和 IEEE/ACM 音频、语音及语言处理汇刊（*IEEE/ACM Transactions on Audio, Speech & Language Processing*）的主编。于 2017 年 5 月加入美国城堡基金任首席人工智能官（Chief AI Officer) 至今。

俞凯

上海交通大学计算机科学与工程系教授，思必驰公司创始人、首席科学家。清华大学自动化系学士、硕士，剑桥大学工程系博士。入选中组部“千人计划”（青年项目），获得国家自然科学基金委优秀青年科学基金，并任上海市“东方学者”特聘教授。作为 IEEE 高级会员，担任 IEEE 语音语言处理专业委员会委员，IEEE/ACM 音频、语音及语言处理汇刊编委；担任中国人工智能产业发展联盟学术和知识产权组组长、中国语音产业联盟技术工作组副组长、中国计算机学会语音对话及听觉专业组副主任。长期从事对话式人工智能的研究和产业化工作，研究兴趣涉及语音识别、合成、理解、对话系统、认知型人机交互等智能语音语言处理技术的多个核心技术领域，发表国际期刊和会议论文 150 余篇，获得国际语音通讯联盟（ISCA）2008—2012 Computer Speech and Language Best Paper Award、2019 Speech Communication Best Paper Award 等奖项和 InterSpeech 等国际会议最优论文奖，担任 InterSpeech、SigDial 等国际会议程序委员会主席和技术领域主席。2014 年获得中国人工智能学会颁发的“吴文俊人工智能科学技术奖”进步奖，获评“2016 科学中国人年度人物”，2017 年获得中国计算机学会“杰出演讲者”，2018 年获得中国计算机学会“青竹奖”。创立思必驰公司，进行智能语音及对话技术的产业化。思必驰公司已经具有较高的行业影响力，作为中国人工智能领域创业公司的优秀代表，被列入 2016 年高盛全球人工智能报告“AI Key Players”及 2017 年 Gartner “Cool Vendors for AI （East Asia）”报告。

钱彦旻

上海交通大学计算机科学与工程系副教授，博士生导师，上海交大–思必驰联合实验室副主任。华中科技大学学士、清华大学博士、英国剑桥大学工程系博士后，上海市青年英才扬帆计划获得者。现为 IEEE 高级会员、ISCA 会员，同时是国际开源项目 Kaldi 语音识别工具包的 13 位创始成员之一。担任 InterSpeech、ISCSLP 等国际会议的领域主席和 TPC 委员，*IEEE T-ASLP*、*IEEE J-STSP*、*IEEE SPL*、*ICASSP*、*InterSpeech* 等期刊和国际会议审稿人。有 10 余年从事智能语音及语言处理、人机交互、模式识别及机器学习的研究和产业化工作经验。在本领域的一流国际期刊和会议上发表学术论文 130 余篇，Google Scholar 引用总数 6500 余次，申请 50 余项专利，合作撰写和翻译多本外文图书。3 次获得领域内国际权威期刊和会议的最优论文奖，包括国际语音通信协会（ISCA）和欧洲信号处理联盟（EURASIP）在 2019 年颁发的 *Speech Communication* 杂志五年最优论文奖，国际会议 IEEE ASRU 2019 颁发的最优论文奖和 IEEE ISCSLP 2016 颁发的最优学生论文奖。作为负责人和主要参与者参加了包括国家自然科学基金、国家重点研发计划、国家 863、英国 EPSRC 等多个项目；作为主要参与人所负责搭建的多类别复杂广播语音处理系统在 MGB 2015 国际竞赛中获得语音识别、说话人分割聚类等全部 4 个单项的世界第一名。2014 年，因在智能语音技术产业化方面的贡献，获得中国人工智能学会颁发的“吴文俊人工智能科学技术奖”。目前的研究领域包括：语音识别、说话人和语种识别、语音抗噪与分离、语音情感感知、自然语言理解、深度学习建模、多媒体信号处理等。

参考文献

[1] Clayton, S.: Microsoft research shows a promising new breakthrough in speech translation technology (2012). URL [EB/OL]. [2019-10-10] http:// blogs.technet.com/ b/ next/ archive/ 2012/11/08/ microsoft-research-shows-a-promising-new-breakthrough-in-speech-translation-aspx.

[2] Yu D, Ju Y-c, Wang Y-y, et al. Automated directory assistance system-from theory to practice [C] // Proc. Annual Conference of International Speech Communication Association (INTERSPEECH). 2007 : 2709 – 2712.

[3] Wang Y-y, Yu D, Ju Y-c, et al. An introduction to voice search [J]. IEEE Signal Processing Magazine, 2008, 25(3) : 28 – 38.

[4] Zweig G, Chang S. Personalizing Model for Voice-Search [C] // Proc. Annual Conference of International Speech Communication Association (INTERSPEECH). 2011 : 609 – 612.

[5] Seltzer M l, Ju Y-c, Tashev I, et al. In-car media search [J]. IEEE Signal Processing Magazine, 2011, 28(4) : 50 – 60.

[6] Huang X, Acero A, Hon H-w, et al. Spoken language processing : Vol 18 [M]. Englewood Cliffs: Prentice Hall, 2001.

[7] Rabiner L, Juang B-h. An introduction to hidden Markov models [J]. IEEE ASSP Magazine, 1986, 3(1) : 4 – 16.

[8] Davis S, Mermelstein P. Comparison of parametric representations for monosyllabic word recognition in continuously spoken sentences [J]. Acoustics, Speech and Signal Processing, IEEE Transactions on, 1980, 28(4) : 357 – 366.

[9] Hermansky H. Perceptual linear predictive (PLP) analysis of speech [J]. The Journal of the Acoustical Society of America, 1990, 87 : 1738.

[10] Juang B-h, Hou W, Lee C-h. Minimum classification error rate methods for speech recognition [J]. IEEE Transactions on Speech and Audio Processing, 1997, 5(3) : 257 – 265.

[11] Povey D, Woodland P c. Minimum phone error and I-smoothing for improved discriminative training [C] // Proc. International Conference on Acoustics, Speech and Signal Processing (ICASSP) : Vol 1. 2002 : I – 105.

[12] Dahl G e, Yu D, Deng L, et al. Context-dependent pre-trained deep neural networks for large-vocabulary speech recognition [J]. IEEE Transactions on Audio, Speech and Language Processing, 2012, 20(1) : 30 – 42.

[13] Seide F, Li G, Yu D. Conversational speech transcription using context-dependent deep neural networks [C] // Proc. Annual Conference of International Speech Communication Association (INTERSPEECH). 2011 : 437 – 440.

[14] Ward W. Extracting information in spontaneous speech [C] // Third International Conference on Spoken Language Processing. 1994.

[15] Seneff S. TINA: A natural language system for spoken language applications [J]. Computational linguistics, 1992, 18(1): 61–86.

[16] Dowding J, Gawron J m, Appelt D, et al. Gemini: A natural language system for spoken-language understanding [C] // Proceedings of the 31st annual meeting on Association for Computational Linguistics. 1993: 54–61.

[17] Yao K, Zweig G, Hwang M-y, et al. Recurrent neural networks for language understanding [J]. submitted to INTERSPEECH, 2013.

[18] Vu N t, Gupta P, Adel H, et al. Bi-directional recurrent neural network with ranking loss for spoken language understanding [C] // 2016 IEEE International Conference on Acoustics, Speech and Signal Processing (ICASSP). 2016.

[19] Zhu S, Yu K. Encoder-decoder with Focus-mechanism for Sequence Labelling Based Spoken Language Understanding [C] // IEEE International Conference on Acoustics, Speech and Signal Processing(ICASSP). 2017: 5675–5679.

[20] Xu P, Sarikaya R. Convolutional neural network based triangular crf for joint intent detection and slot filling [C] // IEEE Workshop on Automatic Speech Recognition and Understanding (ASRU), 2013. 2013: 78–83.

[21] Vu N t. Sequential convolutional neural networks for slot filling in spoken language understanding [C] // 17th Annual Conference of the International Speech Communication Association (InterSpeech). 2016.

[22] Yao K, Peng B, Zweig G, et al. Recurrent conditional random field for language understanding [C] // IEEE International Conference on Acoustics, Speech and Signal Processing (ICASSP), 2014. 2014: 4077–4081.

[23] Huang Z, Xu W, Yu K. Bidirectional LSTM-CRF models for sequence tagging [J]. arXiv preprint arXiv:1508.01991, 2015.

[24] Sun K, Chen L, Zhu S, et al. The SJTU system for dialog state tracking challenge 2. [C] // SIGDIAL Conference. 2014: 318–326.

[25] Henderson M, Thomson B, Young S. Word-based dialog state tracking with recurrent neural networks [C] // Proceedings of the 15th Annual Meeting of the Special Interest Group on Discourse and Dialogue (SIGDIAL). 2014: 292–299.

[26] Mrkšić N, Séaghdha D ó, Wen T-h, et al. Neural Belief Tracker: Data-Driven Dialogue State Tracking [C] // Proceedings of the 55th Annual Meeting of the Association for Computational Linguistics (Volume 1: Long Papers). 2017: 1777–1788.

[27] Wu C-s, Madotto A, Hosseini-asl E, et al. Transferable Multi-Domain State Generator for Task-Oriented Dialogue Systems [C] // Proceedings of the 57th Annual Meeting of the Association for Computational Linguistics. 2019: 808–819.

[28] Young S, Gašić M, Keizer S, et al. The Hidden Information State Model: a practical framework for POMDP-based spoken dialogue management [J]. Computer Speech and Language, 2010, 24(2): 150–174.

[29] Mnih V, Kavukcuoglu K, Silver D, et al. Human-level control through deep reinforcement learning [J]. Nature, 2015, 518(7540): 529–533.

[30] Silver D, Huang A, Maddison C j, et al. Mastering the game of Go with deep neural networks and tree search [J]. Nature, 2016, 529(7587): 484–489.

[31] Gu S, Holly E, Lillicrap T, et al. Deep reinforcement learning for robotic manipulation with asynchronous off-policy updates [C] //2017 IEEE international conference on robotics and automation (ICRA). 2017: 3389–3396.

[32] Cuayáhuitl H, Keizer S, Lemon O. Strategic dialogue management via deep reinforcement learning [J]. arXiv preprint arXiv:1511.08099, 2015.

[33] Cuayáhuitl H. SimpleDS: A Simple Deep Reinforcement Learning Dialogue System [J]. arXiv preprint arXiv:1601.04574, 2016.

[34] Fatemi M, El asri L, Schulz H, et al. Policy Networks with Two-Stage Training for Dialogue Systems [C/OL] //Proceedings of the 17th Annual Meeting of the Special Interest Group on Discourse and Dialogue. Los Angeles: Association for Computational Linguistics, 2016: 101–110. [2019-10-10] http://www.aclweb.org/anthology/W16-3613.

[35] Zhao T, Eskenazi M. Towards End-to-End Learning for Dialog State Tracking and Management using Deep Reinforcement Learning [C/OL] // Proceedings of the 17th Annual Meeting of the Special Interest Group on Discourse and Dialogue. Los Angeles: Association for Computational Linguistics, 2016: 1–10. [2019-10-10] http://www.aclweb.org/anthology/W16-3601.

[36] Lipton Z c, Gao J, Li L, et al. Efficient exploration for dialogue policy learning with BBQ networks & replay buffer spiking [J]. arXiv preprint arXiv:1608.05081, 2016.

[37] Williams J d, Zweig G. End-to-end LSTM-based dialog control optimized with supervised and reinforcement learning [J]. arXiv preprint arXiv:1606.01269, 2016.

[38] Su P-h, Gasic M, Mrksic N, et al. Continuously Learning Neural Dialogue Management [J]. arXiv preprint arXiv:1606.02689, 2016.

[39] Mairesse F, Young S. Stochastic language generation in dialogue using factored language models [J]. Computational Linguistics, 2014, 40(4): 763–799.

[40] Wen T-h, Gasic M, Mrksic N, et al. Semantically Conditioned LSTM-based Natural Language Generation for Spoken Dialogue Systems [C] //EMNLP. 2015.

[41] Rabiner L, Juang B-h. Fundamentals of Speech Recognition [M]. Prentice-Hall, Upper Saddle River, NJ., 1993.

[42] Deng L, O'shaughnessy D. SPEECH PROCESSING — A Dynamic and Optimization-Oriented Approach [M]. Marcel Dekker Inc, NY, 2003.

[43] Huang X, Acero A, Hon H-w. Spoken Language Processing: A Guide to Theory, Algorithm, and System Development [M]. Prentice Hall, 2001.

[44] Huang X, Deng L. An Overview of Modern Speech Recognition [G] // Indurkhya N, Damerau F j. Handbook of Natural Language Processing, Second Edition. Boca Raton, FL: CRC Press, Taylor and Francis Group, 2010.

[45] Rabiner L. A Tutorial on Hidden Markov Models and Selected Applications in Speech Recognition [J]. Proceedings of the IEEE, 1989, 77(2): 257–286.

[46] Moon T k. The expectation-maximization algorithm [J]. IEEE Signal Processing Magazine, 1996, 13(6): 47–60.

[47] Rumelhart D e, Hintont G e, Williams R j. Learning representations by back-propagating errors [J]. Nature, 1986, 323(6088): 533–536.

[48] Lecun Y, Bottou L, Orr G b, et al. Efficient backprop [G] // Neural networks: Tricks of the trade. Springer, 1998: 9–50.

[49] Seide F, Li G, Chen X, et al. Feature engineering in context-dependent deep neural networks for conversational speech transcription [C] // Proc. IEEE Workshop on Automatic Speech Recognition and Understanding (ASRU). 2011: 24–29.

[50] Hinton G. A practical guide to training restricted Boltzmann machines: UTML TR 2010-003 [R]. University of Toronto, 2010.

[51] Bengio Y, Lamblin P, Popovici D, et al. Greedy Layer-Wise Training of Deep Networks [C] // Proc. Neural Information Processing Systems (NIPS). 2006: 153–160.

[52] Juang B-h, Levinson S e, Sondhi M m. Maximum likelihood estimation for mixture multivariate stochastic observations of Markov chains [J]. IEEE International Symposium on Information Theory, 1986, 32(2): 307–309.

[53] Deng L, Kenny P, Lennig M, et al. Phonemic hidden Markov models with continuous mixture output densities for large vocabulary word recognition [J]. IEEE Transactions on Acoustics, Speech and Signal Processing, 1991, 39(7): 1677–1681.

[54] Rasmussen C e. The Infinite Gaussian Mixture Model [C] // Proc. Neural Information Processing Systems (NIPS). 1999.

[55] Dempster A p, Laird N m, Rubin D b. Maximum-likelihood from incomplete data via the EM algorithm [J]. J. Royal Statist. Soc. Ser. B., 1977, 39.

[56] Bilmes J. A Gentle Tutorial of the EM algorithm and its application to Parameter Estimation for Gaussian Mixture and Hidden Markov Models: TR-97-021 [R]. ICSI, 1997.

[57] Deng L. A generalized hidden Markov model with state-conditioned trend functions of time for the speech signal [J]. Signal Processing, 1992, 27(1): 65–78.

[58] Deng L, Mark J. Parameter estimation for Markov modulated Poisson processes via the EM algorithm with time discretization [C] // Telecommunication Systems. 1993.

[59] Deng L, Rathinavelu C. A Markov model containing state-conditioned second-order non-stationarity: application to speech recognition [J]. IEEE Transactions on Speech and Audio Processing, 1995, 9(1): 63–86.

[60] Bilmes J. What HMMs Can Do [J]. IEICE Trans. Information and Systems, 2006, E89-D(3): 869–891.

[61] Bishop C. Pattern Recognition and Machine Learning [M]. Springer, 2006.

[62] Jiang H, Li X, Liu C. Large Margin Hidden Markov Models for Speech Recognition [J]. IEEE Transactions on Audio, Speech and Language Processing, 2006, 14(5): 1584–1595.

[63] Jiang H, Li X. Discriminative Learning in Sequential Pattern Recognition — A Unifying Review for Optimization-Oriented Speech Recognition [J]. IEEE Signal Processing Magazine, 2010, 27(3): 115–127.

[64] Xiao L, Deng L. A geometric perspective of large-margin training of Gaussian models [J]. IEEE Signal Processing Magazine, 2010, 27: 118–123.

[65] He X, Deng L. Discriminative Learning for Speech Recognition: Theory and Practice [M]. Morgan and Claypool, 2008.

[66] Deng L. DYNAMIC SPEECH MODELS — Theory, Algorithm, and Applications [M]. Morgan and Claypool, 2006.

[67] Reynolds D, Rose R. Robust text-independent speaker identification using Gaussian mixture speaker models [J]. IEEE Transactions on Speech and Audio Processing, 1995, 3(1): 72–83.

[68] Kenny P. Joint factor analysis of speaker and session variability: Theory and algorithms [J]. CRIM, Montreal,(Report) CRIM-06/08-13, 2005.

[69] Yin S-c, Rose R, Kenny P. A Joint Factor Analysis Approach to Progressive Model Adaptation in Text-Independent Speaker Verification [J]. IEEE Transactions on Audio, Speech, and Language Processing, 2007, 15(7): 1999–2010.

[70] Dehak N, Kenny P, Dehak R, et al. Front-end factor analysis for speaker verification [J]. IEEE Transactions on Audio, Speech and Language Processing, 2011, 19(4): 788–798.

[71] Frey B, Deng L, Acero A, et al. Algonquin: Iterating Laplaces method to remove multiple types of acoustic distortion for robust speech recognition [C] // Proc. European Conference on Speech Communication and Technology (EUROSPEECH). 2000.

[72] Deng L, Wang K, Acero A, et al. Distributed speech processing in MiPad's multimodal user interface [J]. IEEE Transactions on Audio, Speech and Language Processing, 2012, 20(9): 2409 –2419.

[73] Deng L, Droppo J, A.acero. Recursive estimation of nonstationary noise using iterative stochastic approximation for robust speech recognition [J]. IEEE Transactions on Speech and Audio Processing, 2003, 11: 568–580.

[74] Deng L, Droppo J, Acero A. A Bayesian approach to speech feature enhancement using the dynamic cepstral prior [C] // Proc. International Conference on Acoustics, Speech and Signal Processing (ICASSP): Vol 1. 2002: I–832.

[75] Deng L, Droppo J, Acero A. Enhancement of log Mel power spectra of speech using a phase-sensitive model of the acoustic environment and sequential estimation of the corrupting noise [J]. IEEE Transactions on Speech and Audio Processing, 2004, 12(2): 133 – 143.

[76] Deng L, Acero A, Plumpe M, et al. Large vocabulary speech recognition under adverse acoustic environment [C] // Proc. International Conference on Spoken Language Processing (ICSLP). 2000: 806–809.

[77] Divenyi P, Greenberg S, Meyer G. Dynamics of Speech Production and Perception [M]. IOS Press, 2006.

[78] King S, J. F, K. L, et al. Speech production knowledge in automatic speech recognition [J]. Journal Acoustical Society of America, 2007, 121: 723–742.

[79] Anon. A Functional Articulatory Dynamic Model for Speech Production: Vol 2 [C]. 2001: 797–800.

[80] Deng L. Switching Dynamic System Models for Speech Articulation and Acoustics [G] // Mathematical Foundations of Speech and Language Processing. Springer-Verlag, New York, 2003: 115–134.

[81] Deng L, Ramsay G, Sun D. Production models as a structural basis for automatic speech recognition [J]. Speech Communication, 1997, 33(2-3): 93–111.

[82] Deng L. Computational Models for Speech Production [G] // Computational Models of Speech Pattern Processing. Springer-Verlag, New York, 1999: 199–213.

[83] Baker J, Deng L, Glass J, et al. Research Developments and Directions in Speech Recognition and Understanding, Part I [J]. IEEE Signal Processing Magazine, 2009, 26(3): 75–80.

[84] Baker J, Deng L, Glass J, et al. Research Developments and Directions in Speech Recognition and Understanding, Part II [J]. IEEE Signal Processing Magazine, 2009, 26(4): 78–85.

[85] Baker J. Stochastic modeling for automatic speech recognition [G] // Reddy D. Speech Recognition. Academic, New York, 1976.

[86] Jelinek F. Continuous speech recognition by statistical methods [J]. Proceedings of the IEEE, 1976, 64(4): 532 – 557.

[87] Deng L, Li X. Machine learning paradigms in speech recognition: An overview [J]. IEEE Transactions on Audio, Speech and Language Processing, 2013, 21(5): 1060–1089.

[88] Gales M, Watanabe S, Fosler-lussier E. Structured Discriminative Models for Speech Recognition [J]. IEEE Signal Processing Magazine, 2012(29): 70–81.

[89] Bridle J, Deng L, Picone J, et al. An Investigation fo Segmental Hidden Dynamic Models of Speech Coarticulation for Automatic Speech Recognition [J]. Final Report for 1998 Workshop on Langauge Engineering, CLSP, Johns Hopkins, 1998.

[90] Picone J, Pike S, Regan R, et al. Initial Evaluation of Hidden Dynamic Models on Conversational Speech [C] // Proc. International Conference on Acoustics, Speech and Signal Processing (ICASSP). 1999.

[91] Acero A, Deng L, Kristjansson T t, et al. HMM adaptation using vector taylor series for noisy speech recognition [C] // Proc. Annual Conference of International Speech Communication Association (INTERSPEECH). 2000: 869–872.

[92] Chengalvarayan R, Deng L. HMM-based speech recognition using state-dependent, discriminatively derived transforms on mel-warped DFT features [J]. IEEE Transactions on Speech and Audio Processing, 1997(5): 243–256.

[93] Heigold G, Ney H, Schluter R. Investigations on an EM-style optimization algorithm for discriminative training of HMMs [J]. IEEE Transactions on Audio, Speech, and Language Processing, 2013, 21(12): 2616–2626.

[94] Li J, Deng L, Yu D, et al. A unified framework of HMM adaptation with joint compensation of additive and convolutive distortions [J]. Computer Speech and Language, 2009, 23(3): 389–405.

[95] Li J, Deng L, Yu D, et al. High-performance hmm adaptation with joint compensation of additive and convolutive distortions via Vector Taylor Series [C] // Proc. IEEE Workshop on Automatic Speech Recognition and Understanding (ASRU). 2007: 65 –70.

[96] Li J, Deng L, Gong Y, et al. A unified framework of HMM adaptation with joint compensation of additive and convolutive distortions [J]. Computer Speech and Language, 2009, 23: 389–405.

[97] Zen H, Tokuda K, Kitamura T. An introduction of trajectory model into HMM-based speech synthesis [C] // Proc. of ISCA SSW5. 2004: 191–196.

[98] Zhang L, Renals S. Acoustic-articulatory modelling with the trajectory HMM [J]. IEEE Signal Processing Letters, 2008, 15: 245–248.

[99] Zhou J-l, Seide F, Deng L. Coarticulation Modeling by Embedding a Target-Directed Hidden Trajectory Model into HMM — Model and Training [C] // Proc. International Conference on Acoustics, Speech and Signal Processing (ICASSP): Vol 1. 2003: 744–747.

[100] Deng L, Sun D. A statistical approach to automatic speech recognition using the atomic speech units constructed from overlapping articulatory features [J]. Journal Acoustical Society of America, 1994, 85: 2702–2719.

[101] Deng L, Sameti H. Transitional speech units and their representation by regressive Markov states: Applications to speech recognition [J]. IEEE Transactions on Speech and Audio Processing, 1996, 4(4): 301–306.

[102] Sun J, Deng L. An overlapping-feature based phonological model incorporating linguistic constraints: Applications to speech recognition [J]. Journal Acoustical Society of America, 2002, 111: 1086–1101.

[103] Yu D, Deng L, Gong Y, et al. A novel framework and training algorithm for variable-parameter hidden Markov models [J]. IEEE Transactions on Audio, Speech and Language Processing, 2009, 17(7): 1348–1360.

[104] Deng L. A stochastic model of speech incorporating hierarchical nonstationarity [J]. IEEE Transactions on Acoustics, Speech and Signal Processing, 1993, 1(4): 471–475.

[105] Gong Y, Illina I, Haton J-p. Modeling Long Term Variability Information In Mixture Stochastic Trajectory Framework [C] // Proc. International Conference on Spoken Language Processing (ICSLP). 1996.

[106] Deng L, Aksmanovic M, Sun D, et al. Speech recognition using hidden Markov models with polynomial regression functions as non-stationary states [J]. IEEE Transactions on Acoustics, Speech and Signal Processing, 1994, 2(4): 101–119.

[107] Holmes W, Russell M. Probabilistic-trajectory segmental HMMs [J]. Computer Speech and Language, 1999, 13: 3–37.

[108] Chengalvarayan R, Deng L. Speech Trajectory Discrimination Using the Minimum Classification Error Learning [J]. IEEE Transactions on Speech and Audio Processing, 1998(6): 505–515.

[109] Deng L, Yu D. Use of differential cepstra as acoustic features in hidden trajectory modelling for phonetic recognition [C] // Proc. International Conference on Acoustics, Speech and Signal Processing (ICASSP). 2007: 445–448.

[110] Liu S, Sim K. Temporally Varying Weight Regression: A Semi-Parametric Trajectory Model for Automatic Speech Recognition [J]. IEEE Transactions on Audio, Speech and Language Processing, 2014, 22(1): 151–160.

[111] Baum L, Petrie T. Statistical inference for probabilistic functions of finite state Markov chains [J]. Ann. Math. Statist., 1966, 37(6): 1554–1563.

[112] Bellman R. Dynamic Programming [M]. Princeton University Press, 1957.

[113] Sakoe H, Chiba S. Dynamic Programming Algorithm Optimization for Spoken Word Recognition [G] // Readings in Speech Recognition. San Francisco, CA, USA: Morgan Kaufmann Publishers Inc., 1990: 159–165.

[114] Deng L, Lennig M, Seitz F, et al. Large vocabulary word recognition using context-dependent allophonic hidden Markov models [J]. Computer Speech and Language, 1991, 4: 345–357.

[115] Yu D, Deng L, Dahl G. Roles of Pre-Training and Fine-Tuning in Context-Dependent DBN-HMMs for Real-World Speech Recognition [C] // NIPS Workshop on Deep Learning and Unsupervised Feature Learning. 2010.

[116] Dahl G, Yu D, Deng L, et al. Large Vocabulary Continuous Speech Recognition With Context-Dependent DBN-HMMs [C] // Proc. International Conference on Acoustics, Speech and Signal Processing (ICASSP). 2011.

[117] Dahl G, Yu D, Deng L, et al. Context-Dependent Pre-Trained Deep Neural Networks for Large-Vocabulary Speech Recognition [J]. IEEE Transactions on Audio, Speech and Language Processing, 2012, 20(1): 30–42.

[118] Chen X, Eversole A, Li G, et al. Pipelined Back-Propagation for Context-Dependent Deep Neural Networks. [C] // Proc. Annual Conference of International Speech Communication Association (INTERSPEECH). 2012.

[119] Ostendorf M, Kannan A, Kimball O, et al. Continuous word recognition based on the stochastic segment model [J]. Proc. DARPA Workshop CSR, 1992.

[120] Ostendorf M, Digalakis V, Kimball O. From HMM's to Segment Models: A Unified View of Stochastic Modeling for Speech Recognition [J]. IEEE Transactions on Speech and Audio Processing, 1996, 4(5).

[121] Deng L, Yu D, Acero A. A Bidirectional Target Filtering Model of Speech Coarticulation: two-stage Implementation for Phonetic Recognition [J]. IEEE Transactions on Speech and Audio Processing, 2006, 14: 256–265.

[122] Deng L. A dynamic, feature-based approach to the interface between phonology and phonetics for speech modeling and recognition [J]. Speech Communication, 1998, 24(4): 299–323.

[123] Ma J, Deng L. A path-stack algorithm for optimizing dynamic regimes in a statistical hidden dynamic model of speech [J]. Computer Speech and Language, 2000, 14: 101 – 104.

[124] Ma J, Deng L. Efficient Decoding Strategies for Conversational Speech Recognition Using a Constrained Nonlinear State-Space Model [J]. IEEE Transactions on Audio, Speech and Language Processing, 2004, 11(6): 590 – 602.

[125] Ma J, Deng L. Target-Directed Mixture Dynamic Models for Spontaneous Speech Recognition [J]. IEEE Transactions on Audio and Speech Processing, 2004, 12(1): 47 – 58.

[126] Russell M, Jackson P. A multiple-level linear/ linear segmental HMM with a formant-based intermediate layer [J]. Computer Speech and Language, 2005, 19: 205 – 225.

[127] Bilmes J. Buried Markov Models: A Graphical Modeling Approach to Automatic Speech Recognition [J]. Computer Speech and Language, 2003, 17: 213 – 231.

[128] Bilmes J, Bartels C. Graphical Model Architectures for Speech Recognition [J]. IEEE Signal Processing Magazine, 2005, 22: 89 – 100.

[129] Bilmes J. Dynamic Graphical Models [J]. IEEE Signal Processing Magazine, 2010, 33: 29 – 42.

[130] Deng L, Yu D, Acero A. Structured Speech Modeling [J]. IEEE Transactions on Speech and Audio Processing, 2006, 14: 1492 – 1504.

[131] Yu D, Deng L, Acero A. A Lattice Search Technique for a Long-Contextual-Span Hidden Trajectory Model of Speech [J]. Speech Communication, 2006, 48: 1214 – 1226.

[132] Yu D, Deng L. Speaker-adaptive learning of resonance targets in a hidden trajectory model of speech coarticulation [J]. Computer Speech and Language, 2007, 27: 72 – 87.

[133] Ghahramani Z, Hinton G e. Variational Learning for Switching State-Space Models [J]. Neural Computation, 2000, 12: 831 – 864.

[134] Fox E, Sudderth E, Jordan M, et al. Bayesian Nonparametric Methods for Learning Markov Switching Processes [J]. IEEE Signal Processing Magazine, 2010, 27(6): 43 – 54.

[135] Lee L, Attias H, Deng L. Variational inference and learning for segmental switching state space models of hidden speech dynamics [C] // Proc. International Conference on Acoustics, Speech and Signal Processing (ICASSP): Vol 1. 2003: I – 875.

[136] Mesot B, Barber D. Switching Linear Dynamical Systems for Noise Robust Speech Recognition [J]. IEEE Transactions on Audio, Speech and Language Processing, 2007, 15(6): 1850 – 1858.

[137] Rosti A, Gales M. Rao-Blackwellised Gibbs sampling for switching linear dynamical systems [C] // Proc. International Conference on Acoustics, Speech and Signal Processing (ICASSP): Vol 1. 2004: I – 12.

[138] Droppo J, Acero A. Noise robust speech recognition with a switching linear dynamic model [C] // Proc. International Conference on Acoustics, Speech and Signal Processing (ICASSP): Vol 1. 2004: I – 956.

[139] Livescu K, Fosler-lussier E, Metze F. Subword Modeling for Automatic Speech Recognition: Past, Present, and Emerging Approaches [J]. IEEE Signal Processing Magazine, 2012, 29(6): 44–57.

[140] Gao Y, Bakis R, Huang J, et al. Multistage Coarticulation Model Combining Articulatory, Formant and Cepstral Features [C] // Proc. International Conference on Spoken Language Processing (ICSLP). 2000: 25–28.

[141] Deng L. Articulatory Features and Associated Production Models in Statistical Speech Recognition [G] // Computational Models of Speech Pattern Processing. Springer-Verlag, New York, 1999: 214–224.

[142] Kello C t, Plaut D c. A neural network model of the articulatory-acoustic forward mapping trained on recordings of articulatory parameters [J]. Journal Acoustical Society of America, 2004, 116(4): 2354–2364.

[143] Deng L, Bazzi I, Acero A. Tracking Vocal Tract Resonances Using an Analytical Nonlinear Predictor and a Target-guided Temporal Constraint [C] // Proc. Annual Conference of International Speech Communication Association (INTERSPEECH). 2003.

[144] Deng L, Dang J. Speech Analysis: The Production-Perception Perspective [G] // Advances in Chinese Spoken Language Processing. World Scientific Publishing, 2007.

[145] Deng L, Attias H, Lee L, et al. Adaptive Kalman smoothing for tracking vocal tract resonances using a continuous-valued hidden dynamic model [J]. IEEE Transactions on Audio, Speech and Language Processing, 2007, 15: 13–23.

[146] Zhang S, Gales M. Structured SVMs for Automatic Speech Recognition [J]. IEEE Transactions on Audio, Speech and Language Processing, 2013, 21(3): 544 –555.

[147] Bahl L, Brown P, de Souza P, et al. Maximum Mutual Information Estimation of HMM Parameters for Speech Recognition [C] // Proc. International Conference on Acoustics, Speech and Signal Processing (ICASSP). 1986: 49–52.

[148] Schlueter R, Macherey W, Mueller B, et al. Comparison of Discriminative Training Criteria and Optimization Methods for Speech Recognition [J]. Speech Communication, 2001, 31: 287–310.

[149] Biem A, Katagiri S, Mcdermott E, et al. An application of discriminative feature extraction to filter-bank-based speech recognition [J]. IEEE Transactions on Speech and Audio Processing, 2001(9): 96–110.

[150] Povey D, Woodland P c. Minimum phone error and I-smoothing for improved discriminative training [C] // Proc. International Conference on Acoustics, Speech and Signal Processing (ICASSP). 2002: 105–108.

[151] Woodland P c, Povey D. Large scale discriminative training of hidden Markov models for speech recognition [J]. Computer Speech and Language, 2002.

[152] Macherey W, Ney H. A Comparative Study on Maximum Entropy and Discriminative Training for Acoustic Modeling in Automatic Speech Recognition [C] // Proc. European Conference on Speech Communication and Technology (EUROSPEECH). 2003: 493–496.

[153] Mak B, Tam Y, Li P. Discriminative Auditory-Based Features for Robust Speech Recognition [J]. IEEE Transactions on Speech and Audio Processing, 2004(12): 28–36.

[154] Povey D, Kingsbury B, Mangu L, et al. fMPE: Discriminatively trained features for speech recognition [C] // Proc. International Conference on Acoustics, Speech and Signal Processing (ICASSP): Vol 1. 2005: 961–964.

[155] Yu D, Deng L, He X, et al. Use of incrementally regulated discriminative margins in MCE training for speech recognition. [C] // Proc. Annual Conference of International Speech Communication Association (INTERSPEECH). 2006.

[156] Yu D, Deng L, He X, et al. Use of incrementally regulated discriminative margins in MCE training for speech recognition [C] // Proc. International Conference on Spoken Language Processing (ICSLP). 2006: 2418–2421.

[157] Zhang B, Matsoukas S, Schwartz R. Discriminatively trained region dependent feature transforms for speech recognition [C] // Proc. International Conference on Acoustics, Speech and Signal Processing (ICASSP): Vol 1. 2006: I–I.

[158] Suzuki J, Fujino A, Isozaki H. Semi-Supervised Structured Output Learning Based on a Hybrid Generative and Discriminative Approach [C] // Proc. EMNLP-CoNLL. 2007.

[159] Yu D, Deng L, He X, et al. Large-margin minimum classification error training: A theoretical risk minimization perspective [J]. Computer Speech and Language, 2008, 22: 415–429.

[160] He X, Deng L, Chou W. Discriminative Learning in Sequential Pattern Recognition — A Unifying Review for Optimization-Oriented Speech Recognition [J]. IEEE Signal Processing Magazine, 2008, 25(5): 14–36.

[161] Povey D, Kanevsky D, Kingsbury B, et al. Boosted MMI for model and feature-space discriminative training [C] // Proc. International Conference on Acoustics, Speech and Signal Processing (ICASSP). 2008: 4057–4060.

[162] Heigold G, Wiesler S, Nubbaum-thom M, et al. Discriminative HMMs. log-linear models, and CRFs: What is the difference? [C] // Proc. International Conference on Acoustics, Speech and Signal Processing (ICASSP). 2010.

[163] He X, Deng L. Speech Recognition, Machine Translation, and Speech Translation — A Unified Discriminative Learning Paradigm [J]. IEEE Signal Processing Magazine, 2011, 27: 126–133.

[164] Fu Q, Zhao Y, Juang B-h. Automatic Speech Recognition Based on Non-Uniform Error Criteria [J]. IEEE Transactions on Audio, Speech and Language Processing, 2012, 20(3): 780–793.

[165] Wright S, Kanevsky D, Deng L, et al. Optimization Algorithms and Applications for Speech and Language Processing [J]. IEEE Transactions on Audio, Speech, and Language Processing, 2013, 21(11): 2231–2243.

[166] Liu F-h, Stern R m, Huang X, et al. Efficient cepstral normalization for robust speech recognition [C] // Proc. ACL Workshop on Human Language Technologies (ACL-HLT). 1993: 69–74.

[167] Gales M, Young S. Robust continuous speech recognition using parallel model combination [J]. IEEE Transactions on Speech and Audio Processing, 1996, 4(5): 352-359.

[168] Deng L, Wu J, Droppo J, et al. Analysis and comparisons of two speech feature extraction/compensation algorithms [J], 2005.

[169] Li J, Deng L, Yu D, et al. HMM adaptation using a phase-sensitive acoustic distortion model for environment-robust speech recognition [C] // Proc. International Conference on Acoustics, Speech and Signal Processing (ICASSP). 2008: 4069-4072.

[170] Kalinli O, Seltzer M, Droppo J, et al. Noise Adaptive Training for Robust Automatic Speech Recognition [J]. IEEE Transactions on Audio, Speech and Language Processing, 2010, 18(8): 1889 -1901.

[171] Gemmeke J, Virtanen T, Hurmalainen A. Exemplar-Based Sparse Representations for Noise Robust Automatic Speech Recognition [J]. IEEE Transactions on Audio, Speech and Language Processing, 2011, 19(7): 2067-2080.

[172] Kalinli O, Seltzer M l, Droppo J, et al. Noise adaptive training for robust automatic speech recognition [J]. Audio, Speech, and Language Processing, IEEE Transactions on, 2010, 18(8): 1889-1901.

[173] Wang Y, Gales M j. Speaker and noise factorization for robust speech recognition [J]. IEEE Transactions on Audio, Speech and Language Processing, 2012, 20(7): 2149-2158.

[174] Deng L. Front-End, Back-End, and Hybrid Techniques to Noise-Robust Speech Recognition. Chapter 4 in Book: Robust Speech Recognition of Uncertain Data [M]. Springer Verlag, 2011: 67-99.

[175] Anon. Variational Learning in Mixed-State DYnamic Graphical Models [C]. 1999: 522-530.

[176] Xing E, Jordan M, Russell S. A generalized mean field algorithm for variational inference in exponential families [C] // Proc. Conference on Uncertainty in Artificial Intelligence (UAI). 2003.

[177] Kingma D, Welling M. Efficient Gradient-Based Inference through Transformations between Bayes Nets and Neural Nets [C] // Proc. International Conference on Machine Learning (ICML). 2014.

[178] Mnih A, K. gregor. Neural Variational Inference and Learning in Belief Networks [C] // Proc. International Conference on Machine Learning (ICML). 2014.

[179] Shakir Mohamed Danilo jimenez rezende D w. Stochastic Backpropagation and Approximate Inference in Deep Generative Models [C] // Proc. International Conference on Machine Learning (ICML). 2014.

[180] Hoffman M d, Blei D m, Wang C, et al. Stochastic Variational Inference [J]. Journal of Machine Learning Research (JMLR), 2013, 14(1): 1303-1347.

[181] Bengio Y. Estimating or Propagating Gradients Through Stochastic Neurons [J]. CoRR, 2013.

[182] Glorot X, Bordes A, Bengio Y. Deep Sparse Rectifier Neural Networks [C] // Proc. International Conference on Artificial Intelligence and Statistics (AISTATS): Vol 15. 2011: 315 – 323.

[183] Hornik K, Stinchcombe M, White H. Multilayer feedforward networks are universal approximators [J]. Neural networks, 1989, 2(5): 359 – 366.

[184] Earl bryson A, Ho Y-c. Applied optimal control: optimization, estimation, and control [M]. Blaisdell Publishing Company, 1969.

[185] Bengio Y. Practical recommendations for gradient-based training of deep architectures [G] // Neural Networks: Tricks of the Trade. Springer, 2012: 437 – 478.

[186] Duchi J, Hazan E, Singer Y. Adaptive subgradient methods for online learning and stochastic optimization [J]. Journal of Machine Learning Research (JMLR), 2011: 2121 – 2159.

[187] Hinton G e, Srivastava N, Krizhevsky A, et al. Improving neural networks by preventing co-adaptation of feature detectors [J]. arXiv preprint arXiv:1207.0580, 2012.

[188] Wang S, Manning C. Fast dropout training [C] // Proceedings of the 30th International Conference on Machine Learning (ICML-13). 2013: 118 – 126.

[189] Ioffe S, Szegedy C. Batch Normalization: Accelerating Deep Network Training by Reducing Internal Covariate Shift [J/OL]. CoRR, 2015, abs/1502.03167. http://arxiv.org/abs/1502.03167.

[190] Liu D c, Nocedal J. On the limited memory BFGS method for large scale optimization [J]. Mathematical programming, 1989, 45(1-3): 503 – 528.

[191] Bottou L. Online learning and stochastic approximations [J]. On-line learning in neural networks, 1998, 17: 9.

[192] Kirkpatrick S, Jr. D g, Vecchi M p. Optimization by simmulated annealing [J]. science, 1983, 220(4598): 671 – 680.

[193] Guenter B, Yu D, Eversole A, et al. Stochastic Gradient Descent Algorithm in the Computational Network Toolkit [J], 2013.

[194] Seide F, Fu H, Droppo J, et al. On Parallelizability of Stochastic Gradient Descent for Speech DNNs [C] // Proc. International Conference on Acoustics, Speech and Signal Processing (ICASSP). 2014.

[195] Nesterov Y. A method of solving a convex programming problem with convergence rate O (1/k2) [C] // Soviet Mathematics Doklady: Vol 27. 1983: 372 – 376.

[196] Snoek J, Larochelle H, Adams R p. Practical Bayesian optimization of machine learning algorithms [J]. arXiv preprint arXiv:1206.2944, 2012.

[197] Smolensky P. Information processing in dynamical systems: Foundations of harmony theory [J], 1986.

[198] Ling Z-h, Deng L, Yu D. Modeling spectral envelopes using restricted Boltzmann machines and deep belief networks for statistical parametric speech synthesis [J]. IEEE Transactions on Audio, Speech and Language Processing, 2013, 21(10): 2129 – 2139.

[199] Hinton G e, Salakhutdinov R. Replicated softmax: an undirected topic model [C] // Proc. Neural Information Processing Systems (NIPS). 2009 : 1607 – 1614.

[200] Coates A, Ng A y, Lee H. An analysis of single-layer networks in unsupervised feature learning [C] // Proc. International Conference on Artificial Intelligence and Statistics (AISTATS). 2011 : 215 – 223.

[201] Salakhutdinov R, Mnih A, Hinton G. Restricted Boltzmann machines for collaborative filtering [C] // Proc. International Conference on Machine Learning (ICML). 2007 : 791 – 798.

[202] Hinton G e. Training products of experts by minimizing contrastive divergence [J]. Neural computation, 2002, 14(8) : 1771 – 1800.

[203] Hinton G, Osindero S, Teh Y-w. A fast learning algorithm for deep belief nets [J]. Neural Computation, 2006, 18 : 1527 – 1554.

[204] Hinton G e, Dayan P, Frey B j, et al. The "wake-sleep" algorithm for unsupervised neural networks [J]. SCIENCE-NEW YORK THEN WASHINGTON-, 1995 : 1158 – 1158.

[205] Saul L k, Jaakkola T, Jordan M i. Mean Field Theory for Sigmoid Belief Networks [J]. Journal of Artificial Intelligence Research (JAIR), 1996, 4 : 61 – 76.

[206] Vincent P, Larochelle H, Bengio Y, et al. Extracting and Composing Robust Features with Denoising Autoencoders [C] // Proc. International Conference on Machine Learning (ICML). 2008 : 1096 – 1103.

[207] Sainath T, Kingsbury B, Ramabhadran B. Improving training time of deep belief networks through hybrid pre-training and larger batch sizes [C] // Proc. Neural Information Processing Systems (NIPS) Workshop on Log-linear Models. 2012.

[208] Larochelle H, Bengio Y. Classification using discriminative restricted Boltzmann machines [C] // Proc. International Conference on Machine Learning (ICML). 2008 : 536 – 543.

[209] Erhan D, Manzagol P-a, Bengio Y, et al. The Difficulty of Training Deep Architectures and the effect of Unsupervised Pre-Training [C] // Proc. International Conference on Artificial Intelligence and Statistics (AISTATS). 2009 : 153 – 160.

[210] Erhan D, Bengio Y, Courville A, et al. Why does unsupervised pre-training help deep learning? [J]. Journal of Machine Learning Research (JMLR), 2010, 11 : 625 – 660.

[211] Yu D, Deng L, Dahl G. Roles of pre-training and fine-tuning in context-dependent DBN-HMMs for real-world speech recognition [C] // Proc. Neural Information Processing Systems (NIPS) Workshop on Deep Learning and Unsupervised Feature Learning. 2010.

[212] Zhang S, Bao Y, Zhou P, et al. Improving deep neural networks for LVCSR using dropout and shrinking structure [C] // Proc. International Conference on Acoustics, Speech and Signal Processing (ICASSP). 2014 : 6899 – 6903.

[213] Trentin E, Gori M. A survey of hybrid ANN/HMM models for automatic speech recognition [J]. Neurocomputing, 2001, 37(1) : 91 – 126.

[214] Hwang M, Huang X. Shared-distribution hidden Markov models for speech recognition [J]. IEEE Trans. Speech Audio Process, 1993, 4(1): 414–420.

[215] Bourlard H, Wellekens C j. Links between Markov models and multilayer perceptrons [J]. IEEE Transactions on Pattern Analysis and Machine Intelligence (PAMI), 1990, 12(12): 1167 – 1178.

[216] Morgan N, Bourlard H. Continuous speech recognition using multilayer perceptrons with hidden Markov models [C] // Proc. International Conference on Acoustics, Speech and Signal Processing (ICASSP). 1990: 413 – 416.

[217] Morgan N, Bourlard H a. Neural networks for statistical recognition of continuous speech [J]. Proceedings of the IEEE, 1995, 83(5): 742 – 772.

[218] Bourlard H, Morgan N, Wooters C, et al. CDNN: A context dependent neural network for continuous speech recognition [C] // Proc. International Conference on Acoustics, Speech and Signal Processing (ICASSP): Vol 2. 1992: 349 – 352.

[219] Robinson A j, Cook G, Ellis D p, et al. Connectionist speech recognition of broadcast news [J]. Speech Communication, 2002, 37(1): 27 – 45.

[220] Dahl G e, Yu D, Deng L, et al. Large vocabulary continuous speech recognition with context-dependent DBN-HMMs [C] // Proc. International Conference on Acoustics, Speech and Signal Processing (ICASSP). 2011: 4688 – 4691.

[221] Jaitly N, Nguyen P, Senior A w, et al. Application Of Pretrained Deep Neural Networks To Large Vocabulary Speech Recognition [C] // Proc. Annual Conference of International Speech Communication Association (INTERSPEECH). 2012.

[222] Kingsbury B, Sainath T n, Soltau H. Scalable Minimum Bayes Risk Training of Deep Neural Network Acoustic Models Using Distributed Hessian-free Optimization [C] // Proc. Annual Conference of International Speech Communication Association (INTERSPEECH). 2012.

[223] Senior A, Heigold G, Bacchiani M, et al. GMM-free DNN training [C] // Proc. International Conference on Acoustics, Speech and Signal Processing (ICASSP). 2014.

[224] Hennebert J, Ris C, Bourlard H, et al. Estimation of global posteriors and forward-backward training of hybrid HMM/ANN systems. [J], 1997.

[225] Ostendorf M, Digalakis V v, Kimball O a. From HMM's to segment models: A unified view of stochastic modeling for speech recognition [J]. IEEE Transactions on Speech and Audio Processing, 1996, 4(5): 360 – 378.

[226] Su H, Li G, Yu D, et al. Error back propagation for sequence training of context-dependent deep networks for conversational speech transcription [C] // Proc. International Conference on Acoustics, Speech and Signal Processing (ICASSP). 2013.

[227] Bahl L, Brown P, De souza P, et al. Maximum mutual information estimation of hidden Markov model parameters for speech recognition [C] // Proc. International Conference on Acoustics, Speech and Signal Processing (ICASSP): Vol 11. 1986: 49 – 52.

[228] Kapadia S, Valtchev V, Young S. MMI training for continuous phoneme recognition on the TIMIT database [C] // Proc. International Conference on Acoustics, Speech and Signal Processing (ICASSP): Vol 2. 1993: 491 – 494.

[229] Povey D. Discriminative training for large vocabulary speech recognition [D]. Cambridge University Engineering Dept, 2003.

[230] Godfrey J j, Holliman E c, Mcdaniel J. SWITCHBOARD: Telephone speech corpus for research and development [C] // Proc. International Conference on Acoustics, Speech and Signal Processing (ICASSP): Vol 1. 1992: 517–520.

[231] Godfrey J j, Holliman E. Switchboard-1 Release 2 [J]. Linguistic Data Consortium, 1997.

[232] Kumar N, Andreou A g. Heteroscedastic discriminant analysis and reduced rank HMMs for improved speech recognition [J]. Speech Communication, 1998, 26(4): 283–297.

[233] Hermansky H, Ellis D p, Sharma S. Tandem connectionist feature extraction for conventional HMM systems [C] // Proc. International Conference on Acoustics, Speech and Signal Processing (ICASSP): Vol 3. 2000: 1635–1638.

[234] Zhu Q, Chen B, Morgan N, et al. Tandem Connectionist Feature Extraction for Conversational Speech Recognition [G] // Machine Learning for Multimodal Interaction: Vol 3361. Springer Berlin Heidelberg, 2005: 223–231.

[235] Aradilla G, Vepa J, Bourlard H. An acoustic model based on Kullback-Leibler divergence for posterior features [C] // Proc. International Conference on Acoustics, Speech and Signal Processing (ICASSP): Vol 4. 2007: IV–657.

[236] Aradilla G, Bourlard H, Magimai-doss M. Using KL-based acoustic models in a large vocabulary recognition task [C] // Proc. Annual Conference of International Speech Communication Association (INTERSPEECH). 2008: 928–931.

[237] Dean J, Ghemawat S. MapReduce: simplified data processing on large clusters [J]. Communications of the ACM, 2008, 51(1): 107–113.

[238] Petrowski A, Dreyfus G, Girault C. Performance analysis of a pipelined backpropagation parallel algorithm [J]. IEEE Transactions on Neural Networks, 1993, 4(6): 970–981.

[239] Niu F, Recht B, Ré C, et al. Hogwild!: A lock-free approach to parallelizing stochastic gradient descent [J]. arXiv preprint arXiv:1106.5730, 2011.

[240] Le Q v, Ranzato M, Monga R, et al. Building high-level features using large scale unsupervised learning [J]. arXiv preprint arXiv:1112.6209, 2011.

[241] Zhang S, Zhang C, You Z, et al. Asynchronous stochastic gradient descent for DNN training [C] // Proc. International Conference on Acoustics, Speech and Signal Processing (ICASSP). 2013: 6660–6663.

[242] Hestenes M r. Multiplier and gradient methods [J]. Journal of optimization theory and applications, 1969, 4(5): 303–320.

[243] Powell M j. A method for non-linear constraints in minimization problems [M]. UKAEA, 1967.

[244] Bertsekas D p. Constrained optimization and Lagrange multiplier methods [J]. Computer Science and Applied Mathematics, Boston: Academic Press, 1982, 1982, 1.

[245] Boyd S, Parikh N, Chu E, et al. Distributed optimization and statistical learning via the alternating direction method of multipliers [J]. Foundations and Trends® in Machine Learning, 2011, 3(1): 1–122.

[246] Mcdonald R t, Hall K b, Mann G. Distributed Training Strategies for the Structured Perceptron [C] // Human Language Technologies: Conference of the North American Chapter of the Association of Computational Linguistics, Proceedings, June 2-4, 2010, Los Angeles, California, USA. 2010: 456–464.

[247] Chen K, Huo Q. Scalable training of deep learning machines by incremental block training with intra-block parallel optimization and blockwise model-update filtering [C] // 2016 IEEE International Conference on Acoustics, Speech and Signal Processing, ICASSP 2016, Shanghai, China, March 20-25, 2016. 2016: 5880–5884.

[248] Chen K. 深度学习模型的高效训练算法研究 [D], .

[249] Sainath T n, Kingsbury B, Sindhwani V, et al. Low-rank matrix factorization for deep neural network training with high-dimensional output targets [C] // Proc. International Conference on Acoustics, Speech and Signal Processing (ICASSP). 2013: 6655–6659.

[250] Xue J, Li J, Gong Y. Restructuring of deep neural network acoustic models with singular value decomposition [C] // Proc. Annual Conference of International Speech Communication Association (INTERSPEECH). 2013.

[251] Yu D, Seide F, G.li, et al. Exploiting sparseness in deep neural networks for large vocabulary speech recognition [C] // Proc. International Conference on Acoustics, Speech and Signal Processing (ICASSP). 2012: 4409–4412.

[252] Zhou P, Liu C, Liu Q, et al. A cluster-based multiple deep neural networks method for large vocabulary continuous speech recognition [C] // Proc. International Conference on Acoustics, Speech and Signal Processing (ICASSP). 2013: 6650–6654.

[253] Martens J. Deep learning via Hessian-free optimization [C] // Proc. International Conference on Machine Learning (ICML). 2010: 735–742.

[254] Martens J, Sutskever I. Learning recurrent neural networks with Hessian-free optimization [C] // Proc. International Conference on Machine Learning (ICML). 2011: 1033–1040.

[255] Vanhoucke V, Senior A, Mao M z. Improving the speed of neural networks on CPUs [C] // Proc. NIPS Workshop on Deep Learning and Unsupervised Feature Learning. 2011.

[256] Vanhoucke V, Devin M, Heigold G. MULTIFRAME DEEP NEURAL NETWORKS FOR ACOUSTIC MODELING [C] // Proc. International Conference on Acoustics, Speech and Signal Processing (ICASSP). 1989.

[257] Langford J, Li L, Zhang T. Sparse online learning via truncated gradient [J]. Journal of Machine Learning Research (JMLR), 2009, 10: 777–801.

[258] Lecun Y, Denker J s, Solla S a, et al. Optimal brain damage. [C] // Proc. Neural Information Processing Systems (NIPS): Vol 2. 1989: 598–605.

[259] Hassibi B, Stork D g, others. Second order derivatives for network pruning: Optimal brain surgeon [J]. Proc. Neural Information Processing Systems (NIPS), 1993: 164–164.

[260] Bucilua C, Caruana R, Niculescu-mizil A. Model compression [C] // Proc. International Conference on Knowledge Discovery and Data Mining (SIGKDD). 2006: 535–541.

[261] Ba L j, Caruana R. Do Deep Nets Really Need to be Deep? [J]. arXiv preprint arXiv:1312.6184, 2013.

[262] Li J, Zhao R, Huang J-t, et al. Learning Small-Size DNN with Output-Distribution-Based Criteria [C] // Proc. Annual Conference of International Speech Communication Association (INTERSPEECH). 2014.

[263] Lowe D g. Object recognition from local scale-invariant features [C] // Computer vision, 1999. The proceedings of the seventh IEEE international conference on: Vol 2. 1999: 1150–1157.

[264] Ratnaparkhi A. A simple introduction to maximum entropy models for natural language processing [J]. IRCS Technical Reports Series, 1997: 81.

[265] Gunawardana A, Mahajan M, Acero A, et al. Hidden conditional random fields for phone classification. [C] // Proc. Annual Conference of International Speech Communication Association (INTERSPEECH). 2005: 1117–1120.

[266] Yu D, Deng L, Acero A. Hidden conditional random field with distribution constraints for phone classification. [C] // Proc. Annual Conference of International Speech Communication Association (INTERSPEECH). 2009: 676–679.

[267] Zeiler M d, Fergus R. Visualizing and Understanding Convolutional Neural Networks [J]. arXiv preprint arXiv:1311.2901, 2013.

[268] Yu D, Seltzer M l, Li J, et al. Feature Learning in Deep Neural Networks - Studies on Speech Recognition Tasks [C] // Proc. International Conference on Learning Representation (ICLR). 2013.

[269] Szegedy C, Zaremba W, Sutskever I, et al. Intriguing properties of neural networks [J]. arXiv preprint arXiv:1312.6199, 2013.

[270] Jarrett K, Kavukcuoglu K, Ranzato M, et al. What is the best multi-stage architecture for object recognition? [C] // Proc. IEEE International Conference on Computer Vision (ICCV). 2009: 2146–2153.

[271] Mohamed A-r, Hinton G, Penn G. Understanding how deep belief networks perform acoustic modelling [C] // Proc. International Conference on Acoustics, Speech and Signal Processing (ICASSP). 2012: 4273–4276.

[272] Li J, Yu D, Huang J-t, et al. Improving wideband speech recognition using mixed-bandwidth training data in CD-DNN-HMM [C] // Proc. IEEE Spoken Language Technology Workshop (SLT). 2012: 131–136.

[273] Sainath T n, Kingsbury B, Mohamed A-r, et al. Learning filter banks within a deep neural network framework [C] // Proc. IEEE Workshop on Automatic Speech Recognition and Understanding (ASRU). 2013.

[274] Moreno P j, Raj B, Stern R m. A vector Taylor series approach for environment-independent speech recognition [C] // Proc. International Conference on Acoustics, Speech and Signal Processing (ICASSP): Vol 2. 1996: 733–736.

[275] Kim D y, Kwan un C, Kim N s. Speech recognition in noisy environments using first-order vector Taylor series [J]. Speech Communication, 1998, 24(1): 39–49.

[276] Li J, Deng L, Yu D, et al. High-performance HMM adaptation with joint compensation of additive and convolutive distortions via vector Taylor series [C] //Proc. IEEE Workshop on Automatic Speech Recognition and Understanding (ASRU). 2007: 65–70.

[277] Gales M j, Woodland P. Mean and variance adaptation within the MLLR framework [J]. Computer Speech and Language, 1996, 10(4): 249–264.

[278] Seltzer M, Yu D, Wang Y. An investigation of deep neural networks for noise robust speech recognition [C] //Proc. International Conference on Acoustics, Speech and Signal Processing (ICASSP). 2013.

[279] Parihar N, Picone J. Aurora working group: DSR front end LVCSR evaluation AU/384/02 [J]. Inst. for Signal and Information Process, Mississippi State University, Tech. Rep, 2002.

[280] Flego F, Gales M j. Discriminative adaptive training with VTS and JUD [C] // Proc. IEEE Workshop on Automatic Speech Recognition and Understanding (ASRU). 2009: 170–175.

[281] Ragni A, Gales M. Derivative kernels for noise robust ASR [C] //Proc. IEEE Workshop on Automatic Speech Recognition and Understanding (ASRU). 2011: 119–124.

[282] Huang Y, Yu D, Liu C, et al. A Comparative Analytic Study On The Gaussian Mixture and Context Dependent Deep Neural Network Hidden Markov Models [C] //Proc. Annual Conference of International Speech Communication Association (INTERSPEECH). 2014.

[283] Ko T, Peddinti V, Povey D, et al. Audio augmentation for speech recognition [C] //Sixteenth Annual Conference of the International Speech Communication Association. 2015.

[284] Nakamura S, Hiyane K, Asano F, et al. Acoustical sound database in real environments for sound scene understanding and hands-free speech recognition [J], 2000.

[285] Jeub M, Schafer M, Vary P. A binaural room impulse response database for the evaluation of dereverberation algorithms [C] //2009 16th International Conference on Digital Signal Processing. 2009: 1–5.

[286] Kinoshita K, Delcroix M, Yoshioka T, et al. The REVERB challenge: A common evaluation framework for dereverberation and recognition of reverberant speech [C] //2013 IEEE Workshop on Applications of Signal Processing to Audio and Acoustics. 2013: 1–4.

[287] Allen J b, Berkley D a. Image method for efficiently simulating small-room acoustics [J]. The Journal of the Acoustical Society of America, 1979, 65(4): 943–950.

[288] Li C, Qian Y. Prosody Usage Optimization for Children Speech Recognition with Zero Resource Children Speech [C] //Twentieth Annual Conference of the International Speech Communication Association. 2019: 3446–3450.

[289] Zhang H, Cisse M, Dauphin Y n, et al. mixup: Beyond empirical risk minimization [J]. arXiv preprint arXiv:1710.09412, 2017.

[290] Medennikov I, Khokhlov Y y, Romanenko A, et al. An Investigation of Mixup Training Strategies for Acoustic Models in ASR. [C] // Interspeech. 2018: 2903–2907.

[291] Park D s, Chan W, Zhang Y, et al. Specaugment: A simple data augmentation method for automatic speech recognition [J]. arXiv preprint arXiv:1904.08779, 2019.

[292] Devries T, Taylor G w. Improved regularization of convolutional neural networks with cutout [J]. arXiv preprint arXiv:1708.04552, 2017.

[293] Saon G, Tüske Z, Audhkhasi K, et al. Sequence Noise Injected Training for End-to-end Speech Recognition [C] // ICASSP 2019-2019 IEEE International Conference on Acoustics, Speech and Signal Processing (ICASSP). 2019: 6261–6265.

[294] Hu H, Tan T, Qian Y. Generative adversarial networks based data augmentation for noise robust speech recognition [C] // 2018 IEEE International Conference on Acoustics, Speech and Signal Processing (ICASSP). 2018: 5044–5048.

[295] Peiyao sheng Z y, Qian Y. GANS for Children: A Generative Data Augmentation Strategy for Children Speech Recognition [C] // 2017 IEEE Automatic Speech Recognition and Understanding Workshop (ASRU). 2019.

[296] Yang Y, Wang S, Sun M, et al. Generative Adversarial Networks based X-vector Augmentation for Robust Probabilistic Linear Discriminant Analysis in Speaker Verification [C] // 2018 11th International Symposium on Chinese Spoken Language Processing (ISCSLP). 2018: 205–209.

[297] Shuai Wang Zhanghao wu Y q, Yu K. Prosody Usage Optimization for Children Speech Recognition with Zero Resource Children Speech [C] // Twentieth Annual Conference of the International Speech Communication Association. 2019: 1163–1167.

[298] Tjandra A, Sakti S, Nakamura S. Listening while speaking: Speech chain by deep learning [C] // 2017 IEEE Automatic Speech Recognition and Understanding Workshop (ASRU). 2017: 301–308.

[299] Tjandra A, Sakti S, Nakamura S. Machine speech chain with one-shot speaker adaptation [J]. arXiv preprint arXiv:1803.10525, 2018.

[300] Tjandra A, Sakti S, Nakamura S. End-to-end feedback loss in speech chain framework via straight-through estimator [C] // ICASSP 2019-2019 IEEE International Conference on Acoustics, Speech and Signal Processing (ICASSP). 2019: 6281–6285.

[301] Hori T, Astudillo R, Hayashi T, et al. Cycle-consistency training for end-to-end speech recognition [C] // ICASSP 2019-2019 IEEE International Conference on Acoustics, Speech and Signal Processing (ICASSP). 2019: 6271–6275.

[302] Li J, Gadde R, Ginsburg B, et al. Training Neural Speech Recognition Systems with Synthetic Speech Augmentation [J]. arXiv preprint arXiv:1811.00707, 2018.

[303] Wang J, Kim S, Lee Y. Speech Augmentation Using Wavenet in Speech Recognition [C] // ICASSP 2019-2019 IEEE International Conference on Acoustics, Speech and Signal Processing (ICASSP). 2019: 6770–6774.

[304] Grézl F, Karafiát M, Kontár S, et al. Probabilistic and bottle-neck features for LVCSR of meetings [C] // Proc. International Conference on Acoustics, Speech and Signal Processing (ICASSP). 2007: 757–760.

[305] Grézl F, Fousek P. Optimizing bottle-neck features for LVCSR [C] // Proc. International Conference on Acoustics, Speech and Signal Processing (ICASSP). 2008: 4729–4732.

[306] Fousek P, Lamel L, Gauvain J-l. Transcribing Broadcast Data Using MLP Features [C] // Proc. Annual Conference of International Speech Communication Association (INTERSPEECH). 2008: 1433–1436.

[307] Vergyri D, Mandal A, Wang W, et al. Development of the SRI/nightingale Arabic ASR system. [C] // Proc. Annual Conference of International Speech Communication Association (INTERSPEECH). 2008: 1437–1440.

[308] Valente F, Doss M m, Plahl C, et al. A Comparative Large Scale Study of MLP Features for Mandarin ASR [C] // Proc. Annual Conference of International Speech Communication Association (INTERSPEECH). 2010: 2630–2633.

[309] Yu D, Seltzer M l. Improved Bottleneck Features Using Pretrained Deep Neural Networks. [C] // Proc. Annual Conference of International Speech Communication Association (INTERSPEECH). 2011: 237–240.

[310] Heigold G, Ney H, Lehnen P, et al. Equivalence of generative and log-linear models [J]. IEEE Transactions on Audio, Speech and Language Processing, 2011, 19(5): 1138–1148.

[311] Yan Z, Huo Q, Xu J. A scalable approach to using DNN-derived features in GMM-HMM based acoustic modeling for LVCSR [C] // Proc. Annual Conference of International Speech Communication Association (INTERSPEECH). 2013.

[312] Zhang B, Matsoukas S, Schwartz R. Discriminatively trained region dependent feature transforms for speech recognition [C] // Proc. International Conference on Acoustics, Speech and Signal Processing (ICASSP): Vol 1. 2006: I–I.

[313] Yan Z-j, Huo Q, Xu J, et al. Tied-state based discriminative training of context-expanded region-dependent feature transforms for LVCSR [C] // Proc. International Conference on Acoustics, Speech and Signal Processing (ICASSP). 2013: 6940–6944.

[314] Sainath T n, Kingsbury B, Ramabhadran B. Auto-encoder bottleneck features using deep belief networks [C] // Proc. International Conference on Acoustics, Speech and Signal Processing (ICASSP). 2012: 4153–4156.

[315] Sainath T n, Kingsbury B, Ramabhadran B, et al. Making deep belief networks effective for large vocabulary continuous speech recognition [C] // Proc. IEEE Workshop on Automatic Speech Recognition and Understanding (ASRU). 2011: 30–35.

[316] Fiscus J g. A post-processing system to yield reduced word error rates: Recognizer output voting error reduction (ROVER) [C] // Proc. IEEE Workshop on Automatic Speech Recognition and Understanding (ASRU). 1997: 347–354.

[317] Zweig G, Nguyen P. SCARF: a segmental conditional random field toolkit for speech recognition. [C] // Proc. Annual Conference of International Speech Communication Association (INTERSPEECH). 2010: 2858–2861.

[318] Xu H, Povey D, Mangu L, et al. Minimum Bayes Risk decoding and system combination based on a recursion for edit distance [J]. Computer Speech and Language, 2011, 25(4): 802–828.

[319] Jaitly N, Nguyen P, Senior A w, et al. Application of Pretrained Deep Neural Networks to Large Vocabulary Speech Recognition. [C] // Proc. Annual Conference of International Speech Communication Association (INTERSPEECH). 2012.

[320] Swietojanski P, Ghoshal A, Renals S. Revisiting Hybrid and GMM-HMM system combination techniques [C] // Proc. International Conference on Acoustics, Speech and Signal Processing (ICASSP). 2013.

[321] Bourlard H, Dupont S, Martigny valais suisse C r. Multi Stream Speech Recognition [J], 1996.

[322] Bourlard H, others. Non-stationary multi-channel (multi-stream) processing towards robust and adaptive ASR [C] // Proc. Workshop on Robust Methods for Speech Recognition in Adverse Conditions. 1999: 1–10.

[323] Allen J b. How do humans process and recognize speech? [J]. IEEE Transactions on Speech and Audio Processing, 1994, 2(4): 567–577.

[324] Zhou P, Dai L, Liu Q, et al. Combining information from multi-stream features using deep neural network in speech recognition [C] // IEEE International Conference on Signal Processing (ICSP): Vol 1. 2012: 557–561.

[325] Evangelopoulos G, Maragos P. Speech event detection using multiband modulation energy [C] // Ninth European Conference on Speech Communication and Technology. 2005.

[326] Padmanabhan S h k p, Murthy H a. Voice activity detection using group delay processing on buffered short-term energy [J], 2007.

[327] Kotnik B, Kacic Z, Horvat B. A multiconditional robust front-end feature extraction with a noise reduction procedure based on improved spectral subtraction algorithm [C] // Seventh European Conference on Speech Communication and Technology. 2001.

[328] Craciun A, Gabrea M. Correlation coefficient-based voice activity detector algorithm [C] // Canadian Conference on Electrical and Computer Engineering 2004 (IEEE Cat. No. 04CH37513): Vol 3. 2004: 1789–1792.

[329] Tucker R. Voice activity detection using a periodicity measure [J]. IEE Proceedings I (Communications, Speech and Vision), 1992, 139(4): 377–380.

[330] Hermansky H. Perceptual linear predictive (PLP) analysis of speech [J]. the Journal of the Acoustical Society of America, 1990, 87(4): 1738–1752.

[331] Davis S b, Mermelstein P. Comparison of parametric representations for monosyllabic word recognition in continuously spoken sentences [J]. IEEE Transactions on Acoustics, Speech, and Signal Processing, 1980, 28: 357–366.

[332] Seide F, G. li G, Chen X, et al. Feature engineering in context-dependent deep neural networks for conversational speech transcription [C] //Proc. IEEE Workshop on Automatic Speech Recognition and Understanding (ASRU). 2011: 24–29.

[333] Furui S. Speaker-independent isolated word recognition using dynamic features of speech spectrum [J]. IEEE Transactions on Acoustics, Speech, and Signal Processing, 1986, 34(1): 52–59.

[334] Kumar N, Andreou A g. Heteroscedastic discriminant analysis and reduced rank HMMs for improved speech recognition [J]. Speech Communication, 1998, 26(4): 283–297.

[335] Atal B s. Effectiveness of linear prediction characteristics of the speech wave for automatic speaker identification and verification [J]. the Journal of the Acoustical Society of America, 1974, 55(6): 1304–1312.

[336] Woodland P c, Leggetter C j, Odell J, et al. The development of the 1994 HTK large vocabulary speech recognition system [C] //Proceedings ARPA workshop on spoken language systems technology. 1995: 104–109.

[337] Lee L, Rose R c. Speaker normalization using efficient frequency warping procedures [C] //Proc. International Conference on Acoustics, Speech and Signal Processing (ICASSP): Vol 1. 1996: 353–356.

[338] Tong S, Gu H, Yu K. A comparative study of robustness of deep learning approaches for VAD [C] //2016 IEEE International Conference on Acoustics, Speech and Signal Processing (ICASSP). 2016: 5695–5699.

[339] Zhuang Y, Chang X, Qian Y, et al. Unrestricted Vocabulary Keyword Spotting Using LSTM-CTC [J]. Interspeech 2016, 2016: 938–942.

[340] Thambiratnam K, Sridharan S. Dynamic Match Phone-Lattice Searches For Very Fast And Accurate Unrestricted Vocabulary Keyword Spotting. [C] //ICASSP (1). 2005: 465–468.

[341] Cardillo P s, Clements M, Miller M s. Phonetic searching vs. LVCSR: How to find what you really want in audio archives [J]. International Journal of Speech Technology, 2002, 5(1): 9–22.

[342] Lecun Y, Bottou L, Bengio Y, et al. Gradient-based learning applied to document recognition [J/OL]. Proceedings of the IEEE, 1998, 86(11): 2278–2324. [2019-10-10]
http://dx.doi.org/10.1109/5.726791.

[343] Simard P y, Steinkraus D, Platt J c. Best Practices for Convolutional Neural Networks Applied to Visual Document Analysis [C] //ICDAR. 2003.

[344] Krizhevsky A, Sutskever I, Hinton G e. ImageNet Classification with Deep Convolutional Neural Networks [G/OL] //Pereira F, Burges C j c, Bottou L, et al. Advances in Neural Information Processing Systems 25. Curran Associates, Inc., 2012: 1097–1105. [2019-10-10]
http://papers.nips.cc/paper/4824-imagenet-classification-with-deep-convolutional-neural-networks.pdf.

[345] Sainath, Tara N., Abdel-rahman Mohamed, Brian Kingsbury, and Bhuvana Ramabhadran. "Deep convolutional neural networks for LVCSR." In 2013 IEEE international conference on acoustics, speech and signal processing, pp. 8614-8618. IEEE, 2013.

[346] Abdel-hamid O, Mohamed A-r„ et al. Convolutional Neural Networks for Speech Recognition [J/OL]. IEEE/ACM Transactions on Audio, Speech, and Language Processing, 2014, 22: 1533–1545. [2019-10-10] https:// www.microsoft.com/ en-us/ research/ publication/ convolutional-neural-networks-for-speech-recognition-2/.

[347] Peddinti V, Povey D, Khudanpur S. A time delay neural network architecture for efficient modeling of long temporal contexts [C] // Sixteenth Annual Conference of the International Speech Communication Association. 2015.

[348] Qian Y, Bi M, Tan T, et al. Very Deep Convolutional Neural Networks for Noise Robust Speech Recognition [J]. IEEE/ACM Trans. Audio, Speech & Language Processing, 2016, 24(12): 2263–2276.

[349] Tan T, Qian Y, Hu H, et al. Adaptive very deep convolutional residual network for noise robust speech recognition [J]. IEEE/ACM Transactions on Audio, Speech, and Language Processing, 2018, 26(8): 1393–1405.

[350] Sainath T, Vinyals O, Senior A, et al. Convolutional, Long Short-Term Memory, Fully Connected Deep Neural Networks [C] // ICASSP. 2015.

[351] Hannun A y, Case C, Casper J, et al. Deep Speech: Scaling up end-to-end speech recognition [J/OL]. CoRR, 2014, abs/1412.5567. [2019-10-10] http://arxiv.org/abs/1412.5567.

[352] Xiong W, Wu L, Alleva F, et al. The Microsoft 2017 Conversational Speech Recognition System [J]. arXiv preprint arXiv:1708.06073, 2017.

[353] Simonyan K, Zisserman A. Very deep convolutional networks for large-scale image recognition [J]. arXiv preprint arXiv:1409.1556, 2014.

[354] He K, Zhang X, Ren S, et al. Deep Residual Learning for Image Recognition [J/OL]. CoRR, 2015, abs/1512.03385. [2019-10-10] http://arxiv.org/abs/1512.03385.

[355] Qian Y, Woodland P c. Very Deep Convolutional Neural Networks for Robust Speech Recognition [J]. CoRR, 2016, abs/1610.00277.

[356] Lee C-y, Gallagher P w, Tu Z. Generalizing pooling functions in convolutional neural networks: Mixed, gated, and tree [C] // Artificial intelligence and statistics. 2016: 464–472.

[357] Boureau Y-l, Ponce J, Lecun Y. A Theoretical Analysis of Feature Pooling in Visual Recognition [C/OL] // ICML'10: Proceedings of the 27th International Conference on International Conference on Machine Learning. USA: Omnipress, 2010: 111–118. [2019-10-10] http://dl.acm.org/citation.cfm?id=3104322.3104338.

[358] Boureau Y, Le Roux N, Bach F, et al. Ask the locals: Multi-way local pooling for image recognition [C/OL] // 2011 International Conference on Computer Vision. 2011 : 2651 – 2658. [2019-10-10] http://dx.doi.org/10.1109/ICCV.2011.6126555.

[359] Jia Y, Huang C, Darrell T. Beyond spatial pyramids: Receptive field learning for pooled image features [C/OL] // 2012 IEEE Conference on Computer Vision and Pattern Recognition. 2012 : 3370 – 3377. [2019-10-10] http://dx.doi.org/10.1109/CVPR.2012.6248076.

[360] Waibel A, Hanazawa T, Hinton G, et al. Phoneme recognition using time-delay neural networks [J]. Backpropagation: Theory, Architectures and Applications, 1995 : 35 – 61.

[361] Hinton G, Deng L, Yu D, et al. Deep Neural Networks for Acoustic Modeling in Speech Recognition: The Shared Views of Four Research Groups [J]. IEEE Signal Process. Mag., 2012, 29(6) : 82 – 97.

[362] Dahl G e, Yu D, Deng L, et al. Context-Dependent Pre-Trained Deep Neural Networks for Large-Vocabulary Speech Recognition [J]. IEEE Trans. Audio, Speech & Language Processing, 2012, 20(1) : 30 – 42.

[363] Wang Y, Gales M j f. Speaker and Noise Factorization for Robust Speech Recognition [J]. IEEE Trans. Audio, Speech & Language Processing, 2012, 20(7) : 2149 – 2158.

[364] Hain T, Burget L, Dines J, et al. Transcribing Meetings With the AMIDA Systems [J]. IEEE Trans. Audio, Speech & Language Processing, 2012, 20(2) : 486 – 498.

[365] Sainath T n, Mohamed A, Kingsbury B, et al. Deep convolutional neural networks for LVCSR [C] // 2013 IEEE International Conference on Acoustics, Speech and Signal Processing. 2013 : 8614 – 8618.

[366] Lecun Y, Bengio Y. The Handbook of Brain Theory and Neural Networks [G] // Arbib M a. . Cambridge, MA, USA : MIT Press, 1998 : 255 – 258.

[367] Abdel-Hamid O, Mohamed A, Jiang H, et al. Applying Convolutional Neural Networks concepts to hybrid NN-HMM model for speech recognition [C/ OL] // 2012 IEEE International Conference on Acoustics, Speech and Signal Processing (ICASSP). 2012 : 4277 – 4280. [2019-10-10] http://dx.doi.org/10.1109/ICASSP.2012.6288864.

[368] Sainath T n, Weiss R j, Wilson K w, et al. Multichannel Signal Processing With Deep Neural Networks for Automatic Speech Recognition [J/ OL]. IEEE/ ACM Transactions on Audio, Speech, and Language Processing, 2017, 25(5) : 965 – 979. [2019-10-10] http://dx.doi.org/10.1109/TASLP.2017.2672401.

[369] Sainath T n, Weiss R j, Senior A w, et al. Learning the speech front-end with raw waveform CLDNNs [C] // INTERSPEECH. 2015.

[370] Ghahremani P, Manohar V, Povey D, et al. Acoustic Modelling from the Signal Domain Using CNNs [C] // Interspeech 2016, 17th Annual Conference of the International Speech Communication Association, San Francisco, CA, USA, September 8-12, 2016. 2016 : 3434 – 3438.

[371] Seide F, Li G, Chen X, et al. Feature engineering in Context-Dependent Deep Neural Networks for conversational speech transcription [C/OL] // 2011 IEEE Workshop on Automatic Speech Recognition Understanding. 2011: 24–29. [2019-10-10]
http://dx.doi.org/10.1109/ASRU.2011.6163899.

[372] Bi M, Qian Y, Yu K. Very deep convolutional neural networks for LVCSR [C] // Sixteenth Annual Conference of the International Speech Communication Association. 2015.

[373] Saon G, Kurata G, Sercu T, et al. English Conversational Telephone Speech Recognition by Humans and Machines [C/OL] // Proc. Interspeech 2017. 2017: 132–136. [2019-10-10]
http://dx.doi.org/10.21437/Interspeech.2017-405.

[374] Stevens K. Acoustic Phonetics [M]. MIT Press, 2000.

[375] Hinton G, Salakhutdinov R. Reducing the Dimensionality of Data with Neural Networks [J]. Science, 2006, 313(5786): 504 – 507.

[376] Hinton G, Osindero S, Teh Y. A fast learning algorithm for deep belief nets [J]. Neural Computation, 2006, 18: 1527–1554.

[377] Deng L, Hinton G, Yu D. Deep Learning for Speech Recognition and Related Applications [C] // NIPS Workshop. 2009.

[378] Mohamed A-r, Dahl G e, Hinton G. Deep Belief Networks for phone recognition [C] // NIPS Workshop on Deep Learning for Speech Recognition and Related Applications. 2009.

[379] Sainath T n, Kingsbury B, Mohamed A-r, et al. Improvements to deep convolutional neural networks for LVCSR [C] // Proc. IEEE Workshop on Automatic Speech Recognition and Understanding (ASRU). 2013: 315–320.

[380] Deng L, Hinton G, Kingsbury B. New types of deep neural network learning for speech recognition and related applications: An overview [C] // Proc. International Conference on Acoustics, Speech and Signal Processing (ICASSP). 2013.

[381] Heigold, Georg, Vincent Vanhoucke, Alan Senior, Patrick Nguyen, Marc'Aurelio Ranzato, Matthieu Devin, and Jeffrey Dean. "Multilingual acoustic models using distributed deep neural networks." In 2013 IEEE International Conference on Acoustics, Speech and Signal Processing, pp. 8619-8623. IEEE, 2013.

[382] Deng L, Li J, Huang J-t, et al. Recent Advances in Deep Learning for Speech Research at Microsoft [C] // Proc. International Conference on Acoustics, Speech and Signal Processing (ICASSP). 2013.

[383] Sainath T, Kingsbury B, Soltau H, et al. Optimization Techniques to Improve Training Speed of Deep Neural Networks for Large Speech Tasks [J]. IEEE Transactions on Audio, Speech, and Language Processing, 2013, 21(11): 2267–2276.

[384] Graves A. Sequence transduction with recurrent neural networks [C] // ICML Representation Learning Workshop. 2012.

[385] Maas A l, Le Q, O'neil T m, et al. Recurrent Neural Networks for Noise Reduction in Robust ASR. [C] // Proc. Annual Conference of International Speech Communication Association (INTERSPEECH). 2012.

[386] Graves A, Mahamed A, Hinton G. Speech recognition with deep recurrent neural networks [C] //Proc. International Conference on Acoustics, Speech and Signal Processing (ICASSP). 2013.

[387] Graves A, Jaitly N, Mahamed A. Hybrid speech recognition with deep bidirectional LSTM [C] //Proc. International Conference on Acoustics, Speech and Signal Processing (ICASSP). 2013.

[388] Triefenbach F, Jalalvand A, Demuynck K, et al. Acoustic Modeling With Hierarchical Reservoirs [J]. IEEE Transactions on Audio, Speech, and Language Processing, 2013, 21(11): 2439 – 2450.

[389] Chen J, Deng L. A Primal-Dual Method for Training Recurrent Neural Networks Constrained by the Echo-State Property [C] //Proc. ICLR. 2014.

[390] Deng L, Chen J. Sequence classification using high-level features extracted from deep neural networks [C] //Proc. International Conference on Acoustics, Speech and Signal Processing (ICASSP). 2014.

[391] Sak H, Senior A, Beaufays F. Long Short-Term Memory Recurrent Neural Network Architectures for Large Scale Acoustic Modeling [C] //Proc. Annual Conference of International Speech Communication Association (INTERSPEECH). 2014.

[392] Sak H, Vinyals O, Heigold G, et al. Sequence Discriminative Distributed Training of Long Short-Term Memory Recurrent Neural Networks [C] // Proc. Annual Conference of International Speech Communication Association (INTERSPEECH). 2014.

[393] Pascanu R, Mikolov T, Bengio Y. On the difficulty of training recurrent neural networks [C] //Proc. International Conference on Machine Learning (ICML). 2013.

[394] Graves A. Generating sequences with recurrent neural networks [J]. arXiv preprint arXiv:1308.0850, 2013.

[395] Sutskever I. Training Recurrent Neural Networks [D]. Ph. D. thesis, University of Toronto, 2013.

[396] Hochreiter S, Schmidhuber J. Long short-term memory [J]. Neural computation, 1997, 9(8): 1735 – 1780.

[397] Gers F, Schmidhuber J, Cummins F. Learning to forget: continual prediction with LSTM [J]. Neural Computation, 2000, 12: 2451 – 2471.

[398] Gers F, Schraudolph N, Schmidhuber J. Learning precise timing with LSTM recurrent networks [J]. Journal of Machine Learning Research (JMLR), 2002, 3: 115 – 143.

[399] Weninger F, Geiger J, Wollmer M, et al. Feature enhancement by deep LSTM networks for ASR in reverberant multisource environments [J]. Computer Speech and Language, 2014: 888 – 902.

[400] Waibel A, Hanazawa T, Hinton G, et al. Phoneme recognition using time-delay neural networks [J]. IEEE Transactions on Speech and Audio Processing, 1989, 37(3): 328 – 339.

[401] Deng L, Hassanein K, Elmasry M. Analysis of correlation structure for a neural predictive model with application to speech recognition [J]. Neural Networks, 1994, 7: 331 – 339.

[402] Mikolov T, Karafiát M, Burget L, et al. Recurrent neural network based language model. [C] // Proc. Annual Conference of International Speech Communication Association (INTERSPEECH). 2010: 1045–1048.

[403] Mikolov T, Kombrink S, Burget L, et al. Extensions of recurrent neural network language model [C] // Proc. International Conference on Acoustics, Speech and Signal Processing (ICASSP). 2011: 5528–5531.

[404] Mikolov T, Deoras A, Povey D, et al. Strategies for training large scale neural network language models [C] // Proc. IEEE Workshop on Automatic Speech Recognition and Understanding (ASRU). 2011: 196–201.

[405] Mikolov T. Statistical Language Models Based on Neural Networks [D]. Ph. D. thesis, Brno University of Technology, 2012.

[406] Mikolov T, Zweig G. Context dependent recurrent neural network language model. [C] // Proc. IEEE Spoken Language Technology Workshop (SLT). 2012: 234–239.

[407] Mesnil G, He X, Deng L, et al. Investigation of Recurrent-Neural-Network Architectures and Learning Methods for Spoken Language Understanding [C] // Proc. Annual Conference of International Speech Communication Association (INTERSPEECH). 2013.

[408] Cho K, van Merrienboer B, Gulcehre C, et al. Learning Phrase Representations using RNN Encoder-Decoder for Statistical Machine Translation [C] // Conference on Empirical Methods in Natural Language Processing (EMNLP). 2014.

[409] Pascanu R, Gulcehre C, Cho K, et al. How to Construct Deep Recurrent Neural Networks [C] // The 2nd International Conference on Learning Representation (ICLR). 2014.

[410] Hermans M, Schrauwen B. Training and Analysing Deep Recurrent Neural Networks [C] // Proc. Neural Information Processing Systems (NIPS). 2013.

[411] Bengio Y, Boulanger-lewandowski N, Pascanu R. Advances in optimizing recurrent networks [C] // Proc. International Conference on Acoustics, Speech and Signal Processing (ICASSP). 2013.

[412] Jaeger H. Tutorial on training recurrent neural networks, covering BPPT, RTRL, EKF and the "echo state network" approach [M]. GMD Report 159, GMD - German National Research Institute for Computer Science, 2002.

[413] Togneri R, Deng L. Joint state and parameter estimation for a target-directed nonlinear dynamic system model [J]. IEEE Transactions on Signal Processing,, 2003, 51(12): 3061–3070.

[414] Boden M. A guide to recurrent neural networks and backpropagation [R]. TECHNICAL REPORT T2002:03, SICS, 2002.

[415] Jaeger H. Short term memory in echo state networks [M]. GMD Report 152, GMD - German National Research Institute for Computer Science, 2001.

[416] Boyd S p, Vandenberghe L. Convex Optimization [M]. Cambridge university press, 2004.

[417] Beck A, Teboulle M. A fast iterative shrinkage-thresholding algorithm for linear inverse problems [J]. SIAM Journal on Imaging Sciences, 2009, 2(1): 183–202.

[418] Schmidhuber J. Deep Learning in Neural Networks: An Overview [J]. CoRR, 2014, abs/1404.7828.

[419] Gonzalez J, Lopez-moreno I, Sak H, et al. Automatic Language Identification using Long Short-Term Memory Recurrent Neural Networks [C] // Proc. Annual Conference of International Speech Communication Association (INTERSPEECH). 2014.

[420] Fernandez R, Rendel A, Ramabhadran B, et al. Prosody Contour Prediction with Long Short-Term Memory, Bi-Directional, Deep Recurrent Neural Networks [C] //Proc. Annual Conference of International Speech Communication Association (INTERSPEECH). 2014.

[421] Fan Y, Qian Y, Xie F, et al. TTS Synthesis with Bidirectional LSTM based Recurrent Neural Networks [C] //Proc. Annual Conference of International Speech Communication Association (INTERSPEECH). 2014.

[422] Geiger J, Zhang Z, Weninger F, et al. Robust Speech Recognition using Long Short-Term Memory Recurrent Neural Networks for Hybrid Acoustic Modelling [C] //Proc. Annual Conference of International Speech Communication Association (INTERSPEECH). 2014.

[423] Srivastava R k, Greff K, Schmidhuber J. Training Very Deep Networks [G/OL] //Cortes C, Lawrence N d, Lee D d, et al. Advances in Neural Information Processing Systems 28. Curran Associates, Inc., 2015: 2377–2385. [2019-10-10] http://papers.nips.cc/paper/5850-training-very-deep-networks.pdf.

[424] Graves A, Schmidhuber J. Framewise phoneme classification with bidirectional LSTM and other neural network architectures [J]. Neural Networks, 2005, 18(5-6): 602–610.

[425] Zeyer A, Doetsch P, Voigtlaender P, et al. A Comprehensive Study of Deep Bidirectional LSTM RNNs for Acoustic Modeling in Speech Recognition [J/OL]. 2017 IEEE International Conference on Acoustics, Speech and Signal Processing (ICASSP), 2017: 2462–2466. [2019-10-10] http://arxiv.org/abs/1606.06871.

[426] Zeyer A, Schlüter R, Ney H. Towards Online-Recognition with Deep Bidirectional LSTM Acoustic Models [C/OL] //. 2016: 3424–3428. [2019-10-10] http://www.isca-speech.org/archive/Interspeech_2016/abstracts/0759.html.

[427] Chen K, Yan Z-j, Huo Q. A context-sensitive-chunk BPTT approach to training deep LSTM/BLSTM recurrent neural networks for offline handwriting recognition [C/OL] //2015 13th International Conference on Document Analysis and Recognition (ICDAR). Tunis, Tunisia: IEEE, 2015: 411–415. [2019-10-10] http://ieeexplore.ieee.org/document/7333794/.

[428] Chung J, Gulcehre C, Cho K, et al. Empirical evaluation of gated recurrent neural networks on sequence modeling [J]. arXiv preprint arXiv:1412.3555, 2014.

[429] Deng L, Ma J. Spontaneous speech recognition using a statistical coarticulatory model for the hidden vocal-tract-resonance dynamics [J]. Journal Acoustical Society of America, 2000, 108: 3036–3048.

[430] Togneri R, Deng L. A state-space model with neural-network prediction for recovering vocal tract resonances in fluent speech from Mel-cepstral coefficients [J]. Speech communication, 2006, 48(8): 971–988.

[431] Ma J, Deng L. Efficient Decoding Strategies for Conversational Speech Recognition Using a Constrained Nonlinear State-Space Model [J]. IEEE Transactions on Audio and Speech Processing, 2003, 11(6): 590–602.

[432] Deng L, Lee L, Attias H, et al. Adaptive Kalman filtering and smoothing for tracking vocal tract resonances using a continuous-valued hidden dynamic model [J]. IEEE Transactions on Audio, Speech, and Language Processing, 2007, 15(1): 13–23.

[433] Ozkan E, Ozbek I, Demirekler M. Dynamic Speech Spectrum Representation and Tracking Variable Number of Vocal Tract Resonance Frequencies With Time-Varying Dirichlet Process Mixture Models [J]. IEEE Transactions on Audio, Speech and Language Processing, 2009, 17(8): 1518 –1532.

[434] Shen X, Deng L. Maximum likelihood in statistical estimation of dynamical systems: Decomposition algorithm and simulation results [J]. Signal Processing, 1997, 57: 65–79.

[435] Bazzi I, Acero A, Deng L. An Expectation-Maximization Approach for Formant Tracking using a Parameter-free Nonlinear Predictor [C] //Proc. International Conference on Acoustics, Speech and Signal Processing (ICASSP). 2003.

[436] Bengio Y, Boulanger N, Pascanu R. Advances in optimizing recurrent networks [C] //Proc. International Conference on Acoustics, Speech and Signal Processing (ICASSP). 2013.

[437] Deng L, Togneri R. Deep Dynamic Models for Learning Hidden Representations of Speech Features [G] //Speech and Audio Processing for Coding, Enhancement and Recognition. Springer, 2014.

[438] Jordan M, Sudderth E, Wainwright M, et al. Major advances and emerging developments of graphical models, Special Issue [J]. IEEE Signal Processing Magazine, 2010, 27(6): 17,138.

[439] Kingma D, Welling M. Auto-Encoding Variational Bayes [C] //arXiv: 1312.6114v10. 2014.

[440] Robinson A j. An application of recurrent nets to phone probability estimation [J]. IEEE Transactions on Neural Networks, 1994, 5(2): 298–305.

[441] Hinton G, Deng L, Yu D, et al. Deep Neural Networks for Acoustic Modeling in Speech Recognition [J]. IEEE Signal Processing Magazine, 2012, 29(6): 82–97.

[442] Yu D, Deng L. Deep-structured hidden conditional random fields for phonetic recognition [C] //Proc. International Conference on Acoustics, Speech and Signal Processing (ICASSP). 2010.

[443] Stoyanov V, Ropson A, Eisner J. Empirical risk minimization of graphical model parameters given approximate inference, decoding, and model structure [J]. Proc. International Conference on Artificial Intelligence and Statistics (AISTATS), 2011.

[444] Bengio Y, Ducharme R, Vincent P, et al. A neural probabilistic language model [J]. Journal of machine learning research, 2003, 3(Feb): 1137–1155.

[445] Mikolov T, Sutskever I, Chen K, et al. Distributed Representations of Words and Phrases and their Compositionality [C] // Advances in Neural Information Processing Systems 26. 2013: 3111–3119.

[446] Inan H, Khosravi K, Socher R. Tying word vectors and word classifiers: A loss framework for language modeling [J]. arXiv preprint arXiv:1611.01462, 2016.

[447] Press O, Wolf L. Using the output embedding to improve language models [J]. arXiv preprint arXiv:1608.05859, 2016.

[448] Bai S, Kolter J z, Koltun V. Convolutional sequence modeling revisited [J]. ICLR, 2018.

[449] Long J, Shelhamer E, Darrell T. Fully convolutional networks for semantic segmentation [C] // Proceedings of the IEEE conference on computer vision and pattern recognition. 2015: 3431–3440.

[450] Kim Y, Jernite Y, Sontag D, et al. Character-aware neural language models [C] // Thirtieth AAAI Conference on Artificial Intelligence. 2016.

[451] Sennrich R, Haddow B, Birch A. Neural machine translation of rare words with subword units [J]. arXiv preprint arXiv:1508.07909, 2015.

[452] He T, Zhang Y, Droppo J, et al. On training bi-directional neural network language model with noise contrastive estimation [C] // 2016 10th International Symposium on Chinese Spoken Language Processing (ISCSLP). 2016: 1–5.

[453] Liu Q, Qian Y, Yu K. Future vector enhanced lstm language model for lvcsr [C] // 2017 IEEE Automatic Speech Recognition and Understanding Workshop (ASRU). 2017: 104–110.

[454] Serdyuk D, Ke R n, Sordoni A, et al. Twin networks: Using the future as a regularizer [J]. arXiv preprint arXiv:1708.06742, 2017.

[455] Arisoy E, Sainath T n, Kingsbury B, et al. Deep neural network language models [C] // Proceedings of the NAACL-HLT 2012 Workshop: Will We Ever Really Replace the N-gram Model? On the Future of Language Modeling for HLT. 2012: 20–28.

[456] Sutskever I, Vinyals O, Le Q v. Sequence to sequence learning with neural networks [C] // Advances in neural information processing systems. 2014: 3104–3112.

[457] Cheng J, Dong L, Lapata M. Long short-term memory-networks for machine reading [J]. arXiv preprint arXiv:1601.06733, 2016.

[458] Toshniwal, Shubham, Anjuli Kannan, Chung-Cheng Chiu, Yonghui Wu, Tara N. Sainath, and Karen Livescu.. "A comparison of techniques for language model integration in encoder-decoder speech recognition." In 2018 IEEE Spoken Language Technology Workshop (SLT), pp. 369-375. IEEE,. 2018..

[459] Sriram A, Jun H, Satheesh S, et al. Cold fusion: Training seq2seq models together with language models [J]. arXiv preprint arXiv:1708.06426, 2017.

[460] Matthew E. Peters, Mark Neumann, Mohit Iyyer, Matt Gardner, Christopher Clark, Kenton Lee, Luke Zettlemoyer. "Deep Contextualized Word Representations." In Proceedings of Human Language Technologies: The Annual Conference of the North American Chapter of the Association for Computational Linguistics (NAACL-HLT), pp.2227-2237. 2018.

[461] Devlin J, Chang M-w, Lee K, et al. BERT: Pre-training of Deep Bidirectional Transformers for Language Understanding [J/OL]. [2019-10-10] http://arxiv.org/abs/1810.04805.

[462] Radford, Alec, Karthik Narasimhan, Tim Salimans, and Ilya Sutskever. "Improving language understanding by generative pre-training." [EB/OL]. [2019-10-10] https://s3-us-west-2.amazonaws.com/openai-assets/researchcovers/languageunsupervised/language understanding paper.pdf (2018).

[463] Siddhant A, Goyal A, Metallinou A. Unsupervised Transfer Learning for Spoken Language Understanding in Intelligent Agents [J/OL]. [2019-10-10] http://arxiv.org/abs/1811.05370.

[464] Jeremy Howard, Sebastian Ruder. "Universal Language Model Fine-tuning for Text Classification." In Proceedings of the 56th Annual Meeting of the Association for Computational Linguistics. pp. 328-339. 2018

[465] Leggetter C j, Woodland P. Maximum likelihood linear regression for speaker adaptation of continuous density hidden Markov models [J]. Computer Speech and Language, 1995, 9(2): 171–185.

[466] M.gales, P.woodland. Mean and variance adaptation within the MLLR framework [J]. Computer Speech and Language, 1996, 10.

[467] Gales M j. Maximum likelihood linear transformations for HMM-based speech recognition [J]. Computer Speech and Language, 1998, 12(2): 75–98.

[468] Chesta C, Siohan O, Lee C-h. Maximum a posteriori linear regression for hidden Markov model adaptation. [C] //Eurospeech. 1999.

[469] Lee C-h, Huo Q. On adaptive decision rules and decision parameter adaptation for automatic speech recognition [J]. Proceedings of the IEEE, 2000, 88(8): 1241–1269.

[470] Abrash V, Franco H, Sankar A, et al. Connectionist speaker normalization and adaptation [C] //Proc. European Conference on Speech Communication and Technology (EUROSPEECH). 1995.

[471] Joäo Paulo Neto, Luís B. Almeida, Mike Hochberg, Ciro Martins, Luís Nunes, Steve Renals, Tony Robinson: Speaker-adaptation for hybrid HMM-ANN continuous speech recognition system. In Eurospeech 1995, 1995.

[472] Albesano D, Gemello R, Mana F. Hybrid HMM-NN modeling of stationary–transitional units for continuous speech recognition [J]. Information Sciences, 2000, 123(1): 3–11.

[473] Trmal J, Zelinka J, Müller L. Adaptation of a feedforward artificial neural network using a linear transform [C] //Text, Speech and Dialogue. 2010: 423–430.

[474] Li B, Sim K c. Comparison of discriminative input and output transformations for speaker adaptation in the hybrid NN/HMM systems. [C] //Proc. Annual Conference of International Speech Communication Association (INTERSPEECH). 2010: 526–529.

[475] Xiao Y, Zhang Z, Cai S, et al. A Initial Attempt on Task-Specific Adaptation for Deep Neural Network-based Large Vocabulary Continuous Speech Recognition. [C] //Proc. Annual Conference of International Speech Communication Association (INTERSPEECH). 2012.

[476] Yao K, Yu D, Seide F, et al. Adaptation of context-dependent deep neural networks for automatic speech recognition [C] //Proc. IEEE Spoken Language Technology Workshop (SLT). 2012: 366–369.

[477] Yu D, Yao K, Su H, et al. KL-divergence regularized deep neural network adaptation for improved large vocabulary speech recognition [C] // Proc. International Conference on Acoustics, Speech and Signal Processing (ICASSP). 2013: 7893–7897.

[478] Gemello R, Mana F, Scanzio S, et al. Linear hidden transformations for adaptation of hybrid ANN/HMM models [J]. Speech Communication, 2007, 49(10): 827–835.

[479] Stadermann J, Rigoll G. Two-stage speaker adaptation of hybrid tied-posterior acoustic models [C] //Proc. International Conference on Acoustics, Speech and Signal Processing (ICASSP). 2005.

[480] Albesano D, Gemello R, Laface P, et al. Adaptation of Artificial Neural Networks Avoiding Catastrophic Forgetting [C] //Proc. International Conference on Neural Networks (IJCNN). 2006: 1554–1561.

[481] Li X, Bilmes J. Regularized adaptation of discriminative classifiers [C] // Acoustics, Speech and Signal Processing, 2006. ICASSP 2006 Proceedings. 2006 IEEE International Conference on: Vol 1. 2006: I–I.

[482] Xue J, Li J, Yu D, et al. Singular Value Decomposition Based Low-footprint Speaker Adaptation and Personalization for Deep Neural Network [C] //Proc. International Conference on Acoustics, Speech and Signal Processing (ICASSP). 2014.

[483] Dupont S, Cheboub L. Fast speaker adaptation of artificial neural networks for automatic speech recognition [C] //Proc. International Conference on Acoustics, Speech and Signal Processing (ICASSP): Vol 3. 2000: 1795–1798.

[484] Saon G, Soltau H, Nahamoo D, et al. Speaker adaptation of neural network acoustic models using i-vectors [C] //Proc. IEEE Workshop on Automatic Speech Recognition and Understanding (ASRU). 2013: 55–59.

[485] Yu D, Chen X, Deng L. Factorized deep neural networks for adaptive speech recognition [C] //Proc. Int. Workshop on Statistical Machine Learning for Speech Processing. 2012.

[486] Yu, Dong, Li Deng, and Frank Seide. "The deep tensor neural network with applications to large vocabulary speech recognition." IEEE Transactions on Audio, Speech, and Language Processing 21, no. 2 (2012): 388-396.

[487] Abdel-hamid O, Jiang H. Fast speaker adaptation of hybrid NN/HMM model for speech recognition based on discriminative learning of speaker code [C] // Proc. International Conference on Acoustics, Speech and Signal Processing (ICASSP). 2013: 7942–7946.

[488] Xue S, Abdel-hamid O, Jiang H, et al. Direct Adaptation Of Hybrid DNN/HMM Model For Fast Speaker Adaptation In LVCSR Based On Speaker Code [C] // Proc. International Conference on Acoustics, Speech and Signal Processing (ICASSP). 2014: 6389–6393.

[489] Glembek O, Burget L, Matejka P, et al. Simplification and optimization of i-vector extraction [C] // Proc. International Conference on Acoustics, Speech and Signal Processing (ICASSP). 2011: 4516–4519.

[490] Karafiát M, Burget L, Matejka P, et al. iVector-based discriminative adaptation for automatic speech recognition [C] // Proc. IEEE Workshop on Automatic Speech Recognition and Understanding (ASRU). 2011: 152–157.

[491] Yao K, Gong Y, Liu C. A Feature Space Transformation Method for Personalization using Generalized i-vector Clustering. [C] // Proc. Annual Conference of International Speech Communication Association (INTERSPEECH). 2012.

[492] Bacchiani M. Rapid adaptation for mobile speech applications [C] // Proc. International Conference on Acoustics, Speech and Signal Processing (ICASSP). 2013: 7903–7907.

[493] Brümmer N. The EM algorithm and minimum divergence [J]. Online http://niko. brummer. googlepages. Agnitio Labs Technical Report, 2009.

[494] Kingsbury B. Lattice-based optimization of sequence classification criteria for neural-network acoustic modeling [C] // Proc. International Conference on Acoustics, Speech and Signal Processing (ICASSP). 2009: 3761–3764.

[495] rahman Mohamed A, Yu D, Deng L. Investigation of Full-Sequence Training of Deep Belief Networks for Speech Recognition [C] // Proc. Annual Conference of International Speech Communication Association (INTERSPEECH). 2010: 2846–2849.

[496] Veselỳ K, Ghoshal A, Burget L, et al. Sequence-discriminative training of deep neural networks [C] // Proc. Annual Conference of International Speech Communication Association (INTERSPEECH). 2013.

[497] Goel V, Byrne W j. Minimum Bayes-risk automatic speech recognition [J]. Computer Speech and Language, 2000, 14(2): 115–135.

[498] Chen S f, Kingsbury B, Mangu L, et al. Advances in speech transcription at IBM under the DARPA EARS program [J]. IEEE Transactions on Audio, Speech, and Language Processing, 2006, 14(5): 1596–1608.

[499] Povey D, Peddinti V, Galvez D, et al. Purely sequence-trained neural networks for ASR based on lattice-free MMI. [C] // Interspeech. 2016: 2751–2755.

[500] Xiong W, Droppo J, Huang X, et al. Achieving human parity in conversational speech recognition [J]. arXiv preprint arXiv:1610.05256, 2016.

[501] Hadian H, Sameti H, Povey D, et al. End-to-end Speech Recognition Using Lattice-free MMI. [C] //Interspeech. 2018: 12–16.

[502] Gutmann M, Hyvärinen A. Noise-contrastive estimation: A new estimation principle for unnormalized statistical models [C] //International Conference on Artificial Intelligence and Statistics. 2010: 297–304.

[503] Gutmann M u, Hyvärinen A. Noise-contrastive estimation of unnormalized statistical models, with applications to natural image statistics [J]. The Journal of Machine Learning Research, 2012, 13: 307–361.

[504] Mnih A, Teh Y w. A fast and simple algorithm for training neural probabilistic language models [J]. arXiv preprint arXiv:1206.6426, 2012.

[505] Hastie T, Tibshirani R, Friedman J, et al. The elements of statistical learning: Vol 2 [M]. Springer, 2009.

[506] Graves A. Studies in Computational Intelligence, Vol 385: Supervised Sequence Labelling with Recurrent Neural Networks [M/OL]. Springer, 2012. https://doi.org/10.1007/978-3-642-24797-2.

[507] Graves A, Fernández S, Gomez F, et al. Connectionist temporal classification: labelling unsegmented sequence data with recurrent neural networks [C] //Proceedings of the 23rd international conference on Machine learning. 2006: 369–376.

[508] Chiu C-c, Sainath T n, Wu Y, et al. State-of-the-art speech recognition with sequence-to-sequence models [C] //2018 IEEE International Conference on Acoustics, Speech and Signal Processing (ICASSP). 2018: 4774–4778.

[509] Rao K, Sak H, Prabhavalkar R. Exploring architectures, data and units for streaming end-to-end speech recognition with rnn-transducer [C] // 2017 IEEE Automatic Speech Recognition and Understanding Workshop (ASRU). 2017: 193–199.

[510] Zeyer A, Irie K, Schlüter R, et al. Improved training of end-to-end attention models for speech recognition [J]. arXiv preprint arXiv:1805.03294, 2018.

[511] Audhkhasi K, Ramabhadran B, Saon G, et al. Direct acoustics-to-word models for english conversational speech recognition [J]. arXiv preprint arXiv:1703.07754, 2017.

[512] Miao Y, Gowayyed M, Metze F. EESEN: End-to-end speech recognition using deep RNN models and WFST-based decoding [C] //2015 IEEE Workshop on Automatic Speech Recognition and Understanding (ASRU). 2015: 167–174.

[513] Sak H, Senior A, Rao K, et al. Learning acoustic frame labeling for speech recognition with recurrent neural networks [C] //2015 IEEE international conference on acoustics, speech and signal processing (ICASSP). 2015: 4280–4284.

[514] Sak H, Senior A, Rao K, et al. Fast and Accurate Recurrent Neural Network Acoustic Models for Speech Recognition [J]. arXiv preprint arXiv:1507.06947, 2015.

[515] Chrisman L. Learning recursive distributed representations for holistic computation [J]. Connection Science, 1991, 3(4): 345–366.

[516] Forcada M l, Ñeco R p. Recursive hetero-associative memories for translation [C] //International Work-Conference on Artificial Neural Networks. 1997: 453–462.

[517] Kalchbrenner N, Blunsom P. Recurrent continuous translation models [C] // Proceedings of the 2013 Conference on Empirical Methods in Natural Language Processing. 2013: 1700–1709.

[518] Bahdanau D, Cho K, Bengio Y. Neural machine translation by jointly learning to align and translate [J]. arXiv preprint arXiv:1409.0473, 2014.

[519] Luong M-t, Pham H, Manning C d. Effective approaches to attention-based neural machine translation [J]. arXiv preprint arXiv:1508.04025, 2015.

[520] Chan W, Jaitly N, Le Q, et al. Listen, attend and spell: A neural network for large vocabulary conversational speech recognition [C] // 2016 IEEE International Conference on Acoustics, Speech and Signal Processing (ICASSP). 2016: 4960–4964.

[521] Yang Z, Hu Z, Deng Y, et al. Neural machine translation with recurrent attention modeling [J]. arXiv preprint arXiv:1607.05108, 2016.

[522] Yang Z, Yang D, Dyer C, et al. Hierarchical attention networks for document classification [C] // Proceedings of the 2016 conference of the North American chapter of the association for computational linguistics: human language technologies. 2016: 1480–1489.

[523] Allamanis M, Peng H, Sutton C. A convolutional attention network for extreme summarization of source code [C] // International Conference on Machine Learning. 2016: 2091–2100.

[524] Neubig G. Neural machine translation and sequence-to-sequence models: A tutorial [J]. arXiv preprint arXiv:1703.01619, 2017.

[525] Kim S, Hori T, Watanabe S. Joint CTC-attention based end-to-end speech recognition using multi-task learning [C] // IEEE (ICASSP). 2017: 4835–4839.

[526] Hori T, Watanabe S, Hershey J. Joint CTC/attention decoding for end-to-end speech recognition [C] // (ACL) (Volume 1: Long Papers): Vol 1. 2017: 518–529.

[527] Watanabe S, Hori T, Kim S, et al. Hybrid CTC/Attention Architecture for End-to-End Speech Recognition [J]. J. Sel. Topics Signal Processing, 2017, 11(8): 1240–1253.

[528] Caruana R. Multitask learning [J]. Machine learning, 1997, 28(1): 41–75.

[529] Pan S j, Yang Q. A survey on transfer learning [J]. IEEE Transactions on Knowledge and Data Engineering, 2010, 22(10): 1345–1359.

[530] Schultz T, Waibel A. Multilingual and crosslingual speech recognition [C] // Proc. DARPA Workshop on Broadcast News Transcription and Understanding. 1998: 259–262.

[531] Thomas S, Ganapathy S, Hermansky H. Multilingual MLP features for low-resource LVCSR systems [C] // Proc. International Conference on Acoustics, Speech and Signal Processing (ICASSP). 2012: 4269–4272.

[532] Huang J-t, Li J, Yu D, et al. Cross-language knowledge transfer using multilingual deep neural network with shared hidden layers [C] // Proc. International Conference on Acoustics, Speech and Signal Processing (ICASSP). 2013.

[533] Ghoshal, Arnab, Pawel Swietojanski, and Steve Renals. "Multilingual training of deep neural networks." In 2013 IEEE International Conference on Acoustics, Speech and Signal Processing, pp. 7319-7323. IEEE, 2013.

[534] Lu Y, Lu F, Sehgal S, et al. MULTITASK LEARNING IN CONNECTIONIST SPEECH RECOGNITION [C] //Proc. Australian International Conference on Speech Science and Technology. 2004.

[535] Seltzer M l, Droppo J. Multi-task learning in deep neural networks for improved phoneme recognition [C] //Proc. International Conference on Acoustics, Speech and Signal Processing (ICASSP). 2013: 6965 – 6969.

[536] Chen D, Mak B, Leung C-c, et al. Joint Acoustic Modeling of Triphones and Trigraphemes by Multi-Task Learning Deep Neural Networks for Low-Resource Speech Recognition [C] //Proc. International Conference on Acoustics, Speech and Signal Processing (ICASSP). 2014.

[537] Huang J, Kingsbury B. Audio-visual deep learning for noise robust speech recognition [C] //Proc. International Conference on Acoustics, Speech and Signal Processing (ICASSP). 2013: 7596 – 7599.

[538] Lin H, Deng L, Yu D, et al. A study on multilingual acoustic modeling for large vocabulary ASR [C] //Proc. International Conference on Acoustics, Speech and Signal Processing (ICASSP). 2009: 4333 – 4336.

[539] Yu D, Deng L, Liu P, et al. Cross-lingual speech recognition under runtime resource constraints [C] //Proc. International Conference on Acoustics, Speech and Signal Processing (ICASSP). 2009: 4193 – 4196.

[540] Thomas S, Ganapathy S, Hermansky H. Cross-lingual and multi-stream posterior features for low resource LVCSR systems. [C] //Proc. Annual Conference of International Speech Communication Association (INTERSPEECH). 2010: 877 – 880.

[541] Plahl C, Schluter R, Ney H. Cross-lingual portability of Chinese and English neural network features for French and German LVCSR [C] //Proc. IEEE Workshop on Automatic Speech Recognition and Understanding (ASRU). 2011: 371 – 376.

[542] Qian Y, Liu J. Cross-Lingual and Ensemble MLPs Strategies for Low-Resource Speech Recognition. [C] //Proc. Annual Conference of International Speech Communication Association (INTERSPEECH). 2012.

[543] Athineos M, Ellis D p. Frequency-domain linear prediction for temporal features [C] //Proc. IEEE Workshop on Automatic Speech Recognition and Understanding (ASRU). 2003: 261 – 266.

[544] Association I p, others. Report on the 1989 Kiel convention [J]. Journal of the International Phonetic Association, 1989, 19(2): 67 – 80.

[545] Garofolo J s. Darpa Timit: Acoustic-phonetic Continuous Speech Corps CD-ROM [M]. US Department of Commerce, National Institute of Standards and Technology, 1993.

[546] Lee K-f, Hon H-w. Speaker-independent phone recognition using hidden Markov models [J]. IEEE Transactions on Speech and Audio Processing, 1989, 37(11): 1641 – 1648.

[547] Sumby W h, Pollack I. Visual contribution to speech intelligibility in noise [J]. Journal Acoustical Society of America, 1954, 26(2): 212–215.

[548] Chen T, Rao R r. Audio-visual integration in multimodal communication [J]. Proceedings of the IEEE, 1998, 86(5): 837–852.

[549] Dupont S, Luettin J. Audio-visual speech modeling for continuous speech recognition [J]. Multimedia, IEEE Transactions on, 2000, 2(3): 141–151.

[550] Chibelushi C c, Deravi F, Mason J s. A review of speech-based bimodal recognition [J]. Multimedia, IEEE Transactions on, 2002, 4(1): 23–37.

[551] Potamianos G, Neti C, Gravier G, et al. Recent advances in the automatic recognition of audiovisual speech [J]. Proceedings of the IEEE, 2003, 91(9): 1306–1326.

[552] Kim M w, Ryu J w, Kim E j. Speech recognition by integrating audio, visual and contextual features based on neural networks [G] // Advances in Natural Computation. Springer, 2005: 155–164.

[553] Lewis T w, Powers D m. Audio-visual speech recognition using red exclusion and neural networks [J]. Journal of Research and Practice in Information Technology, 2003, 35(1): 41–64.

[554] Ngiam J, Khosla A, Kim M, et al. Multimodal deep learning [C] // Proceedings of the 28th International Conference on Machine Learning (ICML-11). 2011: 689–696.

[555] Wang D, Chen J. Supervised speech separation based on deep learning: An overview [J]. IEEE/ACM Transactions on Audio, Speech, and Language Processing, 2018, 26(10): 1702–1726.

[556] Qian Y, Weng C, Chang X, et al. Past review, current progress, and challenges ahead on the cocktail party problem [J]. Frontiers of Information Technology & Electronic Engineering, 2018, 19(1): 40–63.

[557] Boll S. Suppression of acoustic noise in speech using spectral subtraction [J]. IEEE Transactions on acoustics, speech, and signal processing, 1979, 27(2): 113–120.

[558] Ephraim Y, Malah D. Speech enhancement using a minimum-mean square error short-time spectral amplitude estimator [J]. IEEE Transactions on acoustics, speech, and signal processing, 1984, 32(6): 1109–1121.

[559] Ephraim Y, Malah D. Speech enhancement using a minimum mean-square error log-spectral amplitude estimator [J]. IEEE transactions on acoustics, speech, and signal processing, 1985, 33(2): 443–445.

[560] Cohen I, Berdugo B. Speech enhancement for non-stationary noise environments [J]. Signal processing, 2001, 81(11): 2403–2418.

[561] Cohen I. Noise spectrum estimation in adverse environments: Improved minima controlled recursive averaging [J]. IEEE Transactions on speech and audio processing, 2003, 11(5): 466–475.

[562] Cappé O. Elimination of the musical noise phenomenon with the Ephraim and Malah noise suppressor [J]. IEEE transactions on Speech and Audio Processing, 1994, 2(2): 345–349.

[563] Wang Y, Wang D. Towards scaling up classification-based speech separation [J]. IEEE Transactions on Audio, Speech, and Language Processing, 2013, 21(7): 1381–1390.

[564] Narayanan A, Wang D. Ideal ratio mask estimation using deep neural networks for robust speech recognition [C] // 2013 IEEE International Conference on Acoustics, Speech and Signal Processing. 2013: 7092–7096.

[565] Narayanan A, Wang D. Investigation of speech separation as a front-end for noise robust speech recognition [J]. IEEE/ACM Transactions on Audio, Speech, and Language Processing, 2014, 22(4): 826–835.

[566] Xu Y, Du J, Dai L-r, et al. An experimental study on speech enhancement based on deep neural networks [J]. IEEE Signal processing letters, 2013, 21(1): 65–68.

[567] Xu Y, Du J, Dai L-r, et al. A regression approach to speech enhancement based on deep neural networks [J]. IEEE/ACM Transactions on Audio, Speech and Language Processing (TASLP), 2015, 23(1): 7–19.

[568] Raj B, Stern R m. Missing-feature approaches in speech recognition [J]. IEEE Signal Processing Magazine, 2005, 22(5): 101–116.

[569] Hartmann W, Narayanan A, Fosler-lussier E, et al. Nothing doing: Reevaluating missing feature ASR [J]. Reconstruction, 2011, 67.

[570] Weng C, Yu D, Seltzer M l, et al. Deep neural networks for single-channel multi-talker speech recognition [J]. IEEE/ACM Transactions on Audio, Speech and Language Processing (TASLP), 2015, 23(10): 1670–1679.

[571] Tu Y, Du J, Xu Y, et al. Deep neural network based speech separation for robust speech recognition [C] // 2014 12th International Conference on Signal Processing (ICSP). 2014: 532–536.

[572] Brown G j, Cooke M. Computational auditory scene analysis [J]. Computer Speech & Language, 1994, 8(4): 297–336.

[573] Wang D, Brown G j. Computational Auditory Scene Analysis: Principles, Algorithms, and Applications [M]. Wiley-IEEE Press, 2006.

[574] Ellis D p w. Prediction-driven computational auditory scene analysis [J]. PHD Thesis at Massachusetts Institute of Technology, 1996.

[575] Hershey J r, Chen Z, Roux J l, et al. Deep Clustering: Discriminative Embeddings for Segmentation and Separation [C] // ICASSP. 2016: 31–35.

[576] Isik Y, Roux J l, Chen Z, et al. Single-Channel Multi-Speaker Separation Using Deep Clustering [C] // Interspeech. 2016: 545–549.

[577] Bach F r, Jordan M i. Learning spectral clustering, with application to speech separation [J]. Journal of Machine Learning Research, 2006, 7(Oct): 1963–2001.

[578] Meilă M. Local equivalences of distances between clusterings—a geometric perspective [J]. Machine Learning, 2012, 86(3): 369–389.

[579] Hubert L, Arabie P. Comparing partitions [J]. Journal of classification, 1985, 2(1): 193–218.

[580] Wang Z-q, Le roux J, Hershey J r. Alternative Objective Functions for Deep Clustering [C] // ICASSP. 2018.

[581] Wang Z-q, Le roux J, Hershey J r. Multi-channel deep clustering: Discriminative spectral and spatial embeddings for speaker-independent speech separation [C] //ICASSP. 2018: 1–5.

[582] Chen Z, Luo Y, Mesgarani N. Deep attractor network for single-microphone speaker separation [C] //Acoustics, Speech and Signal Processing (ICASSP), 2017 IEEE International Conference on. 2017: 246–250.

[583] Kuhl P k. Human adults and human infants show a "perceptual magnet effect" for the prototypes of speech categories, monkeys do not [J]. Attention, Perception, & Psychophysics, 1991, 50(2): 93–107.

[584] Yu D, Kolbæk M, Tan Z-h, et al. Permutation Invariant Training of Deep Models for Speaker-Independent Multi-Talker Speech Separation [C] //International Conference on Acoustics, Speech and Signal Processing (ICASSP). 2017: 241–245.

[585] Kolbæk M, Yu D, Tan Z-h, et al. Multitalker speech separation with utterance-level permutation invariant training of deep recurrent neural networks [J]. IEEE Transactions on Audio, Speech, and Language Processing, 2017, 25(10): 1901–1913.

[586] Qian Y, Chang X, Yu D. Single-channel multi-talker speech recognition with permutation invariant training [J]. Speech Communication, 2018, 104: 1 – 11.

[587] Yu D, Chang X, Qian Y. Recognizing Multi-talker Speech with Permutation Invariant Training [C] //Annual Conference of International Speech Communication Association (INTERSPEECH). 2017: 2456–2460.

[588] Chen Z, Droppo J, Li J, et al. Progressive Joint Modeling in Unsupervised Single-channel Overlapped Speech Recognition [J]. CoRR, 2017, abs/1707.07048.

[589] Tan T, Qian Y, Yu D. Knowledge Transfer in Permutation Invariant Training for Single-channel Multi-talker Speech Recognition [C] //International Conference on Acoustics, Speech, and Signal Processing (ICASSP). 2018.

[590] Chang X, Qian Y, Yu D. Adaptive Permutation Invariant Training with Auxiliary Information for Monaural Multi-Talker Speech Recognition [C] // International Conference on Acoustics, Speech, and Signal Processing (ICASSP). 2018.

[591] Chang X, Qian Y, Yu D. Monaural Multi-Talker Speech Recognition with Attention Mechanism and Gated Convolutional Networks [C] // (INTERSPEECH). 2018: 1586–1590.

[592] Seki H, Hori T, Watanabe S, et al. A Purely End-to-End System for Multi-speaker Speech Recognition [C] //ACL. 2018: 2620–2630.

[593] Chang X, Qian Y, Yu K, et al. End-to-end monaural multi-speaker ASR system without pretraining [C] //ICASSP. 2019: 6256–6260.

[594] Luo Y, Mesgarani N. Tasnet: time-domain audio separation network for real-time, single-channel speech separation [C] //2018 IEEE International Conference on Acoustics, Speech and Signal Processing (ICASSP). 2018: 696–700.

[595] Wang F-y, Chi C-y, Chan T-h, et al. Nonnegative least-correlated component analysis for separation of dependent sources by volume maximization [J]. IEEE transactions on pattern analysis and machine intelligence, 2009, 32(5): 875–888.

[596] Ding C h, Li T, Jordan M i. Convex and semi-nonnegative matrix factorizations [J]. IEEE transactions on pattern analysis and machine intelligence, 2008, 32(1): 45–55.

[597] Benesty J, Chen J, Huang Y. Microphone array signal processing: Vol 1 [M]. Springer Science & Business Media, 2008.

[598] Wölfel M, Mcdonough J. Distant speech recognition [M]. John Wiley & Sons, 2009.

[599] Brandstein M, Ward D. Microphone arrays: signal processing techniques and applications [M]. Springer Science & Business Media, 2013.

[600] Hahn W, Tretter S. Optimum processing for delay-vector estimation in passive signal arrays [J]. IEEE Transactions on Information Theory, 1973, 19(5): 608–614.

[601] Knapp C, Carter G. The generalized correlation method for estimation of time delay [J]. IEEE Transactions on Acoustics, Speech, and Signal Processing, 1976, 24(4): 320–327.

[602] Omologo M, Svaizer P. Acoustic event localization using a crosspower-spectrum phase based technique [C] // Acoustics, Speech and Signal Processing (ICASSP), 1994 IEEE International Conference on: Vol 2. 1994: II–273.

[603] Benesty J, Chen J, Huang Y. Time-delay estimation via linear interpolation and cross correlation [J]. IEEE Transactions on Speech and Audio Processing, 2004, 12(5): 509–519.

[604] Schmidt R. Multiple emitter location and signal parameter estimation [J]. IEEE Transactions on Antennas and Propagation, 1986, 34(3): 276–280.

[605] Barabell A. Improving the resolution performance of eigenstructure-based direction-finding algorithms [C] // Acoustics, Speech and Signal Processing (ICASSP), 1983 IEEE International Conference on: Vol 8. 1983: 336–339.

[606] Roy R, Paulraj A, Kailath T. Estimation of signal parameters via rotational invariance techniques-esprit [C] // Advanced Algorithms and Architectures for Signal Processing I: Vol 696. 1986: 94–102.

[607] Xiao X, Zhao S, Zhong X, et al. A learning-based approach to direction of arrival estimation in noisy and reverberant environments [C] // Acoustics, Speech and Signal Processing (ICASSP), 2015 IEEE International Conference on. 2015: 2814–2818.

[608] Steinberg B z, Beran M j, Chin S h, et al. A neural network approach to source localization [J]. The Journal of the Acoustical Society of America, 1991, 90(4): 2081–2090.

[609] Datum M s, Palmieri F, Moiseff A. An artificial neural network for sound localization using binaural cues [J]. The Journal of the Acoustical Society of America, 1996, 100(1): 372–383.

[610] He W, Motlicek P, Odobez J-m. Deep neural networks for multiple speaker detection and localization [C] // 2018 IEEE International Conference on Robotics and Automation (ICRA). 2018: 74–79.

[611] Takeda R, Komatani K. Sound source localization based on deep neural networks with directional activate function exploiting phase information [C] // Acoustics, Speech and Signal Processing (ICASSP), 2016 IEEE International Conference on. 2016: 405–409.

[612] Takeda R, Komatani K. Discriminative multiple sound source localization based on deep neural networks using independent location model [C] // Spoken Language Technology Workshop (SLT), 2016 IEEE. 2016: 603–609.

[613] Ferguson E l, Williams S b, Jin C t. Sound source localization in a multipath environment using convolutional neural networks [C] // Acoustics, Speech and Signal Processing (ICASSP), 2018 IEEE International Conference on. 2018: 2386–2390.

[614] Ma N, Brown G, May T. Exploiting deep neural networks and head movements for binaural localisation of multiple speakers in reverberant conditions [C] // Sixteenth Annual Conference of the International Speech Communication Association: Vol 2015. 2015: 160–164.

[615] Chakrabarty S, Habets E a. Broadband DOA estimation using convolutional neural networks trained with noise signals [C] // Applications of Signal Processing to Audio and Acoustics (WASPAA), 2017 IEEE Workshop on. 2017: 136–140.

[616] Chakrabarty S, Habets E a. Multi-speaker localization using convolutional neural network trained with noise [J]. arXiv preprint arXiv:1712.04276, 2017.

[617] Zhang W, Zhou Y, Qian Y. Robust DOA Estimation Based on Convolutional Neural Network and Time-Frequency Masking [C] // Proc. Interspeech 2019. 2019: 2703–2707.

[618] Ma W, Liu X. Phased Microphone Array for Sound Source Localization with Deep Learning [J]. arXiv preprint arXiv:1802.04479, 2018.

[619] Vera-diaz J, Pizarro D, Macias-guarasa J. Towards End-to-End Acoustic Localization Using Deep Learning: From Audio Signals to Source Position Coordinates [J]. Sensors, 2018, 18(10): 3418.

[620] Fischer S, Simmer K u. Beamforming microphone arrays for speech acquisition in noisy environments [J]. Speech communication, 1996, 20(3-4): 215–227.

[621] Khalil F, Jullien J p, Gilloire A. Microphone array for sound pickup in teleconference systems [J]. Journal of the Audio Engineering Society, 1994, 42(9): 691–700.

[622] Frost O l. An algorithm for linearly constrained adaptive array processing [J]. Proceedings of the IEEE, 1972, 60(8): 926–935.

[623] Gabriel W f. Adaptive arrays—An introduction [J]. Proceedings of the IEEE, 1976, 64(2): 239–272.

[624] Griffiths L, Jim C. An alternative approach to linearly constrained adaptive beamforming [J]. IEEE Transactions on Antennas and Propagation, 1982, 30(1): 27–34.

[625] Zelinski R. A microphone array with adaptive post-filtering for noise reduction in reverberant rooms [C] // Acoustics, Speech and Signal Processing (ICASSP), 1988 IEEE International Conference on. 1988: 2578–2581.

[626] Warsitz E, Haeb-umbach R. Blind acoustic beamforming based on generalized eigenvalue decomposition [J]. IEEE Transactions on audio, speech, and language processing, 2007, 15(5): 1529–1539.

[627] Swietojanski P, Ghoshal A, Renals S. Convolutional neural networks for distant speech recognition [J]. IEEE Signal Processing Letters, 2014, 21(9): 1120–1124.

[628] Liu Y, Zhang P, Hain T. Using neural network front-ends on far field multiple microphones based speech recognition [C] // Proc. International Conference on Acoustics, Speech and Signal Processing (ICASSP). 2014: 5542–5546.

[629] Hoshen Y, Weiss R j, Wilson K w. Speech acoustic modeling from raw multichannel waveforms [C] // Acoustics, Speech and Signal Processing (ICASSP), 2015 IEEE International Conference on. 2015: 4624–4628.

[630] Heymann J, Drude L, Haeb-umbach R. Neural network based spectral mask estimation for acoustic beamforming [C] // Acoustics, Speech and Signal Processing (ICASSP), 2016 IEEE International Conference on. 2016: 196–200.

[631] Seltzer M l, Raj B, Stern R m, et al. Likelihood-maximizing beamforming for robust hands-free speech recognition [J]. IEEE Transactions on speech and audio processing, 2004, 12(5): 489–498.

[632] Xiao X, Watanabe S, Erdogan H, et al. Deep beamforming networks for multi-channel speech recognition [C] // Acoustics, Speech and Signal Processing (ICASSP), 2016 IEEE International Conference on. 2016: 5745–5749.

[633] Gannot S, Burshtein D, Weinstein E. Signal enhancement using beamforming and nonstationarity with applications to speech [J]. IEEE Transactions on Signal Processing, 2001, 49(8): 1614–1626.

[634] Higuchi T, Ito N, Yoshioka T, et al. Robust MVDR beamforming using time-frequency masks for online/offline ASR in noise [C] // Proc. International Conference on Acoustics, Speech and Signal Processing (ICASSP). 2016: 5210–5214.

[635] Higuchi T, Ito N, Araki S, et al. Online MVDR beamformer based on complex Gaussian mixture model with spatial prior for noise robust ASR [J]. IEEE/ACM Transactions on Audio, Speech, and Language Processing, 2017, 25(4): 780–793.

[636] Heymann J, Drude L, Chinaev A, et al. BLSTM supported GEV beamformer front-end for the 3rd CHiME challenge [C] // 2015 IEEE Workshop on Automatic Speech Recognition and Understanding (ASRU). 2015: 444–451.

[637] Heymann J, Drude L, Haeb-umbach R. A generic neural acoustic beamforming architecture for robust multi-channel speech processing [J]. Computer Speech & Language, 2017, 46: 374–385.

[638] Boeddeker C, Hanebrink P, Drude L, et al. Optimizing neural-network supported acoustic beamforming by algorithmic differentiation [C] // Acoustics, Speech and Signal Processing (ICASSP), 2017 IEEE International Conference on. 2017: 171–175.

[639] Pfeifenberger L, Zöhrer M, Pernkopf F. DNN-based speech mask estimation for eigenvector beamforming [C] // Acoustics, Speech and Signal Processing (ICASSP), 2017 IEEE International Conference on. 2017: 66–70.

[640] Xiao X, Zhao S, Jones D l, et al. On time-frequency mask estimation for MVDR beamforming with application in robust speech recognition [C] // Acoustics, Speech and Signal Processing (ICASSP), 2017 IEEE International Conference on. 2017: 3246–3250.

[641] Narayanan A, Wang D. Ideal ratio mask estimation using deep neural networks for robust speech recognition [C] // Acoustics, Speech and Signal Processing (ICASSP), 2013 IEEE International Conference on. 2013: 7092 – 7096.

[642] Williamson D s, Wang Y, Wang D. Complex ratio masking for joint enhancement of magnitude and phase [C] // Acoustics, Speech and Signal Processing (ICASSP), 2016 IEEE International Conference on. 2016: 5220 – 5224.

[643] Mandel M i, Ellis D p, Jebara T. An EM algorithm for localizing multiple sound sources in reverberant environments [C] // Advances in neural information processing systems. 2007: 953 – 960.

[644] Araki S, Nakatani T, Sawada H, et al. Blind sparse source separation for unknown number of sources using Gaussian mixture model fitting with Dirichlet prior [C] // Acoustics, Speech and Signal Processing (ICASSP), 2009 IEEE International Conference on. 2009: 33 – 36.

[645] Vu D h t, Haeb-umbach R. Blind speech separation employing directional statistics in an expectation maximization framework [C] // Acoustics, Speech and Signal Processing (ICASSP), 2010 IEEE International Conference on. 2010: 241 – 244.

[646] Sawada H, Araki S, Makino S. Underdetermined convolutive blind source separation via frequency bin-wise clustering and permutation alignment [J]. IEEE Transactions on Audio, Speech and Language Processing, 2011, 19(3): 516 – 527.

[647] Araki S, Okada M, Higuchi T, et al. Spatial correlation model based observation vector clustering and MVDR beamforming for meeting recognition [C] // Acoustics, Speech and Signal Processing (ICASSP), 2016 IEEE International Conference on. 2016: 385 – 389.

[648] Vincent E, Barker J, Watanabe S, et al. The second 'CHiME' speech separation and recognition challenge: Datasets, tasks and baselines [C] // 2013 IEEE International Conference on Acoustics, Speech and Signal Processing. 2013: 126 – 130.

[649] Sainath T n, Weiss R j, Wilson K w, et al. Multichannel signal processing with deep neural networks for automatic speech recognition [J]. IEEE/ACM Transactions on Audio, Speech, and Language Processing, 2017, 25(5): 965 – 979.

[650] Van compernolle D, Ma W, Xie F, et al. Speech recognition in noisy environments with the aid of microphone arrays [J]. Speech Communication, 1990, 9(5-6): 433 – 442.

[651] Delcroix M, Yoshioka T, Ogawa A, et al. Linear prediction-based dereverberation with advanced speech enhancement and recognition technologies for the REVERB challenge [C] // REVERB Workshop. 2014.

[652] Jahn heymann L d, Haeb-umbach R. Wide residual BLSTM network with discriminative speaker adaptation for robust speech recognition [C] // Proceedings of the 4th International Workshop on Speech Processing in Everyday Environments (CHiME' 16). 2016: 12 – 17.

[653] Heymann J, Drude L, Boeddeker C, et al. Beamnet: End-to-end training of a beamformer-supported multi-channel asr system [C] // 2017 IEEE International Conference on Acoustics, Speech and Signal Processing (ICASSP). 2017: 5325 – 5329.

[654] Li B, Sainath T n, Weiss R j, et al. Neural network adaptive beamforming for robust multichannel speech recognition [C] // Interspeech: Vol 2016. 2016.

[655] Meng Z, Watanabe S, Hershey J r, et al. Deep long short-term memory adaptive beamforming networks for multichannel robust speech recognition [C] // 2017 IEEE International Conference on Acoustics, Speech and Signal Processing (ICASSP). 2017: 271 – 275.

[656] Sainath T n, Weiss R j, Wilson K w, et al. Speaker location and microphone spacing invariant acoustic modeling from raw multichannel waveforms [C] // ASRU. IEEE, 2015: 30 – 36.

[657] Sainath T n, Weiss R j, Senior A, et al. Learning the speech front-end with raw waveform CLDNNs [C] // Sixteenth Annual Conference of the International Speech Communication Association. 2015.

[658] He X, Deng L. Robust speech translation by domain adaptation [C] // Twelfth Annual Conference of the International Speech Communication Association. 2011.

[659] Young S, Gašić M, Thomson B, et al. POMDP-based statistical spoken dialog systems: A review [J]. Proceedings of the IEEE, 2013.

[660] Bohus D, Raux A, Harris T k, et al. Olympus: an open-source framework for conversational spoken language interface research [C] // Proceedings of the workshop on bridging the gap: Academic and industrial research in dialog technologies. 2007: 32 – 39.

[661] Baum L e, Petrie T. Statistical inference for probabilistic functions of finite state Markov chains [J]. The annals of mathematical statistics, 1966, 37(6): 1554 – 1563.

[662] Brown P f, Pietra V j d, Pietra S a d, et al. The mathematics of statistical machine translation: Parameter estimation [J]. Computational linguistics, 1993, 19(2): 263 – 311.

[663] Ratnaparkhi A. A simple introduction to maximum entropy models for natural language processing [J]. IRCS Technical Reports Series, 1997: 81.

[664] Suykens J a, Vandewalle J. Least squares support vector machine classifiers [J]. Neural processing letters, 1999, 9(3): 293 – 300.

[665] Lafferty, John, Andrew McCallum, and Fernando CN Pereira. “Conditional random fields: Probabilistic models for segmenting and labeling sequence data.” In Proceedings of the Eighteenth International Conference on Machine Learning. pp. 282-289. 2001.

[666] Collins M. Discriminative training methods for hidden markov models: Theory and experiments with perceptron algorithms [C] // Proceedings of the ACL-02 conference on Empirical methods in natural language processing-Volume 10. 2002: 1 – 8.

[667] Bengio Y, others. Learning deep architectures for AI [J]. Foundations and Trends® in Machine Learning, 2009, 2(1): 1 – 127.

[668] Deng L, Yu D, others. Deep learning: methods and applications [J]. Foundations and Trends® in Signal Processing, 2014, 7(3–4): 197 – 387.

[669] Lecun Y, Bengio Y, Hinton G. Deep learning [J]. Nature, 2015, 521(7553): 436–444.

[670] Goodfellow I, Bengio Y, Courville A. Deep learning [M]. MIT press, 2016.

[671] Mikolov T, Yih W-t, Zweig G. Linguistic regularities in continuous space word representations. [C] //hlt-Naacl: Vol 13. 2013: 746–751.

[672] Mikolov T, Chen K, Corrado G, et al. Efficient Estimation of Word Representations in Vector Space [J]. arXiv preprint arXiv:1301.3781, 2013.

[673] Pennington J, Socher R, Manning C d. GloVe: Global Vectors for Word Representation [C] //Empirical Methods in Natural Language Processing (EMNLP). 2014: 1532–1543.

[674] Collobert R, Weston J, Bottou L, et al. Natural Language Processing (Almost) from Scratch [J]. J. Mach. Learn. Res., 2011, 12: 2493–2537.

[675] Hochreiter S, Schmidhuber J. Long Short-Term Memory [J]. Neural Computation, 1997, 9: 1735–1780.

[676] Cho K, van Merrienboer B, Gulcehre C, et al. Learning Phrase Representations using RNN Encoder–Decoder for Statistical Machine Translation [C] //Proceedings of the 2014 Conference on Empirical Methods in Natural Language Processing (EMNLP). 2014: 1724–1734.

[677] Peters M e, Neumann M, Iyyer M, et al. Deep contextualized word representations [J]. arXiv preprint arXiv:1802.05365, 2018.

[678] Radford A, Narasimhan K, Salimans T, et al. Improving language understanding by generative pre-training [J/OL]. [2019-10-10] https://s3-us-west-2. amazonaws. com/openai-assets/research-covers/languageunsupervised/language understanding paper. pdf, 2018.

[679] Vaswani A, Shazeer N, Parmar N, et al. Attention is all you need [C] // Advances in neural information processing systems. 2017: 5998–6008.

[680] Devlin J, Chang M-w, Lee K, et al. Bert: Pre-training of deep bidirectional transformers for language understanding [J]. arXiv preprint arXiv:1810.04805, 2018.

[681] Radford A, Wu J, Child R, et al. Language models are unsupervised multitask learners [J/OL]. [2019-10-10] https://openai. com/blog/better-language-models, 2019.

[682] Dai Z, Yang Z, Yang Y, et al. Transformer-xl: Attentive language models beyond a fixed-length context [J]. arXiv preprint arXiv:1901.02860, 2019.

[683] Wang Y-y, Deng L, Acero A. Spoken language understanding [J]. IEEE Signal Processing Magazine, 2005, 22(5): 16–31.

[684] Hemphill C t, Godfrey J j, Doddington G r, et al. The ATIS spoken language systems pilot corpus [C] //Proceedings of the DARPA speech and natural language workshop. 1990: 96–101.

[685] Dahl D a, Bates M, Brown M, et al. Expanding the scope of the ATIS task: The ATIS-3 corpus [C] //Proceedings of the workshop on Human Language Technology. 1994: 43–48.

[686] Woods W a. Language Processing for Speech Understanding [R]. DTIC Document, 1983.

[687] Price P. Evaluation of spoken language systems: The ATIS domain [C] // Proceedings of the Third DARPA Speech and Natural Language Workshop. 1990: 91–95.

[688] Ward W. Understanding spontaneous speech [C] // Proceedings of the workshop on Speech and Natural Language. 1989: 137–141.

[689] Ward W, Issar S. Recent improvements in the CMU spoken language understanding system [C] // Proceedings of the workshop on Human Language Technology. 1994: 213–216.

[690] Zettlemoyer L s, Collins M. Online Learning of Relaxed CCG Grammars for Parsing to Logical Form [C] // EMNLP-CoNLL. 2007: 678–687.

[691] Hahn S, Dinarelli M, Raymond C, et al. Comparing stochastic approaches to spoken language understanding in multiple languages [J]. IEEE Transactions on Audio, Speech, and Language Processing, 2011, 19(6): 1569–1583.

[692] Jurcıcek F, Mairesse F, Gašic M, et al. Transformation-based Learning for Semantic parsing [C] // Proceedings of INTERSPEECH. 2009: 2719–2722.

[693] Schwartz R, Miller S, Stallard D, et al. Language understanding using hidden understanding models [C] // Fourth International Conference on Spoken Language, 1996. ICSLP 96. Proceedings: Vol 2. 1996: 997–1000.

[694] He Y, Young S. Spoken language understanding using the hidden vector state model [J]. Speech Communication, 2006, 48(3): 262–275.

[695] Wang Y-y, Acero A. Discriminative models for spoken language understanding [C] // INTERSPEECH. 2006.

[696] Raymond C, Riccardi G. Generative and discriminative algorithms for spoken language understanding [C] // Eighth Annual Conference of the International Speech Communication Association. 2007.

[697] Mairesse F, Gašić M, Jurčíček F, et al. Spoken language understanding from unaligned data using discriminative classification models [C] // IEEE International Conference on Acoustics, Speech and Signal Processing, 2009. ICASSP 2009. 2009: 4749–4752.

[698] Jeong M, Geunbae lee G. Triangular-chain conditional random fields [J]. IEEE Transactions on Audio, Speech, and Language Processing, 2008, 16(7): 1287–1302.

[699] Kim Y. Convolutional Neural Networks for Sentence Classification [C] // Proceedings of the 2014 Conference on Empirical Methods in Natural Language Processing (EMNLP). 2014: 1746–1751.

[700] Lee J y, Dernoncourt F. Sequential Short-Text Classification with Recurrent and Convolutional Neural Networks [C] // Proceedings of the 2016 Conference of the North American Chapter of the Association for Computational Linguistics: Human Language Technologies. 2016: 515–520.

[701] Ravuri S v, Stolcke A. Recurrent neural network and LSTM models for lexical utterance classification [C] // 16th Annual Conference of the International Speech Communication Association. 2015: 135–139.

[702] Yao K, Zweig G, Hwang M-y, et al. Recurrent neural networks for language understanding [C] // INTERSPEECH. 2013: 2524–2528.

[703] Mesnil G, He X, Deng L, et al. Investigation of recurrent-neural-network architectures and learning methods for spoken language understanding [C] // INTERSPEECH. 2013: 3771–3775.

[704] Hochreiter S. The vanishing gradient problem during learning recurrent neural nets and problem solutions [J]. International Journal of Uncertainty, Fuzziness and Knowledge-Based Systems, 1998, 6(02): 107–116.

[705] Graves A. Supervised Sequence Labelling with Recurrent Neural Networks [M]. Springer Berlin Heidelberg, 2012.

[706] Yao K, Peng B, Zhang Y, et al. Spoken language understanding using long short-term memory neural networks [C] // Spoken Language Technology Workshop (SLT), 2014 IEEE. 2014: 189–194.

[707] Chung J, Gulcehre C, Cho K, et al. Gated feedback recurrent neural networks [C] // International Conference on Machine Learning. 2015: 2067–2075.

[708] Vukotic V, Raymond C, Gravier G. A step beyond local observations with a dialog aware bidirectional GRU network for Spoken Language Understanding [C] // Interspeech. 2016.

[709] Simonnet E, Camelin N, Deléglise P, et al. Exploring the use of attention-based recurrent neural networks for spoken language understanding [C] // Machine Learning for Spoken Language Understanding and Interaction NIPS 2015 workshop (SLUNIPS 2015). 2015.

[710] Kurata G, Xiang B, Zhou B, et al. Leveraging Sentence-level Information with Encoder LSTM for Semantic Slot Filling [C] // Proceedings of the 2016 Conference on Empirical Methods in Natural Language Processing. Austin, Texas: Association for Computational Linguistics, 2016: 2077–2083.

[711] Liu B, Lane I. Attention-Based Recurrent Neural Network Models for Joint Intent Detection and Slot Filling [C] // 17th Annual Conference of the International Speech Communication Association (InterSpeech). 2016.

[712] Peng B, Yao K, Jing L, et al. Recurrent Neural Networks with External Memory for Spoken Language Understanding [G] // Natural Language Processing and Chinese Computing. Springer, 2015: 25–35.

[713] Zhai F, Potdar S, Xiang B, et al. Neural Models for Sequence Chunking [C] // the Thirty-First AAAI Conference on Artificial Intelligence (AAAI-17). 2017.

[714] Zhao Z, Zhu S, Yu K. A Hierarchical Decoding Model For Spoken Language Understanding From Unaligned Data [J]. arXiv preprint arXiv:1904.04498, 2019.

[715] Young S. CUED standard dialogue acts [J]. Report, Cambridge University Engineering Department, 14th October, 2007, 2007.

[716] Hakkani-tür D, Tür G, Çelikyilmaz A, et al. Multi-Domain Joint Semantic Frame Parsing Using Bi-Directional RNN-LSTM [C] //17th Annual Conference of the International Speech Communication Association. 2016: 715–719.

[717] Zhang X, Wang H. A Joint Model of Intent Determination and Slot Filling for Spoken Language Understanding [C] //Proceedings of the Twenty-Fifth International Joint Conference on Artificial Intelligence. 2016: 2993–2999.

[718] Kim Y, Lee S, Stratos K. ONENET: Joint domain, intent, slot prediction for spoken language understanding [C] //2017 IEEE Automatic Speech Recognition and Understanding Workshop. 2017: 547–553.

[719] Li C, Li L, Qi J. A Self-Attentive Model with Gate Mechanism for Spoken Language Understanding [C] //Proceedings of the 2018 Conference on Empirical Methods in Natural Language Processing. 2018: 3824–3833.

[720] Daniel Jurafsky, James H. Martin. Speech and language processing - an introduction to natural language processing, computational linguistics, and speech recognition. Prentice Hall series in artificial intelligence, Prentice Hall 2000, ISBN 978-0-13-095069-7, pp. I-XXVI, 1-934

[721] Henderson M, Gasic M, Thomson B, et al. Discriminative spoken language understanding using word confusion networks [C] //Spoken Language Technology Workshop (SLT), 2012 IEEE. 2012: 176–181.

[722] Hakkani-tür D, Béchet F, Riccardi G, et al. Beyond ASR 1-best: Using word confusion networks in spoken language understanding [J]. Computer Speech & Language, 2006, 20(4): 495–514.

[723] Tür G, Deoras A, Hakkani-tür D. Semantic parsing using word confusion networks with conditional random fields. [C] //INTERSPEECH. 2013: 2579–2583.

[724] Yang X, Liu J. Using Word Confusion Networks for Slot Filling in Spoken Language Understanding [C] //Sixteenth Annual Conference of the International Speech Communication Association. 2015.

[725] Shivakumar P g, Georgiou P g. Confusion2Vec: Towards Enriching Vector Space Word Representations with Representational Ambiguities [J]. arXiv preprint arXiv: 1811.03199, 2018.

[726] Shivakumar P g, Yang M, Georgiou P g. Spoken Language Intent Detection using Confusion2Vec [J]. arXiv preprint arXiv:1904.03576, 2019.

[727] Masumura R, Ijima Y, Asami T, et al. Neural Confnet Classification: Fully Neural Network Based Spoken Utterance Classification Using Word Confusion Networks [C] //2018 IEEE International Conference on Acoustics, Speech and Signal Processing (ICASSP). 2018: 6039–6043.

[728] Liu B, Lane I. Joint Online Spoken Language Understanding and Language Modeling With Recurrent Neural Networks [C] //Proceedings of the 17th Annual Meeting of the Special Interest Group on Discourse and Dialogue. 2016: 22–30.

[729] Zhang H, Zhu S, Fan S, et al. Joint Spoken Language Understanding and Domain Adaptive Language Modeling [C] //Intelligence Science and Big Data Engineering. 2018: 311–324.

[730] Schumann R, Angkititrakul P. Incorporating ASR Errors with Attention-Based, Jointly Trained RNN for Intent Detection and Slot Filling [C] // 2018 IEEE International Conference on Acoustics, Speech and Signal Processing (ICASSP). 2018: 6059 – 6063.

[731] Zhu S, Lan O, Yu K. Robust Spoken Language Understanding with Unsupervised ASR-Error Adaptation [C] // IEEE International Conference on Acoustics, Speech and Signal Processing (ICASSP) 2018. IEEE, 2018: 6179 – 6183.

[732] Serdyuk D, Wang Y, Fuegen C, et al. Towards End-to-end Spoken Language Understanding [C] // 2018 IEEE International Conference on Acoustics, Speech and Signal Processing (ICASSP). 2018: 5754 – 5758.

[733] Ghannay S, Caubrière A, Estève Y, et al. End-To-End Named Entity And Semantic Concept Extraction From Speech [C] // 2018 IEEE Spoken Language Technology Workshop (SLT). 2018: 692 – 699.

[734] Haghani P, Narayanan A, Bacchiani M, et al. From Audio to Semantics: Approaches to End-to-End Spoken Language Understanding [C] // 2018 IEEE Spoken Language Technology Workshop (SLT). 2018: 720 – 726.

[735] Liu C, Xu P, Sarikaya R. Deep contextual language understanding in spoken dialogue systems [C] // Sixteenth annual conference of the international speech communication association. 2015.

[736] Gupta R, Rastogi A, Hakkani-tur D. An Efficient Approach to Encoding Context for Spoken Language Understanding [J]. arXiv preprint arXiv:1807.00267, 2018.

[737] Chen Y-n, Hakkani-tür D, Tür G, et al. End-to-End Memory Networks with Knowledge Carryover for Multi-Turn Spoken Language Understanding. [C] // INTERSPEECH. 2016: 3245 – 3249.

[738] Jaech A, Heck L, Ostendorf M. Domain adaptation of recurrent neural networks for natural language understanding [C] // INTERSPEECH. 2016.

[739] Kim Y-b, Stratos K, Sarikaya R. Frustratingly Easy Neural Domain Adaptation. [C] // COLING. 2016: 387 – 396.

[740] Liu B, Lane I. Multi-Domain Adversarial Learning for Slot Filling in Spoken Language Understanding [J]. arXiv preprint arXiv:1807.00267, 2018.

[741] Zhu S, Chen L, Sun K, et al. Semantic parser enhancement for dialogue domain extension with little data [C] // Spoken Language Technology Workshop (SLT), 2014 IEEE. 2014: 336 – 341.

[742] Yazdani M, Henderson J. A Model of Zero-Shot Learning of Spoken Language Understanding. [C] // EMNLP. 2015: 244 – 249.

[743] Ferreira E, Jabaian B, Lefèvre F. Zero-shot semantic parser for spoken language understanding [C] // Sixteenth Annual Conference of the International Speech Communication Association. 2015.

[744] Ferreira E, Jabaian B, Lefevre F. Online adaptative zero-shot learning spoken language understanding using word-embedding [C] // Acoustics, Speech and Signal Processing (ICASSP), 2015 IEEE International Conference on. 2015: 5321 – 5325.

[745] Zhu S, Yu K. Concept Transfer Learning for Adaptive Language Understanding [C] // Proceedings of the 19th Annual SIGdial Meeting on Discourse and Dialogue. Association for Computational Linguistics, 2018: 391–399.

[746] Bapna A, Tür G, Hakkani-tür D, et al. Towards Zero-Shot Frame Semantic Parsing for Domain Scaling [C] // Interspeech 2017, 18th Annual Conference of the International Speech Communication Association. 2017: 2476–2480.

[747] Lee S, Jha R. Zero-Shot Adaptive Transfer for Conversational Language Understanding [J]. arXiv preprint arXiv:1808.10059, 2018.

[748] Chen Y-n, Hakkani-tür D z, He X. Zero-shot learning of intent embeddings for expansion by convolutional deep structured semantic models [C] // 2016 IEEE International Conference on Acoustics, Speech and Signal Processing (ICASSP). 2016: 6045–6049.

[749] Tur G, Hakkani-tür D, Schapire R e. Combining active and semi-supervised learning for spoken language understanding [J]. Speech Communication, 2005, 45(2): 171–186.

[750] Lan O, Zhu S, Yu K. Semi-Supervised Training Using Adversarial Multi-Task Learning for Spoken Language Understanding [C] // IEEE International Conference on Acoustics, Speech and Signal Processing (ICASSP) 2018. IEEE, 2018: 6049–6053.

[751] Siddhant A, Goyal A, Metallinou A. Unsupervised Transfer Learning for Spoken Language Understanding in Intelligent Agents [C] // the Thirty-Third AAAI Conference on Artificial Intelligence (AAAI-19). 2019.

[752] Chen Y-n, Wang W y, Rudnicky A i. Unsupervised induction and filling of semantic slots for spoken dialogue systems using frame-semantic parsing [C] // Automatic Speech Recognition and Understanding (ASRU), 2013 IEEE Workshop on. 2013: 120–125.

[753] Chen Y-n, Wang W y, Rudnicky A i. Leveraging frame semantics and distributional semantics for unsupervised semantic slot induction in spoken dialogue systems [C] // Spoken Language Technology Workshop (SLT), 2014 IEEE. 2014: 584–589.

[754] Chen Y-n, Wang W y, Gershman A, et al. Matrix Factorization with Knowledge Graph Propagation for Unsupervised Spoken Language Understanding. [C] // ACL (1). 2015: 483–494.

[755] Heck L, Hakkani-tür D. Exploiting the semantic web for unsupervised spoken language understanding [C] // Spoken Language Technology Workshop (SLT), 2012 IEEE. 2012: 228–233.

[756] Berant J, Chou A, Frostig R, et al. Semantic parsing on freebase from question-answer pairs [C] // Proceedings of the Conference on Empirical Methods in Natural Language Processing (EMNLP). 2013: 1533–1544.

[757] Bordes A, Usunier N, Chopra S, et al. Large-scale simple question answering with memory networks [J]. arXiv preprint arXiv:1506.02075, 2015.

[758] Duan N. Overview of the NLPCC-ICCPOL 2016 Shared Task: Open Domain Chinese Question Answering [C] // NLPCC/ICCPOL. 2016.

[759] Yang Y, Yih W-t, Meek C. Wikiqa: A challenge dataset for open-domain question answering [C] // Proceedings of the Conference on Empirical Methods in Natural Language Processing (EMNLP). 2015: 2013 – 2018.

[760] Rajpurkar P, Zhang J, Lopyrev K, et al. SQuAD: 100,000+ Questions for Machine Comprehension of Text [C] // Proceedings of the Conference on Empirical Methods in Natural Language Processing (EMNLP). 2016: 2383 – 2392.

[761] Nguyen T, Rosenberg M, Song X, et al. MS MARCO: A human generated machine reading comprehension dataset [J]. arXiv preprint arXiv:1611.09268, 2016.

[762] Cui Y, Liu T, Xiao L, et al. A Span-Extraction Dataset for Chinese Machine Reading Comprehension [J]. arXiv preprint arXiv:1810.07366, 2018.

[763] He W, Liu K, Liu J, et al. DuReader: a Chinese Machine Reading Comprehension Dataset from Real-world Applications [C] // Proceedings of the Workshop on Machine Reading for Question Answering. 2018: 37 – 46.

[764] Chen J, Chen Q, Liu X, et al. The BQ Corpus: A Large-scale Domain-specific Chinese Corpus For Sentence Semantic Equivalence Identification [C] // Proceedings of the Conference on Empirical Methods in Natural Language Processing (EMNLP). 2018: 4946 – 4951.

[765] Liu X, Chen Q, Deng C, et al. LCQMC: A Large-scale Chinese Question Matching Corpus [C] // Proceedings of the 27th International Conference on Computational Linguistics. 2018: 1952 – 1962.

[766] Lowe R, Pow N, Serban I, et al. The Ubuntu Dialogue Corpus: A Large Dataset for Research in Unstructured Multi-Turn Dialogue Systems [C] // Proceedings of the 16th Annual Meeting of the Special Interest Group on Discourse and Dialogue. 2015: 285 – 294.

[767] Lison P, Tiedemann J. OpenSubtitles2016: Extracting Large Parallel Corpora from Movie and TV Subtitles [C] // Proceedings of the 10th International Conference on Language Resources and Evaluation. .

[768] Wu Y, Wu W, Xing C, et al. Sequential Matching Network: A New Architecture for Multi-turn Response Selection in Retrieval-Based Chatbots [C] // Proceedings of the 55th Annual Meeting of the Association for Computational Linguistics (Volume 1: Long Papers). 2017: 496 – 505.

[769] Williams J, Raux A, Ramachandran D, et al. The Dialog State Tracking Challenge [C] // Proc. SigDial. 2013.

[770] Henderson M, Thomson B, Williams J d. The Second Dialog State Tracking Challenge [C/OL] // Proceedings of the 15th Annual Meeting of the Special Interest Group on Discourse and Dialogue (SIGDIAL). Philadelphia, PA, U.S.A.: Association for Computational Linguistics, 2014: 263 – 272. http://www.aclweb.org/anthology/W14-4337.

[771] Henderson M, Thomson B, Williams J d. The Third Dialog State Tracking Challenge [C] // Proceedings of IEEE Spoken Language Technology Workshop (SLT). 2014.

[772] El asri L, Schulz H, Sharma S, et al. Frames: a corpus for adding memory to goal-oriented dialogue systems [C] // Proceedings of the 18th Annual SIGdial Meeting on Discourse and Dialogue (SIGDIAL). 2017: 207 – 219.

[773] Eric M, Krishnan L, Charette F, et al. Key-Value Retrieval Networks for Task-Oriented Dialogue [C] // Proceedings of the 18th Annual SIGdial Meeting on Discourse and Dialogue (SIGDIAL). 2017: 37 – 49.

[774] Budzianowski P, Wen T-h, Tseng B-h, et al. MultiWOZ-A Large-Scale Multi-Domain Wizard-of-Oz Dataset for Task-Oriented Dialogue Modelling [C] // Proceedings of the Conference on Empirical Methods in Natural Language Processing (EMNLP). 2018: 5016 – 5026.

[775] 俞凯, 陈露, 陈博, et al. 任务型人机对话系统中的认知技术——概念, 进展及其未来 [J]. 计算机学报, 2015, 38(12): 2333 – 2348.

[776] Kim S, D' haro L f, Banchs R e, et al. The fourth dialog state tracking challenge [C] // Proceedings of the 7th International Workshop on Spoken Dialogue Systems (IWSDS). 2016.

[777] Kim S, D'haro L f, Banchs R e, et al. The Fifth Dialog State Tracking Challenge [C] // Proceedings of IEEE Spoken Language Technology Workshop (SLT). 2016.

[778] Williams J, Raux A, Henderson M. The Dialog State Tracking Challenge Series: A Review [J]. Dialogue & Discourse, 2016, 7(3): 4 – 33.

[779] Lee S, Eskenazi M. Recipe For Building Robust Spoken Dialog State Trackers: Dialog State Tracking Challenge System Description [C/OL] // Proceedings of the SIGDIAL 2013 Conference. Metz, France: Association for Computational Linguistics, 2013: 414 – 422. [2019-10-10]
http://www.aclweb.org/anthology/W/W13/W13-4066.

[780] Sun K, Chen L, Zhu S, et al. The SJTU System for Dialog State Tracking Challenge 2 [C/OL] // Proceedings of the 15th Annual Meeting of the Special Interest Group on Discourse and Dialogue (SIGDIAL). Philadelphia, PA, U.S.A.: Association for Computational Linguistics, 2014: 318 – 326. [2019-10-10]
http://www.aclweb.org/anthology/W14-4343.

[781] Henderson M, Thomson B, Young S. Deep Neural Network Approach for the Dialog State Tracking Challenge [C/OL] // Proceedings of the SIGDIAL 2013 Conference. Metz, France: Association for Computational Linguistics, 2013: 467 – 471. [2019-10-10]
http://www.aclweb.org/anthology/W/W13/W13-4073.

[782] Lee S. Structured Discriminative Model For Dialog State Tracking [C/ OL] // Proceedings of the SIGDIAL 2013 Conference. Metz, France: Association for Computational Linguistics, 2013: 442 – 451. [2019-10-10]
http://www.aclweb.org/anthology/W/W13/W13-4069.

[783] Williams J d. Web-style ranking and SLU combination for dialog state tracking [C/OL] // Proceedings of the 15th Annual Meeting of the Special Interest Group on Discourse and Dialogue (SIGDIAL). Philadelphia, PA, U.S.A.: Association for Computational Linguistics, 2014: 282 – 291. [2019-10-10]
http://www.aclweb.org/anthology/W14-4339.

[784] Henderson M, Thomson B, Young S. Word-Based Dialog State Tracking with Recurrent Neural Networks [C/OL] // Proceedings of the 15th Annual Meeting of the Special Interest Group on Discourse and Dialogue (SIGDIAL). Philadelphia, PA, U.S.A.: Association for Computational Linguistics, 2014: 292 – 299. [2019-10-10] http://www.aclweb.org/anthology/W14-4340.

[785] Henderson M, Thomson B, Young S. Robust Dialog State Tracking Using Delexicalised Recurrent Neural Networks and Unsupervised Adaptation [C] // Proceedings of IEEE Spoken Language Technology Workshop (SLT). 2014.

[786] Kim S, Banchs R. Sequential Labeling for Tracking Dynamic Dialog States [C] // Proceedings of the SIGDIAL Conference. 2014.

[787] Wang Z, Lemon O. A Simple and Generic Belief Tracking Mechanism for the Dialog State Tracking Challenge: On the believability of observed information [C/OL] // Proceedings of the SIGDIAL 2013 Conference. Metz, France: Association for Computational Linguistics, 2013: 423 – 432. [2019-10-10] http://www.aclweb.org/anthology/W/W13/W13-4067.

[788] Wang Z. HWU Baseline Belief Tracker for DSTC 2 & 3 [R/OL]. 2013. http://camdial.org/ mh521/dstc/downloads/HWU_baseline.zip.

[789] Sun K, Chen L, Zhu S, et al. A GENERALIZED RULE BASED TRACKER FOR DIALOGUE STATE TRACKING [C] // Proceedings of IEEE Spoken Language Technology Workshop (SLT). 2014.

[790] Yu K, Sun K, Chen L, et al. Constrained markov bayesian polynomial for efficient dialogue state tracking [J]. IEEE/ACM Transactions on Audio, Speech, and Language Processing, 2015, 23(12): 2177 – 2188.

[791] Yu K, Chen L, Sun K, et al. Evolvable dialogue state tracking for statistical dialogue management [J]. Frontiers of Computer Science, 2016, 10(2): 201 – 215.

[792] Xie Q, Sun K, Zhu S, et al. Recurrent Polynomial Network for Dialogue State Tracking with Mismatched Semantic Parsers [C] // 16th Annual Meeting of the Special Interest Group on Discourse and Dialogue. 2015: 295.

[793] Sun K, Xie Q, Yu K. Recurrent Polynomial Network for Dialogue State Tracking [J]. D&D, 2016, 7(3): 65 – 88.

[794] Ren L, Xie K, Chen L, et al. Towards Universal Dialogue State Tracking [C] // Proceedings of the 2018 Conference on Empirical Methods in Natural Language Processing. 2018: 2780 – 2786.

[795] Wen T-h, Gasic M, Kim D, et al. Stochastic Language Generation in Dialogue using Recurrent Neural Networks with Convolutional Sentence Reranking [C] // SIGDIAL Conference. 2015.

[796] Mikolov T, Karafiát M, Burget L, et al. Recurrent neural network based language model [C] // INTERSPEECH. 2010.

[797] Sutskever I, Martens J, Hinton G e. Generating Text with Recurrent Neural Networks [C] // ICML. 2011.

[798] Kalchbrenner N, Grefenstette E, Blunsom P. A Convolutional Neural Network for Modelling Sentences [C] // ACL. 2014.

[799] Schuster M, Paliwal K k. Bidirectional recurrent neural networks [J]. IEEE Trans. Signal Processing, 1997, 45: 2673 – 2681.

[800] Jurcicek F, Thomson B, Young S. Natural Actor and Belief Critic: Reinforcement algorithm for learning parameters of dialogue systems modelled as POMDPs [J]. ACM Transactions on Speech and Language Processing, 2011(3).

[801] Hansen E. Solving POMDPs by searching in policy space [C] // Proc. UAI. 1998.

[802] Littman M l, Sutton R s, Singh S. Predictive representations of state [C] // Proc. NIPS. 2002.

[803] Gorin A l, Riccardi G, Wright J h. How may I help you? [J]. Speech communication, 1997, 23(1-2): 113 – 127.

[804] Thomson B, Young S. Bayesian update of dialogue state: A POMDP framework for spoken dialogue systems [J]. Computer Speech and Language, 2010(4).

[805] Su P h, Vandyke D, Gasic M, et al. Learning from Real Users: Rating Dialogue Success with Neural Networks for Reinforcement Learning in Spoken Dialogue Systems [C] // Interspeech. 2015.

[806] Su P h, Gasic M, Mrksic N, et al. On-line Active Reward Learning for Policy Optimisation in Spoken Dialogue Systems [C] // Meeting of the Association for Computational Linguistics. 2016: 2431 – 2441.

[807] Engelbrech K p, Hartard F, Ketabdar H. Modeling user satisfaction with Hidden Markov Model [C] // Sigdial 2009 Conference: the Meeting of the Special Interest Group on Discourse and Dialogue. 2009: 170 – 177.

[808] Schmitt A, Schatz B, Minker W. Modeling and predicting quality in spoken human-computer interaction [C] // Sigdial 2011 Conference. 2011: 173 – 184.

[809] Higashinaka R, Minami Y, Dohsaka K, et al. Issues in Predicting User Satisfaction Transitions in Dialogues: Individual Differences, Evaluation Criteria, and Prediction Models [C] // International Workshop on Spoken Dialogue Systems Technology. 2010: 48 – 60.

[810] Young S, Gašić M, Keizer S, et al. The hidden information state model: A practical framework for POMDP-based spoken dialogue management [J]. Computer Speech & Language, 2010, 24(2): 150 – 174.

[811] Williams J d, Young S. Partially observable Markov decision process for spoken dialog systems [J]. Computer Speech and Language, 2007.

[812] Sutton R s, Mcallester D a, Singh S p, et al. Policy Gradient Methods for Reinforcement Learning with Function Approximation. [C] // NIPS: Vol 99. 1999: 1057 – 1063.

[813] Konda V r, Tsitsiklis J n. Actor-critic algorithms [C] // Advances in neural information processing systems. 2000: 1008 – 1014.

[814] Hasselt H v. Double Q-learning [C] // Advances in Neural Information Processing Systems. 2010: 2613 – 2621.

[815] Chen L, Tan B, Long S, et al. Structured dialogue policy with graph neural networks [C] // Proceedings of the 27th International Conference on Computational Linguistics. 2018: 1257 – 1268.

[816] Chen L, Yang R, Chang C, et al. On-line Dialogue Policy Learning with Companion Teaching [J]. EACL 2017, 2017: 198.

[817] Chang C, Yang R, Chen L, et al. Affordable On-line Dialogue Policy Learning [C] // Proceedings of the 2017 Conference on Empirical Methods in Natural Language Processing. 2017: 2200–2209.

[818] Gasic M, Jurcicek F, Keizer S, et al. Gaussian processes for fast policy optimisation of POMDP-based dialogue managers [C] // Proceedings of the 11th Annual Meeting of the Special Interest Group on Discourse and Dialogue. 2010: 201–204.

[819] Fatemi M, Asri L e, Schulz H, et al. Policy networks with two-stage training for dialogue systems [J]. arXiv preprint arXiv:1606.03152, 2016.

[820] Thomaz A l, Breazeal C. Reinforcement learning with human teachers: Evidence of feedback and guidance with implications for learning performance [C] // Proceedings of the Twenty-First AAAI Conference on Artificial Intelligence: Vol 6. 2006: 1000–1005.

[821] Khan F, Mutlu B, Zhu X. How do humans teach: On curriculum learning and teaching dimension [C] // Proceedings of the Advances in Neural Information Processing Systems 24. 2011: 1449–1457.

[822] Cakmak M, Lopes M. Algorithmic and human teaching of sequential decision tasks [C] // Proceedings of the Twenty-Sixth AAAI Conference on Artificial IntelligenceI. 2012: 1536–1542.

[823] Loftin R, Peng B, Macglashan J, et al. Learning behaviors via human-delivered discrete feedback: modeling implicit feedback strategies to speed up learning [J]. Autonomous Agents and Multi-Agent Systems, 2016, 30(1): 30–59.

[824] Clouse J a. On integrating apprentice learning and reinforcement learning [C] //. University of Massachusetts, 1996.

[825] Chinaei H r, Chaib-draa B. An inverse reinforcement learning algorithm for partially observable domains with application on healthcare dialogue management [C] // 2012 Eleventh International Conference on Machine Learning and Applications (ICMLA). IEEE, 2012: 144–149.

[826] Thomaz A, Breazeal C. Teachable robots: Understanding human teaching behavior to build more effective robot learners [J]. Artificial Intelligence, 2008, 172(6-7): 716–737.

[827] Judah K, Roy S, Fern A, et al. Reinforcement Learning Via Practice and Critique Advice [C] // Proceedings of the Twenty-Fourth AAAI Conference on Artificial Intelligence. 2010: 481–486.

[828] Abbeel P, Ng A y. Apprenticeship learning via inverse reinforcement learning [C] // Proceedings of the twenty-first international conference on Machine learning. 2004: 1–8.

[829] Amir O, Kamar E, Kolobov A, et al. Interactive teaching strategies for agent training [C] // IJCAI. 2016.

[830] Torrey L, Taylor M. Teaching on a budget: Agents advising agents in reinforcement learning [C] // Proceedings of the 2013 international conference on Autonomous agents and multi-agent systems. 2013: 1053–1060.

[831] Caruana R. Multitask learning [J]. Machine Learning, 1997, 28(1): 41–75.

[832] Chen L, Zhou X, Chang C, et al. Agent-Aware Dropout DQN for Safe and Efficient On-line Dialogue Policy Learning [C] // Proceedings of the 2017 Conference on Empirical Methods in Natural Language Processing. 2017: 2454–2464.

[833] Gal Y, Ghahramani Z. Dropout as a bayesian approximation: Representing model uncertainty in deep learning [C] // International Conference on Machine Learning. 2016: 1050–1059.

[834] Lang K j, Waibel A h, Hinton G e. A time-delay neural network architecture for isolated word recognition [J]. Neural networks, 1990, 3(1): 23–43.

[835] Deng L, Yu D. Deep Learning: Methods and Applications [M]. NOW Publishers, 2014.

[836] Sainath T n, Ramabhadran B, Picheny M. An exploration of large vocabulary tools for small vocabulary phonetic recognition [C] // Proc. IEEE Workshop on Automatic Speech Recognition and Understanding (ASRU). 2009: 359–364.

[837] Deng L, Seltzer M, Yu D, et al. Binary Coding of Speech Spectrograms Using a Deep Auto-encoder [C] // Proc. Annual Conference of International Speech Communication Association (INTERSPEECH). 2010.

[838] Yu D, Deng L, He X, et al. Large-margin minimum classification error training: A theoretical risk minimization perspective [J]. Computer Speech and Language, 2008, 22(4): 415–429.

[839] Yu D, Deng L, He X, et al. Large-margin minimum classification error training for large-scale speech recognition tasks [C] // Proc. International Conference on Acoustics, Speech and Signal Processing (ICASSP): Vol 4. 2007: IV–1137.

[840] Pavel Golik Zoltan tuske R s, Ney H. Acoustic Modeling with Deep Neural Networks Using Raw Time Signal for LVCSR [C] // Proc. Annual Conference of International Speech Communication Association (INTERSPEECH). 2014.

[841] Abdel-hamid O, Mohamed A-r, Jiang H, et al. Applying convolutional neural networks concepts to hybrid NN-HMM model for speech recognition [C] // Proc. International Conference on Acoustics, Speech and Signal Processing (ICASSP). 2012: 4277–4280.

[842] Abdel-Hamid, Ossama, Li Deng, and Dong Yu. "Exploring convolutional neural network structures and optimization techniques for speech recognition." In Interspeech, vol. 2013, pp. 1173-5. 2013.

[843] Abdel-hamid O, Mohamed A-r, Jiang H, et al. Convolutional Neural Networks for Speech Recognition [J]. IEEE Transactions on Audio, Speech and Language Processing, 2014.

[844] Sainath T n, Mohamed A-r, Kingsbury B, et al. Deep convolutional neural networks for LVCSR [C] // Proc. International Conference on Acoustics, Speech and Signal Processing (ICASSP). 2013: 8614–8618.

[845] Deng L, Abdel-hamid O, Yu D. A deep convolutional neural network using heterogeneous pooling for trading acoustic invariance with phonetic confusion [C] // Proc. International Conference on Acoustics, Speech and Signal Processing (ICASSP). 2013: 6669–6673.

[846] Young S, Gašić M, Thomson B, et al. POMDP-based statistical spoken dialog systems: A review [J]. Proceedings of the IEEE, 2013.

[847] Deng L, Hassanein K, Elmasry M. Analysis of the correlation structure for a neural predictive model with application to speech recognition [J]. Neural Networks, 1994, 7(2): 331–339.

[848] Yu D, Deng L, Seide F. Large Vocabulary Speech Recognition Using Deep Tensor Neural Networks [C] // Proc. Annual Conference of International Speech Communication Association (INTERSPEECH). 2012.

[849] Deng L, Yu D. Deep convex network: A scalable architecture for speech pattern classification [C] // Proc. Annual Conference of International Speech Communication Association (INTERSPEECH). 2011.

[850] Deng L, Tur G, He X, et al. Use of kernel deep convex networks and end-to-end learning for spoken language understanding [C] // Proc. IEEE Spoken Language Technology Workshop (SLT). 2012: 210–215.

[851] Deng L, Yu D, Platt J. Scalable stacking and learning for building deep architectures [C] // Proc. International Conference on Acoustics, Speech and Signal Processing (ICASSP). 2012.

[852] Hutchinson B, Deng L, Yu D. A deep architecture with bilinear modeling of hidden representations: applications to phonetic recognition [C] // Proc. International Conference on Acoustics, Speech and Signal Processing (ICASSP). 2012.

[853] Hutchinson B, Deng L, Yu D. Tensor Deep Stacking Networks [J]. IEEE Transactions on Pattern Analysis and Machine Intelligence (PAMI), 2013.

[854] Vinyals O, Jia Y, Deng L, et al. Learning with Recursive Perceptual Representations [J]. Proc. Neural Information Processing Systems (NIPS), 2012.

[855] Andrew G, Bilmes J. Backpropagation in Sequential Deep Belief Networks [J]. Proc. Neural Information Processing Systems (NIPS), 2013.

[856] Deng L, Platt J. Ensemble Deep Learning for Speech Recognition [C] // Proc. Annual Conference of International Speech Communication Association (INTERSPEECH). 2014.

[857] Niklfeld G, Finan R, Pucher M. Architecture for adaptive multimodal dialog systems based on voiceXML. [C] // INTERSPEECH. 2001: 2341–2344.

[858] Nyberg E, Mitamura T, Hataoka N. Dialogxml: Extending voicexml for dynamic dialog management [C] // Proceedings of the second international conference on Human Language Technology Research. 2002: 298–302.

[859] Mctear M f. Developing a Directed Dialogue System Using VoiceXML [G] // Spoken Dialogue Technology. Springer, 2004: 231–261.

[860] Bellman R. A Markovian Decision Process [J]. Indiana Univ. Math. J., 1957, 6: 679–684.

[861] Levin E, Pieraccini R, Eckert W. Learning dialogue strategies within the Markov decision process framework [C] // Automatic Speech Recognition and Understanding, 1997. Proceedings., 1997 IEEE Workshop on. 1997: 72–79.

[862] Kaelbling L p, Littman M l, Cassandra A r. Planning and acting in partially observable stochastic domains [J]. Artificial intelligence, 1998, 101(1): 99–134.

[863] Roy N, Pineau J, Thrun S. Spoken dialogue management using probabilistic reasoning [C] //Proceedings of the 38th Annual Meeting on Association for Computational Linguistics. 2000: 93–100.

[864] Young S j. Talking to machines (statistically speaking). [C] // INTERSPEECH. 2002.

[865] Williams J d, Young S. Partially observable Markov decision processes for spoken dialog systems [J]. Computer Speech & Language, 2007, 21(2): 393–422.

[866] Thomson B, Young S. Bayesian update of dialogue state: A POMDP framework for spoken dialogue systems [J]. Computer Speech & Language, 2010, 24(4): 562–588.

[867] Hinton G e, Osindero S, Teh Y-w. A fast learning algorithm for deep belief nets [J]. Neural computation, 2006, 18(7): 1527–1554.

[868] Sutton R s, Barto A g. Reinforcement learning: An introduction [M]. Cambridge Univ Press, 1998.

[869] Littman M l. Reinforcement learning improves behaviour from evaluative feedback [J]. Nature, 2015, 521(7553): 445–451.

[870] Mnih V, Kavukcuoglu K, Silver D, et al. Playing atari with deep reinforcement learning [J]. arXiv preprint arXiv:1312.5602, 2013.

[871] Wen T, Vandyke D, Mrkšíc N, et al. A network-based end-to-end trainable task-oriented dialogue system [C] //15th Conference of the European Chapter of the Association for Computational Linguistics, EACL 2017-Proceedings of Conference: Vol 1. 2017: 438–449.

[872] Liu B, Lane I. An end-to-end trainable neural network model with belief tracking for task-oriented dialog [J]. arXiv preprint arXiv:1708.05956, 2017.

[873] Zhao T, Xie K, Eskenazi M. Rethinking Action Spaces for Reinforcement Learning in End-to-end Dialog Agents with Latent Variable Models [C] //Proceedings of the 2019 Conference of the North American Chapter of the Association for Computational Linguistics: Human Language Technologies, Volume 1 (Long and Short Papers). 2019: 1208–1218.

[874] Moon S, Shah P, Kumar A, et al. OpenDialKG: Explainable Conversational Reasoning with Attention-based Walks over Knowledge Graphs [C] //Proceedings of the 57th Annual Meeting of the Association for Computational Linguistics. 2019: 845–854.

[875] Cui C, Wang W, Song X, et al. User Attention-guided Multimodal Dialog Systems [C] //Proceedings of the 42Nd International ACM SIGIR Conference on Research and Development in Information Retrieval. 2019: 445–454.

[876] Kristjansson T t, Hershey J r, Olsen P a, et al. Super-human multi-talker speech recognition: the IBM 2006 speech separation challenge system. [C] //Proc. Annual Conference of International Speech Communication Association (INTERSPEECH). 2006.

[877] Cooke M, Hershey J r, Rennie S j. Monaural speech separation and recognition challenge [J]. Computer Speech and Language, 2010, 24(1): 1–15.

[878] Weng C, Yu D, Seltzer M, et al. Single-channel mixed speech recognition using deep neural networks [C] // Proc. International Conference on Acoustics, Speech and Signal Processing (ICASSP). 2014: 5669–5673.

[879] Socher R, Lin C c, Ng A, et al. Parsing natural scenes and natural language with recursive neural networks [C] // Proc. International Conference on Machine Learning (ICML). 2011: 129–136.

[880] Huang P-s, He X, Gao J, et al. Learning Deep Structured Semantic Models for Web Search using Clickthrough Data [C] // ACM International Conference on Information and Knowledge Management. 2013.

[881] Shen Y, Gao J, He X, et al. A Latent Semantic Model with Convolutional-Pooling Structure for Information Retrieval [C] // ACM International Conference on Information and Knowledge Management. 2014.

[882] Socher R, Huval B, Manning C, et al. Semantic compositionality through recursive matrix-vector spaces [C] // Proceedings of the Joint Conference on Empirical Methods in Natural Language Processing and Computational Natural Language Learning. 2012.

[883] Bengio S, Heigold G. Word embeddings for speech recognition [C] // Proc. Annual Conference of International Speech Communication Association (INTERSPEECH). 2014.

[884] Bromberg I, Qian Q, Hou J, et al. Detection-based ASR in the automatic speech attribute transcription project [C] // Proc. Annual Conference of International Speech Communication Association (INTERSPEECH). 2007: 1829–1832.

[885] Lee C-h. From knowledge-ignorant to knowledge-rich modeling: A new speech research paradigm for next-generation automatic speech recognition [C] // Proc. International Conference on Spoken Language Processing (ICSLP). 2004: 109–111.

[886] Mesgarani N, Chang E f. Selective cortical representation of attended speaker in multi-talker speech perception [J]. Nature, 2012, 485: 233–236.

[887] Mesgarani N, Cheung C, Johnson K, et al. Phonetic feature encoding in human superior temporal gyrus [J]. Science, 2014, 343: 1006–1010.

[888] Moore R. Spoken Language Processing: Time to Look Outside? [C] // Second International Conference on Statistical Language and Speech Processing. 2014.

反侵权盗版声明